国家级职业教育规划教材
人力资源和社会保障部职业能力建设司推荐
高等职业技术院校机电一体化技术专业任务驱动型教材

机械制图与 AutoCAD 绘图

主 编 王运峰

中国劳动社会保障出版社

简介

本书为机电一体化技术专业基础课程教材，主要内容包括图板制图的基本知识与基本技能、物体的三视图、立体表面的交线、轴测图、组合体、机械图样的表达方法、标准件与常用件的规定画法、零件图、装配图以及 AutoCAD 绘图的基本知识和技能。

本书由王运峰主编，范红、赵晓宁副主编，张中海、耿爱存、骆洁、王卫民、马益平参加编写。由阳海红主审。

图书在版编目(CIP)数据

机械制图与 AutoCAD 绘图/王运峰主编. —北京：中国劳动社会保障出版社，2012
高等职业技术院校机电一体化技术专业任务驱动型教材
ISBN 978 - 7 - 5045 - 9846 - 2

Ⅰ.①机… Ⅱ.①王… Ⅲ.①机械制图-计算机制图- AutoCAD 软件-高等职业教育-教材 Ⅳ.①TH126

中国版本图书馆 CIP 数据核字(2012)第 222339 号

中国劳动社会保障出版社出版发行
（北京市惠新东街1号 邮政编码：100029）
出版人：张梦欣

*

北京市艺辉印刷有限公司印刷装订 新华书店经销
787毫米×1092毫米 16开本 22.75印张 523千字
2012年9月第1版 2021年9月第11次印刷
定价：41.00元

读者服务部电话：(010) 64929211/84209101/64921644
营销中心电话：(010) 64962347
出版社网址：http://www.class.com.cn
http://zyjy.class.com.cn

前言

为了更好地满足企业对机电一体化技术专业高技能人才的需求，全面提升教学质量，人力资源和社会保障部教材办公室组织全国有关院校的一线教学专家、企业技术专家，在充分调研企业生产实际和学校教学需求的基础上，精心编写了高等职业技术院校机电一体化技术专业教材。本套教材紧紧围绕机电产品装调、机电产品维护、机电产品技改等岗位的要求，参照《国家职业标准·维修电工》《国家职业标准·装配钳工》《国家职业标准·数控机床装调维修工》等国家职业标准，以及企业机电一体化设备装调、维护、技改的基本工作流程，确定以机电产品装调能力、机电产品维护能力、机电产品技改能力培养为主要教学目标。

本套教材选用数控机床设备及自动化生产线设备这两类常用的机电一体化设备作为主要教学载体，并通过三个阶段实现对机电一体化产品的装调、维护、技改能力的培养。

第一阶段为基础通用能力培养。主要通过《机械制图与 AutoCAD 绘图》《机电电路制图与 CAD 绘图》《机械基础》《装配钳工技术》《电工电子技术》《机械制造技术》的教学，使学生能读懂机电一体化设备的机械机构图样、电气与电子电路图样并具备一定的图样绘制能力，能进行常用机械机构、电气与电子电路的装调、维护、技改工作，以及掌握检验机床设备加工精度的基本机械加工技术。

第二阶段为分系统装调、维护、技改能力培养。主要通过《气动液压传动技术》（机械运动系统），《电机控制技术》（伺服拖动系统），《传感器应用技术》（信号检测系统），《PLC 应用技术》《单片机应用技术》（电气控制系统）的教学，使学生能够熟练地进行对应分系统的装调、维护、技改工作。

第三阶段为全系统装调、维护、技改能力培养。在具备基础通用能力以及分系统装调、维护、技改能力的基础上，主要通过《数控设备装调诊断技术》《自动化生产线设备装调诊断技术》的教学，使学生能熟练地进行机电一体化设备的全系统装调、维护、技改工作。

在教材内容的组织上，采用任务驱动的编写思路。在教材的每一单元，首先提出具体的学习任务，使学生明确目标，产生学习的积极性；然后结合具体实例，讲解完成任务所需要的相关知识，使学生的认识由感性上升到理性；在任务实施环节，详细介绍完成任务的步骤和注意事项，使学生能够顺利完成任务，增强学习的成就感。

为方便教学，本套教材均配有免费电子课件，可在中国人力资源和社会保障出版集团网站（www. class. com. cn）下载。其中《机械制图与 AutoCAD 绘图》《机械基础》《电工电子技术》《机械制造技术》《气动液压传动技术》等专业基础课还配有习题册。

在本套教材的编写过程中，得到了有关省市人力资源和社会保障部门、高等职业技术院校和相关企业的大力支持，教材的编审人员做了大量的工作，在此表示衷心的感谢！同时，恳切希望广大读者对教材提出宝贵的意见和建议。

人力资源和社会保障部教材办公室

2012 年 6 月

目录

1 模块一 图板制图基本技能

机械图样是设计和制造机械的重要技术文件，是交流技术思想的一种语言。因此，在设计和绘制图样时，必须严格遵守国家标准《技术制图》《机械制图》和有关的技术标准。本模块将扼要介绍一些国家标准，通过对本模块的学习可以掌握用图板绘图的基本技能。

课题一　简单平面图形的绘制

任务1　抄绘简单平面图形

◆ 教学目标

1. 掌握国家标准中图线的有关规定。
2. 了解三角板、圆规、分规、曲线板和铅笔的使用方法。
3. 能正确使用常用绘图工具，绘制简单平面图形。

任务提出

抄绘如图1—1—1所示锤子的平面图形，要求符合制图国家标准的有关规定。

任务分析

图样是现代工业生产中最基本的技术资料和依据，为了正确绘制和阅读工程图样，必须熟悉和掌握有关的国家标准及规定。

分析图1—1—1可知，锤子的平面图形由圆和多边形构成，需要用三角板、圆规和铅笔等绘图工具绘制图形。图中有粗实线、细点画线、细实线等线型，机械图样中的图形是用各种不同线型绘制而成的，不同的图线在图样中表示不同的含义。绘制图样时，应采用国家标准规定的线型来绘图。

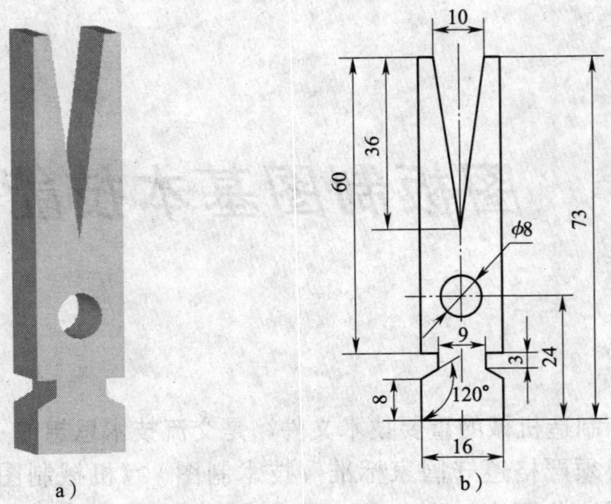

图 1—1—1　锤子

a）实体图　b）平面图形

相关知识

一、国家标准中图线的有关规定

国家标准《技术制图》《机械制图》是工程上的两个重要的技术基础标准，是绘制和阅读机械工程图样的准则和依据。国家标准的注写形式由编号和名称两部分组成，例如 GB/T 14689—2008《技术制图　图纸幅面及格式》，就是表示关于图纸幅面的标准，“GB”是国家标准的简称（即国标），“GB/T”为推荐使用的国家标准，14689 为发布顺序号，2008 为标准发布的年号。下面介绍制图标准中有关图线的基本规定。

1. 线型及应用

绘图时应采用国家标准规定的线型和绘制法。国家标准《技术制图　图线》规定了绘制技术图样的 15 种基本线型。由这 15 种基本线型及其变形，国家标准《机械制图》又规定了用于绘制机械图样的 9 种线型，应用示例见图 1—1—2 和表 1—1—1。

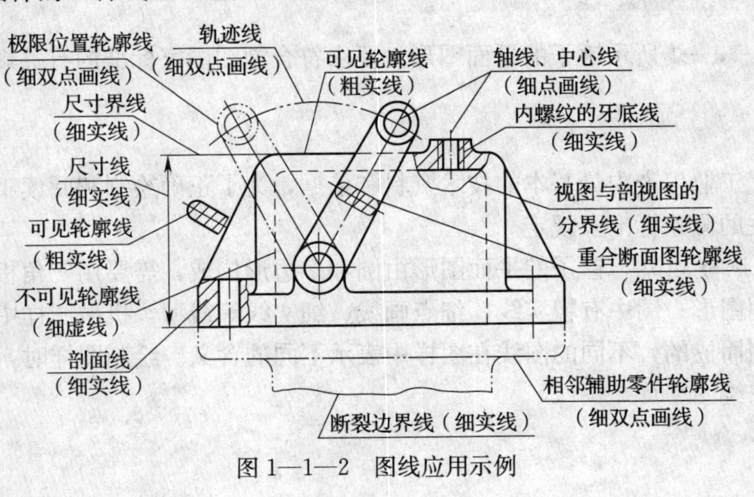

图 1—1—2　图线应用示例

表 1—1—1　　图线的名称、线型、线宽及应用

名称	线型	线宽	应用
粗实线		d	可见轮廓线
细虚线		约 $d/2$	不可见轮廓线
细实线		约 $d/2$	尺寸线、尺寸界线、剖面线、重合断面的轮廓线等
细点画线		约 $d/2$	轴线、对称中心线等
细双点画线		约 $d/2$	极限位置的轮廓线，相邻辅助零件的轮廓线等
波浪线		约 $d/2$	机件断裂处的边界线，视图与剖视图的分界线
双折线		约 $d/2$	断裂处的边界线，视图与剖视图的分界线
粗点画线		d	限定范围表示线
粗虚线		d	允许表面处理的表示线

2. 图线宽度

机械图样中采用粗细两种图线宽度，它们的比例为 2∶1。图线宽度（d）应按图样的类型和尺寸大小，在以下数系中选取（数系公比为 $1:\sqrt{2}$）：0.13、0.18、0.25、0.35、0.5、0.7、1.0、1.4、2（单位：mm）。粗线宽度一般采用 d＝0.5 mm 或 0.7 mm。

3. 图线绘制法的规定

（1）同一图样中同类图线的宽度应基本一致。虚线、点画线及双点画线的线段长度和间隔应各自大致相同。

（2）两平行线间的距离应不小于粗实线的两倍宽度，其最小距离不得小于 0.7 mm。

（3）细点画线、细双点画线与其他图形相交时，应尽量交于画线处。绘制圆的对称中心线时，圆心应为画线的交点。细点画线的首尾两端应是画线而不是点，并超出图形的轮廓线 3～5 mm。在较小的图形上绘制细点画线有困难时，可用细实线代替，如图 1—1—3 所示。

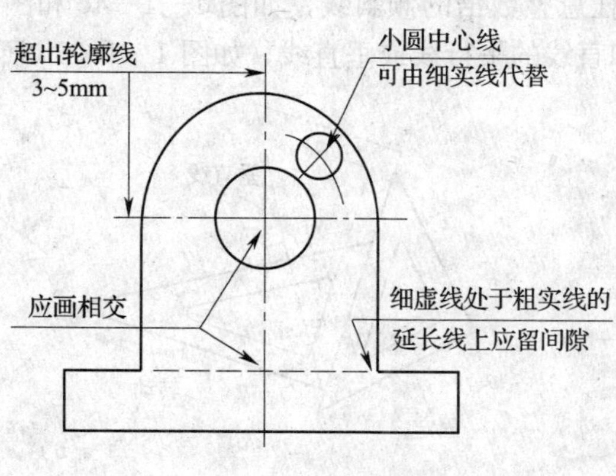

图 1—1—3　图线绘制法规定

（4）细虚线与细虚线、细虚线与其他线相交，应是线段相交。当细虚线是粗实线的延长线时，粗实线应绘制到分界点，细虚线与粗实线间应留有间隙。如图 1—1—3 所示。

（5）线型不同的图线相互重叠时，一般按照粗实线、细虚线、细点画线的顺序，只绘制出排序在前的图线。

（6）图线不得与文字、数字或符号重叠、混淆。不可避免时，应首先保证文字、数字或符号清晰。

二、绘图工具及其使用

图样绘制质量的好坏与速度快慢取决于绘图工具和仪器的质量，同时也取决于能否正确使用。因此，要正确挑选绘图工具和仪器，并养成正确使用和经常维护、保养绘图工具和仪器的良好习惯。常用的绘图工具有图板、丁字尺、三角板和绘图仪器等。

1. 图板、丁字尺、三角板

（1）图板　绘图时，需将图纸平铺在图板上，图板的表面要求平整，左边为导边，必须平整光滑。

（2）丁字尺　丁字尺主要用于绘制水平线。它由尺头和尺身组成，使用时将尺头的内侧紧贴图板的导边，上下移动，自左向右绘制水平线，如图 1—1—4a 所示。

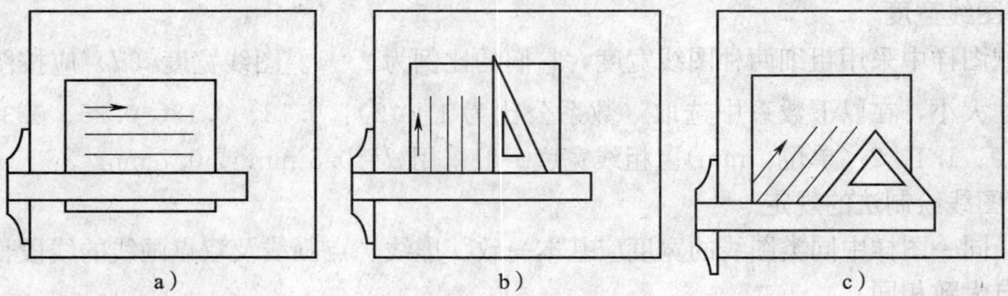

图 1—1—4　用丁字尺、三角板绘制线

（3）三角板　三角板有 45°和 30°（60°）的各一块。将三角板与丁字尺配合使用，可自下向上绘制出一系列不同位置的垂直线，如图 1—1—4b 所示。还可以绘制出与水平线成 30°、45°、60°以及 15°的任意整数倍的倾斜线，如图 1—1—4c 和图 1—1—5a 所示。用两块三角板可绘制出任意已知直线的平行线或垂直线，如图 1—1—5b 所示。

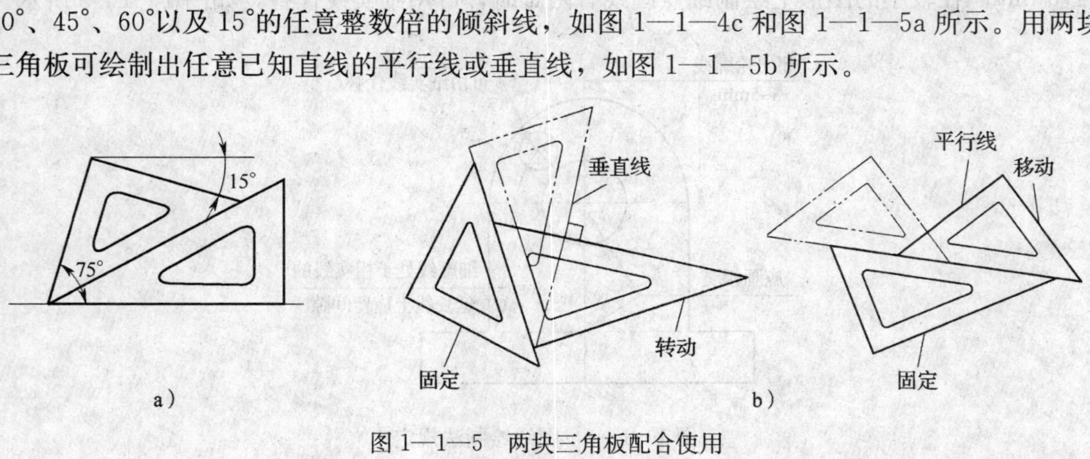

图 1—1—5　两块三角板配合使用

2．圆规、分规

（1）圆规　圆规用来绘制圆和圆弧。使用时，圆规的钢针应用有台阶的一端（避免图纸上的针孔不断变大），在绘制较大圆或圆弧时，应使圆规的两条腿都垂直于纸面，并注意调整钢针和铅芯的长短。圆规的使用方法如图 1—1—6 所示。

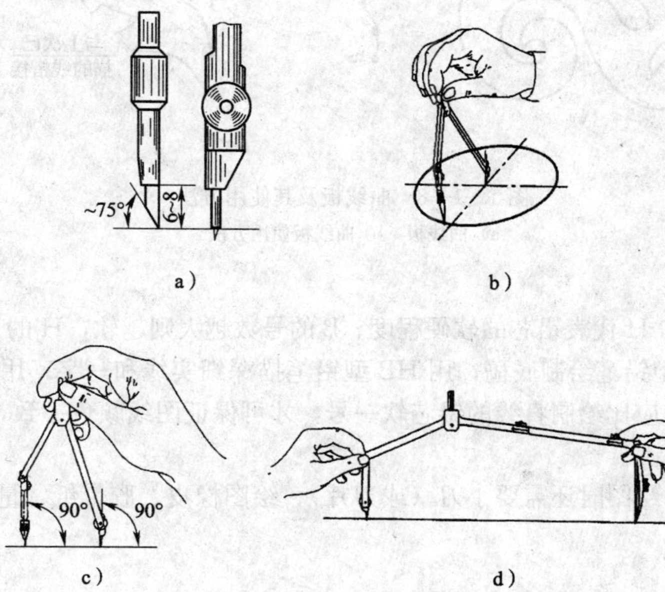

图 1—1—6　圆规的使用方法

（2）分规　分规是用来截取线段、等分线段或圆，以及量取尺寸的工具。分规的两腿并拢时，两针尖应重合于一点，如图 1—1—7 所示。

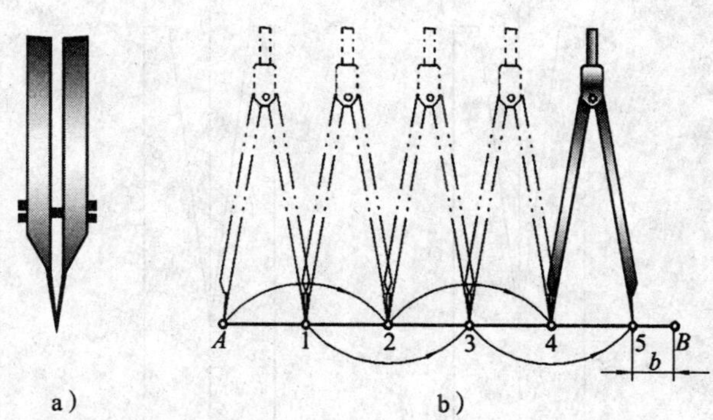

图 1—1—7　分规的使用方法

3．曲线板

曲线板是用来绘制非圆曲线的工具，如图 1—1—8a 所示。曲线板的使用方法是首先求得曲线上若干点，再徒手用铅笔过各点轻勾绘制出曲线，然后将曲线板靠上，在曲线板边缘上选择一段能经过曲线上 3～4 个点的曲线段，沿曲线板边缘绘制出此段曲线，再移动曲线板，与前段相接绘制曲线，如此延续下去，即可绘制出整段曲线（见图 1—1—8b）。

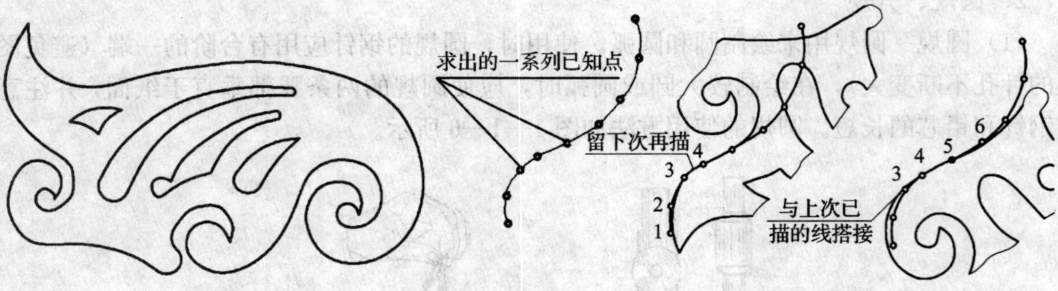

a） b）

图 1—1—8　曲线板及其使用方法

a）曲线板　b）曲线板使用方法

4. 铅笔

绘图铅笔用 B 和 H 代表铅芯的软硬程度。B 的号数越大则越软，H 的号数越大则越硬。绘图时一般选用 H 型铅笔绘制底稿；用 HB 型铅笔描深细实线和写字；用 B 型铅笔描深粗实线；绘制圆的铅芯应比绘制直线的铅芯软一号，才可保证图线颜色一致，常用 2B 型铅笔描深圆和圆弧。

除上述用品外，绘图时还需要小刀（或刀片）、绘图橡皮、胶带纸、量角器、砂纸及软毛刷等。

任务实施

抄绘如图 1—1—1 所示锤子的平面图，绘图步骤如下：

1. 用 H 型铅笔作两条细点画线，如图 1—1—9a 所示。

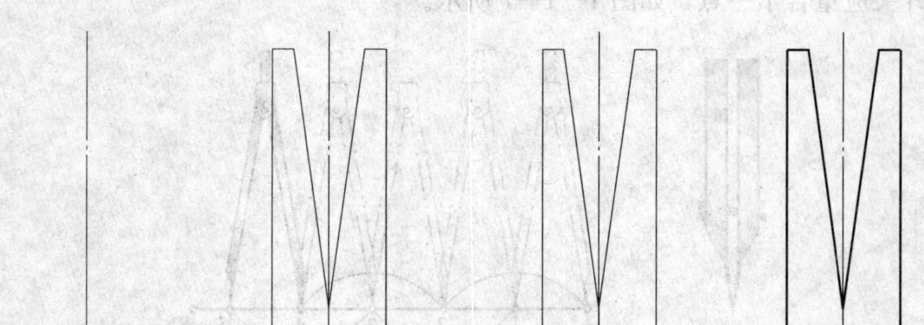

a） b） c） d）

图 1—1—9　绘制锤子的方法和步骤

2. 用分规量取锤子上部各线段的长度，用 H 型铅笔作多边形的上部各线段，如图 1—1—9b 所示。

3. 用分规量取锤子下部各线段的长度，用 H 型铅笔完成多边形，如图 1—1—9c 所示。

4. 用圆规量取圆的半径并作圆。

5. 检查并描深。分别用粗细不同的 HB 型或 B 型铅笔描深粗实线、细点画线，用 B 型铅笔描深圆，如图 1—1—9d 所示。

任务 2　绘制带圆弧连接的简单平面图形

◆ **教学目标**

1. 掌握国家标准中字体、尺寸注法的有关规定。

2. 理解圆弧连接的概念。理解基准、定形尺寸、定位尺寸的概念。理解已知线段、中间线段、连接线段的概念。

3. 能绘制圆的切线、作两已知直线间的圆弧连接、作已知直线和圆弧间的圆弧连接。

任务提出

绘制如图 1—1—10 所示风扇叶片平面图，要求符合制图国家标准的有关规定。

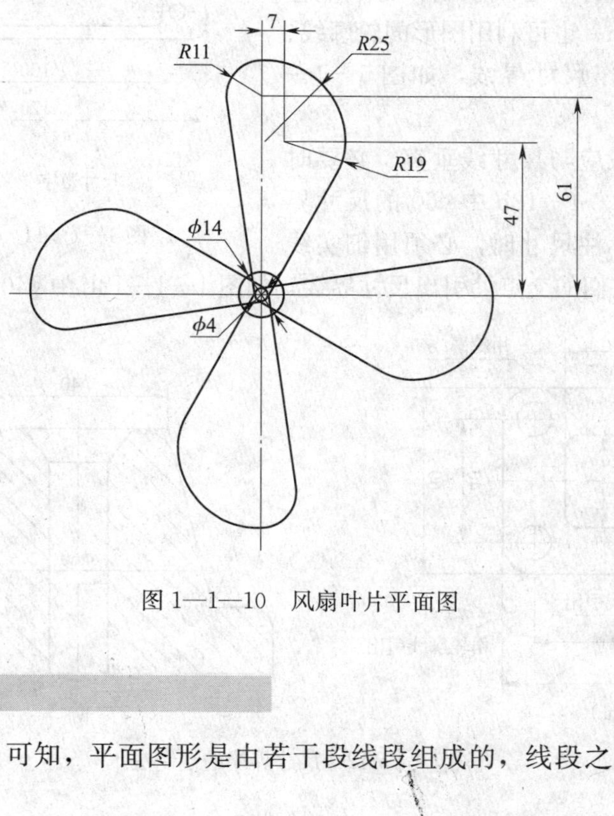

图 1—1—10　风扇叶片平面图

任务分析

分析图 1—1—10 可知，平面图形是由若干段线段组成的，线段之间的连接是光滑的。

线段的形状、大小和位置，是根据给定的尺寸确定的。图形只能反映物体的结构形状，物体的真实大小要靠所标注的尺寸来决定。

相关知识

一、国家标准中尺寸注法的有关规定

1. 基本规则

(1) 机件的真实大小应以图样所注的尺寸数值为依据，与图形的大小、所使用的比例及绘图的准确程度无关。

(2) 图样中（包括技术要求和其他说明）的尺寸，以毫米为单位时，不需标注计量单位的代号或名称，若采用其他单位，则必须注明相应的计量单位的代号或名称。

(3) 图样中所标注的尺寸，为该图样所示机件的最后完工尺寸，否则应另加说明。

(4) 机件的每一尺寸，一般只标注一次，并应标注在反映该结构最清晰的图形上。

2. 尺寸的组成

标注一个尺寸，一般应包括尺寸界线、尺寸线和尺寸数字三个部分，如图 1—1—11 所示。

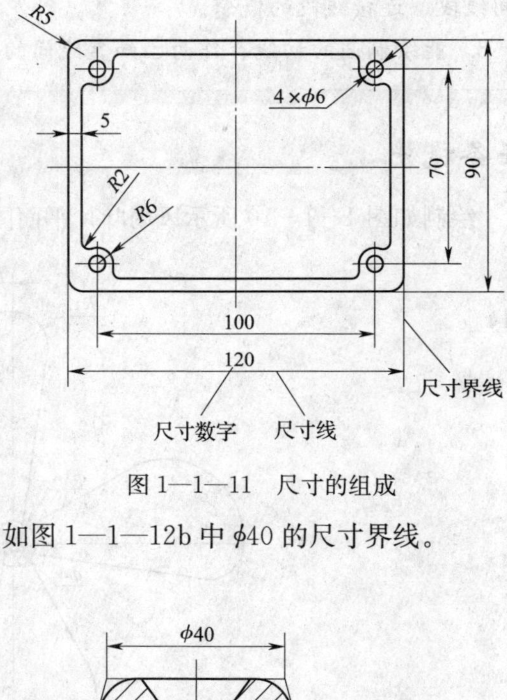

图 1—1—11　尺寸的组成

(1) 尺寸界线

①尺寸界线用细实线绘制，由图形的轮廓线、轴线或对称中心线引出。其一端应从图样的轮廓线、轴线或对称中心线引出，另一端应超出尺寸线 2～5 mm。也可利用图形的轮廓线、轴线或对称中心线作尺寸界线，如图 1—1—12a 所示。

②尺寸界线一般应与尺寸线垂直。必要时才允许倾斜，如图 1—1—12b 中 $\phi60$ 的尺寸界线。在光滑过渡处标注尺寸时，必须用细实线将轮廓线延长，从它们的交点处引出尺寸界线，如图 1—1—12b 中 $\phi40$ 的尺寸界线。

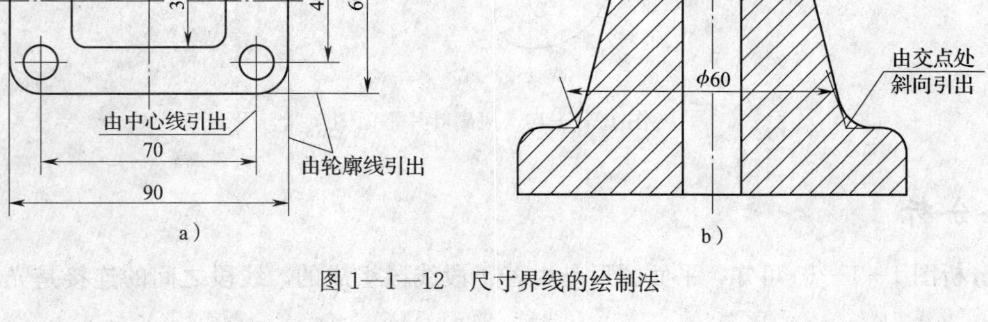

图 1—1—12　尺寸界线的绘制法

（2）尺寸线

①尺寸线用细实线绘制，其终端有箭头和斜线两种形式。箭头的形式适用于各种类型的图样。而细斜线的形式，其倾斜方向应以尺寸线为准，逆时针旋转 45°角，长度应为 2～3 mm。箭头及斜线尺寸线终端如图 1—1—13 所示。

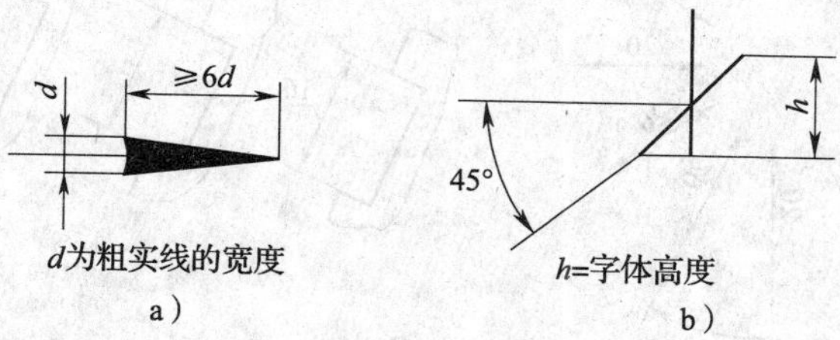

图 1—1—13　箭头及斜线尺寸线终端

②同一图样中，一般只能采用一种终端形式。但当采用斜线终端形式时，图中圆弧的半径尺寸、投影为圆的直径尺寸及尺寸线与尺寸界线成倾斜的尺寸，这些尺寸线的终端应绘制成箭头，如图 1—1—14a 所示。

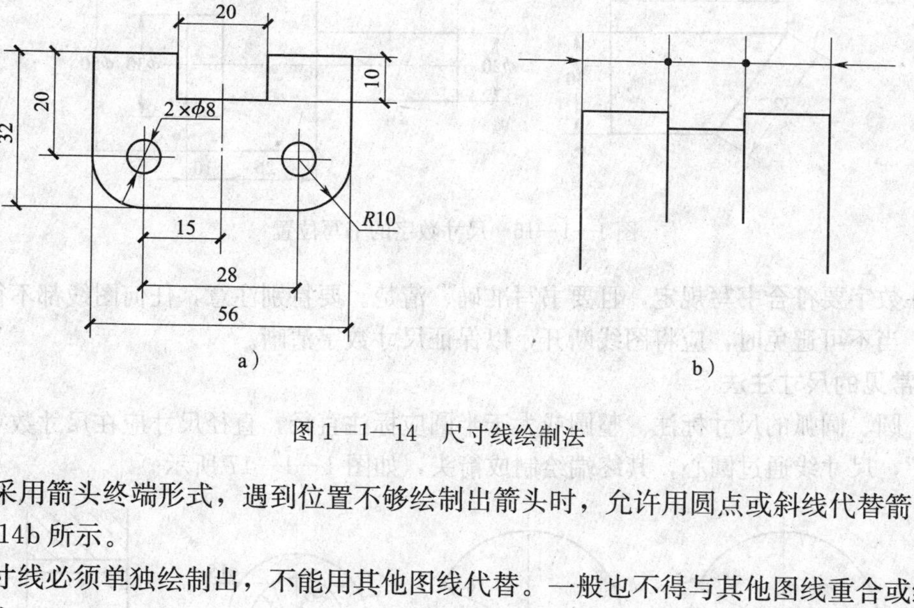

图 1—1—14　尺寸线绘制法

③当采用箭头终端形式，遇到位置不够绘制出箭头时，允许用圆点或斜线代替箭头，如图 1—1—14b 所示。

④尺寸线必须单独绘制出，不能用其他图线代替。一般也不得与其他图线重合或绘制在其延长线上。

⑤标注线性尺寸时，尺寸线必须与所标注的线段平行。

（3）尺寸数字　尺寸数字一般注写在尺寸线的中部。水平方向的尺寸，尺寸数字要写在尺寸线的上面，字头朝上；竖直方向的尺寸，尺寸数字要写在尺寸线的左侧，字头朝左；倾斜方向的尺寸，尺寸数字的方向应按图 1—1—15a 的规定注写。应尽可能避免在图中所示 30°范围内标注尺寸数字，当无法避免时可按图 1—1—15b 的形式注写。

对于非水平方向的尺寸数字，在不致引起误解时，其数字也可水平地注写在尺寸线的中断处，如图 1—1—16 所示，但在同一图样中，应采用同一种方法注写尺寸数字。

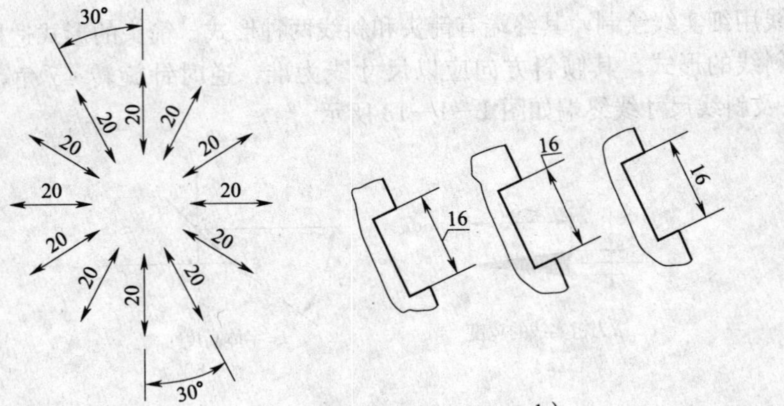

a) b)

图 1—1—15 尺寸数字的注写方向

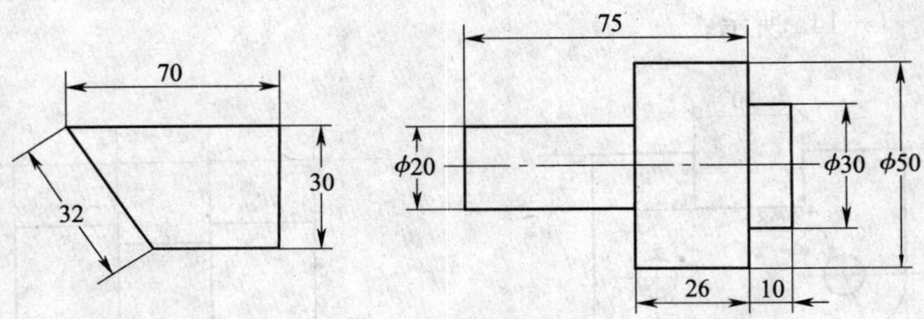

图 1—1—16 尺寸数字的书写位置

尺寸数字要符合书写规定，且要书写准确、清楚。要特别注意，任何图线都不得穿过尺寸数字。当不可避免时，应将图线断开，以保证尺寸数字清晰。

3. 常见的尺寸注法

(1) 圆、圆弧的尺寸标注 整圆或大于半圆应标注直径，直径尺寸应在尺寸数字前加注符号“ϕ”，尺寸线通过圆心，其终端绘制成箭头，如图 1—1—17 所示。

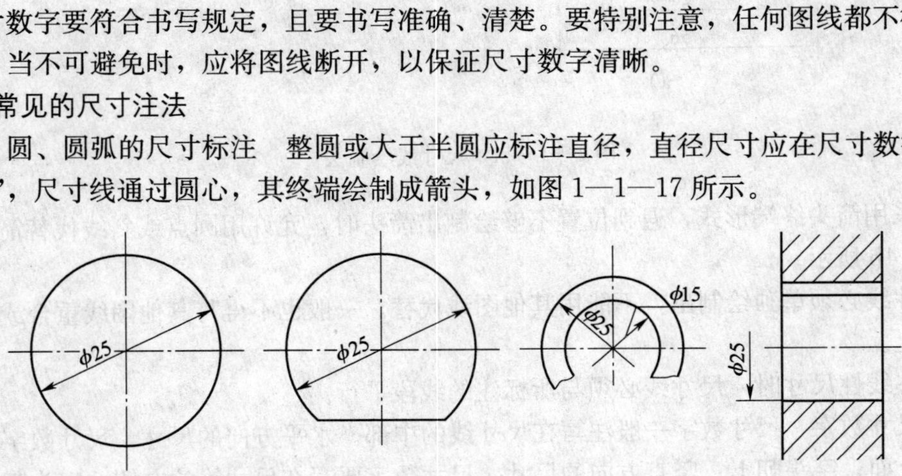

图 1—1—17 圆的尺寸标注

小于或等于半圆的圆弧应标注半径尺寸，半径尺寸数字前加注符号“R”。半径尺寸必须注在投影为圆弧的图形上，且尺寸线或其延长线应通过圆心。圆弧的尺寸标注如图 1—1—18 所示。

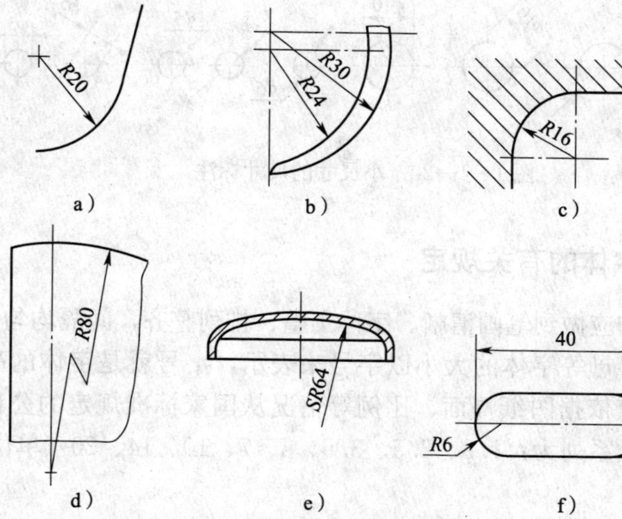

图 1—1—18　圆弧的尺寸标注

（2）角度的尺寸标注　角度的数字一律写成水平方向，即字头朝上。一般注写在尺寸线的中断处，必要时也可以标注在尺寸线的附近或注写在引出线的上方。尺寸界线应沿径向引出，尺寸线应绘制成圆弧，其圆心是该角的顶点，如图 1—1—19 所示。

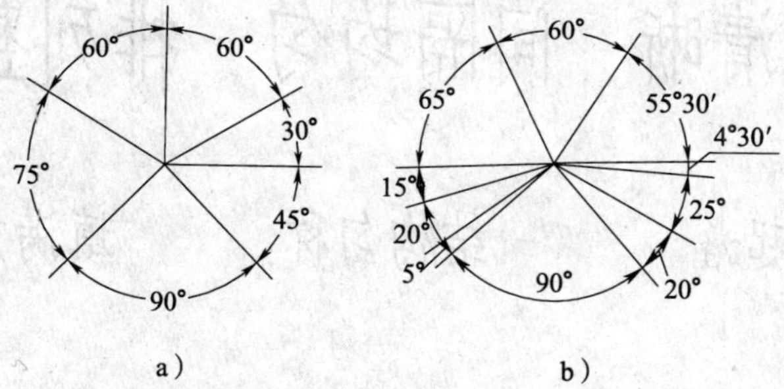

图 1—1—19　角度的尺寸标注

（3）小尺寸的尺寸标注　没有足够的位置绘制箭头或注写数字时，可用圆点代替箭头的形式标注，如图 1—1—20 所示。

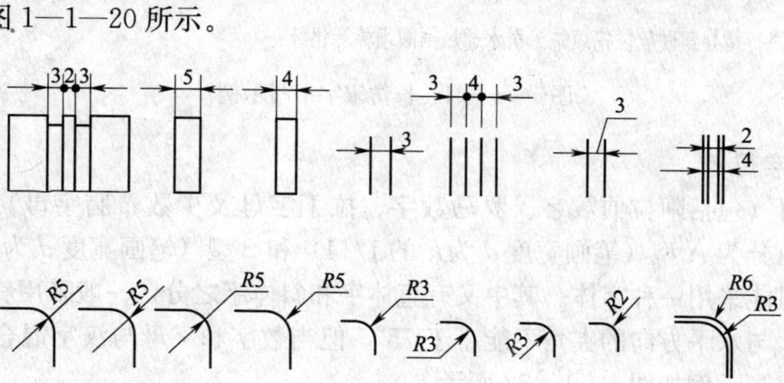

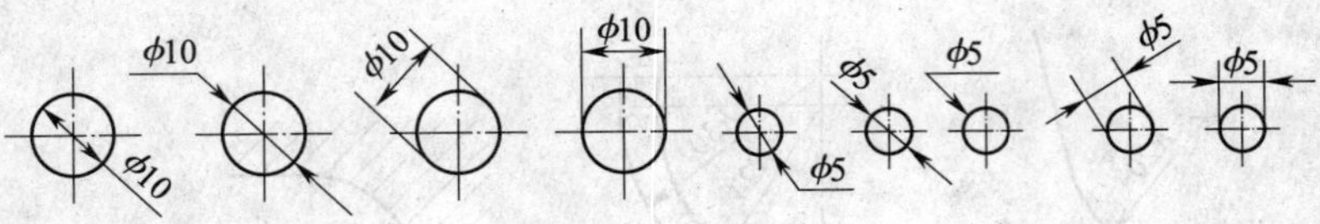

图 1—1—20　小尺寸的尺寸标注

二、国家标准中字体的有关规定

工程图样上的字体均应做到笔画清晰、字体工整、排列整齐，间隔均匀，标点符号应清楚正确。汉字、数字、字母等字体的大小以字号来表示，字号就是字体的高度，用 h 来表示。图样中字体的大小应依据图纸幅面、比例等情况从国家标准规定的公称尺寸系列中选用，字体高度的公称尺寸系列为：1.8、2.5、3.5、5、7、10、14、20（单位：mm。）

1. 汉字

图样及说明中的汉字应采用简化汉字书写，并遵守国务院公布的《汉字简化方案》和有关规定，写成长仿宋字体，其字宽一般为字体高度的三分之二。字号不应小于 3.5 mm，长仿宋字的基本笔画有点、横、竖、撇、捺、挑、折、勾等。长仿宋字的书写要领：横平竖直、注意起落、结构匀称、填满方格。长仿宋字书写示例见图 1—1—21。

10号字

字体工整　笔画清晰　间隔均匀　排列整齐

7号字

横平竖直　注意起落　结构匀称　填满方格

5号字

技术制图机械电子汽车航空船舶土木建筑矿山井坑港口纺织服装

3.5号字

螺纹齿轮端子接线飞行指导驾驶舱位挖填施工引水通风闸阀坝棉麻化纤

图 1—1—21　长仿宋字书写示例

2. 数字和字母

数字和字母（包括阿拉伯数字、罗马数字、拉丁字母及少数希腊字母）按笔画宽度 d 与字高的关系可分为 A 型（笔画宽度 d 为 h 的 1/14）和 B 型（笔画宽度 d 为 h 的 1/10）。在同一张图样上只能采用一种字体。其中又有直体字和斜体字之分，一般采用斜体。斜体字的字头向右倾斜，与水平方向的夹角不能小于 75°。但当数字和字母与汉字混合书写时，可写成直体的。其书写示例如图 1—1—22 所示。

拉丁字母

大写斜体（A 型）

大写斜体（B 型）

小写直体（A 型）

阿拉伯数字
直体（B 型）

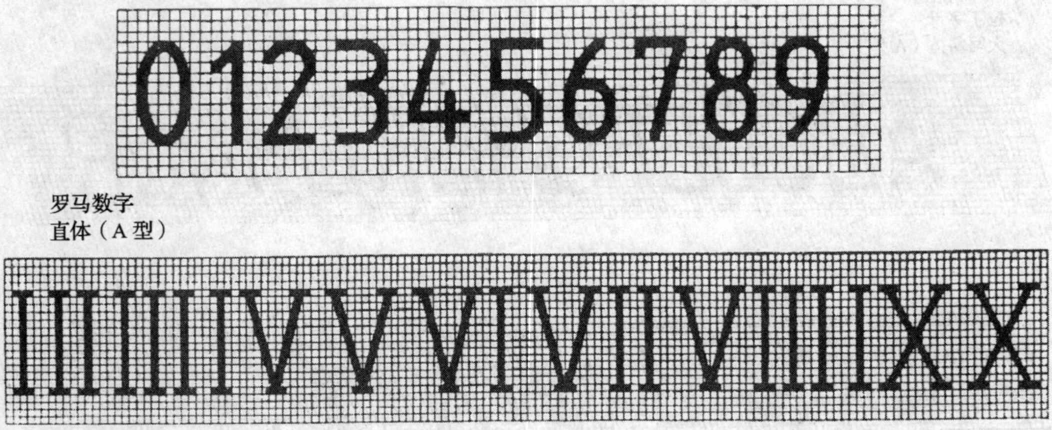

罗马数字
直体（A 型）

希腊字母
小写斜体（A 型）

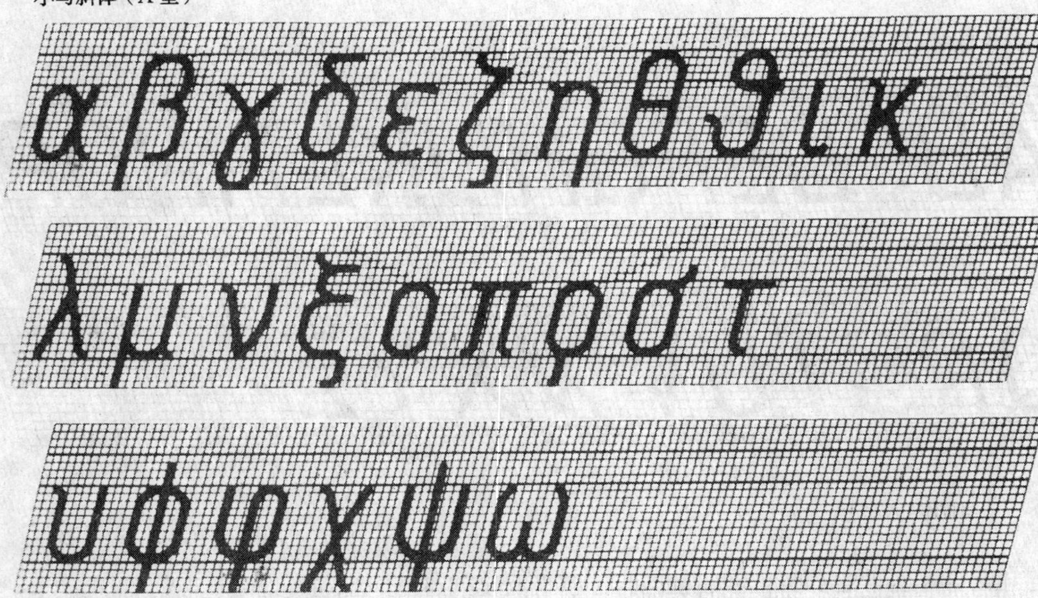

图 1—1—22　数字和字母书写示例

3．其他符号

指数、分数、极限偏差、注脚等的数字及字母一般应采用小一号的字体。图样中的数学符号、物理量符号、计量单位符号及其他符号、代号，应分别符合相应的规定，如图 1—1—23 所示。

$R3$　　$2\times45^{\circ}$　　$M24\text{-}6H$　　$\Phi60H7$　　$\Phi30g6$

$\Phi20^{+0.021}_{0}$　　$\Phi25^{-0.007}_{-0.020}$　　$Q235$　　$HT200$

图 1—1—23　其他符号书写示例

三、圆弧的连接

由一线段光滑地过渡到另一线段称为连接。如用一直线连接两圆弧，该直线称为公切线；如用圆弧连接圆弧或直线，该圆弧称为连接圆弧；两连接线中光滑过渡的分界点称为切点。圆弧连接的实质是圆弧与圆弧，或圆弧与直线间的相切关系。其作图步骤是：

首先求作连接圆弧的圆心，它应满足到两被连接线段的距离均为连接圆弧的半径的条件。

然后找出连接点，即连接圆弧与被连接线段的切点。

最后在两连接点之间绘制连接圆弧。

1. 直线间的圆弧连接

已知直线 EF 和 MN，连接圆弧的半径为 R，求作连接圆弧，如图 1—1—24a 所示。

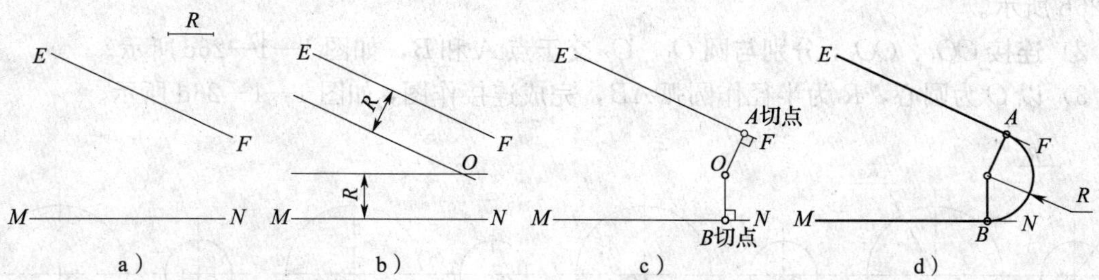

图 1—1—24　直线间的圆弧连接

作图步骤：

（1）作与两已知直线分别相距为 R（连接圆弧的半径）的平行线，交点 O 即为连接圆弧圆心，如图 1—1—24b 所示。

（2）过圆心 O 向两已知直线作垂线，垂足 A、B 即为连接点（切点），如图 1—1—24c 所示。

（3）以 O 为圆心、R 为半径，在两连接点（切点）A、B 之间绘制圆弧，如图 1—1—24d 所示。

2. 直线与圆弧间的圆弧连接

已知连接圆弧的半径为 R，被连接的圆弧圆心为 O_1、半径 R_1 以及直线 MN，求作连接圆弧（要求与已知圆弧外切），如图 1—1—25a 所示。

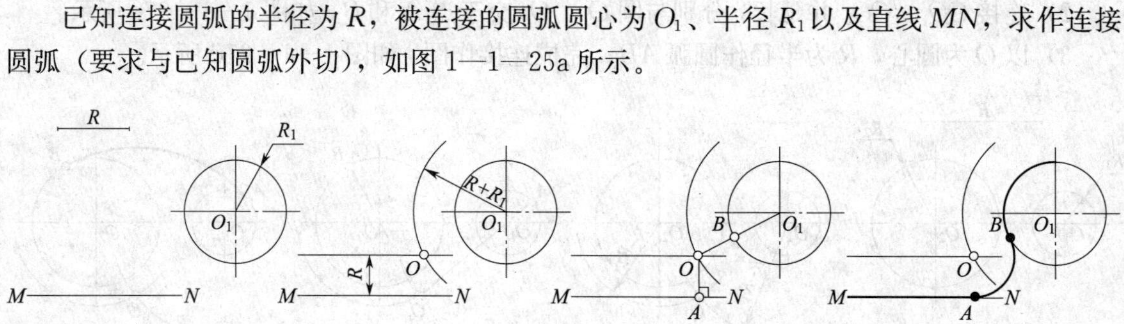

图 1—1—25　直线与圆弧间的圆弧连接

作图步骤：

(1) 作已知直线 MN 的平行线，距离为 R，再以 O_1 为圆心、$R+R_1$ 为半径作圆弧，该圆弧与所作平行线的交点 O 即为连接圆弧的圆心，如图 1—1—25b 所示。

(2) 由点 O 作直线 MN 的垂线得垂足 A，连接 O、O_1，与圆弧交于点 B，A、B 即为连接圆弧的连接点（切点），如图 1—1—25c 所示。

(3) 以 O 为圆心，R 为半径作圆弧 AB，完成连接作图，如图 1—1—25d 所示。

3. 圆弧之间的圆弧连接

(1) 外连接　已知连接圆弧半径为 R，被连接的两个圆弧的圆心分别为 O_1、O_2，半径为 R_1、R_2，求作连接圆弧，如图 1—1—26a 所示。

作图步骤：

1）分别以 O_1、O_2 为圆心，$(R+R_1)$、$(R+R_2)$ 为半径绘制圆弧，交于点 O，如图 1—1—26b 所示。

2）连接 OO_1、OO_2，分别与圆 O_1、O_2 交于点 A 和 B，如图 1—1—26c 所示。

3）以 O 为圆心，R 为半径作圆弧 AB，完成连接作图，如图 1—1—26d 所示。

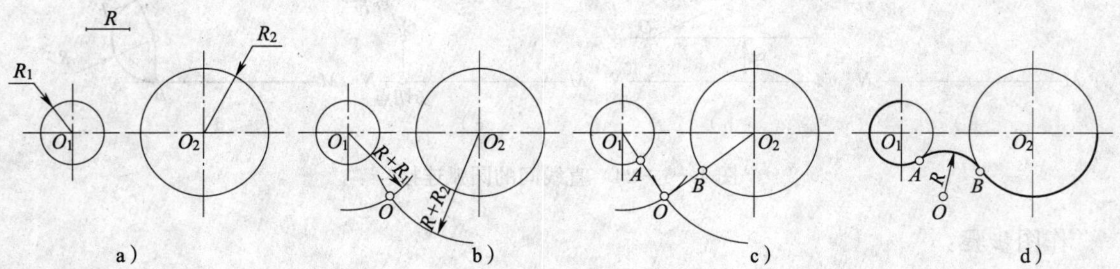

图 1—1—26　外连接

(2) 内连接　已知连接圆弧的半径为 R，被连接的两个圆的圆心分别为 O_1、O_2，半径为 R_1、R_2，求作连接圆弧，如图 1—1—27a 所示。

作图步骤：

1）分别以 O_1、O_2 为圆心，$(R-R_1)$、$(R-R_2)$ 为半径绘制圆弧，交于点 O，如图 1—1—27b 所示。

2）连接 OO_1、OO_2 并延长，分别与圆 O_1、O_2 交于点 A 和 B，如图 1—1—27c 所示。

3）以 O 为圆心，R 为半径作圆弧 AB，完成连接作图，如图 1—1—27d 所示。

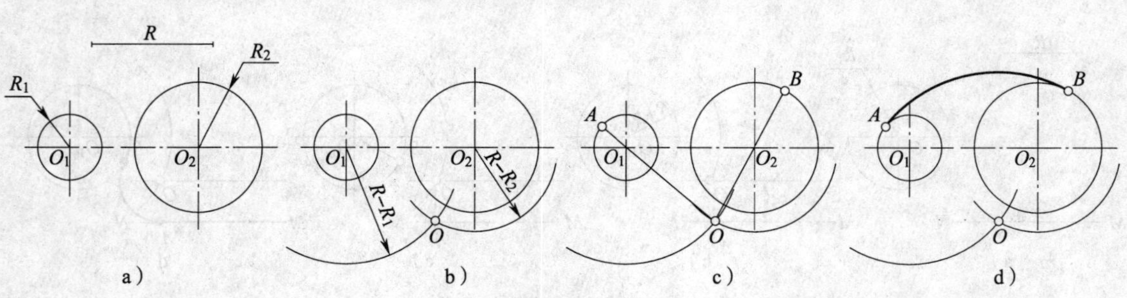

图 1—1—27　内连接

（3）混合连接　已知连接圆弧半径为 R，被连接的两个圆的圆心为 O_1、O_2，半径为 R_1、R_2，求作一连接圆弧，使其与圆 O_1 内切，与圆 O_2 外切，如图 1—1—28a 所示。

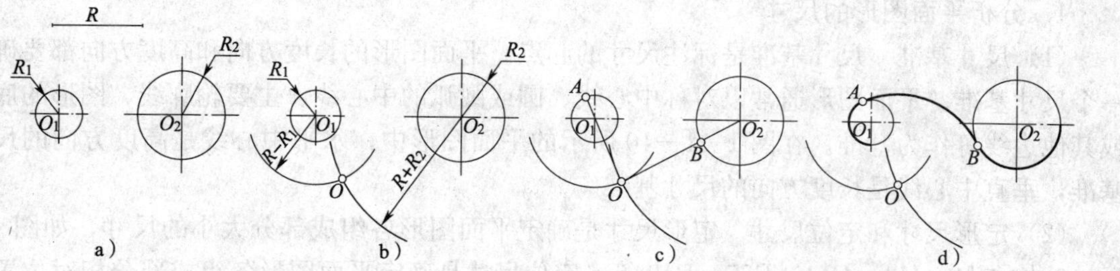

图 1—1—28　混合连接

作图步骤：

1）分别以 O_1、O_2 为圆心，$(R-R_1)$、$(R+R_2)$ 为半径绘制圆弧，交于点 O，如图 1—1—28b 所示。

2）连接 OO_1 并延长，再连接 OO_2 分别与圆 O_1、O_2 交于点 A 和 B，如图 1—1—28c 所示。

3）以 O 为圆心，R 为半径作圆弧 AB，完成连接作图，如图 1—1—28d 所示。

4. 作与已知圆相切的直线

与圆相切的直线，是垂直于该圆心与切点的连线。利用三角板的两直角边，可作圆的切线。

作圆的切线示例如图 1—1—29 所示。

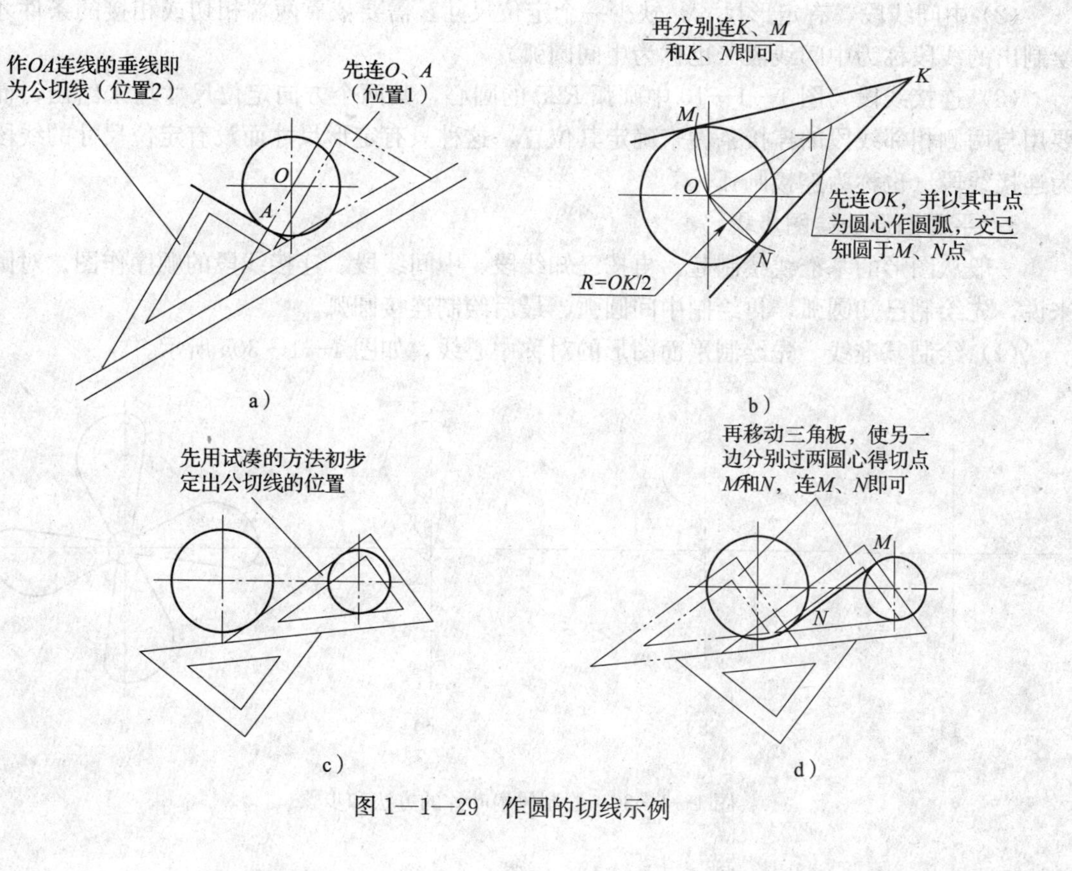

图 1—1—29　作圆的切线示例

任务实施

1．分析平面图形的尺寸

（1）尺寸基准　尺寸基准是标注尺寸的起点。平面图形的长度方向和高度方向都要确定一个尺寸基准。平面图形通常以对称中心线、圆或圆弧的中心线、主要轮廓线、图形的底线或其他边线等作为基准。在图 1—1—10 所示的平面图形中，水平中心线是高度方向的尺寸基准，垂直中心线是长度方向的尺寸基准。

（2）定形尺寸和定位尺寸　定形尺寸是确定平面图形各组成部分大小的尺寸，如图 1—1—10 中的 $\phi4$、$\phi14$、$R11$、$R25$、$R19$ 等；定位尺寸是确定平面图形各组成部分相对位置的尺寸，如图 1—1—10 中的长度 7、61、47 等。从尺寸基准出发，通过各定位尺寸，可确定图形中各组成部分的相对位置；通过各定形尺寸，可确定图形中各组成部分的大小。

2．分析平面图形的线段

在绘制有连接作图的平面图形时，需要根据已知条件进行线段分析。平面图形的圆弧连接处的线段，根据尺寸是否完整可分为三类：

（1）已知线段　根据给出的尺寸可以直接绘制出的线段称为已知线段。即这个线段的定形尺寸和定位尺寸都完整。如图 1—1—10 中，圆心位置由定位尺寸 7 和 47 确定的半径为 $R19$ 的圆弧；由定位尺寸 61 确定的半径为 $R11$ 的圆弧和 $\phi4$、$\phi14$ 的圆，都是已知线段（也称为已知圆弧）。

（2）中间线段　有定形尺寸，缺少一个定位尺寸，需要依靠两端相切或相接的条件才能绘制出的线段称为中间线段（也称为中间圆弧）。

（3）连接线段　图 1—1—10 中圆弧 $R25$ 的圆心，其两个方向定位尺寸均未给出，而需要用与两侧相邻线段的连接条件来确定其位置，这种只有定形尺寸而没有定位尺寸的线段称为连接线段（也称为连接圆弧）。

3．平面图形的绘图步骤

一般从图形的基准线绘制起，再按已知线段、中间线段、连接线段的顺序作图。对圆弧来说，先绘制已知圆弧，再绘制中间圆弧、最后绘制连接圆弧。

（1）绘制基准线　先绘制平面图形的对称中心线，如图 1—1—30a 所示。

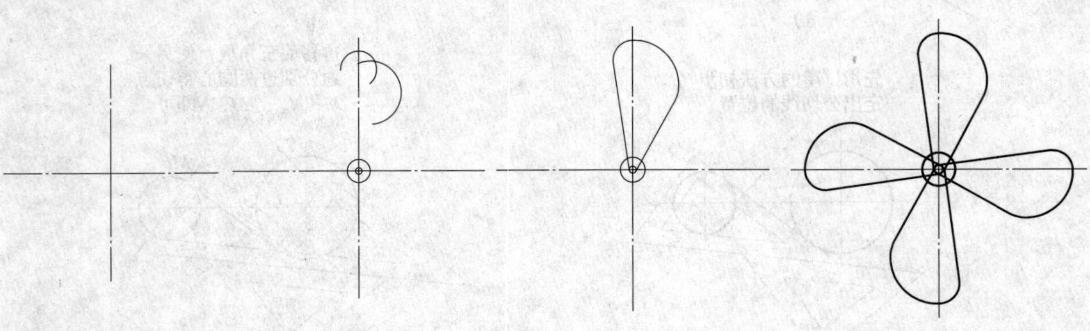

a）　b）　c）　d）

图 1—1—30　绘制风扇叶片的方法和步骤

(2) 绘制已知线段　用圆规绘制圆 $\phi4$ 和 $\phi14$，圆弧 $R11$ 和 $R19$，如图 1—1—30b 所示。

(3) 绘制连接线段　连接圆弧 $R25$ 与圆弧 $R11$、$R19$ 内切，用内连接的作图步骤绘制出 $R25$，如图 1—1—30c 所示。

(4) 绘制其他图形　依次绘制出其他 3 个叶片，如图 1—1—30d 所示。

(5) 完成图形绘制　检查并描深图线，标注尺寸，完成风扇叶片平面图的绘制，如图 1—1—10 所示。

任务 3　绘制带斜度与锥度的简单平面图形

◆ 教学目标

1. 理解斜度、锥度的概念。
2. 掌握斜度、锥度的画法及标注方法。
3. 能绘制带有锥度的机件图形。

任务提出

绘制如图 1—1—31 所示台灯平面图，要求符合制图国家标准的有关规定。

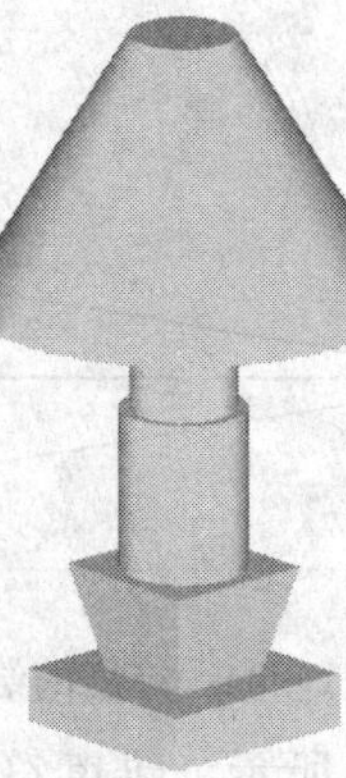

a）

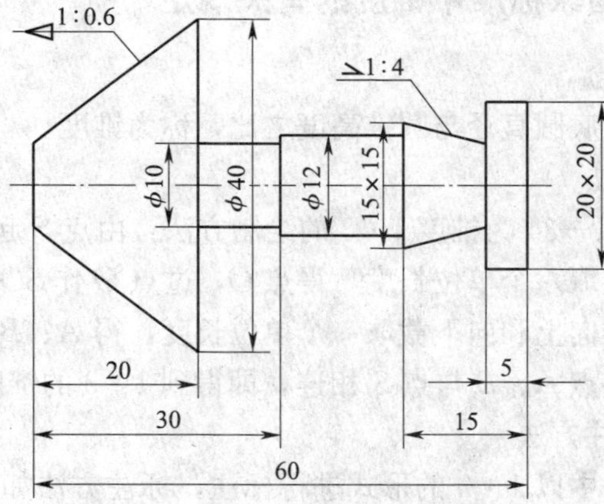

b）

图 1—1—31　台灯
a）实体图　b）平面图

任务分析

图 1—1—31 中台灯顶端是截头圆锥，底部有一段四棱台和一段四棱柱，其余均为圆柱。要正确绘制图形，需要掌握斜度和锥度的绘制方法，并了解斜度和锥度的标注。

相关知识

一、国家标准中斜度的有关规定

1. 概念

一直线对另一直线或一平面对另一平面的倾斜程度，称为斜度。

2. 画法

图 1—1—32 为斜度 1∶6 的绘制方法：由点 A 起在水平线段上取六个单位长度，得点 D，过点 D 作 AD 的垂线 DE，取 DE 为一个单位长度，连接 AE，即得到斜度为 1∶6 的直线。

3. 标注方法

在图样中以 1∶n 的形式进行标注，标注方法如图 1—1—33a 所示，斜度符号要与斜度方向一致。斜度符号的绘制方法如图 1—1—33b 所示（h 为字高）。

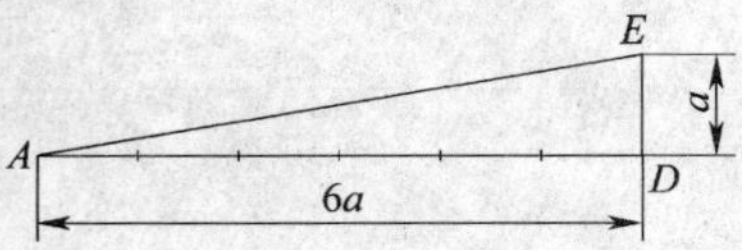

图 1—1—32 斜度的绘制方法

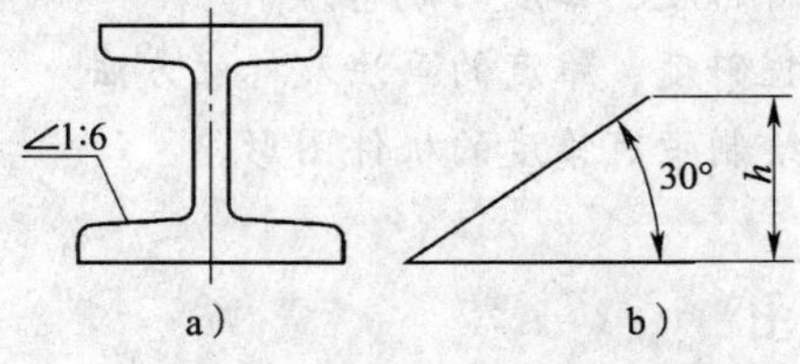

图 1—1—33 斜度的标注方法及斜度符号的绘制方法

a）标注方法 b）斜度符号的绘制方法

二、国家标准中锥度的有关规定

1. 概念

正圆锥底圆直径与圆锥高度之比，称为锥度。

2. 画法

图 1—1—34 为锥度 1∶3 的绘制方法：由点 S 起在水平线段上取六个单位长度，得点 O，过点 O 作 SO 的垂线，分别向上和向下截取一个单位长度，得 A、B 两点，分别将点 A、B 与点 S 相连，即得到 1∶3 的锥度。

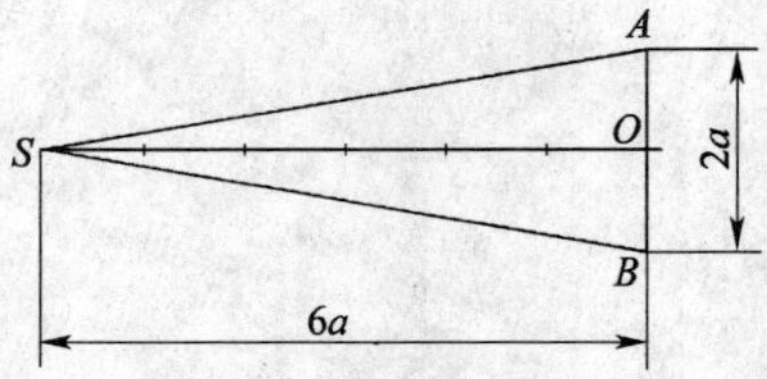

图 1—1—34 锥度的绘制方法

3. 标注方法

在图样中以 1∶n 的形式进行标注，标注方法如图 1—1—35a 所示，锥度符号的方向应与圆锥方向一致。锥度符号的绘制方法如图 1—1—35b 所示（h 为字高）。

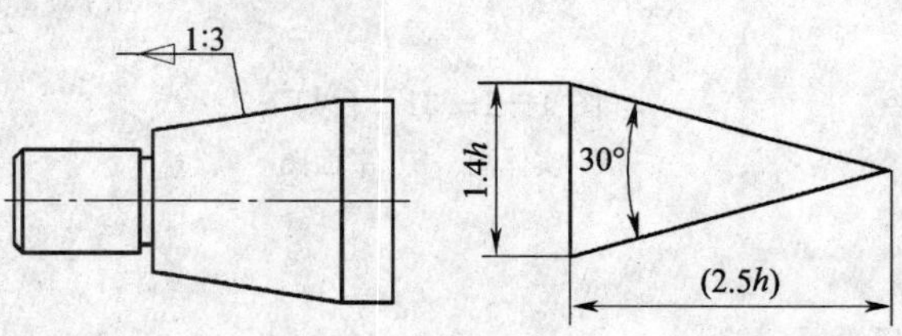

图 1—1—35 锥度的标注方法及锥度符号的绘制方法

a）标注方法 b）锥度符号的绘制方法

任务实施

1. 分析图形

(1) 尺寸分析　零件长度方向的主要基准是右端面，辅助基准是左端面，高度方向的基准是轴线。定形尺寸有 ϕ40、20×20、锥度 1∶0.6、ϕ10、ϕ12、15×15、斜度 1∶4、20、5、15 等；定位尺寸有 30、15、60 等。

(2) 线段分析　图中除锥台和四棱台的轮廓线为中间线段外，其余均为已知线段。

2. 绘制图形

(1) 绘制基准线（见图 1—1—36a）。

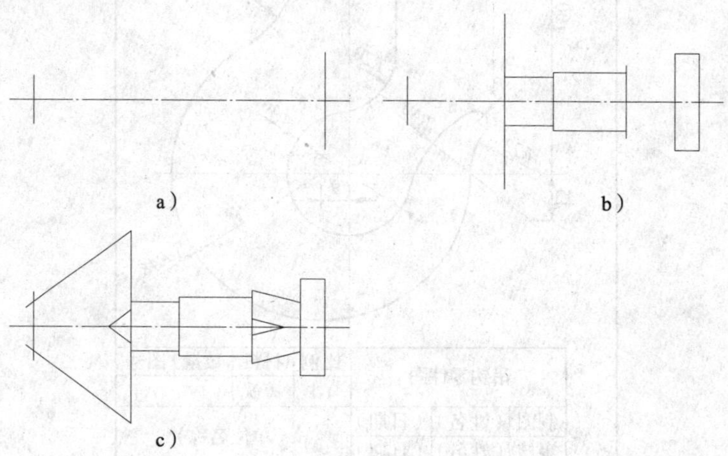

图 1—1—36　台灯的绘制步骤

(2) 绘制已知线段（见图 1—1—36b）。

(3) 绘制中间线段（见图 1—1—36c）。

(4) 检查图形，擦去辅助线并描深，标注尺寸，如图 1—1—31b 所示。

课题二　绘制较复杂的平面图形

任务　在标准幅面上绘制吊钩的平面图形

◆ 教学目标

1. 掌握国家标准中图纸幅面、图框、标题栏的有关规定。
2. 理解比例的概念。掌握国家标准中比例的有关规定。
3. 能根据图形的大小及复杂程度正确选择图纸幅面、确定比例，合理布置图形、标注尺寸。
4. 能按国家标准规定绘制图框、填写标题栏。

任务提出

绘制如图 1—2—1 所示吊钩平面图，要求符合制图国家标准的有关规定。

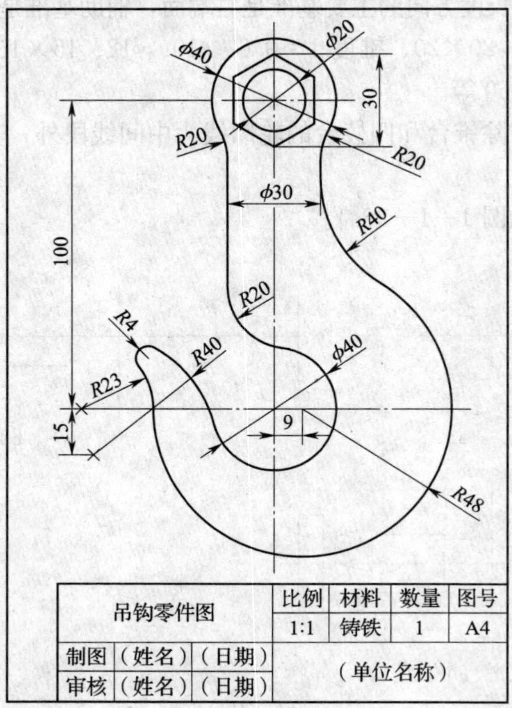

图 1—2—1　吊钩平面图

任务分析

用 A4 图纸，根据国家标准的有关规定正确绘制图框、标题栏。选择合适的比例，绘制图 1—2—1 所示吊钩平面图形，并标注尺寸。

相关知识

一、国家标准中图纸幅面的有关规定（GB/T 14689—2008）

图纸幅面是指图纸宽度与长度组成的大小。为了便于图纸的装订和保存，国家标准对图纸幅面作了统一的规定。绘制图样时，应优先选用表 1—2—1 中规定的图纸基本幅面。必要时允许加长。

表 1—2—1　　基本幅面及尺寸

幅面代号	A0	A1	A2	A3	A4
$B\times L$	841×1 189	594×841	420×594	297×420	210×297
a	25				
c	10			5	
e	20		10		

二、国家标准中图框格式的有关规定（GB/T 14689—2008）

在图纸上，图框线必须用粗实线绘制出。其格式分为不留装订边（见图 1—2—2）和留有装订边（见图 1—2—3）两种。但同一产品的图样只能采用同一种格式，图样必须绘制在图框之内。

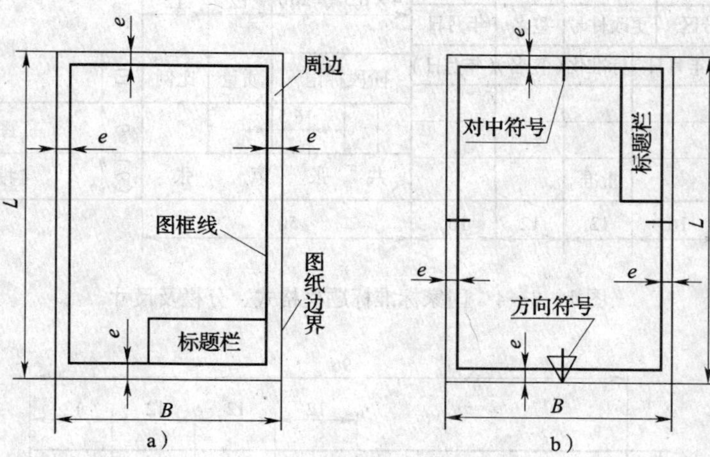

图 1—2—2　不留装订边图框

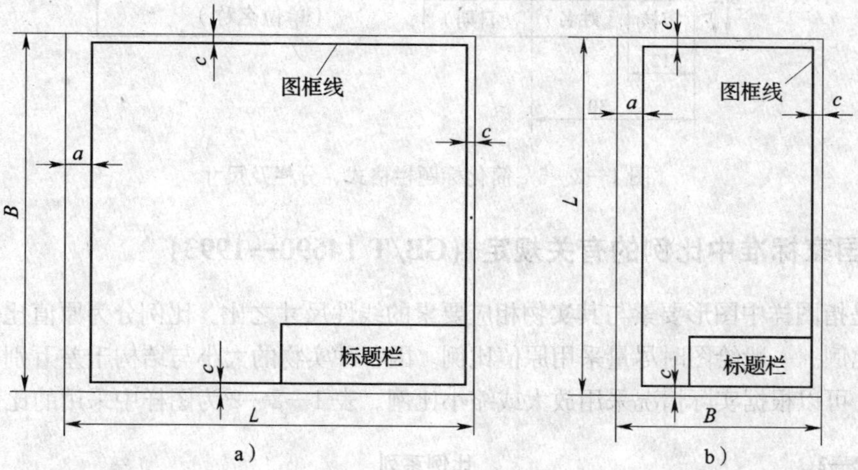

图 1—2—3　留装订边图框

三、国家标准中标题栏的有关规定（GB/T 10609.1—2008）

标题栏是用来记录该图纸的有关信息的，一般情况下，每张图样都需要绘制出标题栏，标题栏的格式和尺寸应按照国家标准的规定设定，如图 1—2—4 所示。标题栏的长边置于水平方向图纸的右下角，看图的方向与看标题栏的方向一致。学生制图作业中建议采用图 1—2—5 所示的简化标题栏。

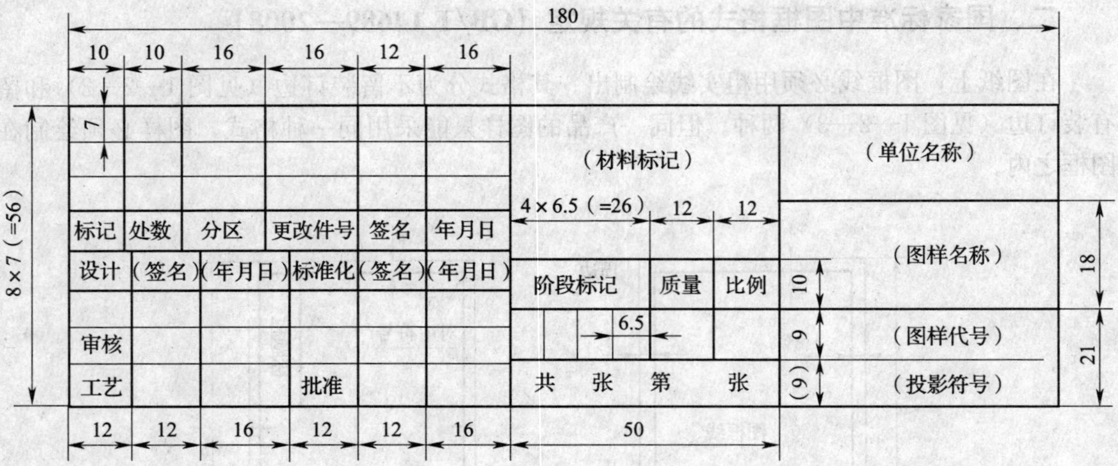

图 1—2—4　国家标准标题栏格式、分栏及尺寸

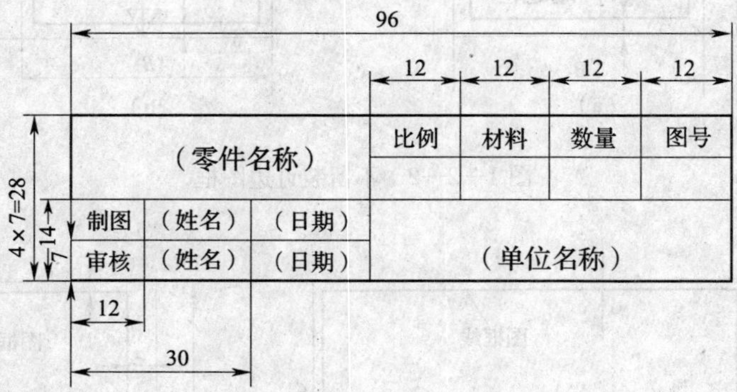

图 1—2—5　简化标题栏格式、分栏及尺寸

四、国家标准中比例的有关规定（GB/T 14690—1993）

比例是指图样中图形要素与其实物相应要素的线性尺寸之比。比例分为原值比例、放大比例和缩小比例。一般绘图时尽量采用原值比例。因各种实物的大小与结构千差万别，所以在某种情况下，可以根据实际情况采用放大或缩小比例。表 1—2—2 为图样中采用的比例系列。

表 1—2—2　　比例系列

与实物相同	缩　小		放大
1∶1	1∶1.5	1∶1.5×10^n	
	1∶2	1∶2×10^n	2∶1
	1∶2.5	1∶2.5×10^n	2.5∶1
	1∶3		
	1∶4		4∶1
	1∶5	1∶5×10^n	5∶1
	1∶10^n		10^n∶1

注：n 为正整数。

任务实施

1. 绘图准备

选用 A4 图纸，按照国家标准绘制图幅及简化标题栏，如图 1—2—6a 所示。

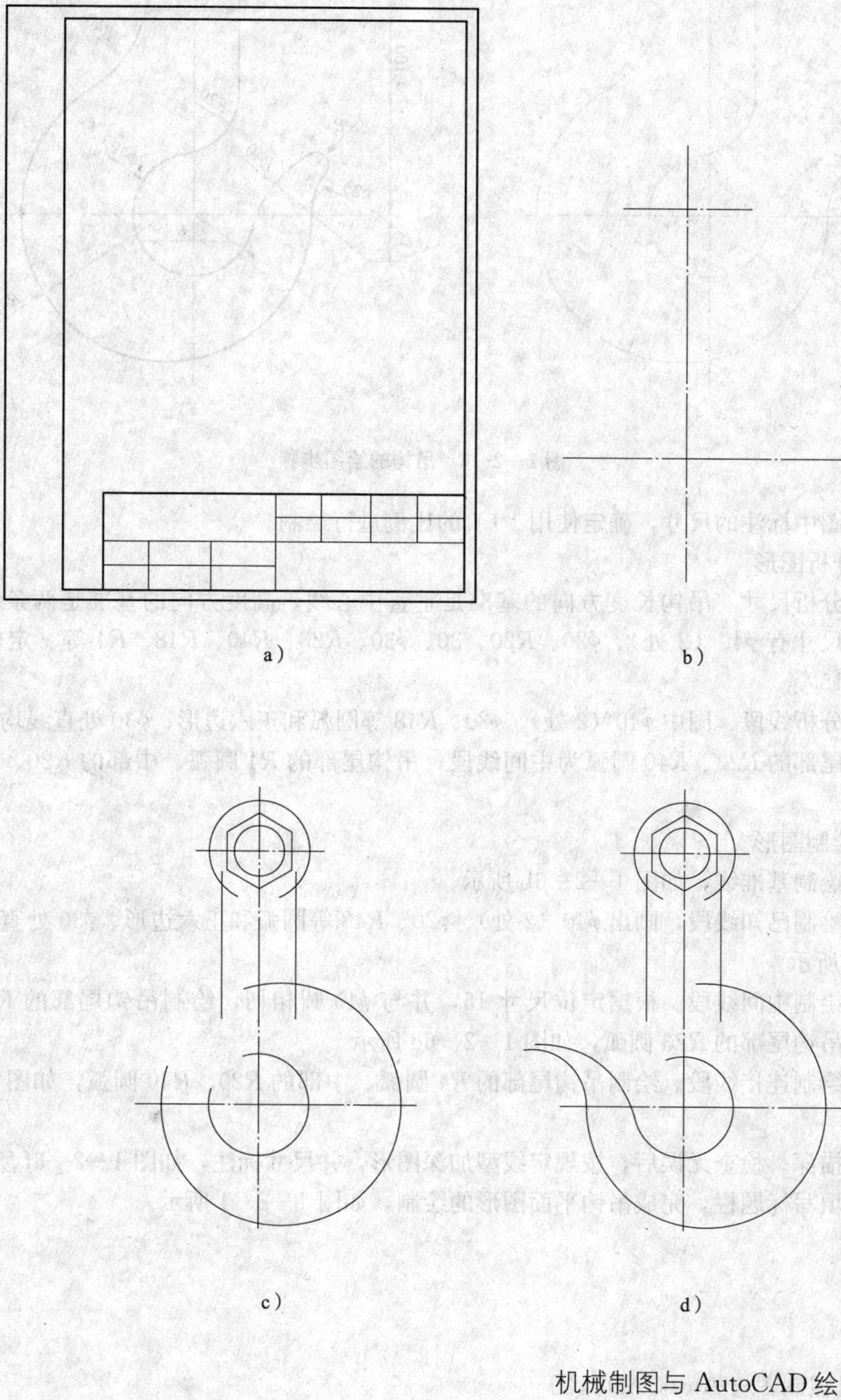

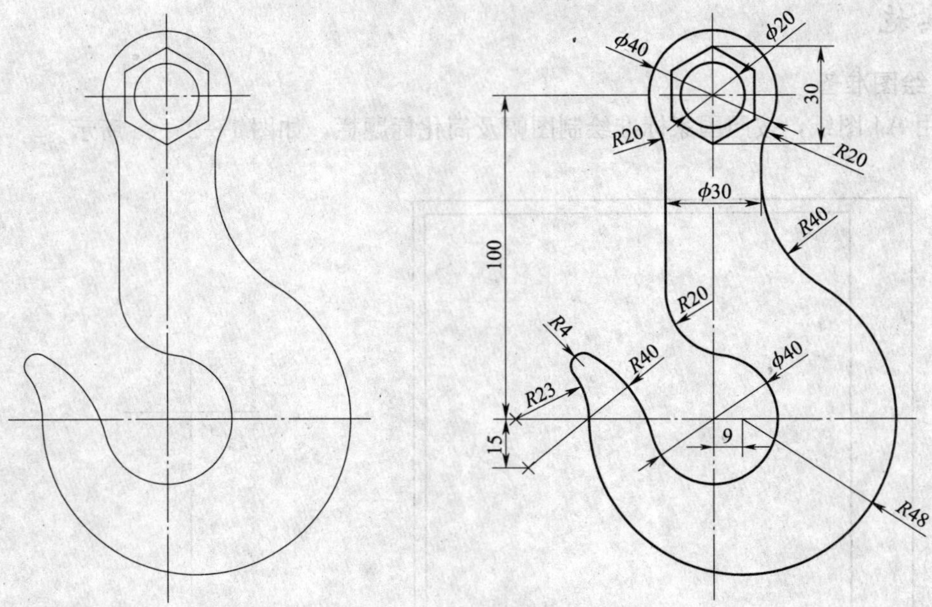

e）　　　　f）

图 1—2—6　吊钩的绘图步骤

根据图中标注的尺寸，确定使用 1∶1 的比例进行绘制。

2. 分析图形

（1）分析尺寸　吊钩长度方向的基准是垂直中心线，高度方向的基准是两条水平中心线。定形尺寸有 $\phi40$（2 处）、$\phi20$、$R20$、30、$\phi30$、$R23$、$R40$、$R48$、$R4$ 等。定位尺寸有 100、9、15 等。

（2）分析线段　图中 $\phi40$（2 处）、$\phi20$、$R48$ 等圆弧和正六边形、$\phi30$ 处直线均为已知线段；吊钩尾部的 $R23$、$R40$ 圆弧为中间线段；吊钩尾部的 $R4$ 圆弧、中部的 $R20$、$R40$ 为连接线段。

3. 绘制图形

（1）绘制基准线，如图 1—2—6b 所示。

（2）绘制已知线段，画出 $\phi40$（2 处）、$\phi20$、$R48$ 等圆弧和正六边形、$\phi30$ 处直线，如图 1—2—6c 所示。

（3）绘制中间线段。根据定位尺寸 15，并与 $\phi40$ 圆相切，绘制吊钩尾部的 $R40$ 圆弧；同理绘制吊钩尾部的 $R23$ 圆弧，如图 1—2—6d 所示。

（4）绘制连接线段。绘制吊钩尾部的 $R4$ 圆弧、中部的 $R20$、$R40$ 圆弧，如图 1—2—6e 所示。

（5）描深。检查无误后，按规定线型加深图形，并尺寸标注，如图 1—2—6f 所示。

（6）填写标题栏，完成吊钩平面图形的绘制，如图 1—2—1 所示。

2 模块二 AutoCAD 制图基本技能

AutoCAD 是由美国 Autodesk 公司开发的通用计算机辅助设计软件，具有易于掌握、使用方便、体系结构开放等优点，能够绘制二维图形与三维图形、标注尺寸、渲染图形以及打印输出图纸，被广泛应用于机械、建筑、电子、航天、造船、石油化工、土木工程、冶金、地质、气象、纺织、轻工、商业等领域。

课题一　AutoCAD 制图环境设置

任务　生成图形样板文件

◆ 教学目标

1. 了解 AutoCAD 经典界面组成，菜单栏、快捷菜单、工具栏、绘图窗口、命令行与文本窗口、状态栏的使用。
2. 掌握 AutoCAD 命令的执行特点。
3. 会创建图层，生成样板文件。

任务提出

创建一个名为“机械图形样板文件”的图形样板文件，要求符合国家标准的相关规定。

任务分析

样板图作为一张标准图样，除了需要绘制图形外，还要求设置图纸大小，绘制图框线和标题栏；而对于图形本身，需要设置图层以绘制图形的不同部分，设置不同的线型和线宽以表达不同的含义，设置不同的图线颜色以区分图形的不同部分等。所有这些都是绘制一幅完整图形不可或缺的工作。为了方便绘图，提高绘图效率，往往将这些绘制图形的基本作图和通用设置绘制成一张基础图形，进行初步或标准的设置，这种基础图形称为样板图。下面，以绘制“机械图形样板文件”的样板图为例，介绍样板图形的绘制方法。

相关知识

一、中文版 AutoCAD 2007 的经典界面组成

中文版 AutoCAD 2007 为用户提供了“AutoCAD 经典”和“三维建模”两种工作空间模式。对于习惯于 AutoCAD 传统界面的用户来说，可以采用“AutoCAD 经典”工作空间。该界面主要由标题栏、菜单栏、工具栏、绘图窗口、命令行与文本窗口、状态栏等元素组成，如图 2—1—1 所示。

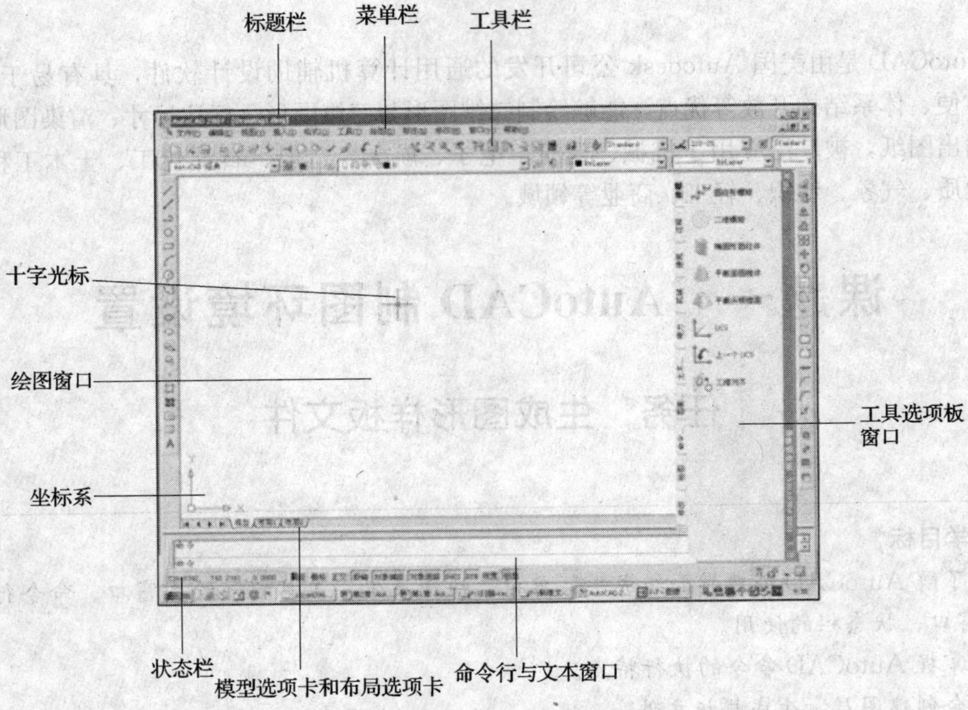

图 2—1—1　中文版 AutoCAD 2007 的经典工作界面组成

1. 标题栏

标题栏位于应用程序窗口的最上面，用于显示当前正在运行的程序名及文件名等信息，如果是 AutoCAD 默认的图形文件，其名称为 DrawingN. dwg（N 是数字）。单击标题栏右端的 [按钮图] 按钮，可以最小化、最大化或关闭应用程序窗口。标题栏最左边是应用程序的小图标，单击它将会弹出一个 AutoCAD 窗口控制下拉菜单，可以执行最小化或最大化窗口、恢复窗口、移动窗口、关闭 AutoCAD 等操作。

2. 菜单栏

中文版 AutoCAD 2007 的菜单栏由“文件”“编辑”“视图”等菜单组成，几乎包括了 AutoCAD 中全部的功能和命令。图 2—1—2 所示为 AutoCAD2007 的“视图”菜单。

从图 2—1—2 中可以看到，某些命令后面带有 ▶、“…”、Ctrl＋O、(W) 之类的符号或组合键，在使用它们时应遵循以下约定。

◆ 命令后跟有“▸”符号，表示该命令下还有子命令。

◆ 命令后跟有快捷键，表示打开该菜单时，按下快捷键即可执行相应命令。

◆ 命令后跟有组合键，表示直接按组合键即可执行相应命令。

◆ 命令后跟有“…”符号，表示执行该命令可打开一个对话框。

命令呈现灰色，表示该命令在当前状态下不可使用。

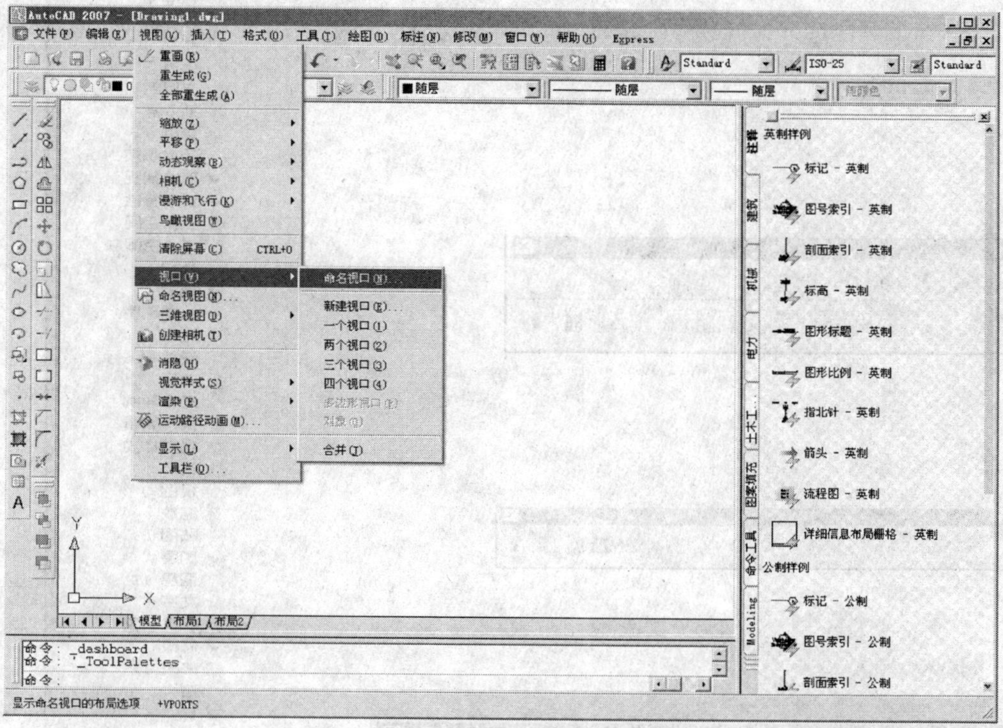

图 2—1—2 AutoCAD2007 的“视图”菜单

3. 工具栏

工具栏是应用程序调用命令的另一种方式，它包含许多由图标表示的命令按钮。在 AutoCAD 中，系统共提供了二十多个已命名的工具栏。默认情况下，“标准”“特性”“绘图”和“修改”等工具栏处于打开状态。如图 2—1—3 所示为处于浮动状态下的“标准”“绘图”和“修改”工具栏。

如果要显示当前隐藏的工具栏，可在工具栏上右击，此时将弹出一个快捷菜单，通过选择命令可以显示或关闭相应的工具栏，如图 2—1—4 所示。

4. 绘图窗口

在 AutoCAD 中，绘图窗口是用户绘图的工作区域，所有的绘图结果都反映在这个窗口中。可以根据需要关闭其周围和里面的各个工具栏，以增大绘图空间。如果图纸比较大，需要查看未显示部分时，可以单击窗口右边与下边滚动条上的箭头，或拖动滚动条上的滑块来移动图纸。

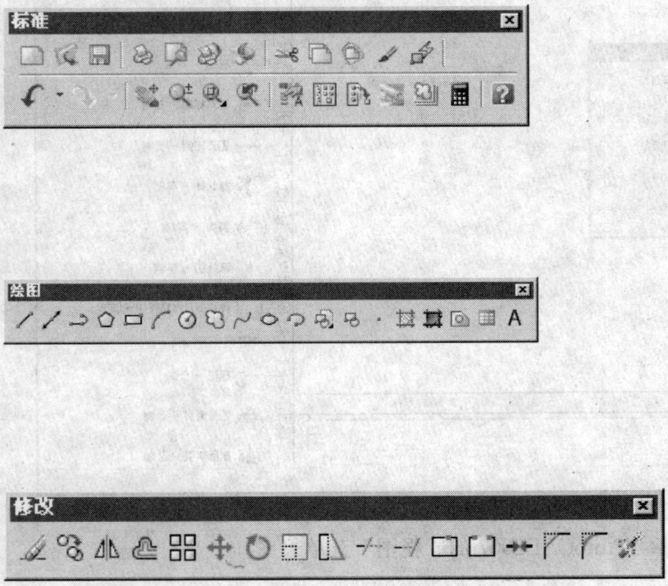

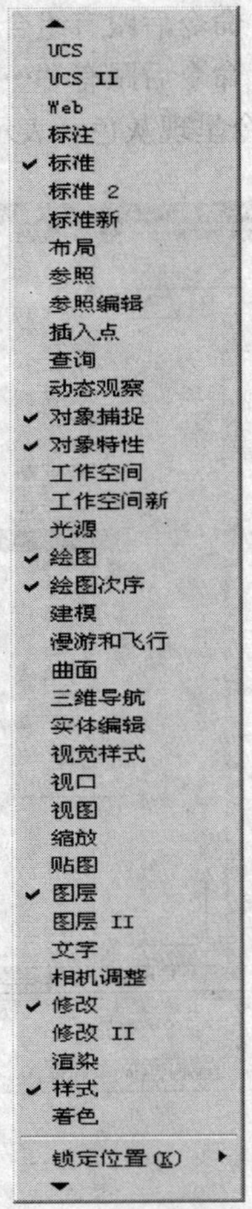

图 2—1—3 “标准”“绘图”和“修改”工具栏　　　　图 2—1—4 工具栏快捷菜单

在绘图窗口中除了显示当前的绘图结果外，还显示了当前使用的坐标系类型以及坐标原点、X 轴、Y 轴、Z 轴的方向等。默认情况下，坐标系为世界坐标系（WCS）。

绘图窗口的下方有“模型”和“布局”选项卡，单击其标签可以在模型空间或图纸空间之间来回切换。

5. 命令行与文本窗口

“命令行”窗口位于绘图窗口的底部，用于接收用户输入的命令，并显示 AutoCAD 提示信息。在 AutoCAD 2007 中，“命令行”窗口可以拖放为浮动窗口。

处于浮动状态的“命令行”窗口随用户拖放位置的不同，其标题栏显示的方向也不同，图 2—1—5 所示为“命令行”窗口靠近绘图窗口左边时的显示情况。如果用户将“命令行”窗口拖放到绘图窗口的右边，这时“命令行”窗口的标题栏将位于右边，如图 2—1—6 所示。

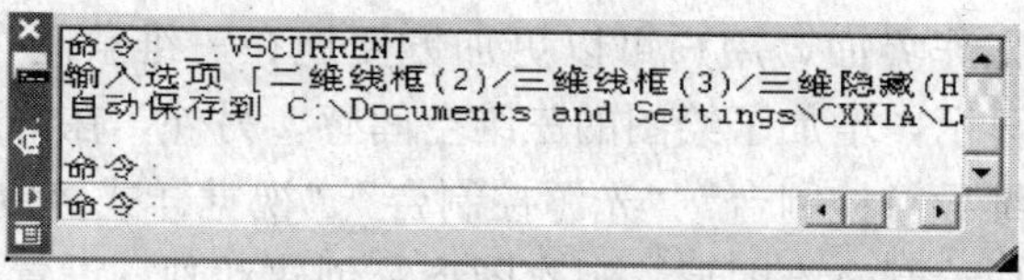

图 2—1—5　“命令行”位于绘图窗口左边时的状态

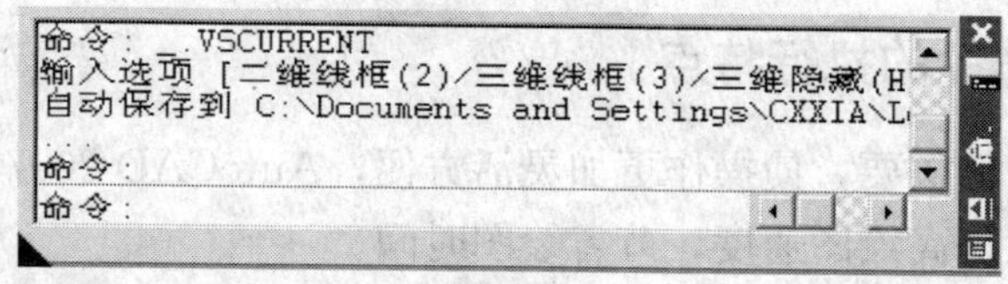

图 2—1—6　“命令行”位于绘图窗口右边时的状态

6. 状态栏

状态栏用来显示 AutoCAD 当前的状态，如当前光标的坐标、状态等，如图 2—1—7 所示。

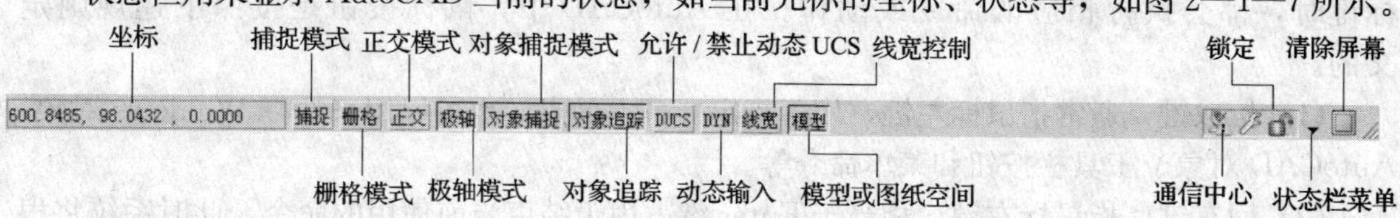

图 2—1—7　状态栏

7. AutoCAD 2007 的三维建模界面组成

在 AutoCAD 2007 中，选择“工具”→“工作空间”→“三维建模”命令，或在“工作空间”工具栏的下拉列表框中选择“三维建模”选项，都可以快速切换到“三维建模”工作界面，如图 2—1—8 所示。

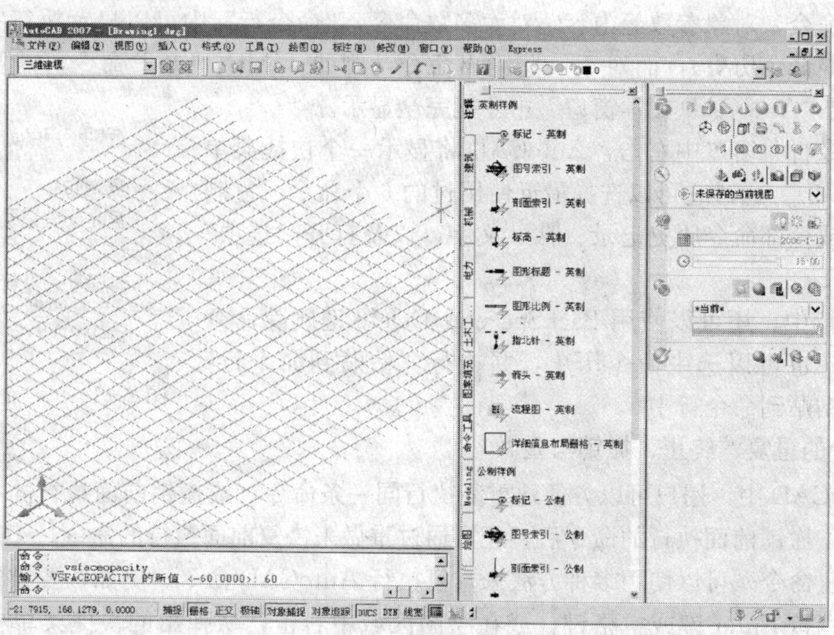

图 2—1—8　AutoCAD 2007 三维建模界面

使用“三维建模”工作界面，用户可以更加方便地在三维空间中绘制图形。默认情况下，栅格以网格的形式显示，增加了绘图的三维空间感。另外，在“面板”选项板中集成了“三维制作控制台”“三维导航控制台”“光源控制台”“视觉样式控制台”和“材质控制台”等选项区域，从而为用户绘制三维图形、观察图形、创建动画、设置光源、为三维对象添加材质等操作提供了非常便利的环境。

二、AutoCAD 命令的执行特点

为了满足不同用户的需要，使操作更加灵活方便，AutoCAD 2007 提供了多种方法来实现相同的命令，能大大提高绘图速度，节省绘图时间。

1. 使用鼠标执行命令

在绘图窗口，光标通常显示为十字线形式。当光标移至菜单选项、工具栏或对话框内时，它会变成一个箭头。无论光标是十字线形式还是箭头形式，当单击或者按下鼠标键时，都会执行相应的命令或动作。在 AutoCAD 中，鼠标按钮是按照下述规则定义的。

（1）拾取键　通常指鼠标左键，用于指定屏幕上的点，也可以用来选择 Windows 对象、AutoCAD 对象、工具栏按钮和菜单命令等。

（2）回车键　指鼠标右键，相当于 Enter 键，用于结束当前使用的命令，此时系统将根据当前绘图状态而弹出不同的快捷菜单。

（3）弹出菜单　当使用 Shift 键和鼠标右键的组合时，系统将弹出一个光标菜单，用于设置捕捉点的方法。

2. 使用“命令行”

在 AutoCAD 2007 中，默认情况下“命令行”是一个可固定的窗口，可以在当前命令行提示下输入命令、对象参数等内容。对大多数命令，“命令行”中可以显示执行完的两条命令提示（也叫命令历史），而对于一些输出命令，例如 TIME、LIST 命令，需要在放大的“命令行”或“AutoCAD 文本窗口”中才能完全显示。

在“命令行”窗口中右击，AutoCAD 将显示一个快捷菜单（见图 2—1—9）。通过它可以选择最近使用过的 6 个命令、复制选定的文字或全部命令历史记录、粘贴文字，以及打开“选项”对话框。

在命令行中，还可以使用 BackSpace 或 Delete 键删除命令行中的文字；也可以选中命令历史，并执行“粘贴到命令行”命令，将其粘贴到命令行中。

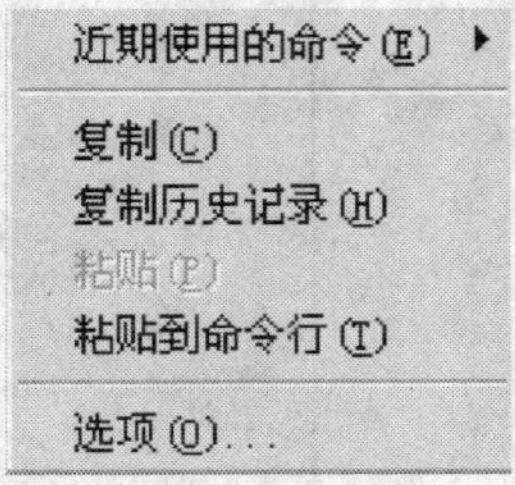

图 2—1—9　“命令行”中快捷菜单

3. 命令的重复、终止、撤销与重做

在 AutoCAD 中，用户可以方便地重复执行同一条命令，或撤销前面执行的一条或多条命令。此外，撤销前面执行的命令后，还可通过重做来恢复前面执行的命令。

（1）重复命令　可以使用多种方法来重复执行 AutoCAD 命令。例如，要重复执行上一个命令，可以按 Enter 键或空格键，或在绘图区域中右击，从弹出的快捷菜单中选择“重复”命令。要重复执行最近使用的 6 个命令中的某一个命令，可以在命令窗口或文本窗口中

右击，从弹出的快捷菜单中选择“近期使用的命令”下最近使用过的 6 个命令之一。要多次重复执行同一个命令，可以在命令提示下输入 MULTIPLE 命令，然后在命令行的“输入要重复的命令名:”提示下输入需要重复执行的命令，这样，AutoCAD 将重复执行该命令，直到按 Esc 键为止。

（2）终止命令　Esc 键是 Windows 程序用于取消操作的标准键，在 AutoCAD 命令执行过程中，可以随时按 Esc 键终止执行任何命令。

（3）撤销前面所进行的操作　有多种方法可以放弃最近一个或多个操作，最简单的就是使用 UNDO 命令来放弃单个操作，也可以一次撤销前面进行的多步操作。这时可在命令提示行中输入 UNDO 命令，然后在命令行中输入要放弃的操作数目。例如，要放弃最近的 5 个操作，应输入 5。AutoCAD 将显示放弃的命令或系统变量设置。

任务实施

1. 开始新图

（1）启动 AutoCAD 2007，选择“文件”→“新建”命令（NEW），或在“标准”工具栏中单击“新建”按钮，打开“选择样板”对话框，如图 2—1—10 所示。

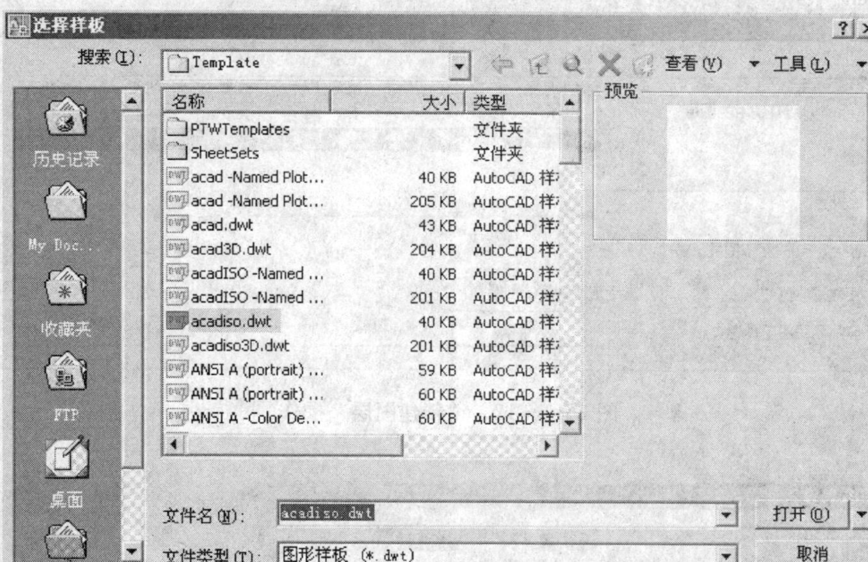

图 2—1—10　“选择样板”对话框

（2）在“选择样板”文件对话框中，在样板列表框中选中 acadiso. dwt，单击打开按钮。

2. 建立图层

（1）选择“格式”→“图层”命令（LAYER），或在“图层”工具栏中单击“图层特性管理器”按钮，打开“图层特性管理器”对话框，如图 2—1—11 所示。

（2）在“图层特性管理器”对话框中，单击“新建图层”按钮，创建一个名称为“图层 1”的新图层，如图 2—1—12 所示。将“图层 1”改为“粗实线”的新图层名，如图

2—1—13 所示。

（3）重复步骤（2），创建细实线、尺寸标注、文字标注、细点画线、细虚线、剖面线层，如图 2—1—14 所示。

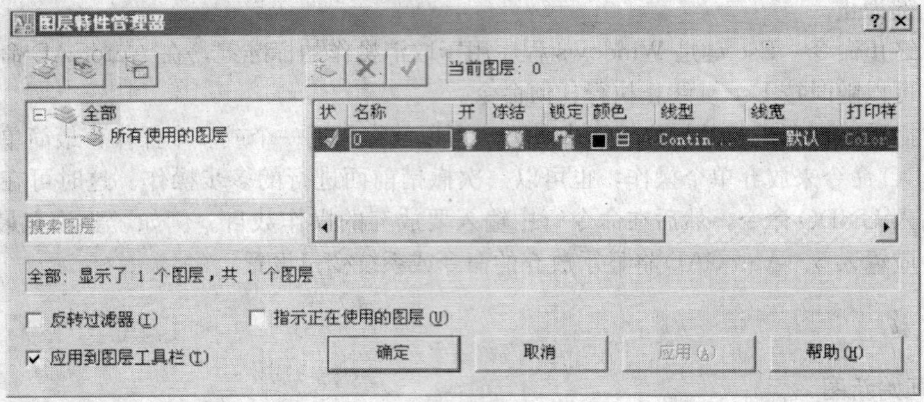

图 2—1—11 “图层特性管理器”对话框

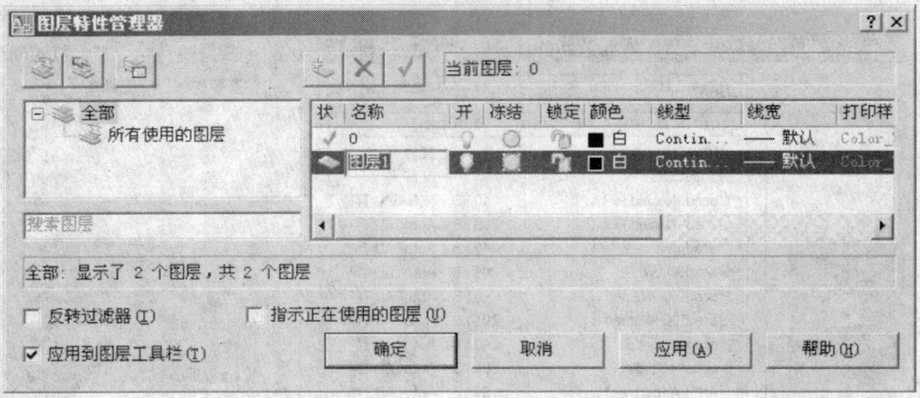

图 2—1—12 “新建图层”操作

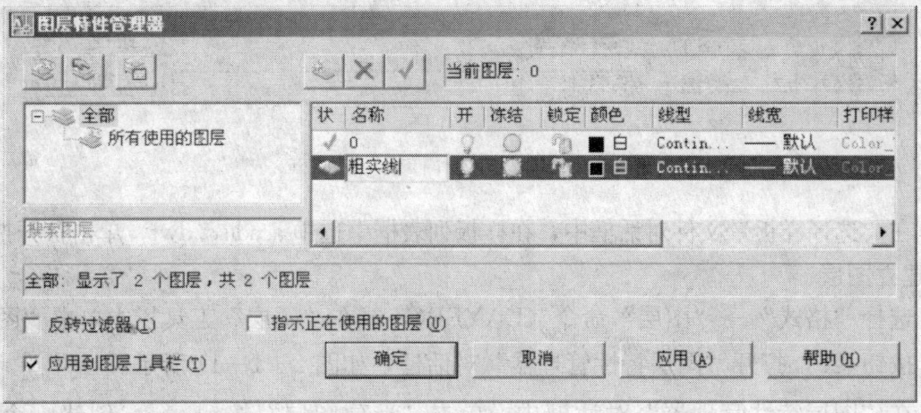

图 2—1—13 新建“粗实线”图层

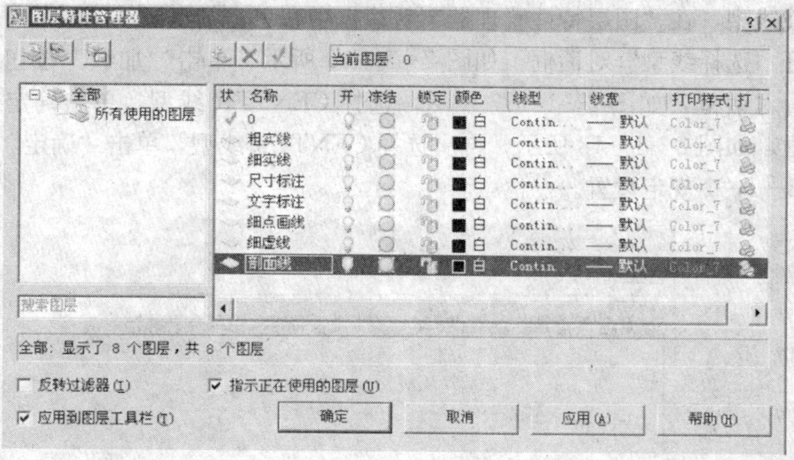

图 2—1—14　创建图层

（4）设置颜色，在“图层特性管理器”对话框中，单击尺寸标注图层中“颜色”列对应的图标，打开“选择颜色”对话框，如图 2—1—15 所示。选择标准颜色中的绿色，单击“确定”按钮。

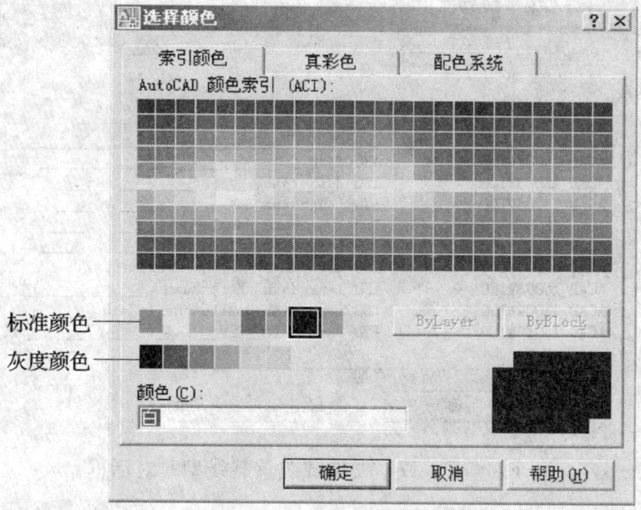

图 2—1—15　“选择颜色”对话框

其他图层颜色按表 2—1—1 规定设置。

表 2—1—1　　　　**图层设置**

图层名称	颜色（颜色号）	线型	线宽
粗实线	白（7）	CONTINUOUS	0.5 mm
细实线	白（7）	CONTINUOUS	默认
尺寸标注	绿（3）	CONTINUOUS	默认
文字标注	绿（3）	CONTINUOUS	默认
细点画线	红（1）	CENTER	默认
细虚线	黄（2）	DASHED	默认
剖面线	青（4）	CONTINUOUS	默认

（5）加载线型，在“图层特性管理器”对话框中，单击细点画线图层的“线型”列对应的图标，打开“选择线型”对话框，如图 2—1—16 所示。单击“加载”按钮，打开“加载或重载线型”对话框，如图 2—1—17 所示，选择 CENTER 线型，单击确定。返回“选择线型”对话框，如图 2—1—18 所示，再次选择 CENTER 线型，单击“确定”按钮。其他图层线型按表 2—1—1 规定设置。

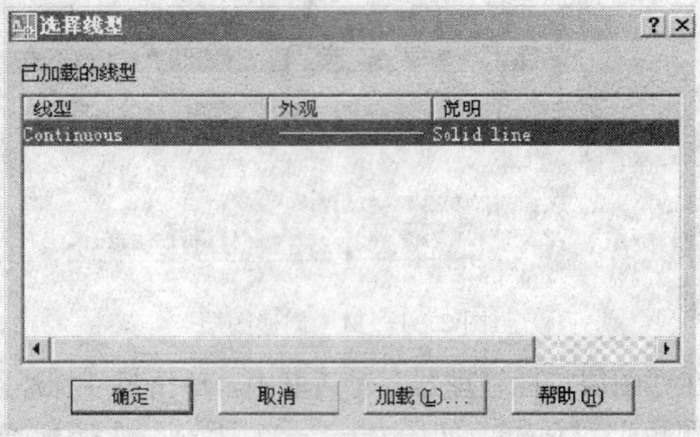

图 2—1—16　“选择线型”对话框

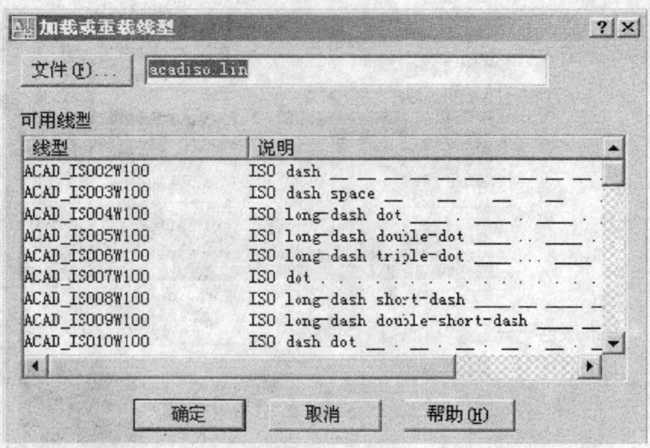

图 2—1—17　“加载或重载线型”对话框

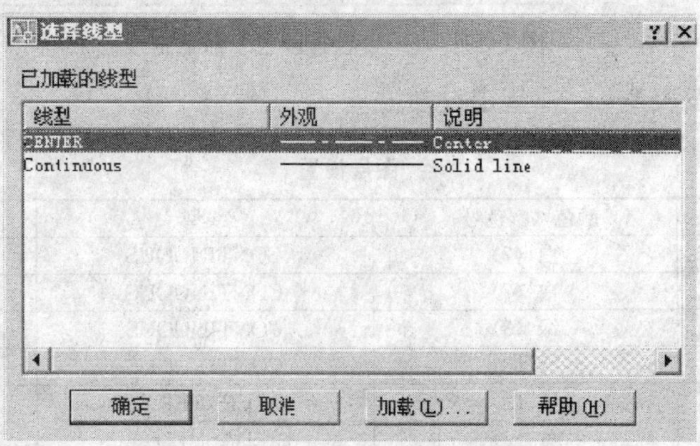

图 2—1—18　“选择线型”对话框

(6) 设置线宽，在“图层特性管理器”对话框中，单击粗实线图层的“线宽”列对应的图标，打开“线宽”对话框，如图 2—1—19 所示，选择 0.5 毫米，单击“确定”按钮。其他图层线宽按表 2—1—1 规定设置。完成后如图 2—1—20 所示。

(7) 选择“格式”→“线宽”命令（LWEIGHT），打开“线宽设置”对话框，如图 2—1—21 所示。将默认线宽调整为 0.25 mm，单击“确定”按钮。

3. 创建文字样式

(1) 选择“格式”→“文字样式”命令（STYLE），或在“样式”工具栏中单击“文字样式”按钮，打开“文字样式”对话框，如图 2—1—22 所示。

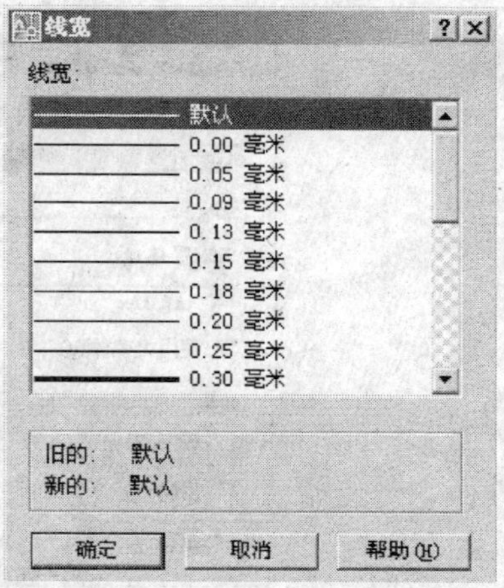

图 2—1—19　“线宽”对话框

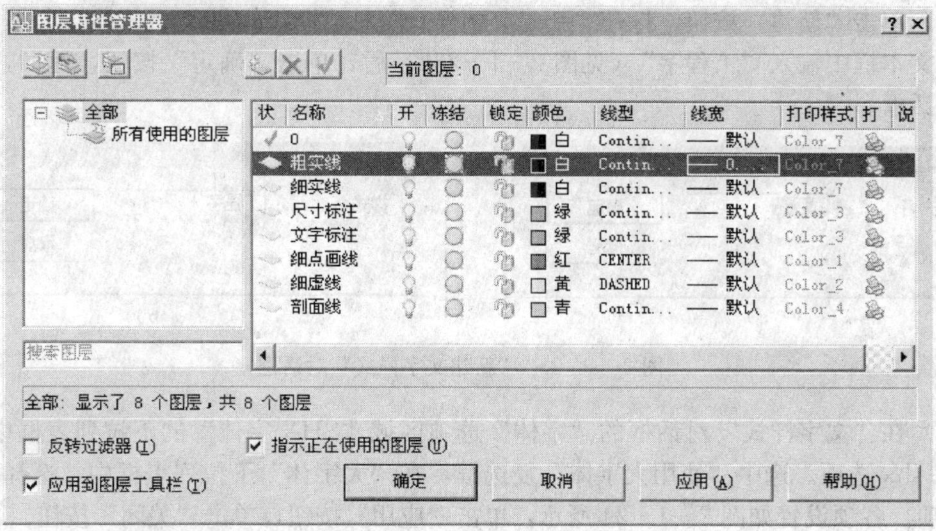

图 2—1—20　设置图层线宽

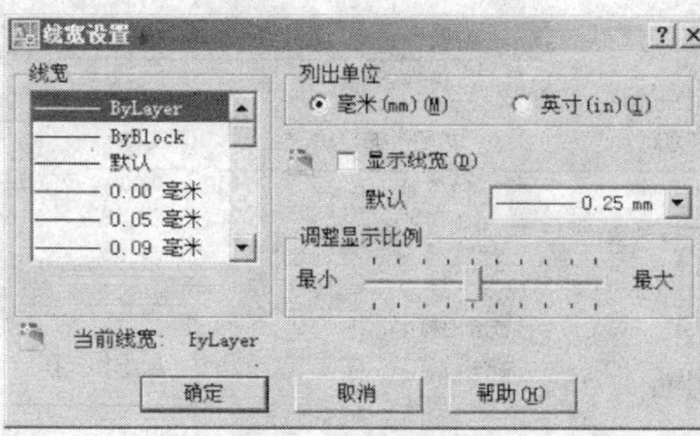

图 2—1—21　“线宽设置”对话框

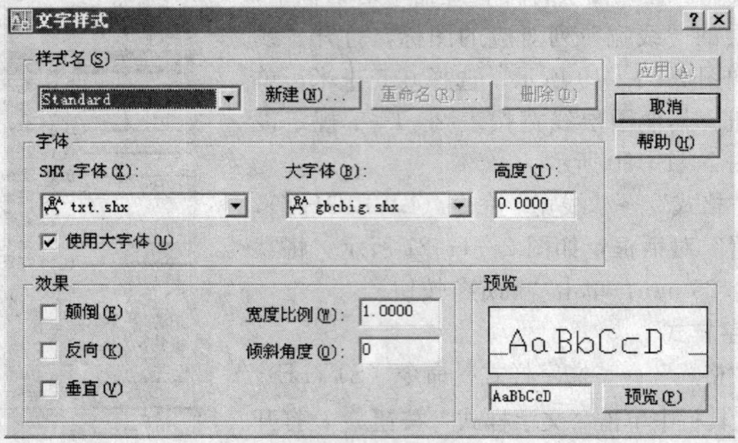

图 2—1—22　“文字样式”对话框

（2）单击“新建”按钮，打开“新建文字样式”对话框，如图 2—1—23a 所示。在“样式名”文本框中输入“工程字”（见图 2—1—23b）后，单击“确定”按钮，返回“文字样式”对话框。

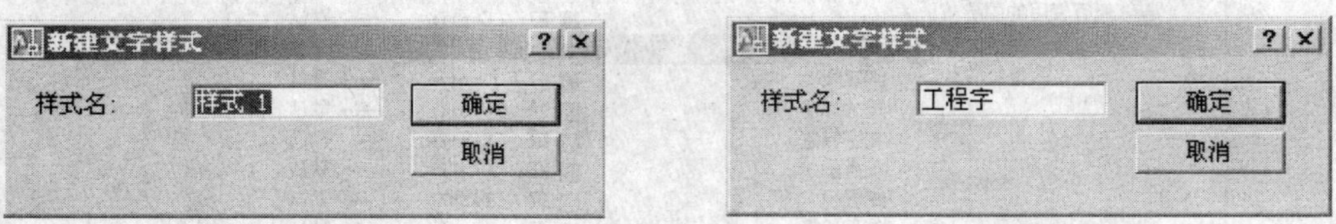

a)　　　　　　　　　　b)

图 2—1—23　“新建文字样式”对话框

（3）在“文字样式”对话框的“字体”选项区域“SHX 字体”的下拉列表框中，选择 gbenor. shx 选项。选中“使用大字体”复选框，在“大字体”下拉列表框中，选择 gbcbig. shx 选项。各项设置如图 2—1—24 所示，单击“应用”按钮，单击“关闭”按钮。

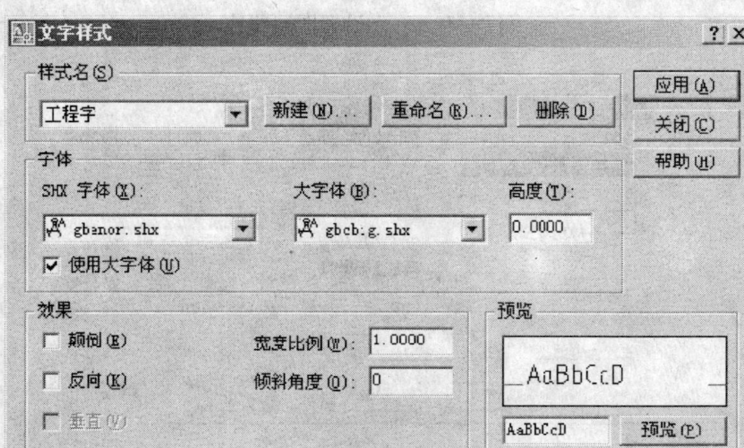

图 2—1—24　文字样式设置

4．创建尺寸标注样式

（1）选择“格式”→“标注样式”命令（DIMSTYLE），或在“样式”工具栏中单击“标注样式”按钮，打开“标注样式管理器”对话框，如图 2—1—25 所示。

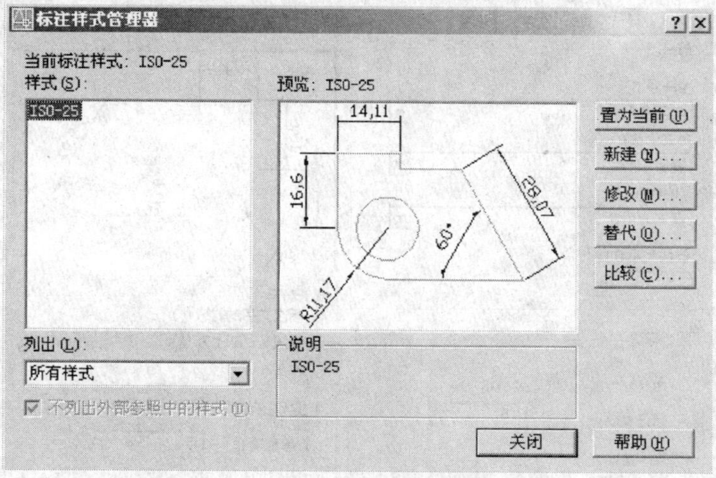

图 2—1—25　“标注样式管理器”对话框

（2）单击“新建”按钮，打开“创建新标注样式”对话框，如图 2—1—26 所示。在“新样式名”文本框中输入“GB—3. 5”。

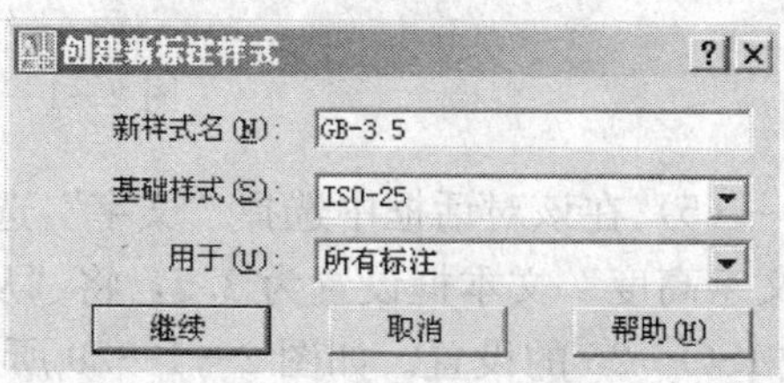

图 2—1—26　“创建新标注样式”对话框

（3）单击“继续”按钮，打开“新建标注样式：GB—3. 5”对话框，如图 2—1—27 所示。在该对话框中选择“直线”选项卡，将“基线间距”文本框设置为 5. 25；将“超出尺寸线”文本框设置为 2. 5；将“起点偏移量”文本框设置为 0；其余均采用原有设置，即基础样式 ISO—25 的设置。

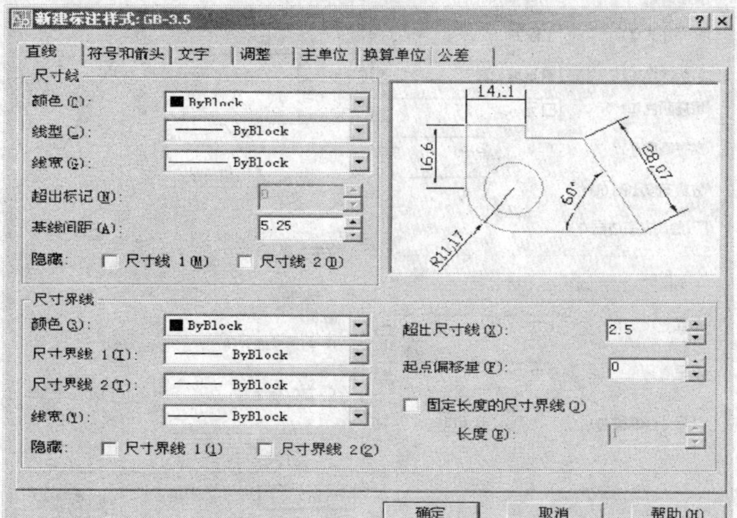

图 2—1—27　“新建标注样式：GB—3. 5”对话框

(4) 在该对话框中选择“符号和箭头”选项卡，将“箭头大小”文本框设置为 3.5，将“圆心标记”选项组中的“大小”文本框设置为 3.5，其余均采用原有设置，如图 2—1—28 所示。

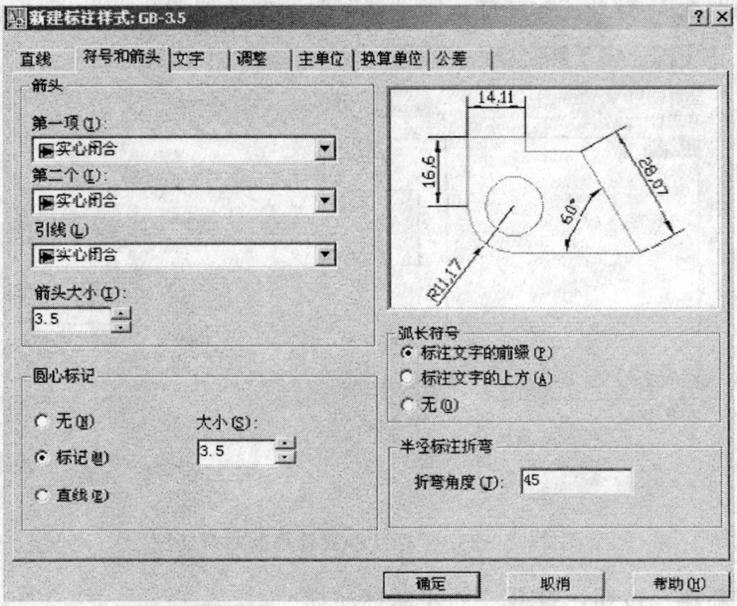

图 2—1—28　“符号和箭头”选项卡

(5) 在该对话框中选择“文字”选项卡，将“文字样式”文本框设置为“工程字”，将“文字高度”文本框设置为 3.5，将“从尺寸线偏移”文本框设置为 0.875，其余采用基础样式 ISO—25 的设置。如图 2—1—29 所示。

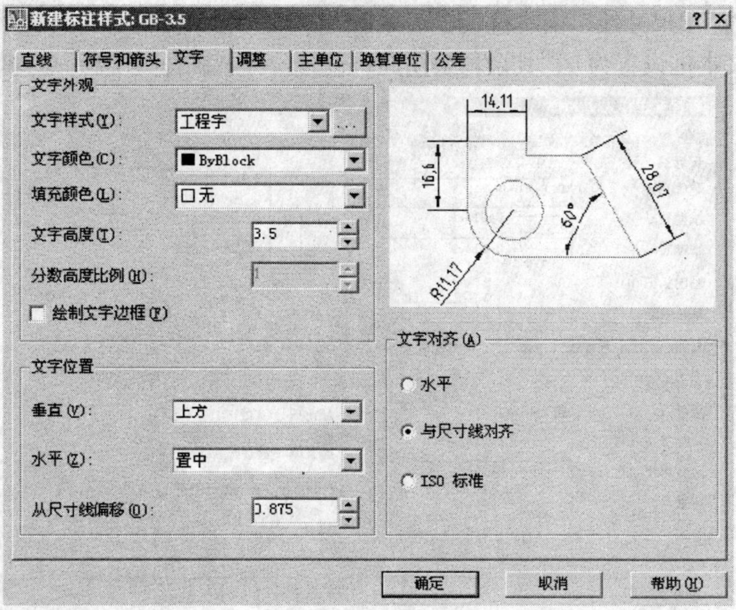

图 2—1—29　“文字”选项卡

（6）在该对话框中选择“主单位”选项卡，将“小数分隔符”文本框设置为“.”（句点），其余采用基础样式 ISO—25 的设置，如图 2—1—30 所示。

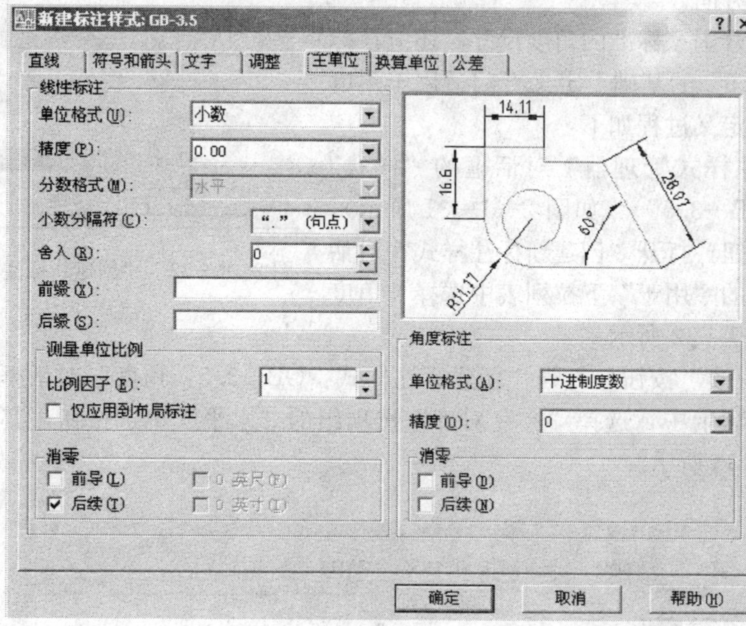

图 2—1—30　“主单位”选项卡

（7）单击对话框中的“确定”按钮，完成尺寸标注样式“GB—3.5”的设置，AutoCAD 返回到“标注样式管理器”对话框，如图 2—1—31 所示。

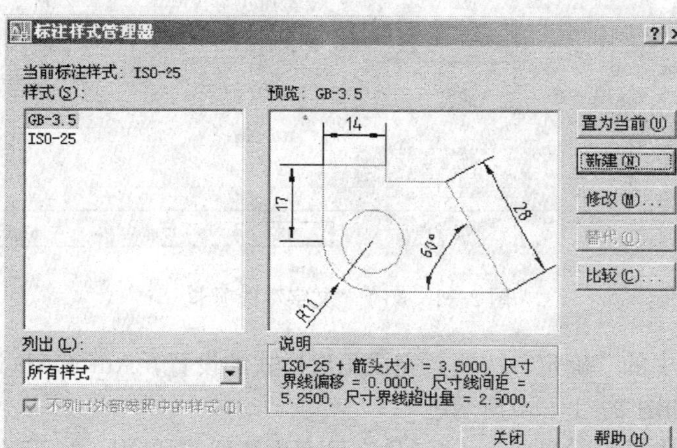

图 2—1—31　“标注样式管理器”对话框

从图 2—1—31 可以看出，新创建的标注样式“GB—3.5”已经显示在“样式”列表框中。如果将该样式置为当前样式（方法：在“样式”列表框选中“GB—3.5”，单击“置为当前”按钮），然后单击“关闭”按钮，就可以用样式“GB—3.5”标注尺寸了。

用标注样式“GB—3.5”标注尺寸时，虽然可以标注出符合国家标准要求的大多数尺寸，但标注出的角度尺寸不符合国家标准要求。国家标准规定：标注角度尺寸时，角度的数字一律写成水平方向。

为标注出符合国家标准的角度尺寸，还应在标注样式“GB—3.5”的基础上定义专门适用于角度标注的子样式。定义过程如下：

1）在“标注样式管理器”对话框的“样式”列表框选中“GB—3.5”（如图 2—1—31 所示），单击“新建”按钮，打开“创建新标注样式”对话框，在该对话框的“用于”下拉列表中选择“角度标注”，如图 2—1—32 所示。

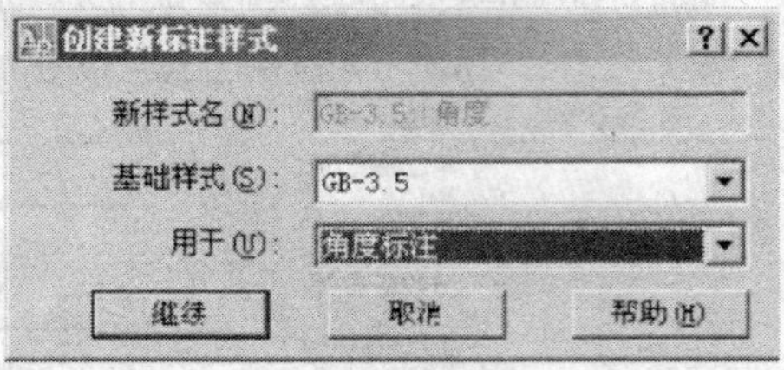

图 2—1—32　“创建新标注样式”对话框

2）单击“继续”按钮，打开“新建标注样式：GB—3.5：角度”对话框，在该对话框中的“文字”选项卡中，选择“文字对齐”选项组的“水平”单选按钮，其余设置保持不变，如图 2—1—33 所示。

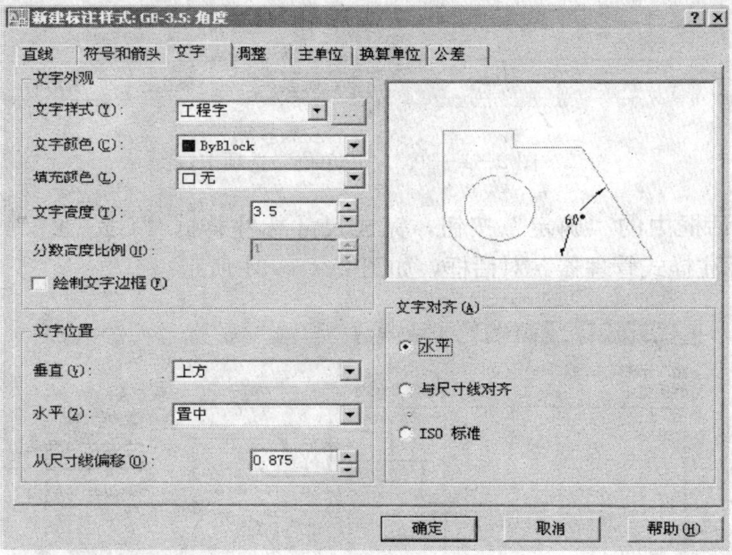

图 2—1—33　“文字”选项卡

3）单击对话框中的“确定”按钮，完成角度样式的设置，AutoCAD 返回到“标注样式管理器”对话框，如图 2—1—34 所示。

从图 2—1—34 中可以看出，AutoCAD 在已有标注样式“GB—3.5”的下面引出了一个标记为“角度”的子样式，同时在预览窗口中显示出对应的角度标注效果。将“GB—3.5”样式设为当前样式，单击“关闭”按钮关闭对话框，则完成尺寸标注样式的设置，同时将该样式置为当前样式。

注释：尺寸标注时常用的字高度为 3.5 mm 和 5 mm，用户可以用标注样式“GB—3.5”为基础样式定义标注尺寸文字字高为 5 mm 的样式“GB—5”。该样式的主要设置要求如下：

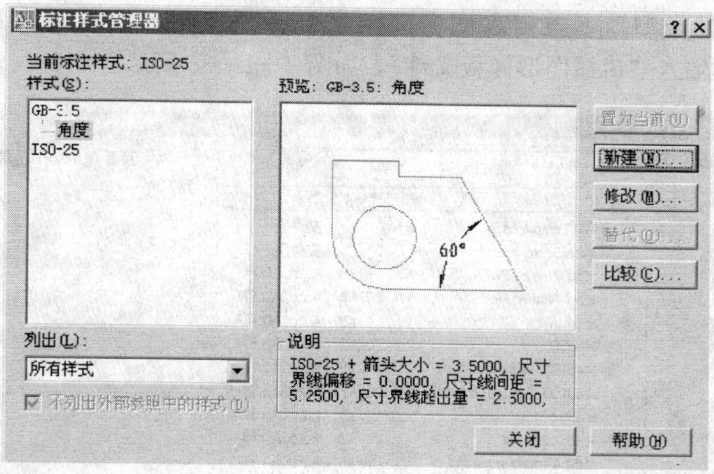

图 2—1—34 “标注样式管理器”对话框

(1) “直线”选项卡：将“基线间距”设置为 7.5；将“超出尺寸线”文本框设置为 2.5；将“起点偏移量”文本框设置为 0，其余设置与“GB—3.5”样式相同。

(2)“符号和箭头”选项卡：将“箭头大小”和“圆心标记”选项组中的“大小”设置为 5，其余设置与“GB—3.5”样式相同。

(3)“文字”选项卡：将“文字高度”设置为 5；将“从尺寸线偏移”设置为 1.25，其余设置与“GB—3.5”样式相同。

(4) 其余选项卡的设置与“GB—3.5”样式相同。同样，创建“GB—5”样式后，也应该创建它的“角度”子样式，以标注符合国家标准要求的角度尺寸。

5. 生成图形样板文件

(1) 选择“文件”→“保存”命令 (QSAVE)，或在“标准”工具栏中单击“保存”按钮，系统将打开“图形另存为”对话框，如图 2—1—35 所示。

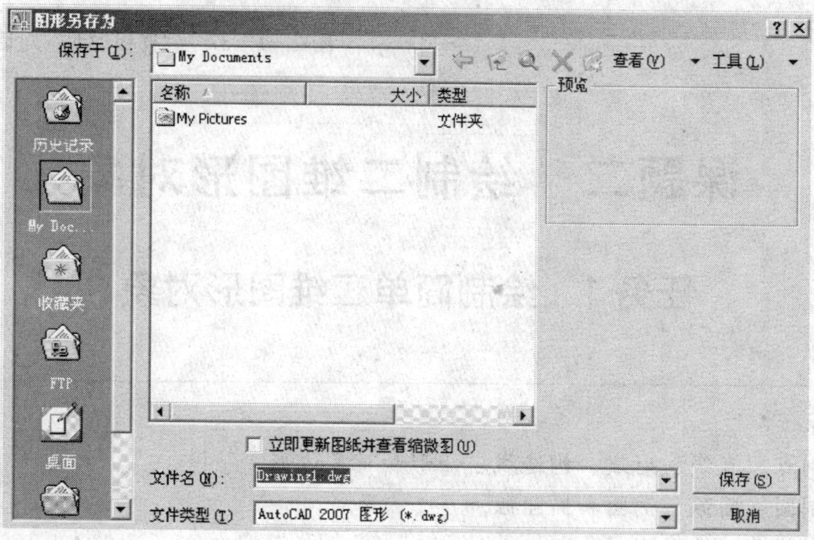

图 2—1—35 “图形另存为”对话框

(2) 在“文件类型”下拉列表框中选择“AutoCAD 图形样板（*.dwt)”格式，在“文件名”文本框输入“机械图形样板文件”，如图 2—1—36 所示。

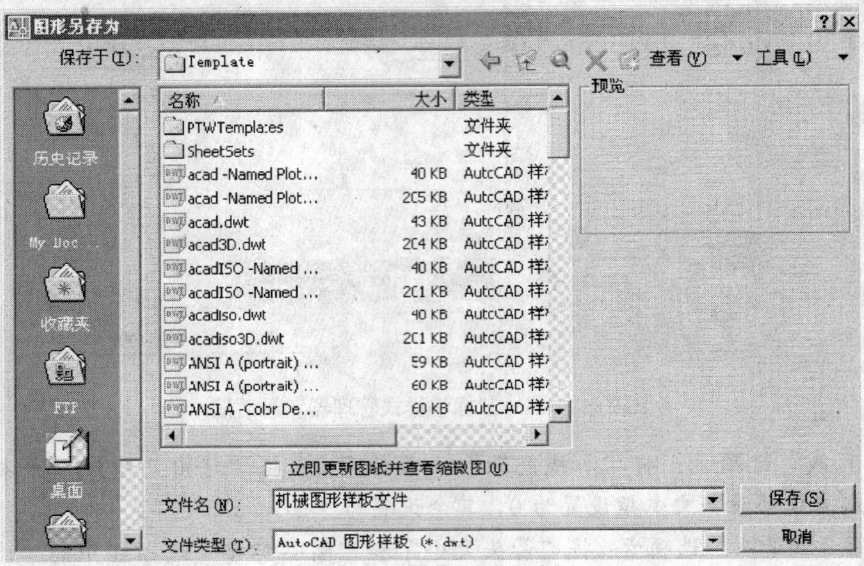

图 2—1—36 “图形另存为”对话框

(3) 单击对话框中的“保存”按钮，弹出“样板说明”对话框，如图 2—1—37 所示。

(4) 单击“样板说明”对话框中的“确定”按钮，并关闭 AutoCAD 2007 完成练习。

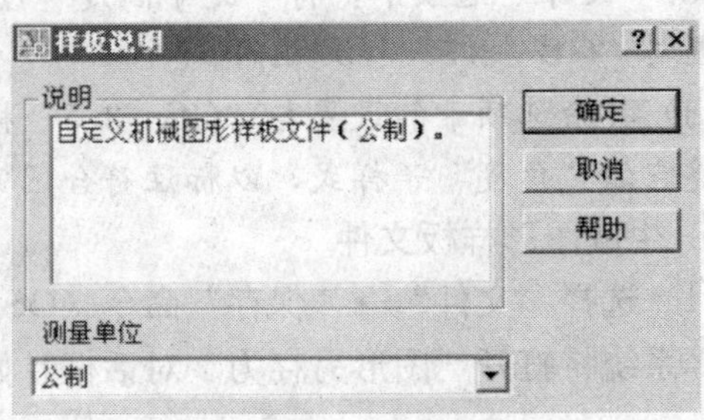

图 2—1—37 “样板说明”对话框

课题二 绘制二维图形对象

任务 1 绘制简单二维图形对象

◆ **教学目标**

1. 能绘制点、直线、射线、构造线、矩形和正多边形。
2. 能绘制圆、圆弧、椭圆和椭圆弧。
3. 能绘制简单二维图形对象。

任务提出

绘制如图 2—2—1 所示压板平面图，要求符合制图国家标准的有关规定。

任务分析

任何复杂的图形都可以分解成简单的点、线、面等基本图形。用户使用“绘图”菜单中的命令，可以方便地绘制出点、直线、圆、圆弧、多边形、圆环等简单的二维图形。二维图形的形状都很简单，创建起来也很容易，它们是整个 AutoCAD 的绘图基础，因此，用户只有熟练地掌握它们的绘制方法和技巧，才能够更好地绘制出复杂的二维图形。

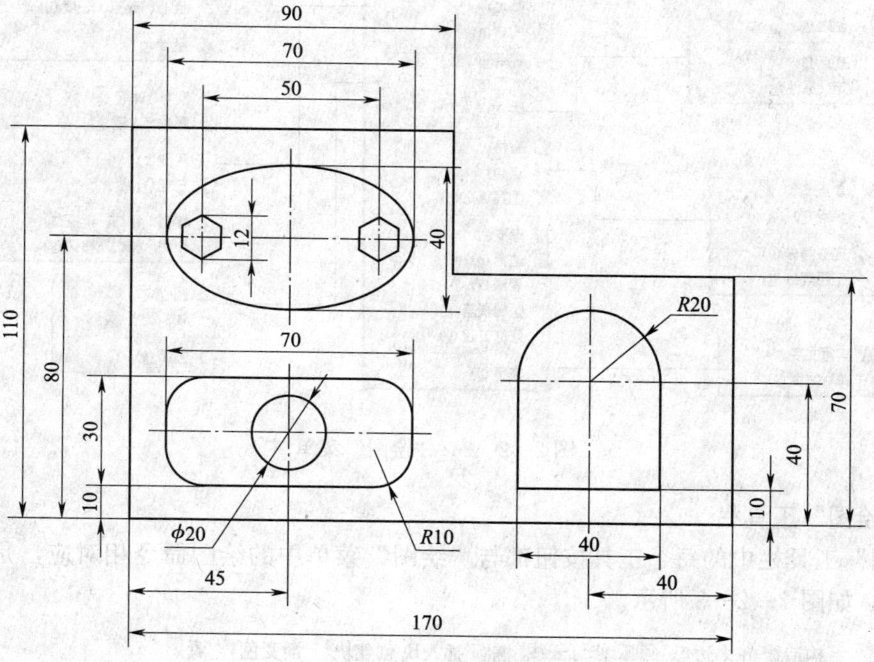

图 2—2—1　压板平面图

相关知识

一、绘图方法

为了满足不同用户的需要，使操作更加灵活方便，AutoCAD 2007 提供了多种方法来实现相同的功能。例如，可以使用“绘图”菜单、“绘图”工具栏、“屏幕菜单”和“绘图命令”4 种方法来绘制基本图形对象。

1. “绘图”菜单

“绘图”菜单是绘制图形最基本、最常用的方法，其中包含了 AutoCAD 2007 的大部分绘图命令，如图 2—2—2 所示。选择该菜单中的命令或子命令，可绘制出相应的二维图形。

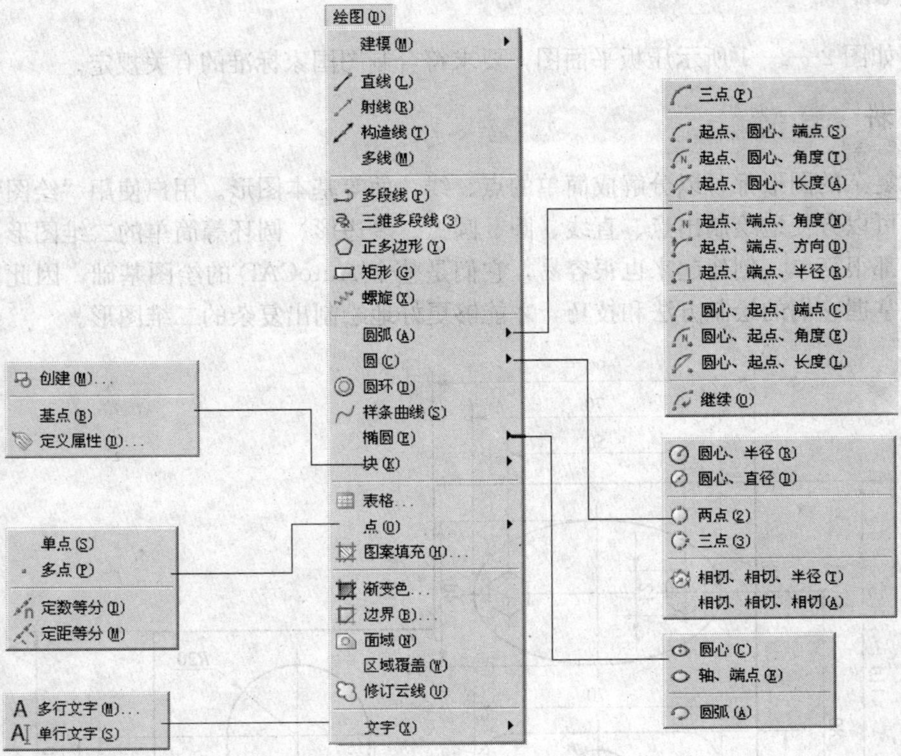

图 2—2—2 “绘图”菜单

2. “绘图”工具栏

“绘图”工具栏中的每个工具按钮都与“绘图”菜单中的绘图命令相对应，是图形化的绘图命令，如图 2—2—3 所示。

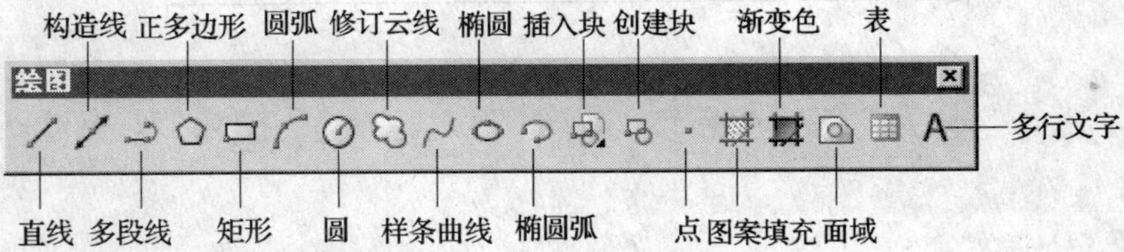

图 2—2—3 “绘图”工具栏

3. 屏幕菜单

屏幕菜单是 AutoCAD 2007 的另一种菜单形式，如图 2—2—4 所示。选择其中的“工具 1”和“工具 2”子菜单，可以使用绘图相关工具。“工具 1”和“工具 2”子菜单中的每个命令分别与 AutoCAD 2007 的绘图命令相对应，如图 2—2—5 所示。

默认情况下，系统不显示屏幕菜单，但可以通过选择“工具”→“选项”命令，打开“选项”对话框，在“显示”选项卡的“窗口元素”选项区域中勾选“显示屏幕菜单”复选框将其显示。

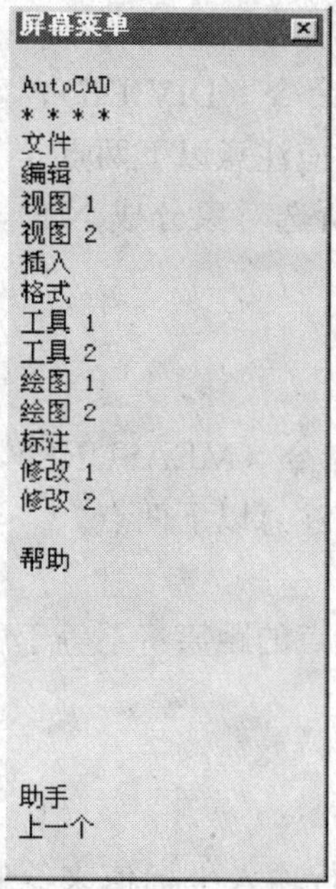

图 2—2—4　屏幕菜单

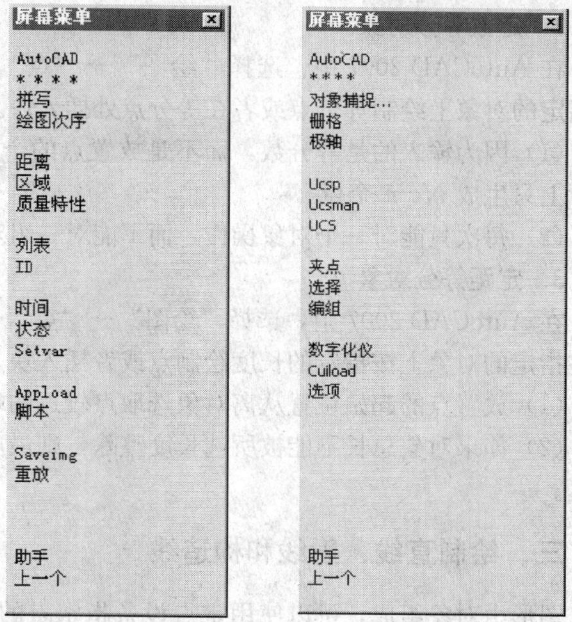

图 2—2—5　屏幕菜单的“工具 1”和“工具 2”子菜单

4. 绘图命令

使用绘图命令也可以绘制图形。在命令提示行中输入绘图命令，按 Enter 键，并根据命令行的提示信息进行绘图操作。这种方法快捷，准确性高，但要求掌握绘图命令及其选择项的具体用法。

AutoCAD 2007 在实际绘图时，采用命令行工作机制，以命令的方式实现用户与系统的信息交互，而前面介绍的 3 种绘图方法是为了方便操作而设置的，是 3 种不同的调用绘图命令的方式。

二、绘制点对象

在 AutoCAD 2007 中，点对象可用作捕捉和偏移对象的节点或参考点。可以通过“单点”“多点”“定数等分”和“定距等分”4 种方法创建点对象。

1. 绘制单点和多点

在 AutoCAD 2007 中，选择“绘图”→“点”→“单点”命令（POINT），可以在绘图窗口中一次指定一个点；选择“绘图”→“点”→“多点”命令，可以在绘图窗口中一次指定多个点，直到按 Esc 键结束。

在绘制点时，命令提示行的 PDMODE 和 PDSIZE 两个系统变量显示了当前状态下点的样式和大小。可以通过选择“格式”→“点样式”命令，打开“点样式”对话框，对点的样式和大小进行设置，如图 2—2—6 所示。

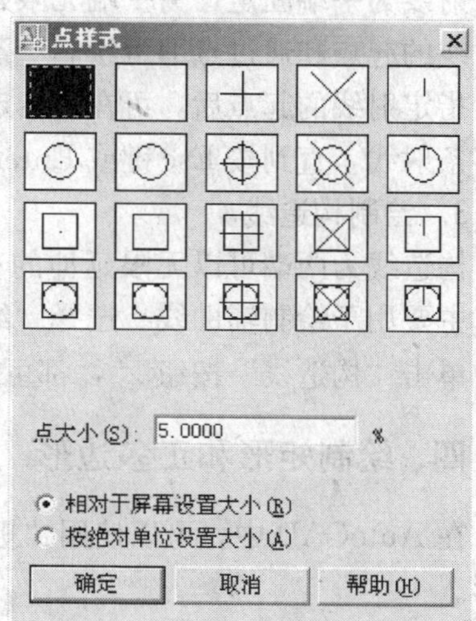

图 2—2—6　“点样式”对话框

2．定数等分对象

在 AutoCAD 2007 中，选择“绘图”→“点”→“定数等分”命令（DIVIDE），可以在指定的对象上绘制等分点或者在等分点处插入块。在使用该命令时应注意以下两点。

（1）因为输入的是等分数，而不是放置点的个数，所以如果将所选对象分成 N 份，则实际上只生成 $N-1$ 个点。

（2）每次只能对一个对象操作，而不能对一组对象操作。

3．定距等分对象

在 AutoCAD 2007 中，选择“绘图”→“点”→“定距等分”命令（MEASURE），可以在指定的对象上按指定的长度绘制点或者插入块。使用该命令时应注意以下两点。

（1）放置点的起始位置从离对象选取点较近的端点开始。

（2）如果对象总长不能被所选长度整除，则最后放置点到对象端点的距离将不等于所选长度。

三、绘制直线、射线和构造线

图形由对象组成，可以使用定点设备指定点的位置或者在命令行输入坐标值来绘制对象。在 AutoCAD 中，直线、射线和构造线是最简单的一组线性对象。

1．绘制直线

“直线”是各种绘图中最常用、最简单的一类图形对象，只要指定了起点和终点，即可绘制一条直线。在 AutoCAD 中，可以用二维坐标（x，y）或三维坐标（x，y，z）来指定端点，也可以混合使用二维坐标和三维坐标。如果输入二维坐标，AutoCAD 将会用当前的高度作为 Z 轴坐标值，默认值为 0。

选择“绘图”→“直线”命令（LINE），或在“绘图”工具栏中单击“直线”按钮 ，可以绘制直线。

2．绘制射线

射线为一端固定，另一端无限延伸的直线。选择“绘图”→“射线”命令（RAY），指定射线的起点和通过点即可绘制一条射线。在 AutoCAD 中，射线主要用于绘制辅助线。

指定射线的起点后，可在“指定通过点:”提示下指定多个通过点，绘制以起点为端点的多条射线，直到按 Esc 键或 Enter 键退出为止。

3．绘制构造线

构造线为两端可以无限延伸的直线，没有起点和终点，可以放置在三维空间的任何地方，主要用于绘制辅助线。选择“绘图”→“构造线”命令（XLINE），或在“绘图”工具栏中单击“构造线”按钮 ，都可绘制构造线。

四、绘制矩形和正多边形

在 AutoCAD 中，可以使用“矩形”命令绘制矩形，使用“正多边形”命令绘制正多边形。

1．绘制矩形

选择“绘图”→“矩形”命令（RECTANGLE），或在“绘图”工具栏中单击“矩形”

按钮，即可绘制出倒角矩形、圆角矩形、有厚度的矩形等多种矩形，如图 2—2—7 所示。

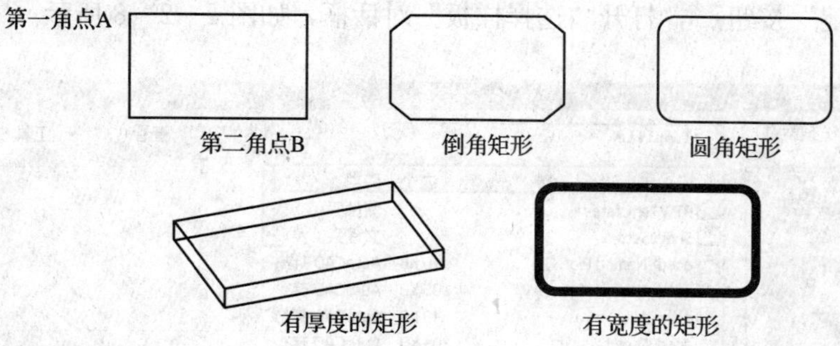

图 2—2—7 矩形的各种样式

2. 绘制正多边形

选择“绘图”→“正多边形”命令（POLYGON），或在“绘图”工具栏中单击“正多边形”按钮，可以绘制边数为 3～1 024 的正多边形。

五、绘制圆、圆弧、椭圆和椭圆弧

在 AutoCAD 2007 中，圆、圆弧、椭圆和椭圆弧都属于曲线对象，其绘制方法相对线性对象要复杂一些，但方法也比较多。

1. 绘制圆

选择“绘图”→“圆”命令中的子命令，或单击“绘图”工具栏中的“圆”按钮即可绘制圆。在 AutoCAD 2007 中，可以使用 6 种方法绘制圆。

2. 绘制圆弧

选择“绘图”→“圆弧”命令中的子命令，或单击“绘图”工具栏中的“圆弧”按钮，即可绘制圆弧。在 AutoCAD 2007 中，圆弧的绘制方法有 11 种。

3. 绘制椭圆

选择“绘图”→“椭圆”子菜单中的命令，或单击“绘图”工具栏中的“椭圆”按钮，即可绘制椭圆。可以选择“绘图”→“椭圆”→“中心点”命令，指定椭圆中心、一个轴的端点（主轴）以及另一个轴的半轴长度绘制椭圆；也可以选择“绘图”→“椭圆”→“轴、端点”命令，指定一个轴的两个端点（主轴）和另一个轴的半轴长度绘制椭圆。

4. 绘制椭圆弧

在 AutoCAD 2007 中，椭圆弧的绘图命令和椭圆的绘图命令都是 ELLIPSE，但命令行的提示不同。选择“绘图”→“椭圆”→“圆弧”命令，或在“绘图”工具栏中单击“椭圆弧”按钮，都可绘制椭圆弧。

任务实施

绘制如图 2—2—1 所示压板平面图的步骤如下：

1. 开始新图

(1) 启动 AutoCAD 2007，选择“文件”→“新建”命令（NEW），或在“标准”工具栏中单击“新建”按钮，打开“选择样板”对话框，如图 2—2—8 所示。

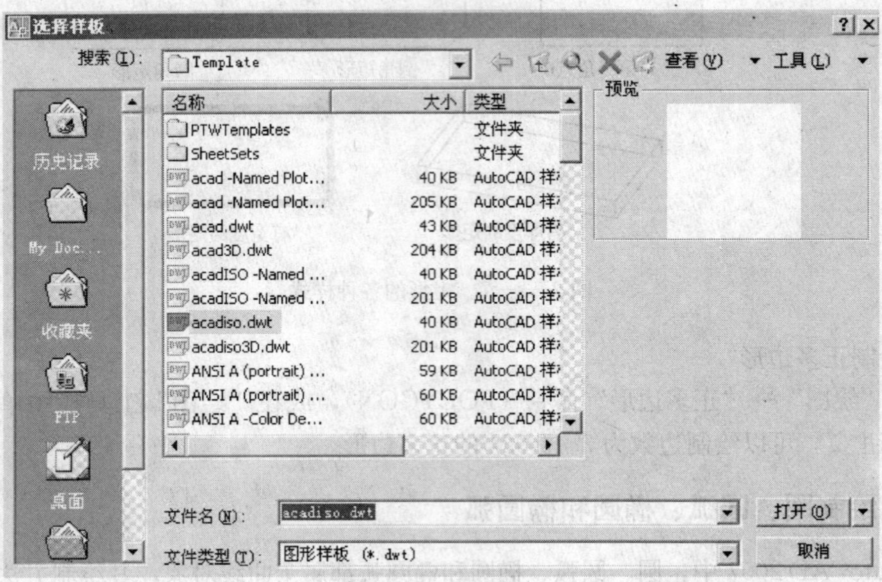

图 2—2—8 “选择样板”对话框

(2) 在“选择样板”文件对话框中，在样板列表框中选中“机械图形样板文件”（前一任务中创建），单击“打开”按钮。

2. 设置工作界面

(1) 单击状态栏中的“对象捕捉”等按钮，可以打开或关闭“对象捕捉”等按钮。使状态栏中的“极轴”“对象捕捉”“对象追踪”“线宽”“模型”为打开状态，其余为关闭状态，如图 2—2—9 所示。

图 2—2—9 状态栏各按钮状态

(2) 将“粗实线”层设置为当前层，如图 2—2—10 所示。

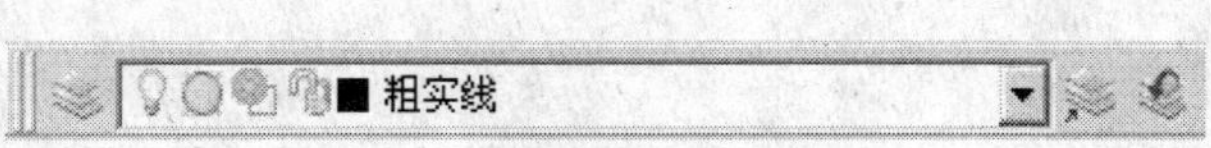

图 2—2—10 “粗实线”层为当前层

3. 绘制图形

(1) 选择“绘图”→“直线”命令（LINE），或在“绘图”工具栏中单击“直线”按钮，即执行“直线”命令，完成图形如图 2—2—11 所示。

注意：绘图过程中应及时使用“视图”→“缩放”命令或“标准”工具栏中的实时缩放

按钮，将图形缩放为适当大小；使用“视图”→“平移”命令或“标准”工具栏中的实时平移按钮，将图形放置在适当地方。并根据需要及时切换图层。

(2) 执行“直线”“矩形”“正多边形”“圆”“椭圆”等命令，完成图形如图 2—2—12 所示。

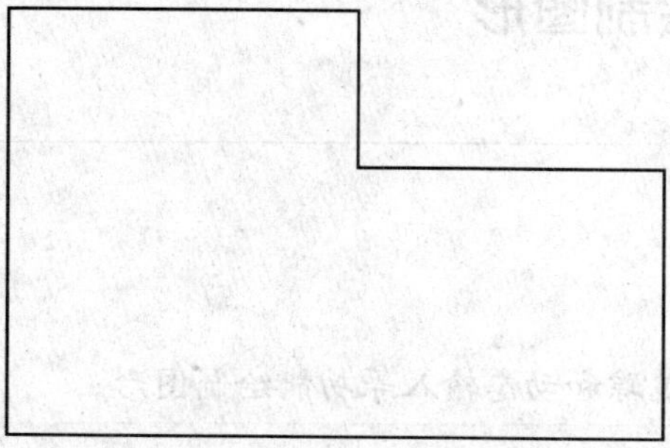

图 2—2—11 绘制图形（一）

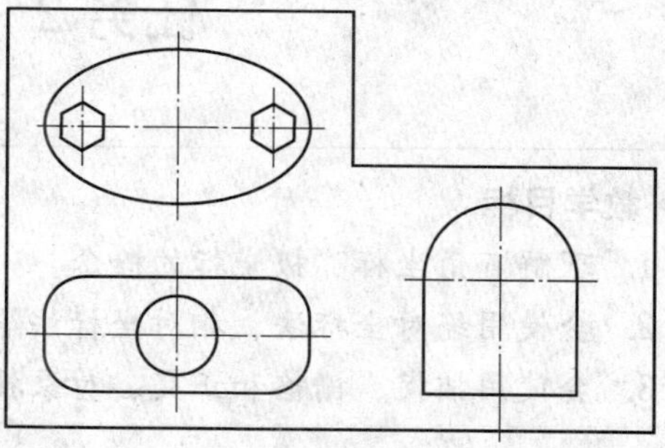

图 2—2—12 绘制图形（二）

4. 标注尺寸

标注各个尺寸，如图 2—2—13 所示。

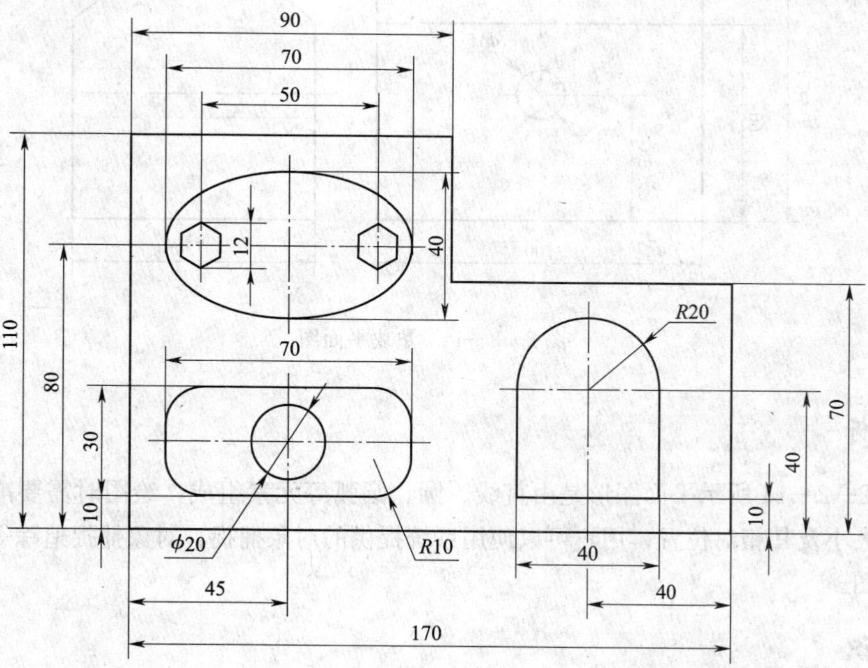

图 2—2—13 标注尺寸

5. 保存图形文件

选择“文件”→“保存”命令（QSAVE），或在“标准”工具栏中单击“保存”按钮，保存图形。

6. 关闭图形文件

选择“文件”→“关闭”命令（CLOSE），或在绘图窗口中单击“关闭”按钮 ×，可以关闭当前图形文件。

任务 2　精确绘制图形

◆ **教学目标**

1. 理解直角坐标、极坐标的概念。
2. 会使用绝对坐标法、相对坐标法绘制图形。
3. 会使用捕捉、栅格和正交、对象捕捉、自动追踪和动态输入等功能绘制图形。

任务提出

绘制如图 2—2—14 所示垫块平面图，要求符合制图国家标准的有关规定。

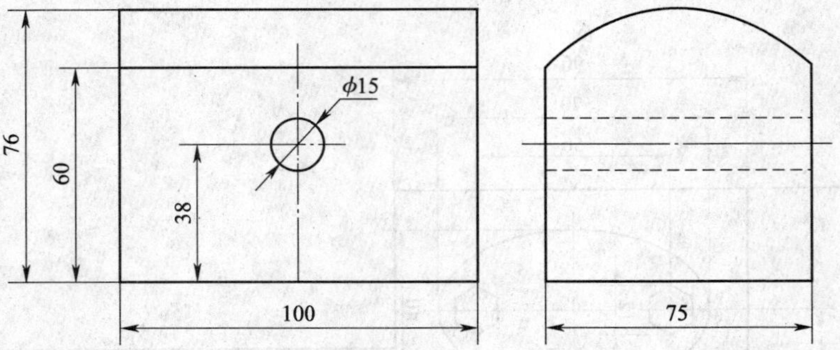

图 2—2—14　垫块平面图

任务分析

如图 2—2—14 所示平面图形是由直线、圆、圆弧等元素组成，绘图时需要准确确定各个元素的大小及其相对位置，用户可以使用系统提供的对象捕捉、对象捕捉追踪等功能来做到精确绘图。

相关知识

在绘图时，灵活运用 AutoCAD 所提供的绘图工具进行准确定位，可以有效地提高绘图的精确性和效率。在中文版 AutoCAD 2007 中，绘图辅助工具很多，它们可以帮助用户快速有效地绘制图形。例如，用户可以通过指定点的坐标来绘制图形；用户还可以使用系统提供的对象捕捉、对象捕捉追踪等功能，在不输入坐标的情况下快速、精确地绘制图形。

一、使用坐标系

在绘图过程中要精确定位某个对象时，必须以某个坐标系作为参照，以便精确拾取点的位置。通过 AutoCAD 的辅助工具坐标系可以准确地设计并绘制图形。

1. 认识世界坐标系与用户坐标系

坐标（x，y）是表示点的最基本方法。在 AutoCAD 中，坐标系分为世界坐标系（WCS）和用户坐标系（UCS），如图 2—2—15 所示。两种坐标系下都可以通过坐标（x，y）来精确定位点。

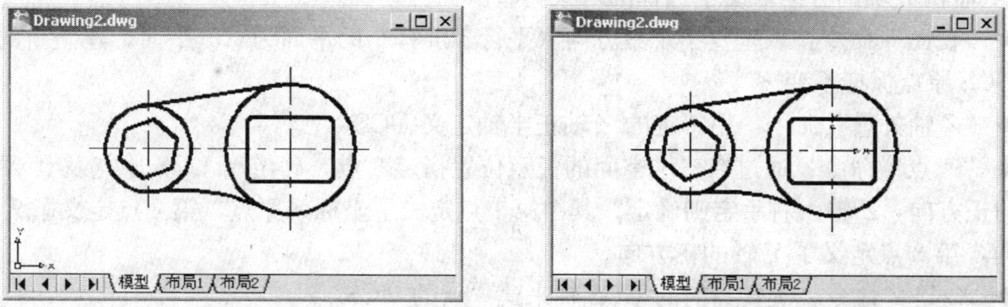

图 2—2—15　世界坐标系（WCS）和用户坐标系（UCS）

默认情况下，在开始绘制新图形时，当前坐标系为世界坐标系（即 WCS），它包括 X 轴和 Y 轴（如果在三维空间工作，还有一个 Z 轴）。WCS 坐标轴的交汇处显示“口”形标记，但坐标原点并不在坐标轴的交汇点，而位于图形窗口的左下角，所有的位移都是相对于原点计算的，并且沿 X 轴正向及 Y 轴正向的位移规定为正方向。

在 AutoCAD 中，为了能够更好地辅助绘图，用户经常需要修改坐标系的原点和方向，这时世界坐标系 WCS 将变为用户坐标系 UCS。

UCS 原点可以移动，X、Y、Z 轴方向都可以旋转，甚至可以依赖于图形中某个特定对象来确定 UCS。尽管 UCS 中 3 个坐标轴之间仍然互相垂直，但在坐标原点及坐标轴方向上有了更大的灵活性。另外，UCS 图标中不再有“口”形标记。

2. 坐标的表示方法

在 AutoCAD 2007 中，点的坐标可以使用绝对直角坐标、绝对极坐标、相对直角坐标和相对极坐标 4 种方法表示，它们的特点如下。

（1）绝对直角坐标　是从点（0，0）或（0，0，0）出发的位移，可以使用分数、小数或科学记数法等形式表示点的 X 轴、Y 轴、Z 轴坐标值，坐标间用逗号隔开，例如点（8.3，5.8）和（3.0，5.2，8.8）等。

（2）绝对极坐标　是从点（0，0）或（0，0，0）出发的位移，但给定的是距离和角度，其中距离和角度用“<”分开，且规定 X 轴正向为 0°，Y 轴正向为 90°，例如点（4.27<60）、（34<30）等。

（3）相对直角坐标和相对极坐标　相对坐标是指相对于某一点的 X 轴和 Y 轴位移，或距离和角度。它的表示方法是在绝对坐标表达方式前加上“@”号，如（@－13，8）和

(@11<24)。其中，相对极坐标中的角度是新点和上一点连线与 X 轴的夹角。

3. 创建坐标系

在 AutoCAD 中，选择“工具”→“新建 UCS”命令，利用它的子命令可以方便地创建 UCS，包括世界和对象等，其意义如下。

◆“世界”命令：从当前的用户坐标系恢复到世界坐标系。

◆“上一个”命令：从当前的坐标系恢复到上一个坐标系。

◆“面”命令：将 UCS 与实体对象的选定面对齐。

◆“对象”命令：根据选取的对象快速简单地建立 UCS，使对象位于新的 XY 平面，其中 X 轴和 Y 轴的方向取决于选择的对象类型。

◆“视图”命令：以垂直于观察方向（平行于屏幕）的平面为 XY 平面，建立新的坐标系，UCS 原点保持不变。

◆“Z 轴矢量”命令：用特定的 Z 轴正半轴定义 UCS。

◆“三点”命令：通过在三维空间的任意位置指定 3 点，确定新 UCS 原点及其 X 轴和 Y 轴的正方向，Z 轴由右手定则确定。其中第 1 点定义了坐标系原点，第 2 点定义了 X 轴的正方向，第 3 点定义了 Y 轴的正方向。

◆ $X/Y/Z$ 命令：旋转当前的 UCS 轴来建立新的 UCS。

二、使用捕捉、栅格和正交功能定位点

在绘制图形时，尽管可以通过移动光标来指定点的位置，但却很难精确指定点的某一位置。因此，要精确定位点，必须使用坐标或捕捉功能。前面已经详细介绍了使用坐标来精确定位点的方法，下面主要介绍如何使用系统提供的栅格、捕捉和正交功能来精确定位点。

1. 设置栅格和捕捉

捕捉用于设定鼠标光标移动的间距。栅格是一些标定位置的小点，起坐标纸的作用，可以提供直观的距离和位置参照。在 AutoCAD 2007 中，使用捕捉和栅格功能，可以提高绘图效率。

(1) 打开或关闭捕捉和栅格功能　在 AutoCAD2007 中，要打开或关闭捕捉和栅格功能，有以下几种方法。

◆ 在 AutoCAD 程序窗口的状态栏中，单击“捕捉”和“栅格”按钮。

◆ 按 F7 键打开或关闭栅格，按 F9 键打开或关闭捕捉。

◆ 选择“工具”→“草图设置”命令，打开“草图设置”对话框，如图 2—2—16 所示。在“捕捉和栅格”选项卡中选中或清除“启用捕捉”和“启用栅格”复选框。

(2) 设置捕捉和栅格参数　利用“草图设置”对话框中的“启用捕捉”和“启用栅格”选项卡，可以设置捕捉和栅格的相关参数。

2. 使用 GRID 与 SNAP 命令

不仅可以通过“草图设置”对话框设置栅格和捕捉参数，还可以通过 GRID 与 SNAP 命令来设置。

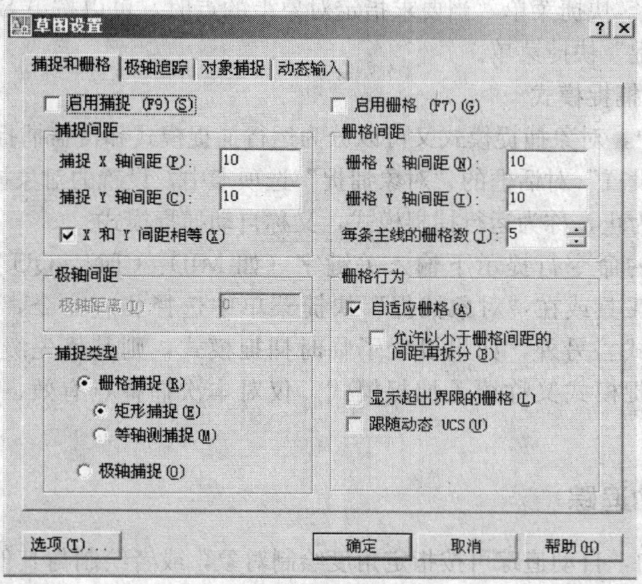

图 2—2—16　“草图设置”对话框

3. 使用正交模式

使用 ORTHO 命令，可以打开正交模式，用于控制是否以正交方式绘图。在正交模式下，可以方便地绘出与当前 X 轴或 Y 轴平行的线段。打开或关闭正交模式有以下两种方法。

(1) 在 AutoCAD 程序窗口的状态栏中单击“正交”按钮。

(2) 按 F8 键打开或关闭正交模式。

打开正交功能后，输入的第 1 点是任意的，但当移动光标准备指定第 2 点时，引出的线已不再是这两点之间的连线，而是起点到光标十字线的垂直线中较长的那段线。

三、使用对象捕捉功能

在绘图过程中，经常要指定一些已有对象上的点，例如端点、圆心和两个对象的交点等。如果只凭观察来拾取，不可能非常准确地找到这些点。为此，AutoCAD 2007 提供了对象捕捉功能，可以迅速、准确地捕捉到某些特殊点，从而精确地绘制图形。

1. 打开对象捕捉功能

在 AutoCAD 2007 中，可以通过“对象捕捉”工具栏和“草图设置”对话框等方式调用对象捕捉功能。

(1)“对象捕捉”工具栏　在绘图过程中，要指定一些已有对象上的点时，单击“对象捕捉”工具栏中相应特征点按钮，再把光标移到要捕捉对象的特征点附近，即可捕捉到相应的对象特征点。

(2) 使用自动捕捉功能　打开自动捕捉模式后，绘图时对象捕捉状态始终有效，直至关闭。要启用或关闭对象捕捉，可以单击状态栏中的“对象捕捉”按钮。要设置对象捕捉模式，可以使用“草图设置”对话框的“对象捕捉”选项卡，并通过勾选“对象捕捉模式”设置区中的相应复选框来打开或关闭对象捕捉模式。

（3）“对象捕捉”快捷菜单　当要求指定对象上的点时，可以按下 Shift 键或者 Ctrl 键，右击打开“对象捕捉”快捷菜单。

2. 运行和覆盖捕捉模式

在 AutoCAD 中，对象捕捉模式又可以分为运行捕捉模式和覆盖捕捉模式。

（1）在“草图设置”对话框的“对象捕捉”选项卡中，设置的对象捕捉模式始终处于运行状态，直到关闭为止，称为运行捕捉模式，又称自动捕捉模式。

（2）如果在点的命令行提示下输入关键字（如 MID、CEN、QUA 等），单击“对象捕捉”工具栏中的工具或在“对象捕捉”快捷菜单中选择相应命令，只临时打开捕捉模式，称临时捕捉模式。另外，如果设置了临时捕捉模式，则其优先级将高于自动捕捉模式，因此，临时捕捉模式又称覆盖捕捉模式。仅对本次捕捉点有效，在命令行中显示一个“于”标记。

四、使用自动追踪

在 AutoCAD 中，自动追踪可按指定角度绘制对象，或者绘制与其他对象有特定关系的对象。自动追踪功能分极轴追踪和对象捕捉追踪两种，是非常有用的辅助绘图工具。

1. 极轴追踪与对象捕捉追踪

极轴追踪是按事先给定的角度增量来追踪特征点。而对象捕捉追踪则按与对象的某种特定关系来追踪，这种特定的关系确定了一个未知角度。也就是说，如果事先知道要追踪的方向（角度），则使用极轴追踪；如果事先不知道具体的追踪方向（角度），但知道与其他对象的某种关系（如相交），则用对象捕捉追踪。极轴追踪和对象捕捉追踪可以同时使用。

2. 使用临时追踪点和捕捉自功能

在“对象捕捉”工具栏中，还有两个非常有用的对象捕捉工具，即“临时追踪点”和“捕捉自”工具。

（1）“临时追踪点”工具　可在一次操作中创建多条追踪线，并根据这些追踪线确定所要定位的点。

（2）“捕捉自”工具　在使用相对坐标指定下一个应用点时，“捕捉自”工具可以提示输入基点，并将该点作为临时参照点，这与通过输入前缀@使用最后一个点作为参照点类似。它不是对象捕捉模式，但经常与对象捕捉一起使用。

3. 使用自动追踪功能绘图

使用自动追踪功能可以快速而且精确地定位点位置，在很大程度上提高了绘图效率。

五、使用动态输入功能

在 AutoCAD 2007 中，使用动态输入功能可以在指针位置处显示标注输入和命令提示等信息，从而极大地方便了绘图。

1. 启用指针输入

在“草图设置”对话框的“动态输入”选项卡中，勾选“启用指针输入”复选框可以启用指针输入功能，如图 2—2—17 所示。可以在“指针输入”选项区域中单击“设置”按钮，使用打开的“指针输入设置”对话框设置指针的格式和可见性，如图 2—2—18 所示。当启用指针输入且有命令在执行时，十字光标的位置将在光标附近的工具栏提示中显示为坐标。可以在工具栏提示中输入坐标值，而不用在命令行中输入。

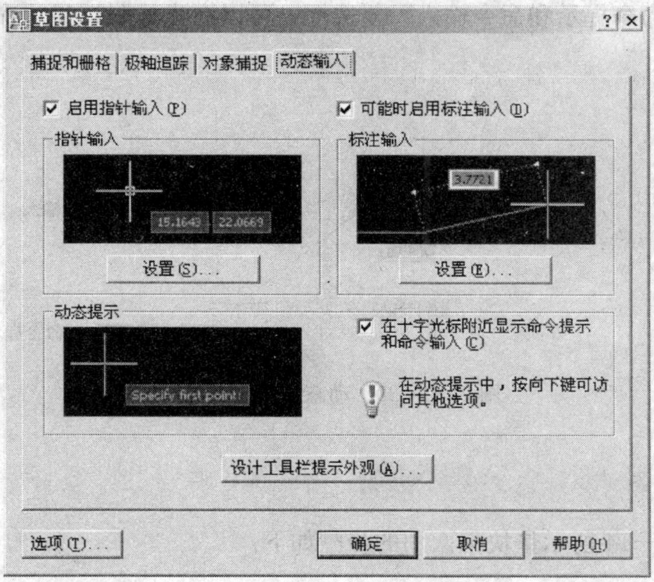

图 2—2—17 “动态输入”选项卡

2. 启用标注输入

在“草图设置”对话框的“动态输入”选项卡中，勾选“可能时启用标注输入”复选框，可以启用标注输入功能。在“标注输入”选项区域中单击“设置”按钮，使用打开的“标注输入的设置”对话框，可以设置标注的可见性，如图 2—2—19 所示。启用标注输入时，当命令提示输入第二点时，工具栏提示将显示距离和角度值。在工具栏提示中的值将随着光标移动而改变。

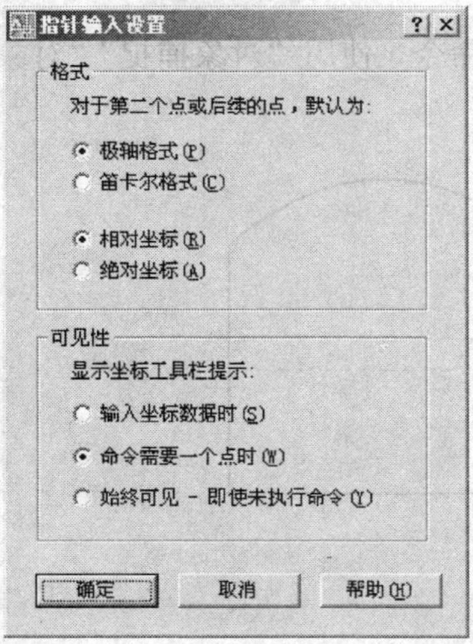

图 2—2—18 “指针输入设置”对话框

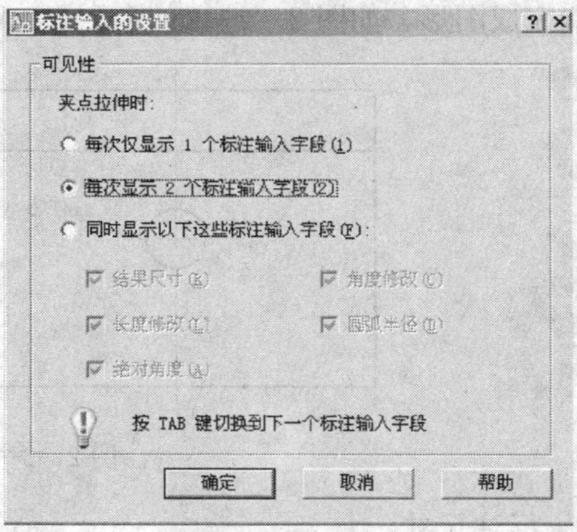

图 2—2—19 “标注输入的设置”对话框

注意：按 TAB 键可以切换输入字段。

3．显示动态提示

在“草图设置”对话框的“动态输入”选项卡中，勾选“动态提示”选项区域中的“在十字光标附近显示命令提示和命令输入”复选框，可以在光标附近显示命令提示，如图 2—2—20 所示。

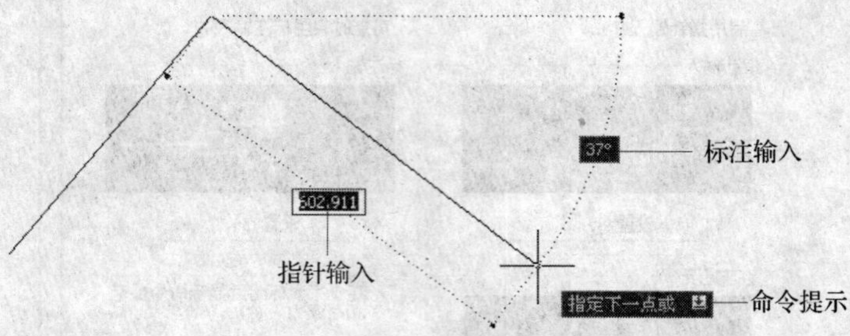

图 2—2—20　动态显示命令提示

任务实施

绘制如图 2—2—14 所示垫块平面图的步骤如下：

1．开始新图

启动 AutoCAD 2007，选择“文件”→“新建”命令（NEW），或在“标准”工具栏中单击“新建”按钮，打开“选择样板”对话框，在样板列表框中选中“机械图形样板文件”（前面任务中创建），单击“打开”按钮。

2．设置工作界面

（1）使状态栏中“对象捕捉”“对象追踪”“线宽”“模型”为打开状态，其余为关闭状态。

（2）设置对象捕捉模式，使端点、中点、象限点、圆心、交点为启用状态。

（3）将“粗实线”层设置为当前层。（注意及时切换图层）

3．绘制图形

执行“直线”“矩形”“正多边形”“圆”“椭圆”等命令，使用“对象捕捉”“对象追踪”等功能完成图形，如图 2—2—21 所示。

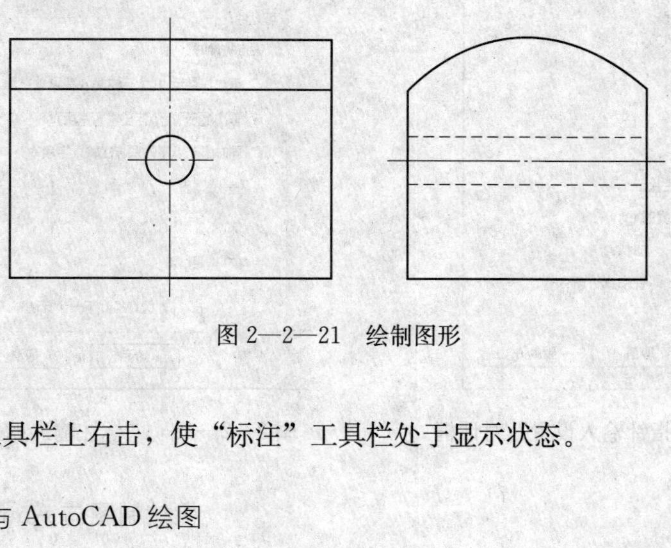

图 2—2—21　绘制图形

4．标注尺寸

（1）在任意工具栏上右击，使“标注”工具栏处于显示状态。

（2）标注各个尺寸，标注方法同前（见图 2—2—22）。

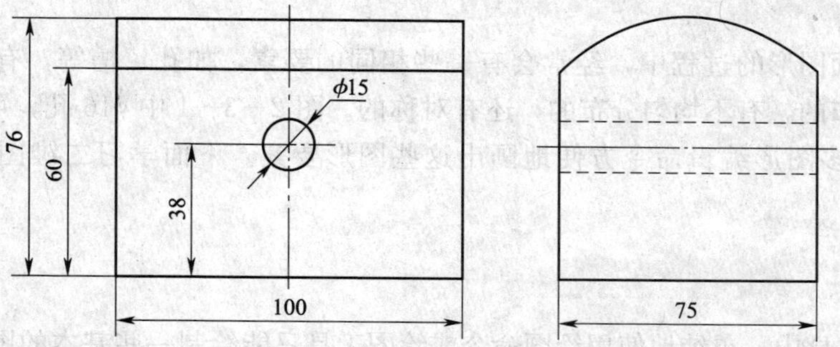

图 2—2—22　标注尺寸

5．保存图形文件

6．关闭图形文件

课题三　二维图形对象编辑

任务 1　选择与编辑简单二维图形对象

◆ **教学目标**

1．掌握选择对象的方法、编辑对象的方法。

2．会编辑对象特性。

3．能利用复制、镜像、倒角、对象捕捉、对象追踪、临时追踪点、捕捉自绘制图形。

任务提出

绘制如图 2—3—1 所示 L 形压板平面图，要求符合制图国家标准的有关规定。

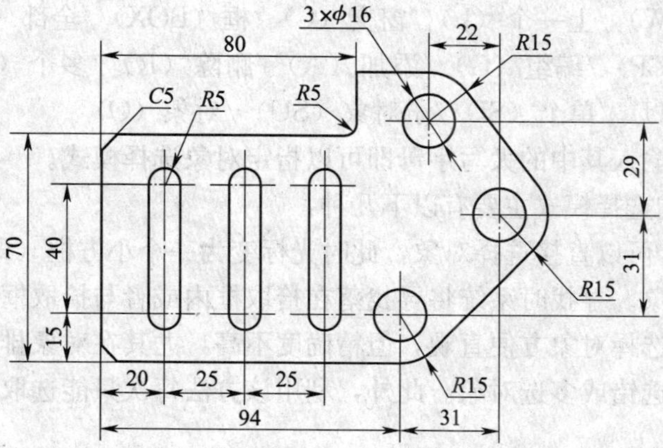

图 2—3—1　L 形压板平面图

任务分析

在绘制平面图形的过程中，经常会有一些相同的要素，如孔、槽等，有各种情形的分布，有均匀分布的，有不均匀分布的，还有对称的。图 2—3—1 中 ϕ16 孔，可以使用 AutoCAD 提供的众多图形编辑命令方便地画出这些图形要素。下面学习二维图形对象的编辑方法。

相关知识

在 AutoCAD 中，单纯地使用绘图命令或绘图工具只能绘制一些基本的图形对象。为了绘制复杂图形，很多情况下都必须借助于图形编辑命令。AutoCAD 2007 提供了众多的图形编辑命令，如复制、移动、旋转、镜像、偏移、阵列、拉伸及修剪等。使用这些命令，用户可以修改已有图形或通过已有图形构造新的复杂图形。

一、选择对象

在对图形进行编辑操作之前，首先需要选择要编辑的对象。AutoCAD 用虚线亮显所选的对象，这些对象就构成选择集。选择集可以包含单个对象，也可以包含复杂的对象编组。在 AutoCAD 中，选择“工具”→“选项”命令，可以通过点击“选项”对话框的“选择”选项卡，设置选择模式、拾取框大小及夹点功能。

1. 选择对象的方法

在 AutoCAD 中，选择对象的方法很多。例如，可以通过单击对象逐个拾取，也可利用矩形窗口或交叉窗口选择；可以选择最近创建的对象、前面的选择集或图形中的所有对象，也可以向选择集中添加对象或从中删除对象。

在命令行输入 SELECT 命令，按 Enter 键，在命令行的“选择对象:”提示下输入“?”，将显示如下提示信息：

命令：SELECT↙

选择对象：?↙

＊无效选择＊

需要点或窗口（W）/上一个（L）/窗交（C）/框（BOX）/全部（ALL）/栏选（F）/圈围（WP）/圈交（CP）/编组（G）/添加（A）/删除（R）/多个（M）/前一个（P）/放弃（U）/自动（AU）/单个（SI）/子对象（SU）/对象（O）

根据提示信息，输入其中的大写字母即可以指定对象选择模式。

AutoCAD 常用的选择模式主要有以下几种：

◆ 默认情况下，可以直接选择对象，此时光标变为一个小方框（即拾取框），利用该方框可逐个拾取所需对象。寻找时系统将寻找落在拾取框内或者与拾取框相交的最近建立的一个对象。利用该方法选择对象方便直观，但精确度不高，尤其在对象排列比较密集的地方选取对象时，往往容易选错或多选对象。此外，利用该方法每次只能选取一个对象，不便于选取大量对象。

◆ “窗口（W）”选项：选择矩形窗口（由两点定义）中的所有对象。从左到右指定角点创建矩形窗口（从右到左指定角点则创建窗交选择。）当指定了矩形窗口的两个对角点时，所有部分均位于这个矩形窗口内的对象将被选中，不在该窗口内或者只有部分在该窗口内的对象则不被选中，如图 2—3—2 所示。

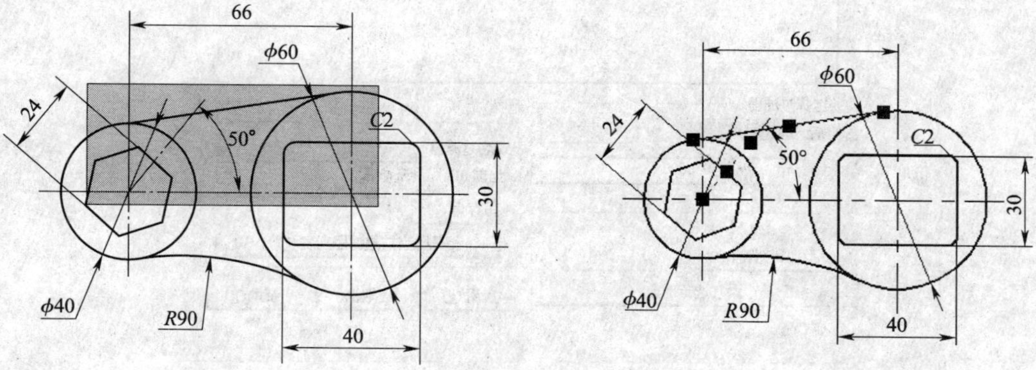

图 2—3—2 使用“窗口”方式选择对象

◆“窗交（C）”选项：从右向左指定角点创建矩形窗口，选择区域（由两点确定）内部或与之相交的所有对象均被选中。窗交显示的方框为虚线或高亮度方框，这与窗口选择框不同，如图 2—3—3 所示。

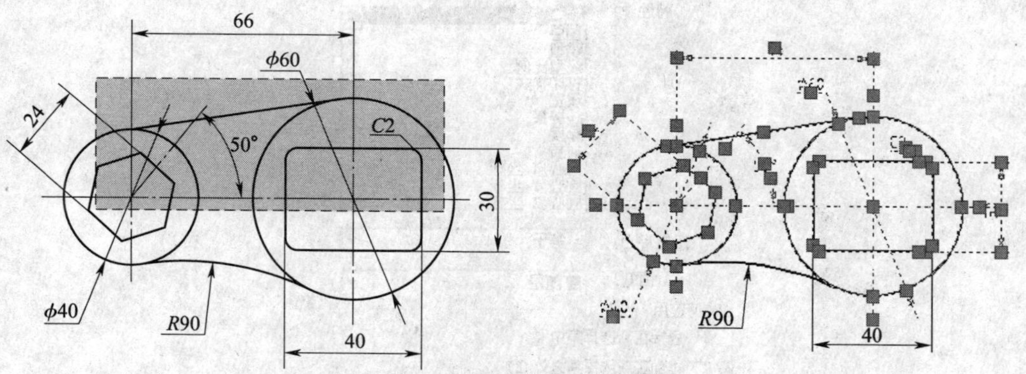

图 2—3—3 使用“窗交”方式选择对象

2. 过滤选择

在命令行提示下输入 FILTER 命令，将打开“对象选择过滤器”对话框。可以以对象的类型（如直线、圆及圆弧等）、图层、颜色、线型或线宽等特性作为条件，过滤选择符合设定条件的对象，如图 2—3—4 所示。此时必须考虑图形中对象的这些特性是否设置为随层。

3. 快速选择

在 AutoCAD 中，当需要选择具有某些共同特性的对象时，可利用“快速选择”对话框，根据对象的图层、线型、颜色、图案填充等特性和类型，创建选择集。选择“工具”→“快速选择”命令，可打开“快速选择”对话框，如图 2—3—5 所示。

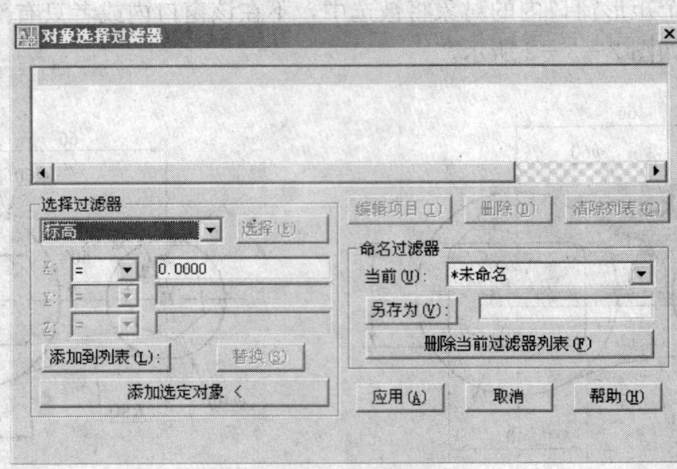

图 2—3—4 “对象选择过滤器”对话框

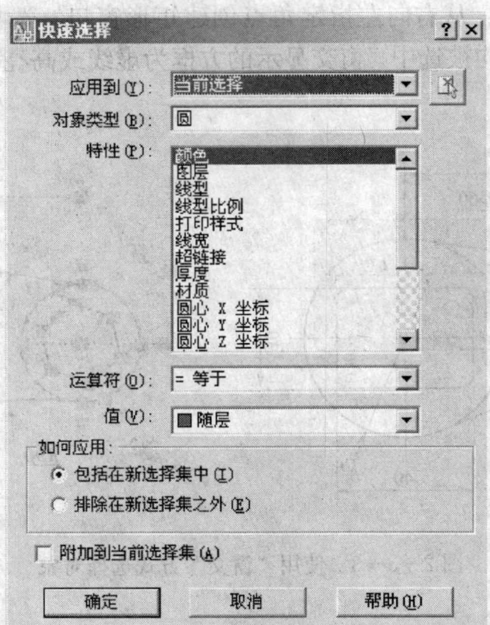

图 2—3—5 “快速选择”对话框

二、编辑对象的方法

在 AutoCAD 中，用户可以使用夹点对图形进行简单编辑，或综合使用“修改”菜单和“修改”工具栏中的多种编辑命令对图形进行较为复杂的编辑。

1. 夹点

选择对象时，在对象上将显示出若干个小方框，这些小方框用来标记被选中对象的夹点，夹点就是对象上的控制点。夹点实际上就是对象的形状与位置控制点，例如，圆有圆心和四个象限夹点，直线有两个端点一个中点夹点。使用夹点的好处是我们可以直接通过拖动夹点来移动、拉伸对象。

要显示对象的夹点，只需单击对象即可。夹点不同，其操作效果也不同。例如，拖动圆弧的各夹点可分别调整圆弧半径、调整圆弧的长度等。

夹点有两种状态：

◆ 热态：是指被单击激活的夹点。在热态下，用户可以直接通过拖动夹点来编辑对象。

◆ 冷态：是指未被单击激活的夹点。

当用户单击任意夹点使其变为热态后，允许用户设置夹点操作模式，从而使用户可以通过拖动夹点来移动、镜像、旋转、缩放和拉伸对象。

2.“修改”菜单

“修改”菜单用于编辑图形，创建复杂的图形对象，如图 2—3—6 所示。“修改”菜单中包含了 AutoCAD 2007 的大部分编辑命令，通过选择该菜单中的命令或子命令，可以完成对图形的所有编辑操作。

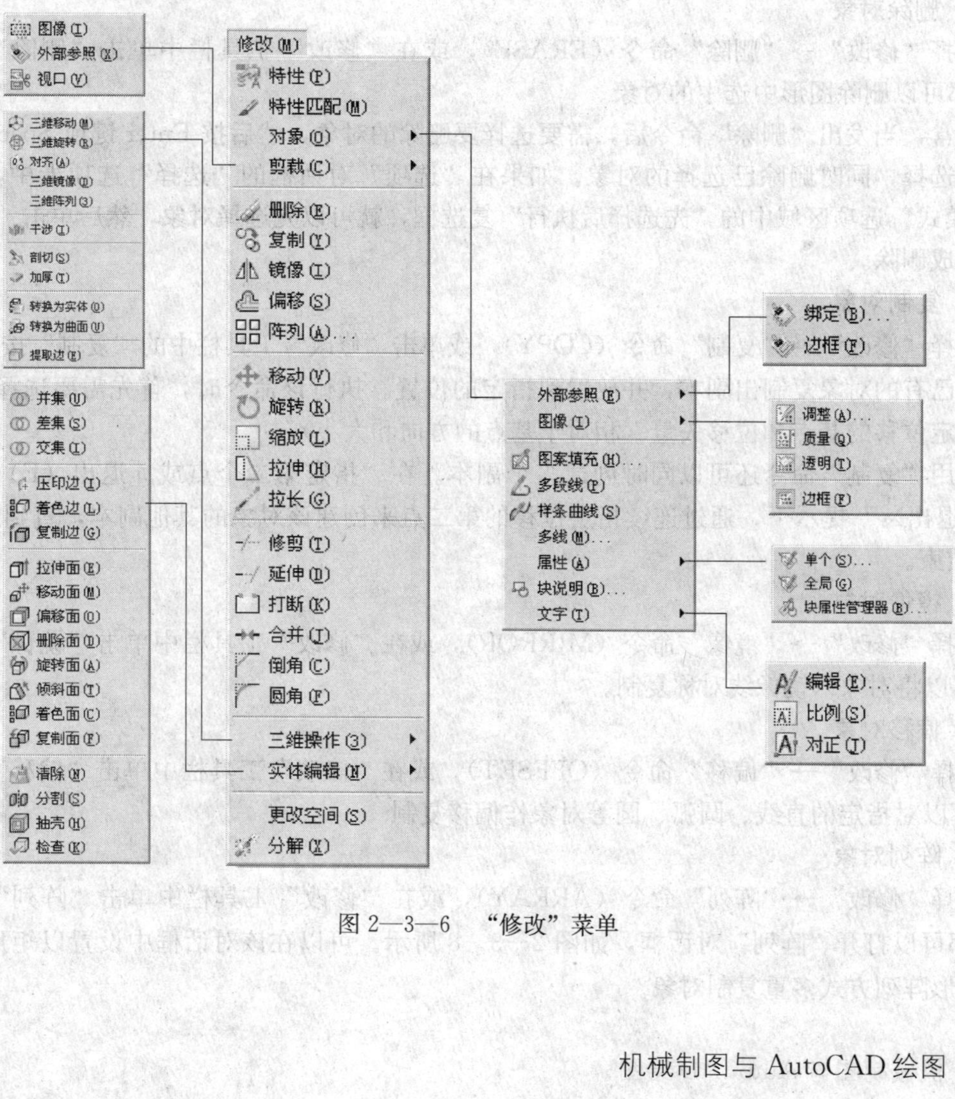

图 2—3—6 “修改”菜单

3. “修改”工具栏

“修改”工具栏的每个工具按钮都与“修改”菜单中的绘图命令相对应，单击即可执行相应的修改操作，如图 2—3—7 所示。

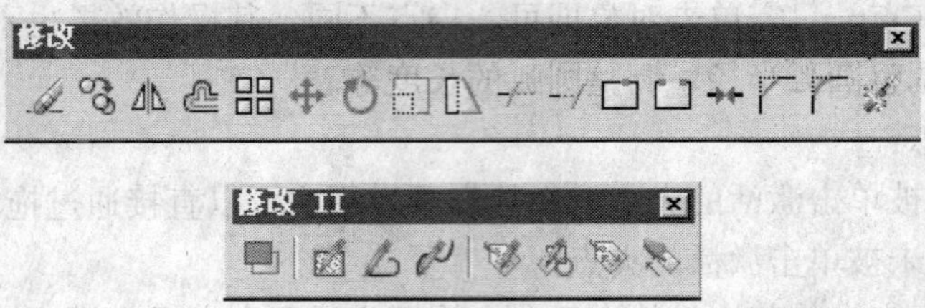

图 2—3—7 “修改”工具栏

三、删除、复制、镜像、偏移和阵列对象

在 AutoCAD 2007 中，可以用“删除”命令，删除选中的对象，还可以使用“复制”“阵列”“偏移”“镜像”命令，复制对象，创建与原对象相同或相似的图形。

1. 删除对象

选择“修改”→“删除”命令（ERASE），或在“修改”工具栏中单击“删除”按钮，都可以删除图形中选中的对象。

通常，当发出“删除”命令后，需要选择要删除的对象，然后按 Enter 键或 Space 键结束对象选择，同时删除已选择的对象。如果在“选项”对话框的“选择”选项卡中，选中“选择模式”选项区域中的“先选择后执行”复选框，就可以先选择对象，然后单击“删除”按钮完成删除。

2. 复制对象

选择“修改”→“复制”命令（COPY），或单击“修改”工具栏中的“复制”按钮，可以对已有的对象复制出副本，并放置到指定的位置。执行该命令时，首先需要选择对象，然后指定位移的基点和位移矢量（相对于基点的方向和大小）。

使用“复制”命令还可以同时创建多个副本。在“指定第二个点或［退出（E）/放弃（U）〈退出〉：”提示下，通过连续指定位移的第二点来创建该对象的其他副本，直到按 Enter 键结束。

3. 镜像对象

选择“修改”→“镜像”命令（MIRROR），或在“修改”工具栏中单击“镜像”按钮，可以将对象以镜像线对称复制。

4. 偏移对象

选择“修改”→“偏移”命令（OFFSET），或在“修改”工具栏中单击“偏移”按钮，可以对指定的直线、圆弧、圆等对象作偏移复制。

5. 阵列对象

选择“修改”→“阵列”命令（ARRAY），或在“修改”工具栏中单击“阵列”按钮，都可以打开“阵列”对话框，如图 2—3—8 所示。可以在该对话框中设置以矩形阵列或者环形阵列方式多重复制对象。

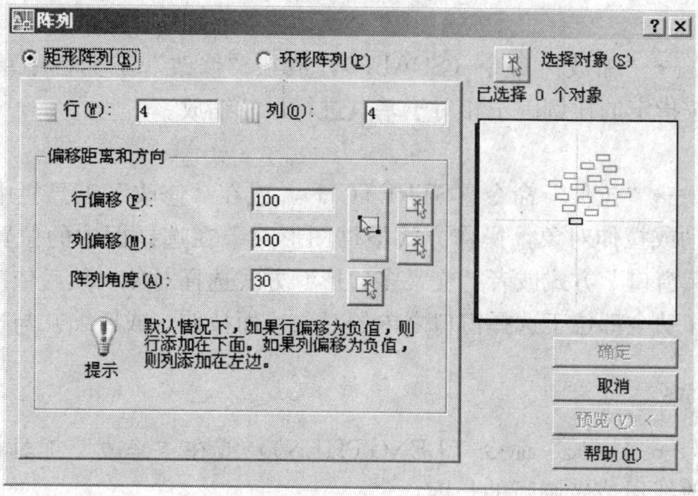

图 2—3—8 “阵列”对话框

四、移动、旋转和对齐对象

在 AutoCAD 2007 中，不仅可以使用夹点来移动、旋转、对齐对象，还可以通过“修改”菜单中的相关命令来实现。

1．移动对象

移动对象是指对象的重定位。选择“修改”→“移动”命令（MOVE），或在“修改”工具栏中单击“移动”按钮，可以在指定方向上按指定距离移动对象，对象的位置发生了改变，但方向和大小不改变。

2．旋转对象

选择“修改”→“旋转”命令（ROTATE），或在“修改”工具栏中单击“旋转”按钮，可以将对象绕基点旋转指定的角度。

3．对齐对象

选择“修改”→“三维操作”→“对齐”命令（ALIGN），可以使当前对象与其他对象对齐，它既适用于二维对象，也适用于三维对象。

五、修改对象的形状和大小

在 AutoCAD 2007 中，可以使用“修剪”和“延伸”命令缩短或拉长对象，以与其他对象的边相接。也可以使用“缩放”“拉伸”和“拉长”命令，在一个方向上调整对象的大小或按比例增大或缩小对象。

1．修剪对象

选择“修改”→“修剪”命令（TRIM），或在“修改”工具栏中单击“修剪”按钮，可以以某一对象为剪切边修剪其他对象。

2．延伸对象

选择“修改”→“延伸”命令（EXTEND），或在“修改”工具栏中单击“延伸”按钮，可以延长指定的对象与另一对象相交或外观相交。

3．缩放对象

选择“修改”→“缩放”命令（SCALE），或在“修改”工具栏中单击“缩放”按钮，可以将对象按指定的比例因子相对于基点进行尺寸缩放。

4．拉伸对象

选择“修改”→“拉伸”命令（STRETCH），或在“修改”工具栏中单击“拉伸”按钮，就可以移动或拉伸对象，操作方式根据图形对象在选择框中的位置决定。执行该命令时，使用“交叉窗口”方式或者“交叉多边形”方式选择对象，然后依次指定位移基点和位移矢量，将会移动全部位于选择窗口之内的对象，而拉伸（或压缩）与选择窗口边界相交的对象。

5．拉长对象

选择“修改”→“拉长”命令（LENGTHEN），或在“修改”工具栏中单击“拉长”按钮，即可修改线段或者圆弧的长度。

六、倒角、圆角、打断、合并和分解

在 AutoCAD 2007 中，可以使用“倒角”“圆角”命令修改对象使其以平角或圆角相接，使用“打断”命令在对象上创建间距。

1．倒角

选择“修改”→“倒角”命令（CHAMFER），或在“修改”工具栏中单击“倒角”按钮，即可为对象绘制倒角。

2．圆角

选择“修改”→“圆角”命令（FILLET），或在“修改”工具栏中单击“圆角”按钮，即可为对象修圆角。

3．打断

在 AutoCAD 2007 中，使用“打断”命令可部分删除对象或把对象分解成两部分，还可以使用“打断于点”命令将对象在一点处断开成两个对象。

（1）打断对象　选择“修改”→“打断”命令（BREAK），或在“修改”工具栏中单击“打断”按钮，即可将对象指定的两点间的内容删掉，或将一个对象打断成两个部分。要打断对象而不创建间隙，可在相同的位置指定两个打断点。完成此操作的最快方法是在提示输入第二点时输入@0，0。

（2）打断于点　在“修改”工具栏中单击“打断于点”按钮，即可将对象在一点（指定点）处断开成两个部分。

4．合并

如果需要连接某一连续图形上的两个部分，或者将某段圆弧闭合为整圆，可以选择“修改”→“合并”命令或在命令行输入 JOIN 命令，也可以单击“修改”工具栏上的“合并”按钮。

5．分解

对于矩形、块等由多个对象编组成的组合对象，如果需要对单个成员进行编辑，就需要先将它们分解开。选择“修改”→“分解”命令（EXPLODE），或在“修改”工具栏中单击“分解”按钮，选择需要分解的对象后按 Enter 键，即可分解图形并结束该命令。

七、编辑对象特性

对象特性包含一般特性和几何特性，一般特性包括对象的颜色、线型、图层及线宽等，几何特性包括对象的尺寸和位置。可以直接在“特性”选项板中设置和修改对象的特性。

1. 打开“特性”选项板

选择“修改”→“特性”命令，或选择“工具”→“选项板”→“特性”命令，也可以在“标准”工具栏中单击“特性”按钮，打开“特性”选项板，如图 2—3—9 所示。

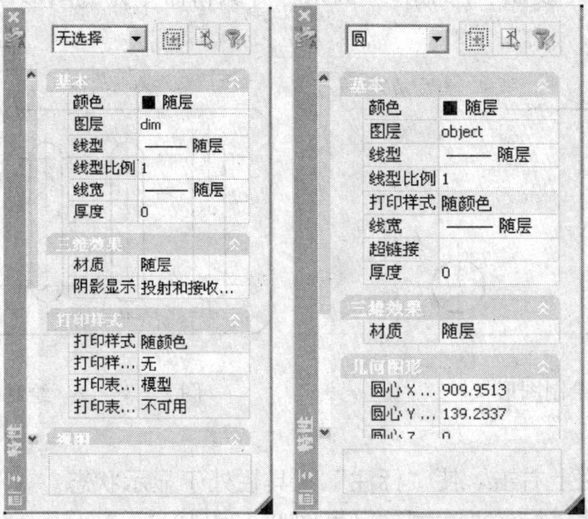

图 2—3—9 “特性”选项板

“特性”选项板默认处于浮动状态。在“特性”选项板的标题栏上右击，将弹出一个快捷菜单，如图 2—3—10 所示。可通过该快捷菜单确定是否隐藏选项板、是否在选项板内显示特性的说明部分以及是否将选项板锁定在主窗口中。

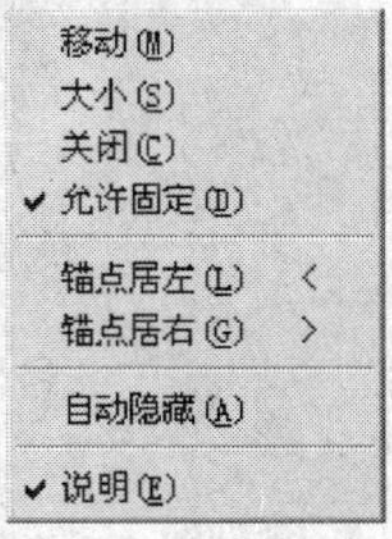

图 2—3—10 “特性”选项板快捷菜单

2. “特性”选项板的功能

“特性”选项板中显示了当前选择集中对象的所有特性和特性值，当选中多个对象时，将显示它们的共有特性。可以通过它浏览、修改对象的特性，也可以通过它浏览、修改满足应用程序接口标准的第三方应用程序对象。

任务实施

绘制如图 2—3—1 所示 L 形压板平面图的步骤如下：

1. 开始新图

启动 AutoCAD 2007，选择“文件”→“新建”命令（NEW），或在“标准”工具栏中单击“新建”按钮，打开“选择样板”对话框，在样板列表框中选中“机械图形样板文件”（前面任务中创建），单击“打开”按钮。

2．设置工作界面

（1）使状态栏中“极轴”“对象捕捉”“对象追踪”“线宽”“DYN”“模型”为打开状态，其余为关闭状态。

（2）设置对象捕捉模式，使端点、中点、象限点、圆心、交点等为启用状态。

（3）将“粗实线”层设置为当前层。（注意及时切换图层）

3．绘制图形

（1）执行“直线”“圆”等绘图命令绘制图形，如图 2—3—11 所示。

（2）执行“阵列”“复制”“倒角”“圆角”等编辑命令完成图形，如图 2—3—12 所示。

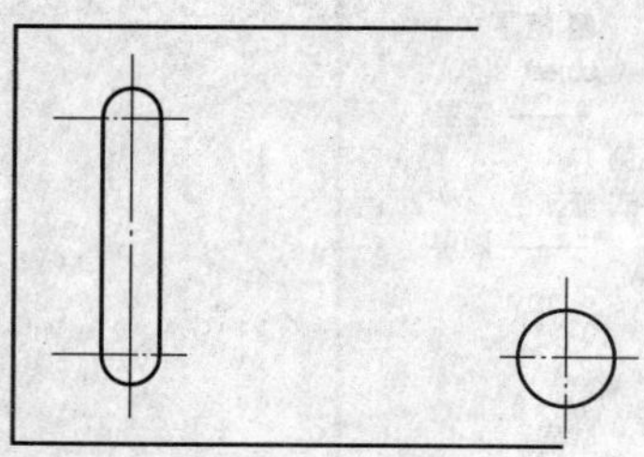

图 2—3—11　绘制图形（一）

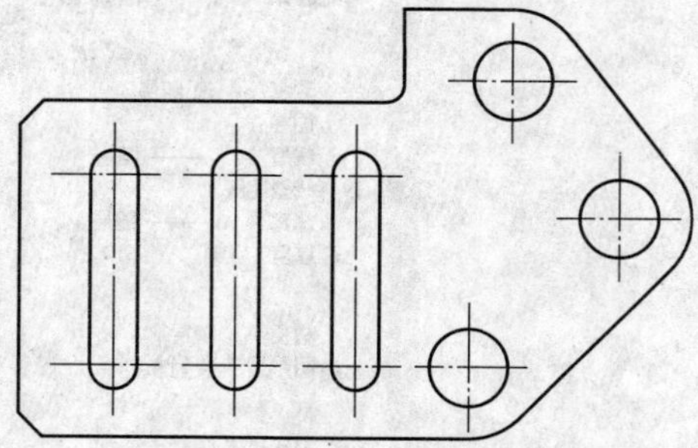

图 2—3—12　绘制图形（二）

4．标注尺寸

（1）在任意工具栏上右击，使“标注”工具栏处于显示状态。

（2）标注各个尺寸，标注方法同前（见图 2—3—13）。

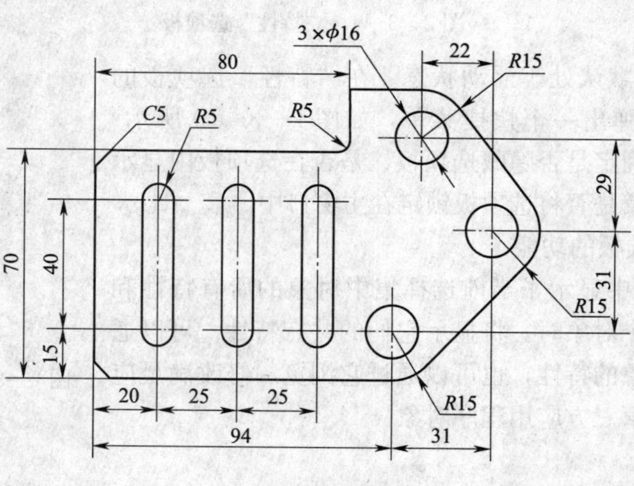

图 2—3—13　标注尺寸

5．保存图形文件

6．关闭图形文件

任务 2 绘制与编辑复杂二维图形对象

◆ 教学目标

1. 能绘制与编辑多段线、样条曲线，能绘制复杂的平面图形。

2. 能根据图形的大小及复杂程度正确选择图纸幅面、确定比例，合理布置图形、标注尺寸。

3. 能按国家标准规定绘制图框、填写标题栏。

任务提出

绘制如图 2—3—14 所示吊钩平面图，要求符合制图国家标准的有关规定。

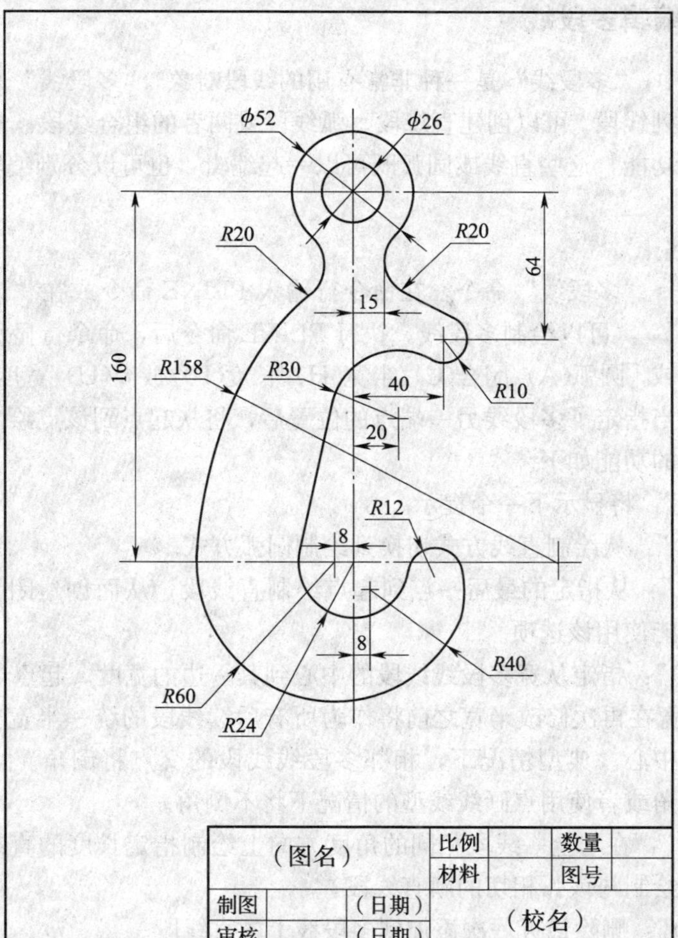

图 2—3—14 吊钩平面图

任务分析

观察图 2—3—14 所示吊钩平面图，会发现这个图形很复杂，图上有直线与圆弧间的连接，圆弧与圆弧之间的连接，还有复杂的尺寸标注。要用 CAD 熟练绘制吊钩平面图，必须掌握绘制与编辑复杂二维图形对象的方法。

在图纸上绘制吊钩平面图，我们还要考虑如何正确选择图纸幅面？如何确定比例？如何分析尺寸和线段，确定绘图步骤？这就需要我们掌握图纸幅面、比例及尺寸分析和标注的有关知识。对它的尺寸和线段进行分析，依据尺寸在图样中起的作用不同，确定定形尺寸、定位尺寸、已知线段、中间线段，明确绘图步骤，绘制其平面图。

相关知识

在中文版 AutoCAD 2007 中，使用“绘图”菜单中的命令可以绘制点、直线、圆、圆弧、多边形等简单二维图形对象，还可以绘制多段线和样条曲线等复杂二维图形对象。

一、绘制与编辑多段线

在 AutoCAD 中，“多段线”是一种非常有用的线段对象，“多段线”是作为单个对象创建的相互连接的序列线段。可以创建直线段、弧线段或两者的组合线段。多段线提供单个直线所不具备的编辑功能，这些直线或圆弧既可以一起编辑，也可以分别编辑，还可以具有不同的宽度。

1. 绘制多段线

选择“绘图”→“多段线”命令，在命令行输入 PLINE 命令或在“绘图”工具栏中单击“多段线”按钮 ，可以绘制多段线。执行 PLINE 命令后，命令行显示如下提示信息：

指定下一个点或［圆弧(A)/闭合(C)/半宽(H)/长度(L)/放弃(U)/宽度(W)］：

默认情况下，当指定了多段线另一端点的位置后，将从起点到该点绘出一段多段线。该命令提示中各选项的功能如下。

◆“下一个点”：将显示下一个提示。

◆“圆弧（A)”：从绘制直线方式切换到绘制圆弧方式。

◆“闭合（C)”：从指定的最后一点到起点绘制直线段，从而创建闭合的多段线。必须至少指定两个点才能使用该选项。

◆“半宽（H)”：指定从宽多段线线段的中心到其一边的宽度。起点半宽将成为默认的端点半宽。端点半宽在再次修改半宽之前将作为所有后续线段的统一半宽。宽线线段的起点和端点位于宽线的中心。典型情况下，相邻多段线线段的交点将倒角。但在弧线段互不相切、有非常尖锐的角或者使用点画线线型的情况下将不倒角。

◆“长度（L)”：在与上一线段相同的角度方向上绘制指定长度的直线段。如果上一线段是圆弧，程序将绘制与该弧相切的新直线段。

◆“放弃（U)”：删除最近一次添加到多段线上的直线段。

◆“宽度（W)”：指定下一条直线段的宽度。起点宽度将成为默认的端点宽度。端点宽度在再次修改宽度之前将作为所有后续线段的统一宽度。宽线线段的起点和端点位于宽线的中心。典型情况下，相邻多段线线段的交点将倒角。但在弧线段互不相切、有非常尖锐的角或者使用点画线线型的情况下将不倒角。

2. 编辑多段线

AutoCAD 2007 增强了多段线编辑命令功能，可以一次编辑一条或多条多段线。选择“修改”→“对象”→“多段线”命令（PEDIT），调用编辑二维多段线命令。

二、绘制与编辑样条曲线

样条曲线是一种通过或接近指定点的拟合曲线。在 AutoCAD 中，其类型是非均匀有理 B 样条（Non－Uniform Rational Basis Splines，NURBS）曲线，适于表达具有不规则变化曲率半径的曲线。例如，机械图形的剖切面及地形外貌轮廓线等。

1. 绘制样条曲线

选择“绘图”→“样条曲线”命令（SPLINE），或在“绘图”工具栏中单击“样条曲线”按钮，即可绘制样条曲线。此时，命令行将显示“指定第一个点或［对象（O）］:”提示信息。当选择“对象（O）”时，可以将多段线编辑得到的二次或者三次拟合样条曲线转换成等价的样条曲线。

2. 编辑样条曲线

选择“修改”→“对象”→“样条曲线”命令（SPLINEDIT），或在“修改 II”工具栏中单击“编辑样条曲线”按钮，即可编辑选中的样条曲线。样条曲线编辑命令是一个单对象编辑命令，一次只能编辑一个样条曲线对象。

任务实施

绘制如图 2—3—14 所示吊钩平面图形的步骤如下：

1. 开始新图

启动 AutoCAD 2007，选择“文件”→“新建”命令（NEW），或在“标准”工具栏中单击“新建”按钮，打开“选择样板”对话框，在样板列表框中选中“机械图形样板文件”(前面任务中创建)，单击“打开”按钮。

2. 设置工作界面

(1) 使状态栏中“极轴”“对象捕捉”“对象追踪”“线宽”“DYN”“模型”为打开状态，其余为关闭状态。

(2) 设置对象捕捉模式，使端点、中点、象限点、圆心、交点等为启用状态。

3. 绘制图形

(1) 绘制基准线及已知线段　执行“直线”“圆”等绘图命令绘制图形，如图 2—3—15 所示。

(2) 绘制中间线段　执行“圆”“圆角”等命令绘制图形，如图 2—3—16 所示。

(3) 绘制连接线段　执行“圆”“修剪”等命令绘制并完成图形，如图 2—3—17 所示。

4. 标注尺寸

(1) 在任意工具栏上右击，使“标注”工具栏处于显示状态。

(2) 标注各个尺寸，标注方法同前（见图 2—3—18）。

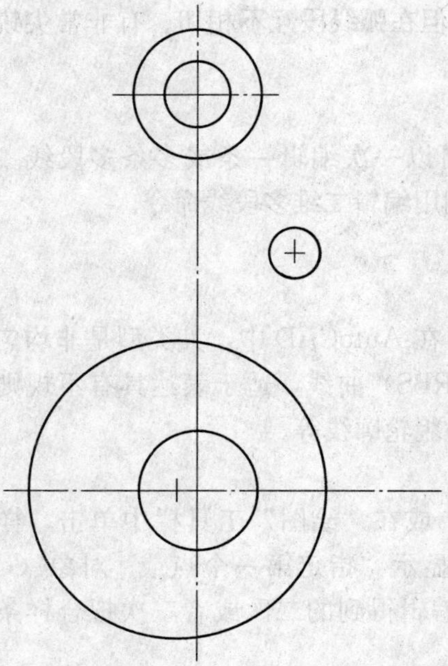

图 2—3—15　绘制基准线及已知线段

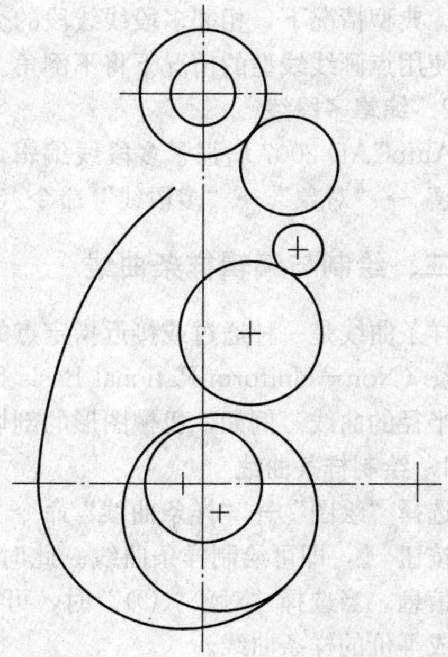

图 2—3—16　绘制中间线段

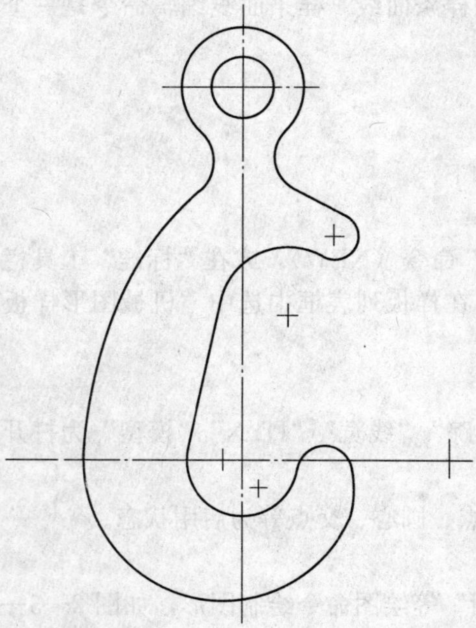

图 2—3—17　绘制连接线段并完成图形

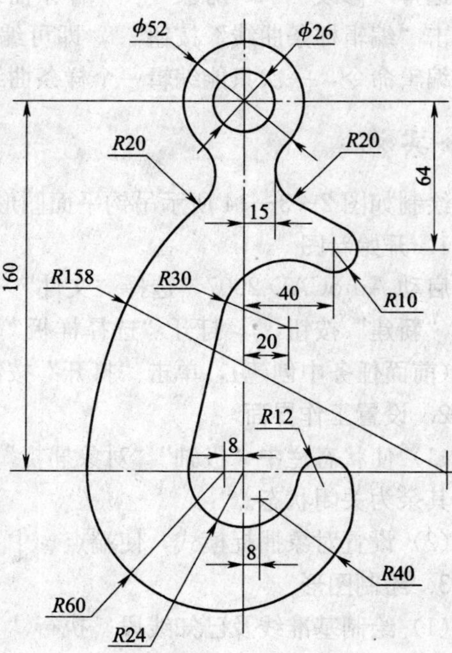

图 2—3—18　标注尺寸

5. 绘制图纸边框、图框、标题栏及标注文字

按国家标准绘制图纸边框、图框、标题栏（过程略）。

标注文字步骤如下：

(1) 在任意工具栏上右击，使“文字”工具栏处于显示状态。

(2) 通过“样式”工具栏将“工程字”设置为当前样式。

(3) 将“文字标注”层设置为当前层(后面介绍的标注文字练习不再介绍此过程)。

(4) 标注文字“比例”等(见图 2—3—19)。

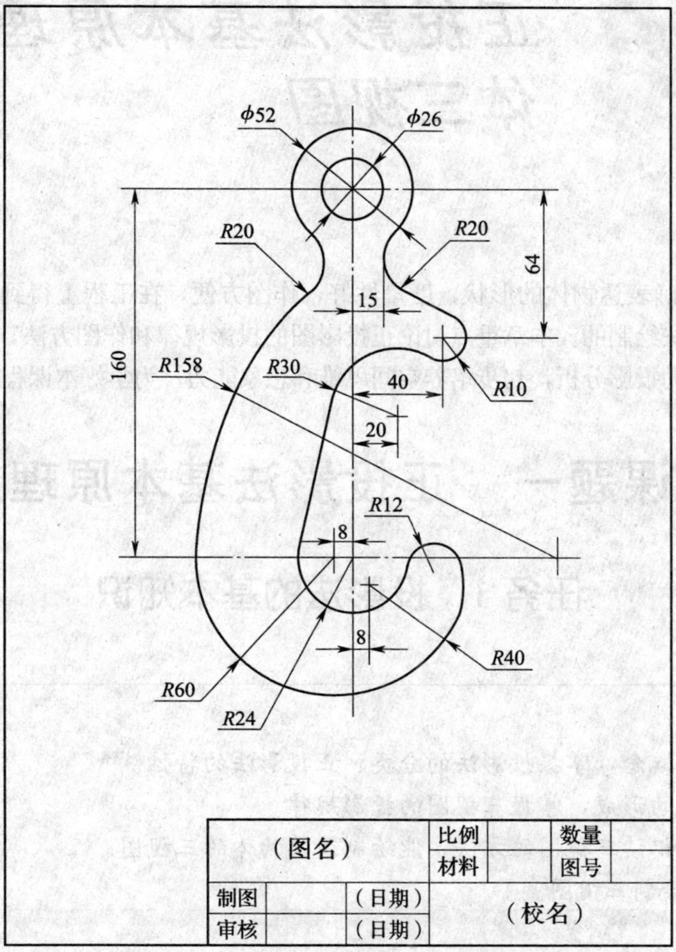

图 2—3—19 绘制图框、填写标题栏

6. 保存图形文件

7. 关闭图形文件

3 模块三

正投影法基本原理及基本体三视图

正投影法能准确表达物体的形状，度量性好，作图方便，在工程上得到广泛应用，机械图样主要是用正投影法绘制的。本章重点讨论正投影图的投影规律和作图方法，并通过立体表面上的点、直线和平面的投影分析，初步培养空间思维和想象能力，为学好本课程打下扎实的基础。

课题一　正投影法基本原理

任务1　投影法的基本知识

◆ **教学目标**

1. 理解投影的概念，掌握投影法的分类、正投影法的特性。
2. 了解三视图的形成，掌握三视图的投影规律。
3. 掌握绘制及识读三视图的方法，能绘制简单物体的三视图。
4. 能用CAD绘制三视图。

任务提出

绘制如图3—1—1所示压块。要求表达准确，全面完整，图线规范。

图3—1—1　压块

任务分析

正投影法能准确表达物体的形状，且度量性好，作图方便，所以采用正投影法表达压块的形状。通常仅从一个方向观察物体时，不能完全确定物体的形状。要表示压块完整的形状，就必须从几个方向进行投射，画出几个图形，通常用三个图形来表示。

相关知识

一、投影法的基本知识

物体在光线照射下，在地面或墙面上会产生影子，人们对这种自然现象加以抽象研究，总结其中规律，形成了投影法。投影法是指投射线通过物体，向选定的面投射，并在该面上得到图形的方法。投影法分为下列两大类。

1. 中心投影法

投射线汇交于一点的投影法（投射中心到投影面为有限远），称为中心投影法，所得到的投影，称为中心投影，见图 3—1—2。工程上常用的透视图，就是用中心投影法将物体投射在单一投影面上，所得到的图形符合人的视觉，直观性强，多用于绘画及建筑制图。

2. 平行投影法

投射线相互平行的投影法（投射中心到投影面的距离为无限远），称为平行投影法，所得到的投影，称为平行投影。根据投射线与投影面的相对位置不同，平行投影法分为两种。

(1) 斜投影法　投射线倾斜于投影面。由斜投影法得到的投影，称为斜投影（见图3—1—3）。

(2) 正投影法　投射线垂直于投影面。由正投影法得到的投影，称为正投影（见图3—1—4）。正投影法能够准确表达物体的真实形状和大小，作图方法也较简单，广泛用于绘制机械图样，所以机械制图的基础是正投影法。

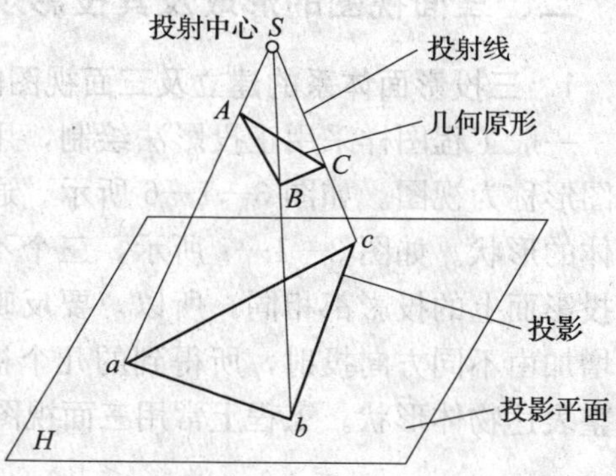

图 3—1—2　中心投影法

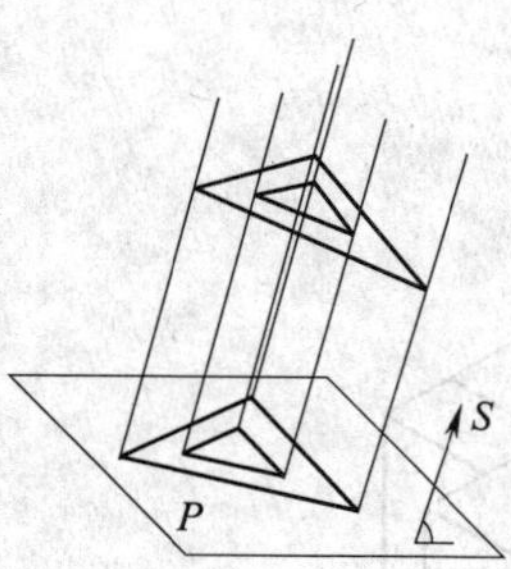

图 3—1—3　平行投影法——斜投影

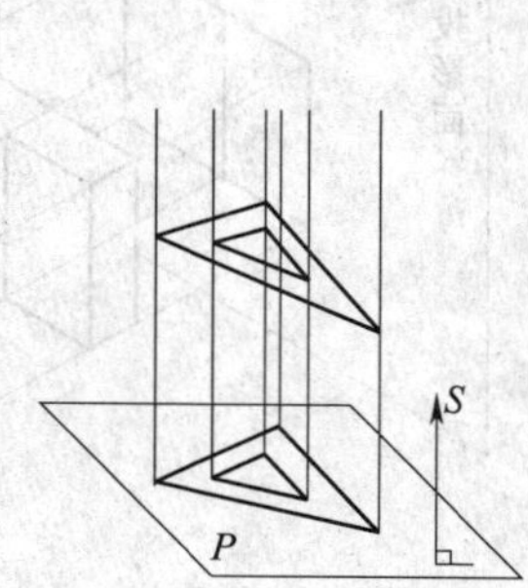

图 3—1—4　平行投影法——正投影

3．正投影法的基本特性

（1）真实性　当直线或平面图形平行于投影面时，其投影反映直线的实长或平面图形的实形（见图 3—1—5a）。

（2）积聚性　当直线或平面图形垂直于投影面时，直线投影积聚成一点，平面图形的投影积聚成一直线（见图 3—1—5b）。

（3）类似性　当直线或平面图形倾斜于投影面时，直线的投影仍为直线，但小于实长。平面图形的投影小于真实形状，但类似于空间平面图形，图形的基本特征不变，如多边形的投影仍为多边形（见图 3—1—5c）。

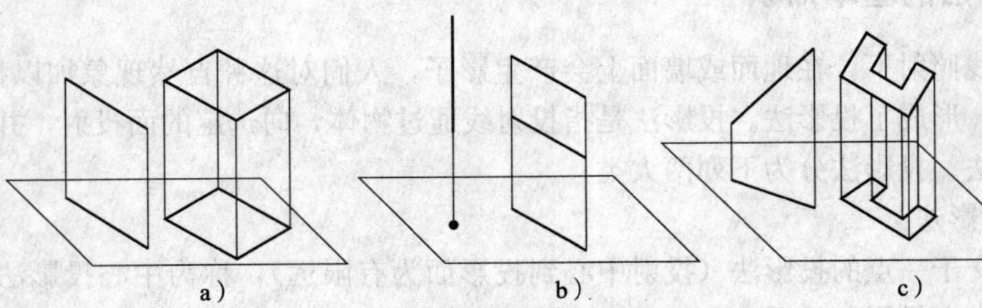

图 3—1—5　正投影法基本特性

二、三面视图的形成及其投影规律

1．三投影面体系的建立及三面视图的形成

一般工程图样采用正投影法绘制，用正投影法绘制出物体的图形称为视图。如图 3—1—6 所示。通常一个视图不能确定物体的形状。如图 3—1—7 所示，三个不同形状的物体，它们在投影面上的投影都相同，所以，要反映物体的真实形状，必须增加由不同方向投射，所得到的几个视图，相互补充，才能完整表达物体形状。工程上常用三面视图。

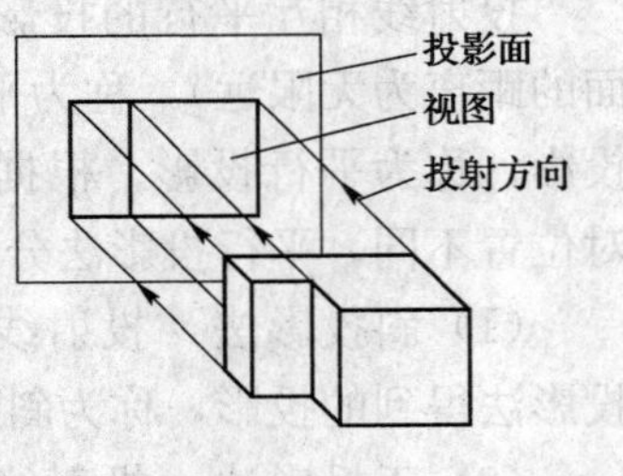

图 3—1—6　视图

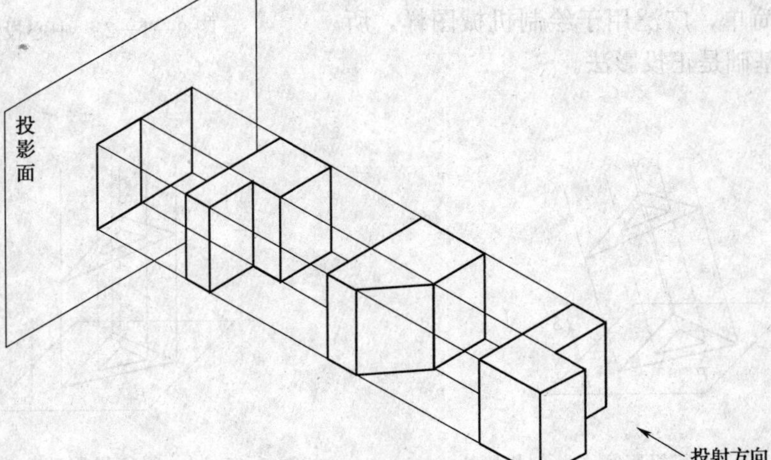

图 3—1—7　不同物体同一方向的视图可能相同

如图 3—1—8 所示，设立三个互相垂直的投影面，正立投影面 V（简称正面）、水平投影面 H（简称水平面）、侧立投影面 W（简称侧面），这就是三投影面体系。三个投影面的交线 OX、OY、OZ 也互相垂直，分别代表长、宽、高三个方向，称为投影轴。把物体放在观察者与投影面之间，按正投影法向各投影面投射，即可分别得到正面投影、水平投影和侧面投影。

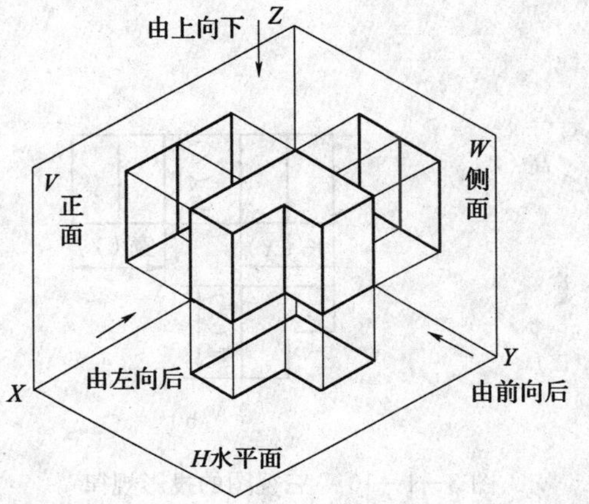

图 3—1—8　三面视图的形成

为了使得到的三个投影处于同一平面上，保持 V 面不动，将 H 面绕 OX 轴向下旋转 90°，W 面绕 OZ 轴向右旋转 90°，与 V 面处于同一平面上，如图 3—1—9a、b 所示。V 面上的视图称为主视图，H 面上的视图称为俯视图，W 面上的视图称为左视图，简称三视图。在画视图时，投影面的边框及投影轴不必画出，三个视图的相对位置不能变动，即俯视图在主视图的下边，左视图在主视图的右边，三个视图的配置如图 3—1—9c 所示，称为按投影关系配置，三个视图的名称不必标注。

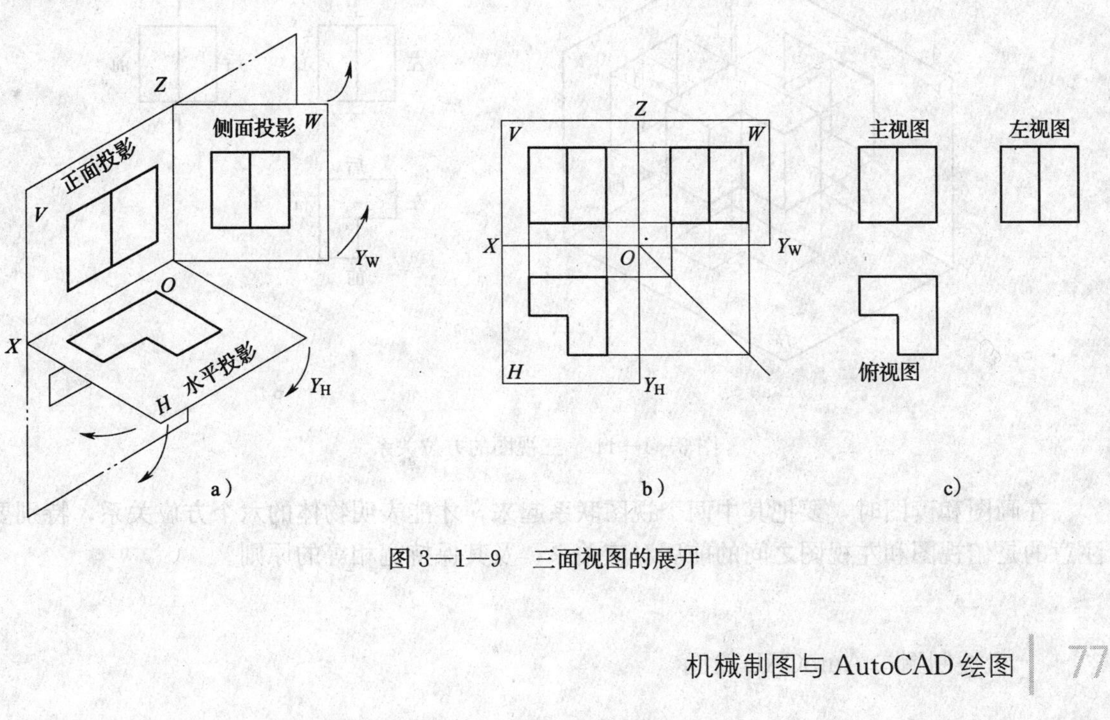

图 3—1—9　三面视图的展开

2. 三视图的投影规律

物体有长、宽、高三个方向的尺寸。物体左右间的距离为长度（X）；前后间的距离为宽度（Y）；上下间的距离为高度（Z），见图 3—1—10a。一个视图只能反映两个方向的尺寸。如图 3—1—10b、c 所示，主视图反映物体的长和高；俯视图反映物体的长和宽；左视图反映物体的宽和高。由此可归纳出三视图间的投影规律：主视图和俯视图长对正，主视图和左视图高平齐，俯视图和左视图宽相等，这也是画图和看图的主要依据。

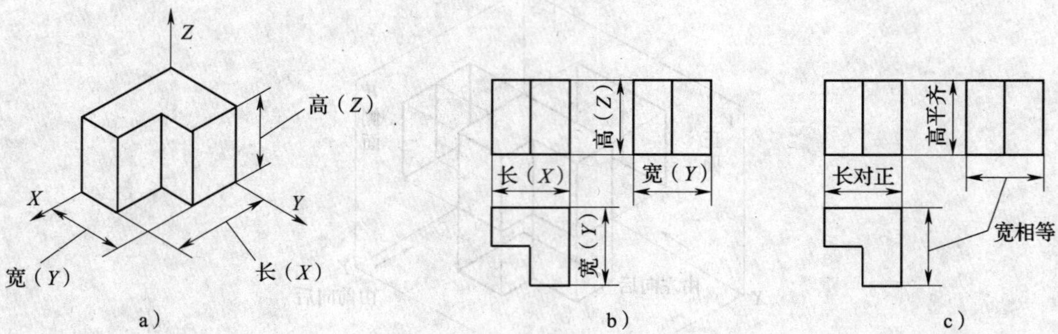

图 3—1—10　三视图的投影规律

3. 方位关系

物体有上下、左右、前后六个方位，如图 3—1—11 所示。

主视图反映物体的上下和左右相对位置关系；

俯视图反映物体的前后和左右相对位置关系；

左视图反映物体的前后和上下相对位置关系。

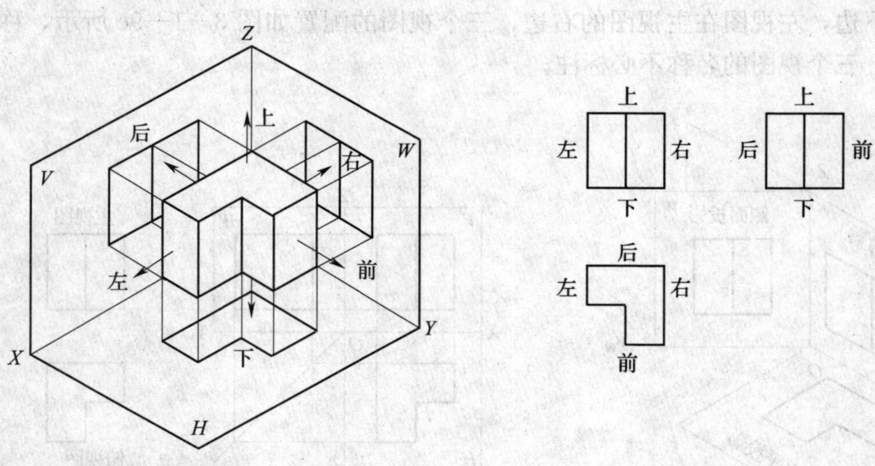

图 3—1—11　三视图的方位关系

在画图和读图时，要把其中两个视图联系起来，才能表明物体的六个方位关系，特别要注意的是俯视图和左视图之间的前后对应关系，及其保持宽相等的原则。

任务实施

1．尺规绘图

绘制如图 3—1—1 所示压板三视图的具体步骤如下。

（1）布局　绘制三个视图的定位基准线（见图 3—1—12a）。

（2）绘制长方体三视图（见图 3—1—12b）。

（3）画出圆孔的三视图（见图 3—1—12c）。

（4）检查，描深，并标注尺寸（见图 3—1—12d）。

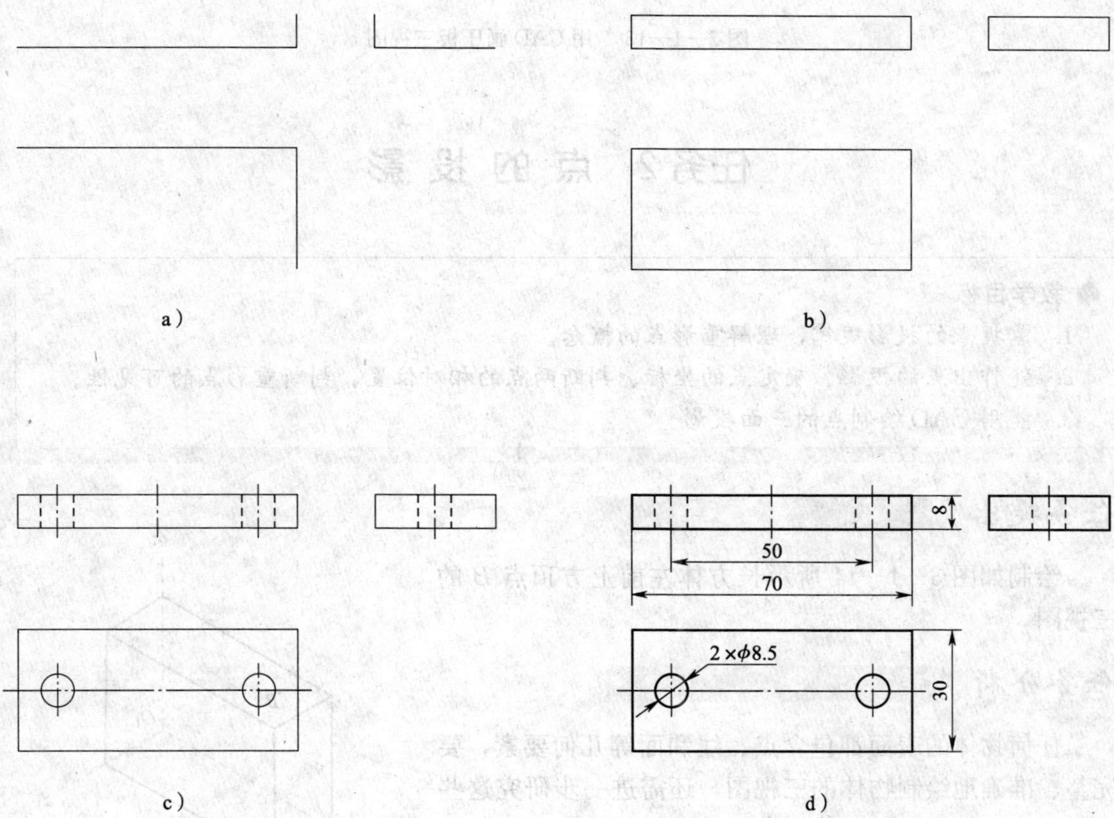

图 3—1—12　压板三视图画法

2．CAD 绘图

按照前面学习的绘图、编辑等方法，用 CAD 绘制如图 3—1—1 所示压板三视图的具体步骤如下。

（1）绘制图形　选择“绘图”→“直线”命令（LINE）及“圆”命令（CIRCLE），或在“绘图”工具栏中单击“相应”按钮，即执行“直线”和“圆”命令，完成图形绘制（见图 3—1—13a）。

（2）标注尺寸　标注尺寸结果如图 3—1—13b 所示。

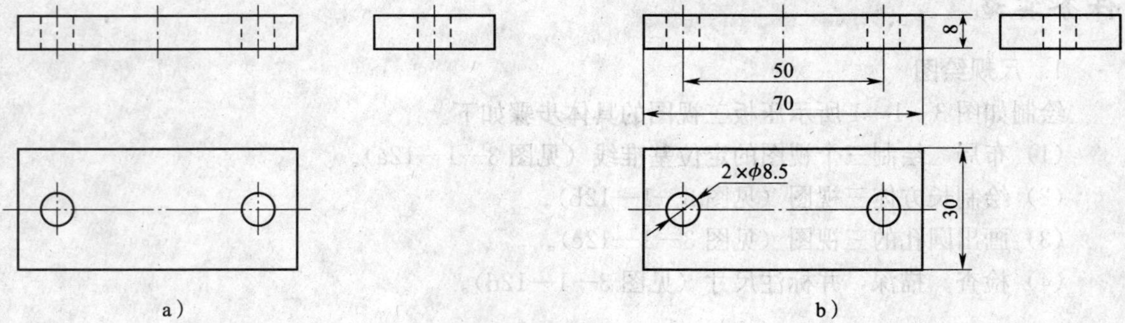

图 3—1—13 用 CAD 画压板三视图

任务2 点的投影

◆ **教学目标**

1. 掌握点的投影规律，理解重影点的概念。
2. 能作出点的投影、确定点的坐标、判断两点的相对位置、判断重影点的可见性。
3. 能用 CAD 绘制点的三面投影。

任务提出

绘制如图 3—1—14 所示长方体左前上方顶点 B 的三视图。

任务分析

任何物体的表面都包含点、线和面等几何要素，要完整、准确地绘制物体的三视图，还需进一步研究这些几何要素的投影特性和作图方法。点是最基本的几何要素，研究物体的投影规律，首先要从点的投影开始。

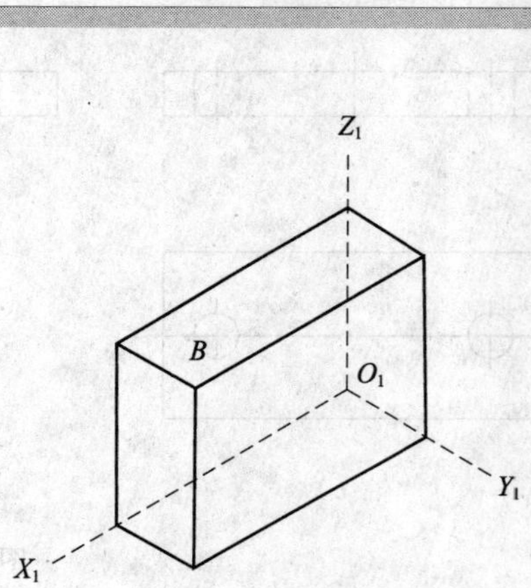

图 3—1—14 长方体

长方体共有八个顶点，如果长方体的长宽高分别是 x、y、z，设右后下方顶点 O_1 为坐标原点，则左前上方的顶点坐标为 B（x_1，y_1，z_1）。如何依据点的坐标完成三视图，是本任务学习的重点。

相关知识

一、点的三面投影

如图 3—1—15 所示，求点 S 的三面投影，就是由点 S 分别向三个投影面作垂线，

则其垂足 s、s'、s''即为点 S 的三面投影（见图 3—1—15a）。如将投影面按箭头所指的方向（见图 3—1—15b）摊平在一个平面上，便得到点 S 的三面投影图（见图 3—1—15c）。

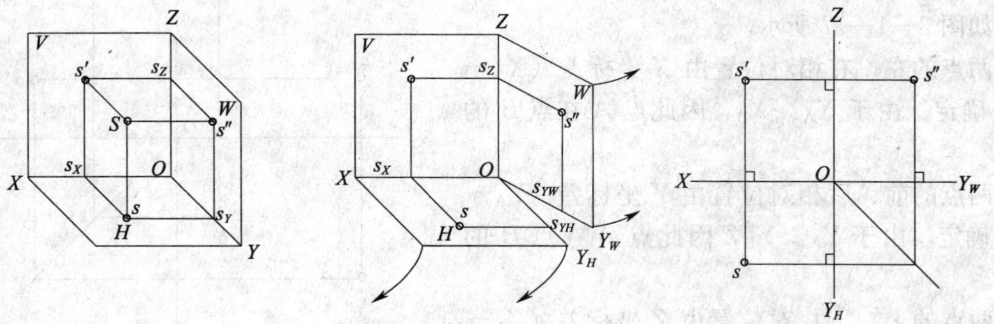

a)　　b)　　c)

图 3—1—15　点的三视图

从图 3—1—15 中 S 点的三面投影的形成过程，可得出点的投影规律：

(1) 点的正面投影 s'与水平投影 s 的连线 $s's\perp$投影轴 OX；

(2) 点的正面投影 s'与侧面投影 s''的连线 $s's''\perp$投影轴 OZ；

(3) 点的水平投影 s 到 OX 轴的距离与点的侧面投影 s''到 OZ 轴的距离相等，即 $ss_x=s''s_z$。

点的投影规律也可表述如下：

(1) 点的两面投影的连线，必定垂直于相应的投影轴。

(2) 点的投影到投影轴的距离，等于空间点到相应的投影面的距离，即“影轴距等于点面距”。

二、点的投影与直角坐标的关系

点的空间位置可用直角坐标来表示，如图 3—1—16 所示。即把投影面当作坐标面，投影轴当作坐标轴，O 即为坐标原点。则：S 点的 X 坐标等于 S 点到 W 面的距离；S 点的 Y 坐标等于 S 点到 V 面的距离；S 点的 Z 坐标等于 S 点到 H 面的距离。点 S 坐标的规定书写形式为 S（x、y、z）。

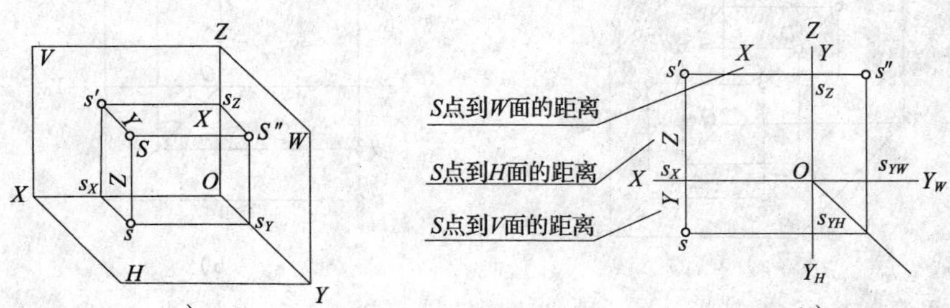

a)　　b)

图 3—1—16　点的投影与坐标的关系

三、两点的相对位置

1. 两点在空间的相对位置

两点在空间的相对位置由两点的坐标差来确定，如图 3—1—17 所示。

两点的左、右相对位置由 X 坐标差（X_A-X_B）确定。由于 $X_A>X_B$，因此点 A 在点 B 的左方。

两点的前、后相对位置由 Y 坐标差（Y_A-Y_B）确定。由于 $Y_A>Y_B$，因此点 A 在点 B 的前方。

两点的上、下相对位置由 Z 坐标差（Z_A-Z_B）确定。由于 $Z_A<Z_B$，因此点 A 在点 B 的下方。

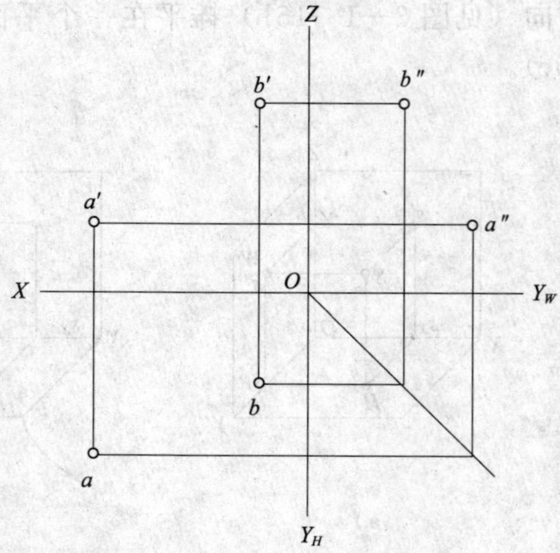

图 3—1—17 A、B 两点的相对位置

故点 A 在点 B 的左、前、下方；反过来说，就是点 B 在点 A 的右、后、上方。

2. 重影点

共处于同一条投射线上的两点，必在相应的投影面上具有重合的投影，这两个点被称为对该投影面的一对重影点。重影点须有两个坐标值相同。

重影点的可见性需根据这两点不重影的投影的坐标大小来判别，即

当两点在 V 面的投影重合时，需判别其 H 面或 W 面投影，则点在前（Y 坐标大）者可见。

当两点在 H 面的投影重合时，需判别其 V 面或 W 面投影，则点在上（Z 坐标大）者可见。

若两点在 W 面的投影重合时，需判别其 H 面或 V 面投影，则点在左（X 坐标大）者可见。

在投影图中，对不可见的点，需加圆括号表示，如图 3—1—18 所示。

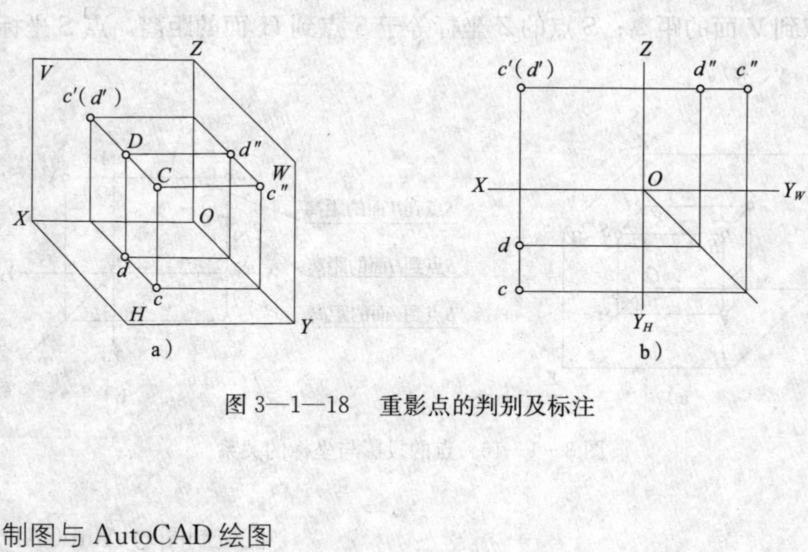

图 3—1—18 重影点的判别及标注

例　作点A（30、15、10），点B（40、5、0）的三面投影，并判断两点在空间的相对位置。

A点作法如下（见图3—1—19）：

（1）作投影轴OX、OY_H、OY_W、OZ。

（2）在OX轴上由O点向左量取30，作OX轴的垂线。

（3）在OZ轴上由O向上量取10，作OZ轴的垂线。

（4）在OY_H、OY_W轴上由O分别向下、向右量取15，并作垂线。

（5）各条垂线的交点a、a'、a''即为点A的三面投影。

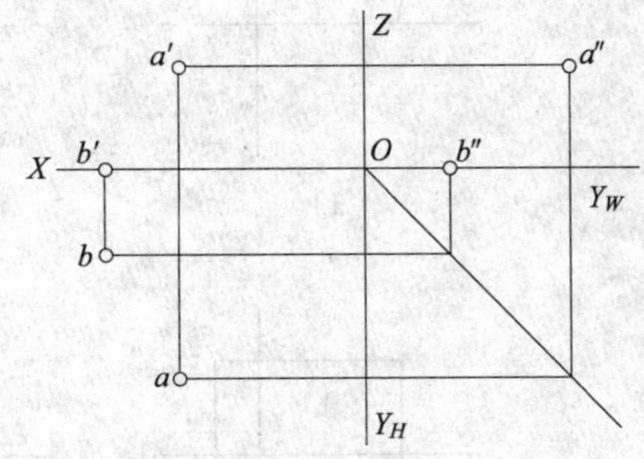

图3—1—19　A、B两点的三视图

B点作法与A点相同，不再赘述。

B点在A点的左、后、下方。

任务实施

1. 尺规绘图

设长方体的长、宽、高分别是30、10、20，以右、后、下角点为坐标原点，则点的坐标是B（30，10，20）。绘图步骤如下（见图3—1—20）。

（1）绘制投影轴。

（2）在投影轴上确定坐标值的位置。

（3）过坐标点画坐标轴的垂线，交点即为B点的三视图。

（4）将点的水平投影标记为b，正面投影标记为b'，侧面投影标记为b''。

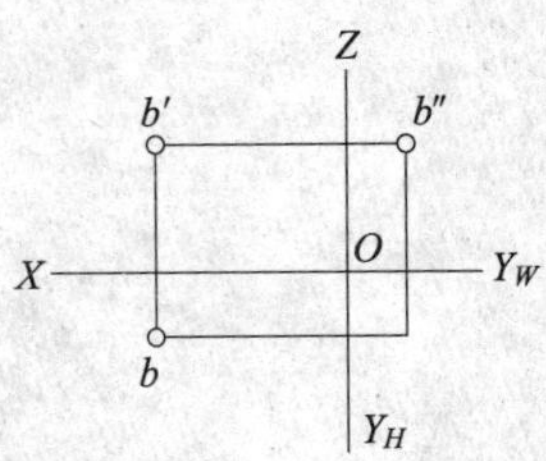

图3—1—20　长方体上点B的三视图画法

2. CAD绘图

按照前面学习的绘图、编辑等方法，用CAD绘制点B（30，10，20）的投影图。具体步骤如下（见图3—1—21）。

（1）绘制图形

1）选择“绘图”→“直线”命令（LINE），或在“绘图”工具栏中单击“直线”按钮 ，即执行“直线”命令，绘制投影轴（见图3—1—21a）。

2）选择“绘图”→“直线”命令（LINE），在OX轴上由O点向左取30，向下取10（见图3—1—21b）。

3）使用夹点将直线对象向上拉伸20（见图3—1—21c）。

4）选择“绘图”→“直线”命令（LINE），完成直线绘制（见图3—1—21d）。

5）绘制点。选择“绘图”→“点”→“多点”命令，可以在绘图窗口中一次指定多个点，直到按Esc键结束。

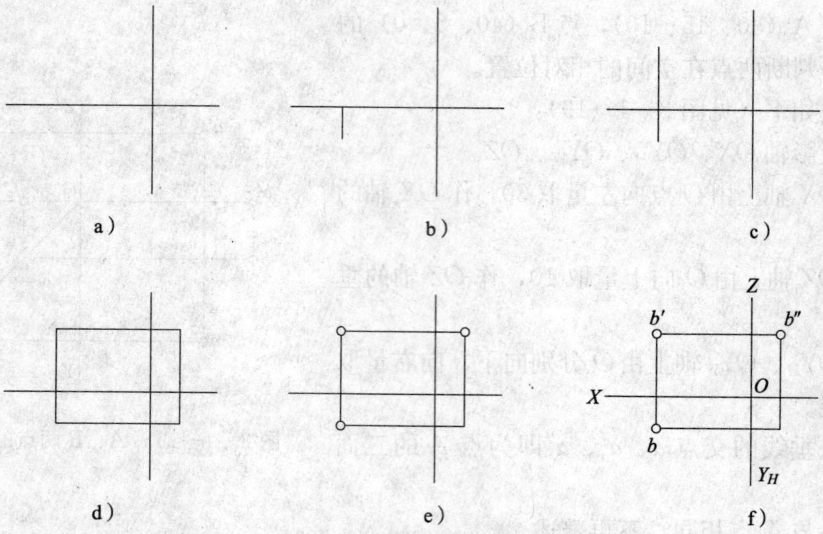

图 3—1—21　用 CAD 绘制点的三视图

在绘制点时，命令提示行的 PDMODE 和 PDSIZE 两个系统变量显示了当前状态下点的样式和大小。可以通过选择“格式”→“点样式”命令，打开“点样式”对话框，对点的样式和大小进行设置，如图 3—1—22 所示。

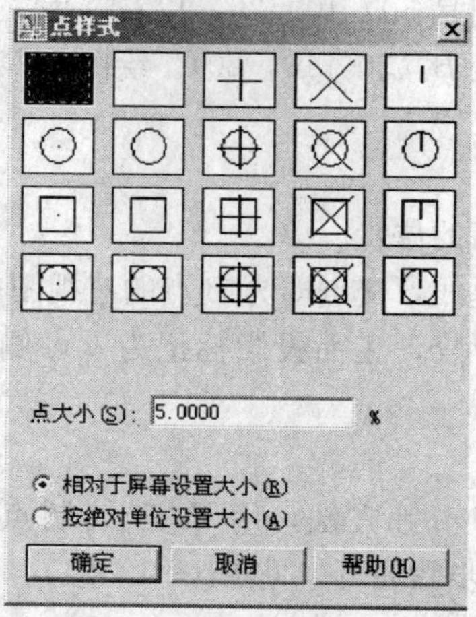

图 3—1—22　“点样式”对话框

完成点的绘制，如图 3—1—21e 所示。

(2) 标注文字

1) 在任意工具栏上右击，使“文字”工具栏处于显示状态。

2) 通过“样式”工具栏将“工程字”设置为当前样式。

3) 将“文字标注”层设置为当前层（后面介绍的标注文字练习不再介绍此过程）。

选择“绘图”→“文字”→“单行文字”命令（DTEXT），或在“文字”工具栏中单击“单行文字”按钮 AI，执行“文字”命令行，完成文字标注。效果如图 3—1—21f 所示（如果文字位置不合适，可以执行 MOVE 命令或夹点编辑移动文字）。

任务3　直线的投影

◆ **教学目标**

1. 掌握直线的投影规律、直线的投影特性。
2. 能作出直线的投影、判断直线的位置。
3. 能用 CAD 绘制直线的三面投影。

任务提出

绘制如图 3—1—23 所示正三棱锥上棱线 *SA* 的三视图。

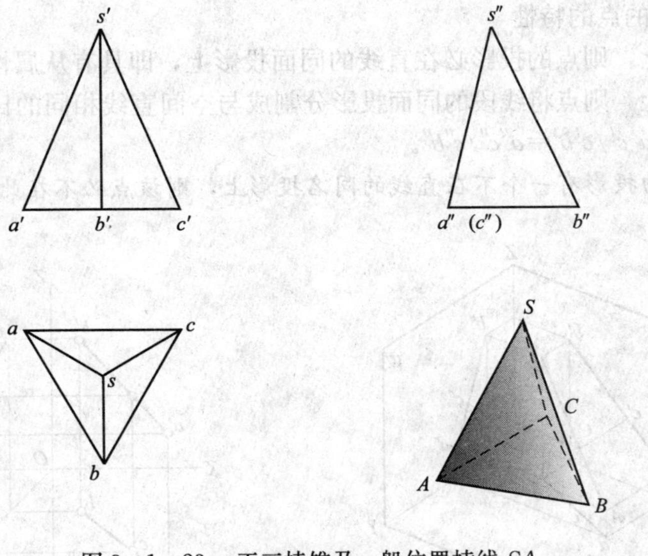

图 3—1—23　正三棱锥及一般位置棱线 *SA*

任务分析

一般情况下直线的投影仍为直线，特殊情况下为点。两点确定一直线，要求出直线的投影，只需求出直线两端点的投影即可。本任务中，若作出点 *S*、点 *A* 的三面投影，并将两点的同面投影用直线连接，就得到了棱线 *SA* 的投影。

相关知识

一、直线投影的基本知识

1. 直线投影的基本性质

（1）直线的投影一般仍为直线。

（2）直线的投影可由直线上两点的同面投影来确定。因空间一直线可由直线上的两点来确定，所以直线的投影也可由直线上任意两点的投影来确定。如图 3—1—24 所示。

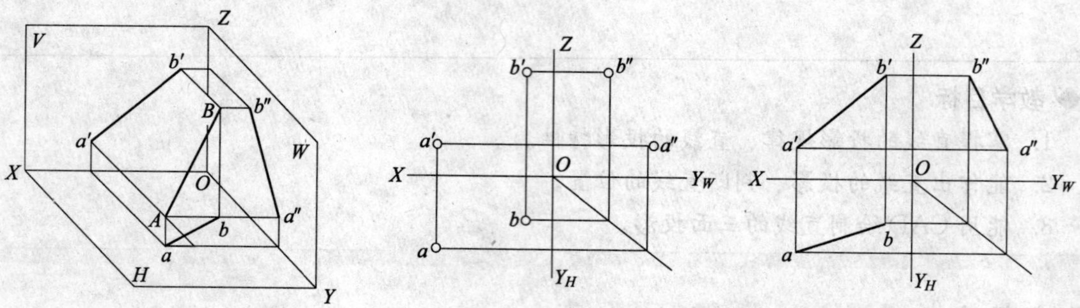

a）　　b）　　c）

图 3—1—24　直线的三面投影

2. 属于直线的点的特性

若点在直线上，则点的投影必在直线的同面投影上，即具有从属性。如图 3—1—25 所示。若点在直线上，则点将线段的同面投影分割成与空间直线相同的比例。即具有定比性：$AC/CB=ac/cb=a'c'/c'b'=a''c''/c''b''$。

注意：若点的投影有一个不在直线的同名投影上，则该点必不在此直线上。

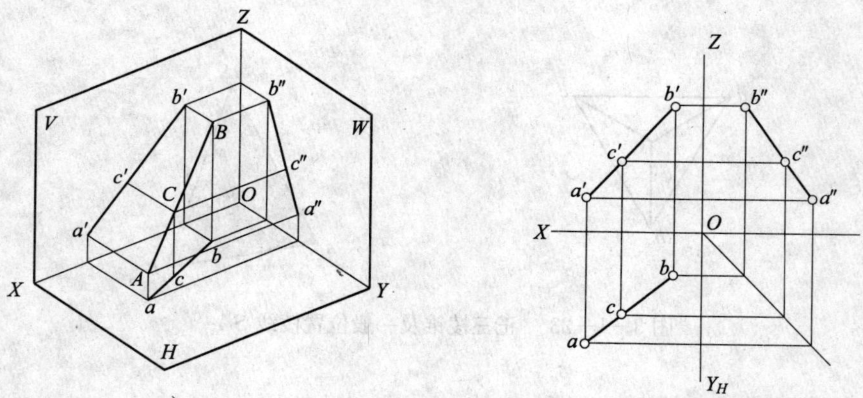

a）　　b）

图 3—1—25　属于直线的点的投影特性

二、各种位置直线的投影

1. 一般位置直线

对三个投影面都倾斜的直线，称为一般位置直线。图 3—1—26 所示即为一般位置直线，其投影特性为：

（1）一般位置直线的各面投影都与投影轴倾斜。

（2）一般位置直线的各面投影的长度均小于实长。

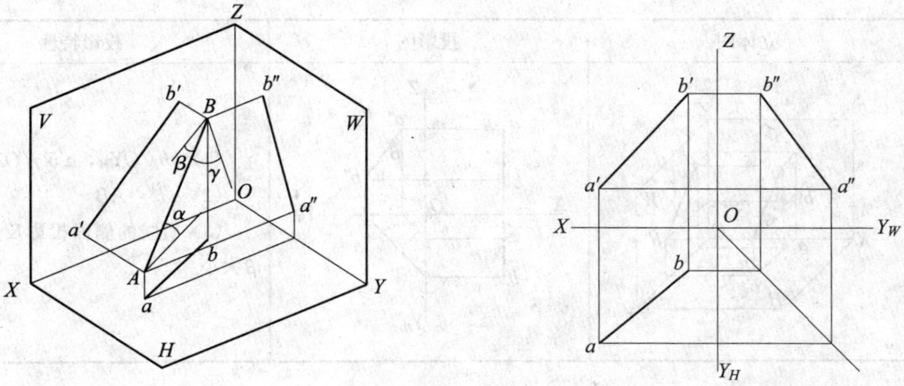

a）　　　　　　　　　　　　　　　　b）

图 3—1—26　一般位置直线的三面投影

直线和投影面的夹角，叫直线对投影面的倾角，并以 α、β、γ 分别表示直线对 H 面、V 面、W 面的倾角（见图 3—1—26）。

2．特殊位置直线

（1）投影面平行线　平行于一个投影面而与其他两个投影面倾斜的直线称为投影面平行线。

平行于 H 面的直线，称为水平线；平行于 V 面的直线，称为正平线；平行于 W 面的直线，称为侧平线。它们的投影特性列于表 3—1—1 中。

（2）投影面垂直线　垂直于一个投影面的直线，称为投影面垂直线。

垂直于 H 面的直线，称为铅垂线；垂直于 V 面的直线，称为正垂线；垂直于 W 面的直线，称为侧垂线。直线垂直于某一个投影面时，必然平行于另外两个投影面。它们的投影特性列于表 3—1—2 中。

表 3—1—1　　　　　　　　　**投影面平行线的投影特性**

名称	立体图	投影图	投影特性
水平线（$/\!/H$）	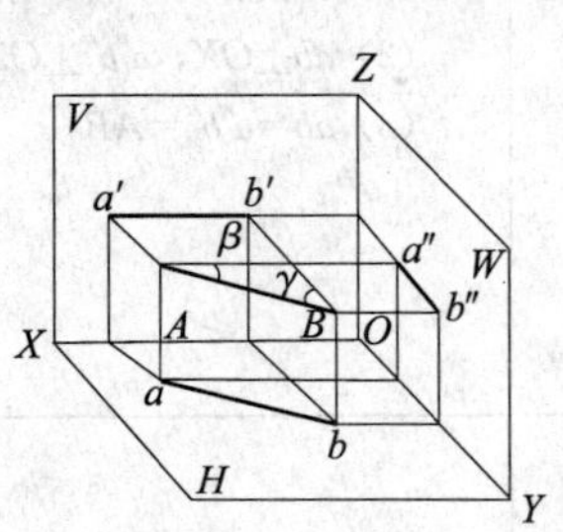	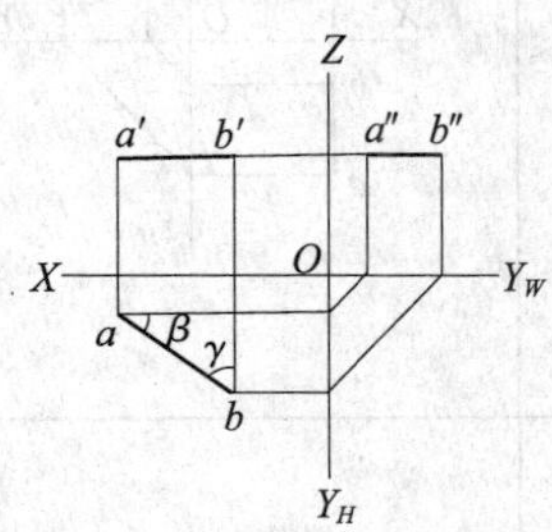	（1）$a'b'/\!/OX$，$a''b''/\!/OY_W$ （2）$ab=AB$ （3）直线的水平投影反映倾角 β、γ 大小
正平线（$/\!/V$）	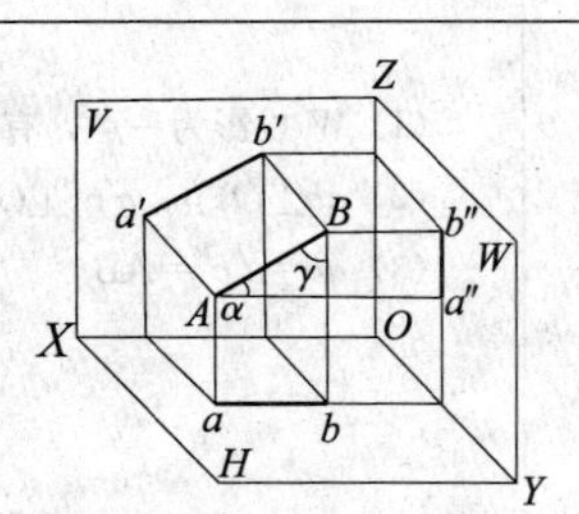	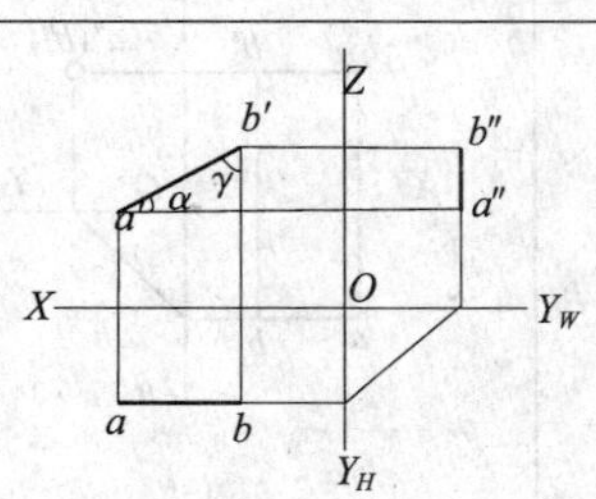	（1）$ab/\!/OX$，$a''b''/\!/OZ$ （2）$a'b'=AB$ （3）直线的正面投影反映倾角 α、γ 大小

续表

名称	立体图	投影图	投影特性
侧平线（//W）	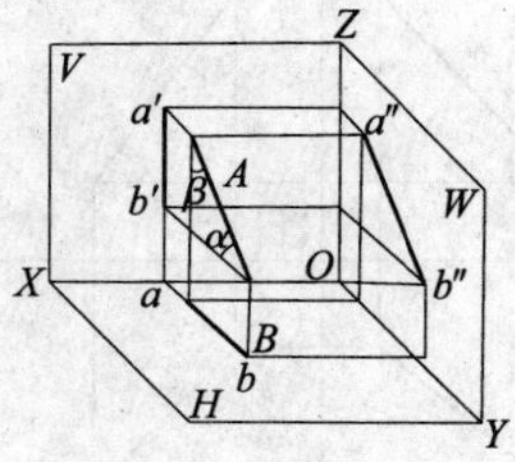	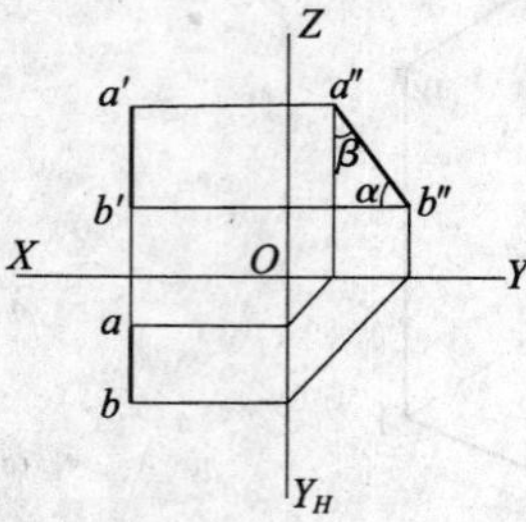	（1）$ab // OY_H$，$a'b' // OZ$ （2）$a''b''=AB$ （3）直线的侧面投影反映倾角 α、β 大小

表 3—1—2　　投影面垂直线的投影特性

名称	立体图	投影图	投影特性
铅垂线（⊥H）	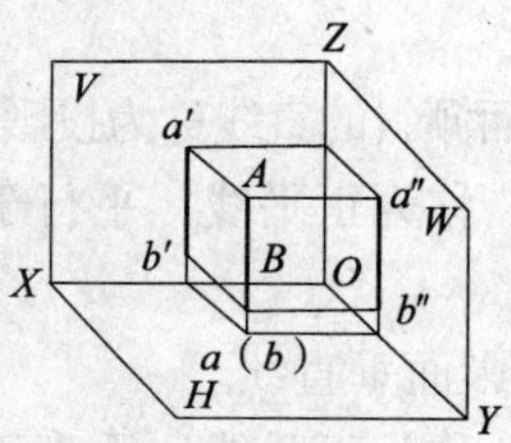	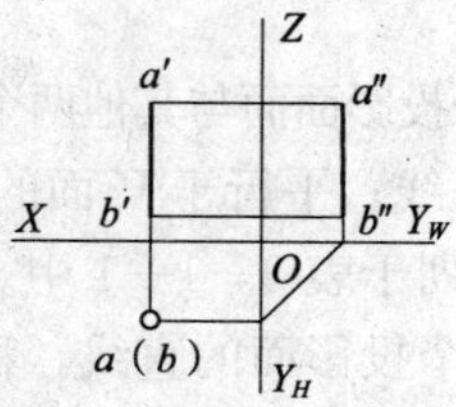	（1）H 投影为一点，有积聚性 （2）$a'b' \perp OX$，$a''b'' \perp OY_W$ （3）$a'b'=a''b''=AB$
正垂线（⊥V）	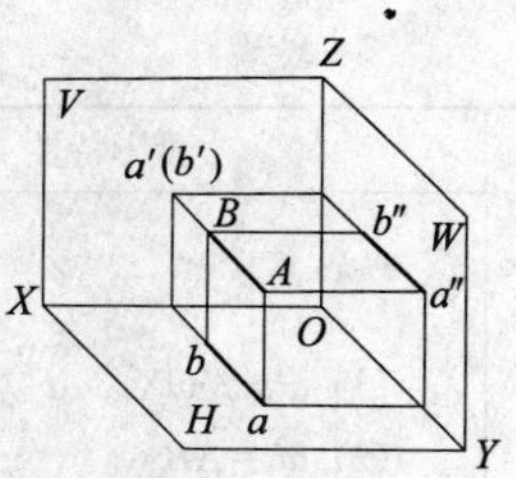	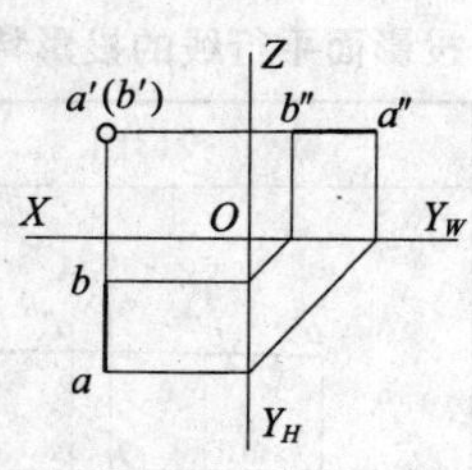	（1）V 投影为一点，有积聚性 （2）$ab \perp OX$，$a''b'' \perp OZ$ （3）$ab=a''b''=AB$
侧垂线（⊥W）	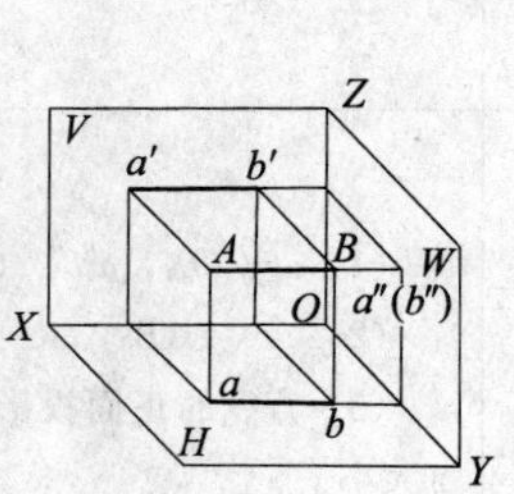	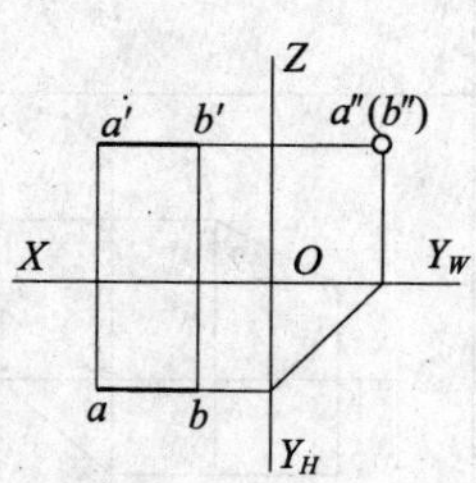	（1）W 投影为一点，有积聚性 （2）$ab \perp OY_H$，$a'b' \perp OZ$ （3）$ab=a''b''=AB$

任务实施

1．尺规绘图

三棱锥的棱线 SA 为一般位置直线，其三视图画法如下（见图 3—1—27）：

（1）绘制投影轴。

（2）绘制点 A 的三视图。

（3）绘制点 S 的三视图。

（4）连接点 A 和点 S 的各同面投影，即得 SA 的三视图。

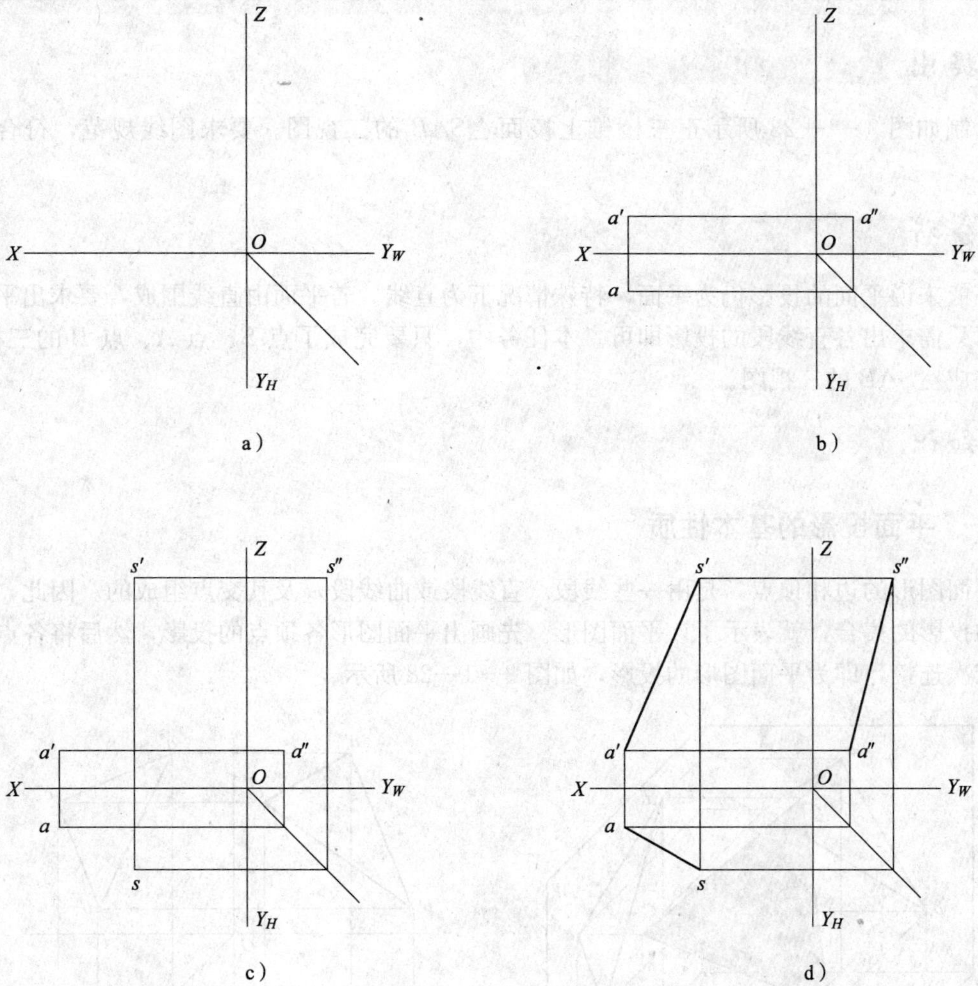

图 3—1—27　直线 SA 三视图的画法

2．CAD 绘图

按照前面学习的绘图、编辑等方法，用 CAD 绘制直线 SA 的投影图，步骤与尺规绘图相同，具体步骤略。

任务 4　平面的投影

◆ **教学目标**

1. 掌握平面的投影规律、平面的投影特性。
2. 能作出平面的投影、判断平面的位置、求出平面的实形。
3. 能用 CAD 绘制平面的三面投影。

任务提出

绘制如图 3—1—23 所示正三棱锥上棱面△*SAB* 的三视图。要求图线规范，符合国家标准。

任务分析

一般来说平面的投影仍为平面，特殊情况下为直线。若平面由直线围成，要求出平面的投影，只需求出各直线段的投影即可。本任务中，只要完成了点 *S*、点 *A*、点 *B* 的三视图，即可完成△*SAB* 的三视图。

相关知识

一、平面投影的基本性质

平面图形的边和顶点，是由一些线段（直线段或曲线段）及其交点组成的。因此，这些线段的投影的集合，就表示了该平面图形。先画出平面图形各顶点的投影，然后将各点同面投影依次连接，即为平面图形的投影，如图 3—1—28 所示。

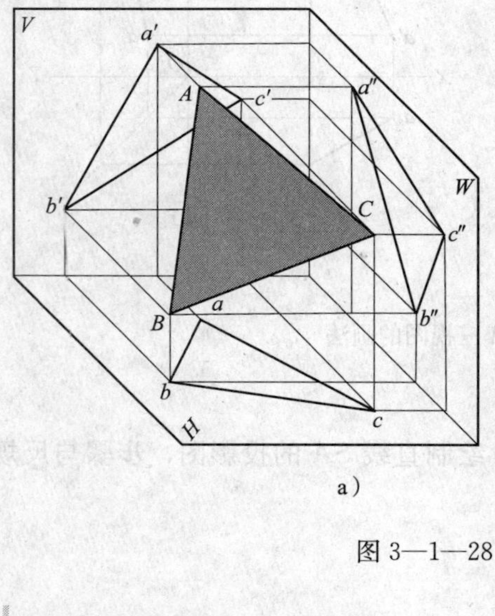

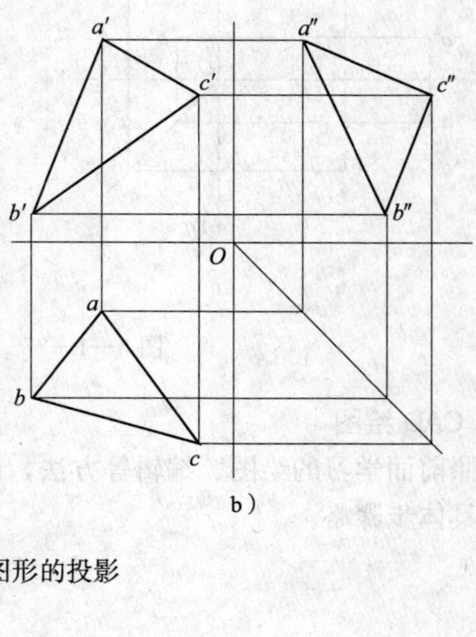

图 3—1—28　平面图形的投影

平面与投影面的相对位置有三种：一般位置平面、投影面平行面、投影面垂直面，后两种又称为特殊位置平面。

二、各种位置平面投影的特点

1. 一般位置平面

对三个投影面都倾斜的平面，称为一般位置平面。

图 3—1—28 中，$\triangle ABC$ 为一般位置平面。由于$\triangle ABC$ 对三个投影面都倾斜，所以各面投影尽管仍是三角形，但都不反映实形，而是原平面图形的类似形。

2. 投影面平行面

平行于一个投影面的平面，称为投影面平行面。一平面平行于一个投影面，必定垂直于另外两个投影面。平行于 H 面的平面，称为水平面；平行于 V 面的平面，称为正平面；平行于 W 面的平面，称为侧平面。

投影面平行面在所平行的投影面上的投影反映实形；另外两个投影面上的投影积聚成线段且分别平行相应的投影轴。它们的投影特性列于表 3—1—3 中。

表 3—1—3　　投影面平行面的投影特性

名称	立体图	投影图	投影特性
水平面	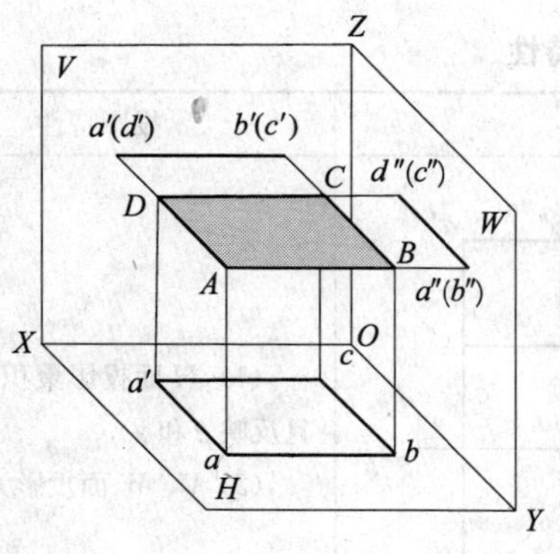	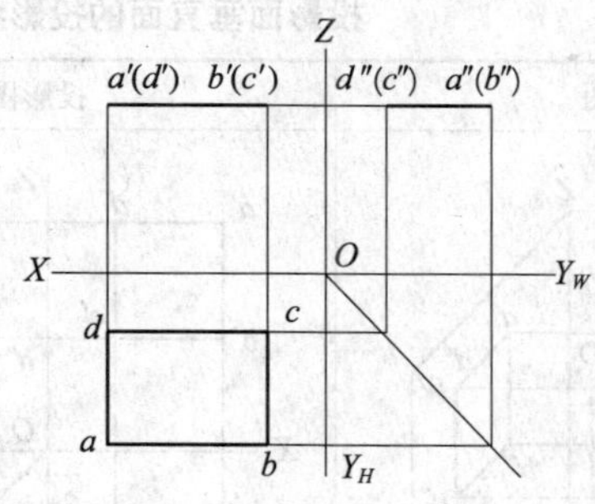	（1）H 面投影反映实形 （2）V、W 面投影积聚为直线，且 V 面投影平行于 OX 轴，W 面投影平行于 OY_W 轴
正平面	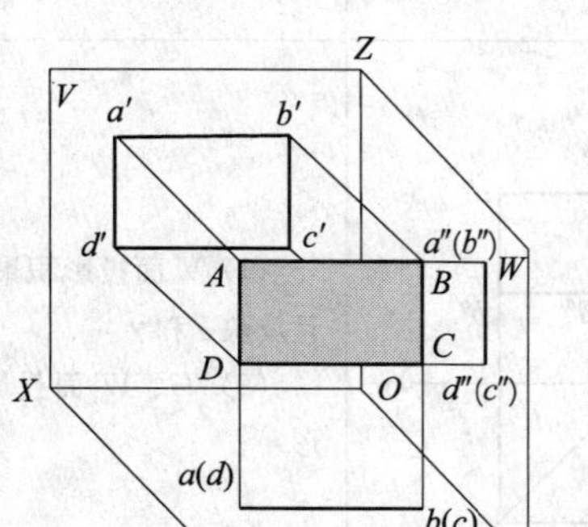	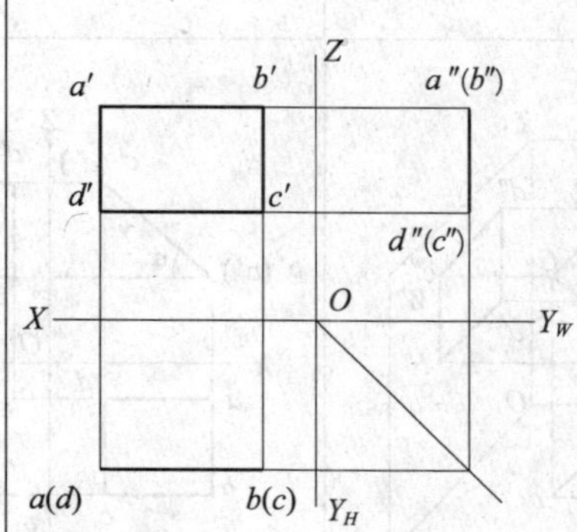	（1）V 面投影反映实形 （2）H、W 面投影积聚为直线，且 H 面投影平行于 OX 轴，W 面投影平行于 OZ 轴

续表

名称	立体图	投影图	投影特性
侧平面	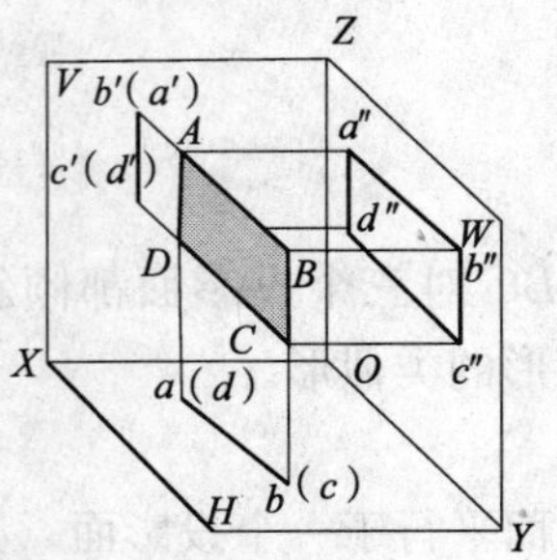	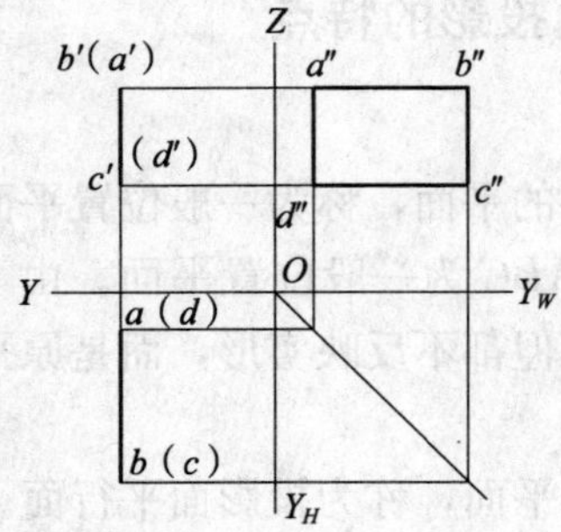	(1) W 面投影反映实形 (2) H、V 面投影积聚为直线，且H面投影平行于OY_H轴，V 面投影平行于OZ轴

3．投影面垂直面

垂直于一个投影面而对其他两个投影面倾斜的平面，称为投影面垂直面。垂直于 H 面的平面，称为铅垂面；垂直于V 面的平面，称为正垂面；垂直于W 面的平面，称为侧垂面。

投影面垂直面在所垂直的投影面上的投影积聚成为线段且与投影轴倾斜，所夹角度反映该平面对另外两个投影面倾角的真实大小；另外两个投影面上的投影为该平面的类似形。它们的投影特性列于表 3—1—4 中。

表 3—1—4　　投影面垂直面的投影特性

名称	立体图	投影图	投影特性
铅垂面	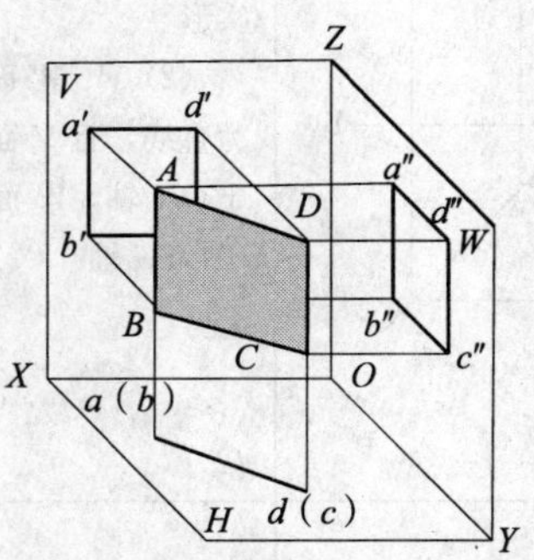	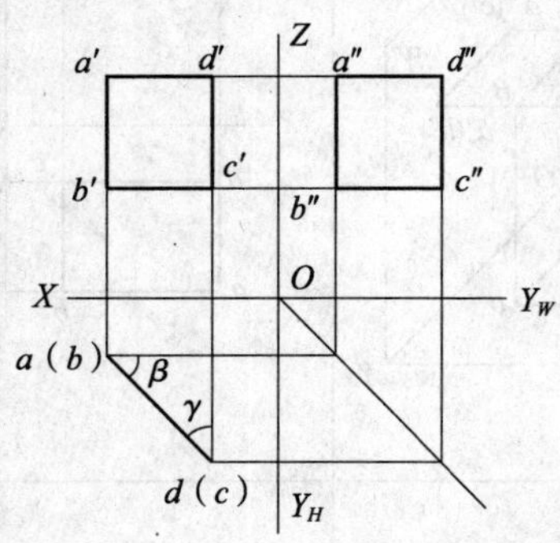	(1) H 面投影聚积为直线，且反映β和γ (2) V、W 面投影为类似形
正垂面	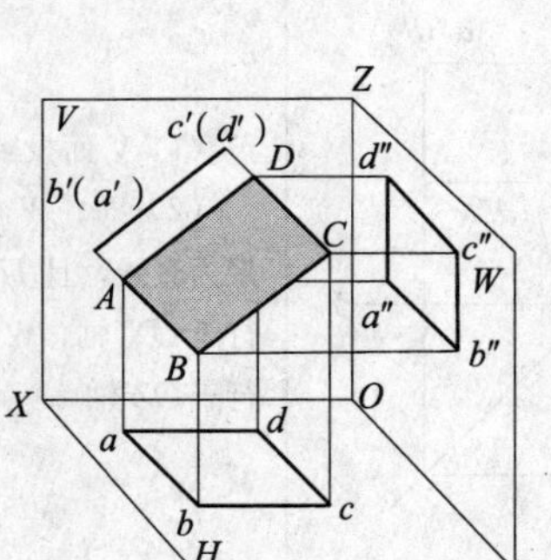	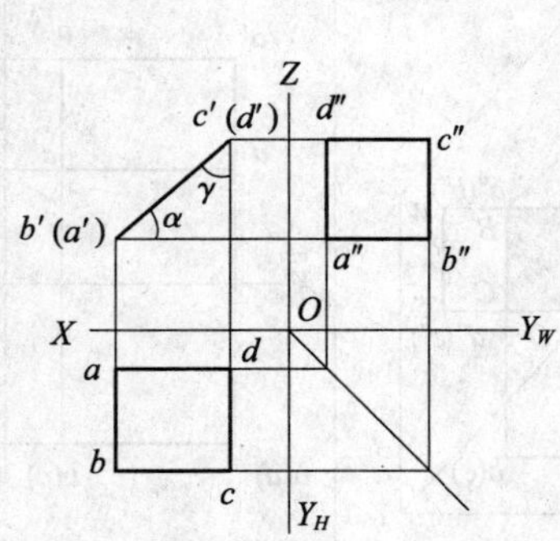	(1) V 面投影积聚为直线，且反映α和γ (2) H、W 面投影为类似形

续表

名称	立体图	投影图	投影特性
侧垂面	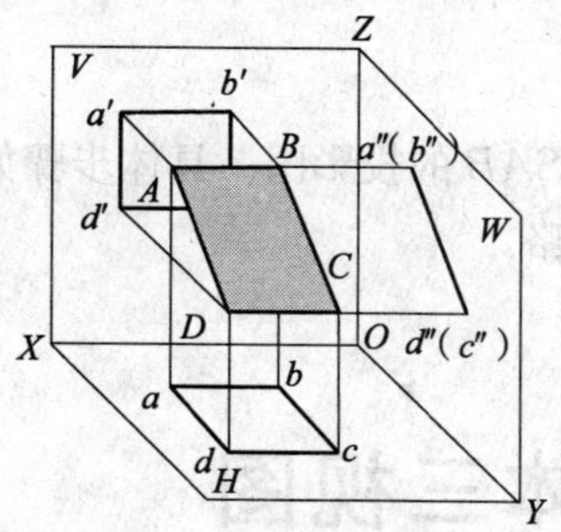	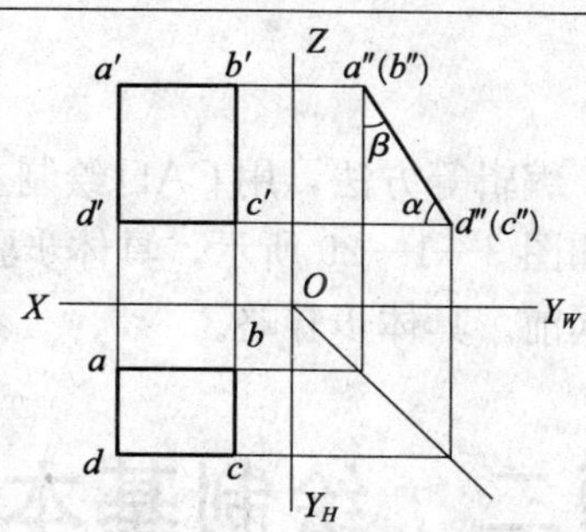	(1) W 面投影积聚为直线，且反映 β 和 α (2) H、V 面投影为类似形

任务实施

1. 尺规绘图

如图 3—1—23 所示，正三棱锥上△SAB 为一般位置平面，所以它的三视图都为缩小的类似形。△SAB 的三视图求作方法如下：

(1) 绘制投影轴（见图 3—1—29a）。

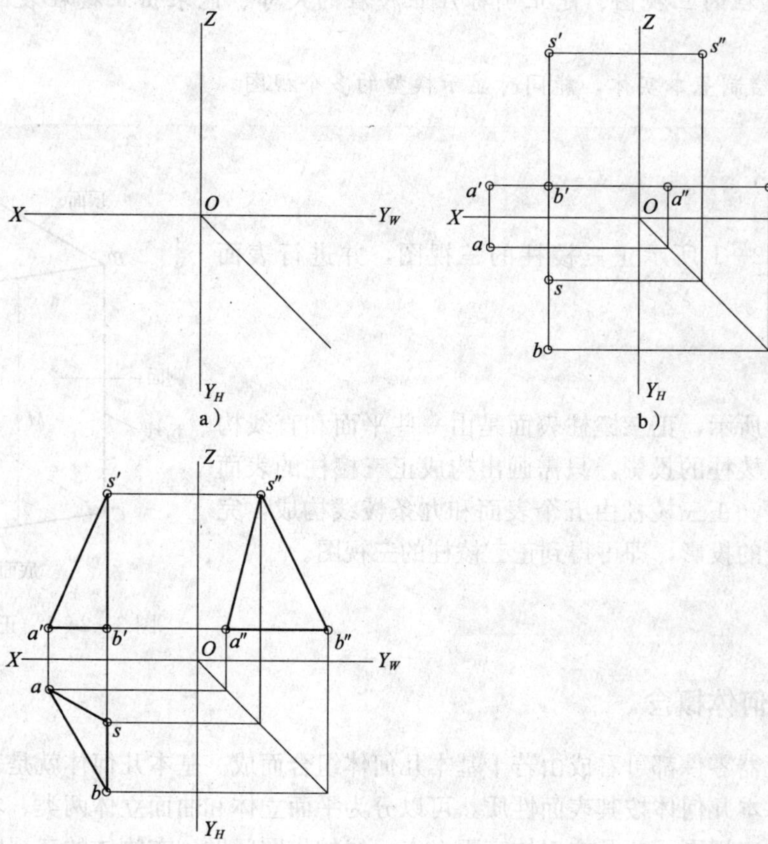

图 3—1—29　△SAB 的三视图

（2）绘制 S、A、B 三点的三视图（见图 3—1—29b）。

（3）将 S、A、B 三点的各同面投影相互连接，即完成了△SAB 的三视图（见图 3—1—29c）。

2. CAD 绘图

按照前面学习的绘图、编辑等方法，用 CAD 绘制△SAB 的投影图。具体步骤如下：

（1）绘制图形　过程如图 3—1—29 所示，具体步骤略。

（2）标注文字　方法同前，具体步骤略。

课题二　绘制基本体三视图

任务 1　绘制正三棱柱三视图

◆ **教学目标**

1. 理解正棱柱的概念、了解正棱柱的投影特性。

2. 能作出正棱柱的三视图、能正确标注正棱柱的尺寸、能求出正棱柱表面上点的投影。

3. 能用 CAD 绘制基本实体，能同时显示模型的多个视图。

任务提出

绘制如图 3—2—1 所示正三棱柱的三视图，并进行表面求点。

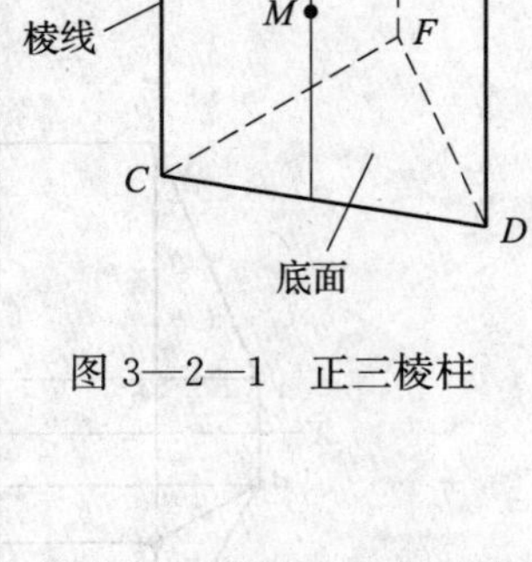

图 3—2—1　正三棱柱

任务分析

如图 3—2—1 所示，正三棱柱表面是由一些平面和直线构成的，要画出正三棱柱的投影，只需画出构成正三棱柱的表面和棱线的投影即可。正三棱柱由五个表面和九条棱线构成，完成这些表面和棱线的投影，即可得到正三棱柱的三视图。

相关知识

一、基本几何体概念

任何复杂的机器零件都可看成由若干基本几何体组合而成。基本几何体就是表面规则而单一的几何体。基本几何体按其表面性质，可以分为平面立体和曲面立体两类。本节重点讨论上述两类立体的三视图画法及在立体表面上点、线的作图问题。在物体的三视图中，有些表面和表面的交线处于不可见位置，在图中须用细虚线表示。处于可见位置的，在图中须用粗实线表示。

1. 平面立体

平面立体的每个表面都是平面，如棱柱、棱锥等。三棱柱、四棱柱、六棱柱、三棱锥、四棱台等都是平面立体，如图 3—2—2 所示。

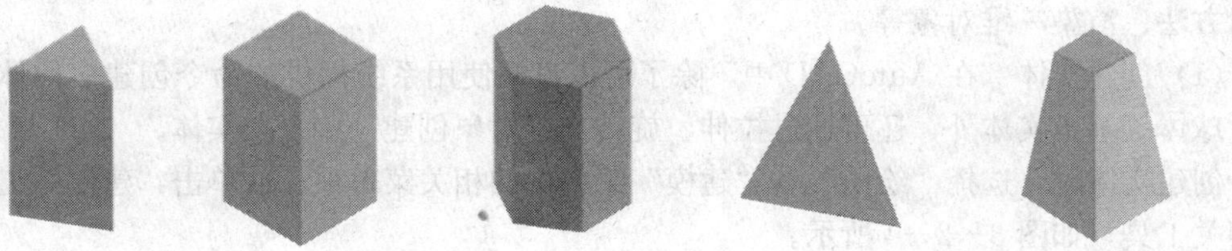

a)　b)　c)　d)　e)

图 3—2—2　平面立体

a) 三棱柱　b) 四棱柱　c) 六棱柱　d) 三棱锥　e) 四棱台

2. 曲面立体

由一条母线（直线或曲线）围绕轴线回转而形成的表面，称为回转面；由回转面或回转面与平面所围成的立体，称为曲面立体，又称为回转体。曲面立体至少有一个表面是曲面，常见的曲面体有圆柱、圆锥、圆球、圆环等，如图 3—2—3 所示。

a)　b)　c)　d)

图 3—2—3　曲面立体

a) 圆柱　b) 圆锥　c) 球　d) 圆环

二、基本几何体的三维造型

1. AutoCAD 2007 的 3 种三维模型

在 AutoCAD 中，用户可以创建线框模型、曲面模型和实体模型 3 种类型的三维模型。

（1）线框模型　线框模型没有面、体特征，它仅是三维对象的轮廓，由点、直线、曲线等对象组成，不能进行消隐、渲染等操作。创建对象的三维线框模型，实际上是在空间中通过指定各点的三维坐标来绘制各种边线。由于构成此种模型的每条边都必须单独绘制出来，因而这种建模方式非常耗时。

（2）曲面模型　曲面模型只有面信息，而没有体信息。可以通过拉伸或旋转平面对象创建曲面模型，可以通过拉伸其夹点改变曲面形状。不过，无法对曲面进行布尔运算，并且用于编辑实体的编辑命令都不适用。

（3）实体模型　实体模型具有线、面、体等特征，可进行消隐、渲染等操作，包含体积、质心、转动惯量等质量特性。用户能直接创建长方体、球体、锥体等基本立体，还可通过旋转、拉伸二维对象形成三维实体。各实体对象间可以执行各种运算操作（如对象相加、相减和求交集），从而创建各种复杂的实体对象。

2．实体模型的绘制

AutoCAD 2007 提供直接命令创建长方体、球体等基本实体，还可以通过拉伸、旋转二维对象，以及执行实体并集、差集、交集等操作来创建各种复杂实体，并且提供实体的各种编辑方法、渲染三维对象等。

（1）创建实体　在 AutoCAD 中，除了可以直接使用系统提供的命令创建多段体、长方体、球体等基本实体外，还可通过拉伸、旋转二维对象创建一些复杂实体。

创建实体时，选择“绘图”→“建模”菜单中的相关菜单项，或单击“建模”工具栏中的相关工具，如图 3—2—4 所示。

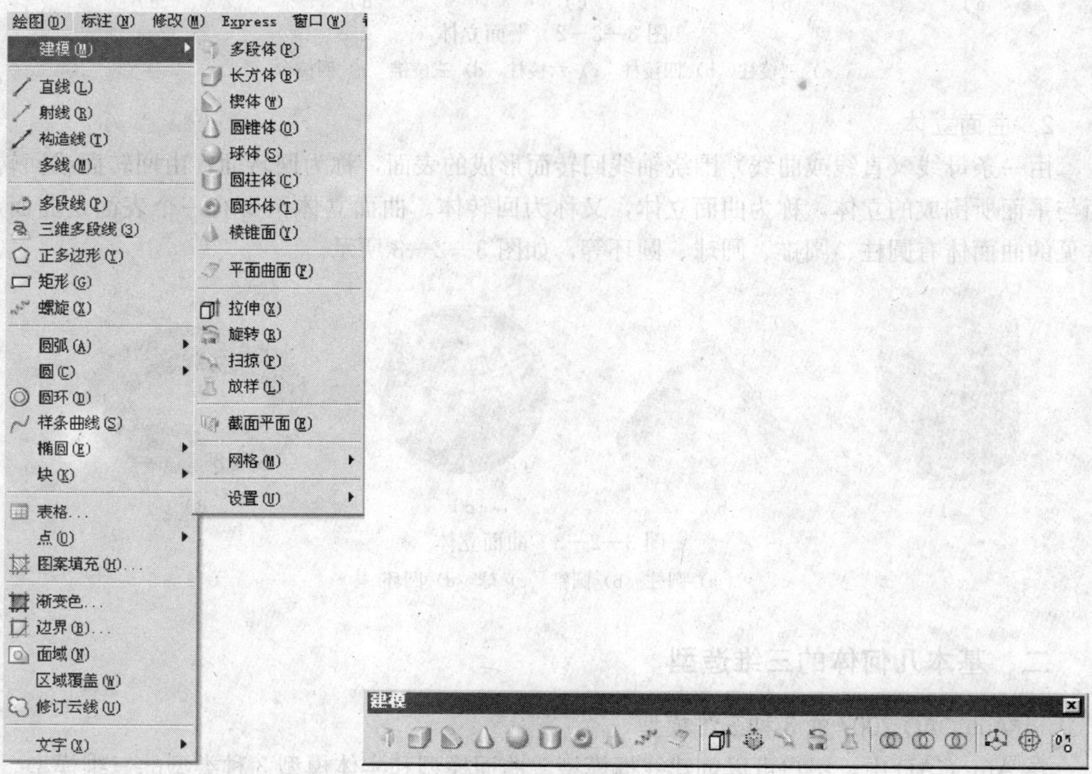

图 3—2—4　创建实体的菜单项和工具栏

（2）创建基本实体　在 AutoCAD 中，可以方便地绘制出一些基本实体模型，如长方体、球体、圆柱体、圆锥体、楔体、圆环体、棱锥面、螺旋以及平面曲面。

1）绘制长方体　选择“绘图”→“建模”→“长方体”命令，或单击“建模”工具栏  图标，创建长方体。创建长方体的方法有多种，例如，可以分别指定长方体底面两个对角点，然后指定高度（这是默认方式）；也可以分别指定长方体中心点和底面的一个角点，然后指定高度；还可以在指定长方体底面一个角点或长方体中心点后，输入 L 选项，然后分别指定长方体的长、宽、高来绘制，如图 3—2—5 所示。

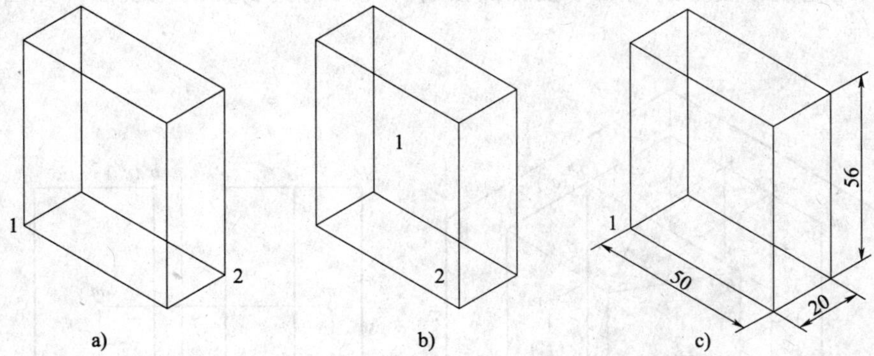

图 3—2—5　绘制长方体

a）通过指定长方体底面对角点绘制长方体

b）通过指定长方体中心点和底面一个角点绘制长方体

c）通过指定长方体的长、宽和高绘制长方体

执行“长方体”命令，当指定长方体的角点或中心点之后，在命令行输入 C 并按“回车”，然后指定长度，可绘制立方体。单击选中长方体，然后单击选择各夹点并拖动，可改变长方体的宽度、长度和高度，或者移动长方体的位置。

2）绘制棱锥面　选择“绘图”→“建模”→“棱锥面”命令，或单击“建模”工具栏  图标，创建棱锥面。执行“棱锥面”命令，可创建棱柱体和棱锥体，如图 3—2—6 所示。

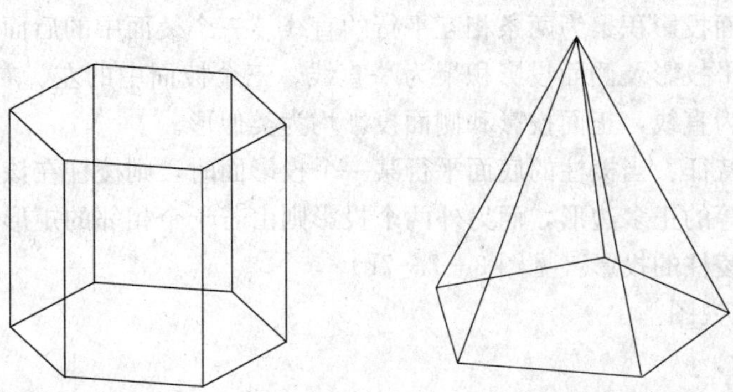

图 3—2—6　棱柱体和棱锥体

3）绘制楔体　选择“绘图”→“建模”→“楔体”命令，或单击“建模”工具栏  图标，创建楔体。创建方法和长方体类似。

任务实施

1. 尺规绘图

（1）分析正三棱柱的投影　由互相平行的且为正多边形的上、下底面和与其垂直的侧面围成的柱体称为正棱柱。

图 3—2—1 所示为一正三棱柱，假想将其放在由三个相互垂直的投影面所组成的投影

面体系中，用正投影法分别向三个投影面投射，即可得到物体的三视图，如图 3—2—7a 所示。

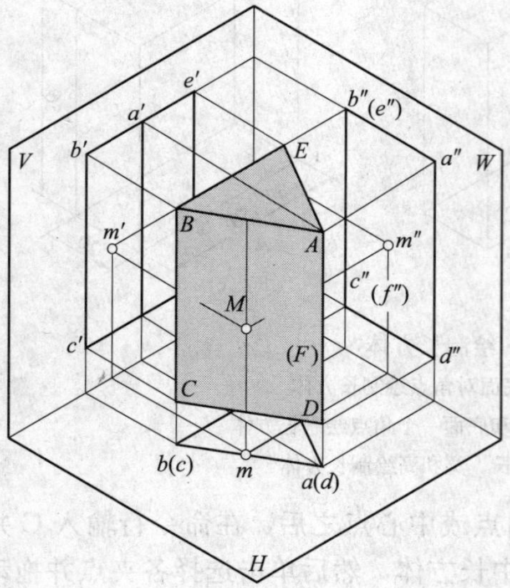

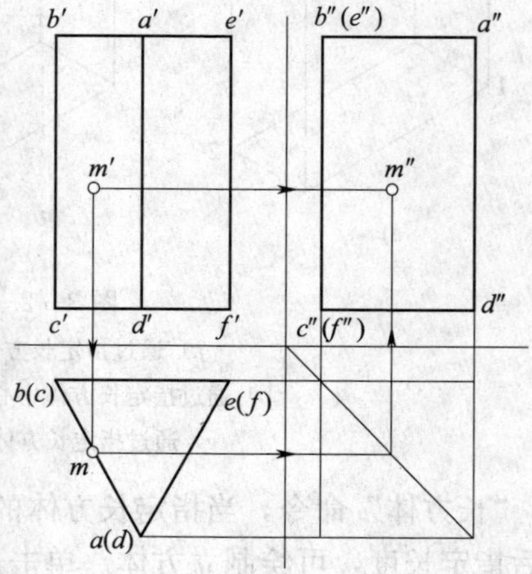

a）　　　　b）

图 3—2—7　正三棱柱的投影

a）直观图　b）三视图

分析图 3—2—7a 可知，三棱柱的上、下两底面均为水平面，它们的水平投影重合并反映实形，正面及侧面投影积聚为两条相互平行的直线。三个棱面中的后面为正平面，其正面投影反映实形，水平投影及侧面投影积聚为一直线。三个棱面中的左、右两个面为铅垂面，其水平投影均积聚为直线，正面投影和侧面投影均为类似形。

正棱柱的投影特征：当棱柱的底面平行某一个投影面时，则棱柱在该投影面上投影的外轮廓为与其底面全等的正多边形，而另外两个投影则由若干个相邻的矩形线框所组成。

（2）绘制正三棱柱的投影（见图 3—2—7b）

1）首先绘制俯视图。

2）绘制主视图。

3）建立 45°辅助线。

4）利用三等投影规律绘制左视图。

5）加粗可见轮廓线，完成全图。

（3）分析棱柱表面上点的投影

1）方法研究　利用点所在的面的积聚性法（因为正棱柱的各个面均为特殊位置面，均具有积聚性）。

平面立体表面上取点实际就是在平面上取点。首先应确定点位于立体的哪个平面上，并分析该平面的投影特性，然后再根据点的投影规律求得。

2）分析　如图 3—2—7b 所示，已知棱柱表面上点 M 的正面投影 m'，求作它的其他两面投影 m、m''。因为 m'可见，所以点 M 必在面 $ABCD$ 上。此棱面是铅垂面，其水平投影积聚成一条直线，故点 M 的水平投影 m 必在此直线上，再根据 m、m'可求出 m''。由于 $ABCD$ 的侧面投影为可见，故 m''也为可见。

特别强调：点与积聚成直线的平面重影时，不加括号。

3）步骤　如图 3—2—7b 所示。

①首先求点 M 的水平投影 m。

②根据 m'和 m 求出侧面投影 m''。

2．CAD 绘图

（1）用 CAD 同时显示正三棱柱的多个视图

1）绘制“棱柱体”　选择“绘图”→“建模”→“棱锥面”命令，或单击“建模”工具栏 图标，创建正三棱柱。

2）绘制点

3）创建平铺视口　选择“视图”→“视口”→“新建视口”命令（VPOINTS），或在“视口”工具栏中单击“显示视口对话框”按钮 ，打开“视口”对话框。使用“新建视口”选项卡可以显示标准视口配置列表和创建并设置新平铺视口（见图 3—2—8）。

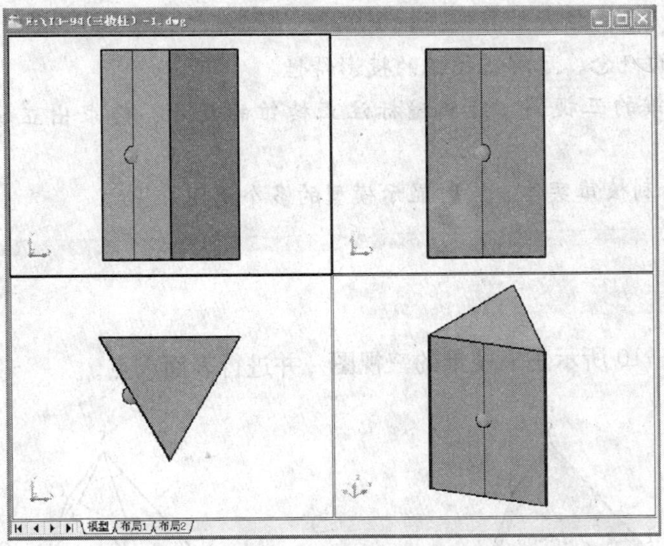

图 3—2—8　多视口显示正三棱柱的视图

（2）绘制正三棱柱的投影图　按照前面学习的绘图、编辑等方法，用 CAD 绘制正三棱柱的投影图（见图 3—2—7b）。

具体步骤与尺规绘图相同（略）。

知识拓展

常见正棱柱的尺寸标注方法

常见的正棱柱有三棱柱、四棱柱、五棱柱、六棱柱等。正棱柱的尺寸标注要标注底面的尺寸和高度尺寸。常见正棱柱的尺寸标注如图 3—2—9 所示。

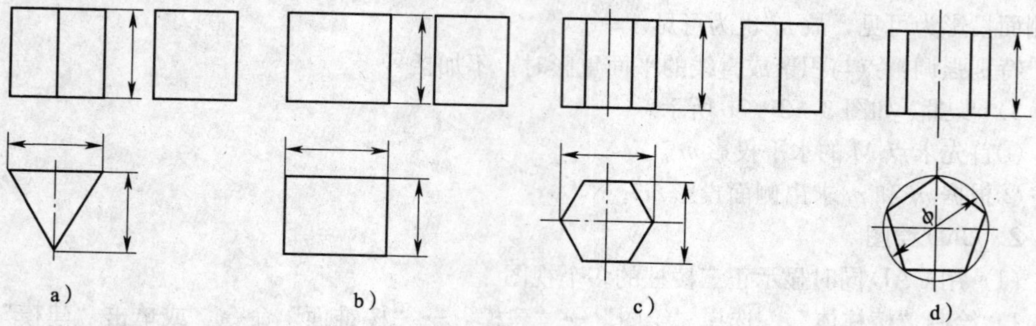

图 3—2—9　常见正棱柱的尺寸注法

任务 2　绘制正三棱锥三视图

◆ **教学目标**

1. 理解正棱锥的概念、了解正棱锥的投影特性。

2. 能作出正棱锥的三视图、能正确标注正棱锥的尺寸、能求出正棱锥表面上点的投影。

3. 能用 CAD 绘制棱锥实体、同时显示模型的多个视图。

任务提出

绘制如图 3—2—10 所示正三棱锥的三视图。并进行表面求点。

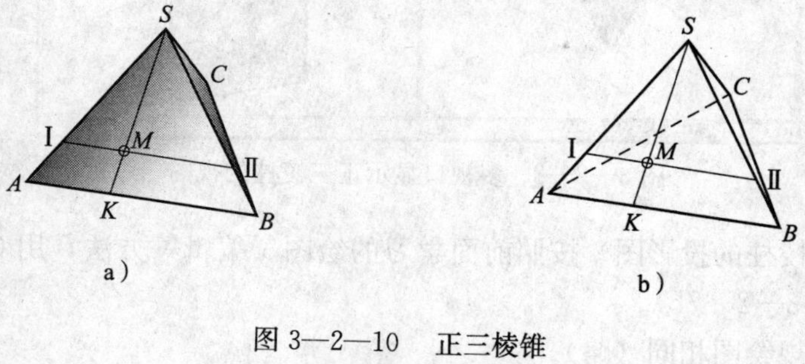

图 3—2—10　正三棱锥

a）直观图　b）轴测图

任务分析

如图 3—2—10 所示，正三棱锥表面是由四个平面和六条棱线所构成的，要画出正三棱锥的投影，只需画出构成正三棱锥表面的各平面、棱线和顶点的投影，即可得到正三棱锥的三视图。

任务实施

1. 尺规绘图

（1）分析正三棱锥的投影　由正三角形的底面和等腰三角形的侧面围成的棱锥称为正三棱锥。

图 3—2—10 所示为一正三棱锥，假想将其放在由三个相互垂直的投影面所组成的投影面体系中，用正投影法分别向三个投影面投射，即可得到物体的三视图，如图 3—2—11a 所示。

分析图 3—2—11a 可知，三棱锥的表面由一个底面（正三边形）和三个侧棱面（等腰三角形）围成。由于锥底面△*ABC* 为水平面，所以它的水平投影反映实形，正面投影和侧面投影分别积聚为直线段 $a'b'c'$ 和 a''（c''）b''。棱面△*SAC* 为侧垂面，它的侧面投影积聚为一段斜线 $s''a''$（c''），正面投影和水平投影为类似形△$s'a'c'$ 和△*sac*，前者为不可见，后者可见。棱面△*SAB* 和△*SBC* 均为一般位置平面，它们的三面投影均为类似形。

正棱锥的投影特征：当棱锥的底面平行于某一个投影面时，则棱锥在该投影面上投影的外轮廓为与其底面全等的正多边形，而另外两个投影则由若干个相邻的三角形线框所组成。

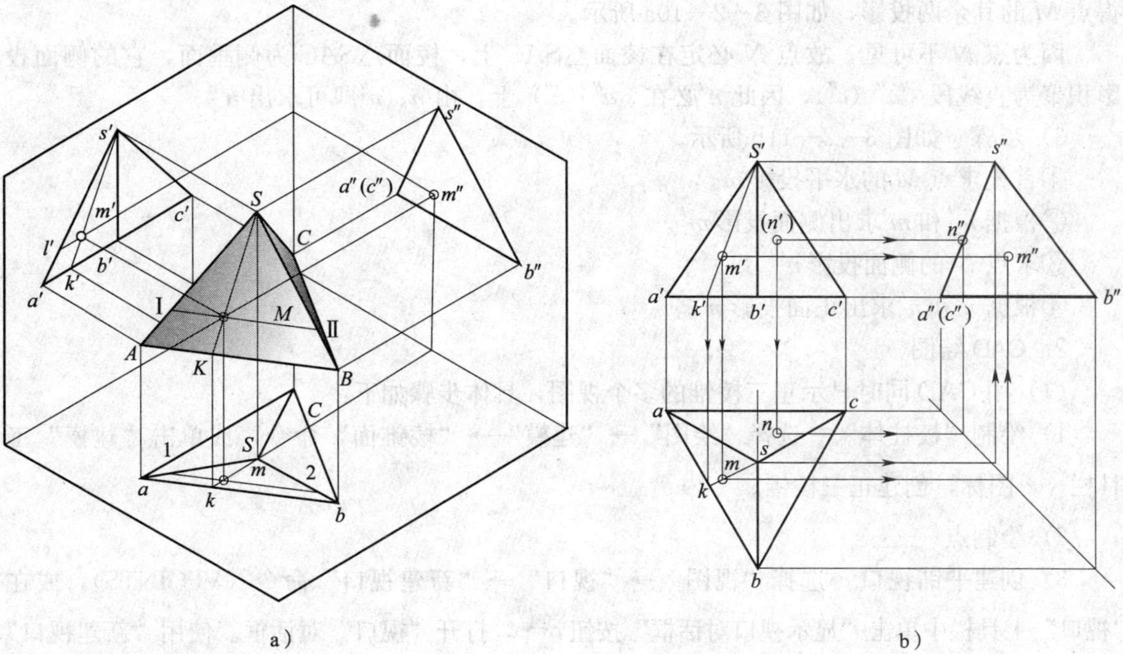

图 3—2—11　正三棱锥的投影
a）直观图　b）三视图

（2）绘制正三棱锥的投影　画正三棱锥的三视图时，先画出底面△*ABC* 的各个投影，再画出锥顶 *S* 的各个投影，连接各顶点的同面投影，即为正三棱锥的三视图，如图 3—2—11b 所示。

1）首先绘制俯视图。

2）绘制主视图。

3）建立 45°辅助线。

4）利用三等投影规律绘制左视图。

5）加粗可见轮廓线，完成全图。

（3）分析棱锥表面上点的投影

1）方法　棱锥表面上点的投影求法有下列两种：

①利用点所在的面的积聚性法。

②辅助线法。正三棱锥的表面有特殊位置平面，也有一般位置平面。首先确定点位于棱锥的哪个平面上，再分析该平面的投影特性。若该平面为特殊位置平面，可利用投影的积聚性直接求得点的投影；若该平面为一般位置平面，可通过辅助线法求得。

2）分析　如图 3—2—11b 所示，已知正三棱锥表面上点 M 的正面投影 m' 和点 N 的水平面投影 n，求作 M、N 两点的其余投影。

因为 m' 可见，因此点 M 必定在△SAB 上。△SAB 是一般位置平面，采用辅助线法，过点 M 及锥顶点 S 作一条直线 SK，与底边 AB 交于点 K。图 3—2—11b 中即过 m' 作 $s'k'$，再作出其水平投影 sk。由于点 M 属于直线 SK，根据点在直线上的从属性质可知 m 必在 sk 上，求出水平投影 m，再根据 m、m' 可求出 m''。若过点 M 作一水平辅助线ⅠⅡ，同样可求得点 M 的其余两投影，如图 3—2—10a 所示。

因为点 N 不可见，故点 N 必定在棱面△SAC 上。棱面△SAC 为侧垂面，它的侧面投影积聚为直线段 $s''a''$（c''），因此 n'' 必在 $s''a''$（c''）上，由 n、n'' 即可求出 n'。

3）步骤　如图 3—2—11b 所示。

①首先求点 M 的水平投影 m。

②根据 m' 和 m 求出侧面投影 m''。

③求点 N 的侧面投影 n''。

④根据 n 和 n'' 求出正面投影 n'。

2. CAD 绘图

（1）用 CAD 同时显示正三棱锥的多个视图，具体步骤如下：

1）绘制“棱柱体”　选择“绘图”→“建模”→“棱锥面”命令，或单击“建模”工具栏图标，创建正三棱锥。

2）绘制点

3）创建平铺视口　选择“视图”→“视口”→“新建视口”命令（VPOINTS），或在“视口”工具栏中单击“显示视口对话框”按钮，打开“视口”对话框。使用“新建视口”选项卡可以显示标准视口配置列表和创建并设置新平铺视口，如图 3—2—12 所示。

（2）按照前面学习的绘图、编辑等方法，用 CAD 绘制正三棱锥的投影图，如图 3—2—11b 所示。

具体步骤与尺规绘图相同（略）。

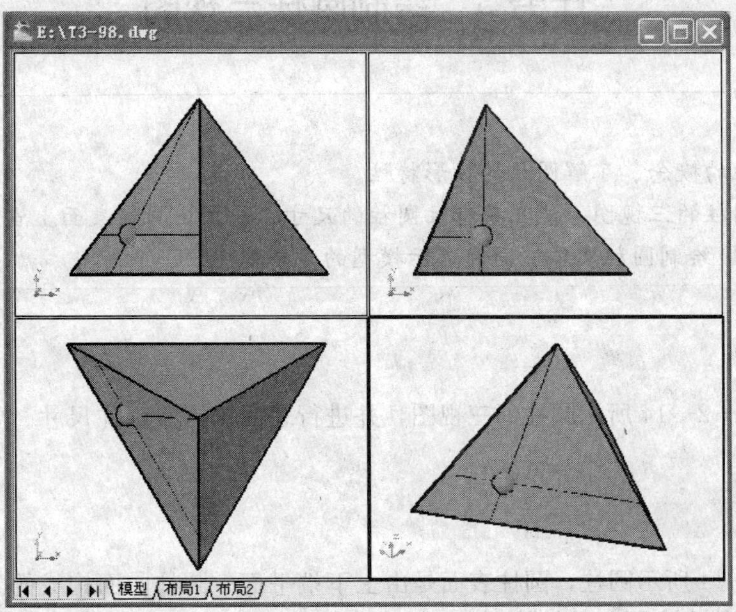

图 3—2—12　多视口显示正三棱锥的视图

知识拓展

常见正棱锥的尺寸标注方法

常见的正棱锥有三棱锥、四棱锥、五棱锥和六棱锥等。正棱锥的尺寸标注要标明底面的尺寸和高度尺寸。如图 3—2—13 所示是常见正棱锥的尺寸标注方法。

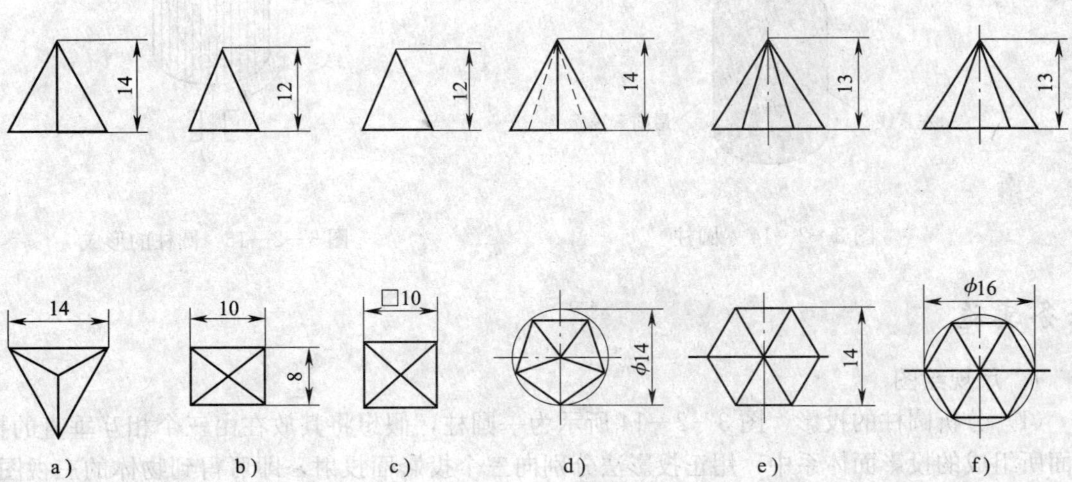

图 3—2—13　常见正棱锥的尺寸标注方法

任务 3　绘制圆柱三视图

◆ **教学目标**

1. 理解圆柱的概念、了解圆柱的投影特性。
2. 能作出圆柱的三视图、能正确标注圆柱的尺寸、能求出圆柱表面上点的投影。
3. 能用 CAD 绘制圆柱实体、同时显示模型的多个视图。

任务提出

绘制如图 3—2—14 所示圆柱的三视图，并进行表面求点及标注尺寸。要求符合投影关系，线条规范。

任务分析

如图 3—2—14 所示圆柱，圆柱表面是由上下端平面、圆柱曲面构成的。圆柱面可看作由一条直母线围绕和它平行的轴线 *OO* 回转而成，如图 3—2—15 所示。*OO* 称为回转轴，直线 *AB* 称为母线，母线转至任一位置时称为素线。要画出圆柱的投影，只需画出两个端面和圆柱曲面的投影即可得到圆柱的三视图。

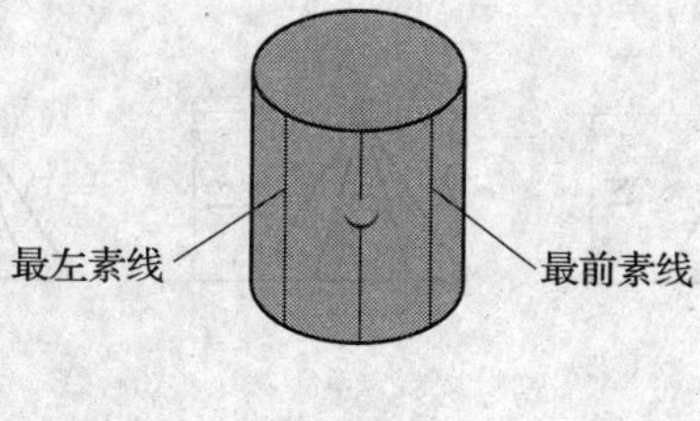

图 3—2—14　圆柱

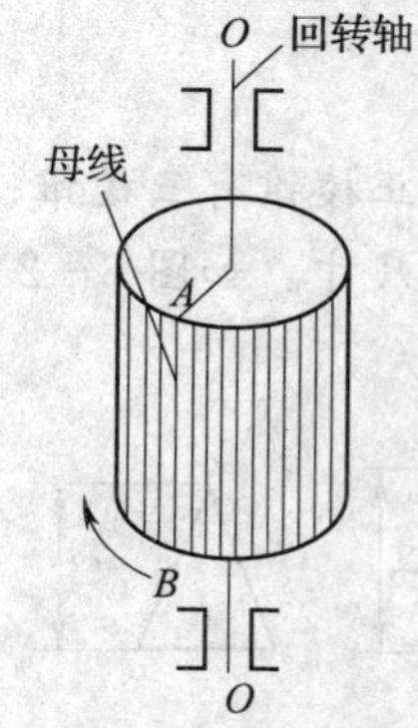

图 3—2—15　圆柱的形成

任务实施

1. 尺规绘图

（1）分析圆柱的投影　图 3—2—14 所示为一圆柱，假想将其放在由三个相互垂直的投影面所组成的投影面体系中，用正投影法分别向三个投影面投射，即可得到物体的三视图，如图 3—2—16a 所示。

分析图 3—2—16a 可知，由于圆柱轴线是铅垂线，圆柱面上所有素线都是铅垂线，因此，圆柱面的水平投影有积聚性，成为一个圆。也就是说，圆周上的任一点，都对应圆柱面上某一位置素线的水平投影。同时，圆柱顶面、底面为水平面，其水平投影反映实形，也与该圆相重合。

圆柱的主视图为一个矩形线框。其中左右两轮廓线 $a'a_1'$、$b'b_1'$ 是圆柱面上最左、最右素线（AA_1、BB_1）的投影，它们把圆柱面分为前后两半，其投影前半部分看得见，后半部分看不见，而这两条素线是看得见和看不见的分界线。最左、最右素线的侧面投影和轴线的侧面投影重合（不需画出其投影），水平投影在横向中心线和圆周的交点处。矩形线框的上、下两边分别为圆柱顶面、底面的积聚性投影。

对左视图的矩形线框，读者可参看图 3—2—16a 和主视图的矩形线框作类似分析。

圆柱的投影特征：当圆柱的轴线垂直某一个投影面时，必有一个投影为圆形，另外两个投影为全等的矩形。

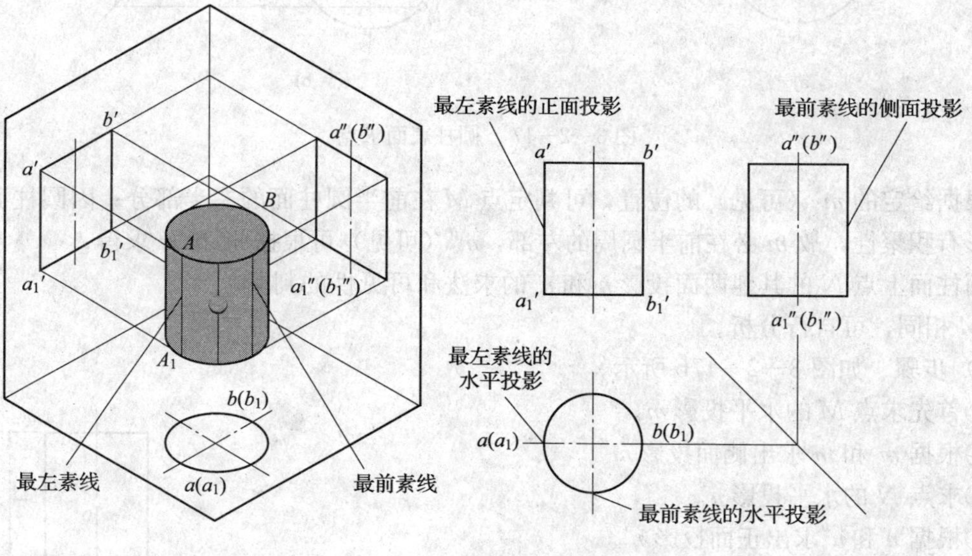

a）　　　　b）

图 3—2—16　圆柱的投影

a）直观图　b）三视图

（2）绘制圆柱的投影　绘制圆柱的三视图时（见图 3—2—16b），一般先绘制投影具有积聚性的圆，再根据投影规律和圆柱的高度完成其他两视图。

1）首先绘制反映底面实形的俯视图。

2）绘制主视图。

3）建立 45°辅助线。

4）利用三等规律绘制左视图。

5）加粗可见轮廓线，完成全图。

（3）分析圆柱表面上点的投影

1）方法研究　利用点所在面的积聚性法（因为圆柱的圆柱面和两底面均至少有一个投影具有积聚性）。

2）分析　如图 3—2—17a 所示，已知圆柱面上点 M 的正面投影 m'，和点 N 的侧面投影 n''，求作 M、N 两点的其余投影。

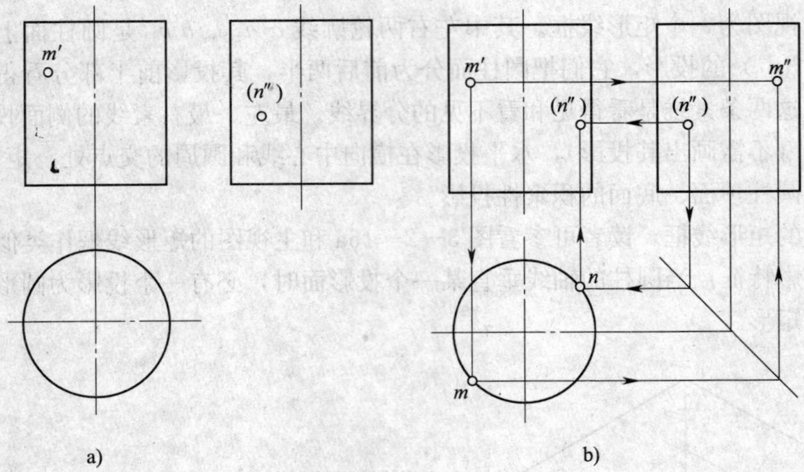

图 3—2—17　圆柱表面求点

根据给定的 m'（可见）的位置，可判定点 M 在前半圆柱面的左半部分；因圆柱面的水平投影有积聚性，故 m 必在前半圆周的左部，m''（可见）可根据 m' 和 m 求得。

圆柱面上点 N 的其他两面投影 n 和 n' 的求法和可见性的判断，与点 M 相同，可自行分析。

3）步骤　如图 3—2—17b 所示。

①首先求点 M 的水平投影 m。

②根据 m' 和 m 求出侧面投影 m''。

③求点 N 的水平投影 n。

④根据 n 和 n'' 求出正面投影 n'。

（4）标注圆柱的尺寸　标注圆柱高度，直径（见图 3—2—18）。

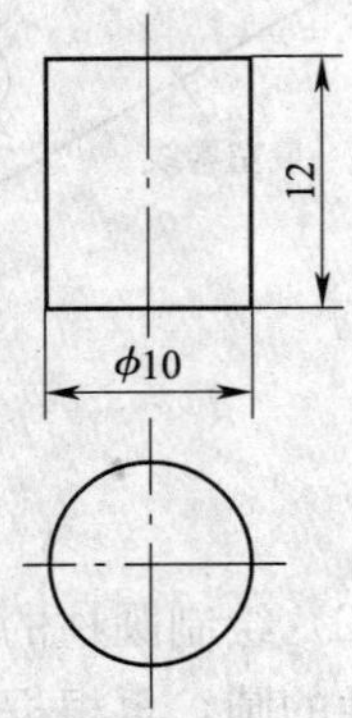

图 3—2—18　圆柱的尺寸标注

2．CAD 绘图

（1）用 CAD 同时显示圆柱的多个视图，具体步骤如下：

1）绘制“圆柱体”　选择“绘图”→“建模”→“圆柱体”命令，或单击“建模”工具栏图标，创建圆柱体。执行“圆柱体”命令。

2）绘制点

3）创建平铺视口　选择“视图”→“视口”→“新建视口”命令（VPOINTS），或在“视口”工具栏中单击“显示视口对话框”按钮，打开“视口”对话框。使用“新建视口”选项卡可以显示标准视口配置列表和创建并设置新平铺视口，如图 3—2—19 所示。

（2）按照前面学习的绘图、编辑等方法，用 CAD 绘制圆柱的投影图，如图 3—2—16b、

图 3—2—17b 所示。

具体步骤与尺规绘图相同（略）。

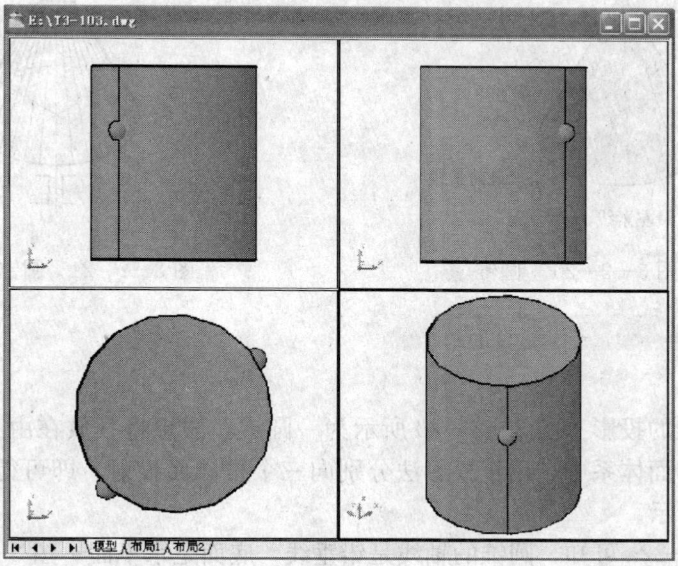

图 3—2—19　多视口显示圆柱的视图

任务 4　绘制圆锥三视图

◆ **教学目标**

1. 理解圆锥的概念、了解圆锥的投影特性。
2. 能作出圆锥的三视图、能正确标注圆锥的尺寸、能求出圆锥表面上点的投影。
3. 能用 CAD 绘制圆锥实体、同时显示模型的多个视图。

任务提出

绘制如图 3—2—20 所示圆锥的三视图。并进行表面求点及标注尺寸。要求符合投影规律，图线规范。

任务分析

如图 3—2—20 所示，圆锥表面是由一个平面和一个曲面构成的。圆锥面可看作由一条直母线 *SA* 围绕和它相交的轴线 *OO* 回转而成，如图 3—2—21 所示。*OO* 称为回转轴，直线 *SA* 称为母线，母线转至任一位置时称为素线。要画出圆锥的三视图，只需画出构成圆锥表面的平面和曲面的投影，即可得到圆锥的三视图。

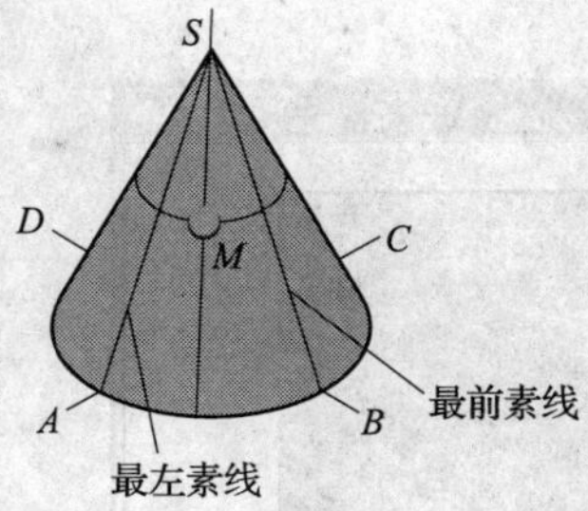

图 3—2—20 圆锥

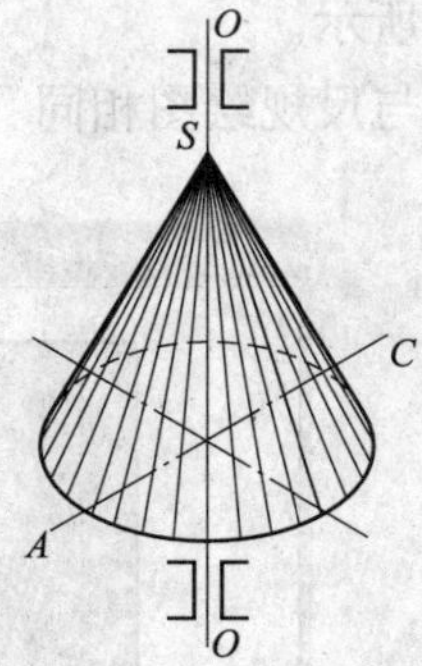

图 3—2—21 圆锥面的形成

任务实施

1. 尺规绘图

（1）分析圆锥的投影 图 3—2—20 所示为一圆锥，假想将其放在由三个相互垂直的投影面所组成的投影面体系中，用正投影法分别向三个投影面投射，即可得到物体的三视图，如图 3—2—22a 所示。

分析图 3—2—22a 可知，圆锥的轴线是铅垂线，底面是水平面，图 3—2—22b 是它的投影图。圆锥的水平投影为一个圆，反映底面的实形，同时也表示圆锥面的投影。圆锥的正面、侧面投影均为等腰三角形，其底边均为圆锥底面的积聚投影。正面投影中三角形的两腰 $s'a'$、$s'c'$分别表示圆锥面最左、最右轮廓素线 SA、SC 的投影，它们是圆锥面正面投影可见与不可见的分界线。SA、SC 的水平投影 sa、sc 和横向中心线重合，侧面投影 $s''a''$（c''）与轴线重合。同理可对侧面投影中三角形的两腰进行类似的分析。

圆锥的投影特征：当圆锥的轴线垂直于某一个投影面时，则圆锥在该投影面上投影为与其底面全等的圆形，另外两个投影为全等的等腰三角形。

（2）绘制圆锥的投影 绘制圆锥的三视图时，先绘制出圆锥底面的各个投影，再绘制出锥顶点的投影，然后分别绘制出特殊位置素线的投影，即完成圆锥的三视图。

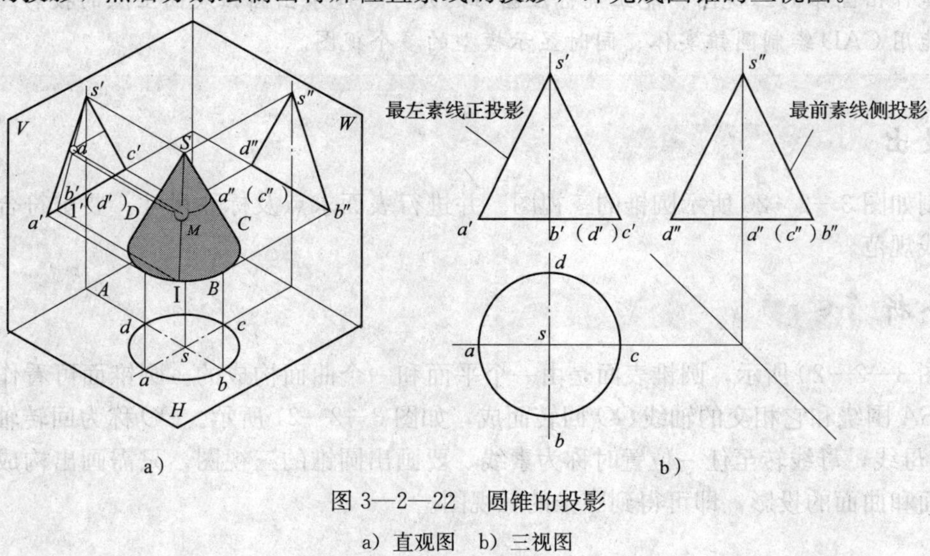

图 3—2—22 圆锥的投影

a）直观图 b）三视图

1）首先绘制反映底面实形的俯视图。

2）绘制主视图。

3）建立 45°辅助线。

4）利用三等投影规律绘制左视图。

5）加粗可见轮廓线，完成全图。

（3）分析圆锥表面上点的投影

1）方法

①积聚性法（圆锥底面上的点）。

②辅助线法（圆锥面上的点）。

③辅助圆法（圆锥面上的点）。

2）分析　如图 3—2—23 所示，已知属于圆锥面的点 M 的正面投影 m'，求 m 和 m''。根据 M 的位置和可见性，可判定点 M 在前、左圆锥面上，因此，点 M 的三面投影均为可见。

3）步骤　作图可采用如下两种方法：

①辅助素线法　如图 3—2—23a 所示，过锥顶 S 和点 M 作一辅助素线 SⅠ，即在图 3—2—23b 中连接 $s'm'$，并延长到与底面的正面投影相交于 $1'$，求得 $s1$；根据点属于线的投影规律，求出 m。再由 m' 和 m 求出 m''。

②辅助圆法　如图 3—2—23a 所示，过点 M 在圆锥面上作垂直于圆锥轴线的水平辅助圆（该圆的正面投影积聚为一直线），即过 m' 作水平线 $a'b'$，如图 3—2—23c 所示。辅助圆的水平投影为一直径等于 $a'b'$ 的圆，圆心为 s，由 m' 作 OX（图中未画出）轴的垂线，与辅助圆的交点（因为可见，所以为前面的交点，如不可见就是后面的交点）即为 m。再根据 m 和 m' 求出 m''。

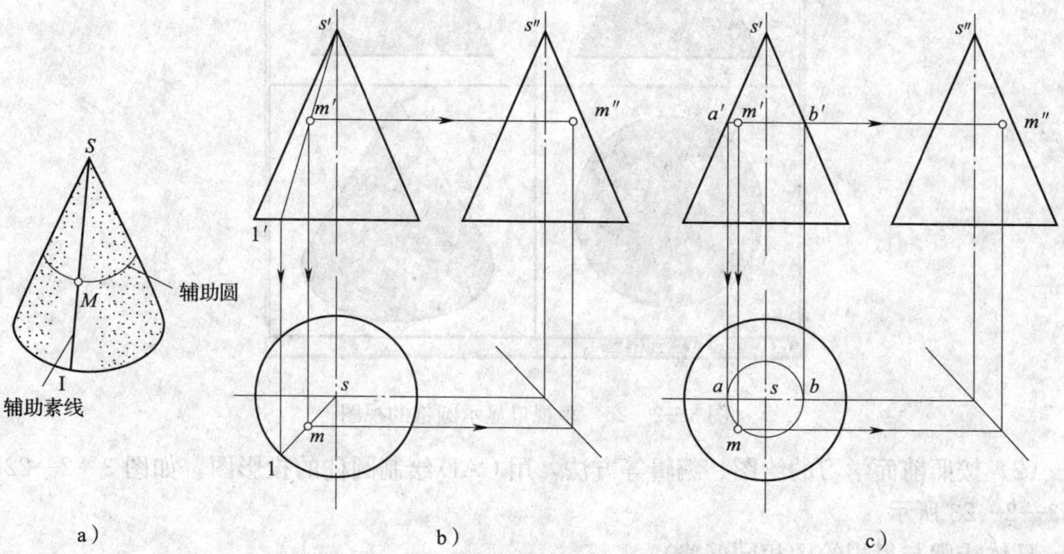

图 3—2—23　属于圆锥表面的点的求法

（4）标注圆锥的尺寸　圆锥的尺寸标注要标明底圆的直径和高度尺寸，如图 3—2—24 所示。

2．CAD 绘图

（1）用 CAD 同时显示圆锥的多个视图，具体步骤如下：

1）绘制“圆锥体”　选择“绘图”→“建模”→“圆锥体”命令，或单击“建模”工具栏图标 ，创建圆锥体。执行“圆锥体”命令。

2）绘制点

3）创建平铺视口　选择“视图”→“视口”→“新建视口”命令（VPOINTS），或在“视口”工具栏中单击“显示视口对话框”按钮 ，打开“视口”对话框。使用“新建视口”选项卡可以显示标准视口配置列表和创建并设置新平铺视口，如图 3—2—25 所示。

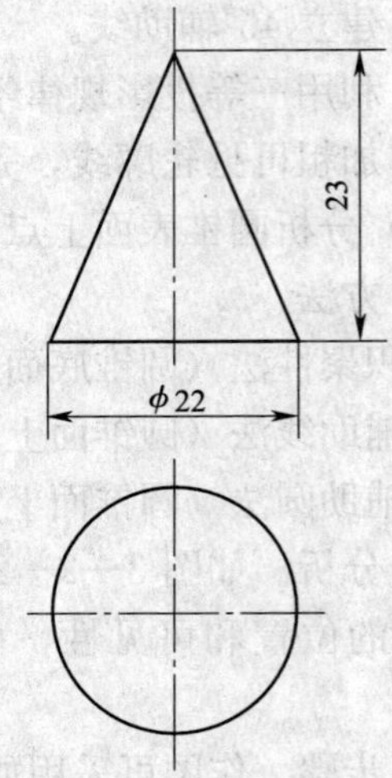

图 3—2—24　圆锥的尺寸标注

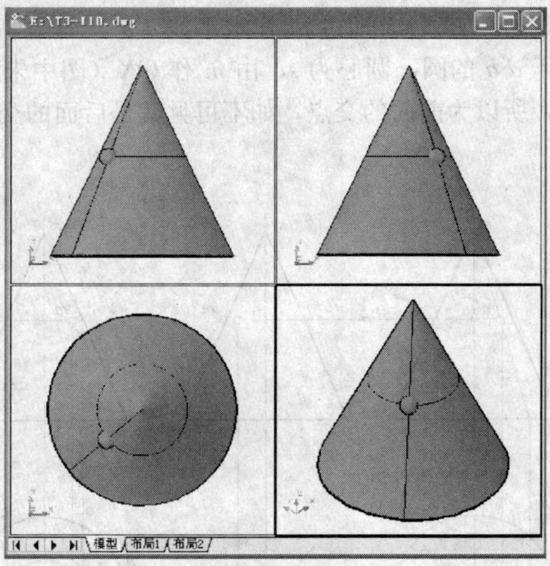

图 3—2—25　多视口显示圆锥的视图

（2）按照前面学习的绘图、编辑等方法，用 CAD 绘制圆柱的投影图，如图 3—2—22b、图 3—2—23 所示。

具体步骤与尺规绘图相同（略）。

任务5　绘制圆球三视图

◆ **教学目标**

1. 理解球的概念、了解球的投影特性。
2. 能作出球的三视图、能正确标注球的尺寸、能求出球表面上点的投影。
3. 能用CAD绘制圆球实体、同时显示模型的多个视图。

任务提出

绘制如图3—2—26所示圆球的三视图，并进行表面求点及标注尺寸。要求符合三等投影规律，图线规范。

任务分析

如图3—2—26所示，球表面是由曲面构成的。圆球面可看作一圆（母线）围绕它的直径回转而成，如图3—2—27所示。要画出球的投影，只需画出构成球表面的曲面的轮廓线的投影。

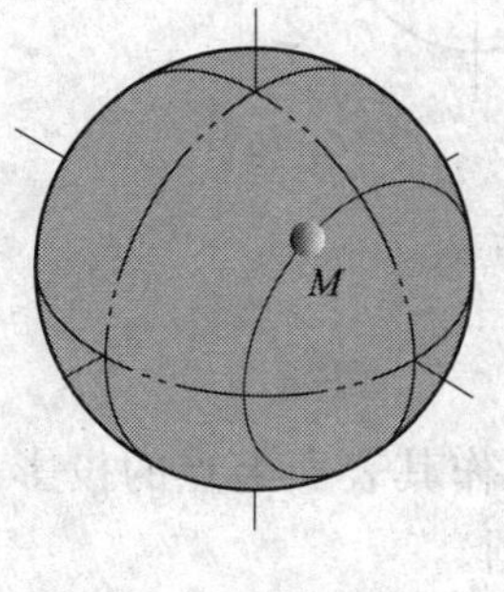

图3—2—26　圆球

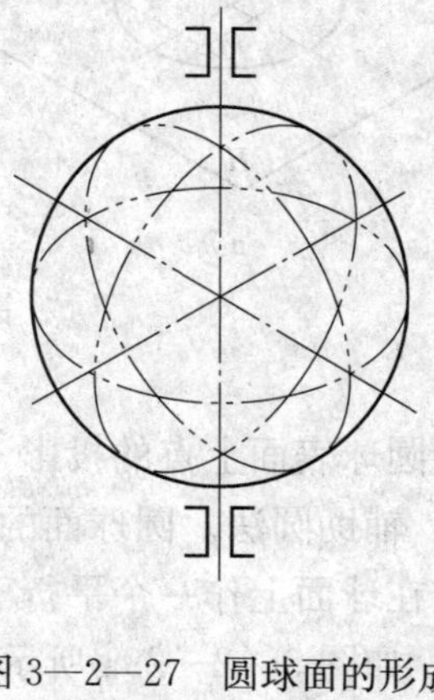

图3—2—27　圆球面的形成

任务实施

1. 尺规绘图

（1）分析球的投影　图3—2—26所示为一圆球，假想将其放在由三个相互垂直的投影面所组成的投影面体系中，用正投影法分别向三个投影面投射，即可得到物体的三视图，如图3—2—28所示。

分析图3—2—28可知，圆球在三个投影面上的投影都是直径相等的圆，但这三个圆分别表示三个不同方向的圆球面轮廓素线的投影。正面投影的圆是平行于V面的圆素线A

（它是前面可见半球与后面不可见半球的分界线）的投影。与此类似，侧面投影的圆是平行于 W 面的圆素线 C（它是左面可见半球与右面不可见半球的分界线）的投影；水平投影的圆是平行于 H 面的圆素线 B（它是上面可见半球与下面不可见半球的分界线）的投影。这三条圆素线的其他两面投影，都与相应圆的中心线重合，不应画出。

圆球的投影特征：圆球在三个投影面上的投影都是直径与球的直径相等的圆。

（2）绘制圆球的投影

1）首先绘制三个视图的基准线（圆的中心线）。

2）绘制 45°辅助线。

3）根据球的直径或半径，绘制主、俯、左三视图，三个圆的大小完全相等。

4）加粗可见轮廓线，完成全图。

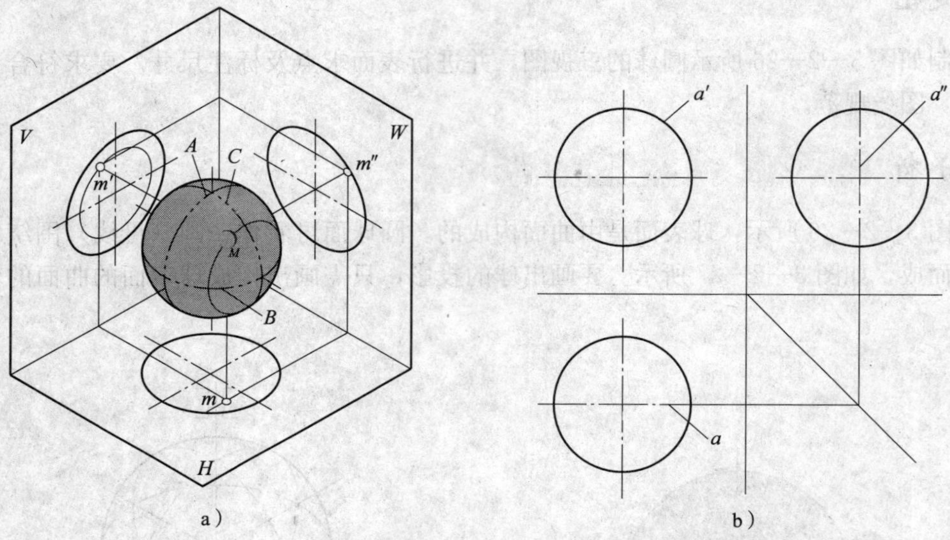

图 3—2—28　圆球的投影

a）直观图　b）三视图

（3）分析圆球表面上点的投影

1）方法　辅助圆法。圆球面的投影没有积聚性，求作其表面上点的投影需采用辅助圆法，即过该点在球面上作一个平行于任一投影面的辅助圆。

2）分析　如图 3—2—29a 所示，已知属于圆球面的点 M 的正面投影 m'，求 m 和 m''。根据 M 的位置和可见性，可判定点 M 在前、上、左圆球面上，因此，点 M 的三面投影均为可见。

3）步骤　过点 M 作一平行于正面的辅助圆，它的正面投影为圆 s'，水平投影为直线 s。自 m' 向下引垂线，在水平投影上与直线 s 的交点即为 M 点的水平投影 m。再由 m、m' 可求出 m''，如图 3—2—29b 所示。

（4）标注圆球的尺寸　圆球的尺寸标注要标明球直径，尺寸数字前应加 $S\phi$，如图 3—2—30 所示。

2. CAD 绘图

（1）用 CAD 同时显示圆球的多个视图，具体步骤如下：

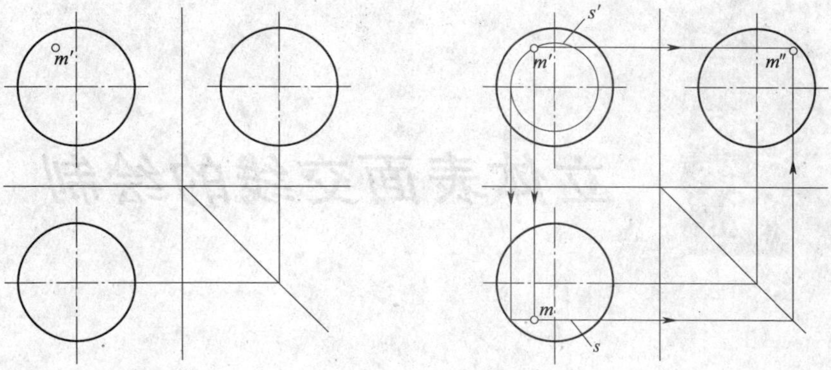

图 3—2—29　圆球表面的点的求法

1）绘制“球体”　选择“绘图”→“建模”→“球”命令，或单击“建模”工具栏图标，创建球。执行“球”命令。

2）绘制点

3）创建平铺视口　选择“视图”→“视口”→“新建视口”命令（VPOINTS），或在“视口”工具栏中单击“显示视口对话框”按钮，打开“视口”对话框。使用“新建视口”选项卡可以显示标准视口配置列表和创建并设置新平铺视口，如图 3—2—31 所示。

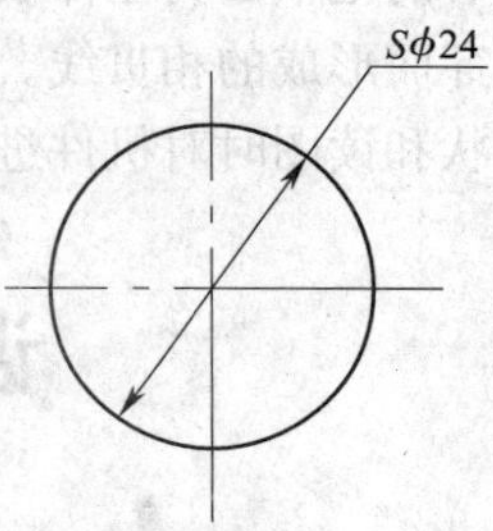

图 3—2—30　圆球的尺寸标注

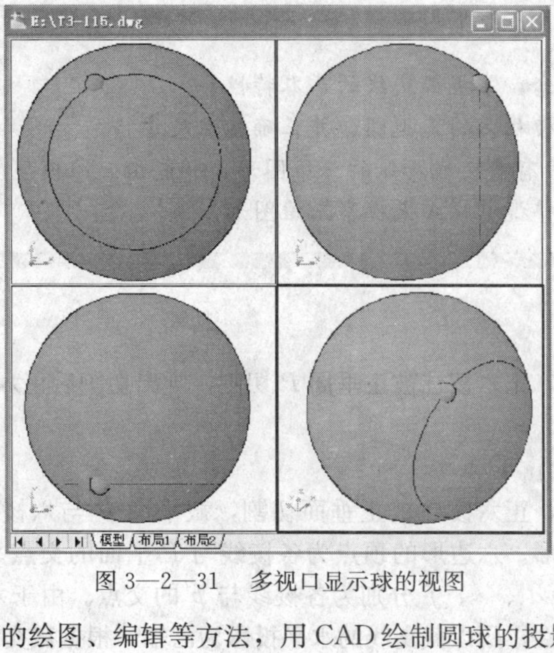

图 3—2—31　多视口显示球的视图

（2）按照前面学习的绘图、编辑等方法，用 CAD 绘制圆球的投影图，如图 3—2—28b、图 3—2—29 所示。

具体步骤与尺规绘图相同（略）。

4 模块四

立体表面交线的绘制

机件表面是由一些平面或曲面构成的，机件上两个表面相交形成表面交线。在这些交线中，有的是平面与立体表面相交而产生的截交线，有的是两立体表面相交而且两部分形体互相贯穿而形成的相贯线。了解这些交线的性质并掌握交线的画法，有助于正确表达机件的结构形状和读图时对机件进行形体分析。

课题一　截交线的投影

任务 1　绘制切割棱柱体三视图

◆ **教学目标**

1. 理解截交线的概念，掌握截交线的基本特性。
2. 能正确绘制切割棱柱体的三视图，并正确标注尺寸。
3. 能用 CAD 绘制带有截交线物体的三维图形，并能由三维模型生成二维图。
4. 能通过消隐或调整视觉样式来观察三维图形。

任务提出

如图 4—1—1 所示，正六棱柱被正垂面 P 切割，画出切割后正六棱柱的三视图。

任务分析

如图 4—1—1 所示，正六棱柱被正垂面切割，截平面 P 与六棱柱的六条棱线都相交，所以截交线是一个六边形。六边形的顶点为各棱线与 P 平面的交点。截交线的正面投影积聚在 p' 上，a'、b'、c'、d'、e'、f' 分别为各棱线与 p' 的交点。由于六棱柱的六条棱线在俯视图上的投影具有积聚性，所以截交线的水平投影为已知。根据截交线的正面、水平面投影可作出侧面投影。

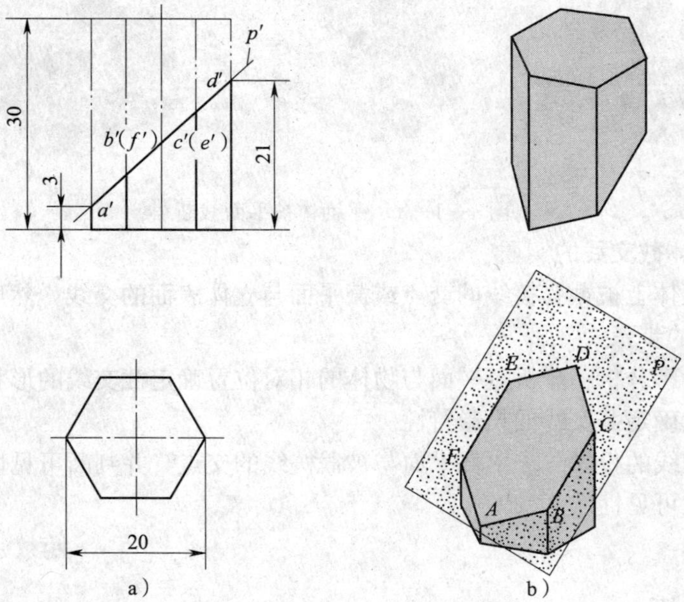

图 4—1—1　正六棱柱被正垂面 P 切割
a）三视图　b）直观图

相关知识

一、平面立体的截交线

用平面截切立体，平面与立体表面的交线称为截交线，截切立体的平面称为截平面，由截交线围成的平面图形称为截断面。形体被平面截断后分成两部分，每部分均称为截断体，如图 4—1—2 所示。

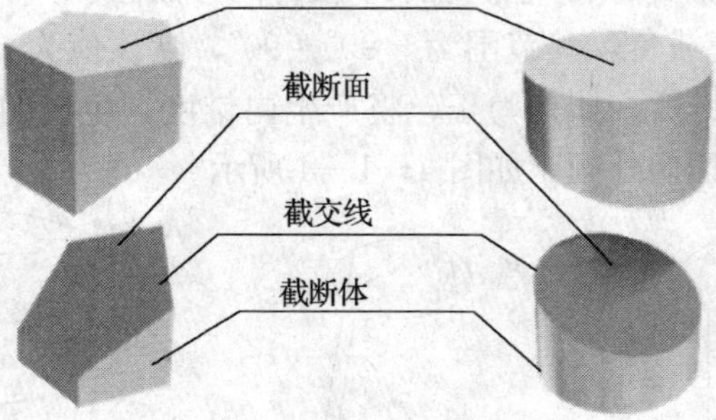

图 4—1—2　形体被平面截断

1. 平面立体截交线的性质

平面立体的截交线一定是一个封闭的平面多边形，多边形的各顶点是截平面与被截棱线的交点，即立体被截断几条棱，那么截交线就是几边形，如图 4—1—3 所示。

截交线是截平面与立体表面的共有线。

图 4—1—3　平面体被平面截断

2. 求平面立体截交线的实质

求截平面与立体上被截各棱线的交点或截平面与立体表面的交线，然后依次连接而得。

3. 求截交线的步骤

(1) 空间及投影分析　分析截平面与物体的相对位置确定截交线的形状。分析截平面与投影面的相对位置确定截交线的投影特性。

(2) 画出截交线的投影　求出截平面与被截棱线的交点，并判断可见性。依次连接各顶点成多边形，注意可见性。

(3) 完善轮廓

二、CAD 建模

1. 通过拉伸创建实体

使用“拉伸”命令可以将二维对象沿 Z 轴或某个方向矢量拉伸成实体或曲面。拉伸对象被称为断面，它们可以是任何二维封闭多段线、圆、椭圆、封闭样条曲线和面域，且多段线对象的顶点数应在 3～500 之间，不能拉伸自交叉或重叠的多段线。

启动“拉伸”命令是：选择“绘图”→“建模”→“拉伸”命令，或单击“建模”工具栏拉伸图标。

(1) 沿 Z 轴方向拉伸对象　沿 Z 轴方向拉伸对象时，可以指定拉伸的高度和倾斜角度。拉伸时需注意以下几点：

1) 拉伸高度值可以为正或负，它们表示了拉伸的方向。

2) 拉伸角度可以为正或负，其范围为 $-90°$～$90°$，默认值为 0°，表示生成的实体的侧面垂直于 XY 平面，没有锥度。如果为正，将产生内锥度，生成的侧面向里靠；如果为负，将产生外锥度，生成的侧面向外倾，如图 4—1—4 所示。

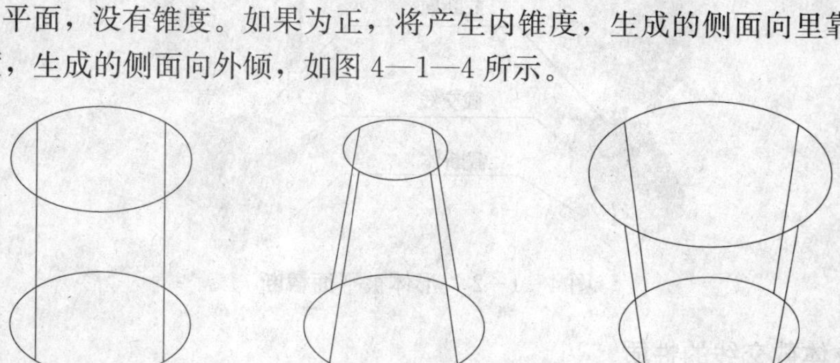

a)　　b)　　c)

图 4—1—4　拉伸锥角效果

a) 拉伸倾斜角为 0°　b) 拉伸倾斜角为 10°　c) 拉伸倾斜角度为 $-10°$

可以同时拉伸多个对象，如果对象是封闭的，拉伸后将得到实体；如果对象是开放的，拉伸后将得到曲面。

（2）通过指定路径拉伸实体　通过指定拉伸路径，也可以将对象拉伸成三维实体或曲面，拉伸时需注意以下几点：

1）拉伸路径可以是开放的，也可以是封闭的，如直线、圆、圆弧、椭圆、椭圆弧、多段线（二维或三维），或样条曲线定义的路径。

2）拉伸对象可以是封闭的或开放的，如果拉伸对象是封闭的，则生成实体；如果拉伸对象是开放的，则生成曲面。

3）路径不能与被拉伸对象共面，并且拉伸对象不能是具有自交线段的多段线，否则，均会导致拉伸失败。

2. 通过旋转创建实体

使用“旋转”命令，可以将二维对象绕某一轴旋转生成实体（对应封闭对象）或曲面（对应开放对象）。用于旋转的二维对象可以是直线、多段线、圆、椭圆、圆弧、样条曲线及面域等。但是，包含在块中的对象、自相交的多段线不能被旋转。

启动“旋转”命令是：选择“绘图”→“建模”→“旋转”命令，或单击“建模”工具栏“旋转”图标。

例如，使用“旋转”命令完成图 4—1—5 所示内容。

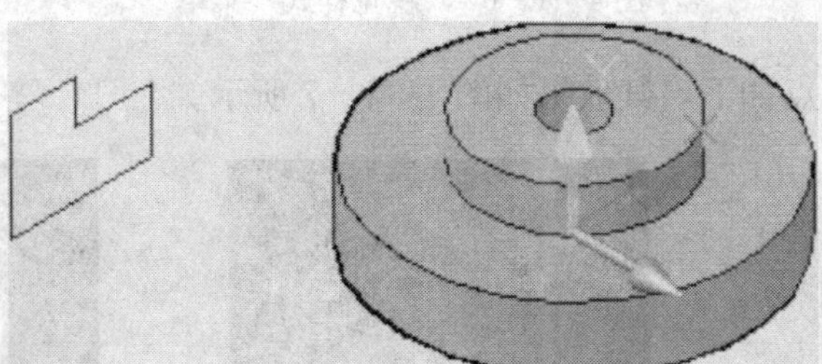

图 4—1—5　旋转创建实体

（1）选择“绘图”→“建模”→“旋转”命令，或单击“建模”工具栏“旋转”图标。

（2）选择图 4—1—5 左图中的全部轮廓线，按“回车”结束选择。

（3）在命令行中输入 Y，按“回车”结束选择，完成旋转，结果如图 4—1—5 右图所示。

3. 剖切实体

选择“修改”→“三维操作”→“剖切”菜单可执行“剖切”命令操作。使用 SLICE 命令，可以用某一切割面来剖切实体。

4. 视觉样式

视觉样式是一组设置，用来控制视口中边和着色的显示。要选择视觉样式，可选择“视图”→“视觉样式”菜单中的各命令，如图 4—1—6 所示。

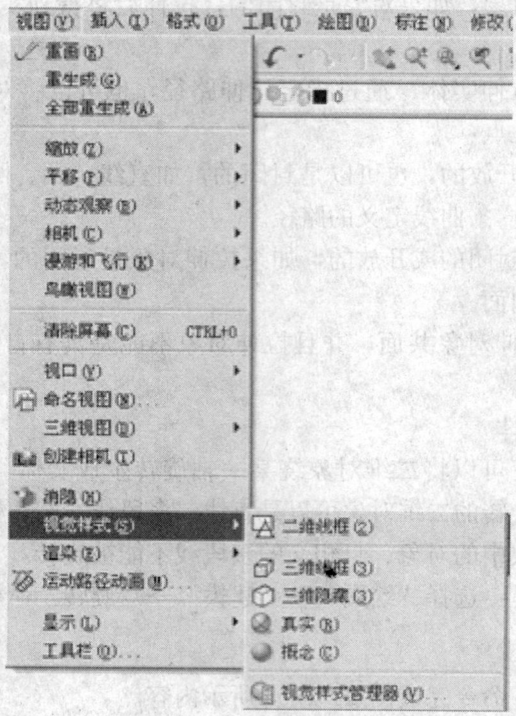

图 4—1—6 “视觉样式”菜单

各种视觉样式的特点如下，其效果如图 4—1—7 所示。

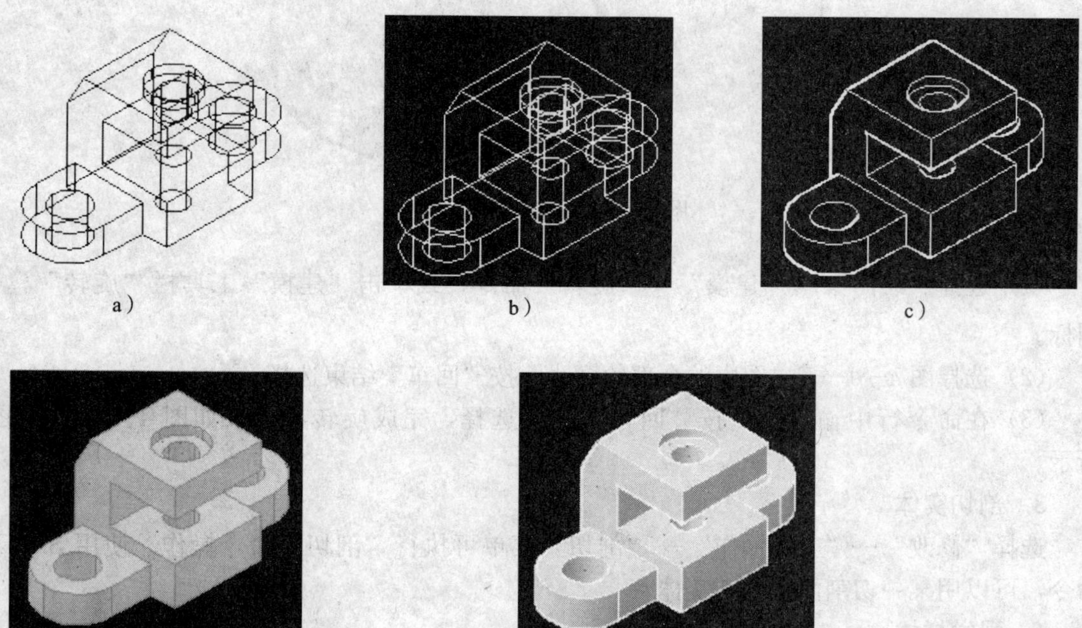

a) b) c) d) e)

图 4—1—7 视觉样式的效果

a）二维线框 b）三维线框 c）三维隐藏 d）真实 e）概念

（1）二维线框 默认的对象显示方式，用直线和曲线表示对象边界，此时光栅、OLE 对象、线型和线宽均可见。

（2）三维线框 用直线和曲线表示对象边界，反白显示。

（3）三维隐藏 以三维线框方式显示对象并消隐图形。

（4）真实 着色多边形平面间对象，并使对象的边平滑化。此时显示已附着到对象的材质。

（5）概念 着色多边形平面间对象，并使对象的边平滑化。着色时使用金属质感样式，一种冷色和暖色之间的过渡而不是从深色到浅色的过渡。效果缺乏真实感，但是可以更方便地查看模型的细节。

任务实施

1. 尺规绘图

正六棱柱被正垂面 P 截切的画法与步骤如图 4—1—8 所示。

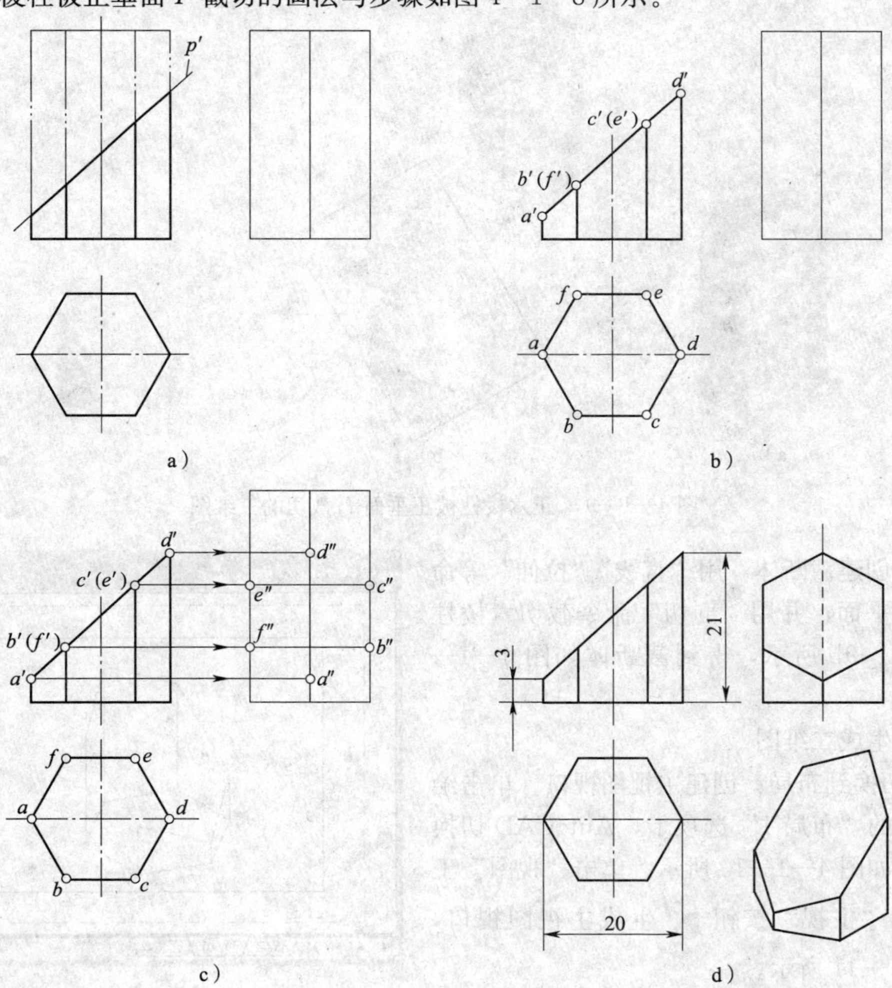

图 4—1—8 正六棱柱被正垂面 P 截切的画法和步骤

（1）画出正六棱柱的三视图，并在主视图上画出正垂面 P 的投影 p'。

（2）画出 P 面与正六棱柱六条棱线的交点 A、B、C、D、E 和 F 的正面投影 a'、b'、c'、d'、e'和 f'以及水平面投影 a、b、c、d、e 和 f。

（3）根据各点的正面投影和水平面投影作出侧面投影 a''、b''、c''、d''、e''和 f''。

（4）连接 a''、b''、c''、d''、e''和 f''，补画出六棱柱左视图上的最右棱线（虚线），擦去多余的作图线，描深，即为作图结果。

（5）给被正垂面 P 切割的正六棱柱标注尺寸，俯视图上标注正六边形的对角（或对边）距离，主视图上标出正六棱柱被正垂面 P 切割后最小高度和最大高度的尺寸。

2. CAD 绘图

（1）创建实体模型　将“三维建模”工作空间置为当前或创建“自己的三维”工作空间。使“视图”“视口”“UCS”“视觉样式”等工具栏为显示状态。用前面所学方法创建如图 4—1—9a 所示六棱柱实体，方向为西南等轴测。

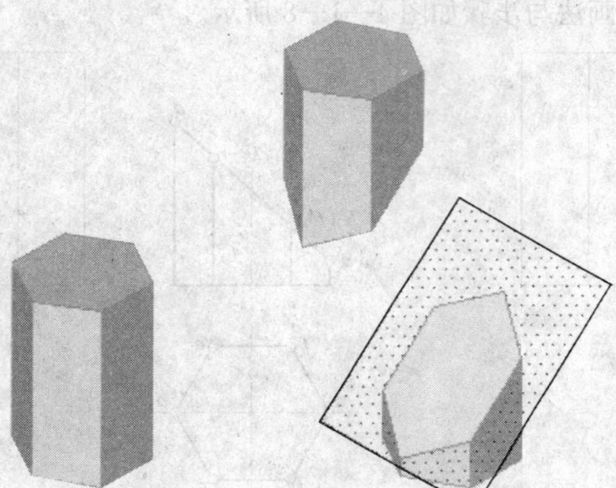

a）　　b）　　c）

图 4—1—9　正六棱柱被正垂面 P 截切的三维图

（2）创建截断体　用“直线”“拉伸”等命令创建截平面，并用“剖切”命令截切六棱柱如图 4—1—9b 所示，得到截断体如图 4—1—9c 所示。

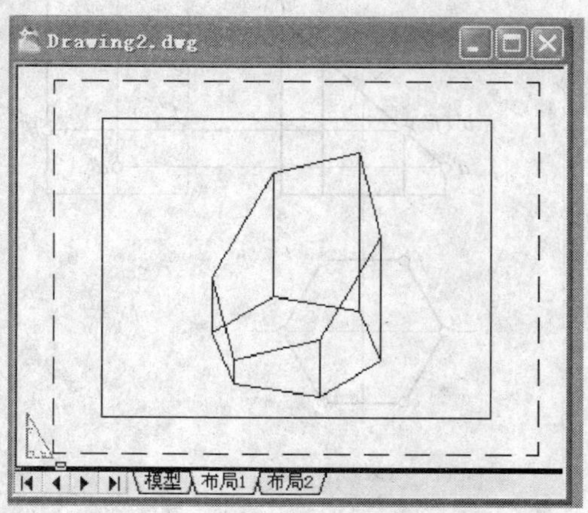

图 4—1—10　AutoCAD 切换到布局

（3）生成二维图

1）切换到布局，创建主视图视口　单击绘图屏幕上的“布局 1”选项卡，AutoCAD 切换到布局，如图 4—1—10 所示。单击“视图”工具栏中的“主视”按钮 生成主视图视口，如图 4—1—11 所示。

2）用 SOLPROF 命令生成轮廓图　前面

已创建的主视图视口，并不是二维的，而仍然是三维图。下面使用 SOLPROF 命令生成三维实体的二维图形。

使用 SOLPROF 命令时，必须在布局中激活浮动视口（模型），该命令可创建三维模型的 2D 轮廓线，轮廓线框是一个图块。生成轮廓线的同时，还将自动创建前缀为“PV—”及“PH—”的图层，这些图层分别用于放置可见轮廓线及不可见的轮廓线。

选择下拉菜单“绘图”→“建模”→“设置”→“轮廓”，即执行 SOLPROF 命令，AutoCAD 提示及相关操作如下：

命令：_solprof

选择对象：选择主视图视口中物体

选择对象：↙

是否在单独的图层中显示隐藏的轮廓线？[是（Y）/否（N）] <是>：↙

是否将轮廓线投影到平面？[是（Y）/否（N）] <是>：↙

是否删除相切的边？[是（Y）/否（N）] <是>：↙

执行结果如图 4—1—12 所示。

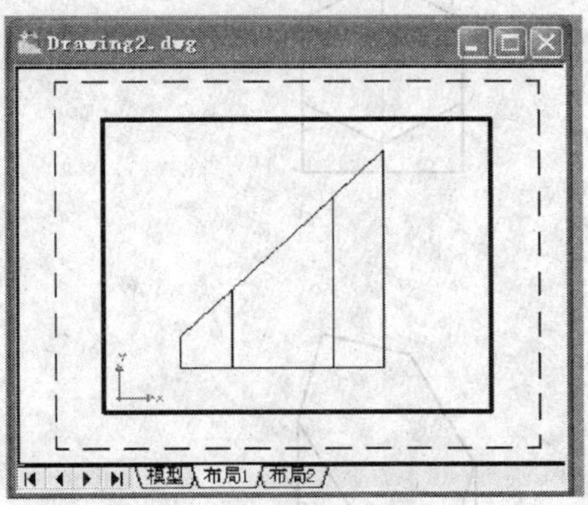

图 4—1—11　生成主视图视口

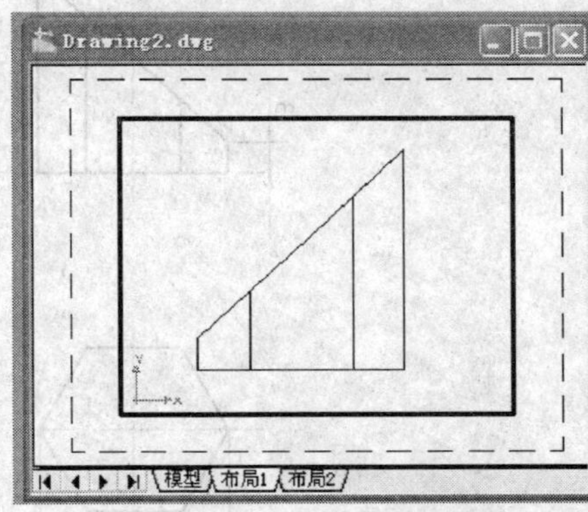

图 4—1—12　生成主视图轮廓图

3）创建一新文件放置六棱柱二维图形　将用 SOLPROF 命令生成的轮廓图复制到新建的文件中，用同样的方法得到俯视图、左视图、西南等轴测图，并对齐视图位置。执行结果如图 4—1—13 所示。

(4) 处理图线　选择前缀为“PV—”的图层，将它们的线宽设置为 0.5 mm（粗实线）。选择前缀为“PH—”的图层，将它们的线型设置为 Dashed（细虚线）。结果如图 4—1—14 所示。

(5) 绘制中心线及标注尺寸　绘制中心线及标注尺寸，用模块二中所学的方法完成，过程略，结果如图 4—1—15 所示。

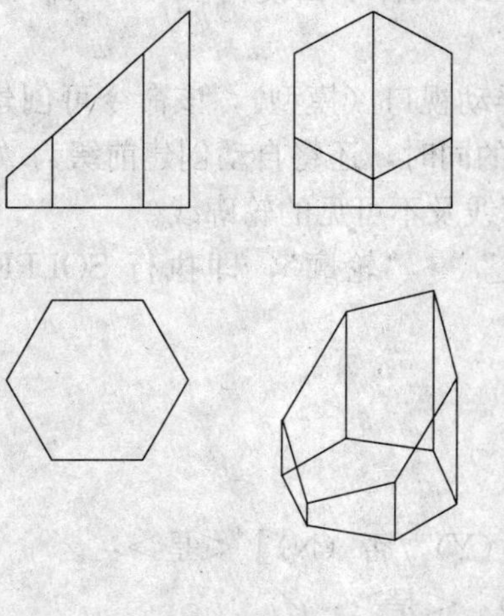

图 4—1—13　生成三视图及轴测图轮廓图

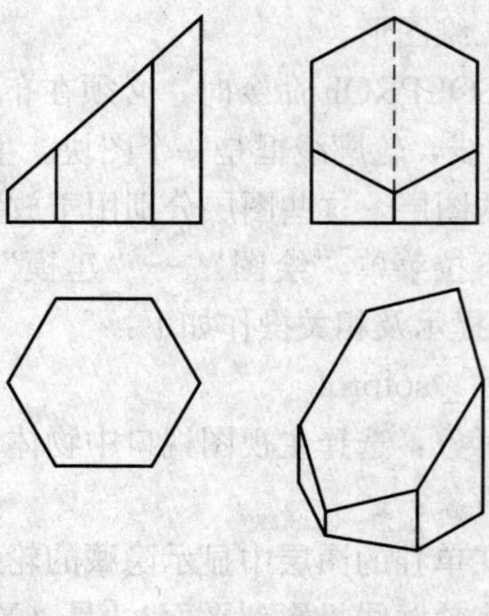

图 4—1—14　图线处理

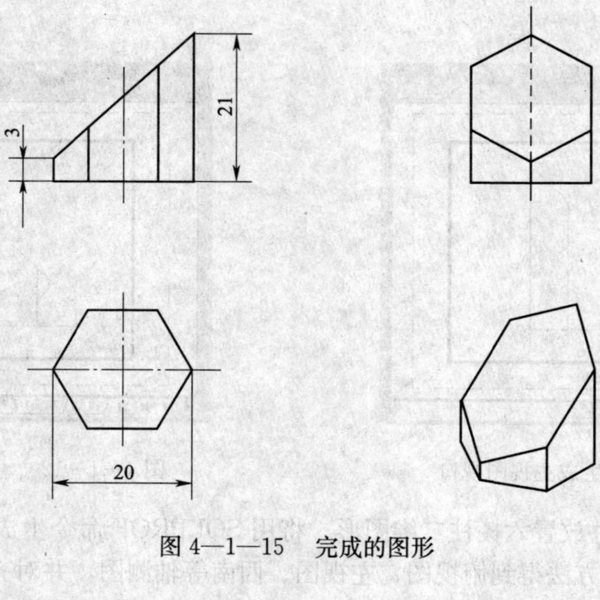

图 4—1—15　完成的图形

任务 2　绘制切割棱锥体三视图

◆ **教学目标**

1. 理解截交线的概念，掌握截交线的基本特性。
2. 能正确绘制切割棱锥体的三视图，并正确标注尺寸。
3. 能用 CAD 绘制带有截交线物体的三维图形，并能由三维模型生成二维图。
4. 能通过消隐或调整视觉样式来观察三维图形。

任务提出

如图 4—1—16 所示，正四棱锥（底面尺寸为 14 mm×14 mm）被正垂面 P 切割，画出四棱锥被切割后的三视图。

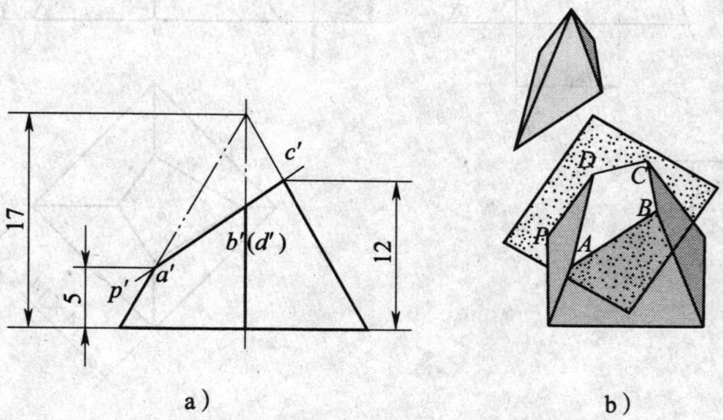

图 4—1—16　正四棱锥被正垂面 P 切割

a）三视图　b）直观图

任务分析

如图 4—1—16 所示，一正四棱锥被正垂面 P 切割，截平面 P 与四棱锥的四条棱线都相交，各交点的连线形成的截断面是一个四边形。截交线的正面投影积聚在 p' 上，a'、b'、c'、d' 分别为各棱线与 p' 的交点，水平投影与侧面投影应为类似的四边形。

任务实施

1. 尺规绘图

正四棱锥被正垂面 P 截切的画法和步骤如图 4—1—17 所示。

（1）画出正四棱锥的三视图，并在主视图上画出正垂面 P 的投影 p'。

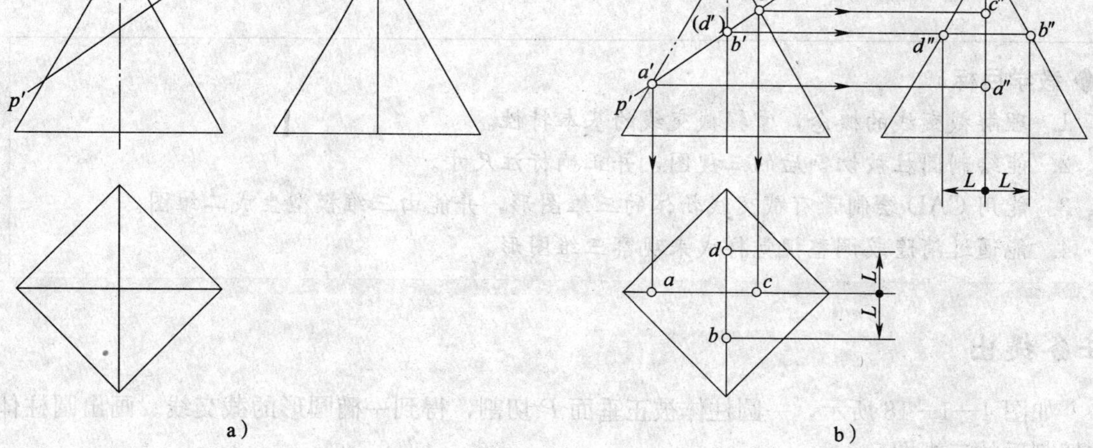

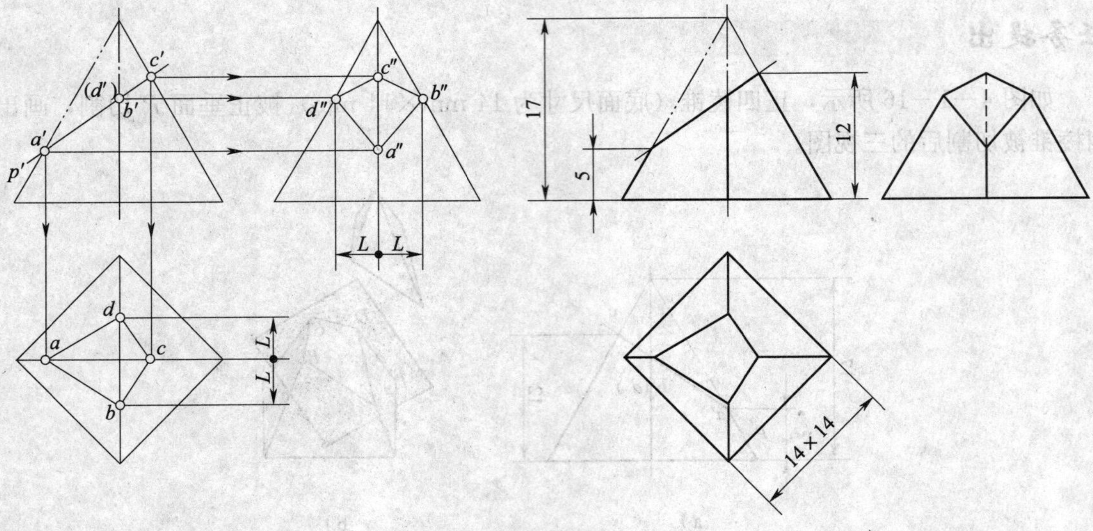

c)

d)

图 4—1—17　画图步骤

(2) 画出 P 面与正四棱锥的四条棱线的交点 A、B、C 和 D 的正面投影 a'、b'、c' 和 d'，水平面投影 a、b、c 和 d 以及侧面投影 a''、b''、c'' 和 d''。

(3) 顺次连接 a、b、c 和 d 点以及 a''、b''、c'' 和 d'' 点。

(4) 判断可见性，整理并加深轮廓线即得到四棱锥被切割后的三视图。

(5) 给被正垂面 P 切割的正四棱锥标注尺寸，俯视图上需要标注正方形的边长尺寸，主视图上标出正四棱锥被正垂面 P 切割后最小高度和最大高度的尺寸以及正四棱锥的原高度尺寸。

2. CAD 绘图

方法同任务 1，过程略。

任务 3　绘制切割圆柱体三视图

◆ 教学目标

1. 理解截交线的概念，掌握截交线的基本特性。
2. 能绘制圆柱被切割后的三视图，并正确标注尺寸。
3. 能用 CAD 绘制带有截交线物体的三维图形，并能由三维模型生成二维图。
4. 能通过消隐或调整视觉样式来观察三维图形。

任务提出

如图 4—1—18 所示，一圆柱体被正垂面 P 切割，得到一椭圆形的截交线。画出圆柱体被切割后的三视图。

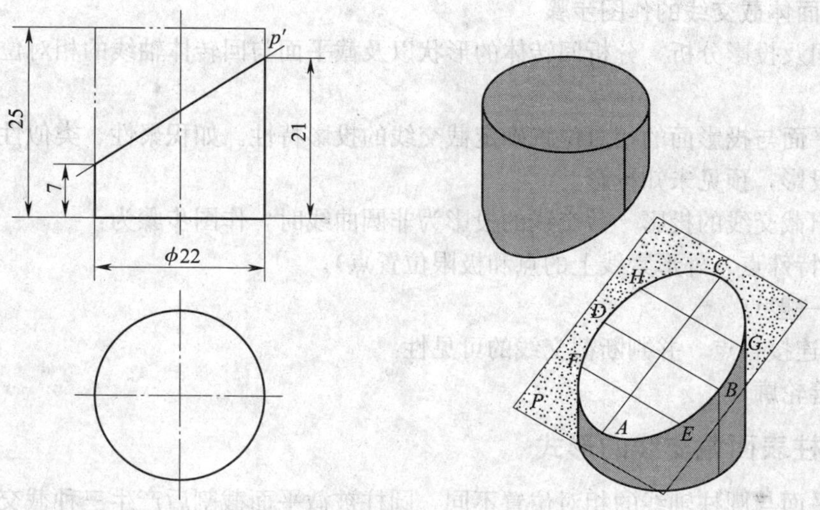

a）　　b）

图 4—1—18　圆柱体被正垂面 P 切割

a）三视图　b）直观图

任务分析

如图 4—1—18 所示，因截平面 P 与圆柱轴线倾斜，截交线为椭圆。截平面的正面投影积聚为直线，则截交线的正面投影在该直线上；因为圆柱的水平投影积聚为圆，则截交线上各点的水平投影积聚在该圆上。截交线的侧面投影一般情况下仍为椭圆，根据截交线的水平投影和正面投影，即可作出截交线的侧面投影。

相关知识

一、曲面立体的截交

1．曲面立体截交线的性质

截交线的形状取决于回转体表面的形状及截平面与回转体轴线的相对位置。

截交线是截平面与回转体表面的共有线。

截交线都是封闭的平面图形（封闭曲线或由直线和曲线围成），如图 4—1—19 所示。

2．求曲面体截交线的实质

求截平面与曲面上被截各素线的交点，然后依次光滑连接。

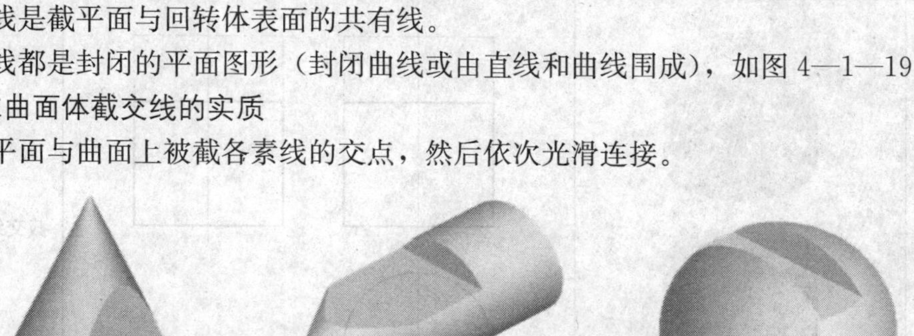

图 4—1—19　曲面体被平面截断

3. 求曲面体截交线的作图步骤

(1) 空间及投影分析　分析回转体的形状以及截平面与回转体轴线的相对位置，确定截交线的形状。

分析截平面与投影面的相对位置确定截交线的投影特性。如积聚性、类似性等。找出截交线的已知投影，预见未知投影。

(2) 画出截交线的投影　截交线的投影为非圆曲线时，作图步骤为：

1) 先找特殊点（外形素线上的点和极限位置点）。

2) 补充一般点。

3) 光滑连接各点，并判断截交线的可见性。

(3) 完善轮廓

二、圆柱表面截交线的形式

根据截平面与圆柱轴线的相对位置不同，圆柱被截平面截割后产生三种截交线的形式见表 4—1—1。

表 4—1—1　　**圆柱表面截交线的形式**

截平面的位置	截交线的形状		
	立体图	投影图	结论
平行于轴线		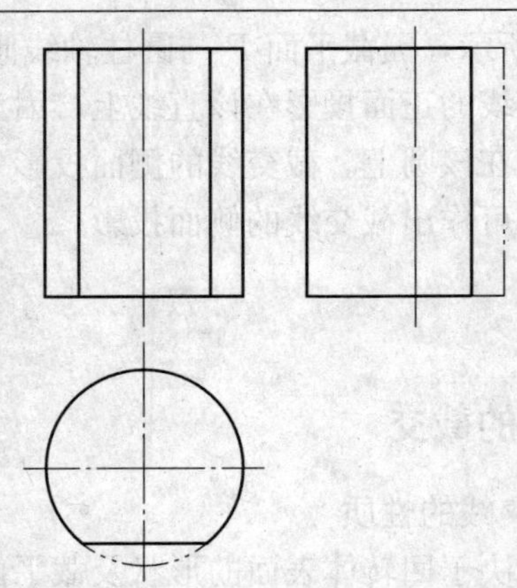	截交线是一个矩形
垂直于轴线		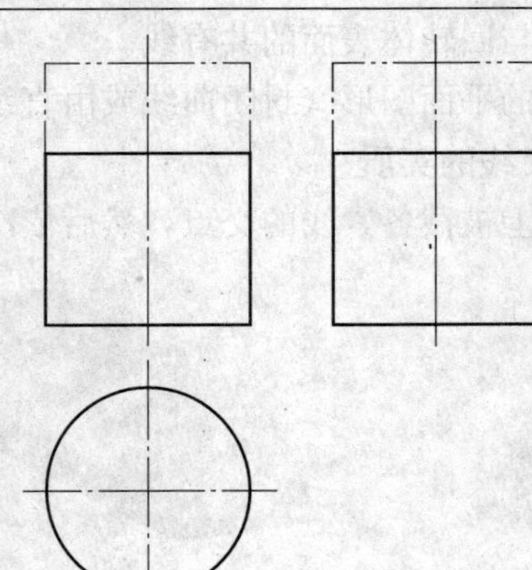	截交线是一个圆

续表

截平面的位置	截交线的形状		
	立体图	投影图	结论
倾斜于轴线		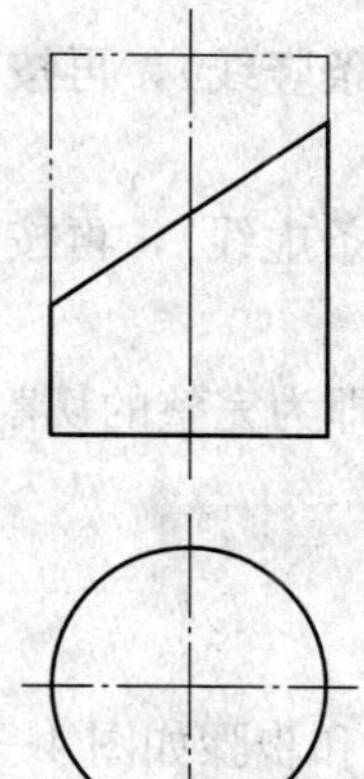	截交线是一个椭圆

例：绘制圆柱被平面切割以后的三视图，如图 4—1—20a 所示。

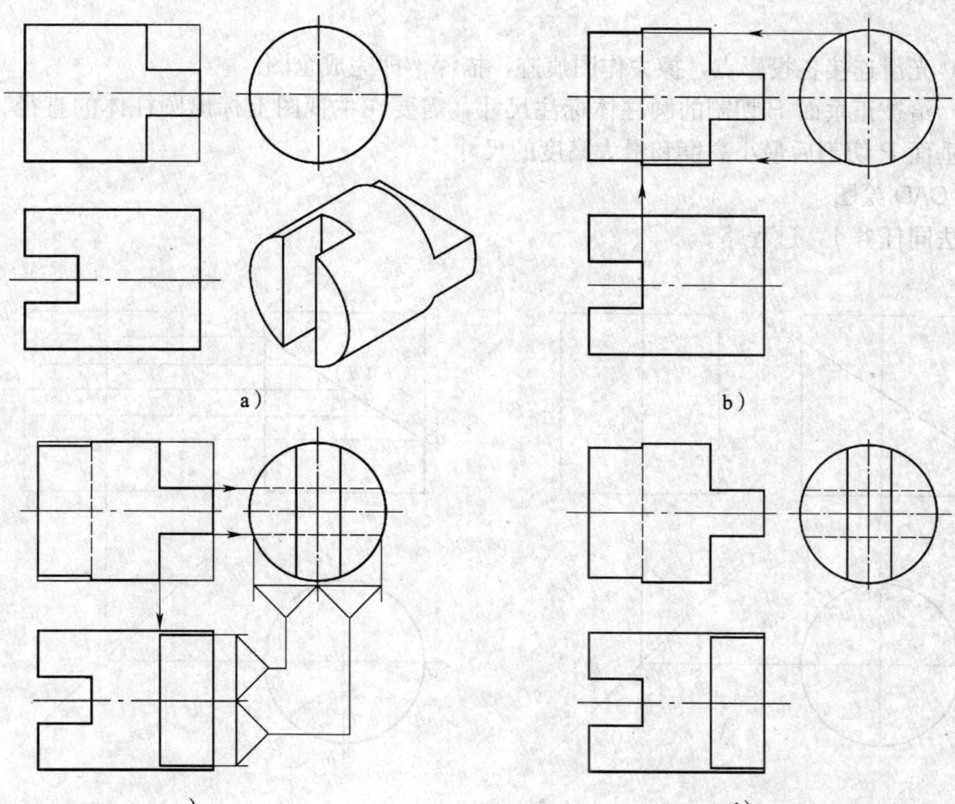

图 4—1—20　圆柱被平面切割

分析：图 4—1—20a 是一个圆柱体左端开槽（中间被两个正平面和一个侧平面切割），右端切肩（上、下被水平面和侧平面对称地切去两块）而形成。所产生的截交线为直线和平行于侧投影面的圆。

作图：

(1) 作出槽口的侧面投影（两条竖线），再按投影关系作出槽口的正面投影，如图 4—1—20b 所示。

(2) 作出切肩的侧面投影（两条虚线），再按投影关系作出切肩的水平投影，如图 4—1—20c 所示。

(3) 擦去多余的图线，描深，即为完整的切割体的三视图，如图 4—1—20d 所示。

任务实施

1. 尺规绘图

圆柱体被正垂面 P 截切的画法和步骤如图 4—1—21 所示。

(1) 画出圆柱体的三视图，并在主视图上画出正垂面 P 的投影 p'。

(2) 找出正垂面与圆柱体相交的最下点 A、最上点 C、最前点 B 和最后点 D 的三面投影，即特殊点。

(3) 为使作图更为准确，还应作出相应数量的一般位置点，如 E、F、G、H 各点的投影。

(4) 光滑连接各投影点，擦去作图痕迹，描深，即完成全图。

(5) 给被正垂面 P 切割的圆柱体标注尺寸，需要在主视图上标出圆柱体的直径、圆柱体被正垂面 P 切割后最小高度和最大高度的尺寸。

2. CAD 绘图

方法同任务 1，过程略。

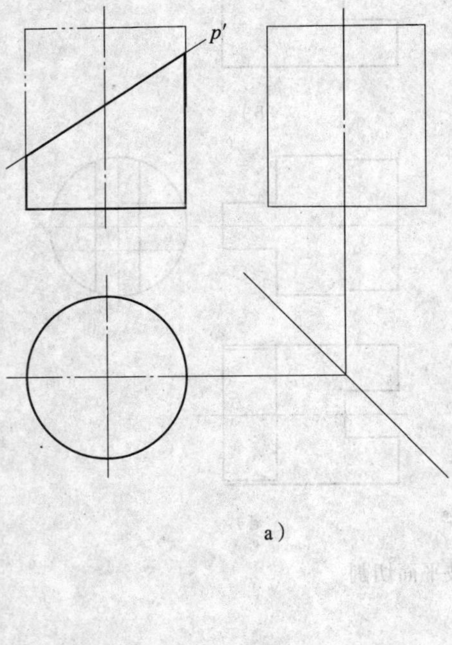

a)

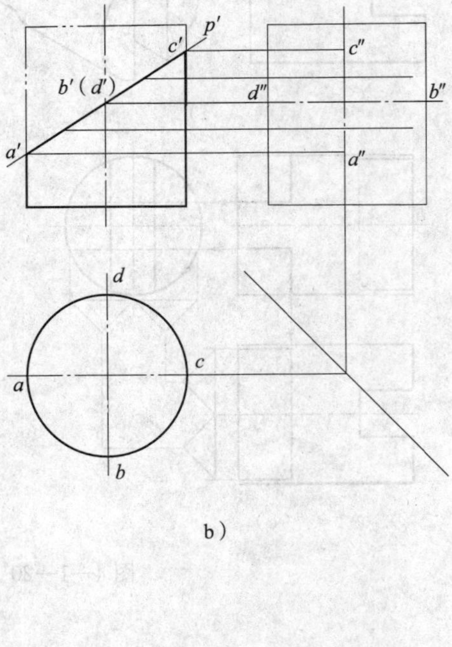

b)

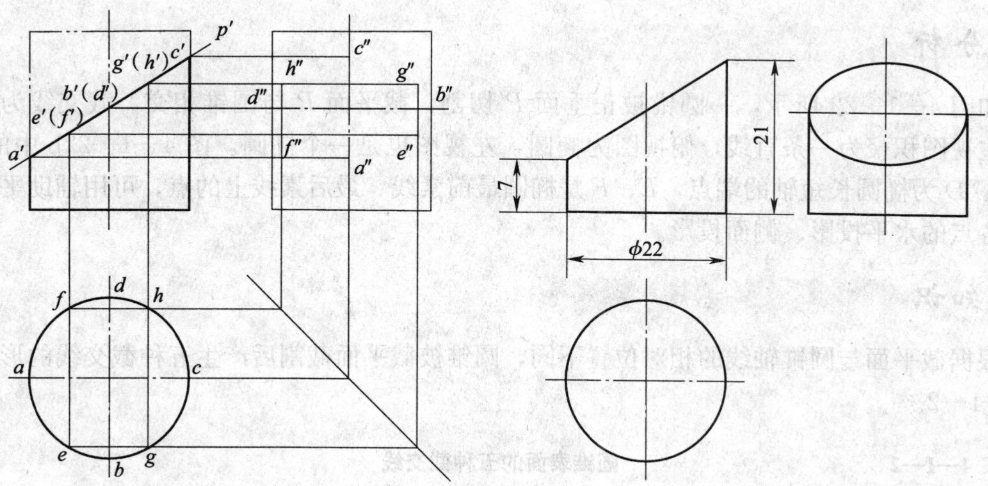

c） d）

图 4—1—21 画图步骤

任务 4 绘制切割圆锥体三视图

◆ **教学目标**

1. 理解截交线的概念，掌握截交线的基本特性。
2. 能正确绘制圆锥被切割后的三视图，并正确标注尺寸。
3. 能用 CAD 绘制带有截交线物体的三维图形，并能由三维模型生成二维图。
4. 能通过消隐或调整视觉样式来观察三维图形。

任务提出

如图 4—1—22 所示，圆锥被正垂面 P 切割，画出圆锥被切割后的三视图。

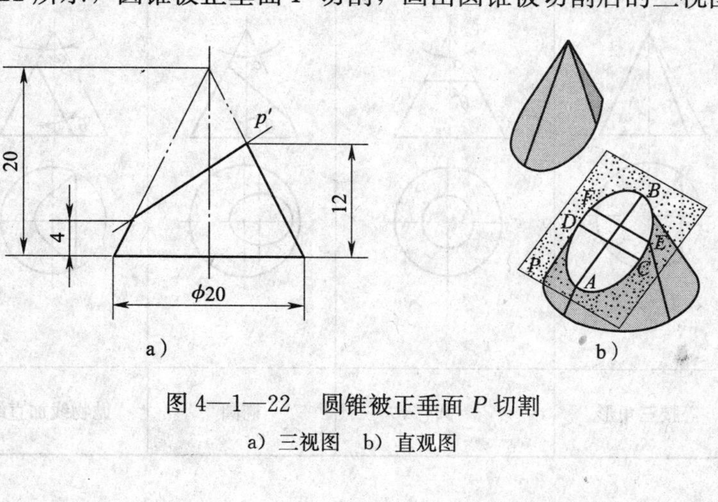

a） b）

图 4—1—22 圆锥被正垂面 P 切割

a）三视图 b）直观图

任务分析

如图 4—1—22 所示，一圆锥被正垂面 P 切割，截平面 P 与圆锥相交，截交线为一椭圆，主视图积聚为一条直线，俯视图为椭圆，左视图也是一个椭圆。图 4—1—22b 中的 A、B、C、D 为椭圆长短轴的端点，E、F 是椭圆最前素线、最后素线上的点，可用辅助平面法求出各点的水平投影、侧面投影。

相关知识

根据截平面与圆锥轴线的相对位置不同，圆锥被截平面截割后产生五种截交线的形式见表 4—1—2。

表 4—1—2　　圆锥表面的五种截交线

截平面的位置	过锥顶	不过锥顶			
截平面与圆锥轴线的相对位置关系		$\theta=90^0$	$\theta>\alpha$	$\theta=\alpha$	$\theta<\alpha$
立体图	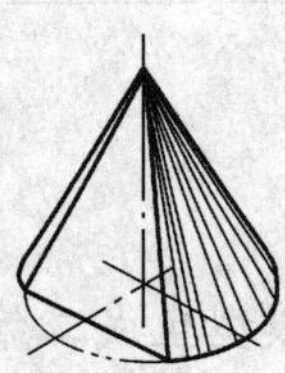	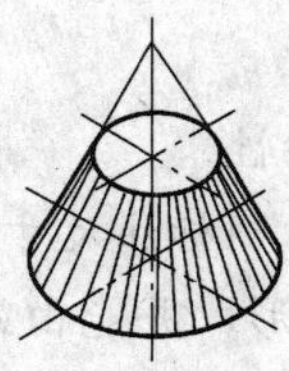	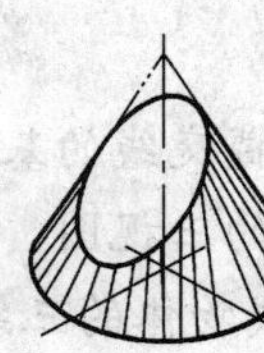	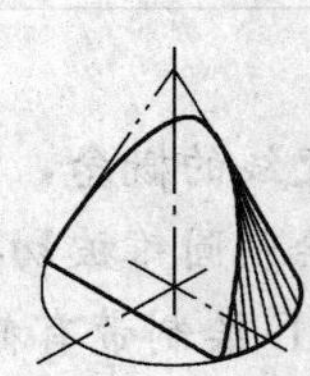	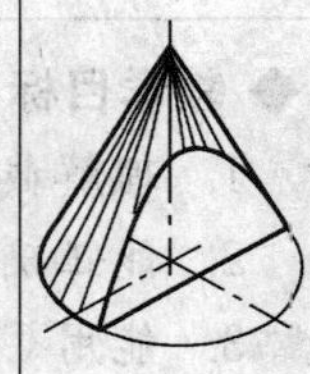 ($\theta=0°$)
投影图	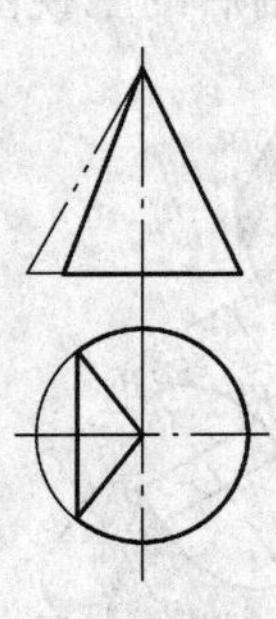	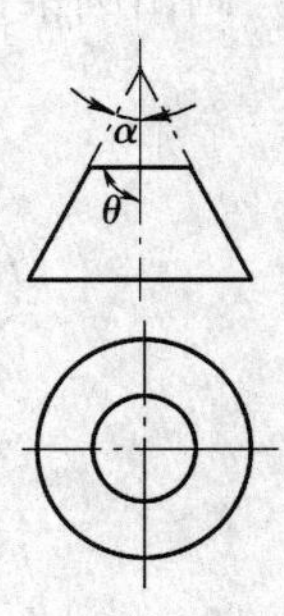	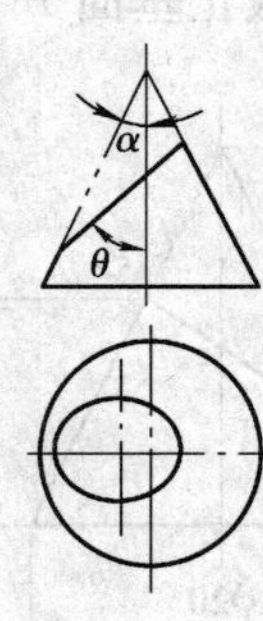	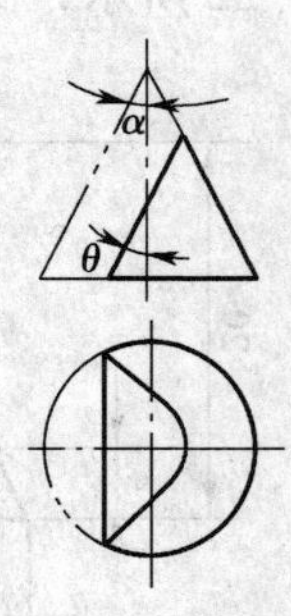	
截交线的形状	等腰三角形	圆	椭圆	抛物线加直线	双曲线加直线

例： 如图 4—1—23a 所示为正平面 P 切割圆锥，试补全其正面投影。

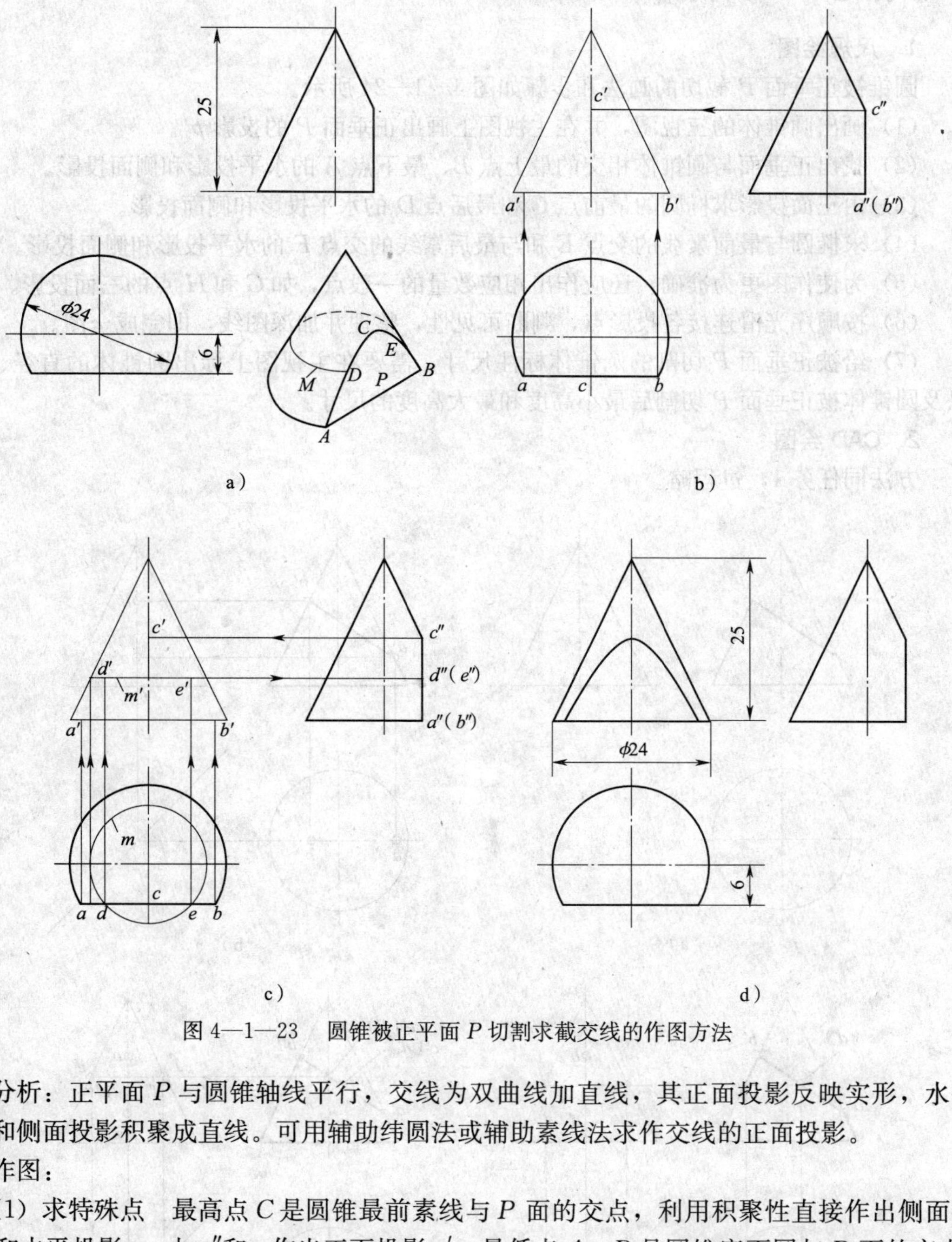

图 4—1—23　圆锥被正平面 P 切割求截交线的作图方法

分析：正平面 P 与圆锥轴线平行，交线为双曲线加直线，其正面投影反映实形，水平投影和侧面投影积聚成直线。可用辅助纬圆法或辅助素线法求作交线的正面投影。

作图：

（1）求特殊点　最高点 C 是圆锥最前素线与 P 面的交点，利用积聚性直接作出侧面投影 c'' 和水平投影 c，由 c'' 和 c 作出正面投影 c'；最低点 A、B 是圆锥底面圆与 P 面的交点，直接作出 a、b 和 a''、b''，再作出 a' 和 b'（见图 4—1—23b）。

（2）求中间点　在适当位置作水平纬圆，该圆的水平投影与 P 面的水平投影的交点 d、e 即为交线上两点的水平投影，再作出 d'、e' 和 d''、e''（见图 4—1—23c）。

（3）依次光滑连接 a'、d'、c'、e'、b' 即为交线的正面投影（见图 4—1—23d）。

任务实施

1. 尺规绘图

圆锥被正垂面 P 截切的画法和步骤如图 4—1—24 所示。

（1）画出圆锥体的三视图，并在主视图上画出正垂面 P 的投影 p'。

（2）找出正垂面与圆锥体相交的最上点 B、最下点 A 的水平投影和侧面投影。

（3）由正面投影求椭圆的最前点 C 和最后点 D 的水平投影和侧面投影。

（4）求椭圆与最前素线的交点 E 和与最后素线的交点 F 的水平投影和侧面投影。

（5）为使作图更为准确，还应作出相应数量的一般点，如 G 和 H 点的三面投影。

（6）按顺序光滑连接各投影点，判断可见性，整理并加深图线，即完成全图。

（7）给被正垂面 P 切割的圆锥体标注尺寸，需要在主视图上标出圆锥体的直径、高度以及圆锥体被正垂面 P 切割后最小高度和最大高度的尺寸。

2. CAD 绘图

方法同任务 1，过程略。

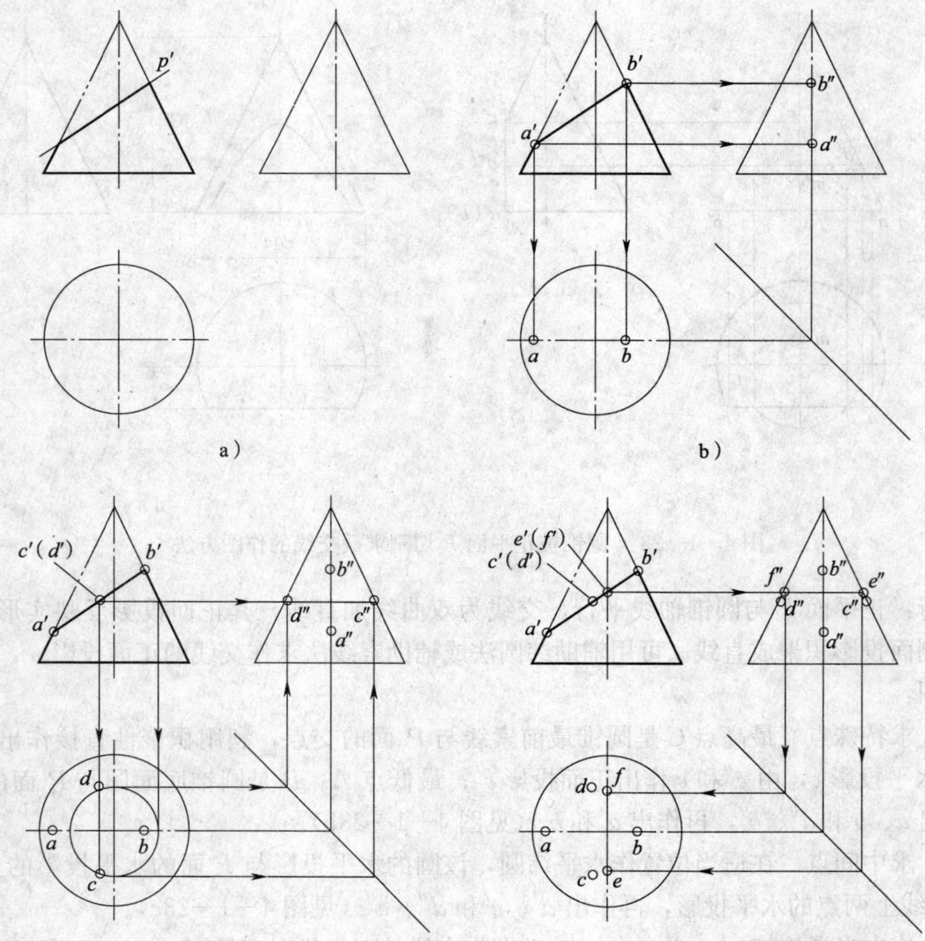

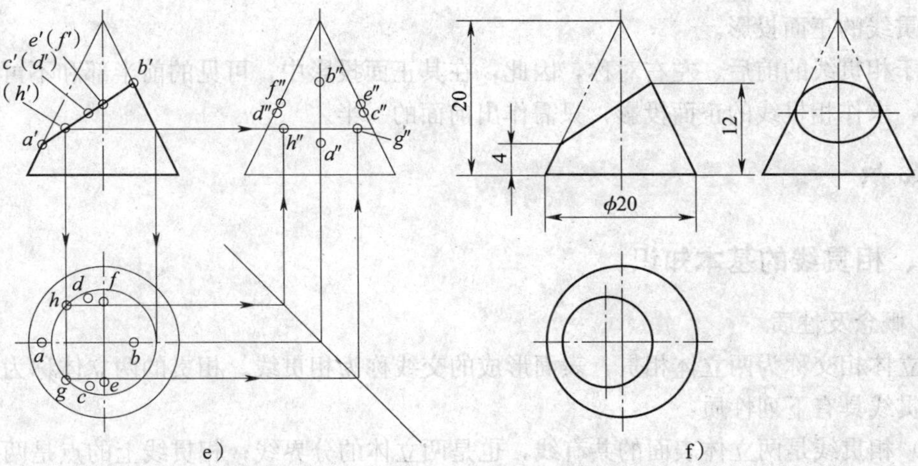

图 4—1—24　圆锥被正垂面 P 截切的作图步骤

课题二　相贯线的投影

任务　绘制圆柱与圆柱正交相贯线的投影

◆ **教学目标**

1. 理解相贯线的概念，了解相贯线的形成、特性。
2. 能正确绘制圆柱与圆柱正交时相贯线的投影。
3. 能用 CAD 绘制带有相贯线物体的三维图形，并能由三维模型生成二维图。
4. 能通过布尔运算创建复杂实体。

任务提出

如图 4—2—1 所示是两圆柱正交的直观图，是由两个不等直径的圆柱体相贯而成，画出其三视图。

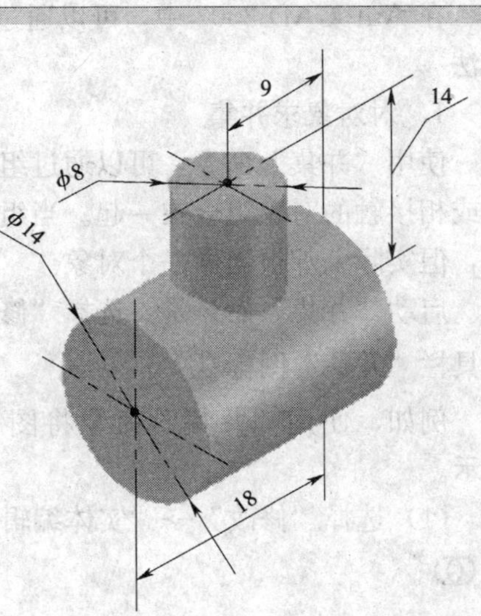

图 4—2—1　两圆柱正交的直观图

任务分析

如图 4—2—1 所示，两圆柱轴线垂直相交，直立圆柱的直径小于水平圆柱的直径，其相贯线为封闭的空间曲线，且前后、左右对称。

由于直立圆柱的水平投影和水平圆柱的侧面投影都有积聚性，所以相贯线的水平投影和侧面投影分别积聚在它们有积聚性的投影圆上，因此，只需作出相贯线的正面投影。

由于相贯线的前后、左右对称，因此，在其正面投影中，可见的前半部和不可见的后半部重合，求作相贯线的正面投影，只需作出前面的一半。

相关知识

一、相贯线的基本知识

1. 概念及性质

两立体相交称为两立体相贯，表面形成的交线称为相贯线。相贯的两立体称为相贯体。

相贯线具有下列性质：

(1) 相贯线是两立体表面的共有线，也是两立体的分界线；相贯线上的点是两立体表面的共有点。

(2) 相贯线一般是封闭的空间曲线，特殊情况为平面曲线或直线。

2. 求相贯线常用的三种方法

(1) 积聚性法

(2) 辅助平面法

(3) 辅助球面法

3. 作图过程

(1) 先找特殊位置点

(2) 再找一般位置点

(3) 判断可见性

(4) 光滑连线

二、CAD 编辑实体

在 AutoCAD 2007 中，可以通过布尔运算创建复杂实体。主要有并集、差集、交集等方法。

1. 对对象求并集

使用“并集”命令，可以通过组合多个实体生成一个新实体。该命令主要用于将多个相交或相接触的对象组合在一起。当组合一些不相交的实体时，其显示效果看起来还是多个实体，但实际上却被当做一个对象。

启动“并集”命令是：选择“修改”→“实体编辑”→“并集”命令，或单击“修改”工具栏“并集”图标。

例如，使用“并集”命令将图 4—2—2 中两个实体合并成一个实体，如图 4—2—3 所示。

(1) 选择“修改”→“实体编辑”→“并集”命令，或单击“修改”工具栏“并集”图标。

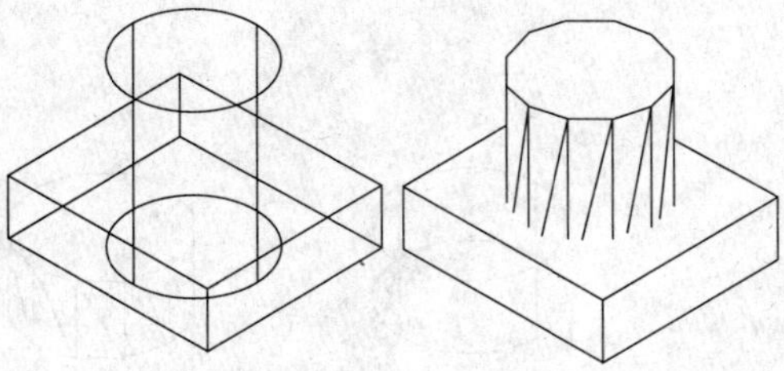

图 4—2—2　并集用于实体

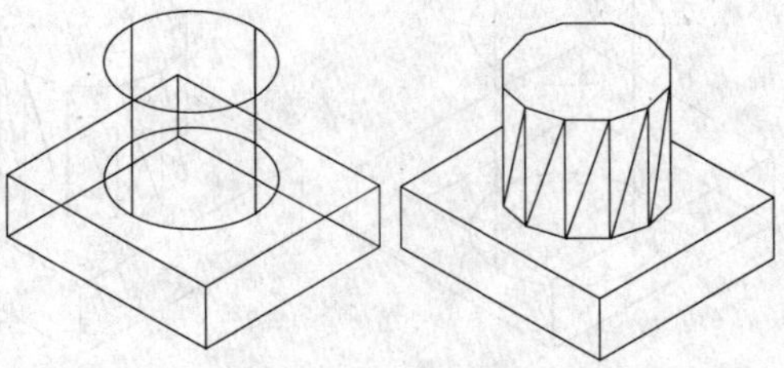

图 4—2—3　并集

（2）选择全部图 4—2—2 中的两个实体，按“回车”结束选择，完成并集，执行结果如图 4—2—3 所示。

2. 对对象求差集

使用“差集”命令，可以通过从一个或多个实体中减去一个或多个实体而生成一个新的实体。

启动“差集”命令是：选择“修改”→“实体编辑”→“差集”命令，或单击“修改”工具栏“差集”图标。

例如，使用“差集”命令将图 4—2—4 中小圆柱从大圆柱中减去，如图 4—2—5 所示。

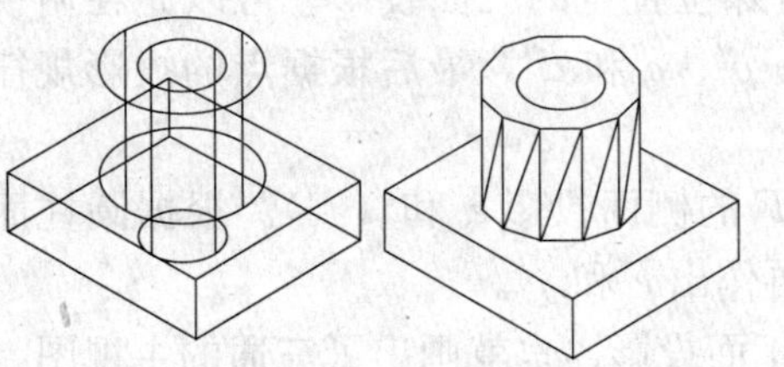

图 4—2—4　差集用于实体

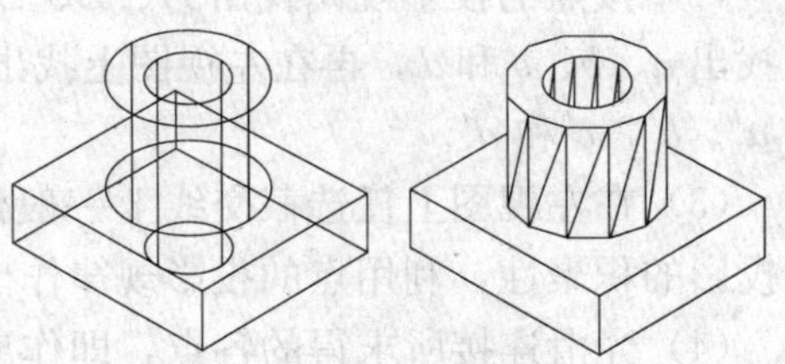

图 4—2—5　差集

（1）选择“修改”→“实体编辑”→“差集”命令，或单击“修改”工具栏“差集”图标。

（2）先选择大圆柱，按“回车”结束选择。

（3）再选择小圆柱，按“回车”结束选择，完成差集，执行结果如图 4—2—5 所示。

3. 对对象求交集

使用“交集”命令，可以创建一个实体，该实体是两个或多个实体的公共部分。

启动“交集”命令是：选择“修改”→“实体编辑”→“交集”命令，或单击“修改”工具栏“交集”图标。

例如，使用“交集”命令将图 4—2—6 中圆柱和长方体求交集，如图 4—2—7 所示。

（1）选择“修改”→“实体编辑”→“交集”命令，或单击“修改”工具栏“交集”图标。

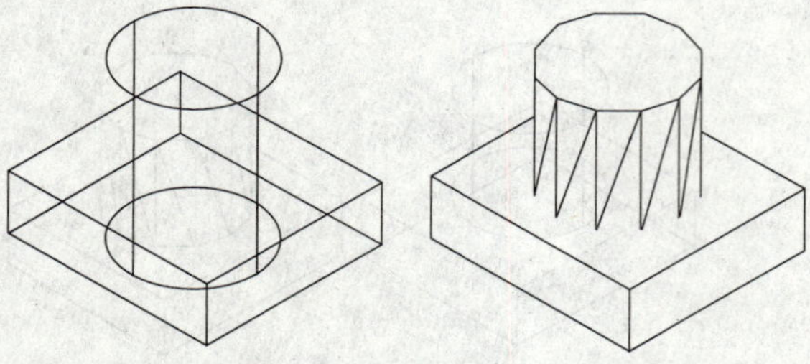

图 4—2—6　交集用于实体

图 4—2—7　交集

（2）依次选择圆柱和长方体，按“回车”结束选择，完成交集，执行结果如图 4—2—7 所示。

任务实施

1. 尺规绘图

相贯线的正面投影是不规则曲线，侧面投影为圆弧曲线，水平投影为圆。其画法和步骤如图 4—2—8 所示。

（1）画出三通主视图的外轮廓线、左视图和俯视图。

（2）按点的投影规律找出 A、B、C、D 四个特殊位置点的三面投影。可以先在俯视图上找出 a、b、c 和 d，再在左视图上找出对应的 a''、b''、c'' 和 d''，最后根据点的投影规律作出 a'、b'、c' 和 d'。

（3）在左视图上任选截交线上一般位置点 E、F 的侧面投影 e'' 和（f''）。根据圆柱面水平投影的积聚性，利用点的投影规律作出 e 和 f，再作出 e' 和 f'。

（4）光滑连接所求得的各点，即作出截交线的正面投影，也就画出了三通的主视图，擦去辅助线，描深即为所求。

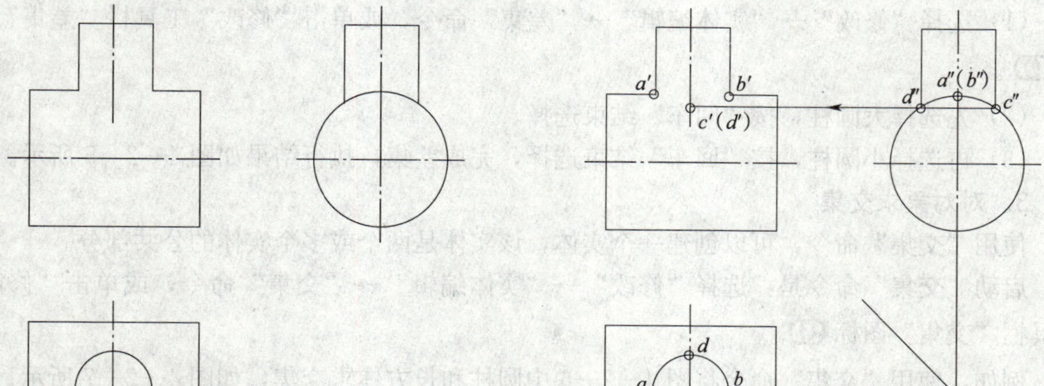

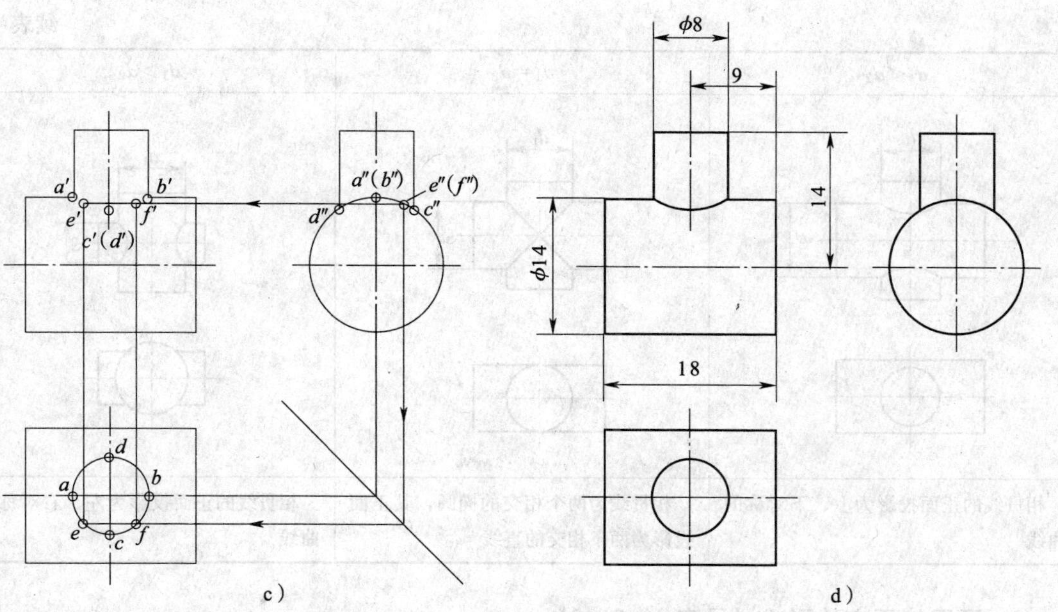

图 4—2—8　画图步骤

(5) 在主视图上标出大圆柱体的直径、长度，小圆柱体的直径、高度以及确定小圆柱体位置的尺寸。

2. CAD 绘图

(1) 创建三维模型　用前面学过的方法，采用“圆柱体”“移动”“并集”等命令创建三通管三维模型，执行结果如图 4—2—1 所示。

(2) 由三维模型生成二维图　用课题一任务 1 中的方法将三维模型生成二维图，过程略。

知识拓展

圆柱与圆柱正交

1. 两圆柱直径的相对大小对相贯线形状和位置的影响

当正交两圆柱的相对位置不变，而相对大小发生变化时，相贯线的形状和位置也将随之变化，画法见表 4—2—1。

表 4—2—1　　两圆柱正交时相贯线的变化

$d_1<d_2$	$d_1=d_2$	$d_1>d_2$
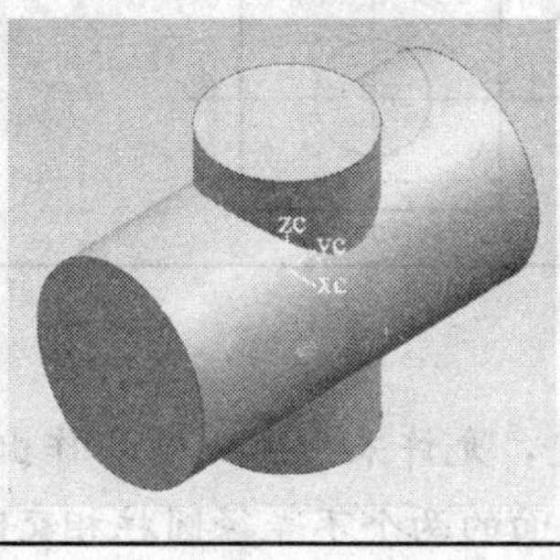	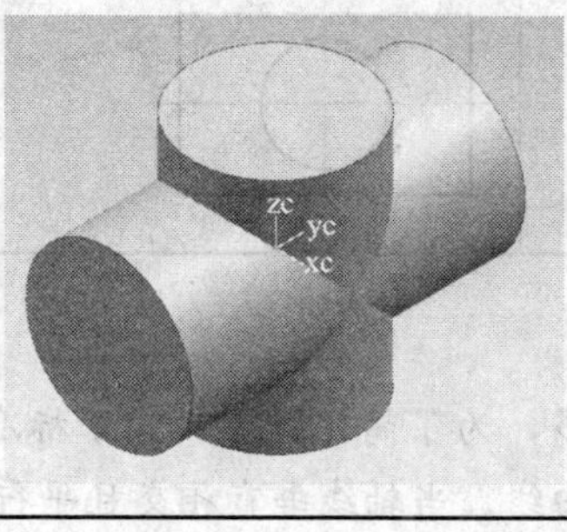	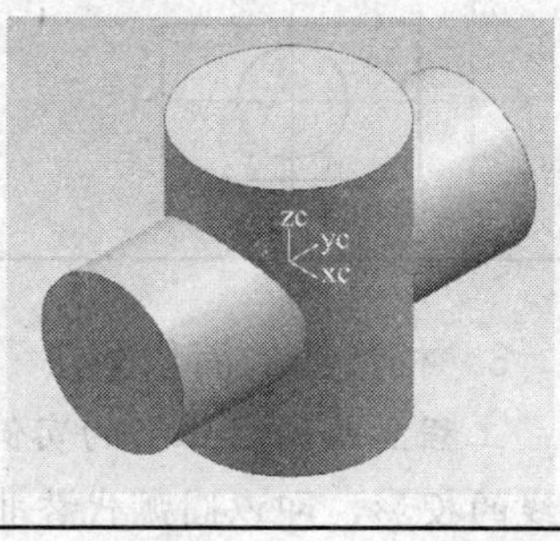

续表

$d_1<d_2$	$d_1=d_2$	$d_1>d_2$
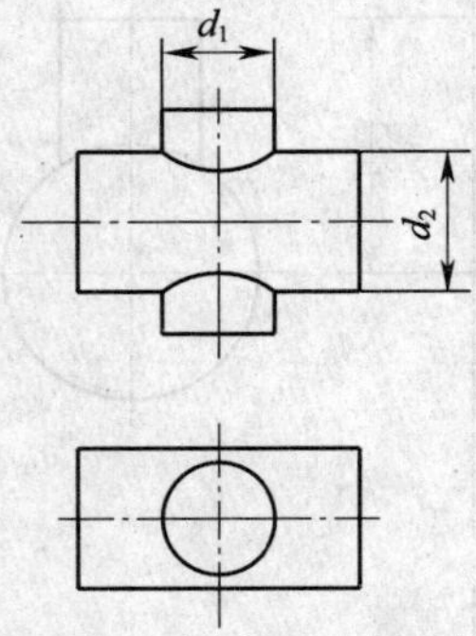	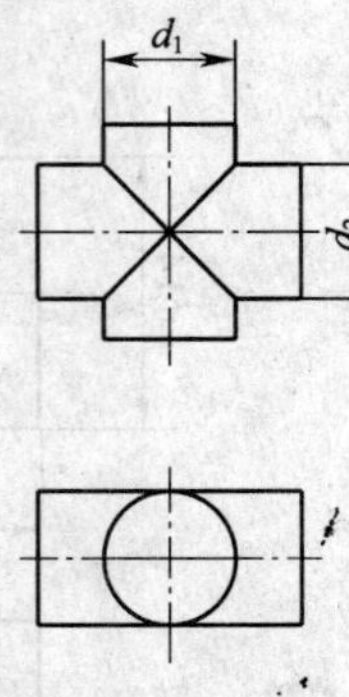	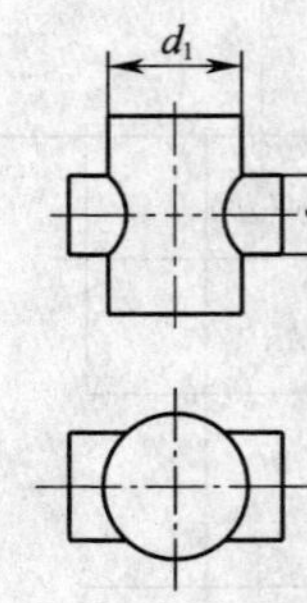
相贯线的正面投影为上、下对称的曲线	相贯线为两个相交的椭圆，其正面投影为两条相交的直线	相贯线的正面投影为左、右对称的曲线

2．两圆柱正交的形式（见表 4—2—2）

表 4—2—2　　两圆柱正交时相贯线的几种形式

形式	实心圆柱相交	圆柱与圆孔相交	两个圆孔相交
直观图	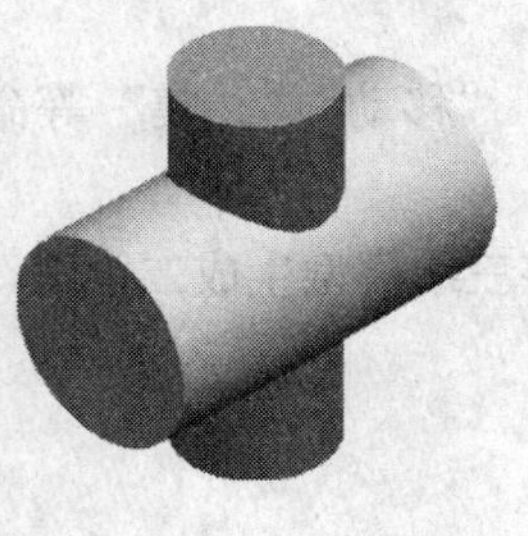	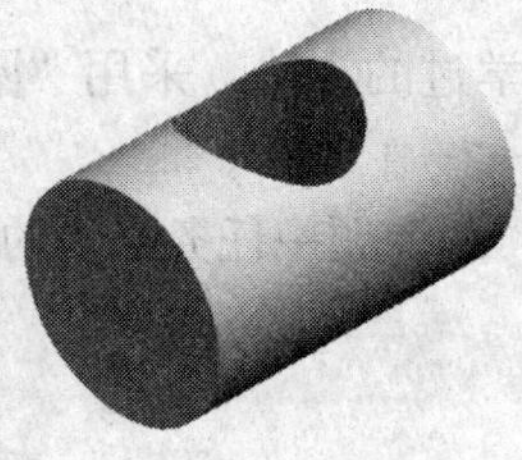	
三视图	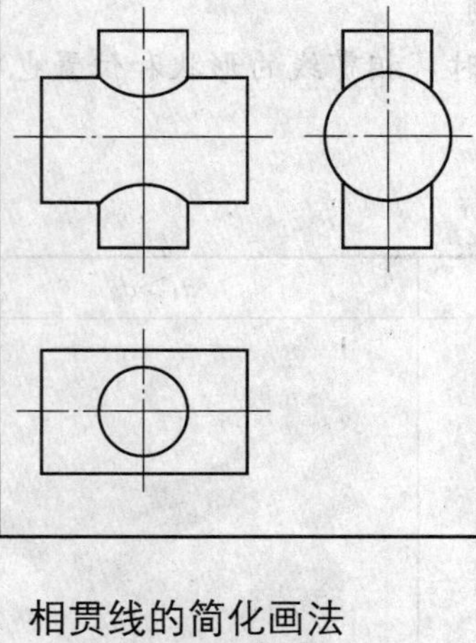	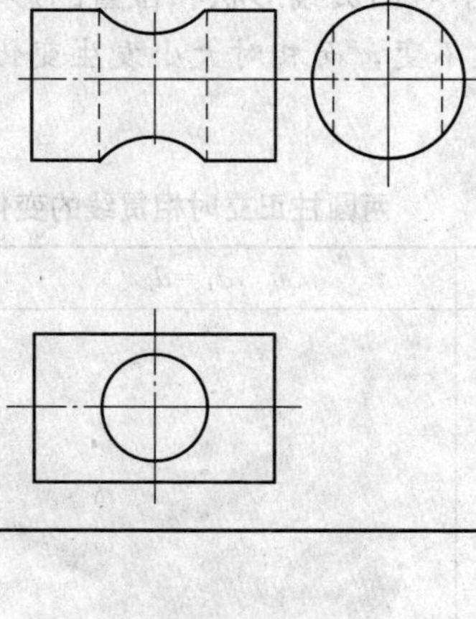	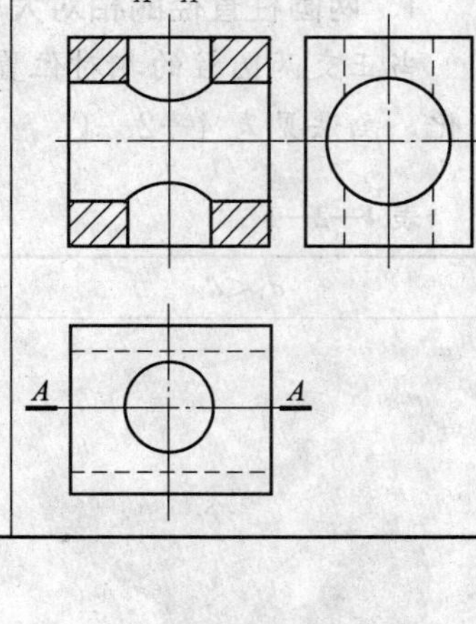

3．相贯线的简化画法

工程上两圆柱正交的实例很多，为了简化作图，国家标准规定，允许采用简化画法作出相贯线的投影，即以圆弧代替非圆曲线。当轴线垂直相交且平行于正面的两个不等径圆柱相交时，相贯线的正面投影以大圆柱半径即 $R=\phi/2$ 为半径，其圆心位于小圆柱轴线上画圆弧即可。

简化画法的作图过程如图 4—2—9 所示。

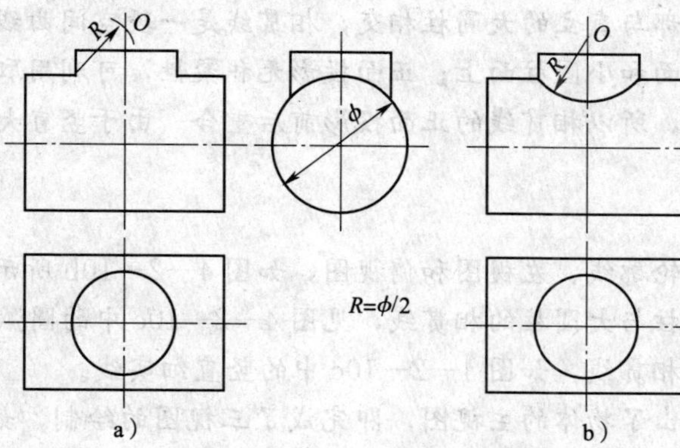

图 4—2—9　相贯线的简化画法

例：如图 4—2—10a 所示，为半球与两个圆柱体相交，试画出其三视图。

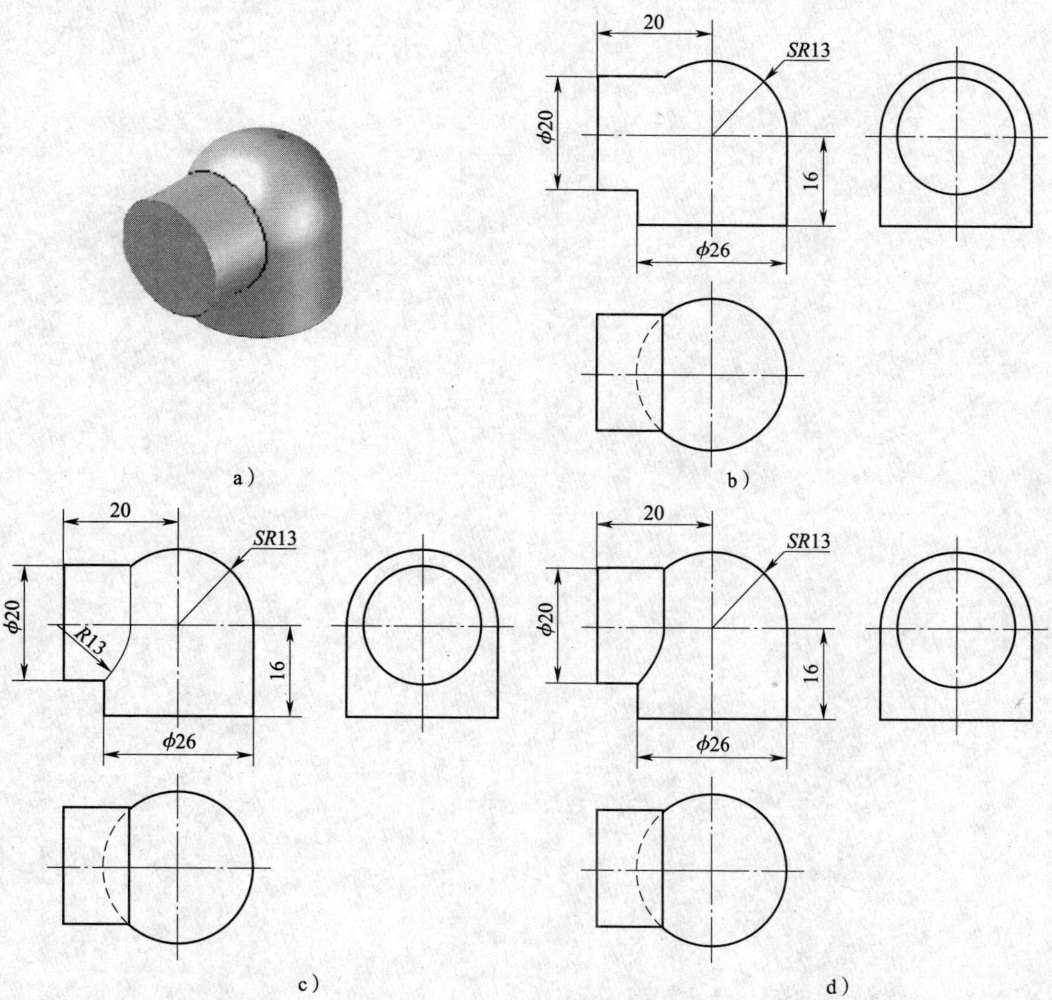

图 4—2—10　相贯线的简化画法举例

分析：水平小圆柱的上半部与半球相交，由于小圆柱与半球是共有垂直于侧投影面轴线的同轴回转体，所以相贯线为垂直于轴线的半圆，其侧面投影为半圆的实形，正面和水平投影都是侧平线；小圆柱的下半部与直立的大圆柱相交，相贯线是一段空间曲线。其水平投影和侧面投影分别积聚在大圆柱面和小圆柱面上；正面投影无积聚性，可利用取点法或简化画法作出。由于相贯体前后对称，所以相贯线的正面投影前后重合。由于竖直大圆柱与半球同轴等径，所以无交线。

作图：

(1) 画出物体主视图的外轮廓线、左视图和俯视图，如图 4—2—10b 所示。

(2) 用简化画法画出小圆柱与大圆柱的相贯线，见图 4—2—10c 中的圆弧 $R13$。

(3) 画出小圆柱与半球的相贯线，如图 4—2—10c 中的竖直细实线。

(4) 描深相贯线，也就画出了物体的主视图，即完成了三视图的绘制，如图 4—2—10d 所示。

模块五 5 绘制轴测图

用正投影法绘制的三视图度量性好，能准确表达物体的形状，但缺乏立体感。轴测图富有立体感，直观性强。在工程上，轴测图常被用于产品说明书中表示产品的外形，或用于产品拆装、使用和维修的说明，以及绘制化工管道系统图等。目前，三维 CAD 技术已日臻成熟，轴测图表示法正日益广泛地用于产品几何模型的设计。

在制图教学中，轴测图也是培养空间构思能力的手段之一，通过画轴测图可以帮助想象物体的形状，培养空间想象能力。

课题一　绘制正等轴测图

任务 1　绘制四棱台正等轴测图

◆ **教学目标**

1. 理解轴测图的概念，了解轴测图的形成及分类，了解轴间角、轴向伸缩系数。
2. 能用坐标法作平面立体正等轴测图。
3. 能用 CAD 绘制平面立体正等轴测图。

任务提出

图 5—1—1 所示为一四棱台的两面视图，图 5—1—2 为其正等轴测图，观察这两个图，分析并掌握该四棱台正等轴测图的画法。

任务分析

轴测图是发展空间构思能力的手段之一，通过画轴测图可帮助想象物体的形状，培养空间想象能力。画轴测图时，物体上凡平行于坐标轴的线段，可按其原尺寸乘以轴向伸缩系数，再沿着轴测轴方向定出其轴测图的长短，这就是轴测图“轴测”两字的含义。正等轴测图常用的基本作图方法是坐标法。

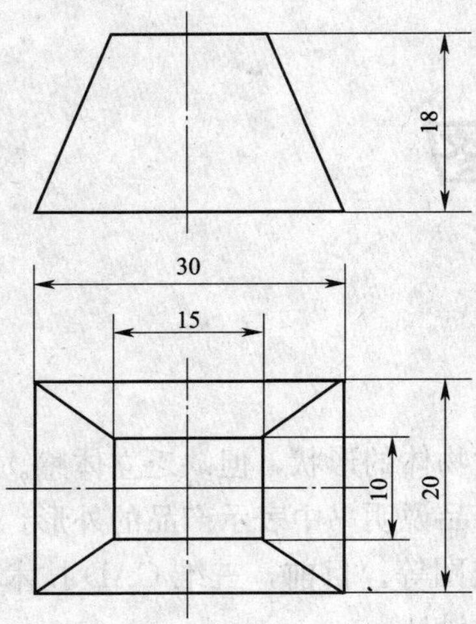

图 5—1—1 四棱台的主、俯视图

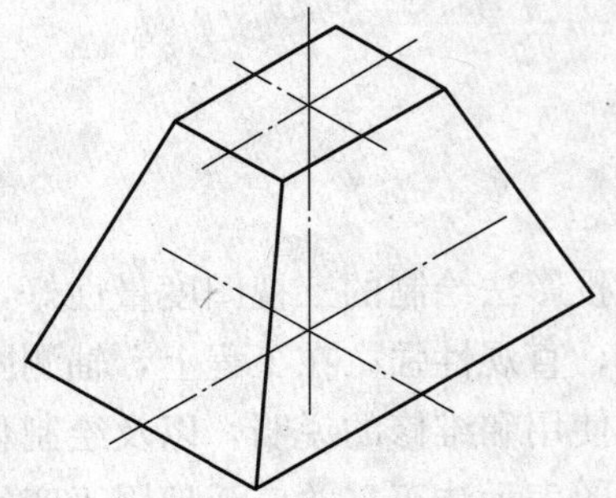

图 5—1—2 四棱台的正等轴测图

相关知识

一、轴测图的基本知识

1. 轴测图的形成

轴测图是将物体连同其参考直角坐标系，沿不平行于任一坐标平面的方向，用平行投影法投射在单一投影面上所得到的具有立体感的图形（见图 5—1—3）。

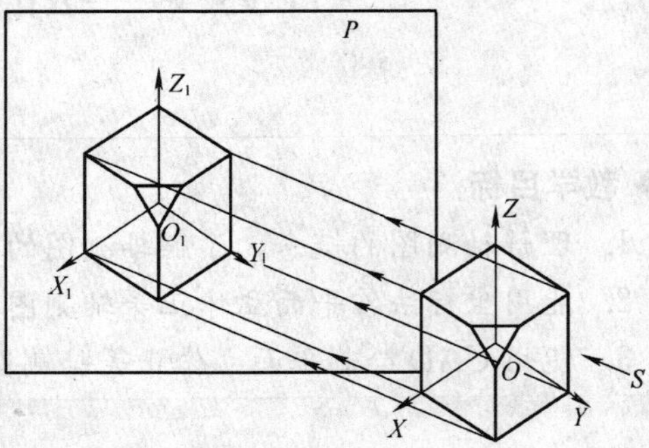

图 5—1—3 轴测图的形成

其中 P 为单一投影面，也称为轴测投影面。

在轴测投影面 P 上的 O_1 为原点，坐标轴 O_1X_1、O_1Y_1、O_1Z_1 为轴测投影轴，简称轴测轴。

2. 轴间角

在轴测投影面上，任意两根轴测轴之间的夹角都称为轴间角，如$\angle X_1O_1Y_1$、$\angle Y_1O_1Z_1$、$\angle Z_1O_1X_1$。

3. 轴向伸缩系数

把轴测轴方向线段的长度与空间坐标轴方向相应线段长度的比值称为轴向伸缩系数。OX、OY、OZ 轴的轴向伸缩系数分别用 p_1、q_1、r_1 表示。

但为了作图方便，绘制轴测图时，对轴向伸缩系数进行简化，使它的数值比较简单。简化的 OX、OY、OZ 的轴向伸缩系数分别用 p、q、r 表示。

4．轴测图的基本性质

（1）物体上互相平行的线段，在轴测图中也必定相互平行。平行于坐标轴的线段，在轴测图中也必定与相应的坐标轴平行，并且同一轴向所有线段的轴向伸缩系数相同。

（2）所谓“轴测”，就是沿着轴向进行测量的意思。物体上与轴测轴倾斜的线段，不能按轴向伸缩系数进行度量。所以，在绘制轴测图时，必须沿着轴向测量尺寸。

5．轴测图的分类

根据投射方向与轴测投影面的相对位置，轴测图分为两类：

（1）正轴测图　投射方向与轴测投影面垂直所得到的轴测图。主要有正等轴测图、正二轴测图、正三轴测图。

（2）斜轴测图　投射方向与轴测投影面倾斜所得到的轴测图。主要有斜等轴测图、斜二轴测图、斜三轴测图。

工程上常用的是正等轴测图和斜二轴测图两种，它们的轴间角、轴向伸缩系数、简化的轴向伸缩系数以及例图的比较见表 5—1—1。

表 5—1—1　　正等轴测图和斜二轴测图的比较

	正等轴测图	斜二轴测图
特性	投射线与轴测投影面垂直	投射线与轴测投影面倾斜
轴测类型	等测投影	二测投影
简称	正等测	斜二测
轴向伸缩系数	$p_1=q_1=r_1=0.82$	$p_1=r_1=1$，$q_1=0.5$
简化轴向伸缩系数	$p=q=r=1$	无
轴间角	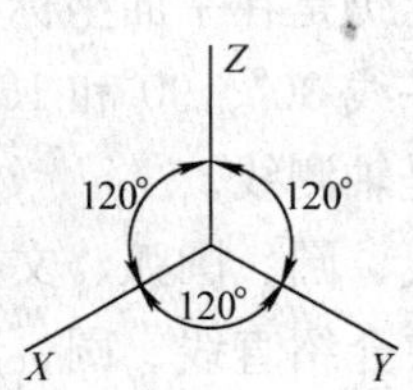	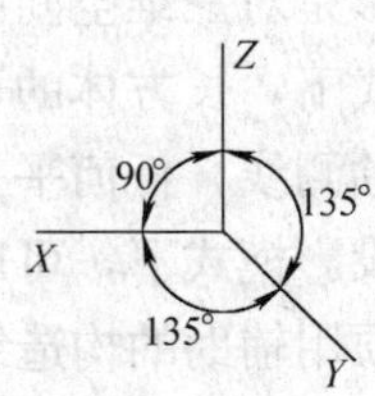
例图	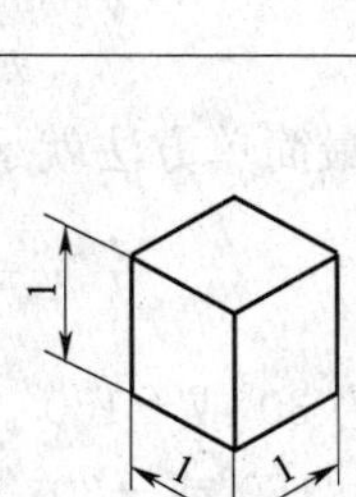	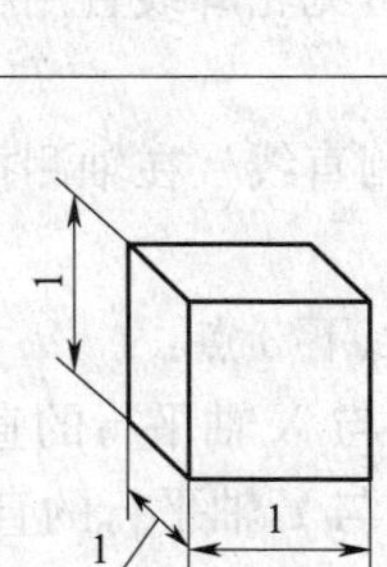

二、CAD 绘制轴测图

在工程设计中，轴测图（轴测投影图）是一种常见的绘图方法，它看似三维图形，但实际上是二维图形。因为轴测图是采用一种二维绘图技术来模拟三维对象沿特定视点产生的三维平行投影效果，但在绘制方法上又不同于二维图形的绘制。

1．进入轴测图编辑模式

在 AutoCAD 中，使用轴测投影模式是绘制轴测图的常用方法。当激活轴测投影模式时，捕捉和网格被调整到轴测投影视图的 X 轴、Y 轴和 Z 轴方向。

（1）使用 SNAP 命令激活轴测投影模式　使用 SNAP 命令时，命令行将显示如下提示：

指定捕捉间距或［开（ON）/关（OFF）/样式（S）/类型（T）］〈10〉：

其中，如果选中“样式（S）”选项，即在上述命令行提示下输入 S，就可以在轴测投影模式和标准模式之间进行切换。此时命令行显示如下提示：

输入捕捉栅格类型［标准（S）/等轴测（I）］〈I〉：

输入 I 以指定等轴测投影模式，此时将提示指定栅格间距。

指定垂直间距〈10〉：

返回命令提示后，捕捉网格将被打开。

（2）使用“草图设置”对话框激活轴测投影模式　选择“工具”→“草图设置”命令，打开“草图设置”对话框。在“捕捉和栅格”选择卡的“捕捉类型”选项区域中，选择“栅格捕捉”与“等轴测捕捉”单按选钮，即可打开等轴测投影模式。当轴测投影模式打开后，即可进行二维等轴测图的绘制。

注意：在轴测投影模式下，捕捉间距由 Y 轴间距值控制，X 轴间距值变为灰色而不能使用。

2．在轴测投影模式下绘图

轴测投影是对三维空间的模拟，其图形实际上仍是在平面坐标系中绘制的二维图形。在轴测投影模式下，长方体的可见边是按相对于水平线 30°、90°和 150°的角度排列的。这些可见边被称为轴测线，任何平行于可见边的线也都是轴测线。

在轴测投影模式下，可以非常方便地绘制直线、圆、圆弧、文字和尺寸线，然而螺旋线或椭圆则必须用辅助的构造线才能画出，本章主要介绍直线、圆、圆弧的绘制方法。在绘制轴测图时，可见轮廓线宜用粗实线绘制，不可见轮廓线一般不绘出，必要时，可用细虚线绘出所需部分。

（1）绘制直线　在轴测投影模式下绘制直线的最简单方法就是使用捕捉、对象捕捉模式及相对坐标。

应注意以下 3 点：

1）绘制与 X 轴平行的直线时，极坐标角度应为 30°或－150°。

2）绘制与 Y 轴平行的直线时，极坐标角度应为 150°或－30°。

3）绘制与 Z 轴平行的直线时，极坐标角度应为 90°或－90°。

注意：启动正交模式，切换 F5 键，即可得到相应的平行直线，这种方法绘制直线更简便。

（2）绘制圆　正交视图中绘制的圆在轴测投影图中将变为椭圆。因此，若要在一个轴测面内画圆，必须画一个椭圆，并且椭圆的轴在此轴测面内。

在 AutoCAD 中，为了方便绘制轴测投影图中的椭圆，可选择“椭圆”（ELLIPSE）命令中的“等轴测圆”选项，然后输入圆心的位置、半径或直径，这时椭圆就会自动出现在当前轴测面内。

（3）绘制平行线　在轴测投影模式下，“复制”命令主要用于复制图形和绘制平行线。需要特别注意的是，如果使用“偏移”命令（OFFSET）绘制平行线时，偏移距离为两条平行线之间的垂直距离，而不是沿 30°方向上的距离。

（4）绘制圆弧　圆弧在轴测投影视图中以椭圆弧的形式出现，因此，在绘制圆弧时，可首先绘制一个整圆，然后使用“修剪”或“打断”工具，去掉多余部分即可。

（5）绘制外公切线　在轴测图中，常使用轴测圆的外公切线来连接两个不在同一平面内的轴测圆或圆弧。绘制轴测圆的外公切线时需要使用“捕捉到象限点”工具在图形中捕捉象限点。

3．在轴测图中标注文字

在轴测图中标注文字时，为了使文字看起来像在当前轴测面中，就必须使用倾斜角和旋转角来设置文字，且文字倾斜角和文字基线旋转角为 30°或－30°。可使用倾斜角和旋转角为（－30°，－30°）、（30°，30°）及（－30°，30°）和（30°，－30°）在左轴测面、右轴测面及上轴测面放置文字。

要设置文字的倾斜角度，可以通过定义文字样式来完成，通过设置文字的不同倾斜角度来满足在不同轴测面中的标注要求。

4．在轴测图中标注尺寸

在 AutoCAD 中，同样可以使用“标注”菜单和工具栏标注轴测图的尺寸，但标注方式与普通平面图形的标注方式不同，需要使尺寸标注与轴测面相协调。

（1）轴测图中尺寸标注的特点　在轴测图中标注尺寸时，为了使尺寸标注与轴测面相协调，需要将尺寸线、尺寸界线倾斜一定角度，使其与相对应的轴测轴平行。同样，标注文字也需要与轴测面相匹配，其特点如下：

1）在右侧面中，若标注的尺寸线与 X 轴平行，则标注文字的倾斜角度为 30°。

2）在左侧面中，若标注的尺寸线与 Z 轴平行，则标注文字的倾斜角度为 30°。

3）在上侧面中，若标注的尺寸线与 Y 轴平行，则标注文字的倾斜角度为 30°。

4）在右侧面中，若标注的尺寸线与 Z 轴平行，则标注文字的倾斜角度为－30°。

5）在左侧面中，若标注的尺寸线与 Y 轴平行，则标注文字的倾斜角度为－30°。

6）在上侧面中，若标注的尺寸线与 X 轴平行，则标注文字的倾斜角度为－30°。

（2）标注轴测图的一般步骤　标注轴测图尺寸的一般步骤如下：

1）创建两种文字类型，其倾斜角分别为 30°和－30°。

2）沿 X 或 Y 投影轴画尺寸线，可用“对齐标注”命令画出最初的尺寸标注。

沿 Z 投影轴画尺寸线，这时则可以用“对齐标注”或者“线性标注”命令进行最初的标注。

3）标注完成后，可使用“编辑标注”命令的“倾斜（O）”选项改变尺寸标注的角度。

为了绘制位于左轴测面的尺寸线，可以把尺寸界线设置为150°或－30°；若想绘制位于右轴测面的尺寸线，可以设置尺寸界线为30°或210°；为了绘制上轴测面的尺寸标注，需设尺寸界线为30°、－30°、150°或210°。

注意：当出现后面的提示：“输入倾斜角度（按 ENTER 表示无）：”时，可用参照的方法方便地改变尺寸线的方向（即在绘图区拾取两点指定尺寸线的方向）。

4）如果标注文字是水平方向（而且文字是平行尺寸线的），使用“编辑标注”的“旋转（R）”选项，旋转标注文字到30°、－30°、90°、－90°、150°或210°，以使文字垂直或平行于尺寸线。

5）使用“编辑标注文字”命令或“编辑标注”命令的“旋转（R）”选项，旋转标注文字的基线，使之与对应的轴测线平行。

注意：由于轴测图毕竟不是三维图形，所以在轴测图中并不能完全真实地标示出图形中的所有尺寸。例如，在轴测图中无法标注圆弧半径或圆的直径，标注的某些长度并不是图形的真实长度。如果要真实地反映图形尺寸，可使用“快速引线”命令进行手工标注，或对标注的尺寸值进行重新编辑。

任务实施

1. 尺规绘图

四棱台的正等轴测图的绘图步骤如图5—1—4所示。

（1）定出坐标原点及坐标轴，如图5—1—4b所示。

（2）画出轴测轴 OX、OY、OZ，由于1、2和3、4分别在 O_1X_1 和 O_1Y_1 轴上，可直接量取并在轴测轴 OX、OY 上定出Ⅰ、Ⅱ和Ⅲ、Ⅳ，如图5—1—4a、b所示。

（3）过Ⅰ和Ⅱ作 OY 轴的平行线，过Ⅲ、Ⅳ作 OX 轴的平行线，得 A、B、C、D，连成底面四边形，如图5—1—4c所示。

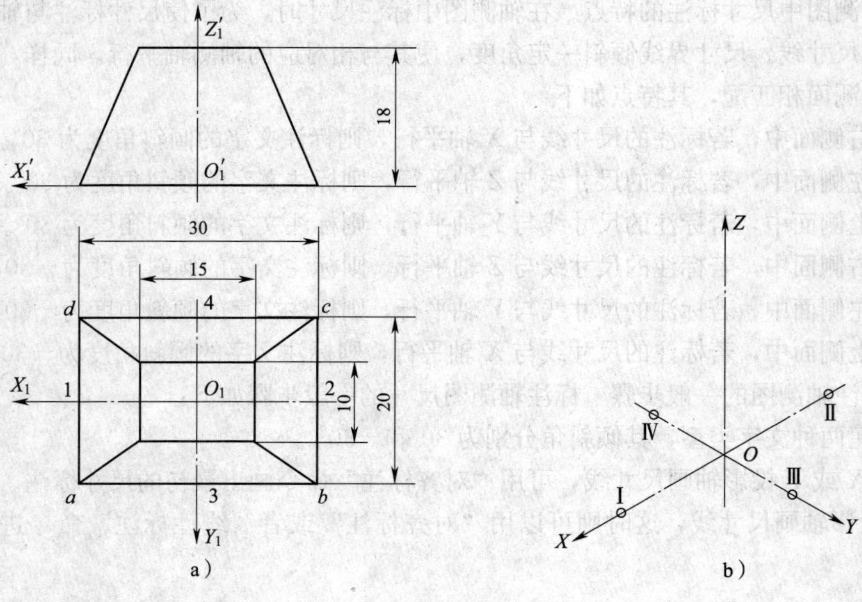

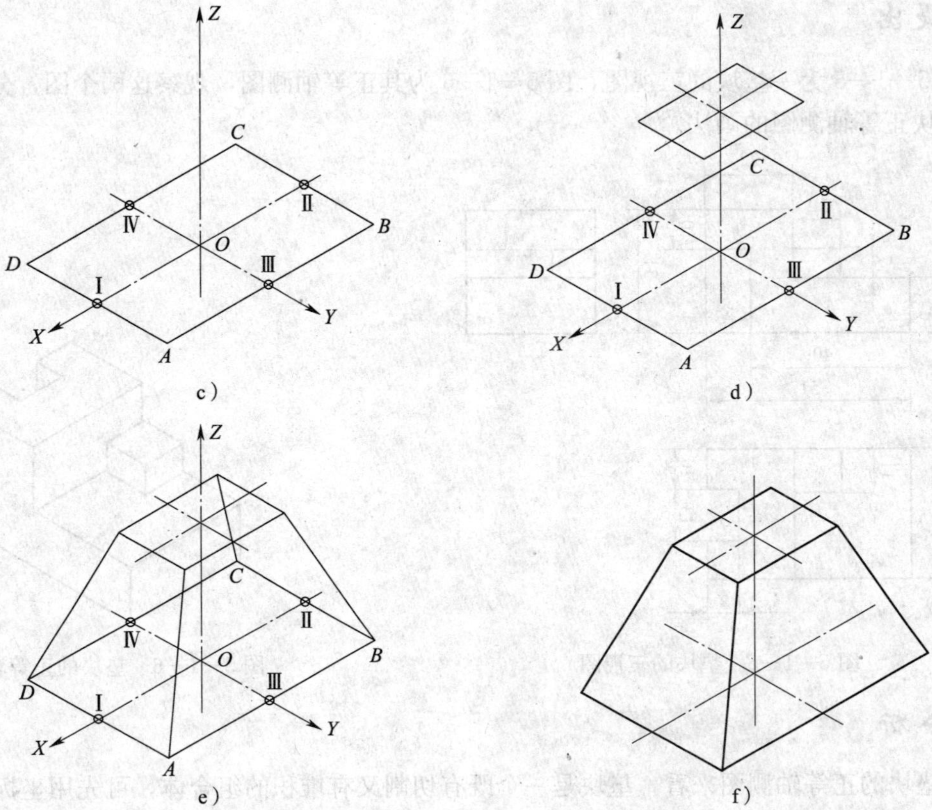

图 5—1—4　四棱台的正等轴测图的绘图步骤

(4) 沿 Z 轴向上量取高度 h（本题为 18），同理作出上顶，如图 5—1—4d 所示。

(5) 连接上顶、下底的相应点，如图 5—1—4e 所示。

(6) 擦去作图线，描深，即得四棱台的正等轴测图，如图 5—1—4f 所示。

2. CAD 绘图

用 CAD 绘制四棱台的正等轴测图的方法主要有两种：

(1) 进入轴测图编辑模式

(2) 利用极轴追踪绘制

绘图步骤如图 5—1—4 所示。

任务 2　绘制垫块正等轴测图

◆ **教学目标**

1. 能用坐标法、切割法、堆积（叠加）法作平面立体正等轴测图。
2. 能用 CAD 绘制平面立体正等轴测图。

任务提出

图 5—1—5 为一垫块的三视图，图 5—1—6 为其正等轴测图，观察这两个图，分析并掌握该垫块正等轴测图的画法。

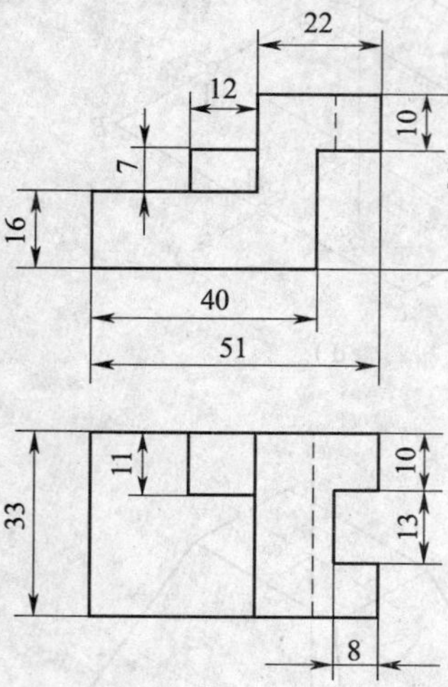

图 5—1—5　垫块的三视图

图 5—1—6　垫块的正等轴测图

任务分析

从垫块的正等轴测图来看，垫块是一个既有切割又有堆积的组合体，可先用坐标法画出垫块的主体形状，然后按切割的方法切去多余的部分，按堆积的方法叠加上小长方体从而得到所求的轴测图。

任务实施

1．尺规绘图

垫块的正等轴测图的绘图步骤如图 5—1—7 所示。

(1) 定出坐标原点及坐标轴，按尺寸用坐标法画出弯板的前面。如图 5—1—7a 所示。

(2) 过相关点作 OY 轴的平行线，按弯板的宽度定出后面各点得到弯板的正等轴测图。如图 5—1—7b 所示。

(3) 用切割法切去右边的长方体。如图 5—1—7c、d 所示。

(4) 用叠加法画出中间靠后边的长方体。如图 5—1—7e 所示。

(5) 擦去多余作图线，描深，即得垫块的正等轴测图。如图 5—1—7f 所示。

2．CAD 绘图

(1) 方法　利用极轴追踪绘制垫块的正等轴测图。

(2) 步骤　选择“工具”→“草图设置”命令，打开“草图设置”对话框。在“极轴追踪”选项卡中，将极轴角增量设置为 30，将“对象捕捉追踪设置”设置为“用所有极轴角设置追踪”。或在状态栏上，单击“极轴”按钮，打开极轴追踪模式，设置角度增量。具体步骤如图 5—1—7 所示。

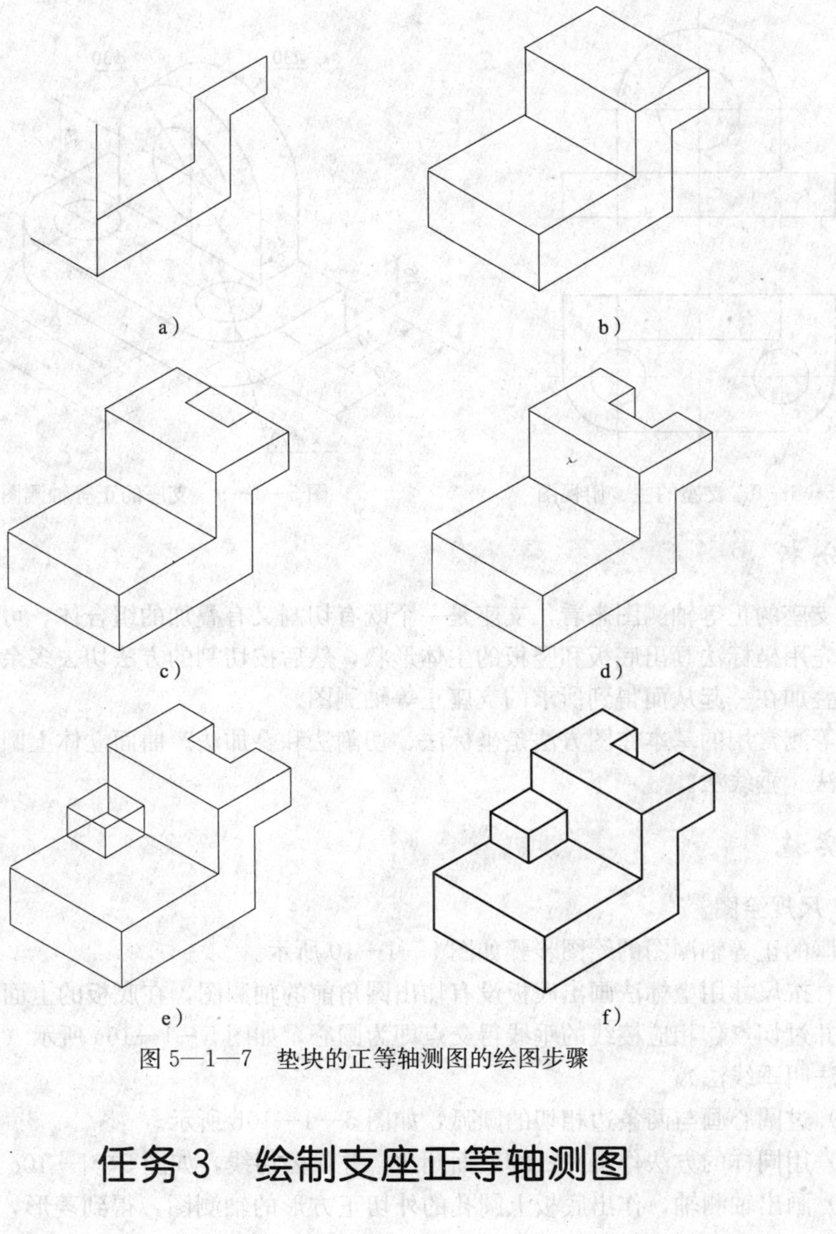

图 5—1—7　垫块的正等轴测图的绘图步骤

任务3　绘制支座正等轴测图

◆ **教学目标**

1. 能作圆柱、圆角正等轴测图。
2. 能用 CAD 绘制曲面立体正等轴测图。

任务提出

图 5—1—8 为一支座的两面视图，图 5—1—9 为其正等轴测图，观察这两个图，分析并掌握该支座正等轴测图的画法。

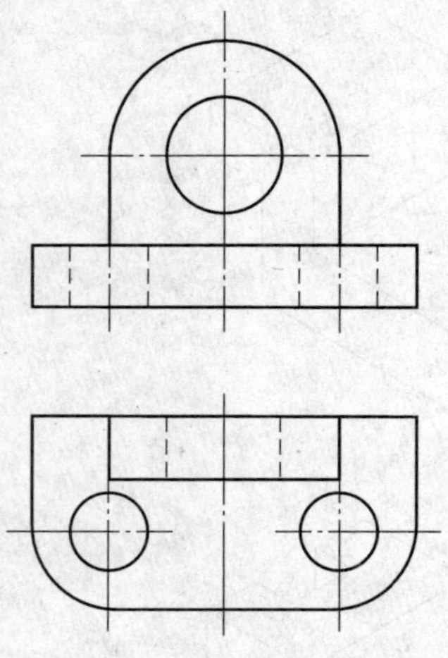

图 5—1—8 支座的主、俯视图

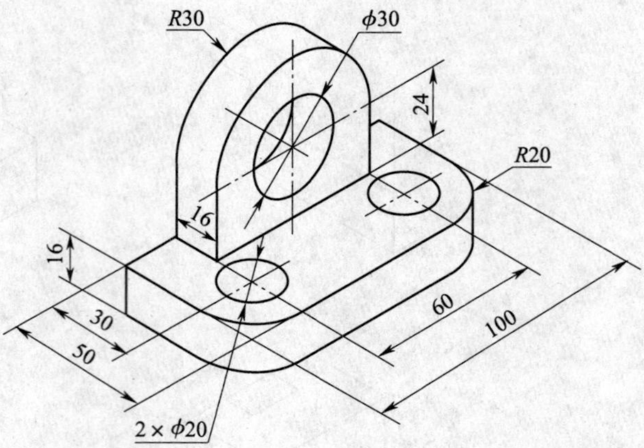

图 5—1—9 支座的正等轴测图

任务分析

从支座的正等轴测图来看，支座是一个既有切割又有叠加的组合体，可以分为底板和竖板。可先用坐标法画出底板和竖板的主体形状，然后按切割的方法切去多余的部分。按叠加的方法叠加在一起从而得到所求的支座正等轴测图。

正等测常用的基本作图方法是坐标法、切割法和叠加法。曲面立体上圆弧、圆角一般采用菱形法、垂线法。

任务实施

1. 尺规绘图

支座的正等轴测图的绘图步骤如图 5—1—10 所示。

（1）按尺寸用坐标法画出底板没有切出圆角前的轴测图，在底板的上面按圆角半径找出切点，并过切点作相应棱线的垂线得交点即为圆心，如图 5—1—10a 所示（此种作圆角正等测的方法叫垂线法）。

（2）过圆心画与两条边相切的圆弧，如图 5—1—10b 所示。

（3）用同样的方法作出底板的下面圆角，并作公切线，如图 5—1—10c 所示。

（4）画出轴测轴，作出底板上圆孔的外切正方形的轴测图，得到菱形，如图 5—1—10d 所示（此种作圆正等测的方法叫菱形法，作图步骤为图 5—1—10 中的 d、e、f）。

（5）作出四段圆弧的圆心，如图 5—1—10e 所示。

（6）作出四段圆弧，如图 5—1—10f 所示。

（7）用叠加法作出竖板切割前的轴测图，如图 5—1—10g 所示。

（8）用坐标法、菱形法、切割法作出竖板的轴测图。擦去多余作图线，描深，即得支座的正等轴测图，如图 5—1—10h 所示。

2. CAD 绘图

利用极轴追踪、等轴测捕捉模式绘制正等轴测图。

（1）开始新图

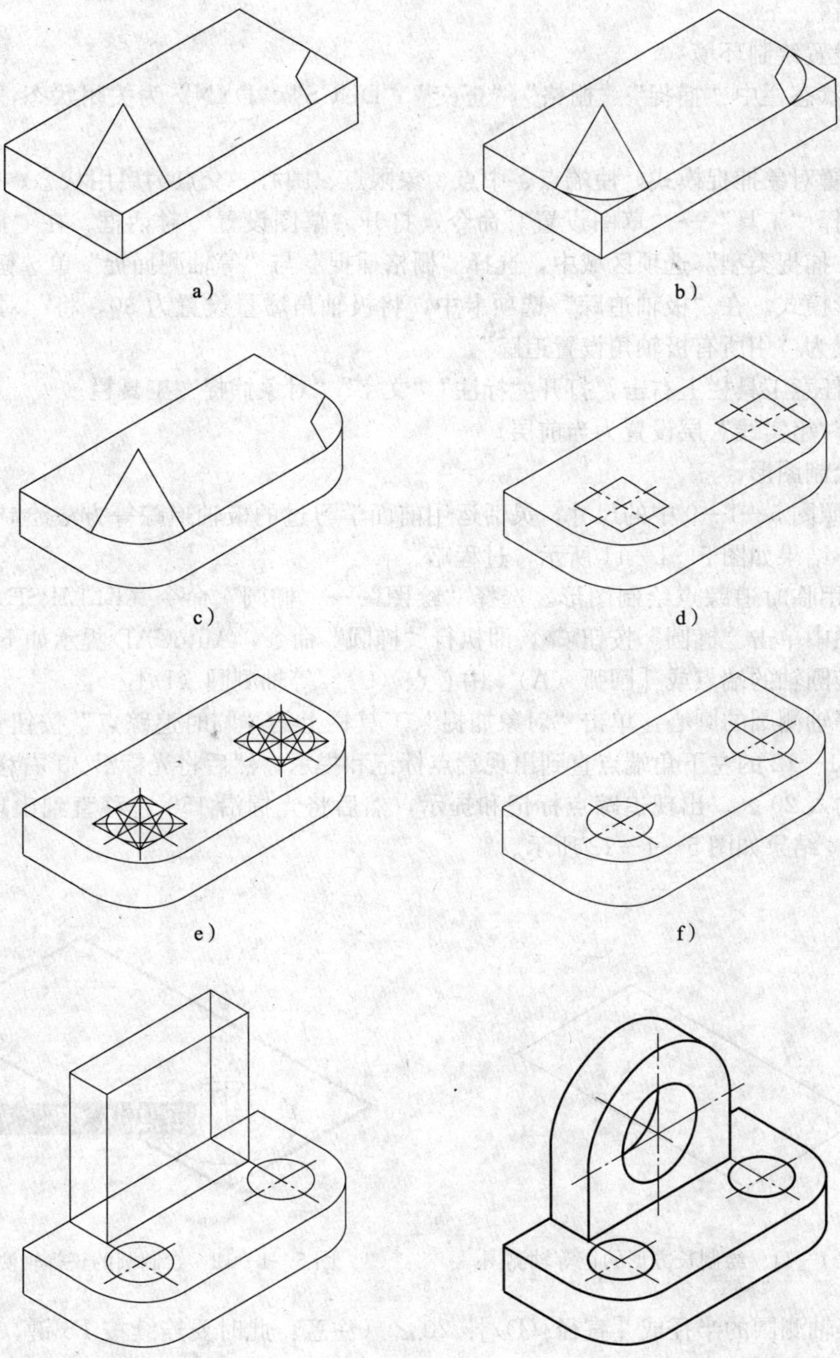

图 5—1—10　支座的正等轴测图的绘图步骤

1）选择“文件”→“新建”命令（NEW），或在“标准”工具栏中单击“新建”按钮，打开“选择样板”对话框。

2）在“选择样板”文件对话框中，在样板列表框中选中“机械图形样板文件”，单击“打开”按钮。

（2）设置绘制环境

1）使状态栏中“捕捉”“栅格”“正交”“DUCS”“DYN”为关闭状态，其余为打开状态。

2）设置对象捕捉模式，使端点、中点、象限点、圆心、交点为启用状态。

3）选择“工具”→“草图设置”命令，打开“草图设置”对话框。在“捕捉和栅格”选项卡的“捕捉类型”选项区域中，选择“栅格捕捉”与“等轴测捕捉”单选钮，即可打开等轴测投影模式。在“极轴追踪”选项卡中，将极轴角增量设置为 30，将“对象捕捉追踪设置”设置为“用所有极轴角设置追踪”。

4）在任意工具栏上右击，打开“标注”“文字”“对象捕捉”工具栏。

5）将“粗实线”层设置为当前层。

（3）绘制图形

1）按照图 5—1—9 中的尺寸，灵活运用前面学习过的极轴追踪等方法绘制长方形的正等轴测图，结果如图 5—1—11 所示，过程略。

2）利用临时追踪点绘制图形。选择“绘图”→“椭圆”命令（ELLIPSE），或在“绘图”工具栏中单击“椭圆”按钮，即执行“椭圆”命令，AutoCAD 提示如下：

指定椭圆轴的端点或［圆弧（A）/中心点（C）/等轴测圆（I）］：i↙

指定等轴测圆的圆心：单击“对象捕捉”工具栏上的“临时追踪点”按钮，将光标移到图 5—1—12 的左下角端点直到出现端点标记和提示，然后将光标沿 30°右移直到出现对齐路径，输入 20↙。出现追踪点标记和提示，然后将光标沿 150°左移直到出现对齐路径，输入 20↙。结果如图 5—1—12 所示。

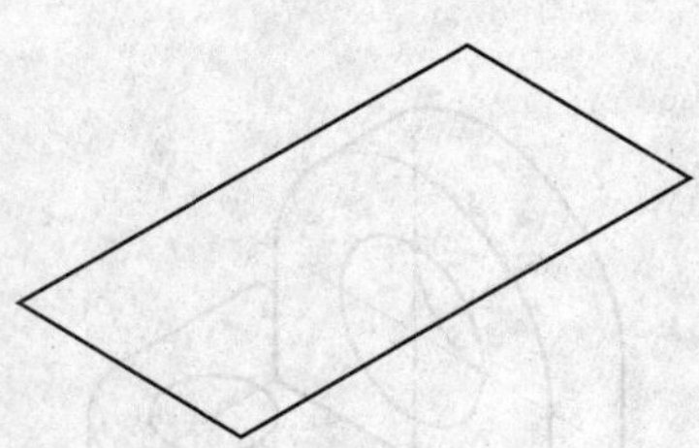

图 5—1—11　绘制长方形的正等轴测图

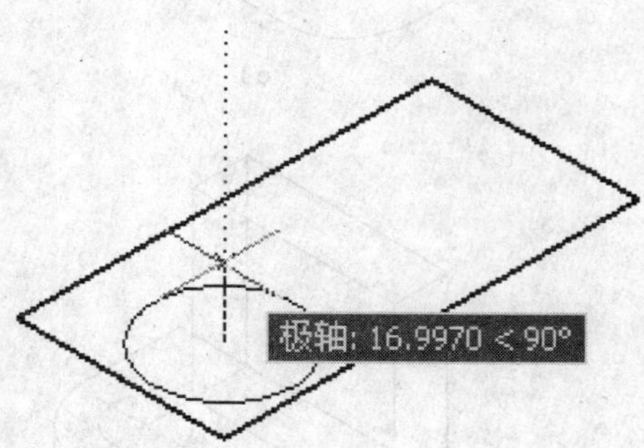

图 5—1—12　绘制圆的正等轴测图

指定等轴测圆的半径或［直径（D）］：20↙（注意：此时要连续按 F5 键，直至命令行显示“〈等轴测平面上〉”，将等轴测面的上平面设置为当前平面，才能画出正确的等轴测圆）。

完成图形的其余部分，过程略。

（4）标注尺寸　按照标注轴测图尺寸的一般步骤进行，过程略，结果如图 5—1—9 所示。

（5）保存图形文件　方法同前，过程略。

课题二　斜二轴测图绘制

任务　绘制支架斜二轴测图

◆ **教学目标**

1. 了解斜二测的形成、轴间角及轴向伸缩系数。
2. 掌握斜二测的画法。
3. 能用 CAD 绘制斜二轴测图。

任务提出

图 5—2—1 是支架的主、俯视图，图 5—2—2 是支架的斜二轴测图。分析并掌握其斜二轴测图的画法。

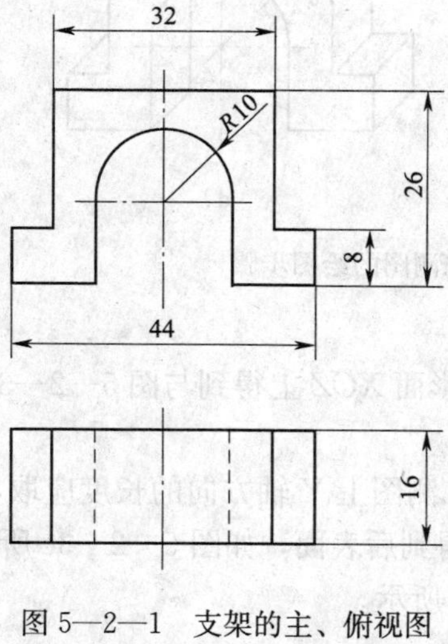

图 5—2—1　支架的主、俯视图

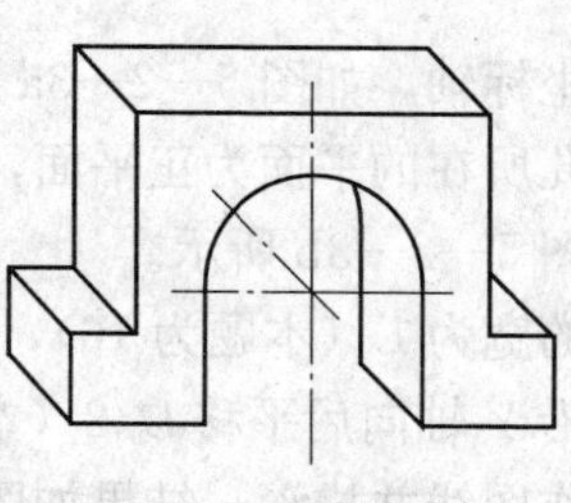

图 5—2—2　支架的斜二轴测图

任务分析

从支架的斜二轴测图来看，支架的前后端面平行于正投影面，即 *XOZ* 所在的平面。由于在斜二轴测图中，凡是平行于 *XOZ* 坐标面的平面图形，其轴测投影均反映实形，所以当物体在 *XOZ* 面内有圆时宜采用斜二轴测图画图。画斜二轴测图时，可以先画前表面，再沿 *Y* 轴平移得到后表面。

任务实施

1. 尺规绘图

支架的斜二测图的绘图步骤如图 5—2—3 所示。

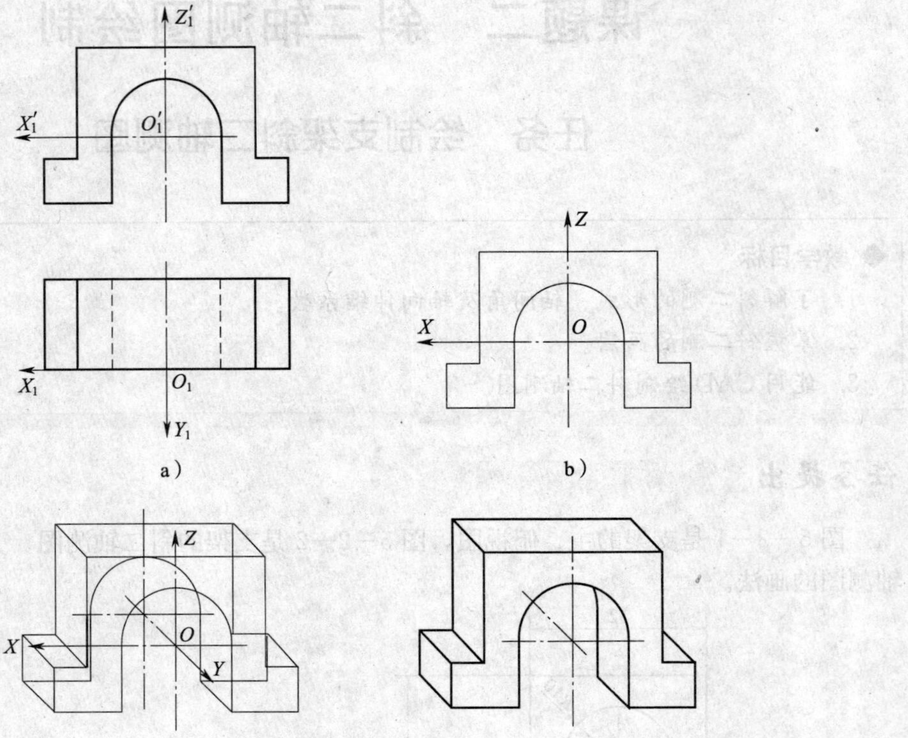

图 5—2—3　支架的斜二测图的绘图步骤

（1）定出坐标轴，如图 5—2—3a 所示。

（2）取圆孔所在的平面为正平面，在轴测投影面 *XOZ* 上得到与图 5—2—3a 的主视图一样的图形，如图 5—2—3b 所示。

（3）支架的宽为 *L*（本题为 16），反映在斜二测图上 *Y* 轴方向的长度应取 *L*/2（本题为 8）。将前表面沿 *Y* 轴向后平移 *L*/2（本题为 8）得到后表面，如图 5—2—3c 所示。

（4）擦去作图线并描深，结果如图 5—2—3d 所示。

2. CAD 绘图

（1）方法　利用极轴追踪绘制支架的斜二测图。

（2）步骤　选择“工具”→“草图设置”命令，打开“草图设置”对话框。在“极轴追踪”选项卡中，将极轴角增量设置为 15，将“对象捕捉追踪设置”设置为“用所有极轴角设置追踪”。或在状态栏上，单击“极轴”按钮，打开极轴追踪模式，设置角度增量。具体步骤如图 5—2—3 所示。

6 模块六

绘制与识读组合体图形

任何复杂的物体（或零件），从形体的角度来看，都可以看成是由一些基本的形体（柱、锥、球、环等）按照一定的连接方式组合而成的。这种由两个或两个以上的基本形体所组成的复杂物体称为组合体。掌握组合体画图和读图的基本方法十分重要，将为进一步识图和绘制零件图打下基础。

课题一　绘制组合体三视图

任务1　绘制支座三视图

◆ 教学目标

1. 理解组合体的概念以及形体分析法。
2. 掌握画组合体视图的步骤。
3. 能正确绘制叠加式组合体的三视图。
4. 能用 CAD 绘制带有相贯线物体的三维图形，并能由三维模型生成二维图。

任务提出

如图 6—1—1 所示为支座的直观图，分析其形体结构，并画出三视图。

任务分析

如图 6—1—1 所示支座可以分解为四个基本形体，这四个形体的组合方式是底板分别与圆柱和两肋板以平面接触相交叠加，两肋板与圆柱是相贯。

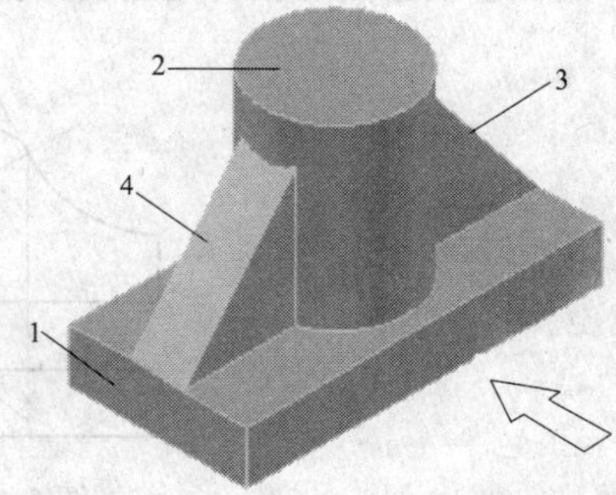

图 6—1—1　支座的直观图
1—底板　2—圆柱　3、4—肋板

相关知识

一、组合体相邻表面的连接关系

无论以何种方式构成组合体，其基本形体的相邻表

面都存在一定的连接关系。其形式一般可分为共面、不共面、相切和相交等情况。

1. 两表面共面或不共面

当相邻两个基本体的表面没有公共的表面时，在视图中两个基本体之间有分界线，如图 6—1—2a 所示。当相邻两个基本体的表面互相平齐连接成一个面（共平面或共曲面）时，结合处没有分界线，在视图上不画出两表面的分界线，如图 6—1—2b、c 所示。

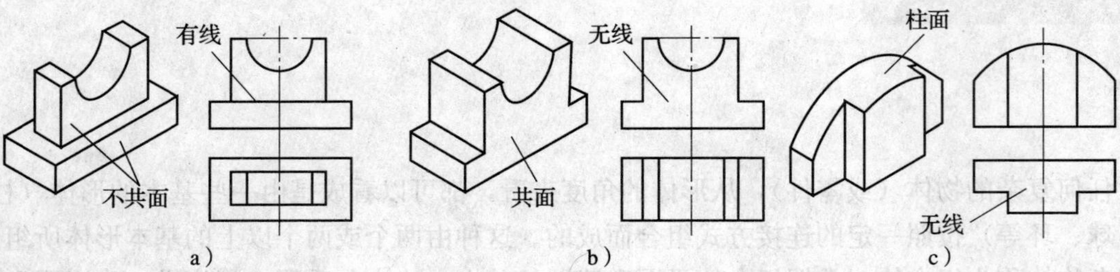

图 6—1—2　两表面共面或不共面的画法

2. 两表面相切

当两基本体表面相切时，两表面在相切处光滑过渡，不存在明显的轮廓线，所以在视图上相切处不应画出分界线，如图 6—1—3 所示。

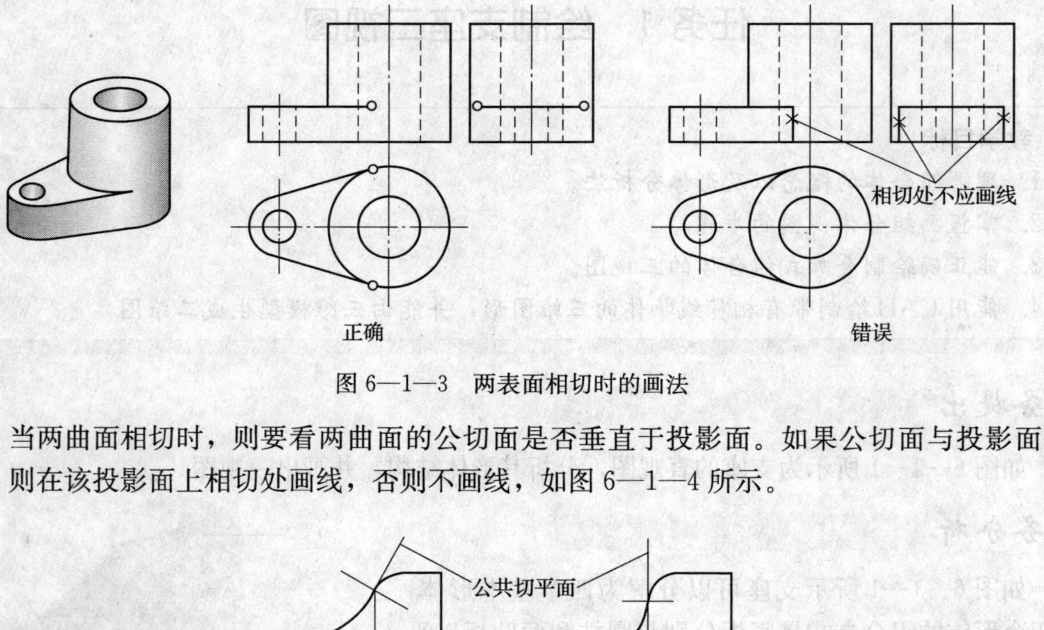

图 6—1—3　两表面相切时的画法

当两曲面相切时，则要看两曲面的公切面是否垂直于投影面。如果公切面与投影面垂直，则在该投影面上相切处画线，否则不画线，如图 6—1—4 所示。

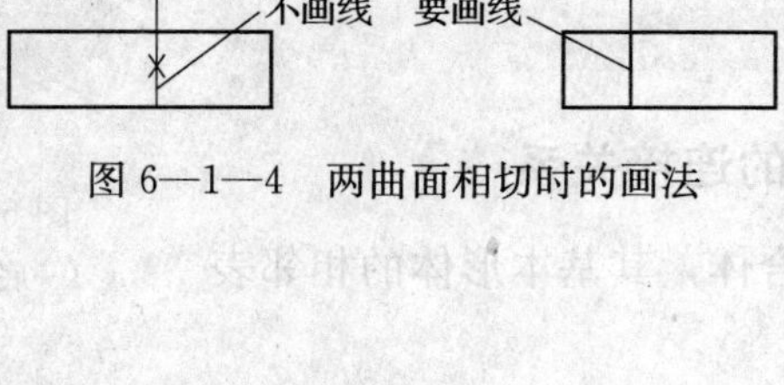

图 6—1—4　两曲面相切时的画法

3．两表面相交

当两基本体表面相交时，相交处会产生不同形式的交线，在视图中应画出这些交线（截交线或相贯线）的投影，如图 6—1—5 所示。

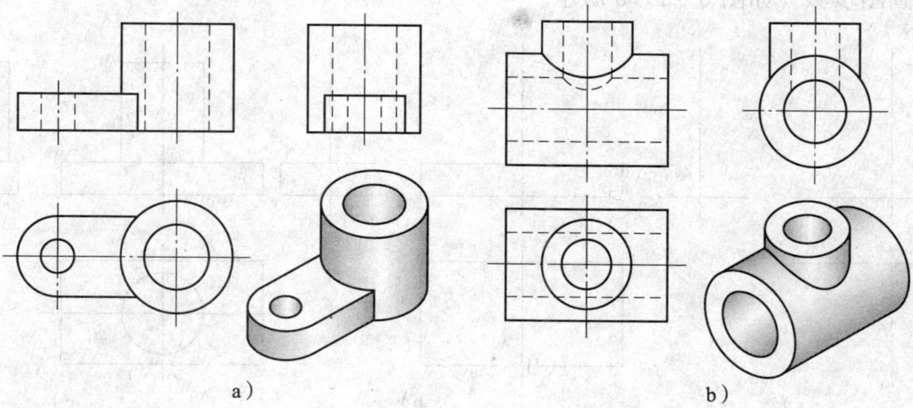

图 6—1—5　两表面相交时的画法

二、形体分析法

按照组合体的形状特点和各组成部分的相对位置，把它划分为若干个基本几何体，并分析各基本几何体之间的分界线的特点和画法，然后组合起来画出视图或想象出其形状的分析方法称为形体分析法。

三、画组合体视图的步骤

1．选择视图

如图 6—1—l 所示，箭头所示方向能清晰地反映出支座的整体形状特征及各基本形体之间的相对位置，因此选箭头所示方向作为主视图的投射方向。

2．选择比例

尽可能选择原值比例。

3．确定图幅

根据支座的大小及标注尺寸所需的幅面确定图幅。

4．打底稿

用 H 或 2H 铅笔轻轻画线。

5．检查并描深

检查无误后，按照要求描深各种图线，完成全图。

任务实施

1．尺规绘图

（1）形体分析　支座是由底板 1、圆柱 2、肋板 3 和 4 组成。底板分别与圆柱和两肋板以平面接触相交叠加，两肋板与圆柱是相贯，相贯线是圆弧和直线。

（2）选择视图　首先确定主视图。主视图应能较全面地反映组合体各部分的形状特征及它们之间的相对位置。经过比较选取箭头所示方向为主视图投射方向。主视图确定后，其他视图也随之确定。

（3）画图步骤　如图 6—1—6 所示。

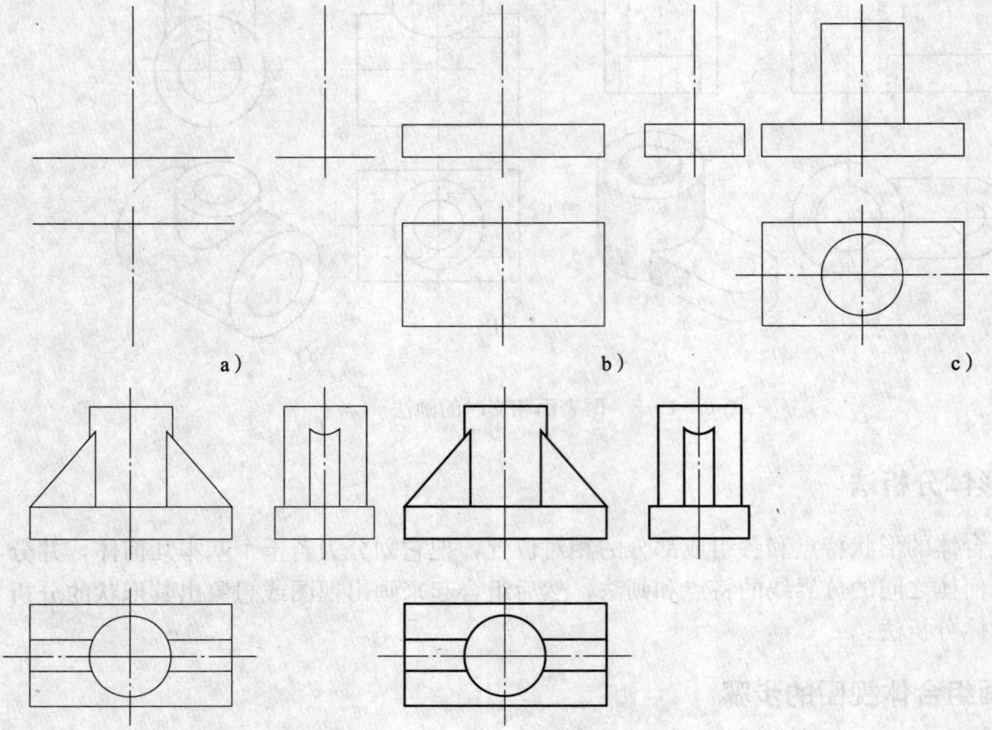

图 6—1—6　支座的画图步骤

a）布图并画出各视图的主要基准线　b）画底板轮廓　c）画圆柱　d）画两肋板　e）检查、描深

2. CAD 绘图

（1）绘制支座三维模型

1）单击“视图”工具栏按钮，将平面转换成西南等轴测。单击“UCS”工具栏按钮，将坐标系转换成世界坐标系。

2）点击“建模”工具栏按钮创建长方体，在绘图空间合适位置点长方体的一个角点，这时命令行提示如下：

命令：_ box

指定第一个角点或［中心（C）］：↙

指定其他角点或［立方体（C）/长度（L）］：@20，10，3↙

生成如图 6—1—7 所示的长方体。

3）点击“建模”工具栏按钮创建圆柱体，按图 6—1—8 所示的方法找出底面的中心，这时命令行提示如下：

命令：_ cylinder

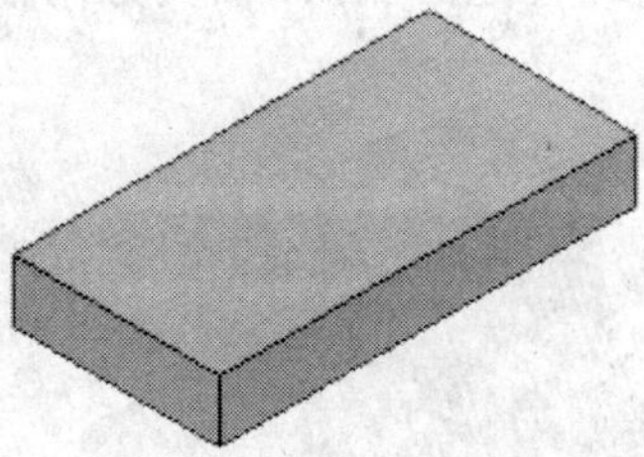

图 6—1—7　生成长方体

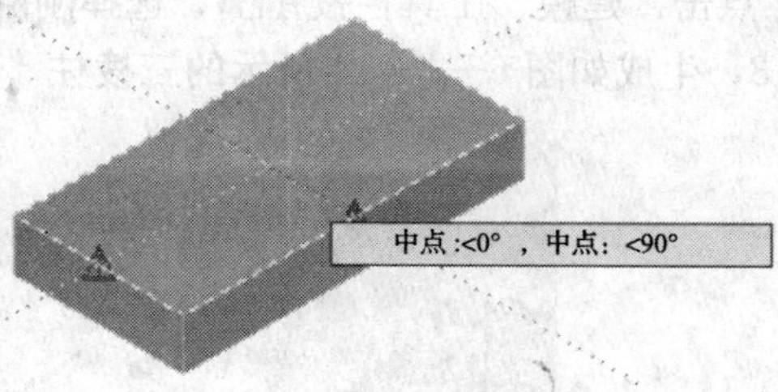

图 6—1—8　确定圆柱中心

指定底面的中心点或［三点（3P）/两点（2P）/相切、相切、半径（T）/椭圆（E)］：↙

指定底面半径或［直径（D)］：4↙

指定高度或［两点（2P）/轴端点（A)］〈3.0000〉：10↙

生成如图 6—1—9 所示的圆柱体。

4）选择“修改”→“实体编辑”→“复制边”命令，选择刚刚建立的圆柱体的底边，确认。在空白处单击同一点，即位移为 0，如图 6—1—10 所示。

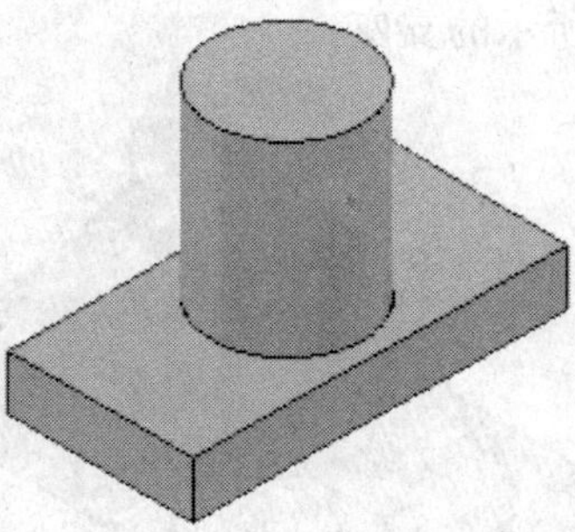

图 6—1—9　生成圆柱体

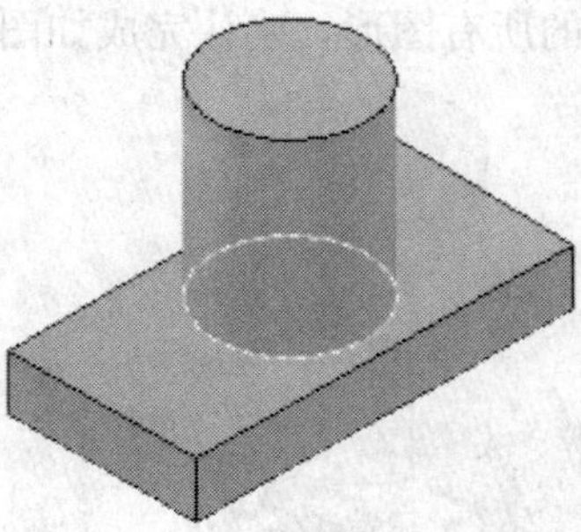

图 6—1—10　复制圆柱底边

5）单击“UCS”工具栏按钮，建立如图 6—1—11 所示的坐标系。点击“绘图”工具栏按钮，按图 6—1—11 指定起点，沿 X 方向选择与底边的交点，如图 6—1—12 所示，沿 Y 正方向输入高度 10，输入 c 闭合，生成如图 6—1—13 所示的三角形。

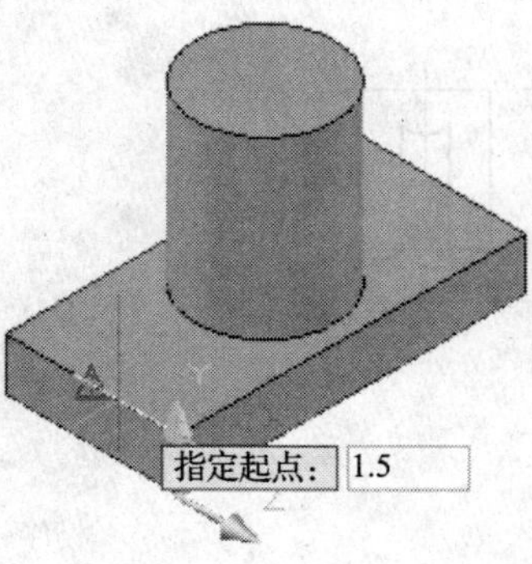

图 6—1—11　建立坐标系

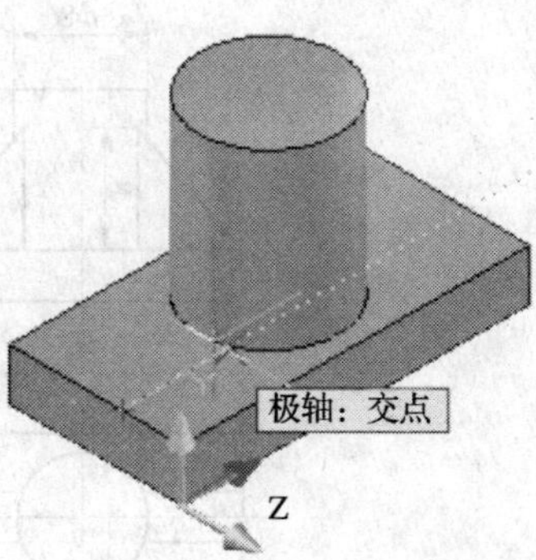

图 6—1—12　确定第二点

6）点击“建模”工具栏按钮，选择刚刚生成的三角形，右击，沿 Z 轴负方向输入拉伸长度 3，生成如图 6—1—14 所示的三棱柱。

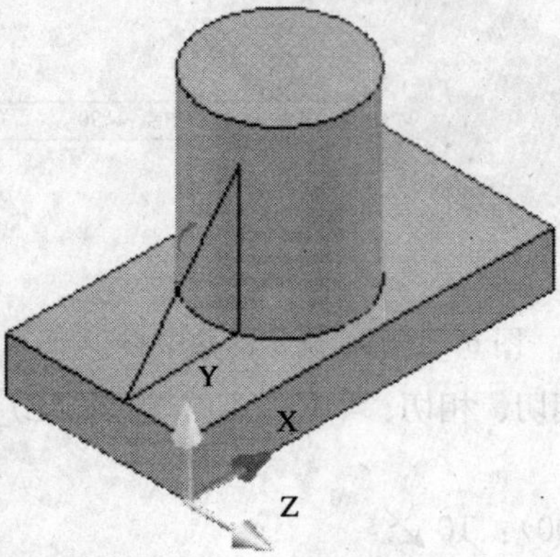

图 6—1—13　生成三角形

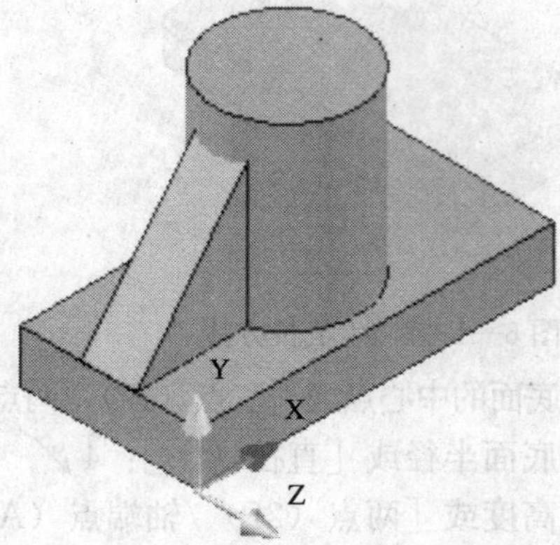

图 6—1—14　生成三棱柱

7）选择“修改”→“三维操作”→“三维镜像”命令，选择刚刚生成的三棱柱，右击选择“YZ 平面”，如图 6—1—15 所示选择中点，确认。点击“实体编辑”工具栏按钮，选择前面所绘的所有图形，确认完成如图 6—1—16 所示的支座。

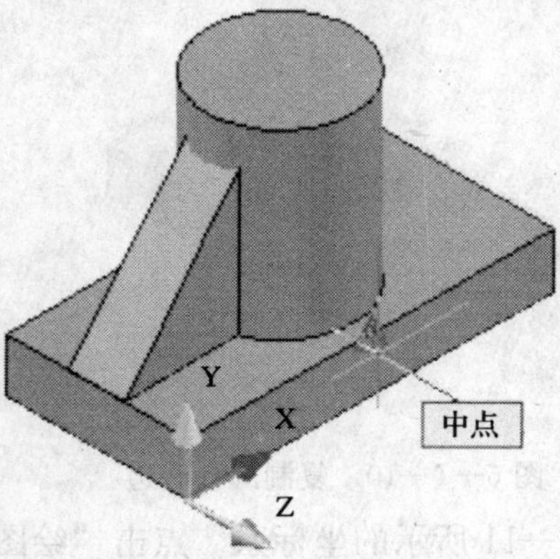

图 6—1—15　选择对称面的一点

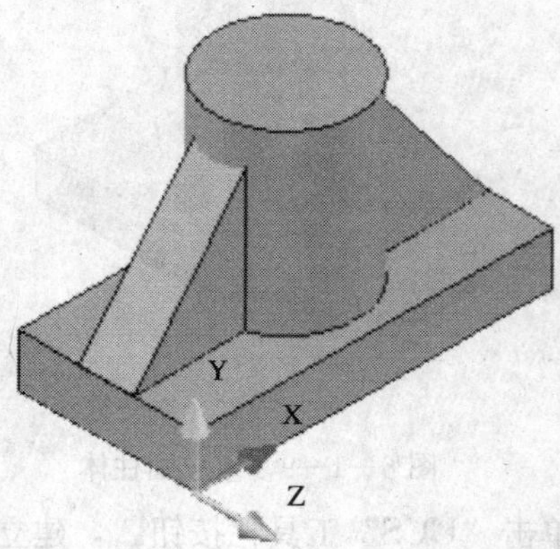

图 6—1—16　完成支座

（2）生成支座二维图　用前面学过的方法生成如图 6—1—17 所示的支座二维图。

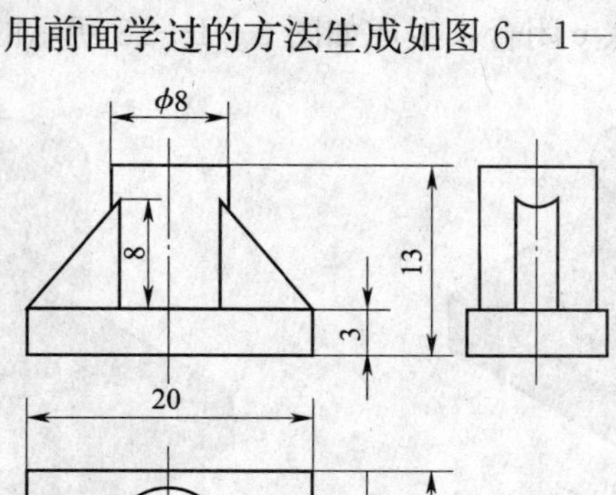

图 6—1—17　支座二维图

任务 2　绘制垫块三视图

◆ **教学目标**

1. 理解线面分析法。
2. 掌握画切割体视图的步骤。
3. 能正确绘制切割式组合体的三视图。
4. 能用 CAD 绘制带有相贯线物体的三维图形，并能由三维模型生成二维图。

任务提出

如图 6—1—18 所示为垫块的直观图，分析其形体结构，并画出三视图。

任务分析

图 6—1—18　垫块的直观图

垫块可看成是由长方体切去三个基本形体而形成。切割型组合体视图的画法可在形体分析法的基础上结合线面分析法作图。

这种方法称为线面分析法。其主要思路和步骤是：

（1）分析组合体各表面及棱线、外形素线等与投影面的相对位置，以明确其投影特征。

（2）分析各表面之间的连接关系及各表面交线的形成和画法，以便于画图和读图。

任务实施

1. 尺规绘图

垫块可看成是由长方体切去三个基本形体而形成。画图步骤如下：

（1）画出垫块切割之前长方体的三视图（见图 6—1—19）。

（2）用铅垂面切割长方体两个角，俯视图被切割的两处各积聚成一条直线，利用投影规律画出主视图和左视图的长方形线框（见图 6—1—20）。

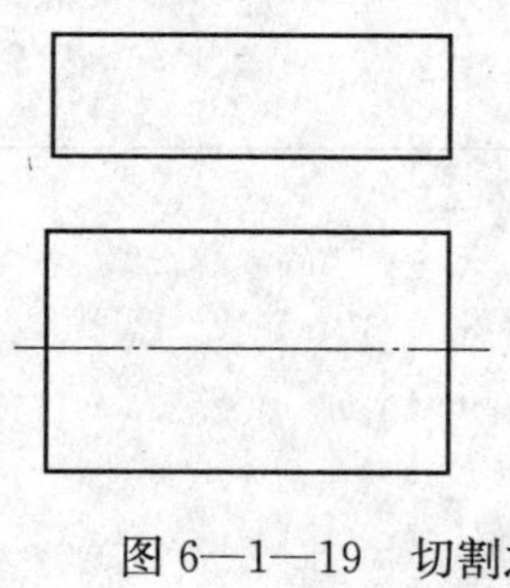

图 6—1—19　切割之前的三视图

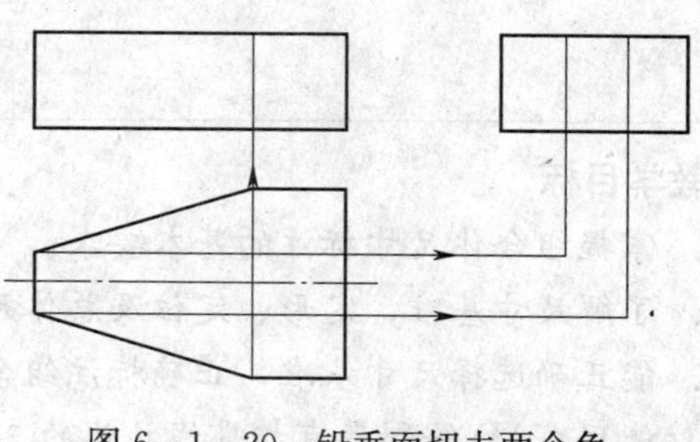

图 6—1—20　铅垂面切去两个角

（3）再用正垂面切去长方体一角，主视图的被切割线积聚成一条直线，利用投影规律画出俯视图和左视图的梯形线框（见图 6—1—21）。

（4）检查并擦去多余作图线，描深，完成全图（见图 6—1—22）。

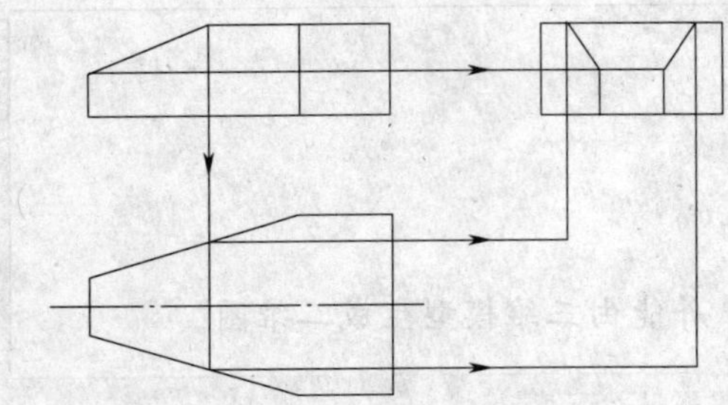

图 6—1—21　正垂面切去一个角

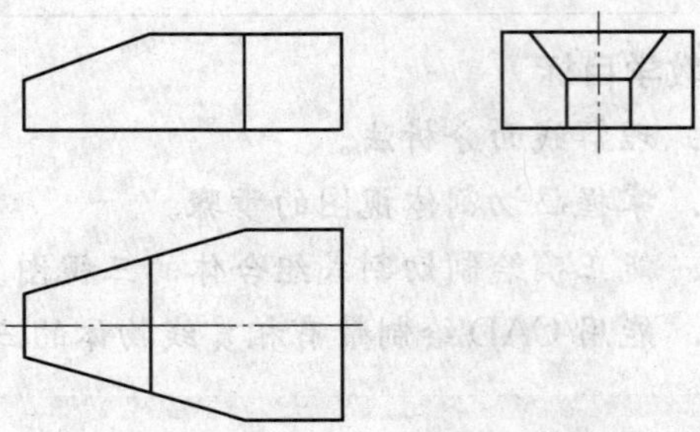

图 6—1—22　检查、描深

2. CAD 绘图

用前面学过的方法画出垫块的三维模型，并由三维模型生成如图 6—1—23 所示的二维图。

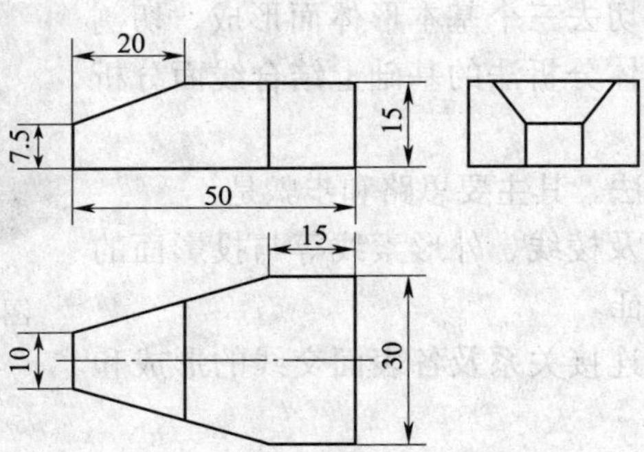

图 6—1—23　垫块二维图

课题二　标注组合体尺寸

任务　标注支架尺寸

◆ **教学目标**

1. 掌握组合体尺寸标注的基本要求。
2. 了解尺寸基准，定形、定位及总体尺寸的概念。
3. 能正确选择尺寸基准，正确标注组合体的尺寸。
4. 能用 CAD 绘制带有相贯线物体的三维图形，并能标注尺寸。

任务提出

在如图 6—2—1 所示的支架上正确标注尺寸，要求符合制图国家标准的相关规定。

a）

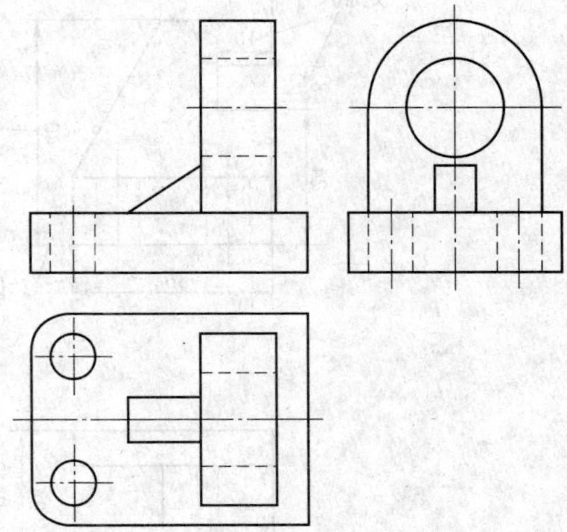

b）

图 6—2—1　支架
a）支架的直观图　b）支架的三视图

任务分析

组合体标注尺寸的思路和步骤如下：

（1）对支架进行形体分析

（2）选择尺寸基准

（3）标注尺寸

相关知识

一、组合体尺寸标注的相关概念

1. 尺寸基准

标注尺寸的起始点称为尺寸基准，一般包括长度、宽度和高度三个方向的尺寸基准。

如图 6—2—2 所示，标注尺寸的起点称为尺寸基准。在组合体长、宽、高三个方向上至少各有一个基准，标注定位尺寸时，首先要考虑基准问题，通常以对称平面、回转曲面的轴线或物体上较大的底面、端面等为尺寸基准，同一方向上的定位尺寸基准尽量统一，这一原则称为“基准统一原则”。

2. 定形、定位及总体尺寸

组合体的尺寸可分为定形尺寸、定位尺寸和总体尺寸。如图 6—2—2 所示。

（1）定形尺寸　确定组合体各组成部分形状大小的尺寸。

（2）定位尺寸　确定组合体各组成部分相对位置的尺寸。

（3）总体尺寸　组合体的总长、总宽和总高尺寸。

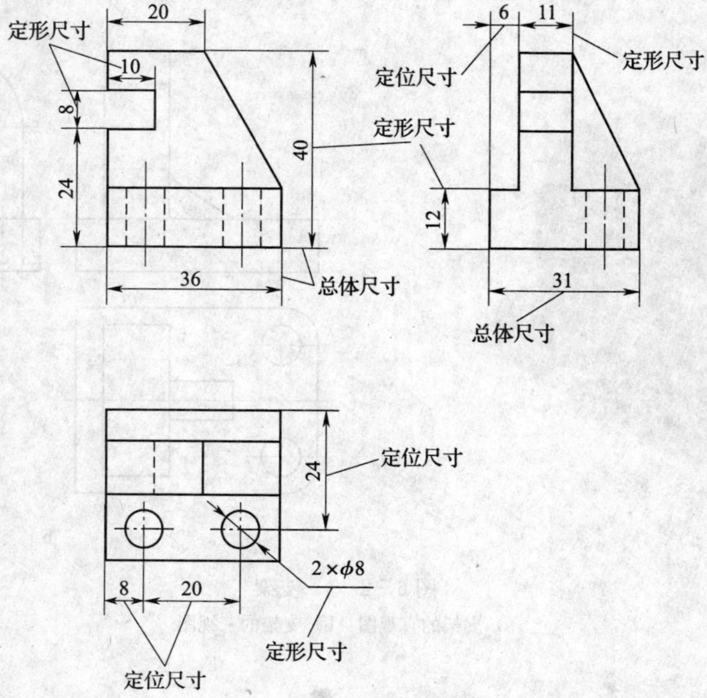

图 6—2—2　组合体尺寸标注举例

二、尺寸标注的要求与方法

1. 基本要求

国家标准对尺寸标注做了基本要求。

（1）遵守国家标准关于尺寸标注的基本规则和注法。

（2）定形、定位及总体尺寸齐全，不重复、不遗漏。

（3）尺寸布置清晰，便于读图。

2. 其他要求

标注尺寸时除遵守有关规定外，还要满足完整、清晰、合理的要求。

（1）尺寸标注要完整　所谓完整，就是尺寸必须齐全，不允许遗漏和重复标注尺寸。如图 6—2—3 所示。

（2）尺寸标注要清晰　尺寸尽量集中标注在反映形体特征明显的视图上，如图 6—2—4 所示；尺寸尽量注在视图外边，且小尺寸在里、大尺寸在外，如图 6—2—5 所示。

（3）尺寸标注要合理　尺寸标注的所谓合理，即要符合加工制造的要求，如图 6—2—6 所示的轴套，其轴向尺寸 5 就不方便测量。

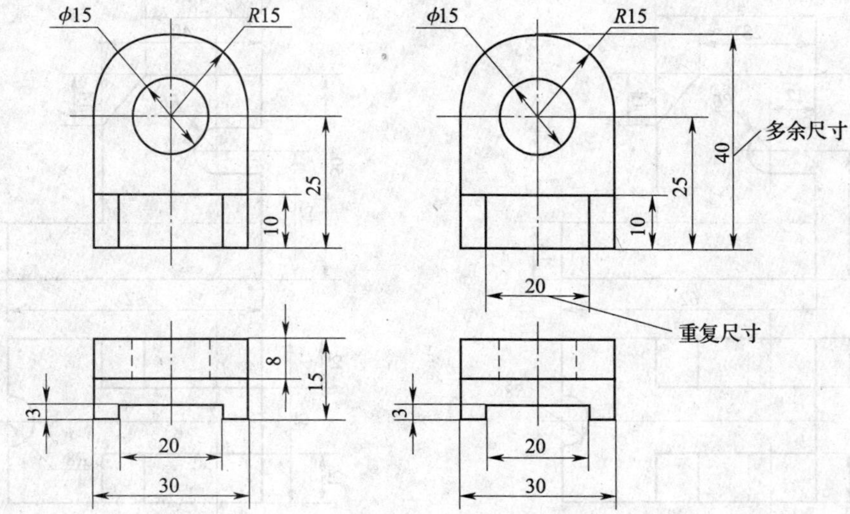

a）　　b）

图 6—2—3　尺寸标注的完整性

a）正确　b）错误

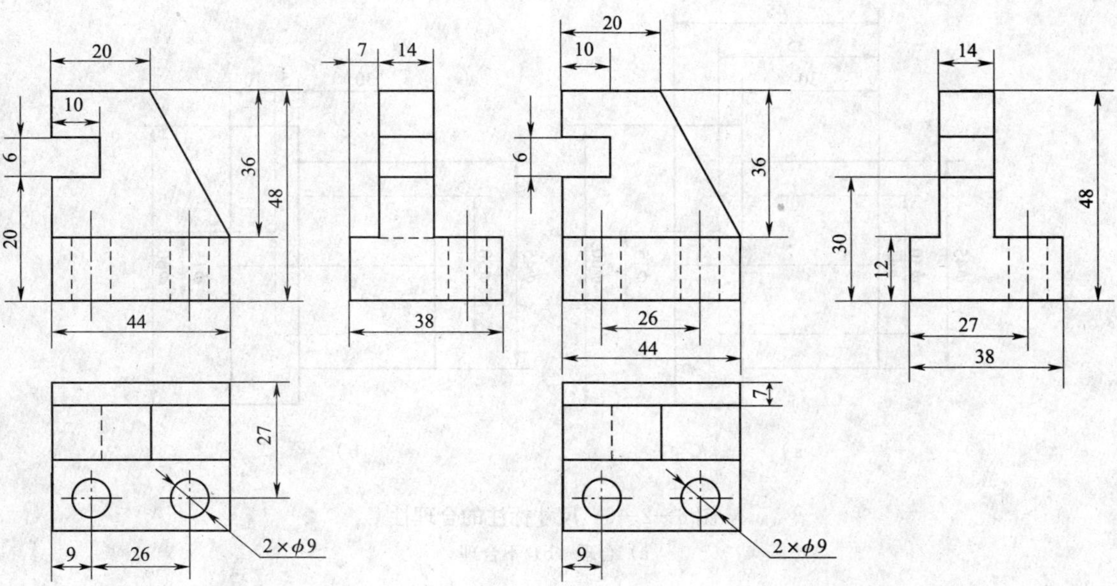

a）　　b）

图 6—2—4　尺寸标注的清晰性（一）

a）清晰　b）不清晰

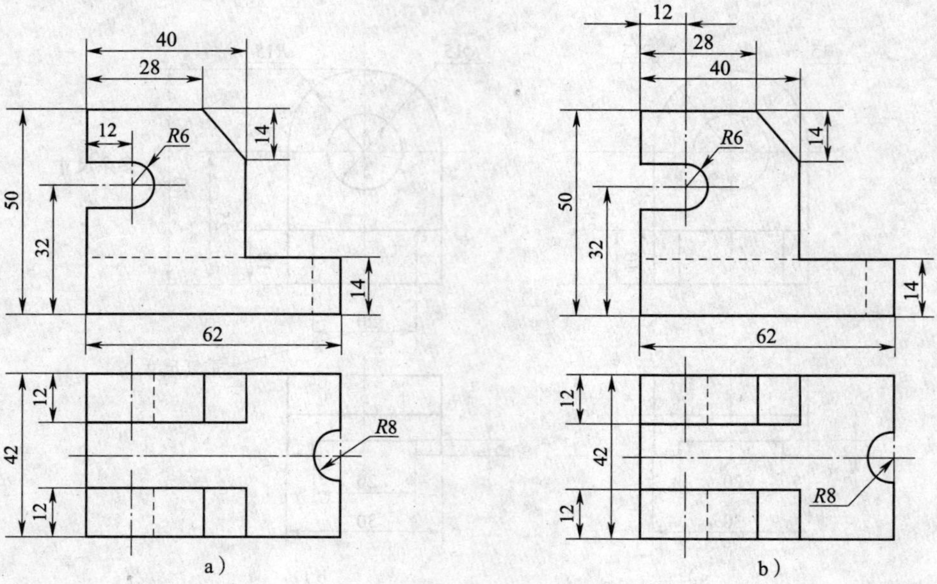

图 6—2—5　尺寸标注的清晰性（二）

a）清晰　b）不清晰

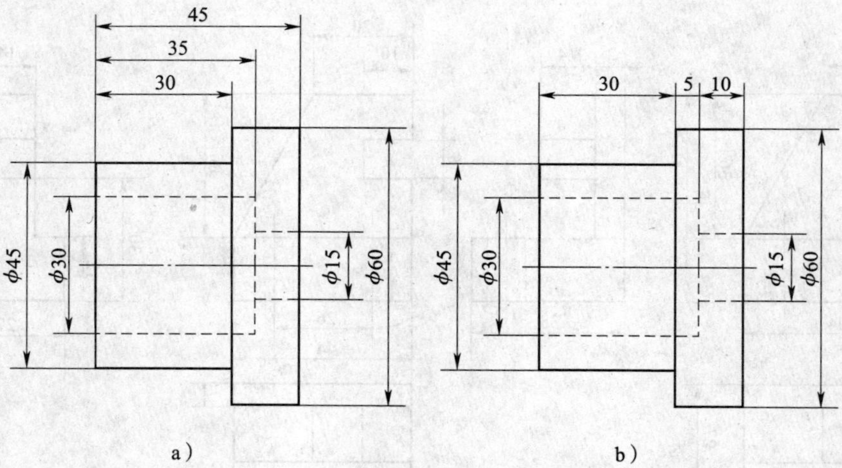

图 6—2—6　尺寸标注的合理性

a）合理　b）不合理

任务实施

1. 尺规绘图

对图 6—2—1 进行形体分析，将支架分解为底板、竖板和肋板。

（1）选择支架的尺寸基准，如图 6—2—7a 所示。

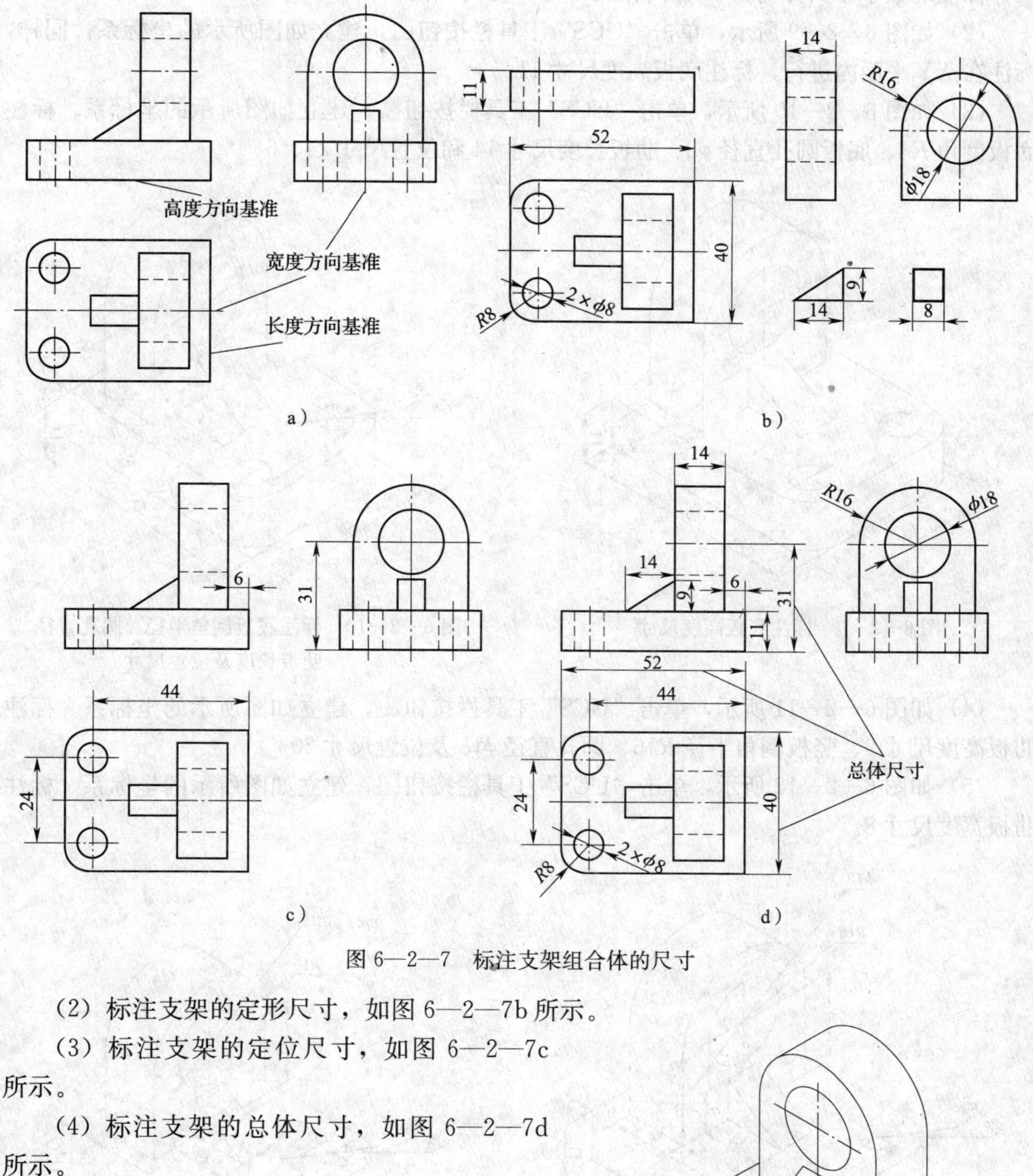

图 6—2—7　标注支架组合体的尺寸

（2）标注支架的定形尺寸，如图 6—2—7b 所示。

（3）标注支架的定位尺寸，如图 6—2—7c 所示。

（4）标注支架的总体尺寸，如图 6—2—7d 所示。

（5）检查、调整尺寸。

2. CAD 绘图

用前面学过的方法画出支架的三维模型。

（1）如图 6—2—8 所示，单击“UCS”工具栏按钮，建立如图所示的坐标系。三维标注只能在 *XY* 平面内进行，按照前面学过的二维标注的方法，标注底板长度尺寸 52 和宽度尺寸 40。

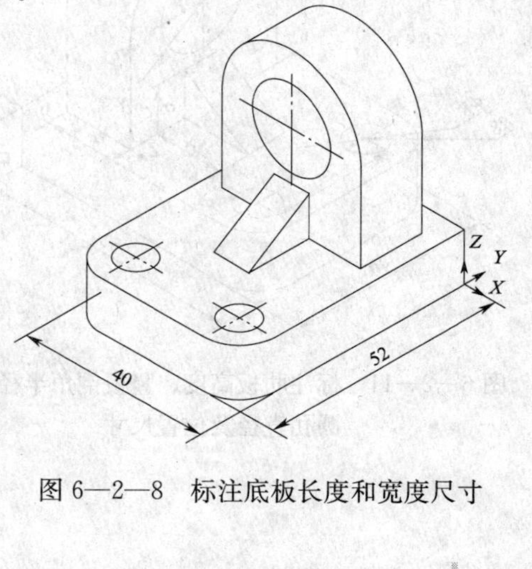

图 6—2—8　标注底板长度和宽度尺寸

尺寸标注的数字字头方向与 X 方向相反，与 Y 方向相同。

（2）如图 6—2—9 所示，单击“UCS”工具栏按钮，建立如图所示的坐标系。同样，标注在 XY 平面内进行，标注底板高度尺寸 11。

（3）如图 6—2—10 所示，单击“UCS”工具栏按钮，建立如图所示的坐标系。标注底板倒角 $R8$、底板圆孔直径 $\phi8$、肋板长度尺寸 14 和位置尺寸 24、6。

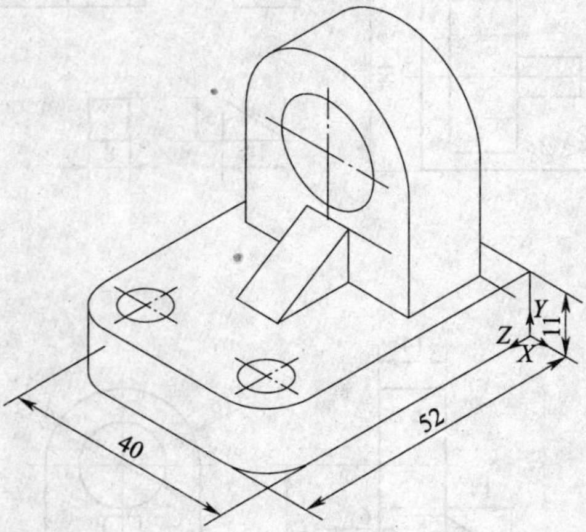

图 6—2—9　标注底板高度尺寸

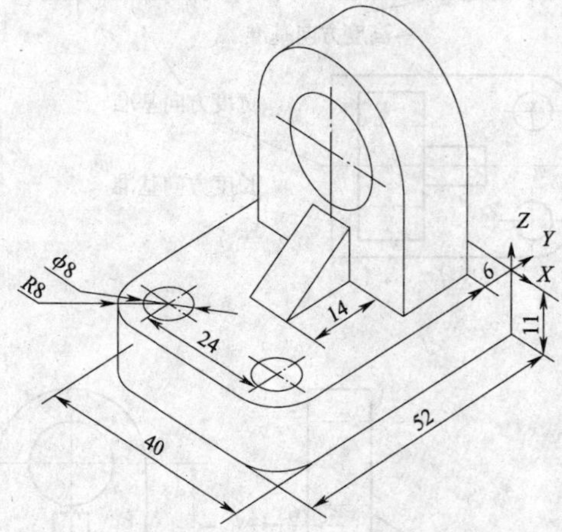

图 6—2—10　标注底板倒角半径、圆孔直径、肋板长度及位置尺寸

（4）如图 6—2—11 所示，单击“UCS”工具栏按钮，建立如图所示的坐标系。标注肋板高度尺寸 9、竖板倒角半径 $R16$、圆孔直径 $\phi18$ 及位置尺寸 20。

（5）如图 6—2—12 所示，单击“UCS”工具栏按钮，建立如图所示的坐标系。标注肋板宽度尺寸 8。

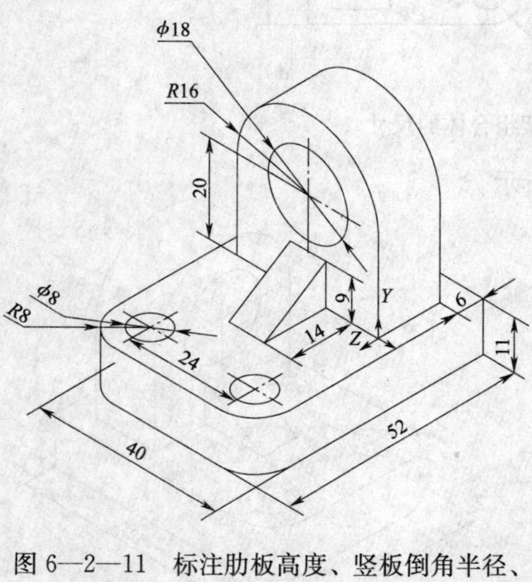

图 6—2—11　标注肋板高度、竖板倒角半径、圆孔直径及位置尺寸

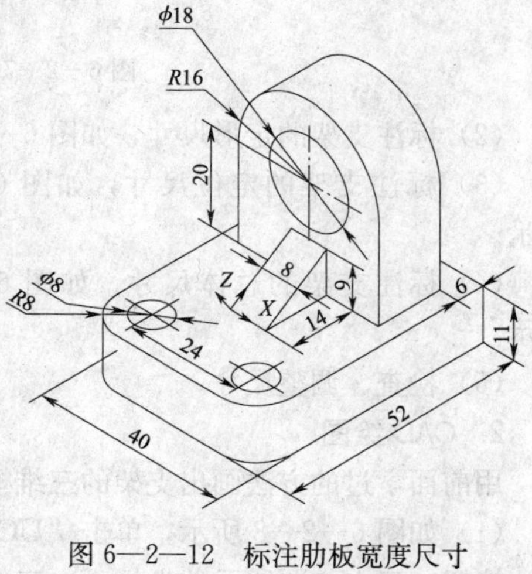

图 6—2—12　标注肋板宽度尺寸

课题三　识读组合体三视图

任务 1　识读轴承座三视图

◆ 教学目标

1. 掌握读叠加类组合体视图的步骤。
2. 能正确识读组合体视图，善于抓住特征视图，构思物体的空间形状。
3. 能用 CAD 绘制带有相贯线物体的三维图形，并能由三维模型生成二维图。

任务提出

用形体分析法识读如图 6—3—1 所示轴承座的三视图。

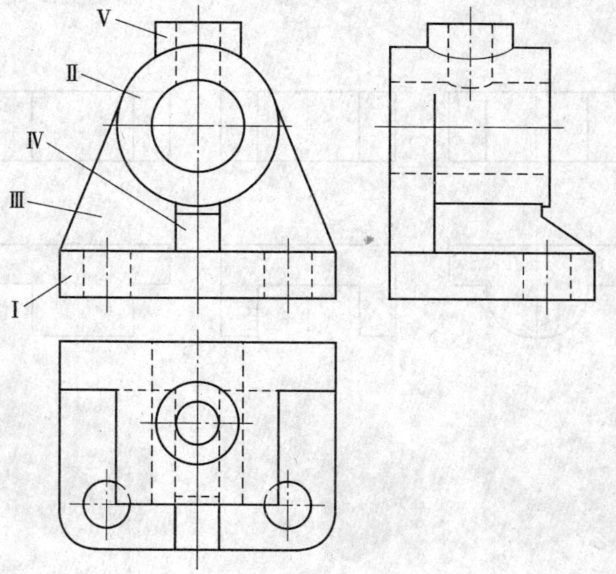

图 6—3—1　轴承座

任务分析

读图是画图的逆过程，读图的基本方法有形体分析法和线面分析法。读轴承座这种叠加式组合体一般采用形体分析法。

读图时要从反映形体特征的主视图入手，几个视图联系起来看。如图 6—3—2 所示，其中图 6—3—2a 俯视图相同，但形体结构不同；图 6—3—2b 的主视图相同，但形体结构不同。

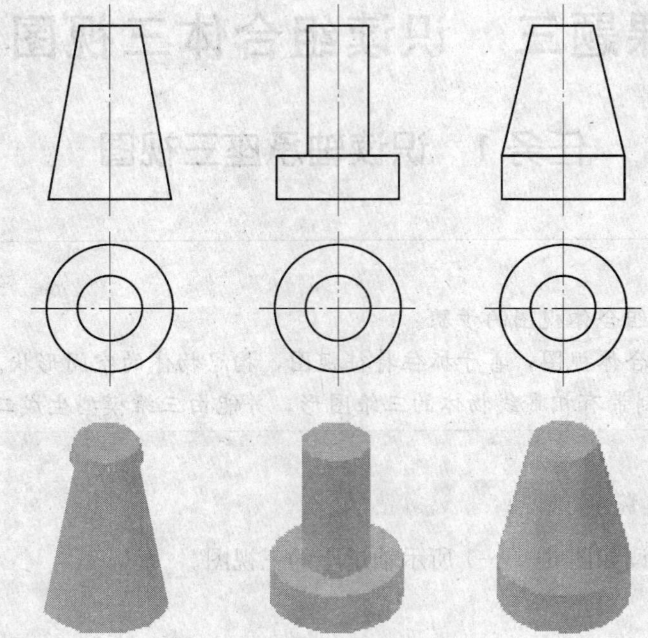

a）

b）

图 6—3—2　一个视图不能唯一确定物体形状

a）俯视图相同，主视图不同　b）主视图相同，俯视图不同

有时两个视图也不能确定物体的唯一形状，如图 6—3—3 所示。

从反映物体形状特征的主视图入手，对照其他视图，初步分析该物体是由哪些基本体和通过什么形式形成的。然后按投影特性逐个找出各基本体在其他视图中的投影，确定各基本体的形状以及各基本体之间的相对位置，最后综合想象物体的总体形状。即“分线框对投影，抓特征想形状，定位置想整体”。

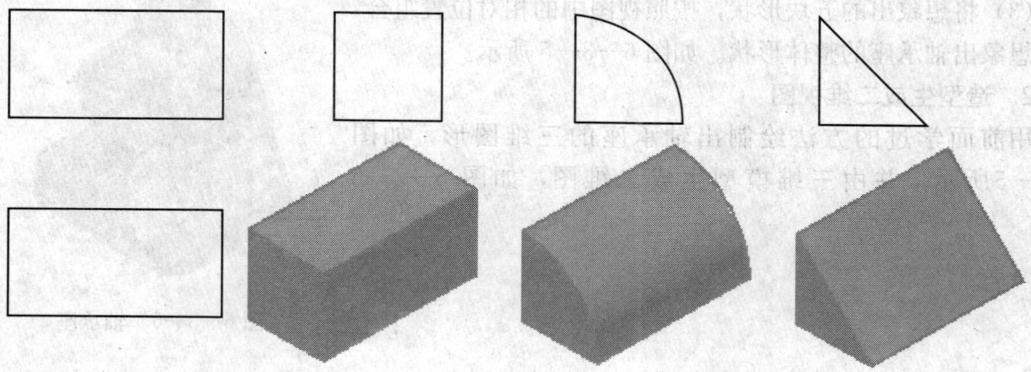

图 6—3—3　两个视图不能确定唯一形状

任务实施

1．读图过程

（1）将主视图划分为Ⅰ、Ⅱ、Ⅲ、Ⅳ、Ⅴ五个线框，如图 6—3—1 所示。

（2）分别从各线框入手，在俯视图、左视图中找出对应的投影，三个视图联系起来想象出其空间形状，如图 6—3—4 所示。

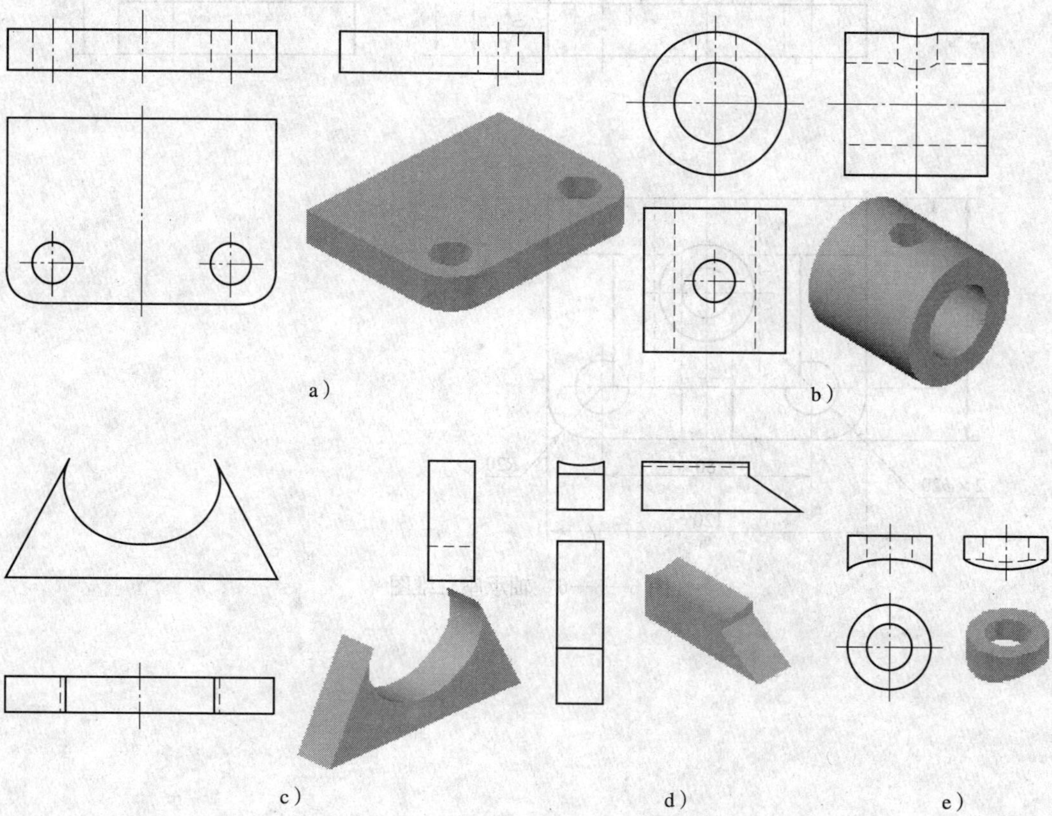

图 6—3—4　轴承座各组成部分

(3) 将想象出的五块形状，按照视图中的相对位置组合，综合想象出轴承座的整体形状。如图 6—3—5 所示。

2. 造型生成二维视图

用前面学过的方法绘制出轴承座的三维图形，如图 6—3—5所示，并由三维模型生成二维图，如图 6—3—6 所示。

图 6—3—5 轴承座

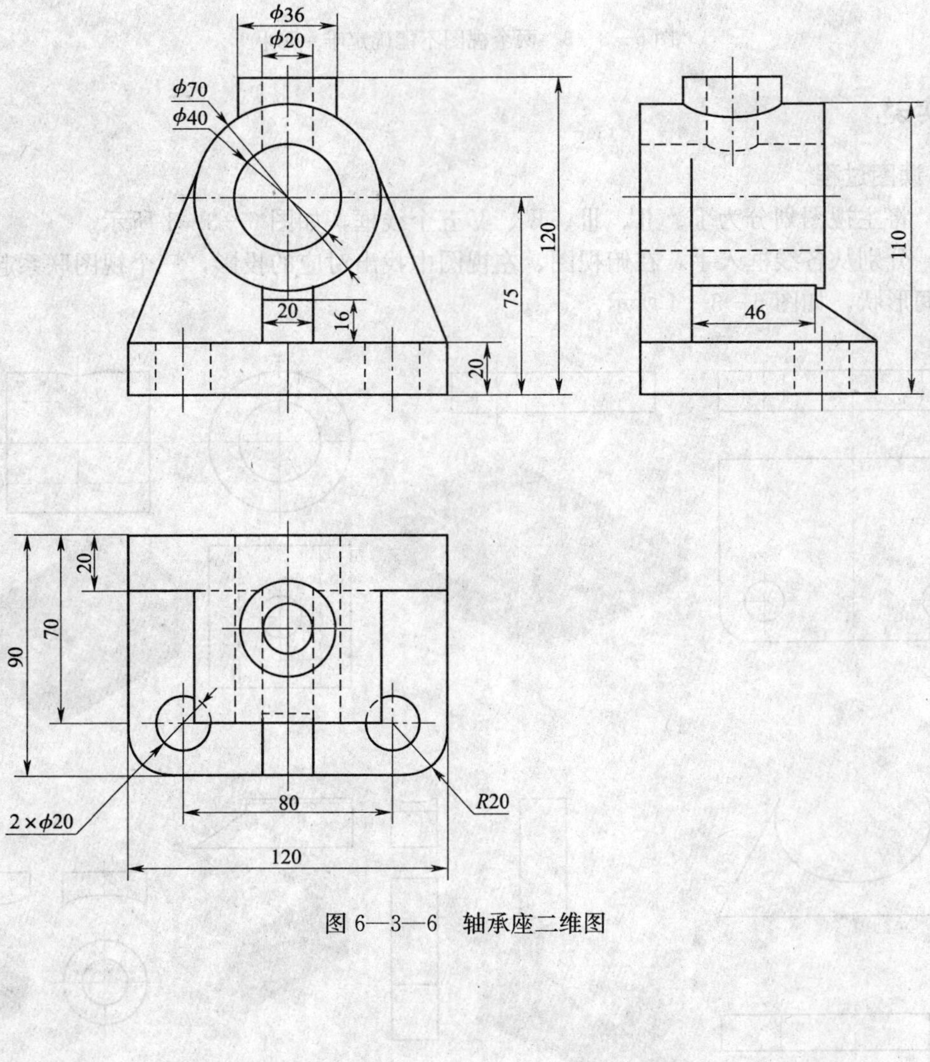

图 6—3—6 轴承座二维图

任务 2　识读垫块三视图

◆ **教学目标**

1. 掌握读切割类组合体视图的步骤。
2. 能正确识读组合体视图，善于抓住特征视图，构思物体的空间形状。
3. 能用 CAD 绘制带有相贯线物体的三维图形，并能由三维模型生成二维图。

任务提出

用线面分析法识读垫块的三视图，如图 6—3—7 所示。

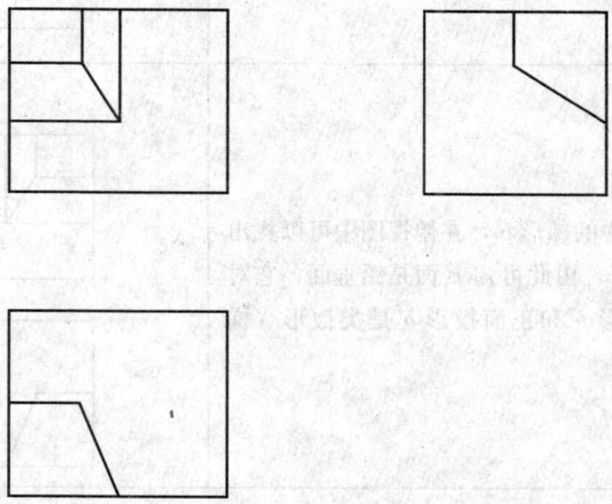

图 6—3—7　垫块的三视图

任务分析

读垫块这种切割式组合体可以采用线面分析法。

组合体上某些部分经多次切割，其基本体的形体特征已变得不再明显，组合体表面也更趋复杂，这时，应在运用形体分析法的基础上，通过分析视图中一些图线及封闭线框的含义，分析表面的形状、表面之间的相对位置、面与面的交线等，想象出组合体的形状。该方法称为线面分析法。

用线面分析法识读切割式组合体三视图的要点：

（1）用形体分析法先做主要分析。

（2）用线面分析法再作补充分析（物体被投影面的垂直面切割时，一投影积聚为直线，另两投影为类似形，充分利用这一规律可提高读图的速度和准确性）。

（3）综合起来想整体。

任务实施

1. 读图过程（见表 6—3—1）

表 6—3—1 **垫块视图的识读过程**

读图步骤	读图内容	图例
1	初步识读 从三视图中可以看出基本体是个长方体	
2	识读 A 面 在主视图中的矩形 a'，在俯视图中可以找出对应的直线 a，左视图中可以找出对应的直线 a''。由此可知 A 面是正平面，如右图	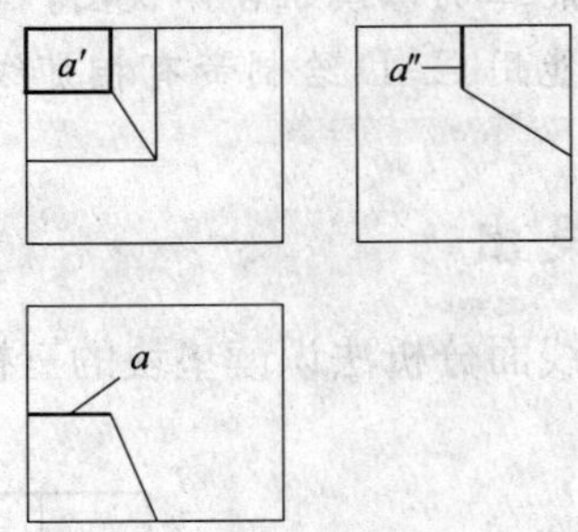
3	识读 B 面 在主视图中的梯形 b'，在俯视图中可以找出对应的斜线 b，由此可知 B 面是铅垂面，它对应的侧面投影 b'' 和正面投影 b' 是类似形（梯形），如右图	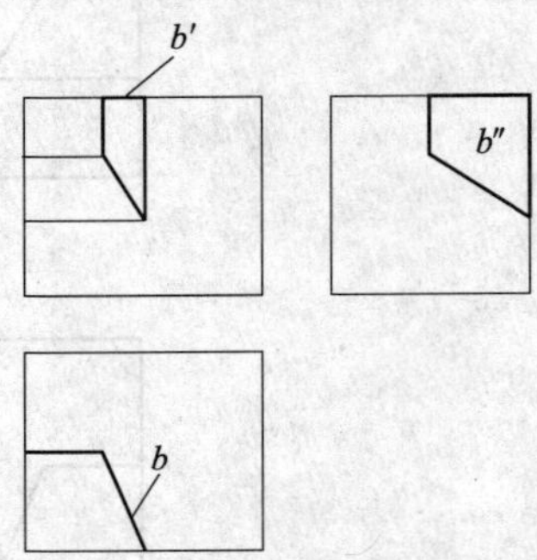
4	识读 C 面 在主视图中的梯形 c'，在左视图中可以找出对应的斜线 c''，由此可知 C 面是侧垂面，它对应的正面投影 c' 和水平面投影 c 是类似形（梯形），如右图	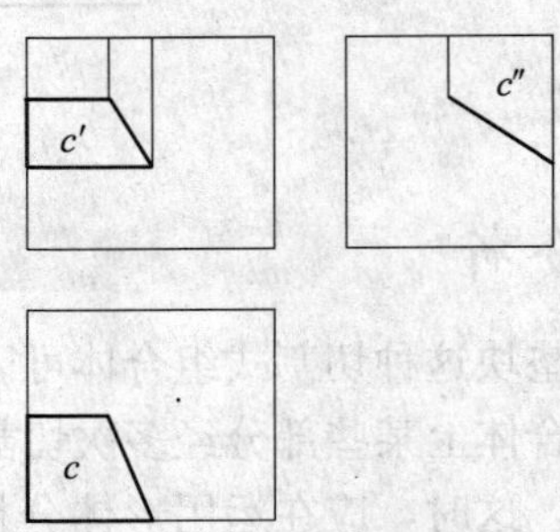
5	整体识读 通过以上分析，逐步弄清了各部分的形状和其他一些细节，最后综合起来，就可以想出垫块的形状，如右图	

2. 造型生成二维视图

用前面学过的方法绘制出垫块的三维图形，并由三维模型生成二维图，如图 6—3—8 所示。

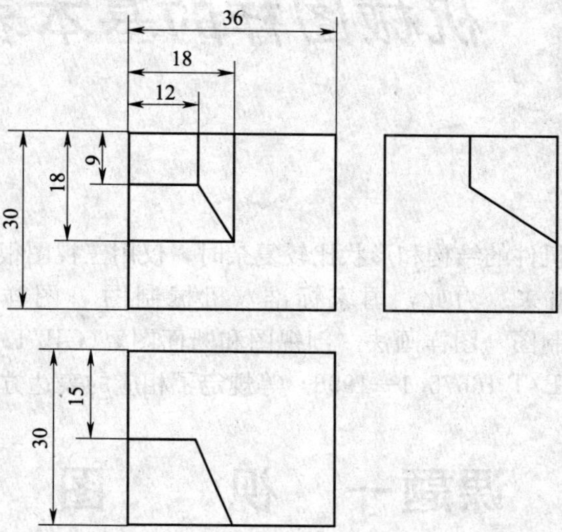

图 6—3—8　垫块二维图

7 模块七

机械图样的基本表达方法

在生产实践中，当机件的结构和形状比较复杂时，仅用三视图很难把机件的内外结构形状完整、清晰地表达出来。为此，国家标准《机械制图　图样画法　视图》(GB/T 4458.1—2002)、《机械制图　图样画法　剖视图和断面图》(GB/T 4458.6—2002)、《技术制图　简化表示法》(GB/T 16675.1—1996) 等规定了相应的表达方法。

课题一　视　　图

任务 1　绘制异形块视图

◆ **教学目标**

1. 理解基本视图的概念，了解基本视图的名称和配置关系，掌握基本视图的投影规律。
2. 理解向视图的概念，了解向视图的名称和配置关系，掌握向视图的投影规律。
3. 能正确运用基本视图、向视图表达物体形状。
4. 能用 CAD 绘制物体的二维、三维图形。

任务提出

图 7—1—1 为一异形块的立体图，图 7—1—2 为异形块的三视图，观察这个物体，分析并掌握该异形块的表达方法，用适当的视图表达异形块的形状。

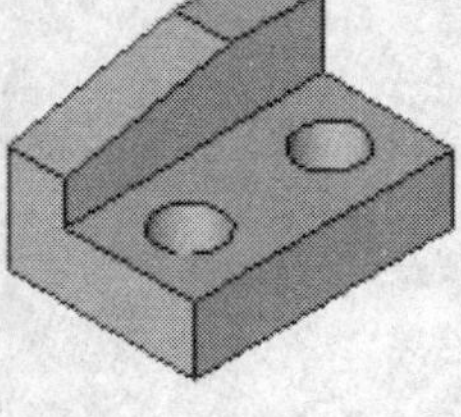

图 7—1—1　异形块的立体图

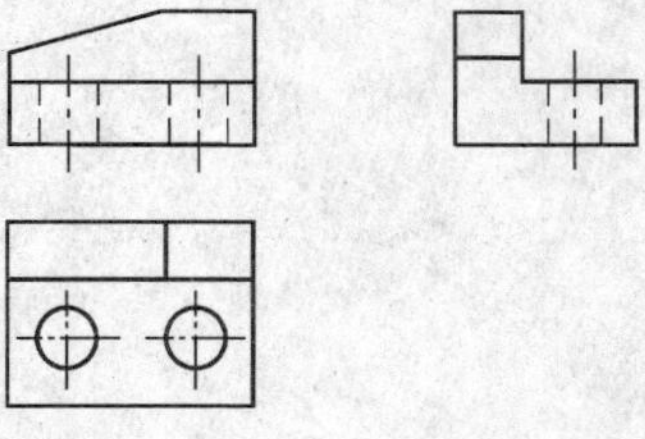

图 7—1—2　异形块的三视图

任务分析

表达机件的形状不一定都要用三个视图，对于一些形状比较复杂的机件，仅用三视图很难把内外结构形状完整、清晰地表达出来。而有些机件的结构和形状特别简单，仅用一个视图，再加上尺寸标注就能完整、清晰地表达。

从对异形块的立体图和三视图比较来看，由主、左或主、俯两个视图就能表达清楚其结构形状。俯视图更能清楚表达出孔的形状并便于标注孔的定位尺寸，所以用主、俯视图表达异形块更为合适。

相关知识

根据有关标准规定，绘制出物体的多面正投影图称为视图。视图主要用于表达机件的外部结构形状，对机件中不可见的结构形状在必要时才用细虚线画出。

视图分为基本视图、向视图、局部视图和斜视图四种。本任务研究基本视图。

一、基本视图的形成

物体向基本投影面投射所得的视图，称为基本视图。

为了完整、清晰地表达结构形状复杂的机件，有时需要从机件的前、后、上、下、左、右六个方向反映机件的结构形状，如图 7—1—3 所示为六个基本投射方向。相应地有六个与基本投射方向垂直的投影面，正六面体的六个面为基本投影面。

如图 7—1—4 所示，将异形块放在正六面体中，沿六个基本投射方向，分别向六个基本投影面作正投影，得到六个基本视图。基本视图的名称和投射方向规定如下：

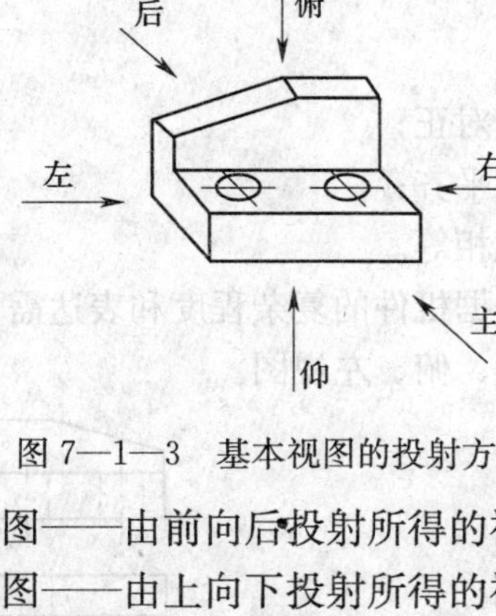

图 7—1—3　基本视图的投射方向

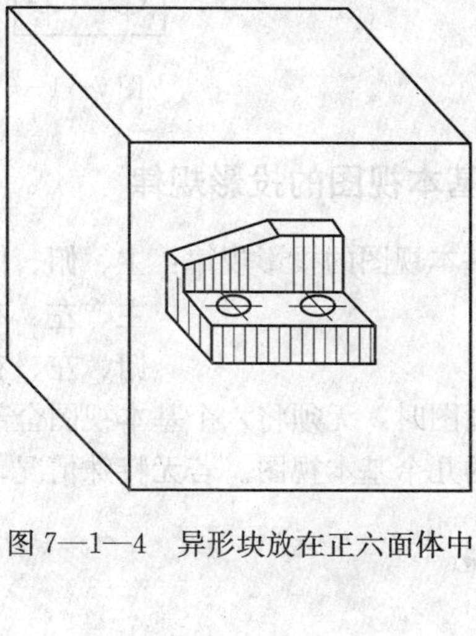

图 7—1—4　异形块放在正六面体中

主视图——由前向后投射所得的视图；
俯视图——由上向下投射所得的视图；
左视图——由左向右投射所得的视图；
右视图——由右向左投射所得的视图；
仰视图——由下向上投射所得的视图；
后视图——由后向前投射所得的视图。

把基本视图按图 7—1—5 所示的方法展开在同一个平面内，形成异形块的基本视图。在一张图纸内各视图的位置按图 7—1—6 所示配置时，不用标注视图的名称。

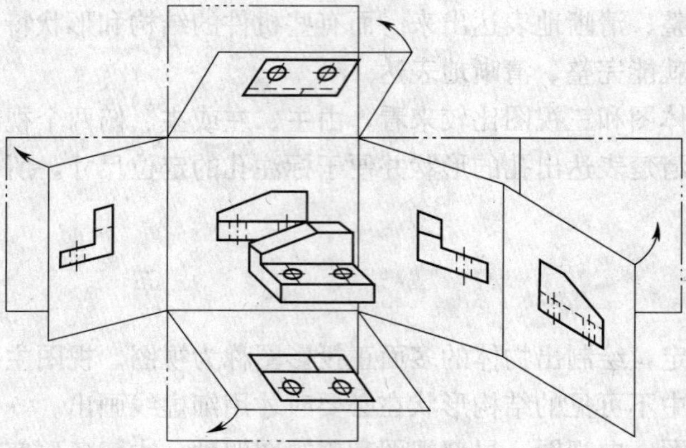

图 7—1—5　基本投影面的展开

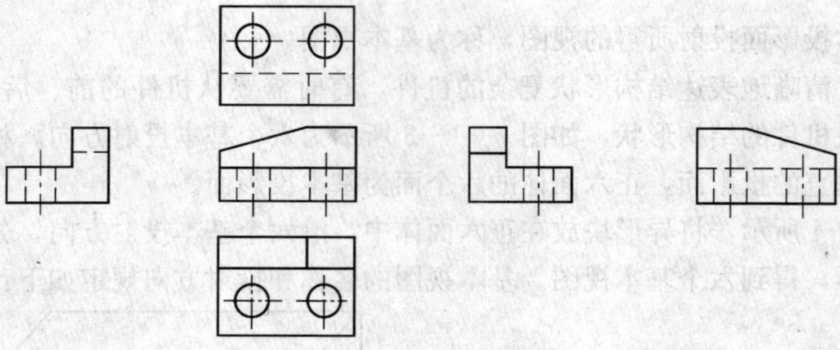

图 7—1—6　异形块的基本视图

二、基本视图的投影规律

六个基本视图的投影规律：主、俯、仰、后视图长对正；
主、左、右、后视图高平齐；
俯、左、右、仰视图宽相等。

实际画图时，无须将六个基本视图全部画出，应根据机件的复杂程度和表达需要，选用其中必要的几个基本视图。若无特殊情况，优先选用主、俯、左视图。

任务实施

1．尺规绘图

用前面学过的方法，画出异形块的主、俯视图，如图 7—1—7 所示。

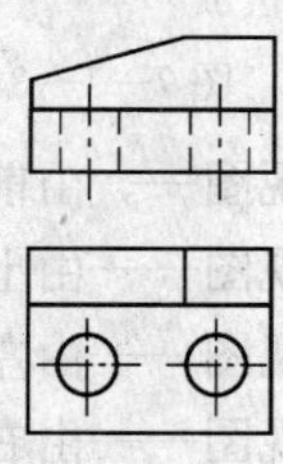

图 7—1—7　异形块的主、俯视图

2．CAD 绘图

用 CAD 绘制异形块视图的方法和步骤如下：

（1）绘制异形块的立体图，即三维模型，如图 7—1—1 所示。

（2）利用菜单栏中"绘图"→"建模"→"设置"→"轮廓"命令，生成六个基本视图，如图 7—1—8 所示。

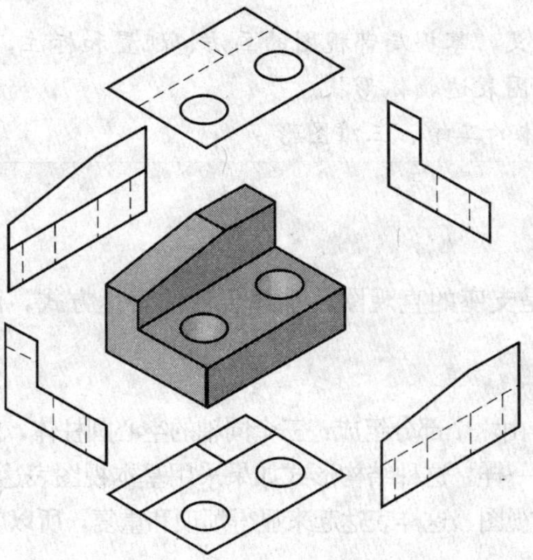

图 7—1—8　异形块的六面视图

（3）选用主、俯视图来表达机件，如图 7—1—7 所示。

知识拓展

向　视　图

向视图是可以自由配置的视图。可根据需要，将某个方向的视图配置在图纸的任何位置上，在向视图的上方标出"×"（"×"为大写字母 *A*、*B*、*C*…），在相应视图附近用箭头指明投射方向，并注上相应的字母，为了看图方便，表示投射方向的箭头尽可能配置在主视图上。如图 7—1—9 所示为异形块的向视图。

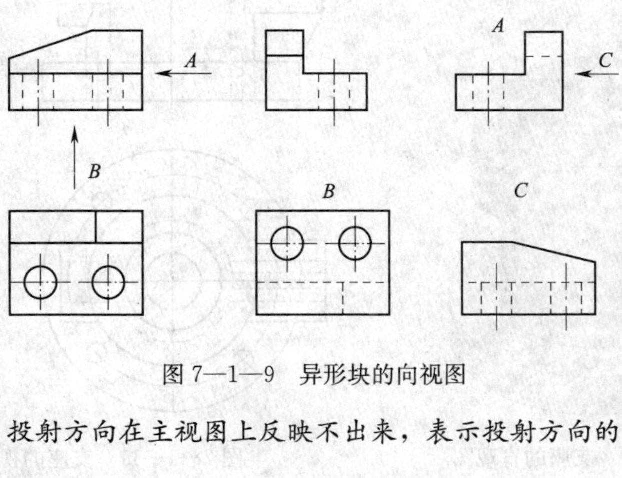

图 7—1—9　异形块的向视图

绘制后视图时，投射方向在主视图上反映不出来，表示投射方向的箭头，最好配置在左视图或右视图上。

任务 2　绘制支座视图

◆ **教学目标**

1. 理解局部视图的定义，掌握局部视图的画法、配置和标注，了解局部视图的特点。
2. 能正确运用局部视图表达物体形状。
3. 能用 CAD 绘制物体的二维、三维图形。

任务提出

如图 7—1—10 所示是支座的直观图，选择合适的表达方式，画出该支座的一组视图。

任务分析

对支座进行形体分析，由六个部分组成：三个同轴的空心圆柱体，左凸缘、左凸缘下方的肋板、右凸缘，左、右凸缘形状不一样。这种结构形式如果采用基本视图表达，需要四个基本视图，如主视图、俯视图、左视图和右视图，这样表达起来显得烦琐和重复，所以应采用局部视图。

相关知识

一、局部视图的概念

在表达机件时，当采用一定数量的基本视图后，机件上仍有部分结构形状尚未表达清楚，而又没有必要再画出完整的其他基本视图时，可采用局部视图。只将机件的某一部分向基本投影面投射所得到的视图，称为局部视图。如图 7—1—11 所示，图中共有四个视图，

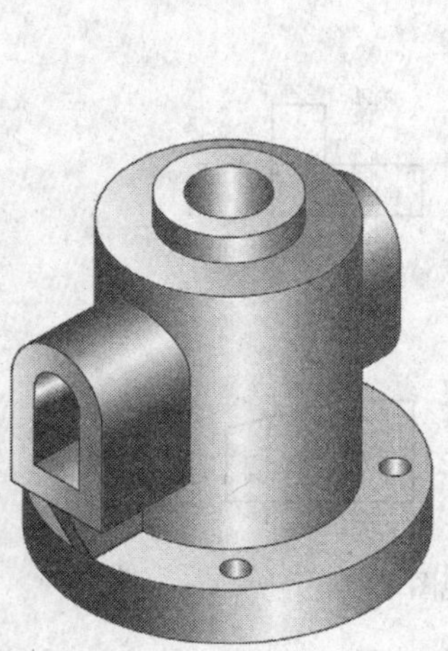

图 7—1—10　支座的直观图

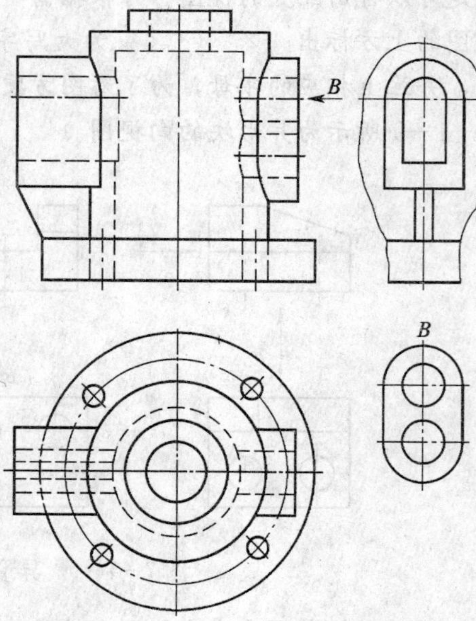

图 7—1—11　支座的视图

主视图和俯视图是完整的视图。主视图右边的是不完整的左视图，外轮廓不封闭，用细波浪线绘制出断裂的边界，能反映出支座左凸缘形状、左凸缘下方肋板的厚度；B 向视图外轮廓封闭（波浪线可省略不画），仅反映出支座右凸缘形状。节省了两个基本视图，使整个图面表达清晰、重点突出、简单明了。

二、局部视图的画法、配置及标注

1. 局部视图可按基本视图的配置形式配置；如图 7—1—11 所示的左视图，也可按向视图的形式配置，但要注意标注，如图 7—1—11 所示的 B 图。

2. 画局部视图时，其断裂边界用细波浪线或双折线绘制，如图 7—1—11 所示的左视图；当所绘制的局部视图的外轮廓封闭时，不需画出断裂处的边界线，如图 7—1—11 所示的 B 图。

3. 局部视图通常在其上方用大写的英文字母标注出视图的名称，如图 7—1—11 所示的 B 图；当局部视图按基本视图配置，中间又没有其他图形隔开时，不必标注，如图 7—1—11 所示的局部视图（仅画出部分的左视图）。

4. 对称机件的视图可只画一半或 1/4，并在对称中心线的两端画两条与其垂直的平行细实线，如图 7—1—12 所示。这种简化画法（用细点画线代替波浪线作为断裂边界线）是局部视图的一种特殊画法。

5. 按第三角画法配置在视图上需要表示的局部结构附近，并用细点画线连接两图形，此时不需另行标注，如图 7—1—13 所示。

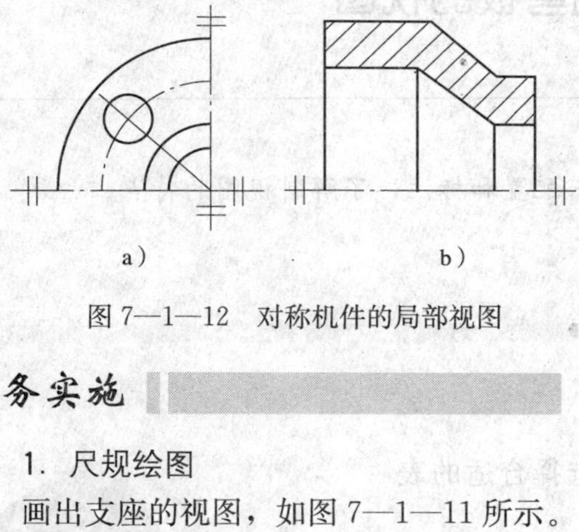

a）　　b）

图 7—1—12　对称机件的局部视图

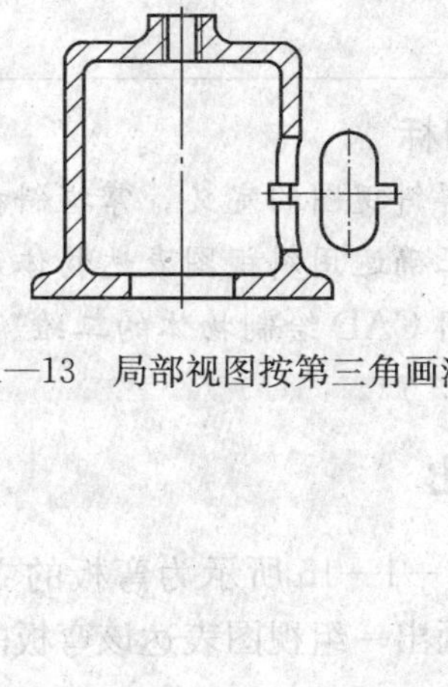

图 7—1—13　局部视图按第三角画法配置

任务实施

1. 尺规绘图

画出支座的视图，如图 7—1—11 所示。

2. CAD 绘图

用 CAD 绘制支座视图的方法和步骤如下：

（1）绘制支座的立体图，即三维模型。如图 7—1—10 所示。

（2）利用菜单栏中“绘图”→“建模”→“设置”→“轮廓”命令，生成主、俯、左、右四个基本视图。选择前缀为“PV—”的图层，将它们的线宽设置为 0.5 mm（粗实线）。选择前缀为“PH—”的图层，将它们的线型设置为 Dashed（细虚线），如图 7—1—14 所示。

注意：生成左视图和右视图轮廓后，冻结它们的 PH 图层。或删除 PH 图层上的轮廓线（支座的不可见轮廓线）。

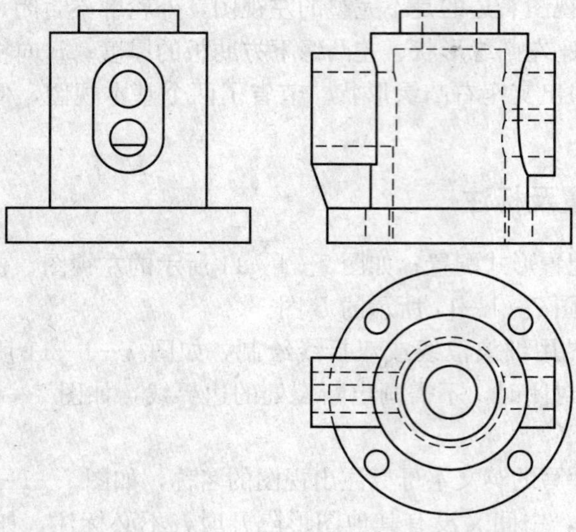

图 7—1—14　支座的四个视图

(3) 将左、右两个视图改为局部视图。

(4) 选用主、俯两个基本视图及两个局部视图来表达机件。

(5) 绘制中心线，结果如图 7—1—11 所示。

任务 3　绘制弯板的视图

◆ **教学目标**

1. 理解斜视图的定义，掌握斜视图的画法、配置和标注，了解斜视图的特点。
2. 能正确运用斜视图表达物体形状。
3. 能用 CAD 绘制物体的二维、三维图形。

任务提出

如图 7—1—15 所示为弯板的立体图，请选择合适的表达方式，画出一组视图表达该弯板的结构形状。

任务分析

机件上倾斜结构不平行于任何基本投影面，用基本视图、向视图、局部视图都不能清晰地表达其实形。例如，如图 7—1—15 所示，倾斜结构上的圆在俯视图、左视图上都表现为椭圆，不但表达不够清晰而且作图烦琐。因此，倾斜结构应采用斜视图表达。

图 7—1—15　弯板的立体图

相关知识

一、斜视图的基本概念

将机件向不平行于基本投影面的平面投射，所得到的视图称为斜视图。

从图 7—1—16 中可以看出，机件上倾斜结构的圆在俯、左视图上都表现为椭圆，不但作图烦琐而且表达不够清晰。这时，可以考虑选择一个新的辅助投影面，如图 7—1—17 所示，使它与机件上倾斜部分平行（且垂直于某一个基本投影面）。然后，将机件上的倾斜部分向新的辅助投影面投射，再将新投影面旋转到与其垂直的基本投影面重合的位置，即可得到反映该部分实形的视图，如图 7—1—18 所示。

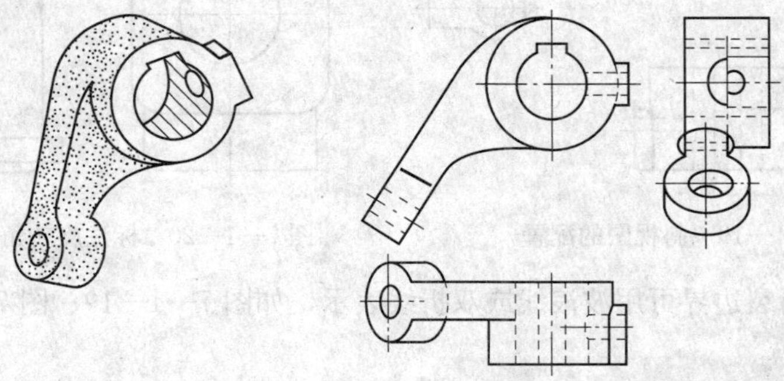

a）　　b）

图 7—1—16　摇臂

a）摇臂的立体图　b）摇臂的三视图

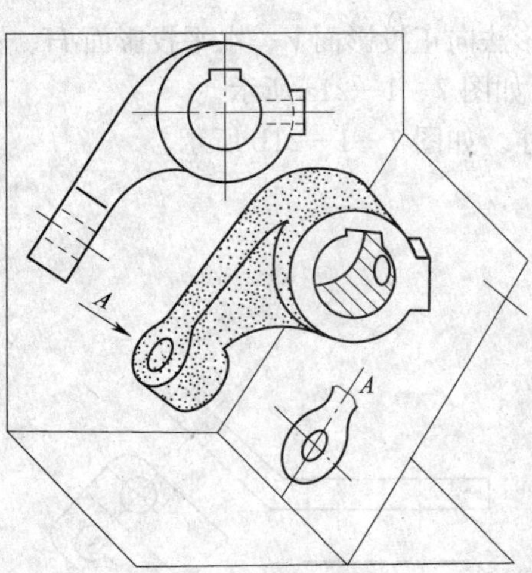

图 7—1—17　斜视图的形成

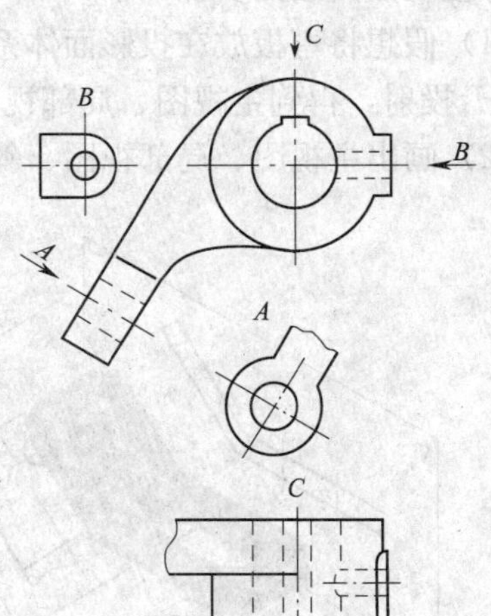

图 7—1—18　摇臂的视图

二、斜视图的画法、配置与标注

1. 斜视图通常按向视图的形式配置与标注。用带字母的箭头指明投射位置和方向，将斜视图配置在所指的方向上，无论箭头和视图怎样倾斜，字母的方向必须水平注写，如图 7—1—19 所示。

2．必要时斜视图可以旋转配置，在旋转后的斜视图上方标注字母“×”及旋转符号，旋转符号为半径等于字体高度的带箭头的半圆弧，旋转箭头的方向应与图形的旋转方向一致，表示斜视图名称的大写拉丁字母靠近旋转符号的箭头一端，如图 7—1—19 的 A 图所示。斜视图也可标注旋转角度，如图 7—1—20 所示。

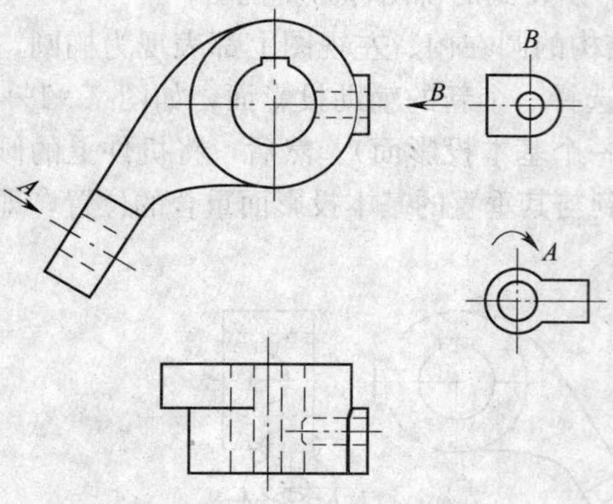

图 7—1—19　斜视图的配置

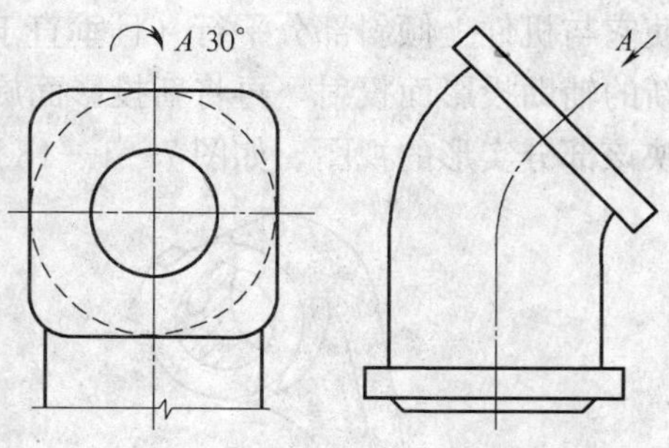

图 7—1—20　标注旋转角度的斜视图

3．斜视图的断裂边界可用波浪线或双折线表示，如图 7—1—19、图 7—1—20 所示。

任务实施

1．尺规绘图

弯板视图的绘图步骤如下：

（1）假想将弯板放在投影面体系中，用正投影法向正投影面 V、水平投影面 H、辅助投影面 H_1投射，得到主视图、局部视图、斜视图。如图 7—1—21a 所示。

（2）画出主视图、局部视图、斜视图，并标注。如图 7—1—21b 所示。

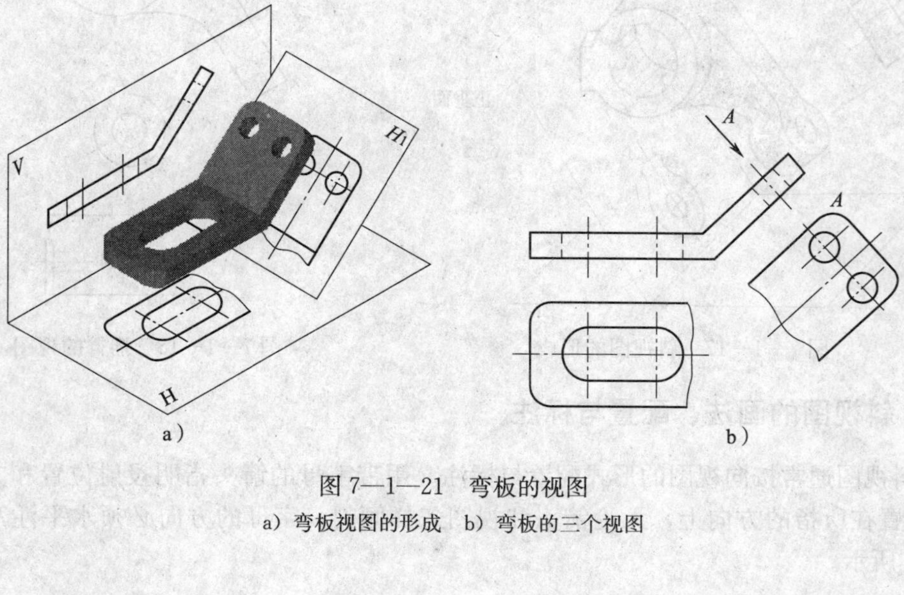

图 7—1—21　弯板的视图

a）弯板视图的形成　b）弯板的三个视图

2. CAD 绘图

用 CAD 绘制弯板视图的方法和步骤如下：

(1) 绘制弯板的立体图，即三维模型，如图 7—1—15 所示。

(2) 利用菜单栏中“绘图”→“建模”→“设置”→“视图”命令，生成主、俯及 *A* 向三个视图的视口（仍是三维）。

1) 建立 UCS　打开弯板三维模型，单击“UCS”工具栏中的“世界”按钮，再单击“视图”工具栏中的“西南等轴测”按钮。冻结尺寸标注图层，将当前图层切换成“0”层。建立如图 7—1—22 所示的 UCS。

图 7—1—22　建立 UCS

2) 在布局中创建各视图视口

①切换到布局（即将模型空间切换到图纸空间）　单击绘图屏幕上的“布局 1”选项卡，AutoCAD 切换到布局。如图 7—1—23 所示。执行“ERASE”命令，删除图 7—1—23 中默认视口。执行结果如图 7—1—24 所示。

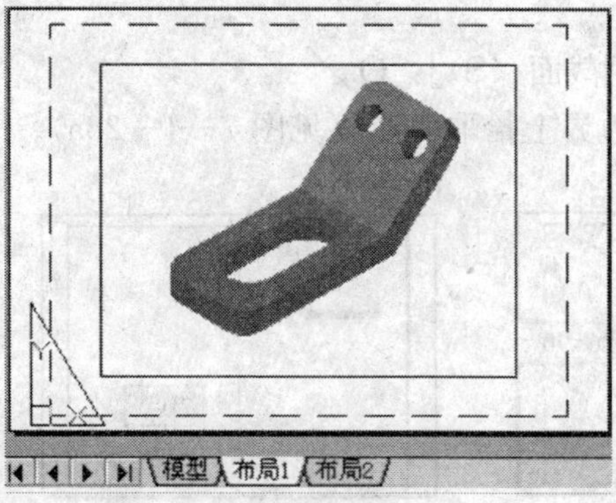

图 7—1—23　生成视口

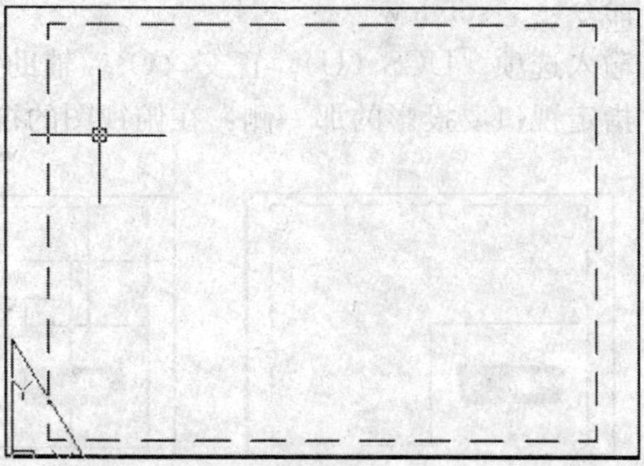

图 7—1—24　删除了视口

②用 SOLVIEW 命令创建俯视图视口　选择菜单栏中“绘图”→“建模”→“设置”→“视图”，即执行 SOLVIEW 命令，AutoCAD 提示及相关操作如下：

命令：_ solview

输入选项［UCS（U）/正交（O）/辅助（A）/截面（S）]：U↙

输入选项［命名（N）/世界（W）/？/当前（C）］＜当前＞：C↙

输入视图比例〈1〉：↙

指定视图中心：在布局左下角适当位置拾取一点（即单击鼠标左键）。

指定视图中心〈指定视口〉：↙

指定视口的第一个角点：拾取布局左边中点（必须打开状态栏中的对象捕捉）。

指定视口的对角点：拾取布局下边中点（必须打开状态栏中的对象捕捉）。

输入视图名：俯视图↙

执行结果如图 7—1—25 所示。

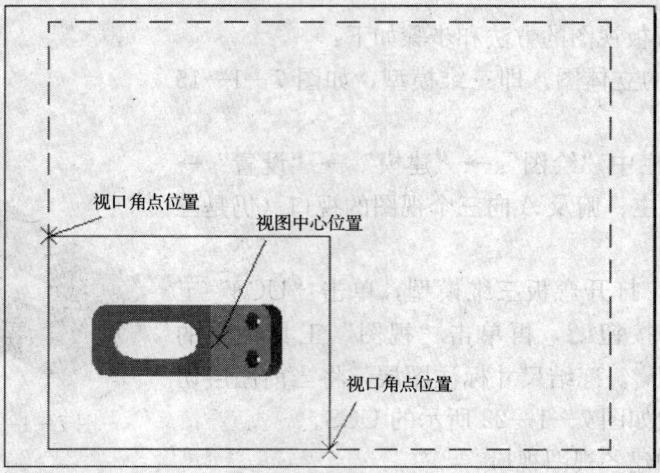

图 7—1—25　在布局中创建俯视图视口

③用 SOLVIEW 命令创建主视图视口　选择菜单栏中“绘图”→“建模”→“设置”→“视图”，即执行 SOLVIEW 命令，AutoCAD 提示及相关操作如下：

命令：_solview

输入选项［UCS（U）/正交（O）/辅助（A）/截面（S）］：O↙

指定视口要投影的那一侧：在俯视图的视口下边界上拾取一点（见图 7—1—26a）。

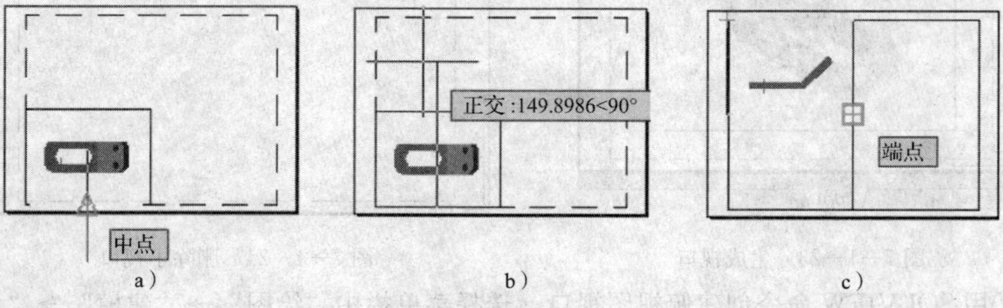

图 7—1—26　在布局中创建主视图视口

指定视图中心：在俯视图上方拾取一点：（见图 7—1—26b）。

指定视图中心〈指定视口〉：↙

指定视口的第一个角点：（见图 7—1—26c）。

指定视口的对角点：（见图 7—1—26c）。

输入视图名：主视图↙

执行结果如图 7—1—27 所示。

④用 SOLVIEW 命令创建斜视图　选择菜单栏中“绘图”→“建模”→“设置”→“视图”，即执行 SOLVIEW 命令，AutoCAD 提示及相关操作如下：

命令：_solview

输入选项［UCS（U）/正交（O）/辅助（A）/截面（S）］：A↙

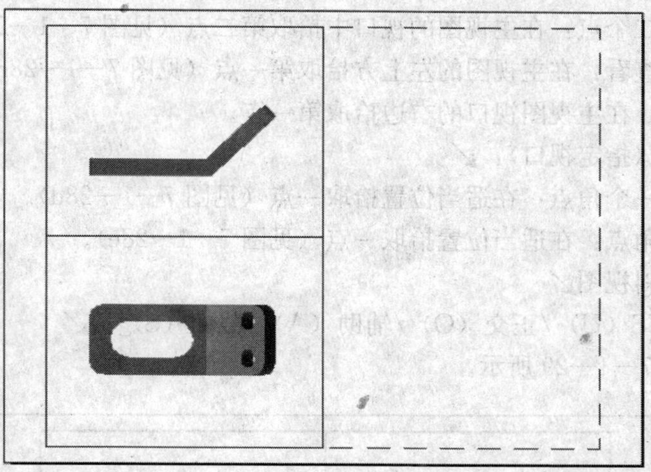

图 7—1—27　在布局中创建了主、俯视图视口

指定斜面的第一个点：在主视图的视口中拾取第一点（见图 7—1—28a）。

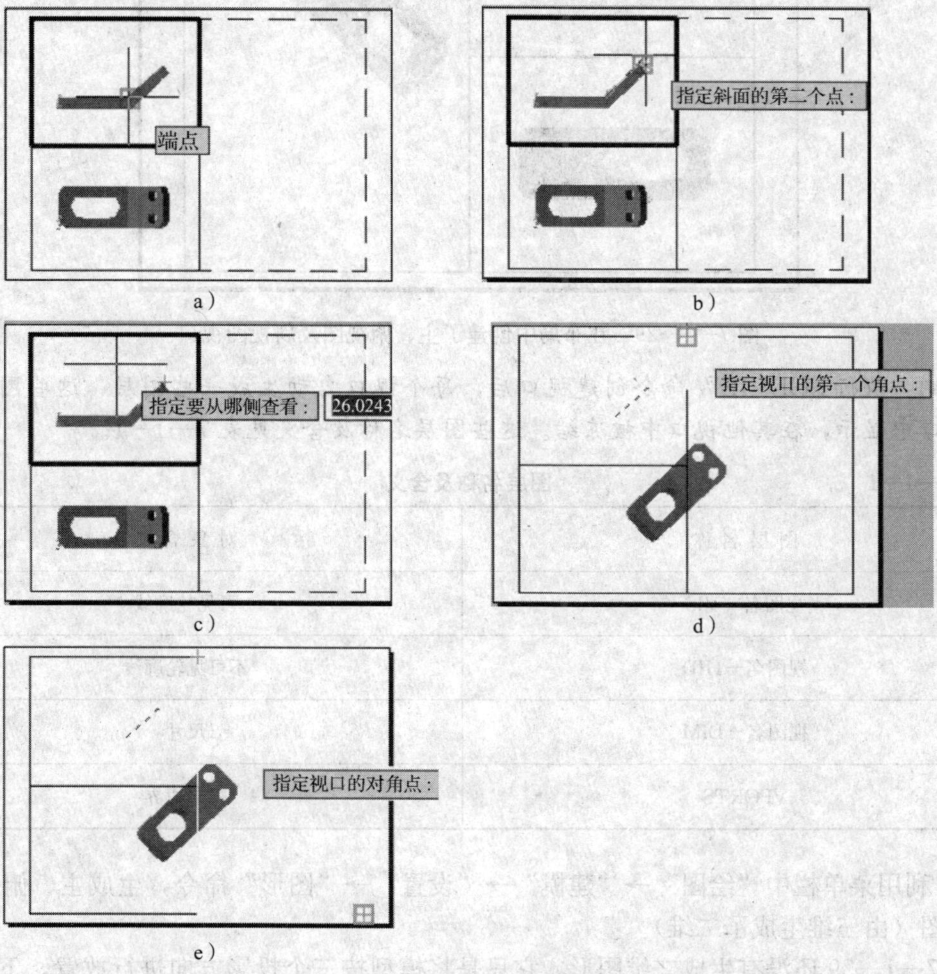

图 7—1—28　在布局中创建斜视图视口

指定斜面的第二个点：在主视图的视口中拾取第二点（见图 7—1—28b）。
指定要从哪侧查看：在主视图的左上方拾取第一点（见图 7—1—28c）。
指定视图中心：在主视图视口的右边拾取第一点。
指定视图中心〈指定视口〉：↙
指定视口的第一个角点：在适当位置拾取一点（见图 7—1—28d）。
指定视口的对角点：在适当位置拾取一点（见图 7—1—28e）。
输入视图名：斜视图↙
输入选项［UCS（U）/正交（O）/辅助（A）/截面（S）］：↙
执行结果如图 7—1—29 所示。

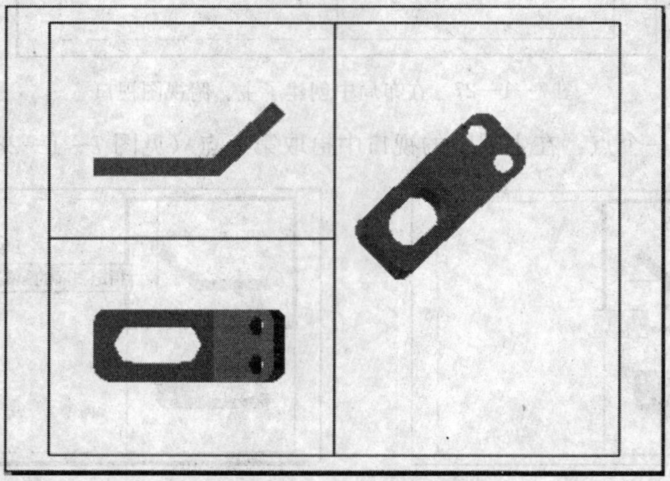

图 7—1—29　在布局中创建了主、俯视图及斜视图视口

说明：执行 SOLVIEW 命令创建视口后，每个视口自动生成一些图层，这些图层只在各自视口中显示，在其他视口中被冻结。这些图层名称及含义见表 7—1—1。

表 7—1—1　图层名称及含义

图层名称	对象含义
视图名－VIS	可见轮廓线
视图名－HID	不可见轮廓线
视图名－DIM	尺寸
VPORTS	视口边界

3）利用菜单栏中“绘图”→“建模”→“设置”→“图形”命令，生成主、俯及 A 向三个视图（由三维生成了二维）。

图 7—1—29 还没有生成二维图形，它只是将模型按三个投影方向进行放置，下面介绍如何生成如图 7—1—21b 所示弯板的视图。

4）生成二维图形　选择菜单栏中“绘图”→“建模”→“设置”→“图形”，即执行 SOLDRAW 命令，AutoCAD 提示及相关操作如下：

命令：_ soldraw

选择要绘图的视口...

选择对象：在此提示下选择主、俯视图及斜视图视口。如图 7—1—30 所示。

选择对象：↙

执行结果如图 7—1—31 所示。

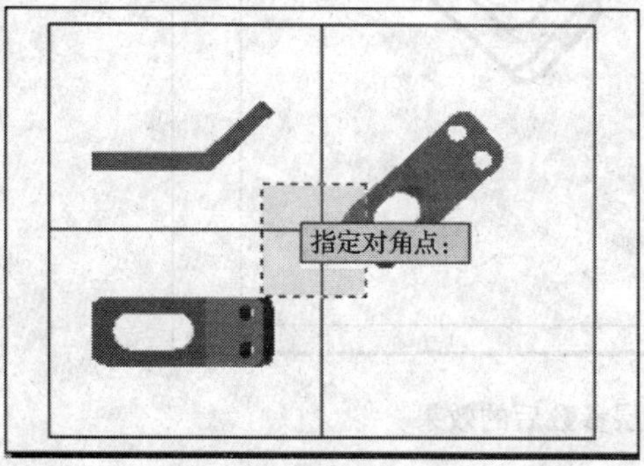

图 7—1—30　由三维生成二维

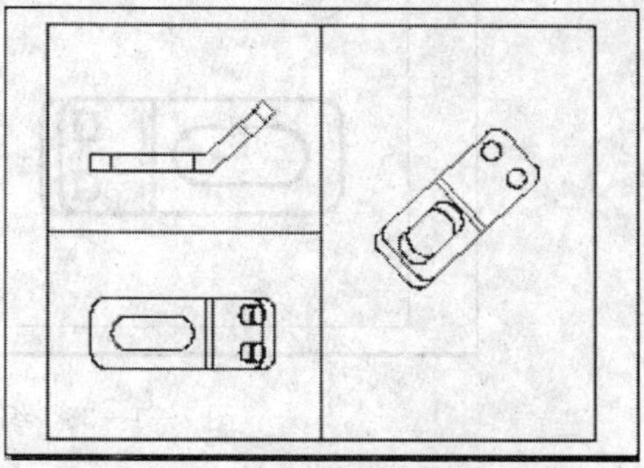

图 7—1—31　生成了二维图形

5）编辑图层参数　在“图层”工具栏上单击“图层特性管理器”按钮，修改－VIS 图层线宽参数为 0.5 mm，修改－HID 图层线型为 DASHED，如图 7—1—32 所示。

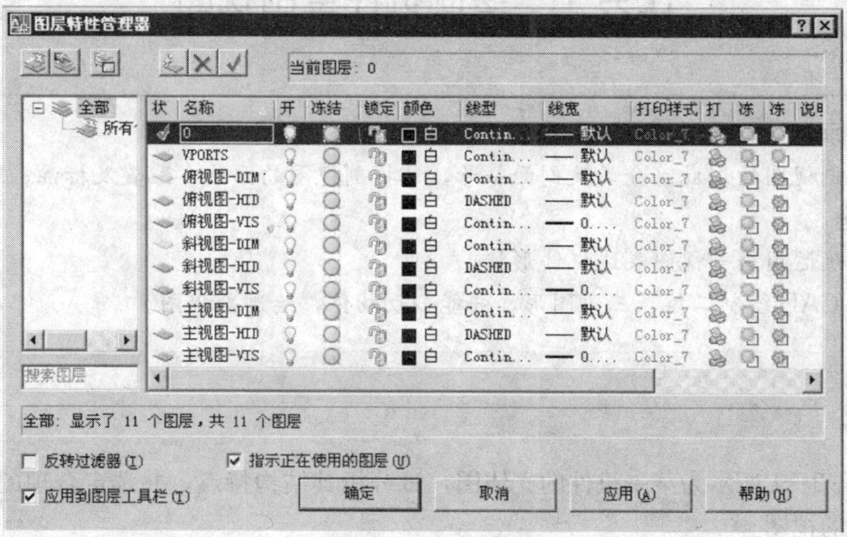

图 7—1—32　图层参数

编辑图层参数后打开“状态栏”中“线宽”按钮，图 7—1—31 就显示成为图 7—1—33。

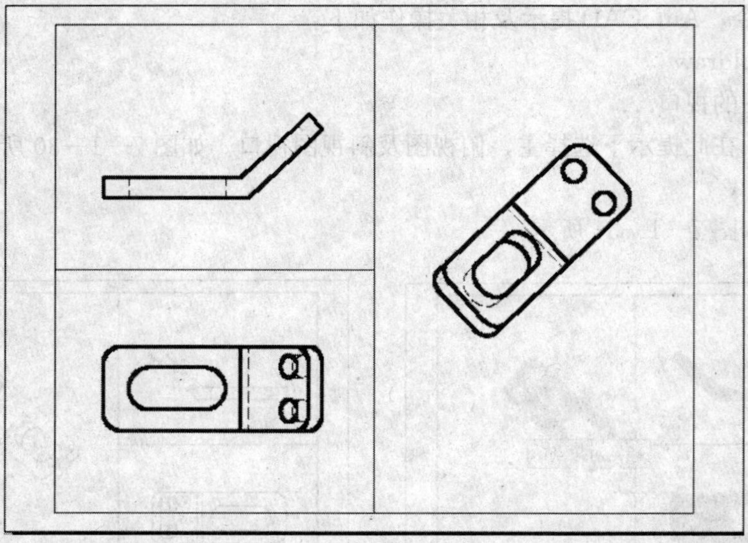

图 7—1—33 编辑图层参数后的效果

(3) 将俯视图及 *A* 向视图改为只表达机件局部结构的视图。结果如图 7—1—21b 所示。

课题二 剖 视 图

任务 1 绘制机件全剖视图

◆ **教学目标**

1. 了解剖视图的形成、分类及剖面符号，掌握剖视图的画法、配置及标注；理解全剖视图的概念。

2. 能正确运用全剖视图表达机件形状。

3. 能用 CAD 绘制二维、三维图形，并能剖切物体，绘制剖视图。

任务提出

如图 7—2—1 所示为某一机件的立体图，试分析其结构特点，并选定合理的表达方案，画出该机件的视图。

任务分析

从图 7—2—1 中可以看出：机件的内部结构比较复杂，如果采用常规的三视图表达，视图中会出现较多的细虚线，这些细虚线会与粗实线混合在一起，影响图形的清晰度，不利于读图和绘图。为了清晰表达机件的内部结构，可采用剖视图。如图7—2—2所示。

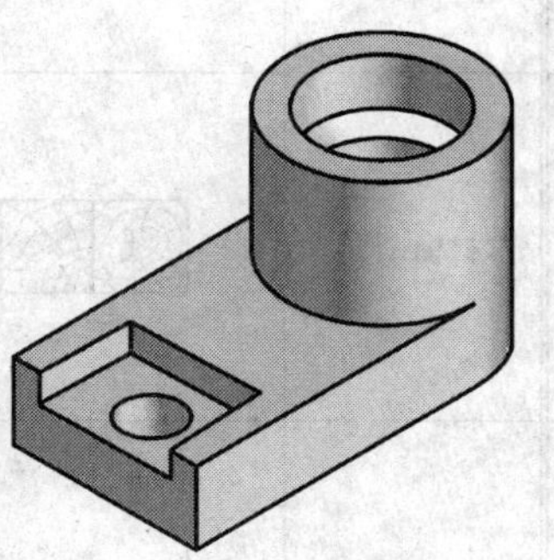

图 7—2—1　机件立体图

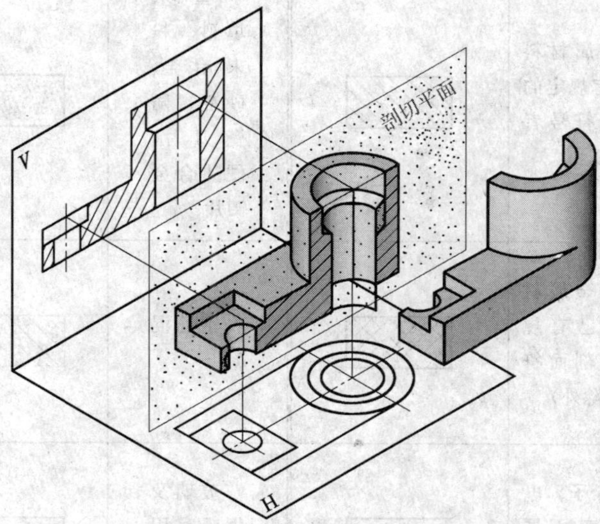

图 7—2—2　机件的剖切立体图

相关知识

一、剖视图的概念

假想用剖切面剖开机件，将处在观察者和剖切面之间的部分移去，将其余部分向投影面投射所得的图形，称为剖视图，简称剖视。剖视图的形成过程如图 7—2—2 所示。

二、剖视图的画法

（1）剖切机件的剖切面必须垂直于某一基本投影面，剖切面如果是平面应尽量与投影面平行。

（2）机件的一个视图画成剖视图后，其他视图的完整性不受剖视图的影响，仍应按完整机件画出视图。

（3）剖开机件后凡可见轮廓线都应画出。

（4）一般情况下，尽量避免用细虚线表示机件上的不可见结构。

三、剖面符号

机件被假想剖切开后，在剖视图当中，机件与剖切面接触部分称为剖面区域。为使具有材料实体的剖面区域与其余部分（含剖切面后面的可见轮廓线及原来的中空部分）明显地加以区分，应在剖面区域内画出剖面符号。国家标准规定了在剖视图和断面图中所采用的剖面符号，见表 7—2—1。

表 7—2—1　　　　　　　　　　材料的剖面符号

材料	图例	材料	图例	材料	图例
金属材料（已有规定的剖面符号者除外）	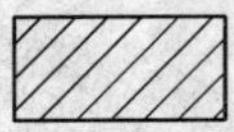	型砂、填砂、粉末冶金、砂轮、陶瓷刀片、硬质合金刀片	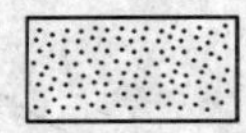	木材纵剖面	
非金属材料（已有规定的剖面符号者除外）		钢筋混凝土	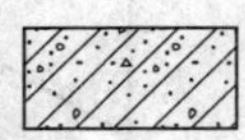	木材横剖面	
转子、电枢、变压器和电抗器等的叠钢片		玻璃及供观察用的其他透明材料	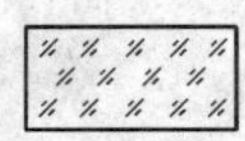	液体	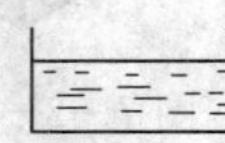
线圈绕组元件	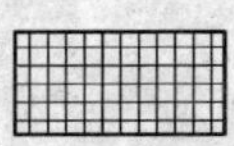	砖	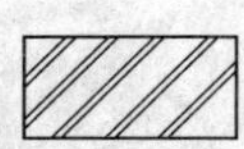	木质胶合板（不分层数）	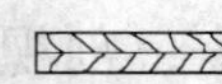
混凝土	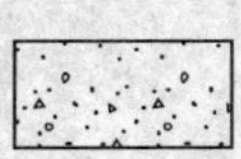	基础周围的泥土	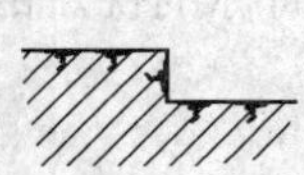	格网（筛网、过滤网等）	

在机械设计中，金属材料使用最多，为此，国家标准规定：金属材料的剖面符号为一组相互平行的细实线，通常称其为剖面线。同一图样中的同一机件在不同视图上的剖面线应方向相同、间隔相等。剖面线的间隔应按剖面区域的大小确定。按 GB/T 17453—1998 中规定，剖面线的方向应与机件的主要轮廓线或剖面区域的对称线成 45°角，如图 7—2—3 所示。当不需表示材料类别时，可采用通用剖面线表示，即金属材料的剖面线。

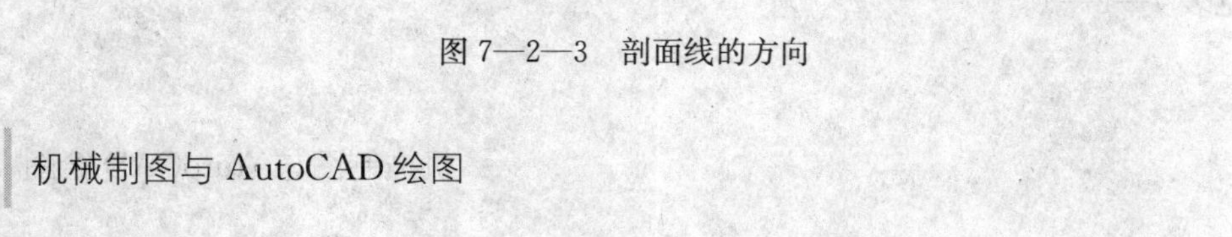

图 7—2—3　剖面线的方向

四、剖视图的配置

剖视图应首先考虑配置在基本视图的方位，当难以按基本视图的方位配置时，也可按投影关系配置在相应位置上，必要时才考虑配置在其他适当位置。

五、剖视图的标注

为便于读图，剖视图应进行标注，以标明剖切位置和指示视图间的投影关系。

1. 剖视图标注的三个要素

(1) 剖切线　指示剖切面位置的线，用细点画线表示，剖视图中通常省略不画此线。

(2) 剖切符号　指示剖切面起、止和转折位置（用粗实线的短画表示）及投射方向（用箭头表示）的符号。

(3) 字母　表示剖视图的名称，用大写拉丁字母注写在剖视图的上方。

2. 剖视图的标注方法

可分为三种情况，即全标、不标和省标。

(1) 全标指上述三要素全部标出，这是基本规定，见图 7—2—4a 中 *A*—*A*。

(2) 不标是指上述三要素均不必标注。但是，必须同时满足三个条件方可不标，即：单一剖切平面通过机件的对称平面或基本对称平面剖切；剖视图按投影关系配置；剖视图与相应视图间没有其他图形隔开。图 7—2—4b 同时满足了三个不标条件，故未加任何标注。

(3) 省标是指仅满足不标条件中的后两个条件，则可省略表示投射方向的箭头，如图 7—2—4c 中的 *A*—*A*。

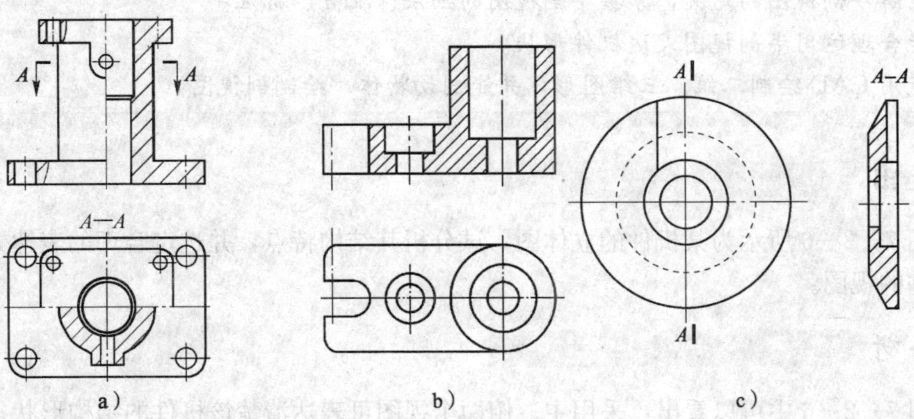

图 7—2—4　剖视图的配置与标注

六、剖视图的种类

剖视图根据剖切范围不同，可分为：全剖视、半剖视和局部剖视。本任务研究全剖视图，其他两类剖视图在下面的任务中研究。

全剖视图是指用剖切面完全地剖开机件所得的剖视图。如图 7—2—4b 中的主视图。

全剖视图一般适用于外形比较简单、内部结构较为复杂的机件。

任务实施

1. 尺规绘图

根据以上的分析，绘制出机件的视图，其中的主视图为全剖视图，如图 7—2—5 所示。

2. CAD 绘图

用 CAD 绘制机件视图的方法和步骤如下：

(1) 绘制机件的立体图，即三维模型，如图 7—2—1 所示。

(2) 利用菜单栏中“修改”→“三维操作”→“剖切”命令，或单击“面板”工具栏上的“剖切”按钮，即执行“剖切”命令。剖开机件，如图 7—2—2所示。

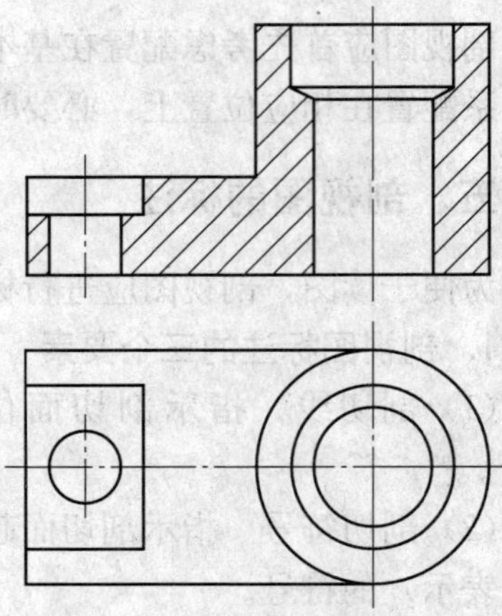

图 7—2—5 表达机件的视图

(3) 利用菜单栏中“绘图”→“建模”→“设置”→“轮廓”命令，生成主、俯视图，如图 7—2—5 所示。

任务 2 绘制机件半剖视图

◆ **教学目标**

1. 理解半剖视图的定义，掌握半剖视图的画法、配置、标注。
2. 能合理运用半剖视图表达机件形状。
3. 能用 CAD 绘制二维、三维图形，并能剖切物体，绘制剖视图。

任务提出

如图 7—2—6 所示为某机件的立体图，试分析其结构特点，并选定合理的表达方案，画出该机件的视图。

任务分析

从图 7—2—6 中可以看出：采用主、俯两个视图可表达清楚该机件的结构形状。机件的内部结构比较复杂，主视图如果采用视图表达，图中会出现较多的细虚线。如果采用全剖视，前面的圆孔则无法表达。怎样才能既表达了机件的内部形状，又保留了其外部形状？由于该机件左右对称，可以采用半剖视图的表达方法。如图 7—2—7 所示为机件的剖切立体图。

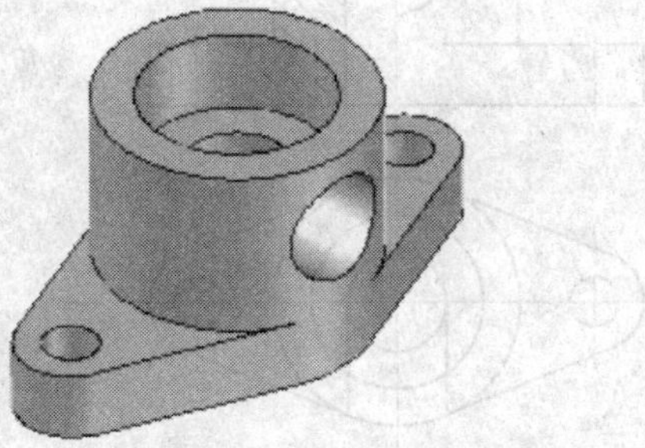

图 7—2—6　机件立体图

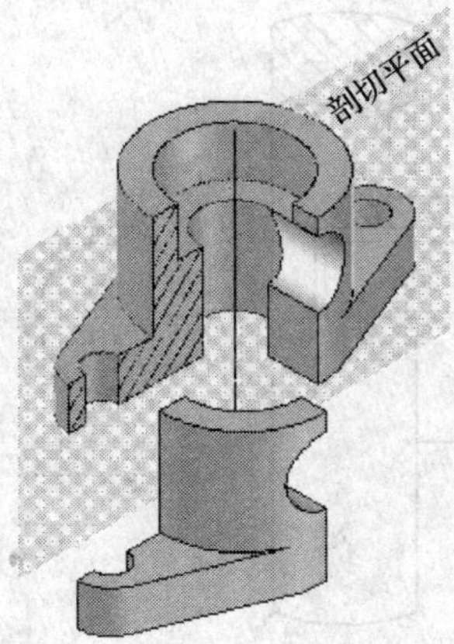

图 7—2—7　机件的剖切立体图

相关知识

一、半剖视图的概念

当机件具有对称平面时，在垂直于对称平面的投影面上投射所得的图形，以对称中心线为界，一半画成剖视图，另一半画成视图，这种剖视图称为半剖视图。

内外形状都比较复杂的对称机件可采用半剖视图。当机件的形状接近对称且不对称部分另有图形表达清楚时，也可以画成半剖视图，如图 7—2—8 所示。

二、半剖视图的画法

(1) 半个视图与半个剖视图的分界线用细点画线表示，而不能画成粗实线。

(2) 机件的内部形状已在半剖视图中表达清楚，在另一半表达外形的视图中一般不再画出细虚线。

三、半剖视图的标注

与全剖视图的标注规则完全相同。

任务实施

1. 尺规绘图

根据以上的分析，绘制出机件的视图，其中主视图为半剖视图，如图 7—2—9 所示。

2. CAD 绘图

用 CAD 绘制机件视图的方法和步骤如下：

(1) 绘制机件的立体图，即三维模型，如图 7—2—6 所示。

(2) 利用菜单栏中“修改”→“三维操作”→“剖切”命令，或单击“面板”工具栏上的“剖切”按钮，即执行“剖切”命令。剖开机件，如图 7—2—7 所示。

(3) 利用菜单栏中“绘图”→“建模”→“设置”→“轮廓”命令，生成主、俯视图，如图 7—2—9 所示。

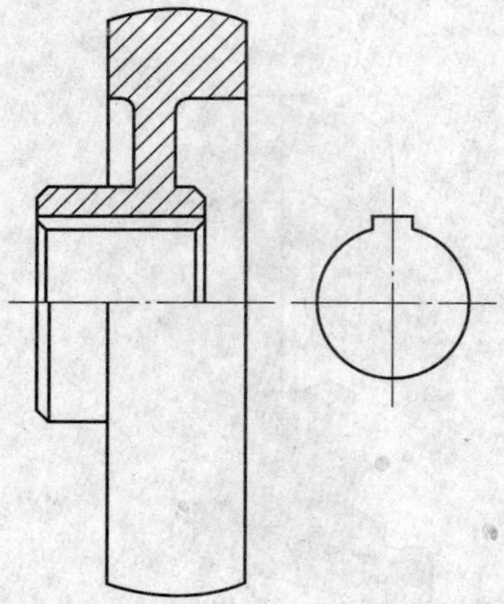

图 7—2—8　基本对称机件的半剖视图

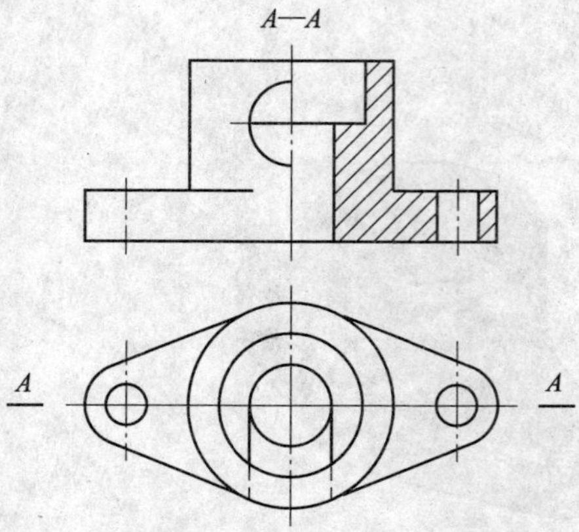

图 7—2—9　表达机件的视图

任务 3　绘制机件局部剖视图

◆ **教学目标**

1. 理解局部剖视图的定义，掌握局部剖视图的画法、配置及标注。
2. 能合理运用局部剖视图表达机件形状。
3. 能用 CAD 绘制二维、三维图形，并能剖切物体，绘制剖视图。

任务提出

如图 7—2—10 所示为某机件的立体图，如图 7—2—11 所示为该机件的剖切立体图。试分析其结构特点，并选定合理的表达方案，画出该机件的视图。

图 7—2—10　机件立体图

图 7—2—11　机件的剖切立体图

任务分析

如图 7—2—10 所示机件，如果将主视图画成全剖视图，则无法表达机件的外部形状。

虽然前后、左右都对称，但由于主视图中的方孔轮廓线与对称中心线重合，所以不宜采用半剖视，这时应采用局部剖视。这样既表达了中间方孔、圆孔的形状，又保留了机件的部分外形。

相关知识

一、局部剖视图的概念

用剖切面局部地剖切开机件所得的剖视图，称为局部剖视图。

二、局部剖视图的适用情况

（1）需要表达的内部结构范围较小。

（2）需要保留外形而不宜采用全剖视图。

（3）因机件对称位置有一轮廓线而不适合采用半剖视图。

三、局部剖视图的画法

用波浪线表示局部剖视图的范围，当被剖切的结构为回转体时，允许以该结构的中心线代替波浪线。一个视图中，局部剖视图的数量不宜过多，在不影响外形表达的情况下，可在较大范围内画成局部剖视，以减少局部剖视图的数量，如图 7—2—12 所示。

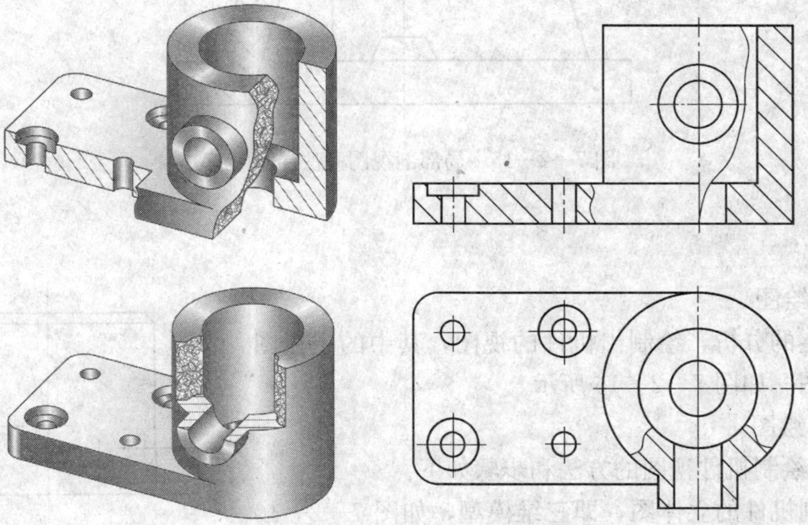

图 7—2—12　局部剖视图画法

四、局部剖视图的标注

局部剖视图的标注与全剖视图相同，剖切位置明显的单一剖切面的局部剖视图，一律省略标注。

五、画局部剖视图时应该注意的问题

（1）局部剖视图和视图之间可用细波浪线分界，细波浪线应画在机件的实体上，不能超

出实体的轮廓线，也不能画在机件的中空处，遇到机件上的孔、槽等空腔结构时应断开波浪线，如图 7—2—13 所示。

（2）细波浪线不应画在轮廓线的延长线上，不能用轮廓线代替，也不能与图样上其他图线重合，如图 7—2—14 所示。

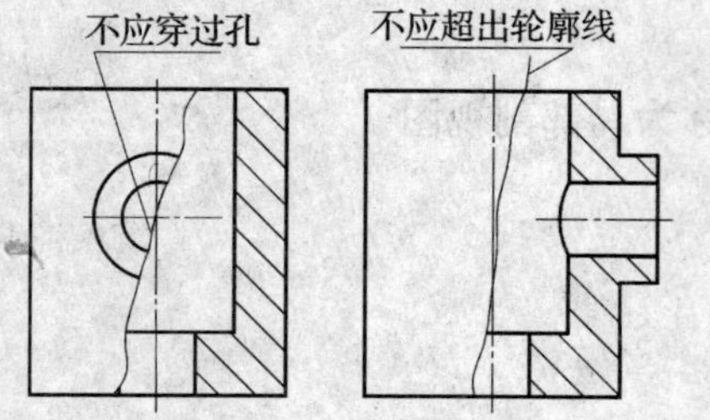

图 7—2—13　局部剖视图画法注意（一）

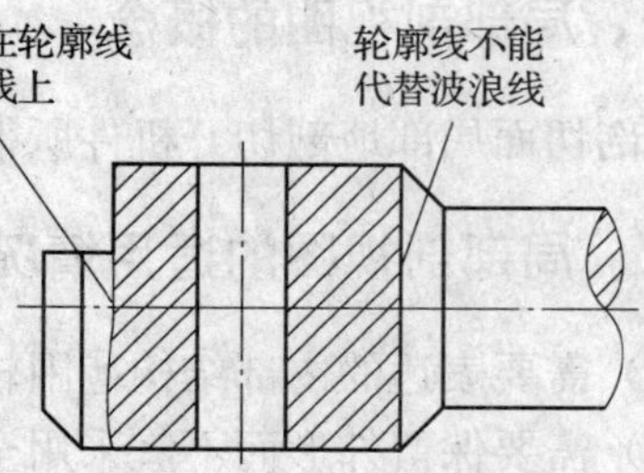

图 7—2—14　局部剖视图画法注意（二）

（3）局部剖视图也可以双折线分界，如图 7—2—15 所示。

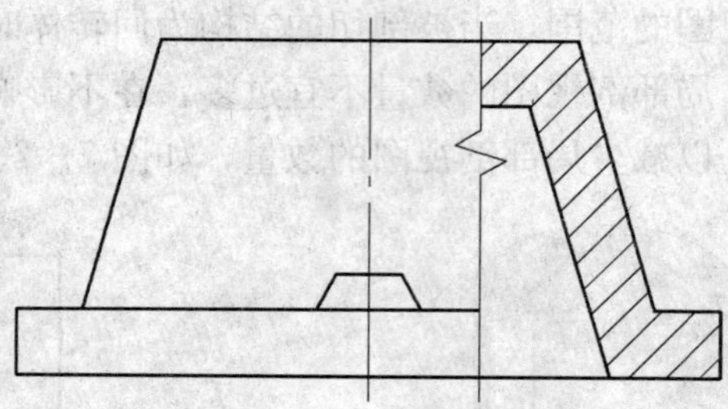

图 7—2—15　局部剖视图画法注意（三）

任务实施

1．尺规绘图

根据以上的分析，绘制出机件的视图，其中的主视图为局部剖视图。如图 7—2—16 所示。

2．CAD 绘图

用 CAD 绘制机件视图的方法和步骤如下：

（1）绘制机件的立体图，即三维模型，如图 7—2—10 所示。

（2）用“多段线”“拉伸”等命令创建剖切面。

（3）利用菜单栏中“修改”→“三维操作”→“剖切”命令，或单击“面板”工具栏上的“剖切”按钮，即执行“剖切”命令。剖开机件，如图 7—2—11 所示。

（4）利用菜单栏中“绘图”→“建模”→“设置”→“轮廓”命令，生成主、俯视图，如图 7—2—16 所示。

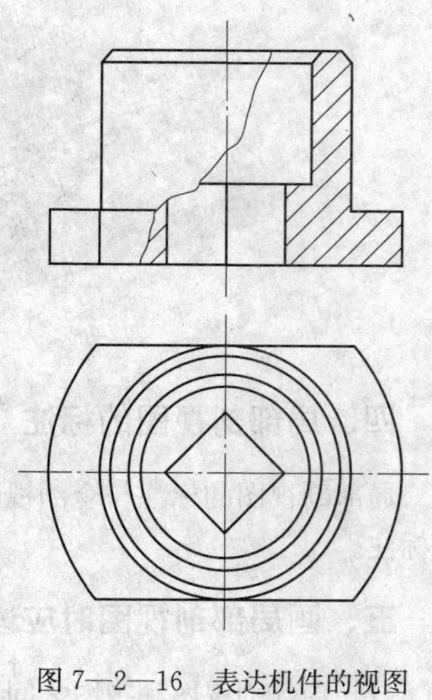

图 7—2—16　表达机件的视图

任务 4　用单一剖切面剖开机件

◆ **教学目标**

1. 掌握剖开机件的各种方法。
2. 能根据机件特点，合理运用单一剖切面剖切机件。
3. 能用 CAD 绘制二维、三维图形，并能剖切物体，绘制剖视图。

任务提出

如图 7—2—17 所示为弯管的立体图，试分析其结构特点，并选择合理的视图表达方案。

任务分析

如图 7—2—17 所示，弯管的上半部有不平行于任何投影面的倾斜结构，为了把这一结构表达清楚，可采用一个与倾斜部分的主要结构平行且垂直于正投影面的单一剖切平面剖开机件，如图 7—2—18 所示。其余部分可采用前面学习过的方法表达。

图 7—2—17　弯管立体图

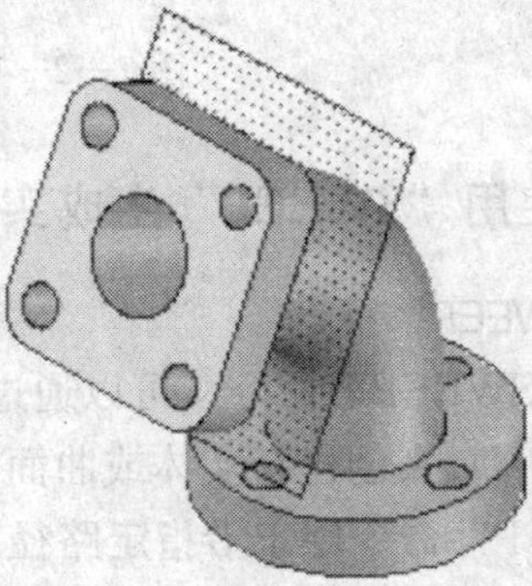
图 7—2—18　机件的剖切立体图

相关知识

一、单一剖切面剖切

由于生产实际中机件的形状、结构千差万别，因此要将各种机件的形状和结构表达清楚，就需要有相应的方法。国家标准规定了各种不同形式的剖切面。根据机件的结构特点，可选择以下剖切面：单一剖切面、几个平行的剖切平面、几个相交的剖切面。

本任务研究单一剖切面的剖切问题。

单一剖切面可以是柱面，也可以是平行于基本投影面的剖切平面，如前所述的全剖视、半剖视和局部剖视所举图例都是用单一剖切平面剖开机件而得到的剖视图。

单一剖切面也可以是不平行于基本投影面的斜剖切平面，如图 7—2—18 所示。这种方法剖切所得到的剖视图，一般应与倾斜部分保持投影关系，但也可配置在其他位置。为了画图和读图方便，允许将图形旋转放正，并加注旋转符号，如图 7—2—19 所示。

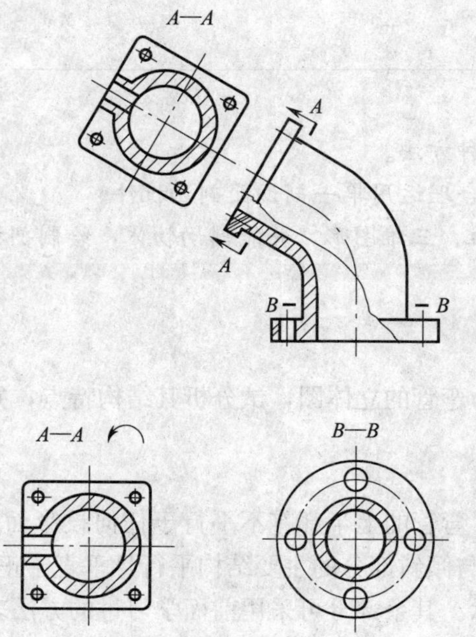

图 7—2—19　单一剖切面剖切的弯管视图

二、使用“SWEEP”生成实体

1．“SWEEP”概念

使用“SWEEP”命令，可以通过沿开放或闭合的二维或三维路径扫掠开放或闭合的平面曲线（轮廓）来创建新实体或曲面。

“SWEEP”命令用于沿指定路径以指定轮廓的形状（扫掠对象）绘制实体或曲面。可以“扫掠”多个对象，但是这些对象必须位于同一平面中。如果沿一条路径“扫掠”闭合的曲线，则生成实体。

2．操作步骤

通过沿一条路径“扫掠”对象创建实体或曲面的步骤如下：

（1）单击“绘图”菜单栏中“建模”→“扫掠”。

（2）选择要扫掠的对象。

（3）按 ENTER 键。

（4）选择“扫掠”路径。

扫掠以后，删除或保留原对象，这取决于 DELOBJ 系统变量的设置。

任务实施

1．尺规绘图

根据以上的分析，绘制出弯管的视图，如图 7—2—19 所示。

2. CAD绘图

用CAD绘制弯管视图的方法和步骤如下：

(1) 利用菜单栏中"绘图"→"建模"→"扫掠"绘制弯管的立体图，即三维模型，如图7—2—17所示。

(2) 用"直线""拉伸"等命令创建剖切面。

(3) 利用菜单栏中"修改"→"三维操作"→"剖切"命令，或单击"面板"工具栏上的"剖切"按钮，即执行"剖切"命令。剖开机件，如图7—2—18所示。

(4) 利用菜单栏中"绘图"→"建模"→"设置"→"轮廓"命令，生成主、俯视图，如图7—2—19所示。

任务5　用几个平行的剖切平面剖开机件

◆ **教学目标**

1. 掌握剖开机件的各种方法。
2. 能根据机件特点，合理运用几个平行的剖切平面剖切机件。
3. 能用CAD绘制二维、三维图形，并能剖切物体，绘制剖视图。

任务提出

如图7—2—20所示为机件的立体图，试分析其结构特点，并选择合理的视图表达方案。

任务分析

图7—2—20所示机件，前后对称，如果用单一剖切平面在机件的对称平面处剖开，则前后的四个沉孔不能剖到。若采用两个互相平行的平面剖切机件，可同时将机件前、后两部分的内部结构表达清楚，如图7—2—21所示。

图7—2—20　机件立体图

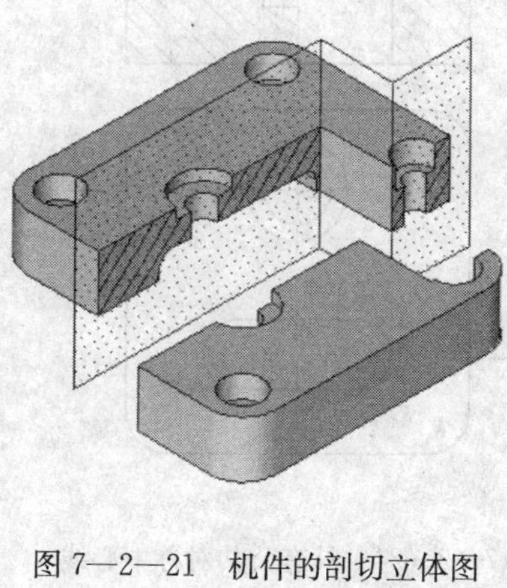

图7—2—21　机件的剖切立体图

相关知识

当机件上需要表达的内部结构排列在不同层面上时，可以考虑用几个平行的剖切平面剖切机件。

用几个平行的剖切平面剖切机件，画剖视图时应注意的问题：

（1）因为剖切面是假想的，所以不应画出剖切平面转折处的投影（转折线），如图 7—2—22 所示。

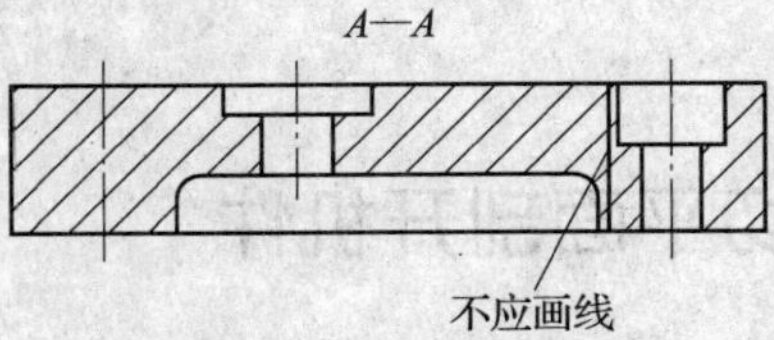

图 7—2—22　不应画出剖切平面转折处的投影

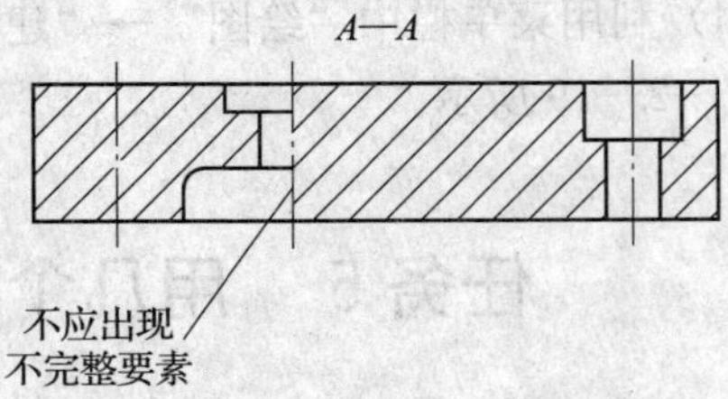

图 7—2—23　不应出现不完整的结构要素

（2）剖视图中不应出现不完整的结构要素（见图 7—2—23）。但当两个要素在图形上具有公共对称中心线或轴线时，可各画一半，此时应以对称中心线或轴线为界，如图 7—2—24 所示。

（3）必须在相应的视图上用剖切符号表示剖切位置，在剖切平面的起止和转折处注写相同字母，如图 7—2—24 所示。

任务实施

1. 尺规绘图

根据以上的分析，绘制出机件的视图，如图 7—2—25 所示。

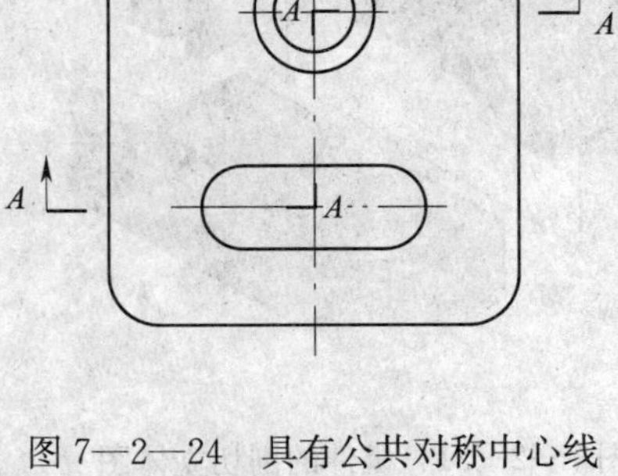

图 7—2—24　具有公共对称中心线要素的剖视图

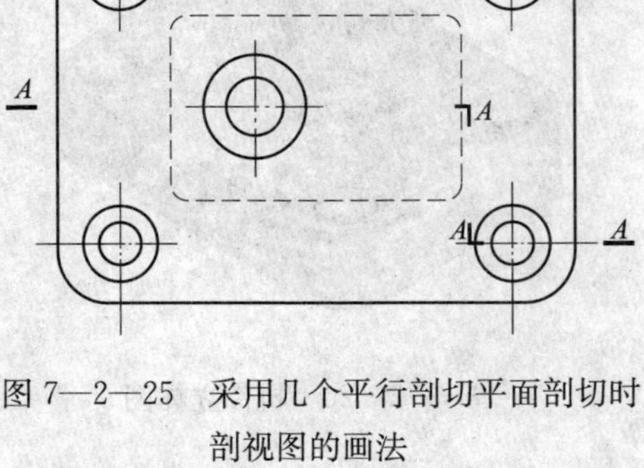

图 7—2—25　采用几个平行剖切平面剖切时剖视图的画法

2. CAD 绘图

用 CAD 绘制机件视图的方法和步骤如下：

(1) 绘制机件的立体图，即三维模型。如图 7—2—20 所示。

(2) 用“多段线”“拉伸”等命令创建剖切面。

(3) 利用菜单栏中“修改”→“三维操作”→“剖切”命令，或单击“面板”工具栏上的“剖切”按钮，即执行“剖切”命令。剖开机件，如图 7—2—21 所示。

(4) 利用菜单栏中“绘图”→“建模”→“设置”→“轮廓”命令，生成主、俯视图，如图 7—2—25 所示。

任务 6　用几个相交的剖切面剖开机件

◆ 教学目标

1. 掌握剖开机件的各种方法。
2. 能根据机件特点，合理运用几个相交的剖切面剖切机件。
3. 能用 CAD 绘制二维、三维图形，并能剖切物体，绘制剖视图。

任务提出

如图 7—2—26 所示为机件的立体图，试分析其结构特点，并确定合理的表达方案，画出视图。

任务分析

图 7—2—26 所示机件，左、中、右三处孔的轴线不在同一平面上，此时可以考虑采用几个相交的剖切面剖切机件，这样就可以把以上几处内部结构形状都表达清楚。剖切方法如图 7—2—27 所示。

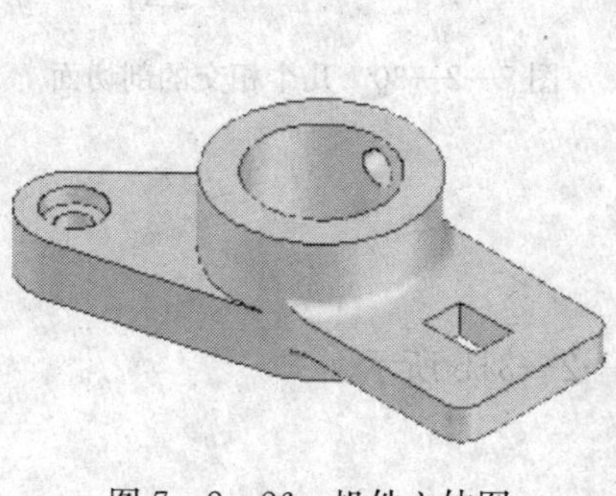

图 7—2—26　机件立体图

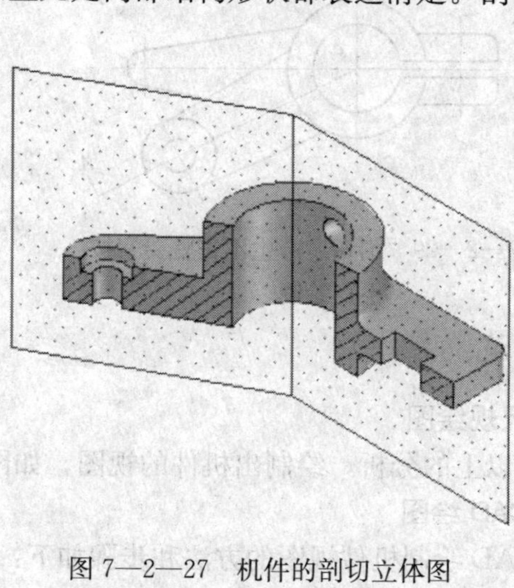

图 7—2—27　机件的剖切立体图

相关知识

用几个相交的剖切面（交线垂直于某一基本投影面）剖开机件，可以用来表达具有明显回转轴线的机件上分布在几个相交平面上的内部结构形状。标注方法如图 7—2—28 所示，应标注完整。

用几个相交的剖切面剖切机件，画剖视图时应注意的问题：

(1) 画这种剖视图时，先假想按剖切位置剖开机件，然后将倾斜剖切平面剖开的结构及其有关部分旋转到与选定的投影面平行后再进行投射，即先旋转后投射。此时旋转部分的某些结构与原图形不再保持直接的投影关系，剖切平面后面的其他结构一般仍按原位置投射。如图 7—2—28 所示。

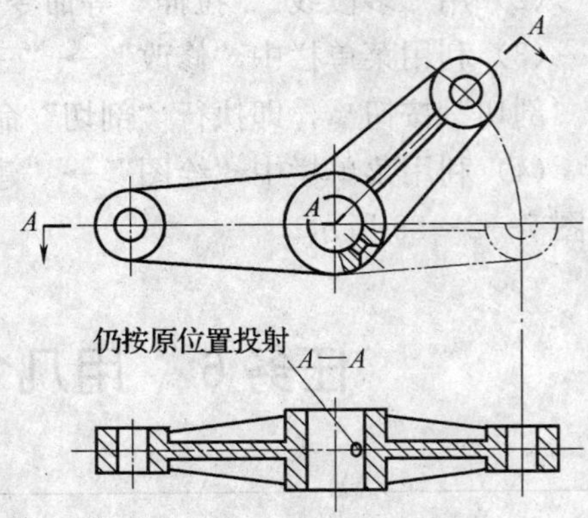

图 7—2—28　两相交的剖切面

(2) 当剖切后产生不完整要素时，应将此部分结构按不剖绘制，见图 7—2—29。

(3) 标注中的箭头仅表示投射方向，与倾斜部分的旋转无关。如图 7—2—29、图 7—2—30所示。

(4) 几个相交的剖切面可以是几个相交的平面，也可以是几个相交的平面和柱面的组合，如图 7—2—30 所示。

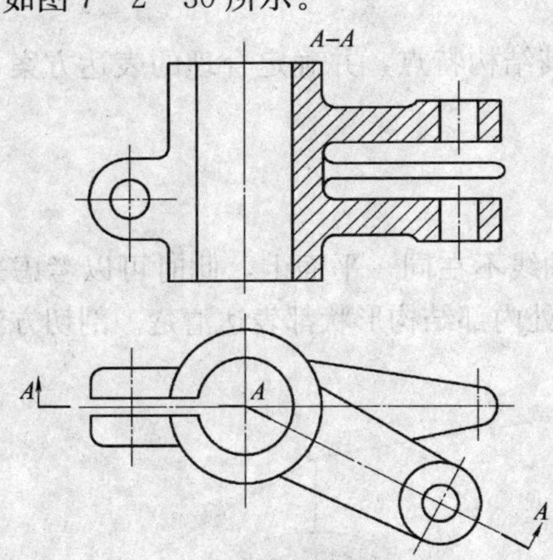

图 7—2—29　剖切后产生不完整要素按不剖绘制

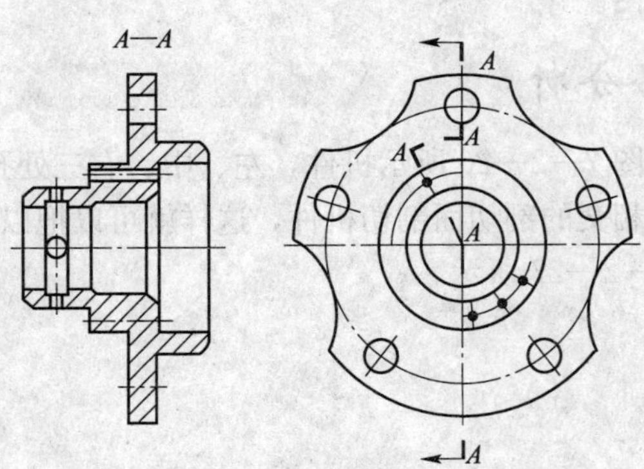

图 7—2—30　几个相交的剖切面

任务实施

1. 尺规绘图

根据以上的分析，绘制出机件的视图，如图 7—2—31b 所示。

2. CAD 绘图

用 CAD 绘制机件视图的方法和步骤如下：

(1) 绘制机件的立体图，即三维模型，如图 7—2—26 所示。

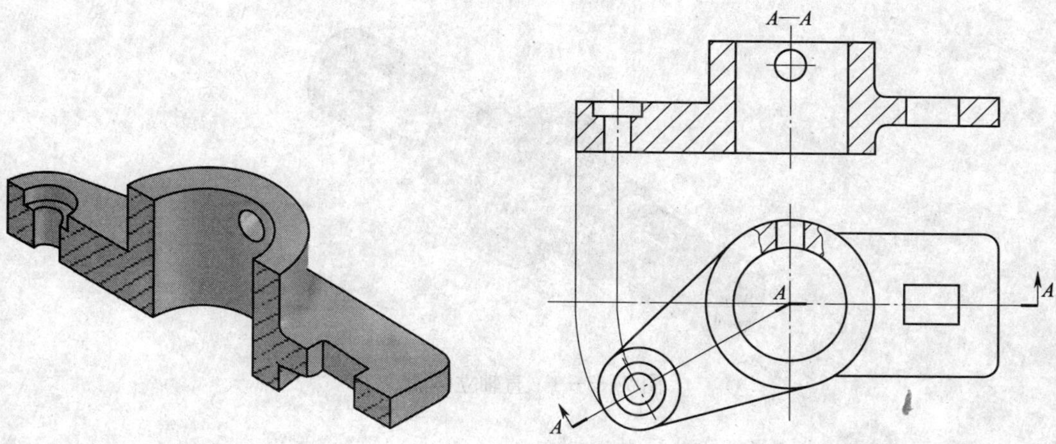

a）　　　　b）

图 7—2—31　用两个相交的剖切面剖切机件的作图方法

a）用两个相交的铅垂面剖切然后旋转到同一个平面上　b）采用两个相交剖切面剖切机件的视图

（2）用“直线”“拉伸”等命令创建剖切面。

（3）利用菜单栏中“修改”→“三维操作”→“剖切”命令，或单击“面板”工具栏上的“剖切”按钮，即执行“剖切”命令。剖开机件，如图 7—2—27 所示。

（4）利用“剖切”“旋转”等命令，将倾斜剖切平面剖开的结构及其有关部分旋转到与选定的投影面平行，如图 7—2—31a 所示。

（5）利用菜单栏中“绘图”→“建模”→“设置”→“轮廓”命令，生成主、俯视图，如图 7—2—31b 所示。

课题三　断　面　图

任务　绘制直轴的断面图

◆ 教学目标

1. 理解断面图的概念，了解断面图的分类。掌握断面图的画法及标注。
2. 能够运用断面图合理表达轴上的孔、键槽等结构。
3. 能用 CAD 绘制二维、三维图形，并能剖切物体，绘制断面图。

任务提出

如图 7—3—1 所示为某一直轴的立体图，试分析其结构特点，并选定合理的表达方案，画出该机件的视图。

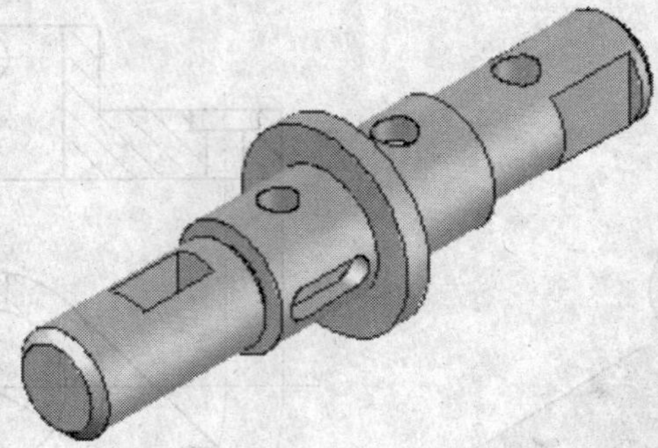

图 7—3—1　直轴立体图

任务分析

从图 7—3—1 中可以看出：机件有五处的断面形状的内部结构比较复杂，如果采用剖视图表达，视图中会出现较多的细虚线，这些细虚线会与粗实线混合在一起，影响图形的清晰度，不利于读图和绘图。为了清晰表达机件的内部形状，可采用断面图，如图 7—3—2 所示。

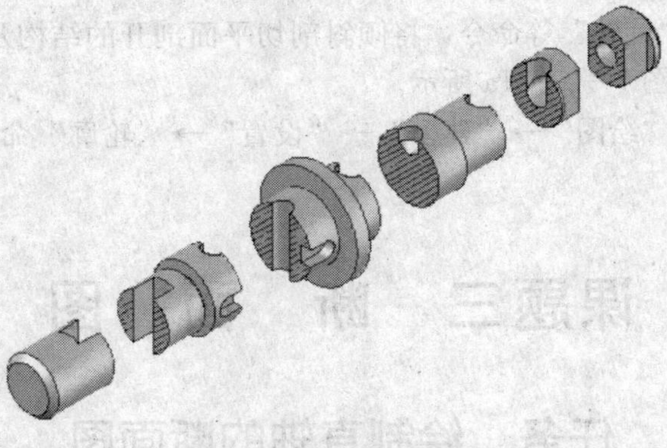

图 7—3—2　直轴的剖切立体图

相关知识

一、断面图的概念

在机械工程中，常常需要表达零件某处的断面形状。如图 7—3—1 所示，有些架类、轴类、杆类和肋板类机件需要反映其不同位置断面的形状，假想用剖切面把物体的某处切断，仅画出该剖切面与机件接触部分的图形并画上剖面符号，这种图就是断面图，也称断面。断面图常用于表达型材及机件某处的断面形状。断面图分为移出断面图和重合断面图。断面图的形成过程如图 7—3—2 所示。

断面图与剖视图的区别如图 7—3—3 所示。

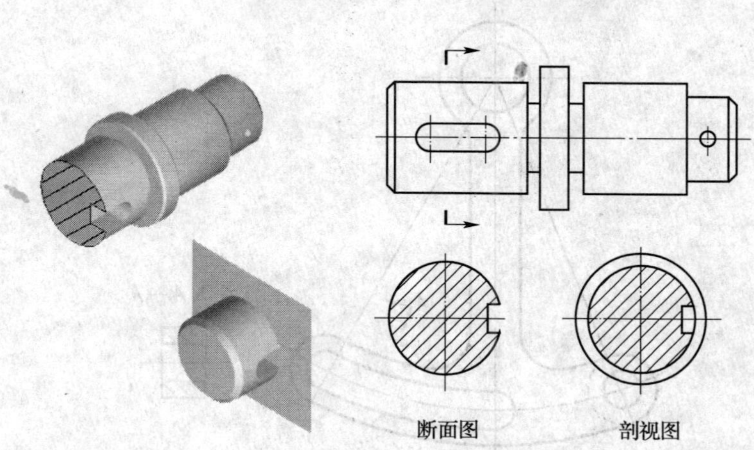

图 7—3—3　断面图与剖视图的区别

二、移出断面

画在视图之外的断面图称为移出断面图。

1. 画法

(1) 移出断面图的轮廓线用粗实线绘制，如图 7—3—4 所示。

(2) 移出断面图尽量配置在剖切线的延长线上，如图 7—3—4 所示。

(3) 当剖切平面通过由回转面形成的孔或凹坑等结构的轴线时，这些结构应按剖视图绘制，如图 7—3—5 所示。

(4) 当剖切平面经过非圆孔，会导致出现完全分离的剖面区域时，这些结构应按剖视图绘制，如图 7—3—6 所示。

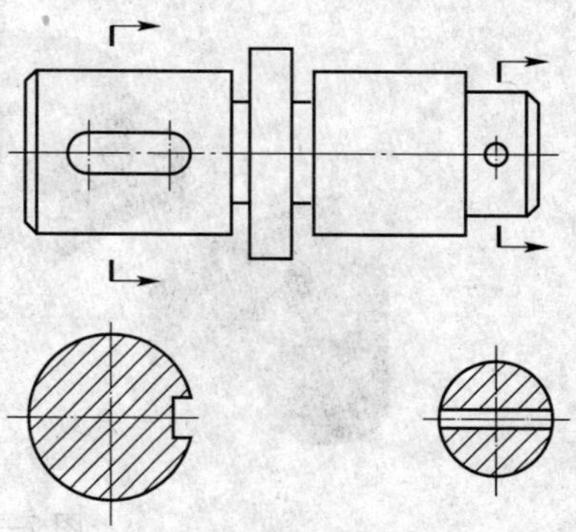

图 7—3—4　断面图的画法（一）

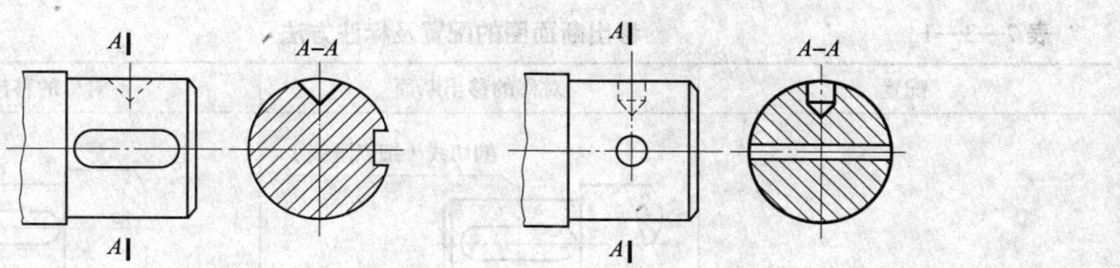

图 7—3—5　断面图的画法（二）

(5) 为了表达断面的实形，剖切平面应与机件的主要轮廓线垂直，必要时可采用两个（或多个）相交的剖切面剖开机件，这种移出断面图中间应用波浪线断开，如图 7—3—7 所示。

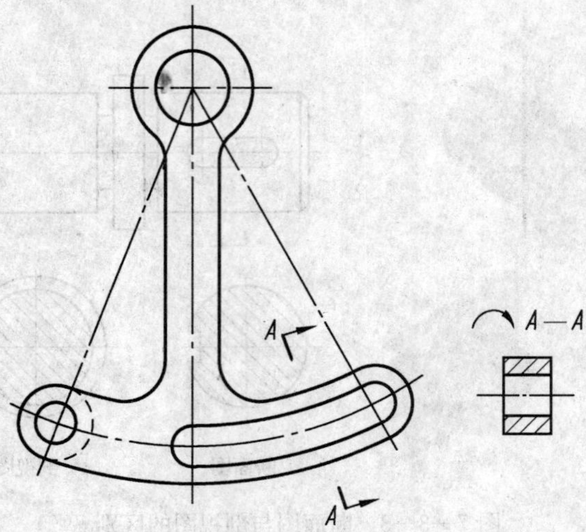

图 7—3—6 断面图的画法（三）

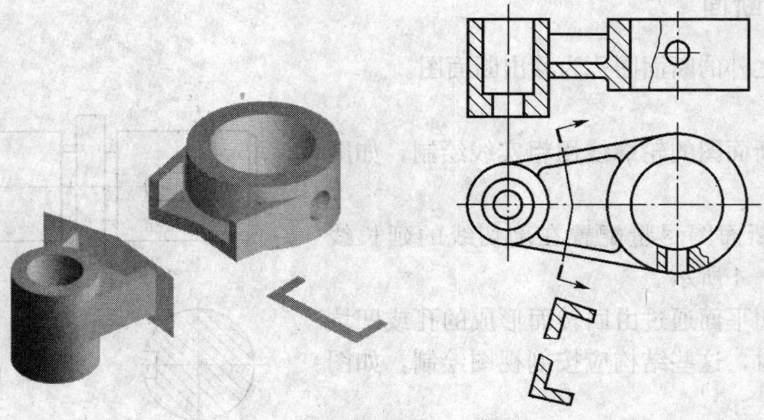

图 7—3—7 断面图的画法（四）

2. 标注

画出移出断面图后应按国家标准规定进行标注。剖视图标注的三要素同样适用于移出断面图。移出断面图的配置及标注方法见表 7—3—1。

表 7—3—1 **移出断面图的配置及标注方法**

<table>
<tr><th>配置</th><th>对称的移出断面</th><th>不对称的移出断面</th></tr>
<tr><td rowspan="2">配置在剖切线或剖切符号延长线上</td><td>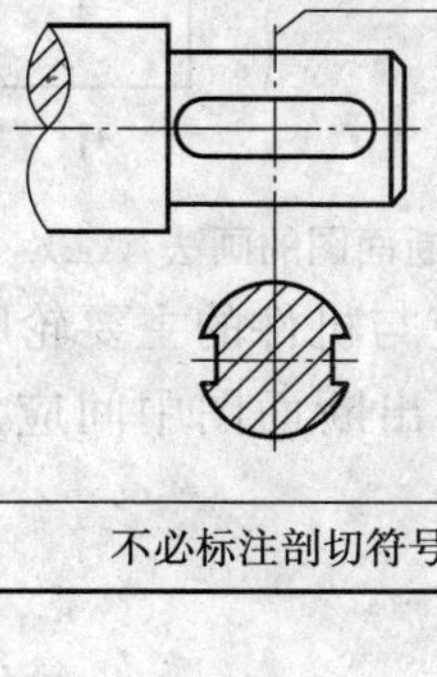</td><td>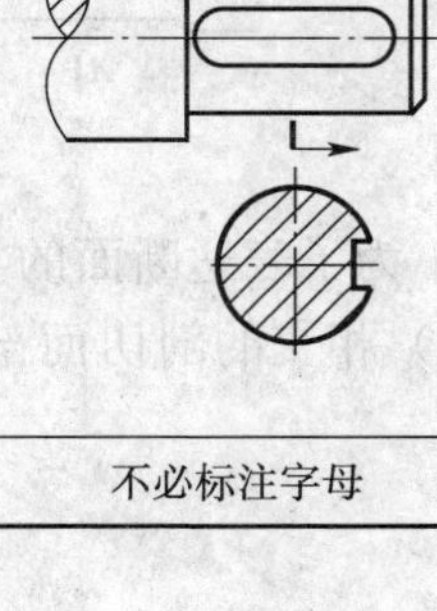</td></tr>
<tr><td>不必标注剖切符号和字母</td><td>不必标注字母</td></tr>
</table>

续表

配置	对称的移出断面	不对称的移出断面
按投影关系配置	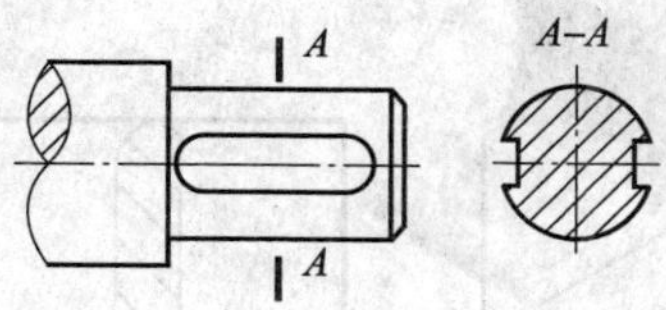	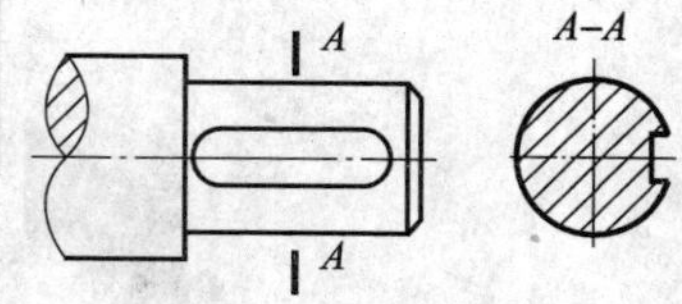
	不必标注箭头	不必标注箭头
配置在其他位置	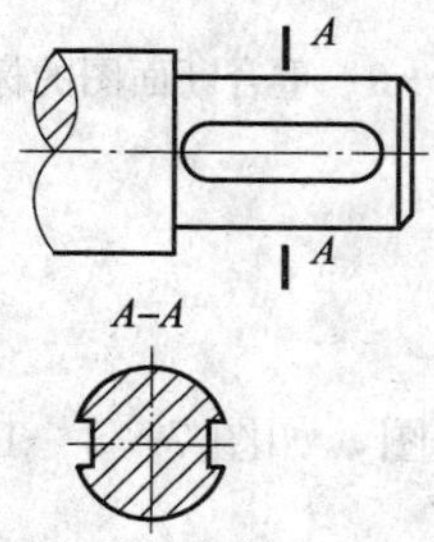	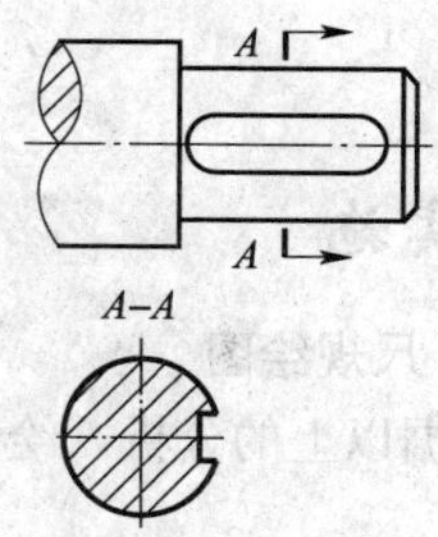
	不必标注箭头	应标注剖切符号（含箭头）和字母

三、重合断面

画在视图轮廓线之内的断面图，称为重合断面图。

1．画法

重合断面图的轮廓线用细实线绘制，且不得影响视图中的轮廓线。当视图的轮廓线与重合断面的图形重叠时，视图中的轮廓线仍应连续画出，不可间断。

2．标注

（1）对称的重合断面图不必标注，如图 7—3—8 所示。

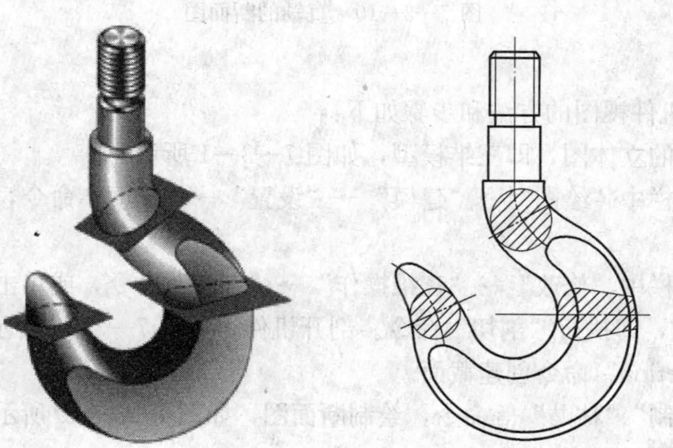

图 7—3—8　重合断面图的省略标注

(2) 不对称的重合断面，在不致引起误解时，也可以省略标注。如图 7—3—9 所示。

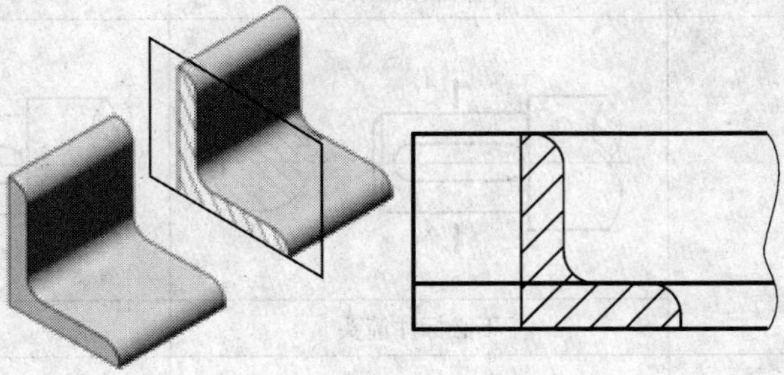

图 7—3—9 重合断面图的标注

任务实施

1. 尺规绘图

根据以上的分析，绘制出机件的视图，如图 7—3—10 所示。

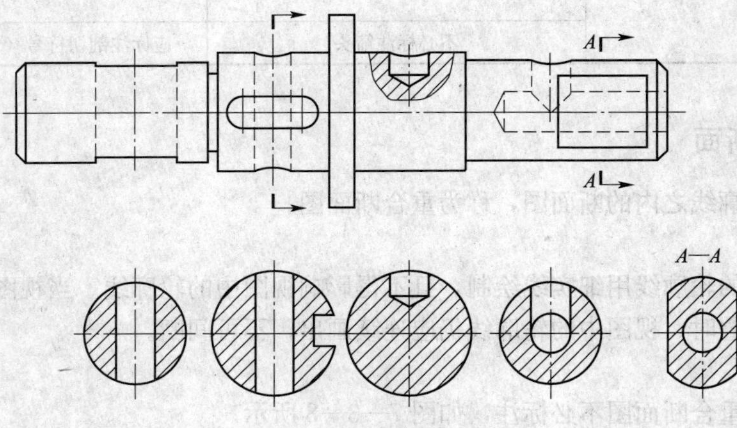

图 7—3—10 直轴的断面图

2. CAD 绘图

用 CAD 绘制机件视图的方法和步骤如下：

(1) 绘制机件的立体图，即三维模型，如图 7—3—1 所示。

(2) 利用菜单栏中“绘图”→“建模”→“设置”→“轮廓”命令，生成主视图，如图 7—3—10 所示。

(3) 利用菜单栏中“修改”→“三维操作”→“剖切”命令，或单击“面板”工具栏上的“剖切”按钮，即执行“剖切”命令。剖开机件，如图 7—3—2 所示。

(4) 利用“section”命令创建截面。

(5) 利用“复制”“粘贴”等命令，绘制断面图，如图 7—3—10 所示。

课题四　其他表达方法

任务 1　用局部放大图表达机件

◆ 教学目标

1. 理解局部放大图的概念，了解局部放大图的画法特点。

2. 能识读局部放大图，能正确标注局部放大图。能够正确运用局部放大图表达机件上的细小结构。

3. 能用 CAD 绘制二维、三维图形。

任务提出

识读如图 7—4—1 所示键轴的局部放大图。

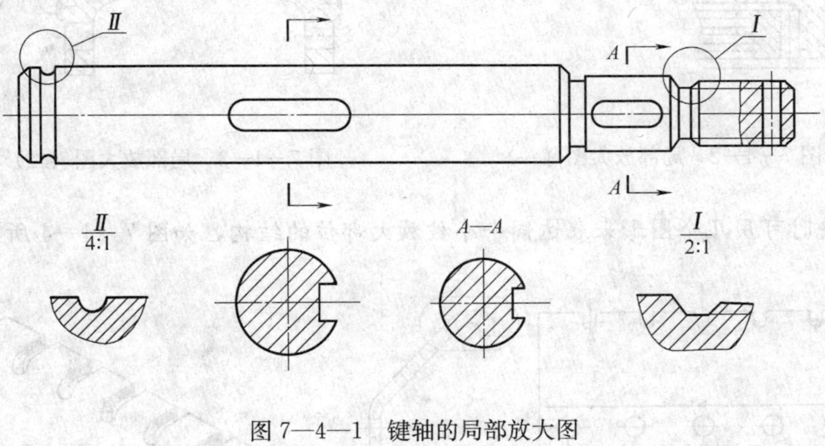

图 7—4—1　键轴的局部放大图

任务分析

有些机件的部分结构细小，为使图形清晰，可以采用局部放大的方法，将机件的部分结构，用大于原图形的比例画出，这种图形称为局部放大图。

任务实施

如图 7—4—1 所示，图中Ⅰ和Ⅱ处的沟槽结构形状比较细小，原图中表达不清楚，所以采用局部放大图，Ⅰ处采用了 2∶1 比例绘制局部放大图，Ⅱ处采用了 4∶1 比例绘制局部放大图。

除了螺纹的牙型、齿轮、链轮的齿形外，应用细实线圈出被放大部位。

当同一机件上有几个被放大部位时，必须用罗马数字依次标明被放大的部位，并在局部放大图上方标出相应的罗马数字和所采用的比例。

知识拓展

识读局部放大图应注意的问题

1. 局部放大图可以画成视图，也可以画成剖视图或断面图，它与被放大部分的表达方法无关。局部放大图应尽量配置在被放大部位的附近。

2. 当机件上被放大部分仅有一处时，在局部放大图的上方只需注明所采用的比例。如图 7—4—2 所示。

3. 同一机件上，不同部位的局部放大图相同或对称时，可只画出一个，如图 7—4—3 所示。

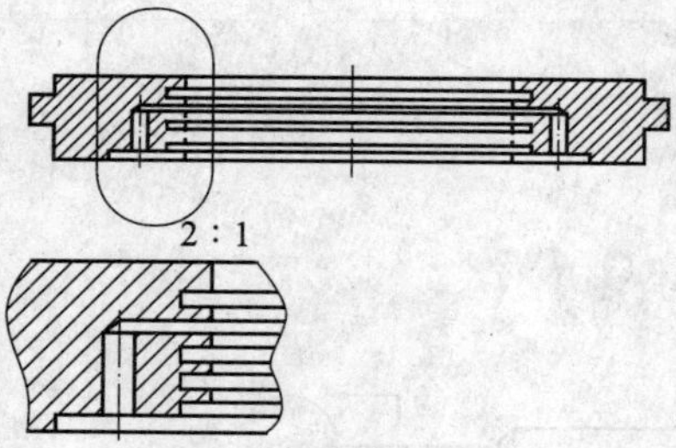

图 7—4—2　局部放大图（一）

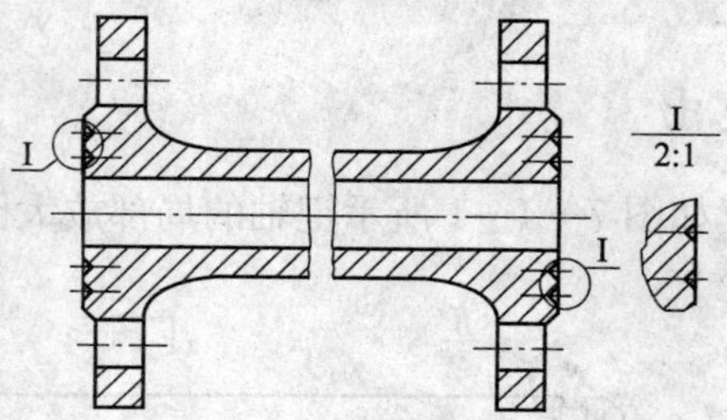

图 7—4—3　局部放大图（二）

4. 必要时可用几个图形来表达同一个被放大部位的结构，如图 7—4—4 所示。

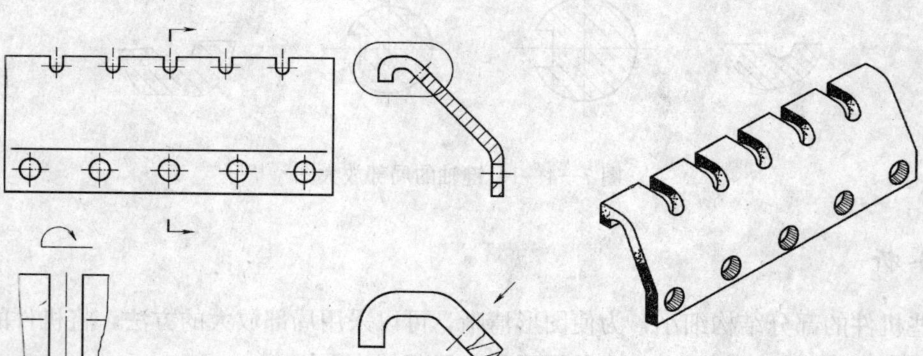

a）　　b）

图 7—4—4　局部放大图（三）

任务 2　用简化画法表达机件

◆ **教学目标**

1. 理解简化画法的概念，了解常见机件的简化画法。
2. 能识读常见机件的简化画法，能正确区分各种简化画法。
3. 能够正确运用简化画法表达机件。
4. 能用 CAD 绘制二维、三维图形。

任务提出

如图 7—4—5 所示为支架的立体图，试分析其结构特点，并选定合理的表达方案，画出该机件的视图。

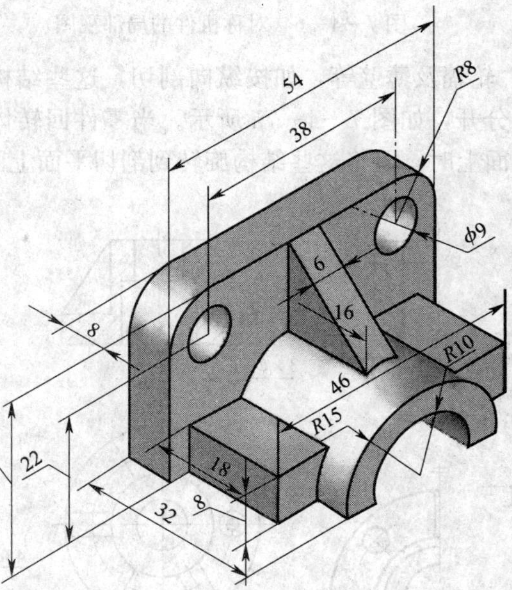

图 7—4—5　支架立体图

任务分析

从图 7—4—5 中可以看出：支架由底板、竖板、半圆筒、肋板四部分组合而成。可采用主、俯两个基本视图以及全剖的左视图表达支架的结构形状。要规范地画出带有肋板的机件的剖视图必须熟悉简化画法。

相关知识

为了制图的简便，国家标准在 GB/T 16675.1—1996 简化表示法中，规定了一些常见机件结构的简化画法和规定画法。

一、机件上相同结构的简化画法

1. 对称机件的视图可只画一半或 1/4，并在对称中心线的两端画两条与其垂直的平行细实线。这种简化画法是局部视图的一种特殊画法，如图 7—4—6 所示。

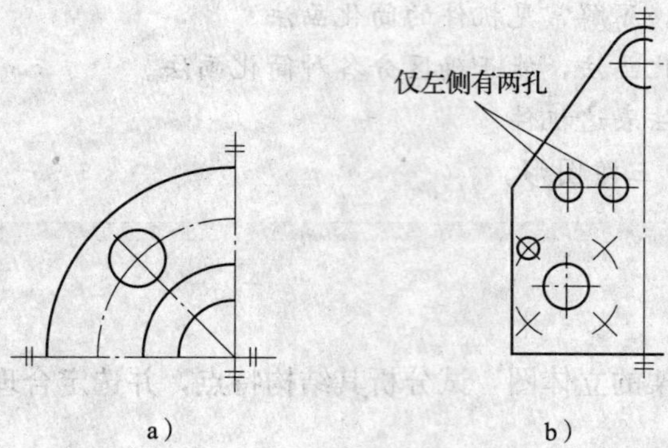

图 7—4—6 对称机件的局部视图

2. 对于机件的肋、轮辐及薄壁等，如按纵向剖切，这些结构都不画剖切符号，而用粗实线将它们与邻接部分分开，如图 7—4—7a 所示。当零件回转体上均匀分布的肋、轮辐及孔等结构不处于剖切平面上时，可将这些结构旋转到剖切平面上画出，如图 7—4—7b 所示。

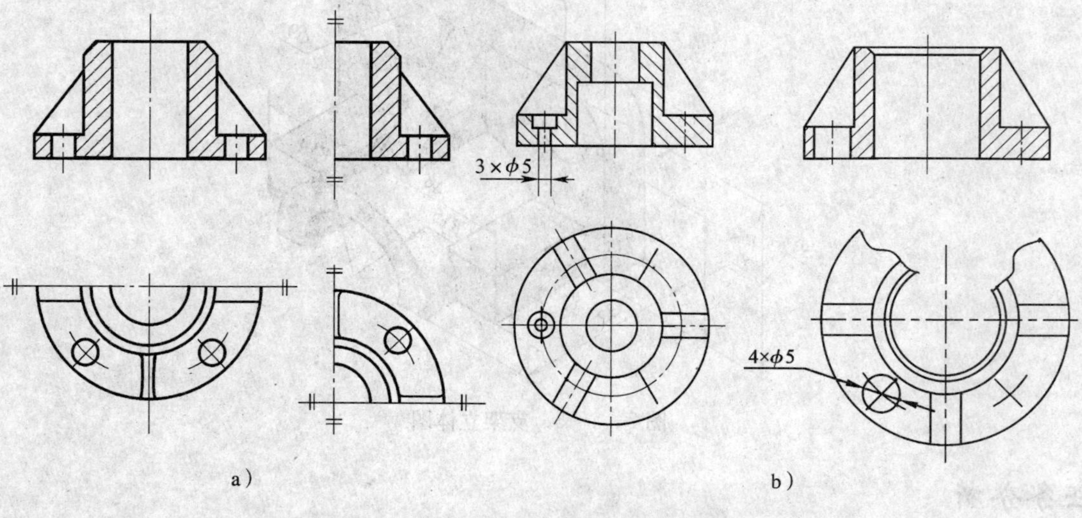

图 7—4—7 机件的肋、轮辐及薄壁等的简化画法
a）对称机件及肋的简化画法 b）回转体上肋、孔的简化画法

3. 当机件具有若干直径相同且成规律分布的孔（圆孔、螺孔、沉孔等）时，可以仅画出一个或几个，其余只需表示其中心位置，如图 7—4—8 所示。

4. 当机件上具有相同结构（齿、槽等），并按一定规律分布时，应尽可能减少相同结构的重复绘制，只需画出几个完整的结构，其余用细实线连接，如图 7—4—9a、b 所示。

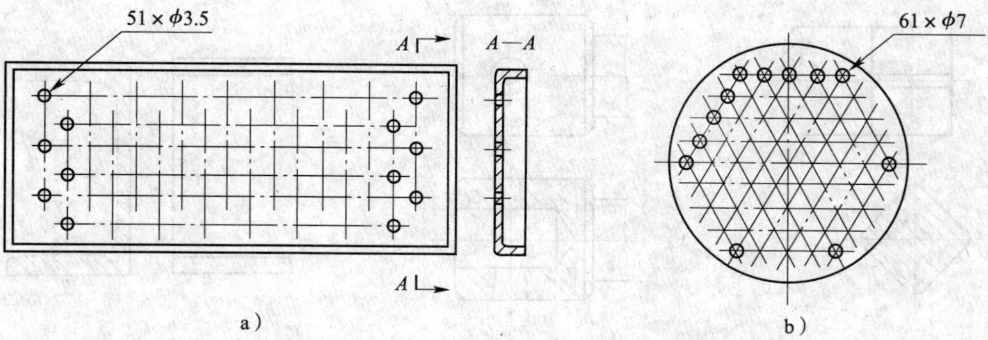

图 7—4—8　机件上直径相同且成规律分布孔的简化画法

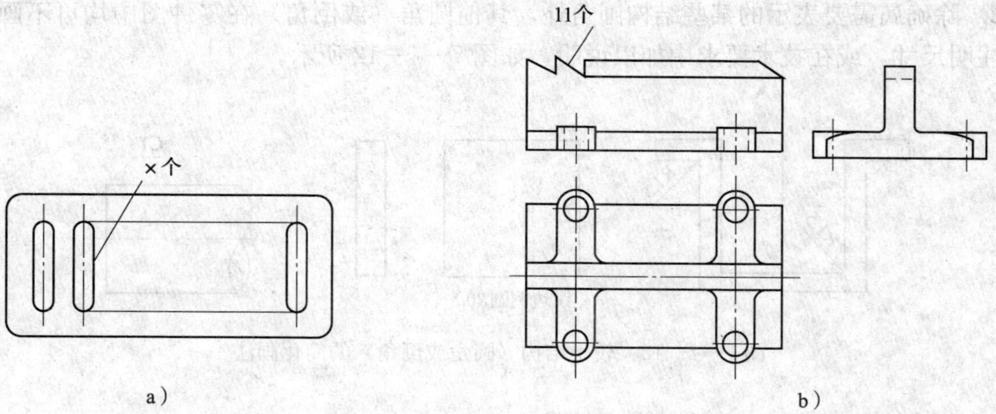

图 7—4—9　机件上具有相同齿、槽结构的简化画法

5. 较长机件（轴、杆、型材、连杆）沿长度方向的形状一致或按一定规律变化时，可以断开后缩短绘制，但必须标注实际尺寸，如图 7—4—10 所示。

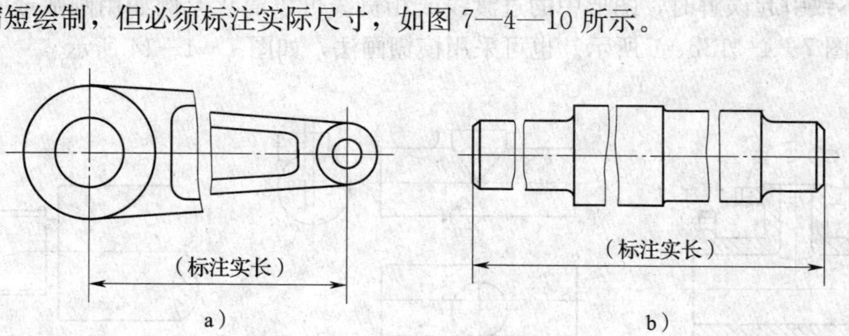

图 7—4—10　较长机件的断开画法

二、机件上较小结构的简化画法

1. 当机件上较小结构及斜度已在一个图形中表达清楚时，其他图形可简化或省略，如图 7—4—11 所示。

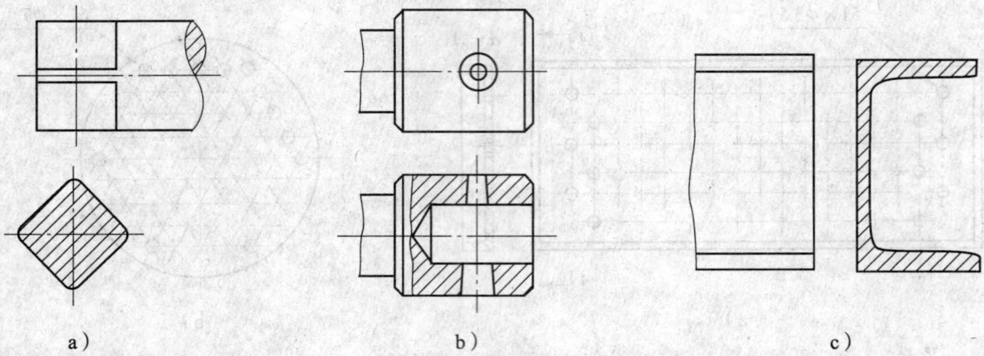

图 7—4—11　机件上较小结构的简化画法

2. 除确属需要表示的某些结构圆角外，其他圆角（或倒角）在零件图中均可不画，但必须注明尺寸，或在技术要求中加以说明，如图 7—4—12 所示。

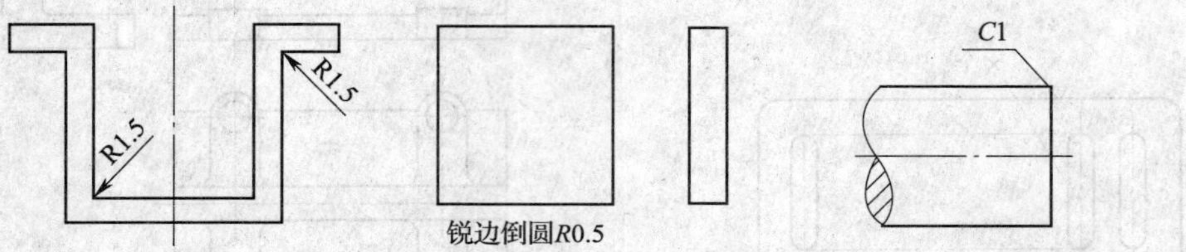

图 7—4—12　较小结构（圆角或倒角）的简化画法

三、过渡线或相贯线的简化画法

1. 过渡线用细实线绘制，如图 7—4—13a 所示。

2. 在不致引起误解时，图形中的过渡线或相贯线可以简化。例如用圆弧或直线代替非圆曲线，如图 7—4—13b、c 所示。也可采用模糊画法，如图 7—4—14 所示。

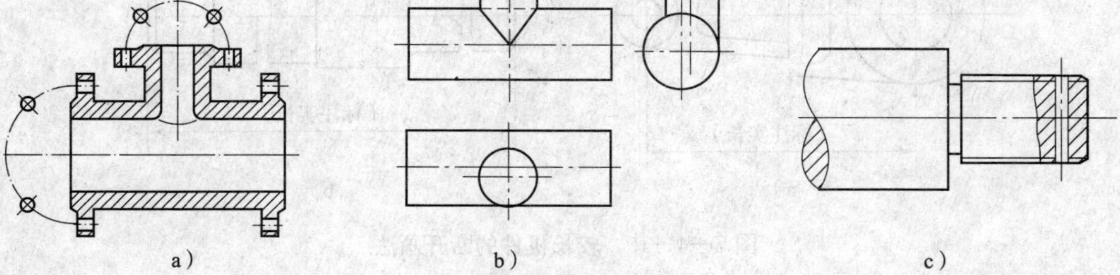

图 7—4—13　过渡线和相贯线的简化画法

3. 机件中与投影面倾斜角度不大于 30°的圆或圆弧的投影可用圆或圆弧画出。如图 7—4—15 所示。

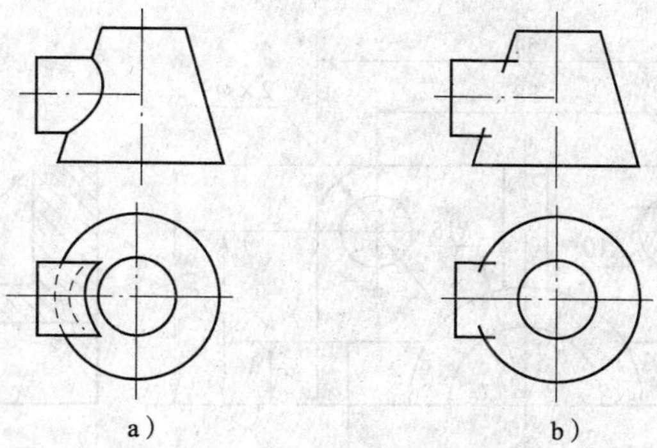

图 7—4—14　相贯线的模糊画法

a）简化前　b）简化后

四、用符号表示的简化画法

当图形不能充分表达平面时，可用平面符号（相交的两细实线）表示，如图 7—4—16 所示。

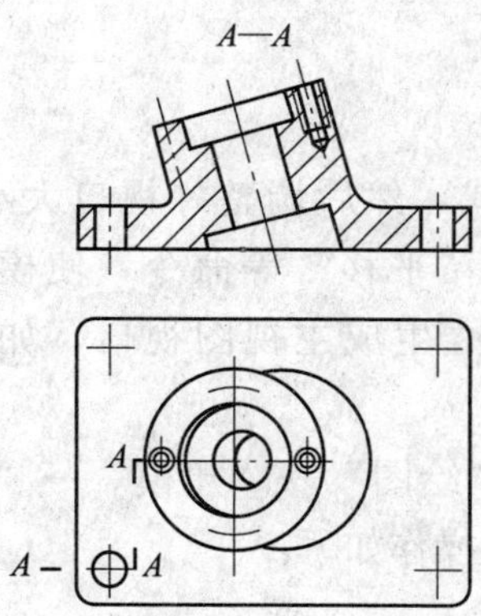

图 7—4—15　椭圆的简化画法

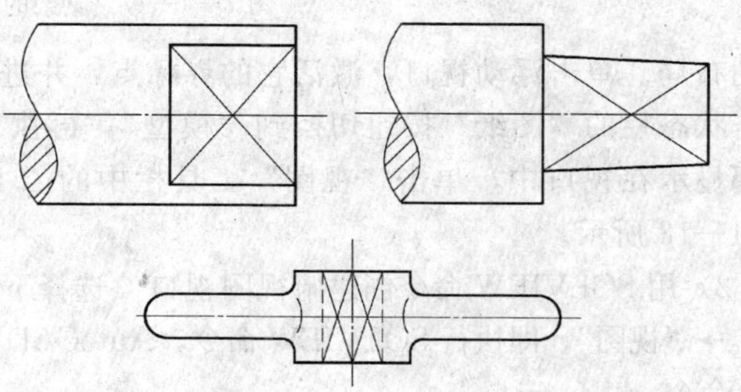

图 7—4—16　用符号表示的简化画法

任务实施

1. 尺规绘图

根据以上的分析，绘制出支架的视图，如图 7—4—17 所示。

2. CAD 绘图

利用 AutoCAD 2007 强大的图纸布局功能，把用户已经绘制好的三维模型生成二维图。具体方法和步骤如下：

（1）创建实体模型　将“三维建模”工作空间置为当前或创建“自己的三维”工作空间。使“视图”“视口”“UCS”“视觉样式”等工具栏为显示状态。用前面所学方法创建如图 7—4—5 所示支架实体，方向为西南等轴测。

（2）在布局中创建各视图视口

1）切换到布局，创建主视图视口　单击绘图屏幕上的“布局 1”选项卡，AutoCAD 切

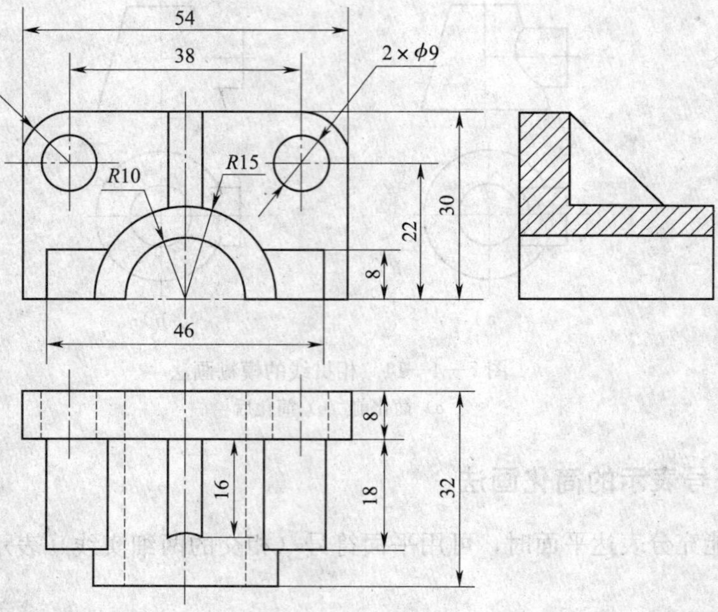

图 7—4—17　支架的视图

换到布局。单击浮动视口，激活它的界标点，并进入拉伸模式，然后调整好视口大小。单击状态栏的“图纸”按钮切换到“模型”，再执行“缩放”“平移”等命令，使模型全部显示在视口中，单击“视图”工具栏中的“主视”按钮生成主视图视口，如图 7—4—18 所示。

2）用 SOLVIEW 命令创建俯视图视口　选择下拉菜单项“绘图”→“建模”→“设置”→“视图”，即执行 SOLVIEW 命令，AutoCAD 提示及相关操作如下：

命令：_ solview

输入选项［UCS（U）/正交（O）/辅助（A）/截面（S）］：O↙

指定视口要投影的那一侧：在图 7—4—18 中主视图视口的上边界拾取一点

指定视图中心：在主视图视口下方拾取一点

指定视图中心〈指定视口〉：↙

指定视口的第一个角点：拾取主视图视口的左下角点

指定视口的对角点：在与主视图视口的右边对齐的适当位置拾取一点

输入视图名：俯视图↙

3）用 SOLVIEW 命令创建左视图视口　因为左视图是剖视图，因此通过 SOLVIEW 命令中的“截面（S）”选项创建。在创建俯视图后，AutoCAD 继续提示及相关操作如下：

输入选项［UCS（U）/正交（O）/辅助（A）/截面（S）］：S↙

指定剪切平面的第一个点：拾取图 7—4—18 主视图视口中物体最上边线的中点

指定剪切平面的第二个点：打开极轴在下方拾取一点

指定要从哪侧查看：在物体左边拾取一点

输入视图比例<1.3863>：↙

指定视图中心：在主视图视口的右边适当位置拾取一点

指定视图中心<指定视口>：↙

指定视口的第一个角点：拾取主视图视口的右下角点

指定视口的对角点：在右边适当位置拾取一点

输入视图名：左视图↙

4）用 SOLVIEW 命令创建西南等轴测图视口　在创建左视图后，AutoCAD 继续提示及相关操作如下：

输入选项［UCS（U）/正交（O）/辅助（A）/截面（S）］：U↙

输入选项［命名（N）/世界（W）/?/当前（C）］<当前>：↙

输入视图比例<1>：↙

指定视图中心：在适当位置拾取一点

指定视图中心<指定视口>：↙

指定视口的第一个角点：拾取主视图视口的右下角点

指定视口的对角点：在右下方适当位置拾取一点

输入视图名：西南等轴测图↙

输入选项［UCS（U）/正交（O）/辅助（A）/截面（S）］：↙

结束命令，并单击“视图”工具栏“西南等轴测”按钮，执行结果如图 7—4—19 所示。

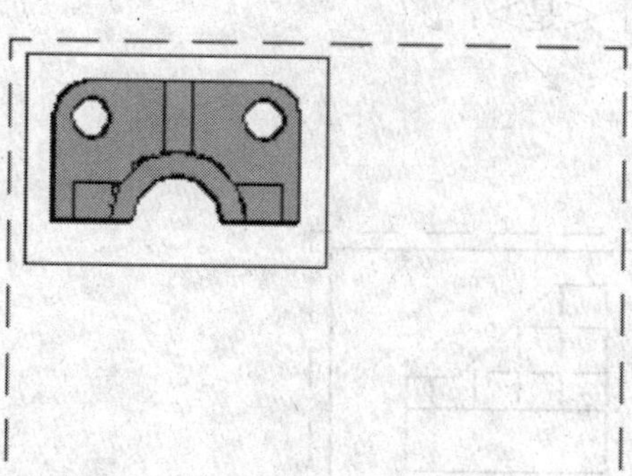

图 7—4—18　创建主视图视口

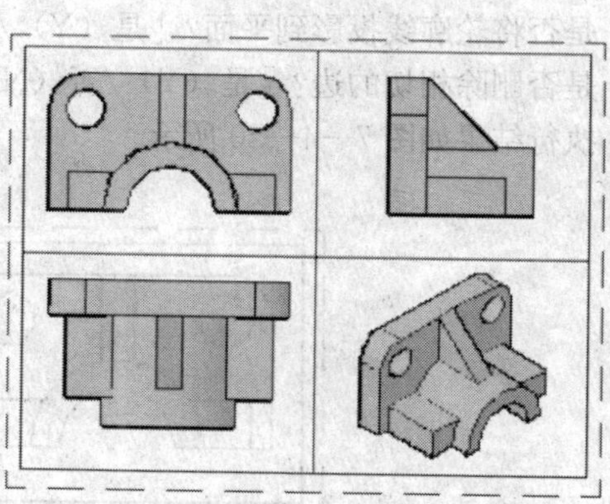

图 7—4—19　创建四个视口

（3）生成二维图　前面已创建了一系列视口，但应注意，这些图形并不是二维的，而仍然是三维图。下面使用 SOLPROF 及 SOLDRAW 命令生成三维实体的二维图形。

1）用 SOLDRAW 命令生成轮廓图和剖视图　SOLDRAW 命令的作用是：对于由 SOLVIEW 命令创建的视图，给用“UCS（U）”“正交（O）”或“辅助（A）”选项创建的投影视图创建轮廓线；给用“截面（S）”选项创建的截面图的截面创建填充图案（如剖面线），AutoCAD 用当前的填充图案填充截面。

选择下拉菜单项“绘图”→“建模”→“设置”→“图形”，即执行 SOLDRAW 命令，AutoCAD 提示及相关操作如下：

命令：_ soldraw

选择要绘图的视口...

在此提示下选择俯视图、左视图、西南等轴测图视口边界。

说明：只有用 SOLVIEW 命令创建了视图后，才可以执行 SOLDRAW 命令。

创建截面填充图案之前可以通过系统变量 HPNAME，HPSCALE 和 HPANG 设置所用图案的名称、填充比例和角度。也可以用 AutoCAD 默认提供的图案填充后，通过编辑图案来设置新的填充图案的名称、填充比例和角度。

对已创建成轮廓或填充图案的视口重新执行 SOLDRAW 命令，AutoCAD 将删除这些轮廓线或填充图案，然后生成更新后的轮廓线或填充图案。

2）用 SOLPROF 命令生成轮廓图　使用 SOLPROF 命令时，必须在布局中激活浮动视口（模型），该命令可创建三维模型的 2D 轮廓线，轮廓线框是一个图块。生成轮廓线的同时，还将自动创建前缀为“PV－”及“PH－”的图层，这些图层分别用于放置可见轮廓线及不可见轮廓线。

选择下拉菜单项“绘图”→“建模”→“设置”→“轮廓”，即执行 SOLPROF 命令，AutoCAD 提示及相关操作如下：

命令：_ solprof

选择对象：选择主视图视口中物体

选择对象：↙

是否在单独的图层中显示隐藏的轮廓线？[是（Y）/否（N）] <是>：↙

是否将轮廓线投影到平面？[是（Y）/否（N）] <是>：↙

是否删除相切的边？[是（Y）/否（N）] <是>：↙

执行结果如图 7—4—20 所示。

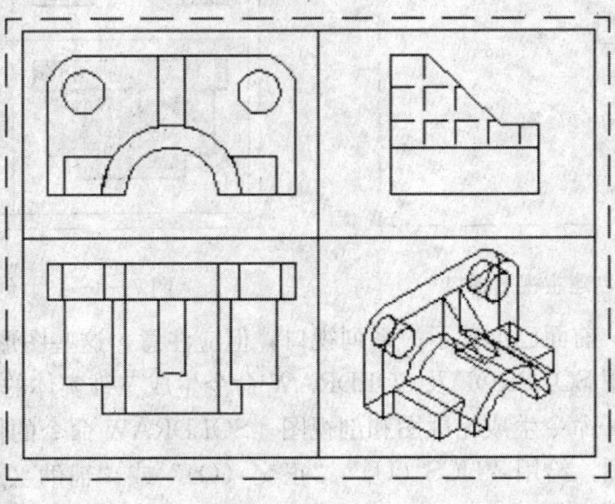

图 7—4—20　生成二维图

3）将视口所在的图层修改到“VPORTS”层上，然后把三维模型所在的图层“0”层以及西南等轴测图的后缀为“－HID”层冻结。这样就生成各视图的二维轮廓线。

注意：如果删除主视图视口，用 SOLVIEW 命令创建主视图视口，就可以用 SOLDRAW 命令生成轮廓图，也没有三维模型需要冻结，会方便很多。

（4）虚线的处理　AutoCAD 还自动创建了后缀为“－VIS”“－HID”“－HAT”“－DIM”的图层，它们分别放置三维模型的可见轮廓线、不可见轮廓线、剖视图的剖面线、各视图的尺寸。还有“VPORTS”图层放置各视图的视口。

选择后缀为“－HID”及前缀为“PH－”的图层，将它们的线型设置为 Dashed（虚线）。

（5）调整视图比例　将视口工具栏拖放到绘图区域，单击状态栏的“图纸”按钮切换到“模型”，在工具栏下拉列表中选取适当比例，如图 7—4—21 所示（注意：也可以将比例前后项修改为所需要的值），调整各个视图的比例。

图 7—4—21　视口工具栏

（6）剖面线的处理　由于左视图肋板上不应画剖面线，可以先删除剖面线；将“左视图－VIS”图层设置为当前层，画出封闭的剖面线边界。再将“左视图－DIM”图层设置为当前层，重新进行图案填充，结果如图 7—4—22 所示。

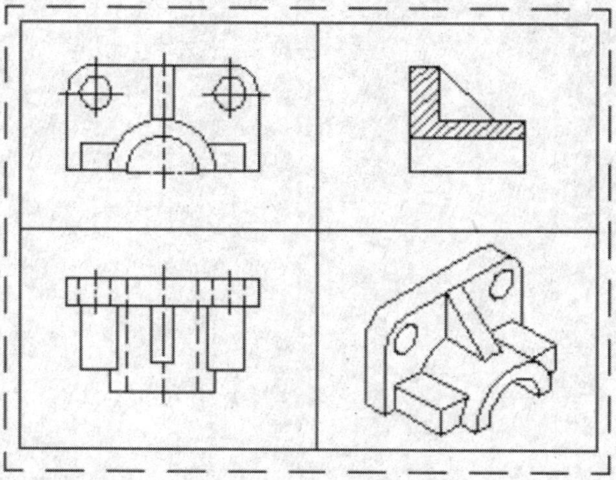

图 7—4—22　重新进行图案填充

（7）绘制中心线及标注尺寸　在模型空间绘制中心线及标注尺寸，与在二维平面图形中完全相同，过程略。

（8）对齐视图位置　利用 MVSETUP 命令，可以将布局中的几个视图对齐。过程略，执行结果如图 7—4—23 所示（视觉样式必须选择二维线框才能看出虚线效果）。

（9）视图的最终调整　将所有视口修改到“VPORTS”层上，在图纸空间冻结图层“VPORTS”。对四个视口的边框线进行消隐。此时可直接将其打印，即将三维实体生成二维图后打印输出。

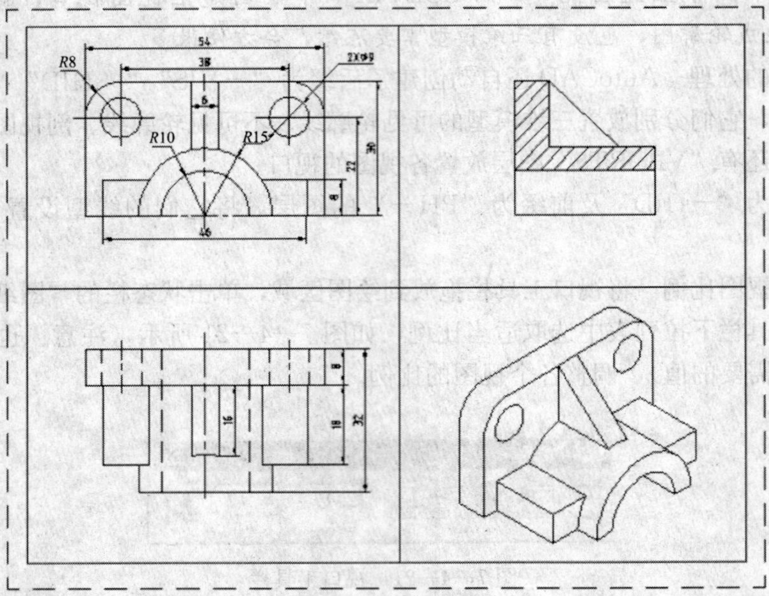

图 7—4—23　支架二维图

8 模块八 标准件与常用件

在机器或部件中，除一般零件外，还广泛使用螺纹紧固件（如螺栓、螺钉、螺母、垫圈）、键、销和滚动轴承等，这类零件的结构和尺寸均已标准化，称为标准件。此外，齿轮、弹簧等常用机件的部分结构要素也实行了标准化。由于结构和尺寸的标准化，制造上述零件时便可组织专业化生产（大批量高效率生产），使用专用机床、标准的刀具和量具，从而获得质优价廉的产品；同时，在设计、装配和维修机器时，可以方便地按照规格选用和更换。本模块主要介绍标准件、常用件的基本知识、规定画法和标记，以及有关标准的查用方法。

课题一　绘制标准件

任务 1　绘制与标注带有螺纹零件的视图

◆ **教学目标**

1. 理解螺纹的基本参数，掌握螺纹的规定画法和标记方法。
2. 能用螺纹的规定画法绘制螺纹。
3. 能正确标注螺纹标记。
4. 能用 CAD 绘制轴、套、轴套连接的二维图形。

任务提出

图 8—1—1 为轴、套、轴套连接的立体图，观察物体，分析并掌握轴、套、轴套连接的表达方法，用恰当的视图表达轴、套、轴套连接的形状，并标注尺寸。

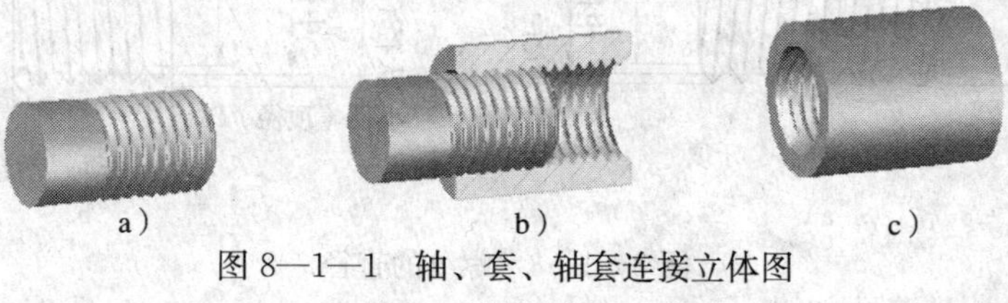

a）　　b）　　c）

图 8—1—1　轴、套、轴套连接立体图

a）轴　b）轴套连接　c）套

任务分析

从轴、套、轴套连接的立体图可以看出，要表达带有螺纹的零件的形状，仅用视图、剖视图、断面图等上一模块学习过的图样画法，很难把螺纹部分的结构形状完整、清晰、简练地表达出来。为此，国家标准规定了螺纹在图样中的表示方法。

相关知识

一、螺纹的结构要素

在车削螺纹时需要知道下列五个结构要素：

1. 牙型

通过螺纹轴线断面上的螺纹轮廓形状称为螺纹牙型。常见的螺纹牙型有三角形、梯形、锯齿形和矩形。其中，矩形螺纹尚未标准化，其余牙型的螺纹均为标准螺纹，如图 8—1—2 所示。

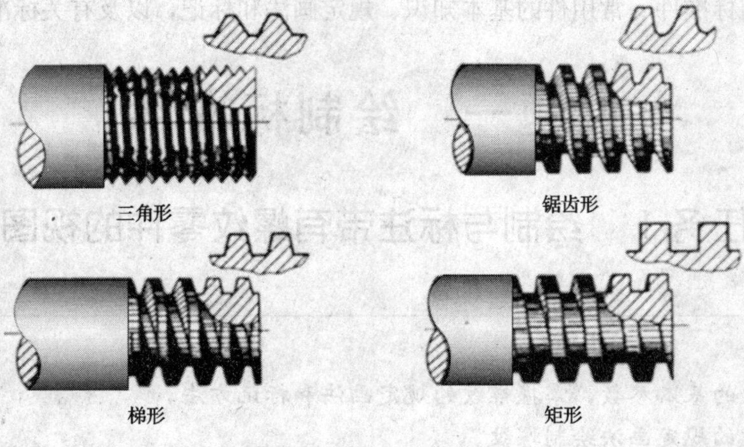

图 8—1—2 螺纹的牙型

2. 直径

螺纹的直径有大径、小径和中径，如图 8—1—3 所示。

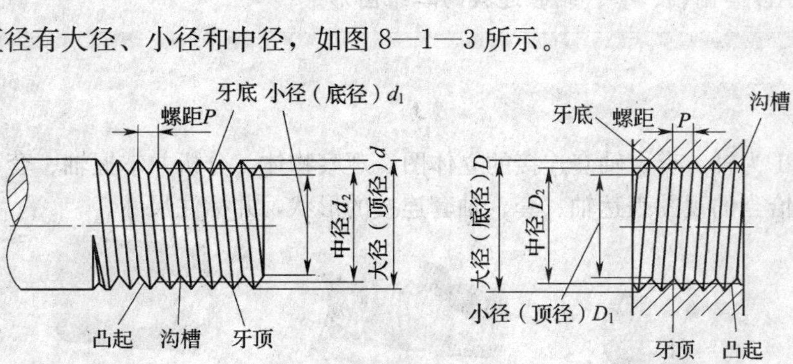

图 8—1—3 螺纹的直径

a）外螺纹 b）内螺纹

大径是指与外螺纹牙顶或内螺纹牙底相切的假想圆柱或圆锥的直径（即螺纹的最大直径），内、外螺纹的大径分别用 D 和 d 表示，是螺纹的公称直径。

小径是指与外螺纹牙底或内螺纹牙顶相切的假想圆柱或圆锥的直径。内、外螺纹的小径分别用 D_1 和 d_1 表示。

中径是指母线通过牙型上沟槽和凸起宽度相等处的假想圆柱或圆锥的直径。内、外螺纹的中径分别用 D_2 和 d_2 表示。

3．线数

螺纹有单线和多线之分。沿一条螺旋线形成的螺纹为单线螺纹；沿两条或两条以上螺旋线形成的螺纹为双线或多线螺纹，如图 8—1—4 所示。

4．螺距和导程

螺纹上相邻两牙在中径线上对应两点间的轴向距离称为螺距（P）；沿同一条螺旋线形成的螺纹，相邻两牙在中径线上对应两点间的轴向距离称为导程（L），如图 8—1—4 所示。对于单线螺纹，$L=P$；对于线数为 n 的多线螺纹，$L=n\times P$。

5．旋向

螺纹有右旋和左旋两种，判别方法如图 8—1—5 所示。右旋用右手，左旋用左手，四指为旋向，大拇指为螺纹前进方向。工程上常用右旋螺纹。

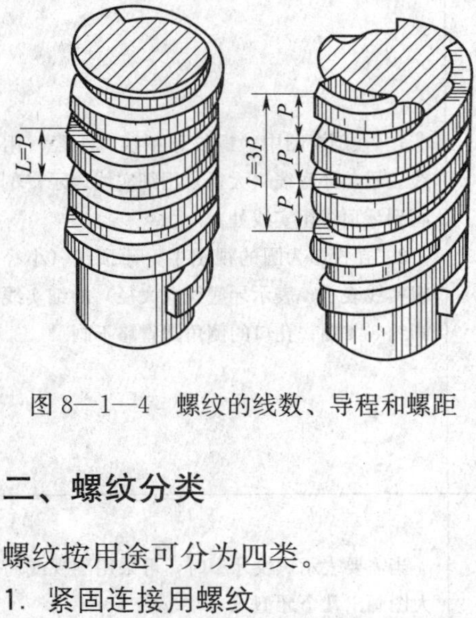

图 8—1—4　螺纹的线数、导程和螺距

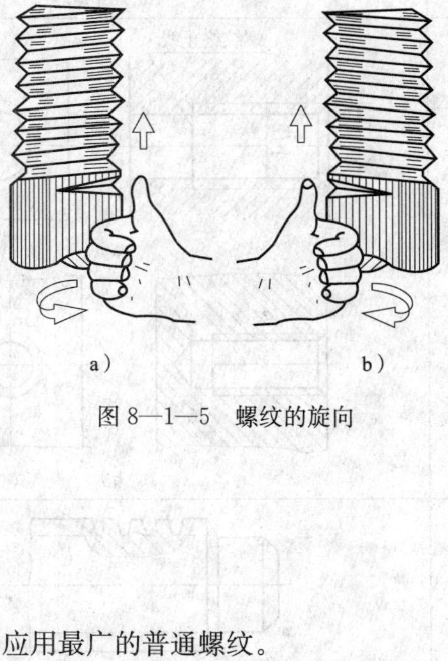

图 8—1—5　螺纹的旋向

二、螺纹分类

螺纹按用途可分为四类。

1．紧固连接用螺纹

简称紧固螺纹，用来连接零件的连接螺纹，如应用最广的普通螺纹。

2．传动用螺纹

简称传动螺纹，用来传递动力和运动的螺纹，如梯形螺纹、锯齿形螺纹和矩形螺纹等。

3．管用螺纹

简称管螺纹，如 55°非密封管螺纹、55°密封管螺纹等。

4．专门用途螺纹

简称专用螺纹，如自攻螺钉用螺纹、木螺钉螺纹和气瓶专用螺纹等。

三、螺纹的表示法（摘自 GB/T 4459. 1—1995）

螺纹属于标准结构要素，如按其真实投影绘制将会非常烦琐，为此，国家标准《机械制图　螺纹及螺纹紧固件表示法》（GB/T 4459. 1—1995）中规定了螺纹的画法（见表 8—1—1）。

表 8—1—1　　　　螺纹的规定画法

名称	规定画法	说　明
外螺纹	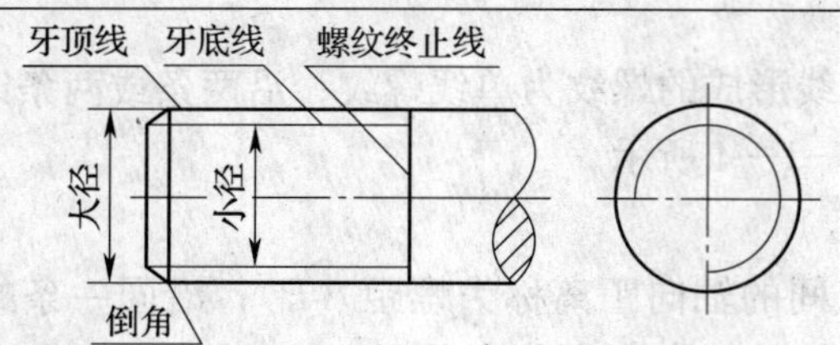 a） 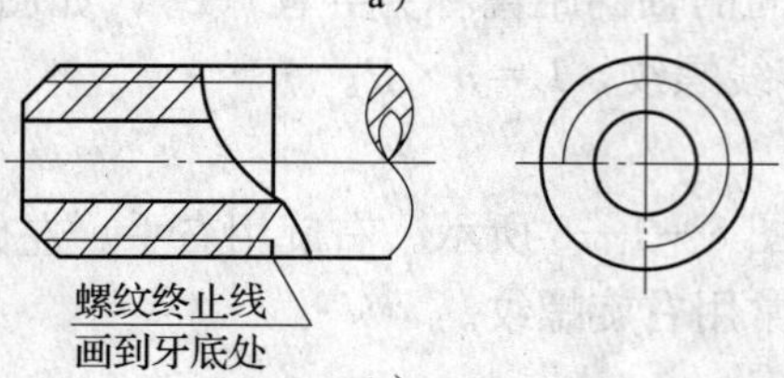 b）	1. 牙顶线（大径）用粗实线表示 2. 牙底线（小径）用细实线表示，螺杆的倒角或倒圆部分也应画出，剖面线画到牙顶粗实线处 3. 投影为圆的视图中，表示牙底的细实线圆只画约 3/4 圈，此时轴上的倒角圆省略不画 4. 螺纹终止线用粗实线表示
内螺纹	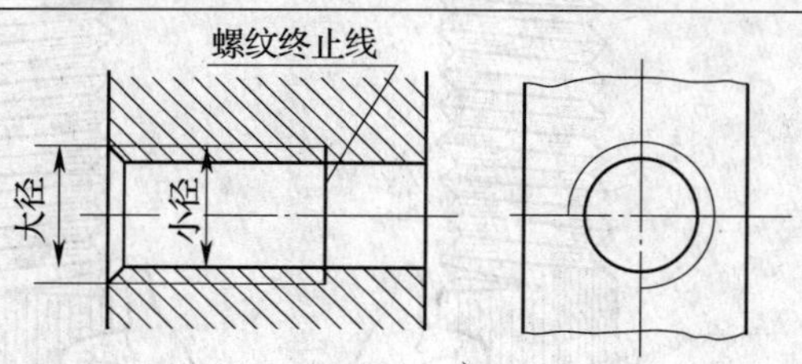 a） 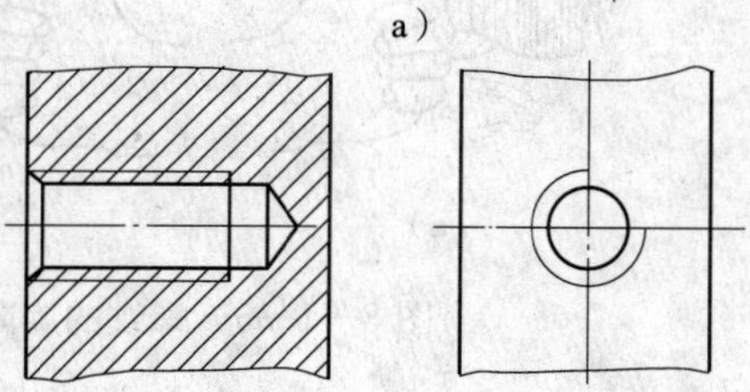 b）	1. 在剖视图中，螺纹牙顶线（小径）用粗实线表示，牙底线（大径）用细实线表示；剖面线画到牙顶线粗实线处 2. 在投影为圆的视图中，牙顶线（小径）用粗实线表示，表示牙底线（大径）的细实线圆只画约 3/4 圈；孔口的倒角圆省略不画
螺纹牙型	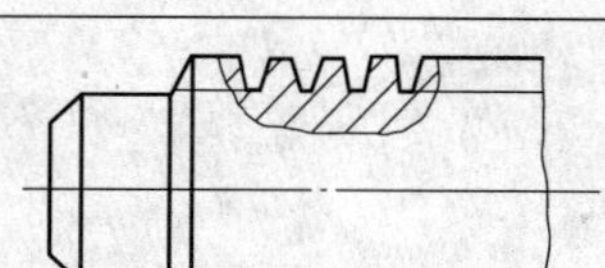	当需要表示螺纹牙型时，可采用剖视或局部放大图画出几个牙型
螺纹旋合	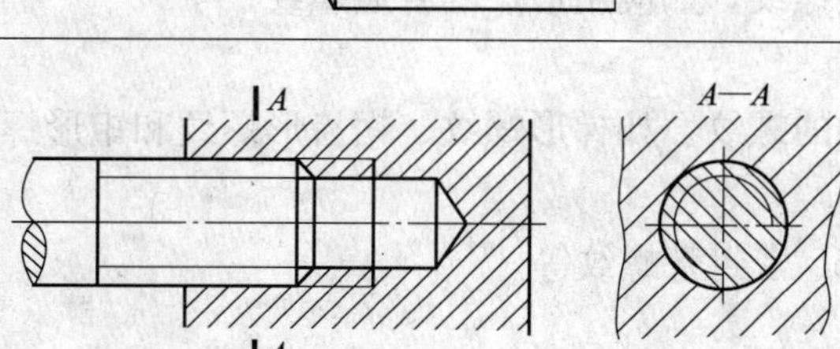	1. 在剖视图中，内外螺纹的旋合部分按外螺纹的画法绘制 2. 未旋合部分按各自的规定画法绘制，表示大小径的粗实线与细实线应分别对齐 3. 不通螺孔中的钻孔锥角应画成 120° 4. 剖面线应画到粗实线处，且螺杆按不剖绘制

四、螺纹的标注

无论是三角螺纹还是梯形螺纹，采用规定画法画出后，在图样上均不能反映出螺纹的牙型、螺距、线数和旋向等结构要素，因此，必须按规定的标记在图样上进行标注。

1. 普通螺纹的标注

普通螺纹完整标记的内容和格式为（参照 GB/T 197—2003）：

螺纹特征代号 尺寸代号—公差带代号—旋合长度代号—旋向代号

各项说明如下：

（1）螺纹特征代号　以字母“M”表示。

（2）尺寸代号　普通螺纹的螺距有粗牙和细牙两种，粗牙只有一种螺距，不需标注；细牙有多种螺距，必须标注。单线螺纹尺寸代号为“公称直径×螺距”，多线螺纹尺寸代号为“公称直径×Ph 导程 P 螺距”。

（3）公差带代号　由中径和顶径公差带代号组成，如“5g6g”，前者表示中径公差带代号，后者表示顶径公差带代号。如果中径与顶径公差代号相同，则只标注一个代号。

（4）旋合长度代号　普通螺纹的旋合长度分为短、中、长三组，分别用代号 S、N、L 表示，中等旋合长度（N）不必标注。

（5）旋向代号　左旋螺纹要注写“LH”，右旋螺纹不标注。

普通螺纹的标注示例见表 8—1—2。

表 8—1—2　　普通螺纹的标注示例

标注示例	标注说明
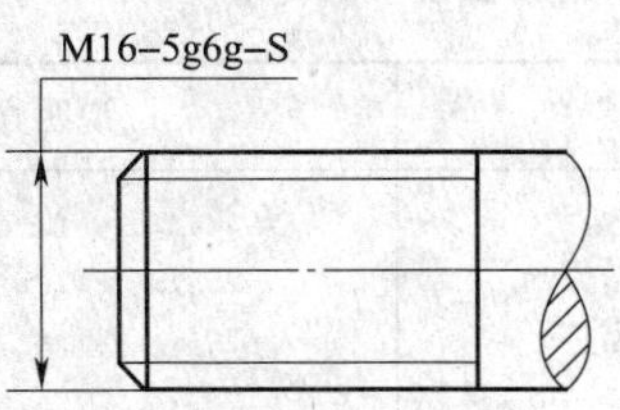	表示粗牙普通外螺纹，公称直径为 16 mm、单线，中径和顶径公差带代号分别为 5 g 和 6 g，短旋合长度，右旋 粗牙普通螺纹不标注螺距
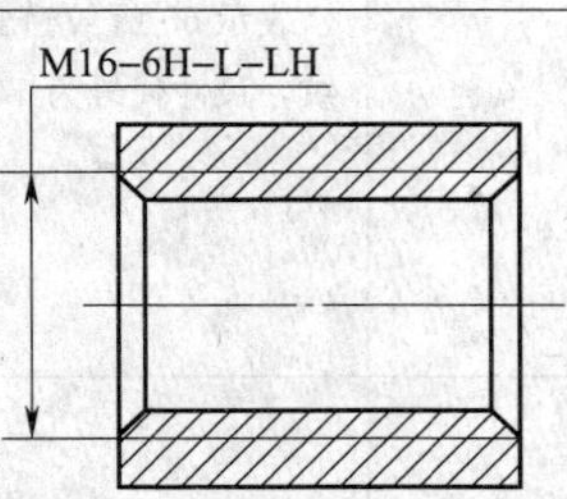	表示粗牙普通内螺纹，公称直径为 16 mm，单线，中径和顶径公差带代号同为 6H，长旋合长度，左旋
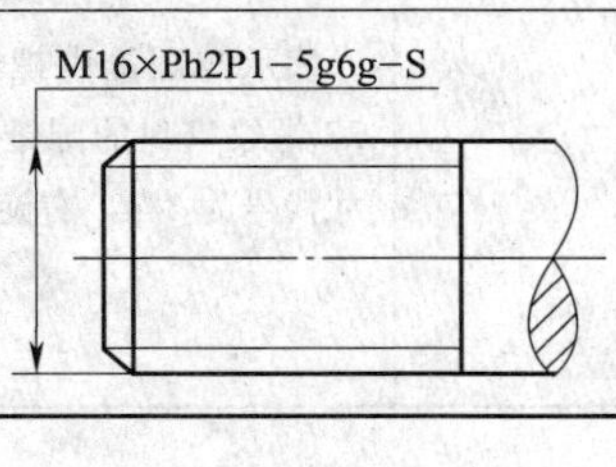	表示细牙普通外螺纹，公称直径为 16 mm，双线，导程 2 mm，螺距 1 mm，中径公差带代号为 5 g，顶径公差带代号为 6 g，短旋合长度，右旋

2. 管螺纹的标注

下面介绍 55°密封管螺纹和 55°非密封管螺纹的标注。

55°用螺纹密封的管螺纹完整标记的内容和格式为（参照 GB/T 7306.1—2000 和 GB/T 7306.2—2000）：

螺纹特征代号　尺寸代号—旋向代号

55°非螺纹密封管螺纹完整标记的内容和格式为（参照 GB/T 7307—2001）：

螺纹特征代号　尺寸代号—公差等级代号—旋向代号

各项说明如下：

（1）螺纹特征代号

R_p——圆柱内螺纹；

R_1——与圆柱内螺纹相配合的圆锥外螺纹；

R_c——圆锥内螺纹；

R_2——与圆锥内螺纹相配合的圆锥外螺纹；

G——圆柱管螺纹。

（2）尺寸代号　管螺纹的尺寸代号的单位为英寸，一般指管子通孔的近似直径，并非螺纹大径，画图时需查阅国家标准。

（3）公差带代号　非密封管螺纹外螺纹公差等级分为 A 级和 B 级两种，标注在尺寸代号之后；非密封管螺纹内螺纹公差等级只有一种，所以省略标注。

（4）旋向代号　左旋螺纹要注写“LH”，右旋螺纹不标注。

管螺纹的标注示例见表 8—1—3。

表 8—1—3　　**管螺纹标注示例**

螺纹种类	特征代号	标注示例	说明
55°密封管螺纹	R_p R_c R_1 R_2	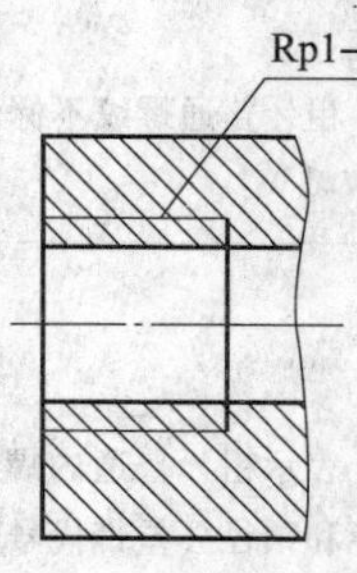	表示 55°螺纹密封的圆柱内螺纹，尺寸代号为 1，左旋
		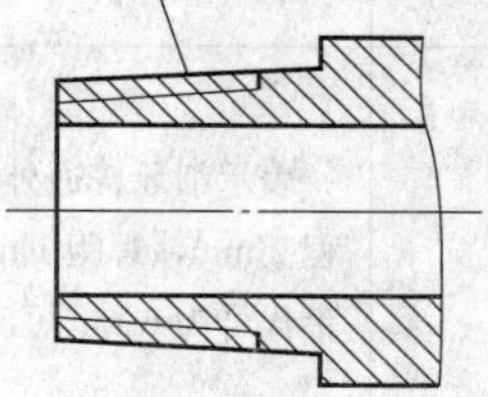	表示与圆锥内螺纹相配合的 55°螺纹密封的圆锥外螺纹，尺寸代号为 3/4，右旋

续表

螺纹种类	特征代号	标注示例	说明
55°密封管螺纹	R_p R_c R_1 R_2	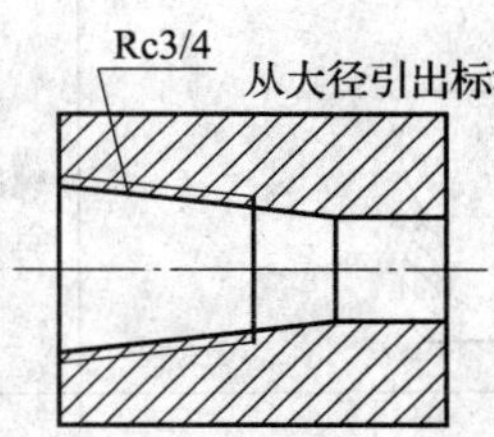	表示55°螺纹密封的圆锥内螺纹，尺寸代号为3/4，右旋
55°非密封管螺纹	G	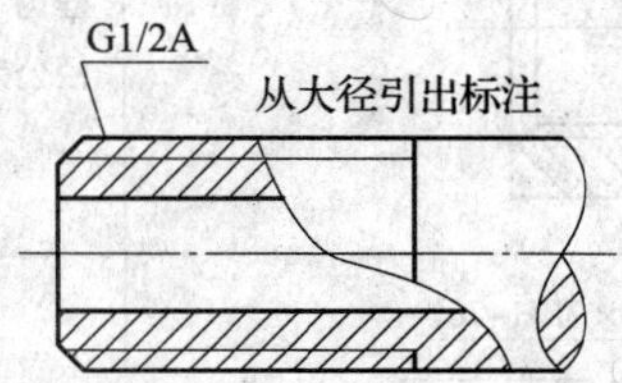	表示55°非螺纹密封的圆柱外螺纹，尺寸代号为1/2，公差等级为A级，右旋
		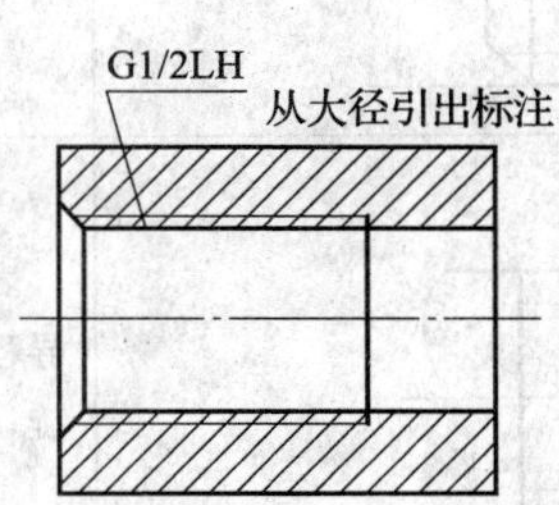	表示55°非螺纹密封的圆柱内螺纹，尺寸代号为1/2，左旋

3．梯形螺纹和锯齿形螺纹的标注

梯形螺纹和锯齿形螺纹完整标记的内容和格式为：

[螺纹特征代号] [尺寸代号]—[旋向代号]—[公差带代号]—[旋合长度代号]

各项说明如下：

（1）螺纹特征代号　梯形螺纹以字母“Tr”表示，锯齿形螺纹以字母“B”表示。

（2）尺寸代号　单线螺纹尺寸代号为“公称直径×螺距”，多线螺纹尺寸代号为“公称直径×导程（P螺距）”。

（3）旋向代号　左旋螺纹要注写“LH”，右旋螺纹不标注。

（4）公差带代号　只标注中径公差带代号。

（5）旋合长度代号　旋合长度只有中、长两种，分别用代号N、L表示，中等旋合长度（N）不必标注。

梯形螺纹和锯齿形螺纹的标注示例见表8—1—4。

表 8—1—4　　梯形螺纹和锯齿形螺纹的标注示例

螺纹种类	标注示例	说明
梯形螺纹	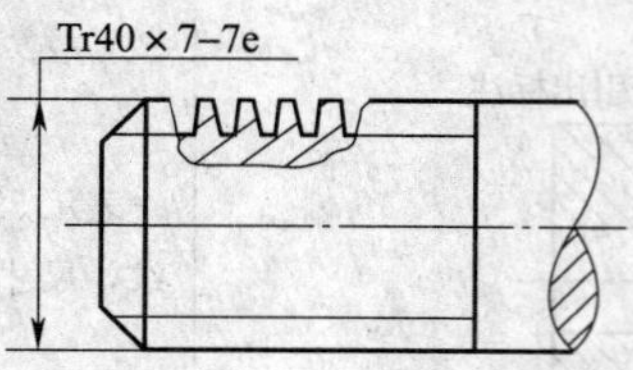	表示梯形外螺纹，公称直径为 40 mm，螺距为 7 mm，单线，右旋，中径公差带代号为 7e，中等旋合长度
	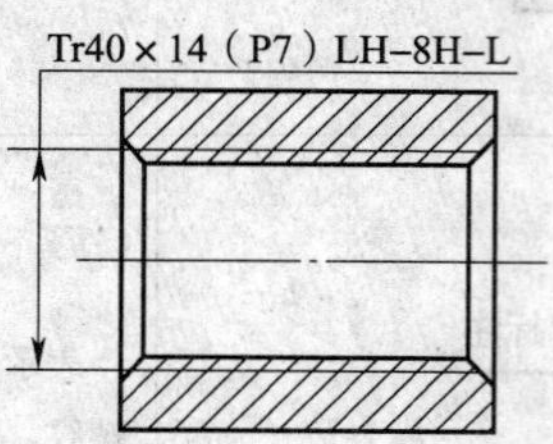	表示梯形内螺纹，公称直径为 40 mm，导程为 14 mm，螺距为 7 mm，双线，左旋，中径公差带代号为 8H，长旋合长度
锯齿形螺纹	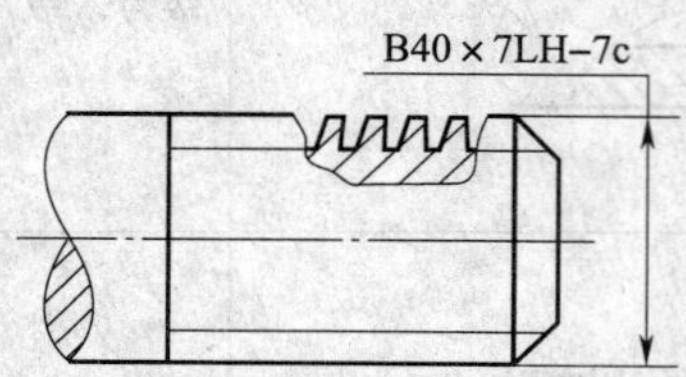	表示锯齿形外螺纹，公称直径为 40 mm，螺距为 7 mm，单线，左旋，中径公差带代号为 7c，中等旋合长度
	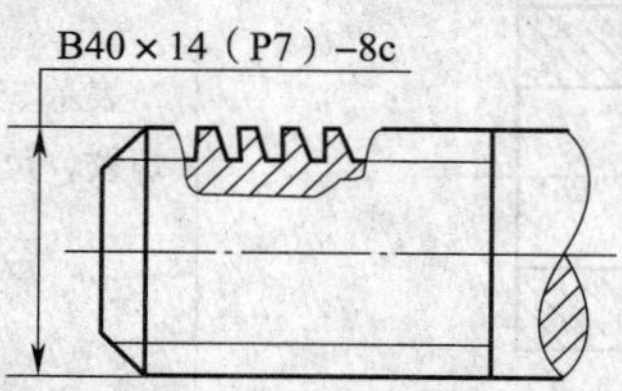	表示锯齿形外螺纹，公称直径为 40 mm，导程为 14 mm，螺距为 7 mm，双线，右旋，中径公差带代号为 8c，中等旋合长度

任务实施

1. 尺规绘图

轴、套、轴套连接为结构简单的同轴回转体，用一个视图再加上尺寸标注，完全可以表达清楚其结构形状和各部分大小。画图步骤与其加工过程相一致，如图 8—1—6～图 8—1—9所示。

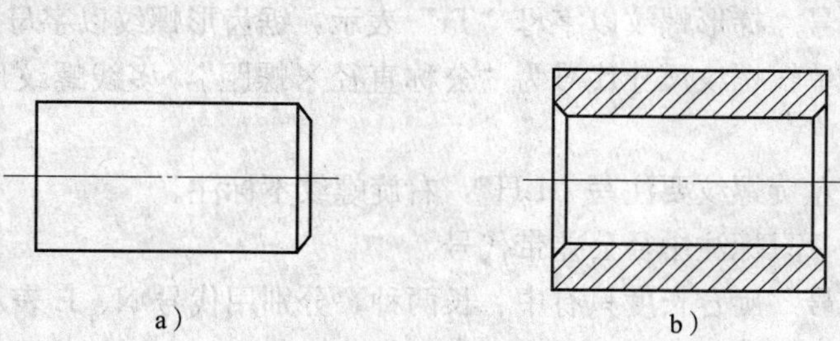

图 8—1—6　加工螺纹前的轴、套

a）轴　b）套

（1）画出加工螺纹前的轴、套（见图 8—1—6）。

（2）画出加工有螺纹的轴、套（见图 8—1—7）。

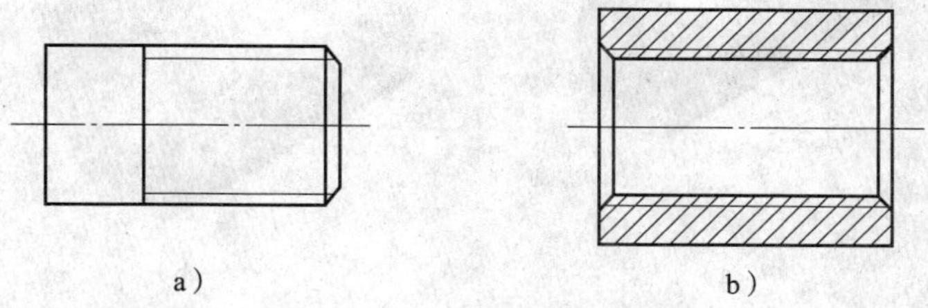

图 8—1—7　加工有螺纹的轴、套

a）轴　b）套

（3）标注轴、套的尺寸，包括对螺纹进行标注（见图 8—1—8）。

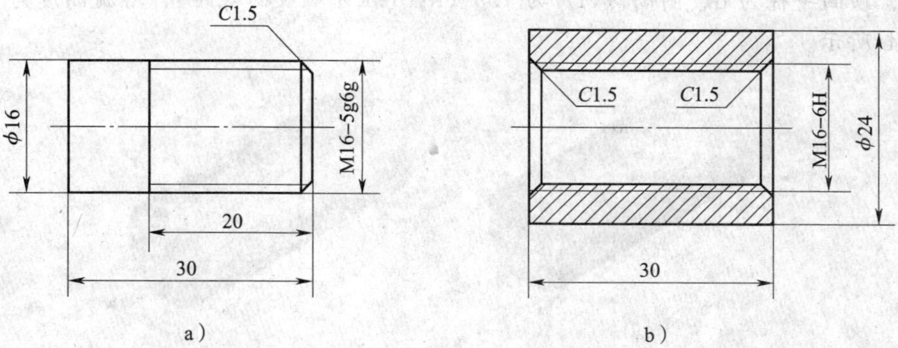

图 8—1—8　轴、套的尺寸标注

a）轴　b）套

（4）画出轴套连接图样，并对螺纹连接进行标注（见图 8—1—9）。

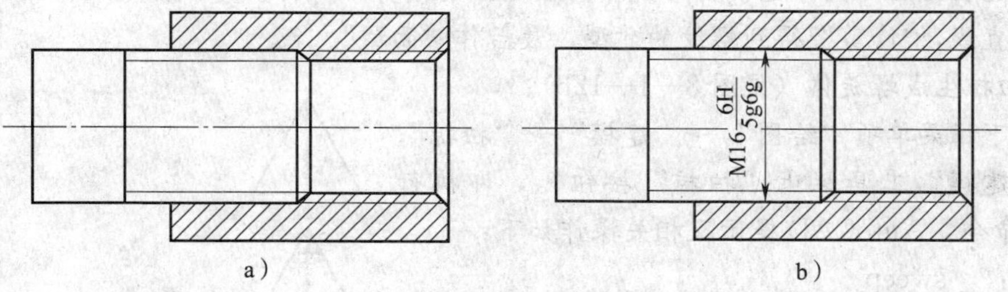

图 8—1—9　轴套连接

a）轴套连接　b）标注轴套连接的螺纹副

2．CAD 绘图

轴、套、轴套连接的 CAD 二维绘图步骤与尺规绘图相同，过程略。

知识拓展

CAD 绘制轴、套、轴套连接的三维图

1．按图 8—1—8 中的尺寸，画出加工螺纹前的轴、套立体图，如图 8—1—10 所示。

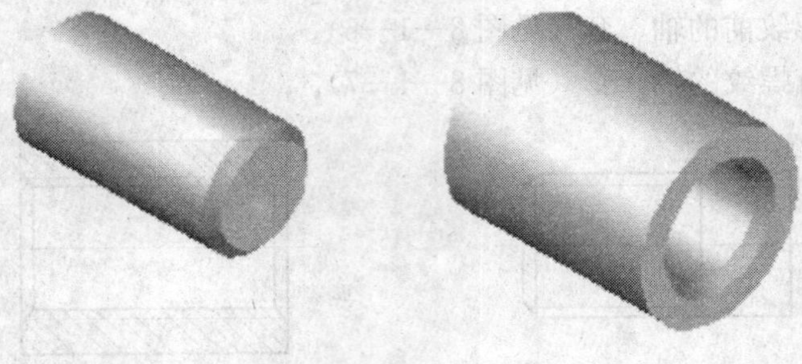

a）　　　　　　　　　　b）

图 8—1—10　加工螺纹前的轴、套立体图

a）轴　b）套

2. 复制轴并拉伸成 40 长（见图 8—1—11a），按 M16 画出螺旋线，具体参数为：底面半径为 8、顶面半径为 8、圈高（H）为 1.5（M16 粗牙螺纹的螺距）、螺旋高度为 40，如图 8—1—11b 所示。

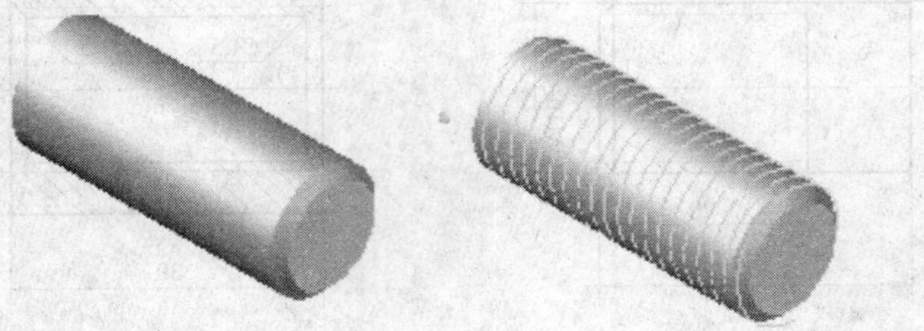

a）　　　　　　　　　　b）

图 8—1—11　生成螺旋线

a）长为 40 的轴　b）生成螺旋线

3. 按照普通螺纹标准 GB/T 193—2003 画出螺纹的牙型（见图 8—1—12a）。

画出边长为 1.5 的等边三角形，作出底边上的高并 8 等分。分别在 1/4、1/8 处作平行于底边的直线，“修剪”得到螺纹的牙型，最后作“面域”。

4. 扫掠生成螺旋体（见图 8—1—12b）。

选择下拉菜单项“绘图”→“建模”→“扫掠”，或单击“建模”工具栏上“扫掠”按钮，即执行 SWEEP 命令，AutoCAD 提示及相关操作如下：

命令：_ sweep

当前线框密度：ISOLINES=4

选择要扫掠的对象：选择“面域”的牙型

选择要扫掠的对象：↙

选择扫掠路径或［对齐（A）/基点（B）/比例（S）/扭曲（T）］：B↙

指定基点：选择图 8—1—12a 中下底边的中点

选择扫掠路径或［对齐（A）/基点（B）/比例（S）/扭曲（T）］：选择 M16 螺旋线

执行结果如图 8—1—12b 所示。

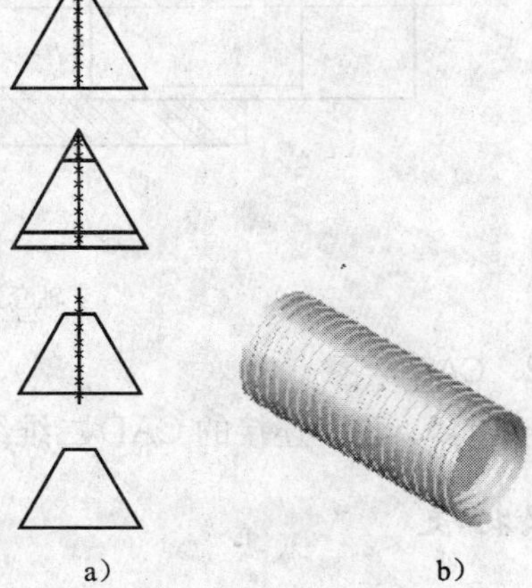

a）　　　　　　　　　　b）

图 8—1—12　生成螺旋体

a）画出单个牙型　b）生成螺旋体

5. 复制长度为 40 的轴（见图 8—1—13a）上的螺旋体到长度为 30 的轴上（见图 8—1—13b）。

6. 在长 30、40 的轴上生成螺纹（见图 8—1—14）。

选择“修改”→“实体编辑”→“差集”命令，或单击“修改”工具栏上“差集”按钮，进行布尔运算，生成螺纹。

a）　　b）

图 8—1—13　复制螺旋体

a）长为 40 的轴　b）长为 30 的轴

a）　　b）

图 8—1—14　生成螺纹

a）长为 30 的轴　b）长为 40 的轴

7. 进行布尔运算，用“差集”，在套上生成螺纹（见图 8—1—15）。

8. 用“复制”命令，绘制轴套连接三维图（见图 8—1—16a），对套进行剖切（见图 8—1—16b）。

a）　　b）

图 8—1—15　在套上生成螺纹

a）长为 40 的轴与套“差集”　b）有螺纹的套

a）　　b）

图 8—1—16　轴套连接

a）轴套连接立体图　b）轴套连接剖视图

9. 用“移动”命令将轴、轴套连接、套的三维图对齐在一条线上（见图 8—1—17）。

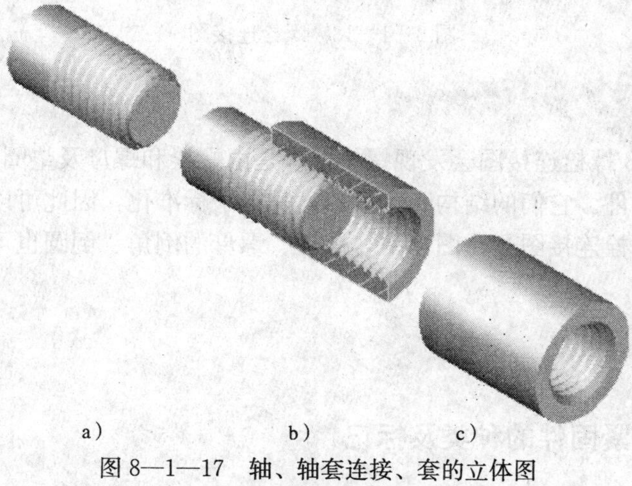

a）　　b）　　c）

图 8—1—17　轴、轴套连接、套的立体图

a）轴　b）轴套连接　c）套

任务 2　绘制螺栓连接图

◆ **教学目标**

1. 掌握螺栓连接的查表画法、比例画法和简化画法。
2. 掌握双头螺柱连接的查表画法、比例画法和简化画法。
3. 掌握螺钉连接的查表画法、比例画法和简化画法。
4. 能正确对螺纹紧固件进行绘制与标注。
5. 能用 CAD 绘制螺栓连接图、双头螺柱连接图和螺钉连接图。

任务提出

绘制如图 8—1—18 所示的螺栓连接图，要求符合制图国家标准的有关规定。

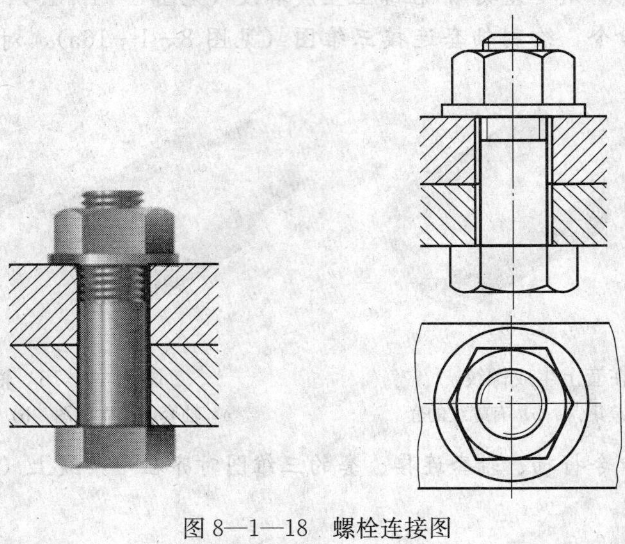

图 8—1—18　螺栓连接图

任务分析

观察图 8—1—18 螺栓连接图会发现螺栓连接是由螺栓和螺母及垫圈连接而成的，螺栓、螺母、垫圈都是标准件。它们的结构和尺寸都已实行了标准化，因此可以采用比例画法或查阅手册的方法画出螺栓连接图。在图样中，螺栓、螺母的倒角、倒圆也可省略不画，即采用简化画法。

相关知识

一、常用螺纹紧固件的种类及标记

螺纹紧固的方式通常有螺栓连接，双头螺柱连接及螺钉连接。常见的紧固件有螺栓、双头螺柱、螺母、垫圈及螺钉等（见图 8—1—19）。它们的结构、尺寸都已标准化。使用或绘制时，可以从相应标准中查到所需的结构尺寸。常用螺纹紧固件的规定标记方法见表 8—1—5。

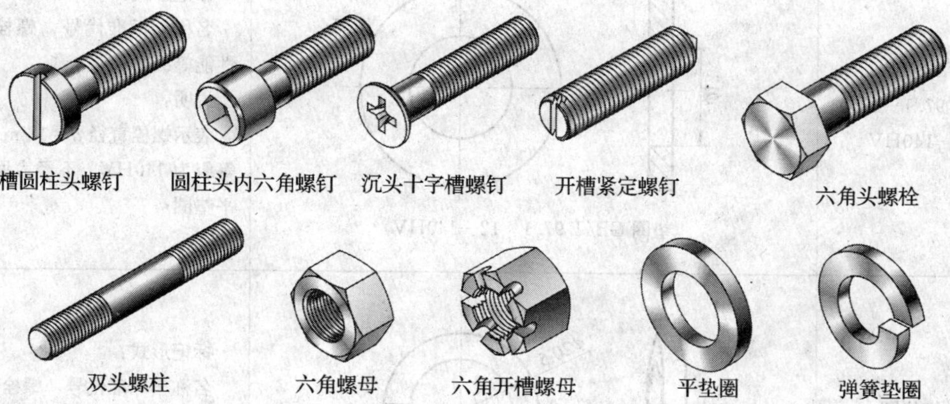

图 8—1—19　常用螺纹紧固件

表 8—1—5　　**常用螺纹紧固件的规定标记方法**

紧固件名称	标记示例	标记形式及说明
六角头螺栓 GB/T 5782—2000	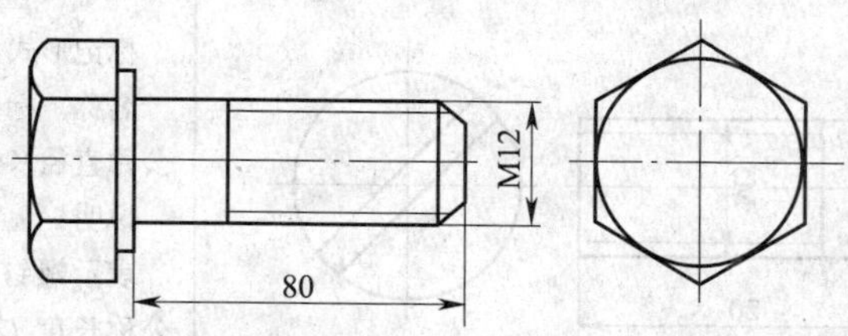 螺栓　GB/T 5782　M12×80	标记形式： 名称　标准代号　特征代号 公称直径×公称长度 说明： 表示螺纹公称直径 $d=12$ mm，公称长度 $L=80$ mm
双头螺柱 GB/T 897—1988	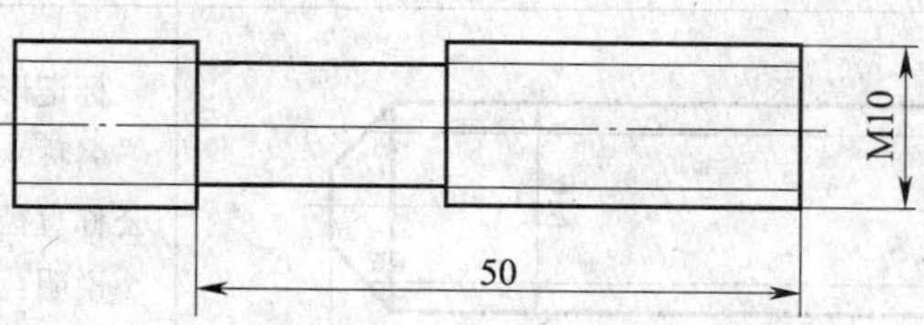 螺柱　GB/T 897　M10×50	标记形式： 名称　标准代号　特征代号 公称直径×公称长度 说明： 表示公称直径 $d=10$ mm，公称长度 $L=50$ mm（不包括旋入端）的双头螺柱
六角螺母 GB/T 6170—2000	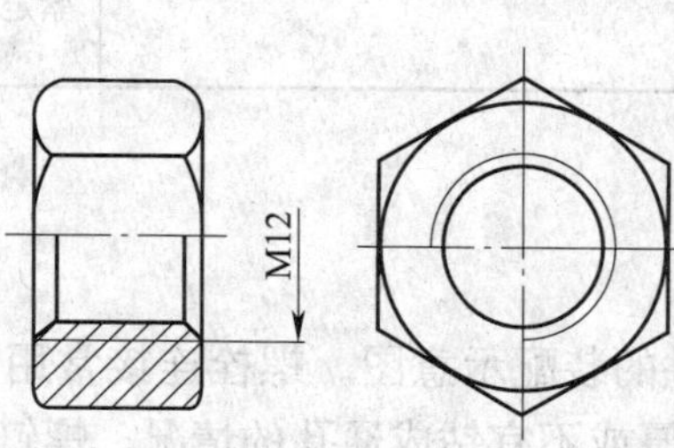 螺母 GB/T 6170　M12	标记形式： 名称　标准代号　特征代号 公称直径 说明： 表示螺纹公称直 $D=12$ mm 的螺母

续表

紧固件名称	标记示例	标记形式及说明
平垫圈 GB/T 97.1—2000 12—140HV	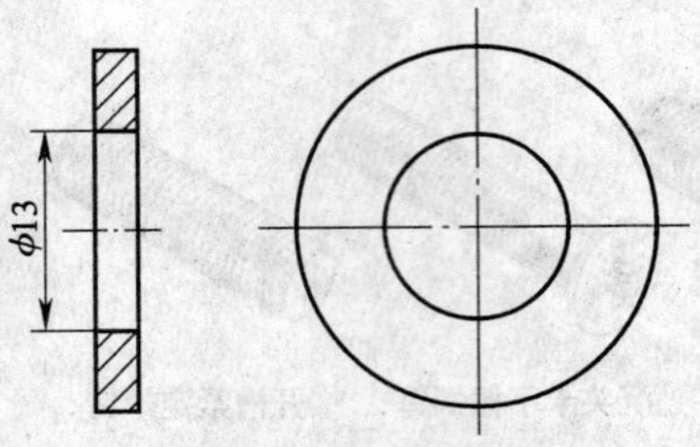 垫圈 GB/T 97.1　12—140HV	标记形式： 名称　标准代号　螺栓直径—性能等级 说明： 表示螺栓直径 d=12 mm，性能等级为 140HV，不经表面处理的平垫圈
弹簧垫圈 GB/T 93—1987	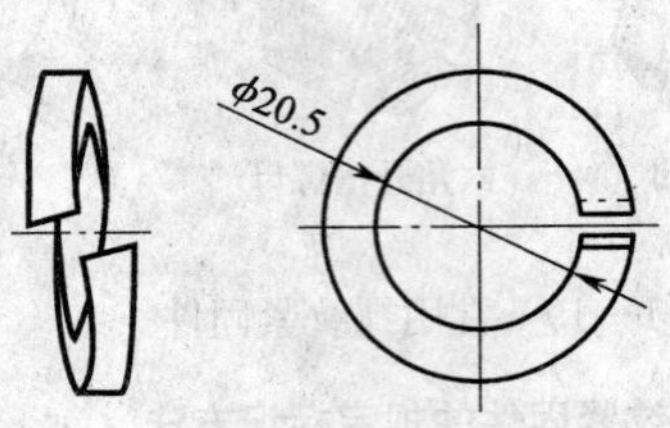 垫圈 GB/T 93　20	标记形式： 名称　标准代号　螺栓直径 说明： 表示螺栓直径 d=20 mm 的弹簧垫圈
开槽圆柱头螺钉 GB/T 65—1985	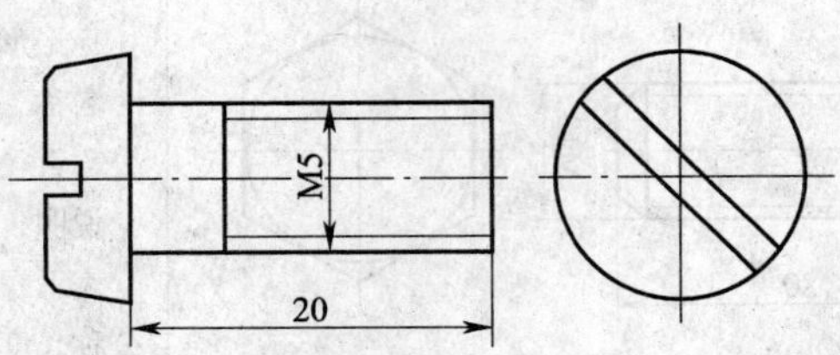 螺钉 GB/T 65　M5×20	标记形式： 名称　标准代号　特征代号　公称直径×公称长度 说明： 表示螺钉公称直径 d=5 mm，公称长度 L=20 mm（不包括头部）的开槽圆柱头螺钉
开槽锥端紧定螺钉 GB/T 71—1985	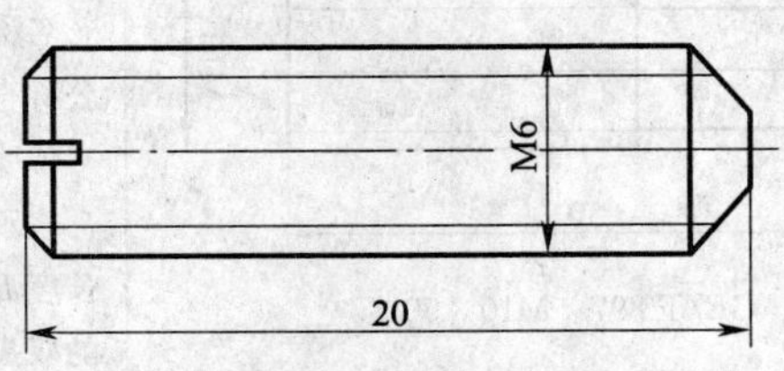 螺钉 GB/T 71　M6×20	标记形式： 名称　标准代号　特征代号　公称直径×公称长度 说明： 表示螺钉公称直径 d=6 mm，公称长度 L=20 mm 的开槽锥端紧定螺钉

二、螺纹紧固件连接的分类

如图 8—1—20 所示为螺纹紧固件的装配示意图。螺栓连接常用于连接两个不太厚的零件；螺柱连接常用于连接零件之一太厚或不宜钻成通孔的情况；螺钉连接用于连接不经常拆卸且受力不大的零件。

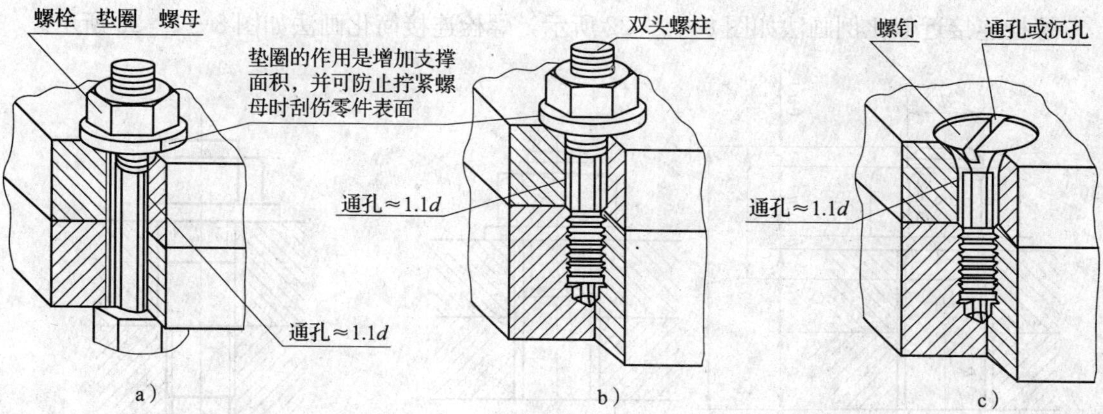

图 8—1—20 螺纹紧固件的装配示意图

a）螺栓连接 b）螺柱连接 c）螺钉连接

三、螺纹紧固件连接图（装配图）的规定画法

绘制螺纹紧固件连接装配图，应遵守下列基本规定：

（1）凡不接触的相邻表面，或两相邻表面基本尺寸不同时，不论其间隙大小（如螺杆与通孔之间），需画两条轮廓线（间隙过小时可夸大画出）；两零件接触表面处只画一条轮廓线。如图 8—1—21 所示。

（2）在剖视图、断面图中，相邻两零件的剖面线，应画成不同方向或同方向而不同间隔加以区别。且同一零件在各个剖视图、断面图中，其剖面线方向和间隔必须相同。如图 8—1—21所示。

（3）当连接图画成如图 8—1—21 所示的剖视图，即剖切平面通过螺杆的轴线时，对于螺栓、螺母及垫圈等均按未剖切绘制，即仍画其外形。

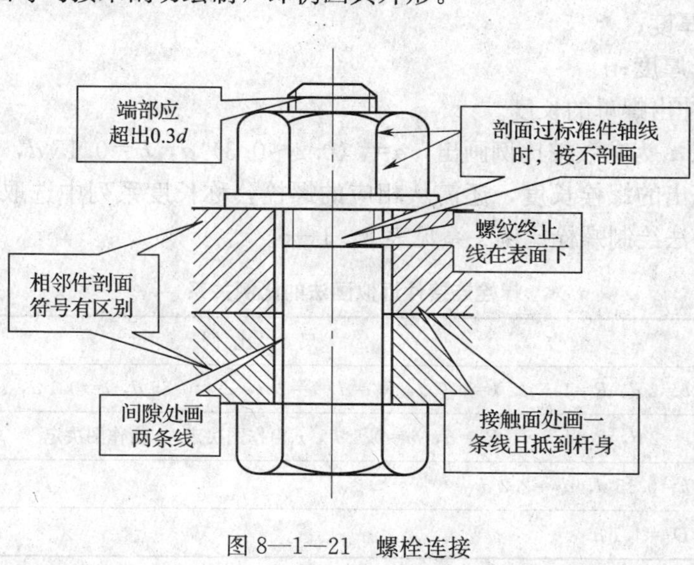

图 8—1—21 螺栓连接

四、螺栓连接近似画法的比例关系

螺栓连接近似比例画法如图 8—1—22 所示，螺栓连接简化画法如图 8—1—23 所示。

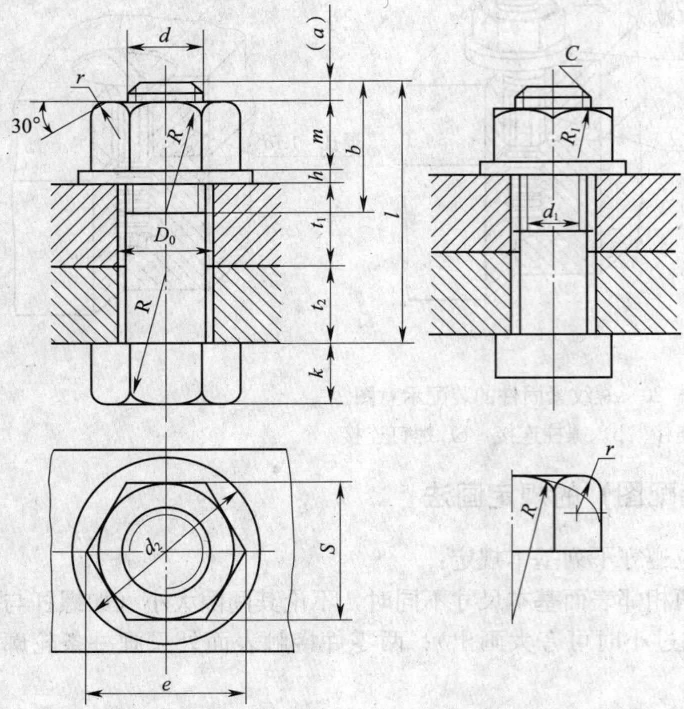

图 8—1—22　螺栓连接近似比例画法

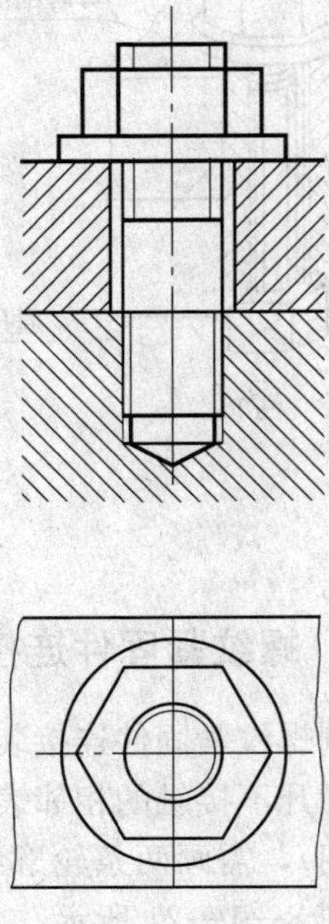

图 8—1—23　螺栓连接简化画法

为适应连接不同厚度的零件，螺栓有各种长度规格。螺栓公称长度 L 可按下式估算：

$$L=t_1+t_2+h+m+a$$

式中　t_1，t_2——被连接件的厚度；

h——垫圈厚度；

m——螺母厚度；

a——螺栓伸出螺母的长度。

a、h、m 均以 d 为参数按比例画出，$a=(0.2\sim0.3)\ d$，$h=0.15\ d$，$m=0.8\ d$。

根据上式计算出的螺栓长度，还需从相应的螺栓公称长度系列中选取与它相近的标准值。用近似比例画法绘制螺栓比例关系见表 8—1—6。

表 8—1—6　　螺栓连接件近似画法的比例关系

部位	尺寸比例
螺栓	$b=2\ d$，$R=1.5\ d$，$k=0.7\ d$，$R_1=d$，$e=2\ d$，$d_1=0.85\ d$，$c=0.1\ d$，s 由作图决定
螺母	$e=2\ d$，$R=1.5\ d$，$R_1=d$，$m=0.8\ d$，r 由作图决定，s 由作图决定
垫圈	$h=0.15\ d$，$d_2=2.2\ d$
被连接件	$D_0=1.1\ d$

任务实施

1. 尺规绘图

(1) 绘制螺栓连接中被连接件和各紧固件

1) 查表画法　根据紧固件标记，可在相应的标准中（见附录）查得各有关尺寸后作图。

2) 比例画法　根据螺纹公称直径（d，D），按与其近似的比例关系计算出各部分尺寸后作图。此法作图方便，画连接图时常用。图 8—1—24 为被连接件、垫圈、螺栓和螺母的比例画法，图中注明了近似比例关系。螺栓头部和螺母因 30°倒角而产生截交线，此截交线为双曲线，作图时，常用圆弧近似代替双曲线的投影。

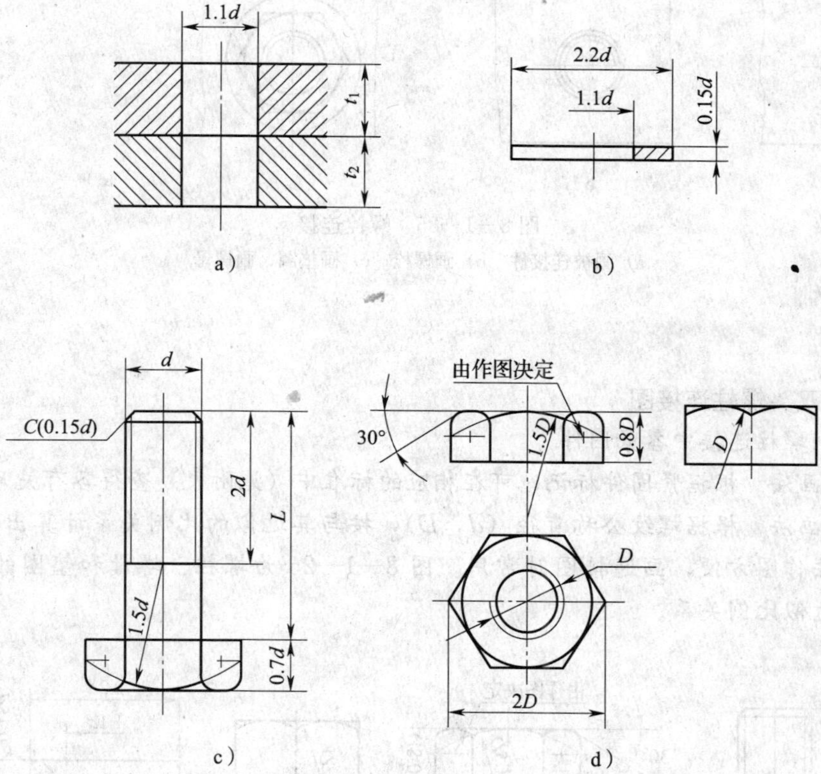

图 8—1—24　螺栓连接中各零件的画法

(2) 绘制螺栓连接　螺栓连接一般采用比例画法，画图步骤与螺栓连接的过程一致：连接前，先在两被连接件上钻出通孔，如图 8—1—25a 所示，通孔直径一般取 1.1 d，d 为螺栓公称直径；将螺栓从一端插入孔中，如图 8—1—25b 所示；另一端再加上垫圈，拧紧螺母，即完成了螺栓连接，如图 8—1—25c 所示。

2. CAD 绘图

用 CAD 绘制螺栓连接图的步骤与尺规绘图相同，过程略。

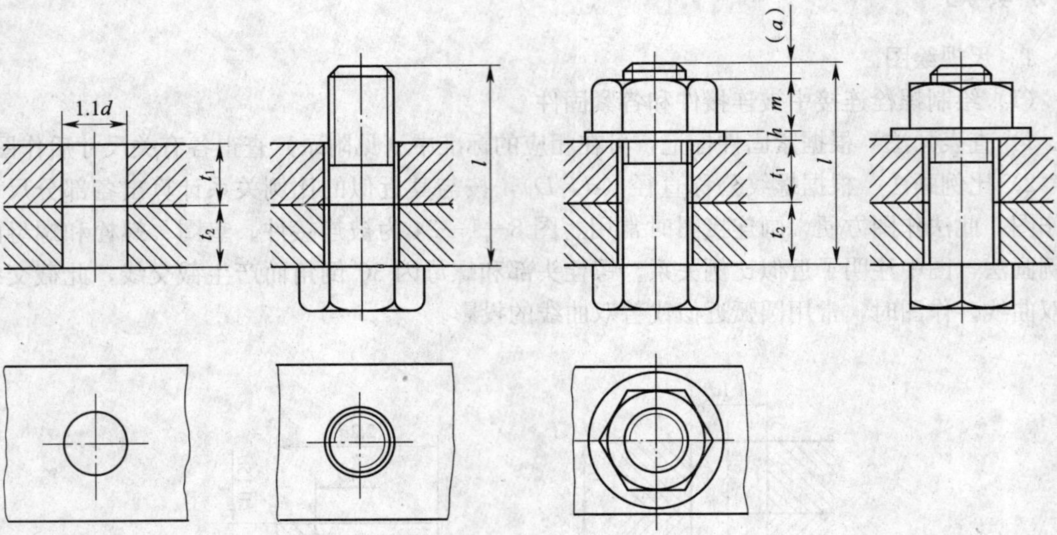

a）　　b）　　c）

图 8—1—25　螺栓连接

a）画被连接件　b）画螺栓　c）画垫圈、画螺母

知识拓展

1. 绘制双头螺柱连接图

(1) 绘制螺柱连接中各紧固件

1) 查表画法　根据紧固件标记，可在相应的标准中（见附表）查得各有关尺寸后作图。

2) 比例画法　根据螺纹公称直径（d，D），按与其近似的比例关系计算出各部分尺寸后作图。此法作图方便，画连接图时常用。图 8—1—26 为螺柱、螺母和垫圈的比例画法，图中注明了近似比例关系。

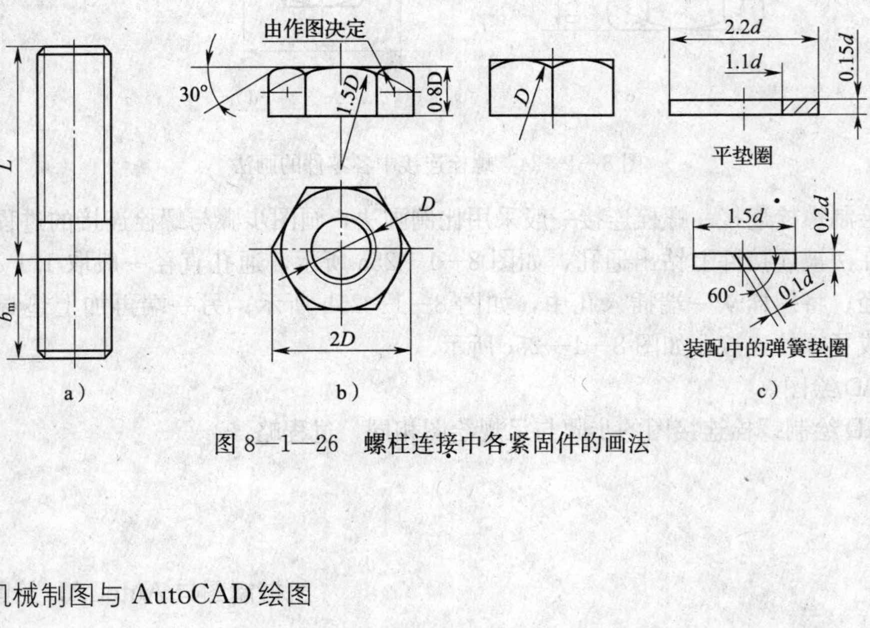

a）　　b）　　c）

图 8—1—26　螺柱连接中各紧固件的画法

（2）绘制螺柱连接　当被连接两零件之一较厚，或不允许钻成通孔而难于采用螺栓连接；或因拆装频繁，又不宜采用螺钉连接时，可采用螺柱连接。螺柱的两端都制有螺纹，将双头螺柱的一端（旋入端）旋紧在螺孔内，再在双头螺柱的另一端（紧固端）套上带通孔的被连接零件，加上垫圈，拧紧螺母，即完成螺柱连接，如图 8—1—27 所示。

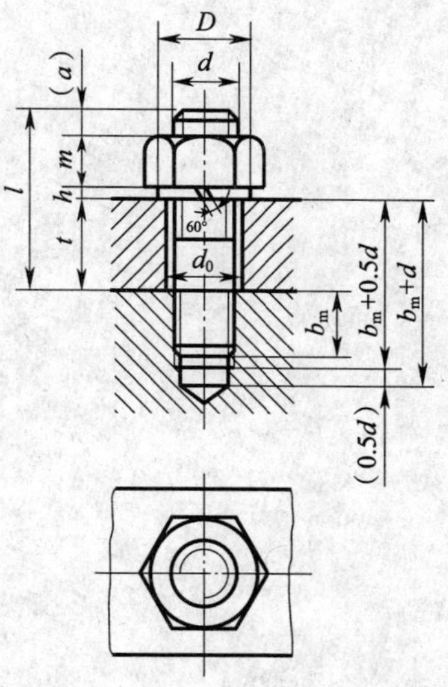

图 8—1—27　螺柱连接近似比例画法

为了保证连接强度，螺柱旋入端的长度 b_m 随被旋入零件材料的不同而有四种规格：

$b_m=1d$（用于钢或青铜）

$b_m=1.25d$（用于铸铁）

$b_m=1.5d$（用于铸铁）

$b_m=2d$（用于铝合金）

螺柱的公称长度 l 可按下式计算：

$$l \geqslant t+h+m+a$$

2. 绘制螺钉连接图

（1）绘制螺钉连接中的紧固件

1）查表画法　根据紧固件标记，可在相应的标准中（见附表）查得各有关尺寸后作图。

2）比例画法　根据螺纹公称直径（d，D），按与其近似的比例关系计算出各部分尺寸后作图。此法作图方便，画连接图时常用。图 8—1—28 为螺钉头的比例画法，图中注明了近似比例关系。

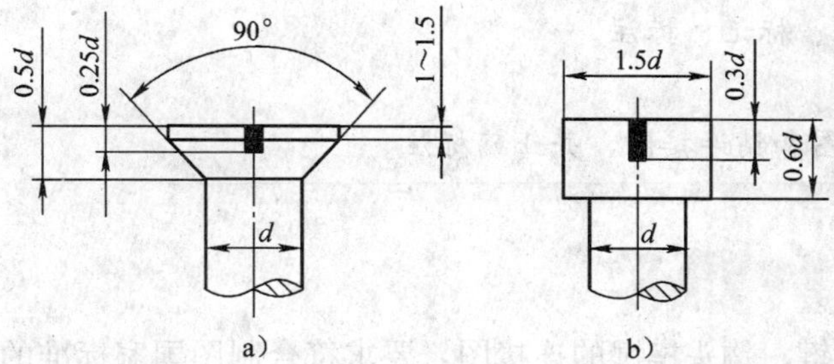

图 8—1—28　螺钉连接中紧固件的画法

a）沉头螺钉　b）圆柱头螺钉　c）紧定螺钉

（2）绘制螺钉连接　螺钉连接一般采用比例画法，如图 8—1—29 所示。

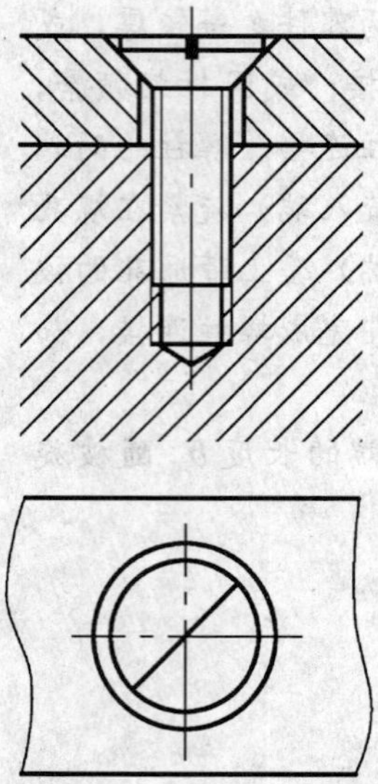

图 8—1—29　螺钉连接图

任务 3　绘制键连接图和销连接图

◆ **教学目标**

1. 了解键的种类和用途。
2. 了解销的类型和应用。
3. 掌握键连接的规定画法、标记、标注。
4. 掌握销连接的画法。
5. 能用 CAD 绘制键连接图和销连接图，并正确标注。

任务提出

正确绘制普通平键、半圆键、钩头楔键的连接图，要求符合制图国家标准的有关规定。如图 8—1—30 所示为普通平键连接图。

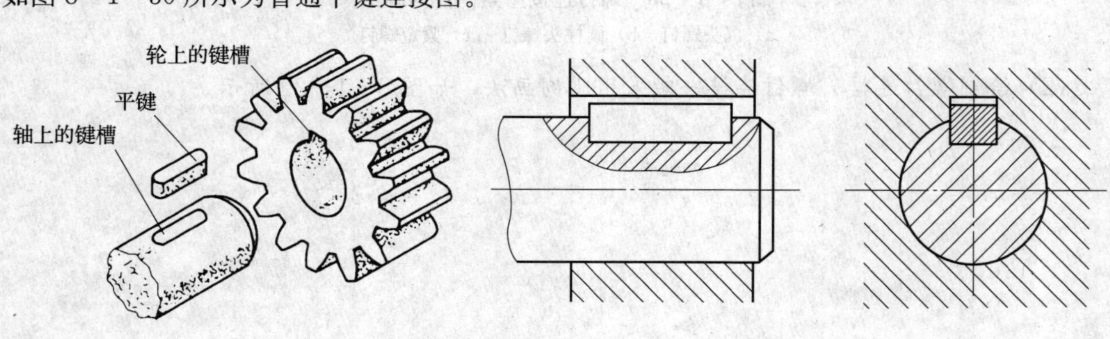

图 8—1—30　普通平键连接图

任务分析

观察图 8—1—30 普通平键与齿轮及轴的连接方式，会发现要想绘制普通平键的连接图，首先要正确判断键的类型，然后根据轴的直径尺寸，确定键和键槽的宽度、深度等尺寸才能绘制图形。

相关知识

一、键连接基本概念

键主要用于轴和轴上零件（如齿轮、带轮等）间的周向连接，以传递转矩。在被连接的轴上和轮毂孔中制出键槽，先将键嵌入轴上的键槽内，再对准轮毂孔中的键槽（该键槽是穿通的），将它们装配在一起，便可达到连接目的，如图 8—1—31 所示。

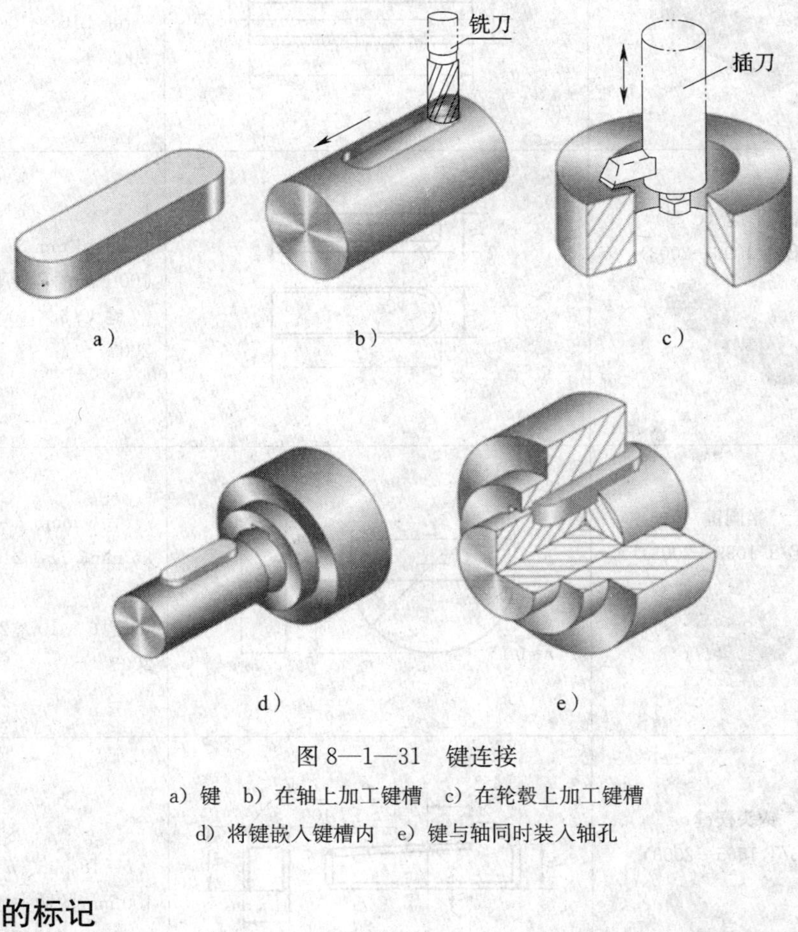

图 8—1—31　键连接

a）键　b）在轴上加工键槽　c）在轮毂上加工键槽

d）将键嵌入键槽内　e）键与轴同时装入轴孔

二、键的标记

键是标准件，常用的键有普通平键、半圆键和钩头楔键等多种。普通平键又有 A 型（圆头）、B 型（方头）和 C 型（单圆头）三种。这几种键的标准号、形式及标记示例见表 8—1—7。

表 8—1—7　　键及其标记示例

序号	名称	图例	标记示例
	普通平键（A 型） （GB/T 1096—2003） 	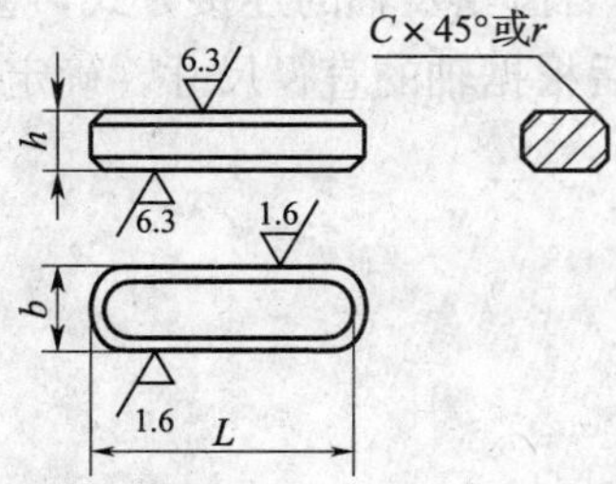	$b=8$ mm、$h=7$ mm、$L=25$ mm的普通平键（A 型）： 键 8×25 GB/T 1096—2003
1	普通平键（B 型） （GB/T 1096—2003） 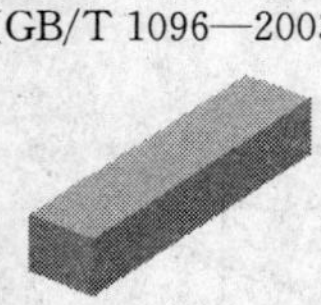		$b=16$ mm、$h=10$ mm、$L=100$ mm 的普通平键（B 型）： 键 B16 × 100 GB/T 1096—2003
	普通平键（C 型） （GB/T 1096—2003） 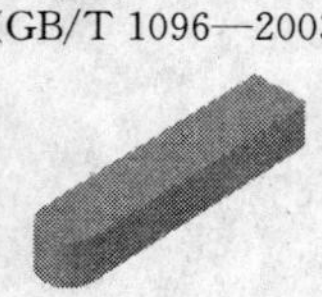	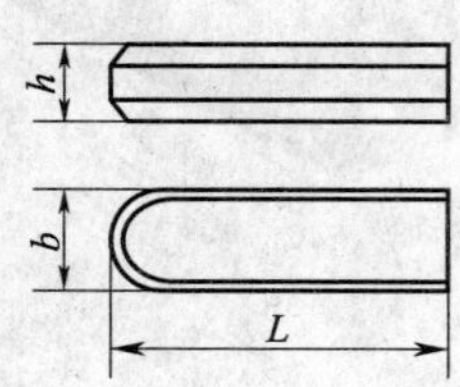	$b=16$ mm、$h=10$ mm、$L=100$ mm 的普通平键（C 型）： 键 C16 × 100 GB/T 1096—2003
2	半圆键 （GB/T 1099—2003） 	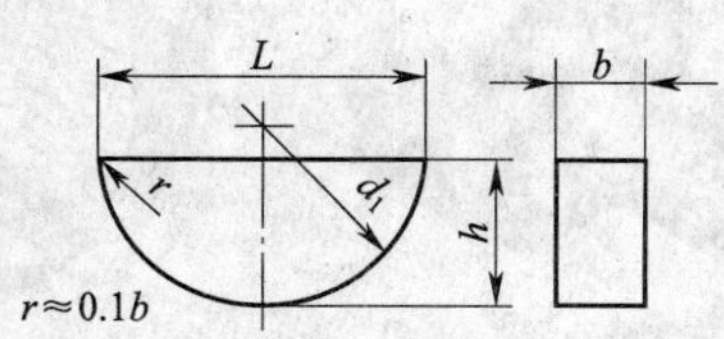	$b=6$ mm、$h=10$ mm、$d_1=25$ mm、$L=24.5$ mm 的半圆键： 键 6 × 10 × 25GB/T 1099—2003
3	钩头楔键 （GB/T 1565—2003） 	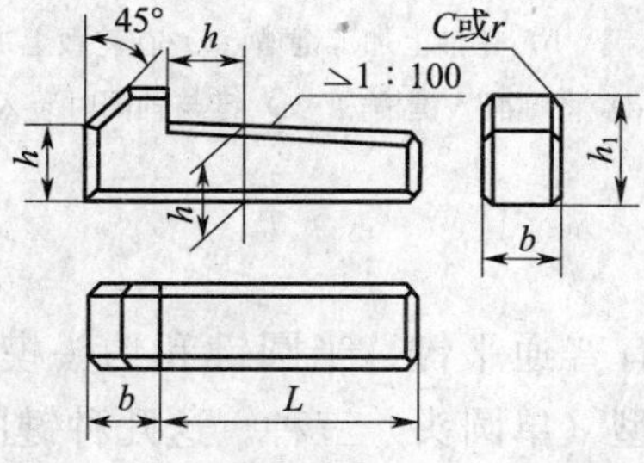	$b=18$ mm、$h=11$ mm、$L=100$ mm 的钩头楔键： 键 18×100GB/T 1565—2003

任务实施

1. 尺规绘图

(1) 绘制普通平键和半圆键连接图　如图 8—1—32、图 8—1—33、图 8—1—34 所示，普通平键和半圆键连接的作用原理相似，半圆键常用于载荷不大的传动轴上。根据紧固件标记，可在相应的标准中（见附表）查得各有关尺寸后作图。

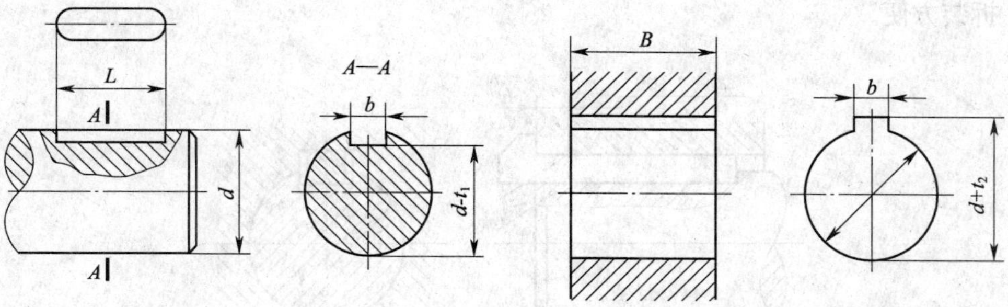

图 8—1—32　普通平键键槽的画法

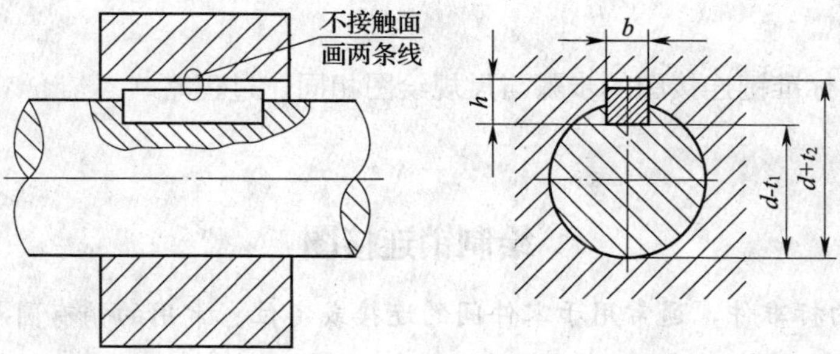

图 8—1—33　普通平键连接画法

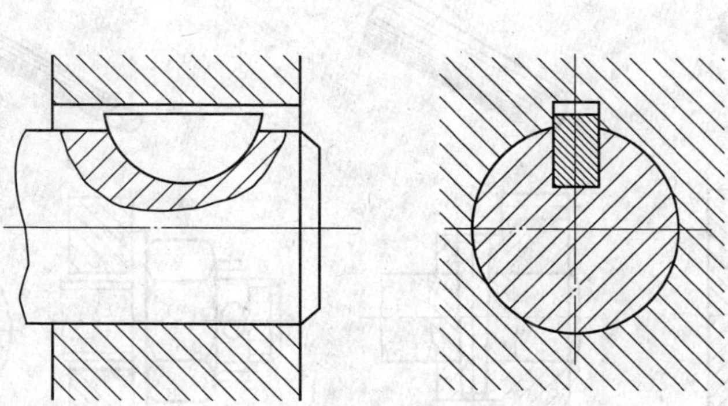

图 8—1—34　半圆键连接画法

1) 连接时，普通平键和半圆键的两侧面是工作面，它与轴、轮毂的键槽两侧面相接触，分别只画一条线。

2）键的上、下底面为非工作面，上底面与轮毂键槽顶面之间留有一定的间隙，画两条线。

3）在反映键长方向的剖视图中，轴采用局部剖视，键按不剖处理。

（2）绘制钩头楔键连接图　如图 8—1—35 所示，钩头楔键的上底面有 1∶100 的斜度。装配时，将键沿轴向打入键槽内，靠上、下底面在轴和轮毂键槽之间接触挤压的摩擦力而连接，故键的上、下底面是工作面，各画一条线；键的两侧面与键槽的两侧面有由公差控制的间隙，但键宽与槽宽的基本尺寸相同，故也应画两条线。钩头供拆卸用，轴上的键槽常制在轴端，拆装方便。

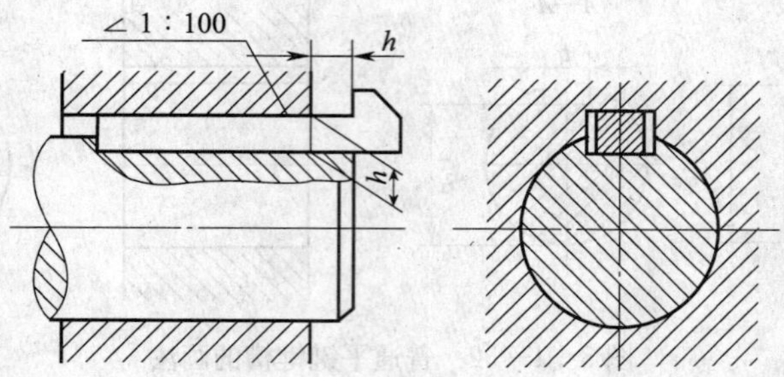

图 8—1—35　钩头楔键连接画法

2. CAD 绘图

用 CAD 绘制标准键连接图的步骤与尺规绘图相同，过程略。

知识拓展

绘制销连接图

销也是常用的标准件，通常用于零件间的连接或定位。常用的销有圆柱销、圆锥销和开口销等（见图 8—1—36）。

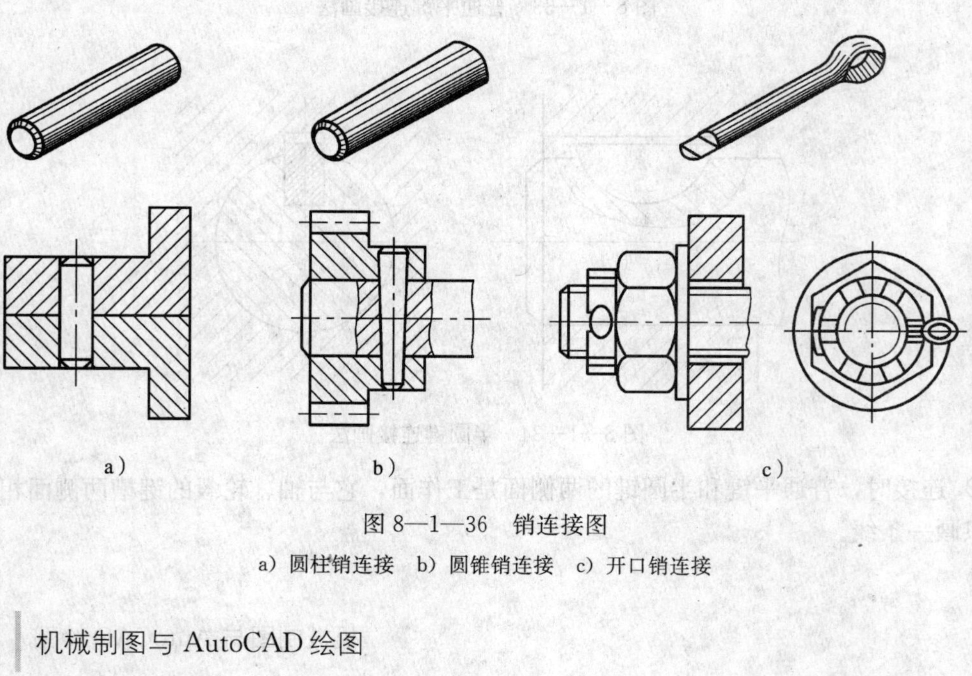

图 8—1—36　销连接图

a）圆柱销连接　b）圆锥销连接　c）开口销连接

根据圆柱销和圆锥销的标记，可在相应的标准中（见附表）查得各有关尺寸后作图。

如图 8—1—36 所示为常用三种销的连接画法，当剖切平面通过销的轴线时，销作不剖处理。

圆柱销和圆锥销可起定位和连接作用，如图 8—1—36a、图 8—1—36b 所示。

开口销穿过六角开槽螺母上的槽和螺杆上的孔，以防螺母松动，如图 8—1—36c 所示。

任务 4　绘制滚动轴承的视图

◆ **教学目标**

1. 了解滚动轴承的结构及表示方法。
2. 了解滚动轴承的应用。
3. 掌握滚动轴承的标记方法。
4. 能用尺规绘制滚动轴承的视图。
5. 能用 CAD 绘制滚动轴承的视图。

任务提出

用规定画法绘制滚动轴承的视图，要求符合制图国家标准的有关规定，如图 8—1—37 所示。

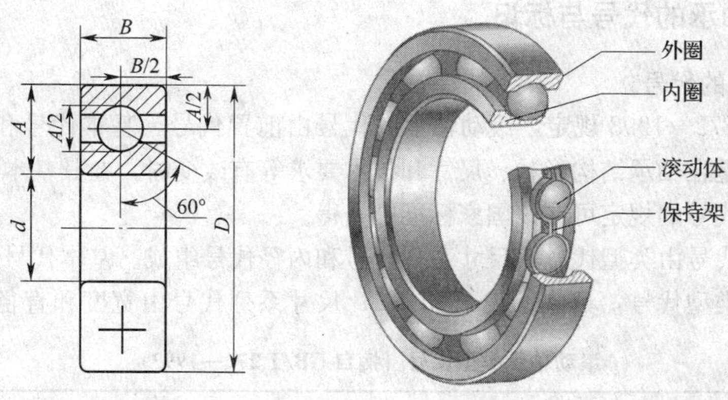

图 8—1—37　滚动轴承的视图

a）视图　b）结构图

任务分析

在机器中，滚动轴承是用来支撑轴的标准部件。由于它可以大大减小轴与孔相对旋转时的摩擦力，且具有机械效率高、结构紧凑等优点，因此应用极为广泛。

观察图 8—1—37 滚动轴承的结构图会发现滚动轴承由外圈、内圈、滚动体和保持架四部分组成。因保持架的形状复杂多变，滚动体的数量又较多，设计绘图时若用真实投影表示，则极不方便，因此，国家标准规定了三种简化的表示法，分别是通用画法、特征画法和规定画法。

相关知识

一、滚动轴承的结构及表示方法（GB/T 4459.7—1998）

滚动轴承的种类繁多，常用的有深沟球轴承 、圆锥滚子轴承、推力球轴承，其结构大体相同，一般由外圈、内圈、滚动体（滚动体有球形、圆柱、锥台、滚针、鼓形等）和保持架组成，如图 8—1—38 所示。

a）　　b）　　c）

图 8—1—38　滚动轴承的类型

a）深沟球轴承　b）圆锥滚子轴承　c）推力球轴承

二、滚动轴承的代号与标记

1. 滚动轴承的代号

按照 GB/T 272—1993 规定，滚动轴承的代号由前置代号、基本代号和后置代号构成，前置、后置代号是在轴承结构形状、尺寸和技术要求等有改变时，在其基本代号前后添加的补充代号。补充代号的规定可在该国家标准中查得。

轴承的基本代号由类型代号、尺寸系列代号和内径代号组成。基本代号最左边的一位数字（或字母）为类型代号，具体见表 8—1—8；尺寸系列代号由宽度和直径系列代号组成，

表 8—1—8　　滚动轴承类型代号（摘自 GB/T 272—1993）

代号	轴承类型	代号	轴承类型
0	双列角接触球轴承	7	角接触球轴承
1	调心球轴承	8	推力圆柱滚子轴承
2	调心滚子轴承和推力调心滚子轴承	N	圆柱滚子轴承 双列或多列用字母 NN 表示
3	圆锥滚子轴承	U	外球面球轴承
4	双列深沟球轴承	QJ	四点接触球轴承
5	推力球轴承		
6	深沟球轴承		

具体可从 GB/T 272—1993 中查取；内径代号的表示有两种情况：当内径不小于 20 mm 时，则内径代号数字为轴承公称内径除以 5 的商数，当商数为一位数时，需在左边加“0”；当内径小于 20 mm 时，则内径代号另有规定。

下面以滚动轴承代号 6204 为例，说明轴承的基本代号的意义。

6——类型代号，表示深沟球轴承。

2——尺寸系列代号“02”。其中“0”为宽度系列代号，按规定省略未写，“2”为直径系列代号，故两者组合时注写成“2”。

04——内径代号，表示该轴承内径为 4×5＝20 mm，即内径代号是公称内径 20 mm 除以 5 的商数 4，再在前面加 0 成为“04”。

轴承代号中的类型代号或尺寸系列代号有时可省略不写，具体的规定可由 CB/T 272—1993 中查知。

2．滚动轴承的标记

根据各类轴承的相应标记规定，轴承的标记由三部分组成，即“轴承名称　轴承代号　标准编号”。

标记示例：滚动轴承 6210 GB/T 276—1994

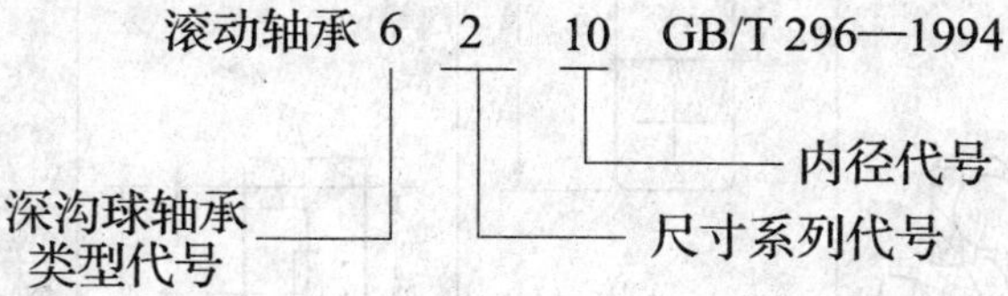

三、滚动轴承的画法

滚动轴承的表示法包括三种画法，即通用画法、特征画法和规定画法，前两种画法又称简化画法，各种画法的示例见表 8—1—9。

表 8—1—9　　常用滚动轴承的表示法

轴承类型	结构形式	通用画法	特征画法	规定画法	承载特征
		（均指滚动轴承在所属装配图的剖视图中的画法）			
深沟球轴承 （GB/T 276—1994） 6000 型	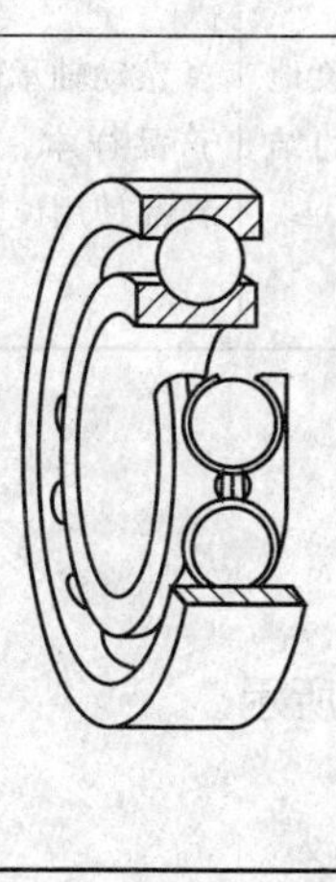	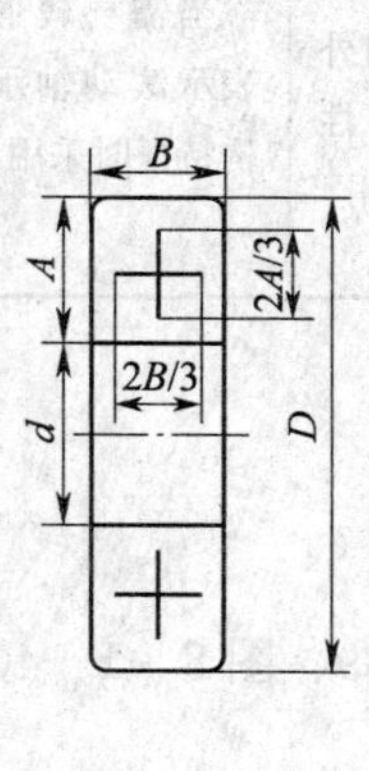	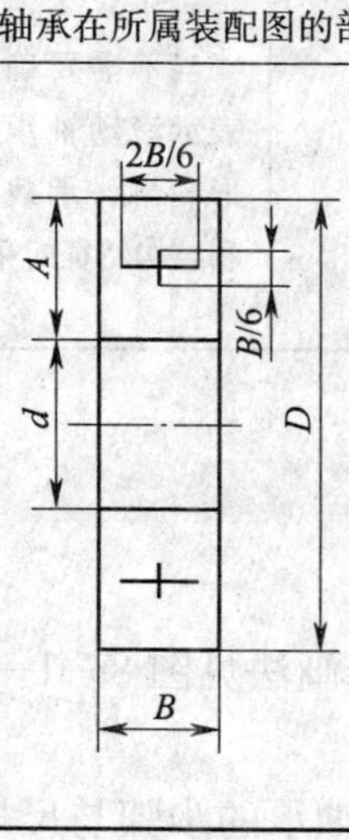	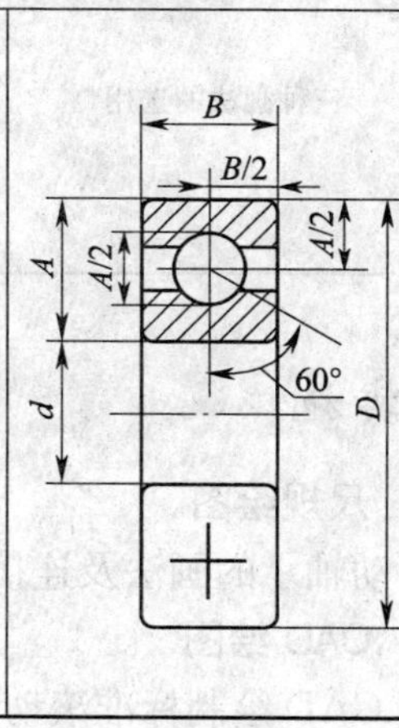	主要承受径向载荷

续表

轴承类型	结构形式	通用画法	特征画法	规定画法	承载特征
		（均指滚动轴承在所属装配图的剖视图中的画法）			
圆锥滚子轴承 (GB/T 297—1994) 30000 型	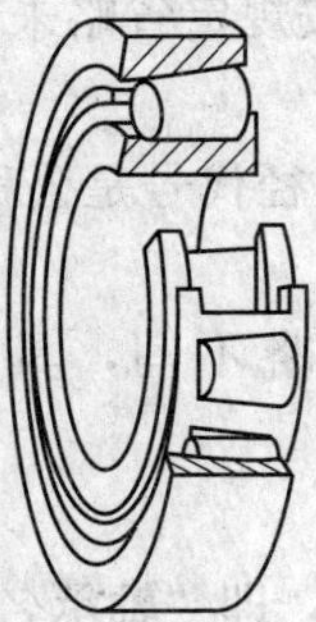	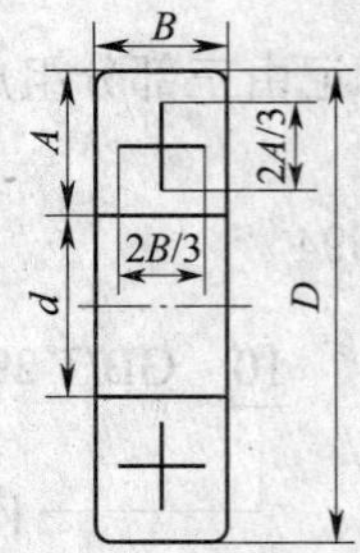	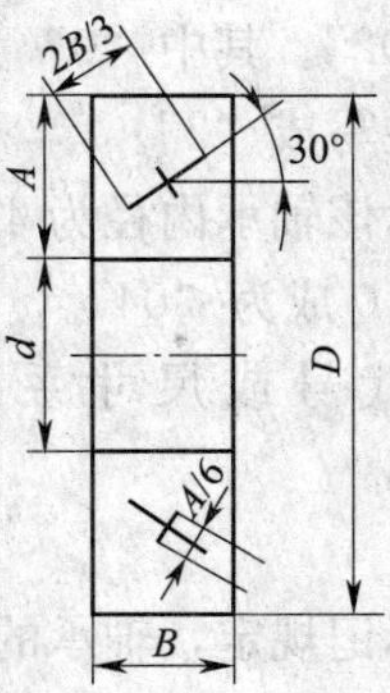	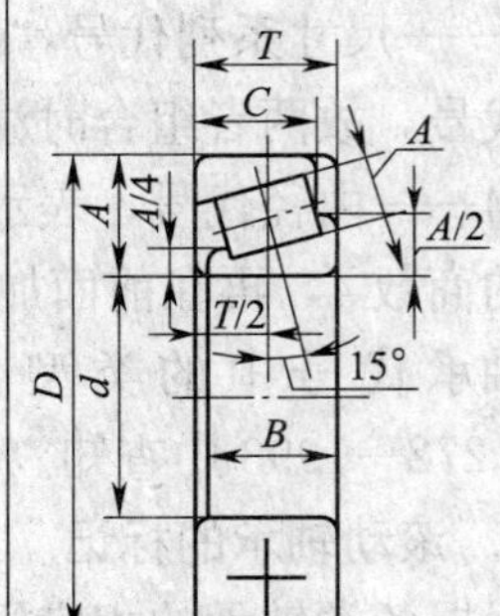	可承受径向和轴向载荷
推力球轴承 (GB/T 301—1995) 51000 型	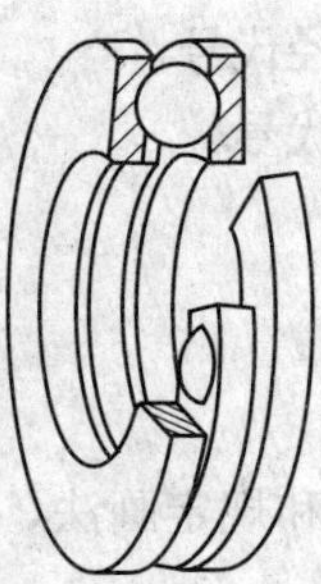		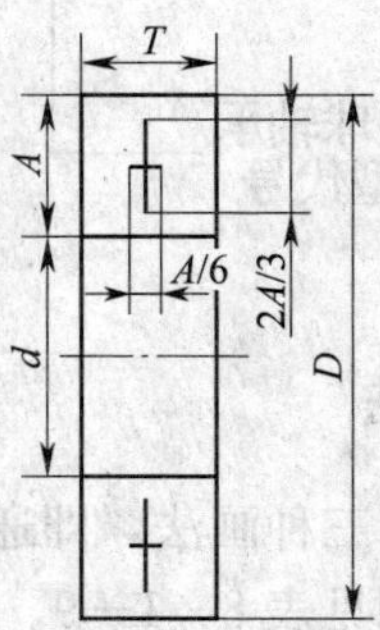	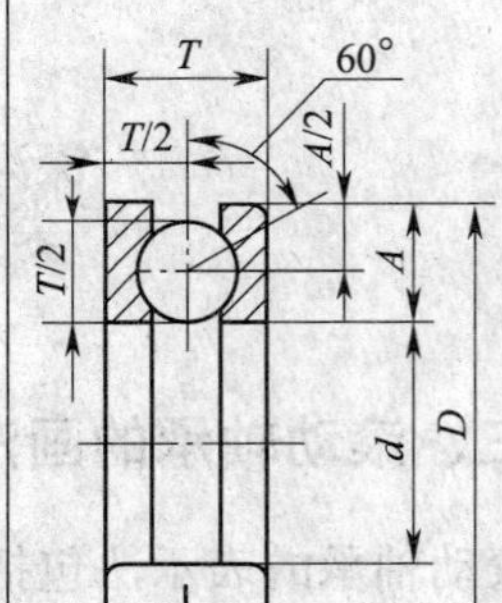	可承受单方向的轴向载荷
三种画法的选用		当不需要确切地表示滚动轴承的外形轮廓、承载特性和结构特征时采用	当需要较形象地表示滚动轴承的结构特征时采用	滚动轴承的产品图样、产品样本、产品标准和产品使用说明书中采用	

任务实施

1．尺规绘图

滚动轴承的画法及连接画法见图 8—1—39、图 8—1—40 所示。

2．CAD 绘图

用 CAD 绘制标准滚动轴承的步骤与尺规绘图相同，过程略。

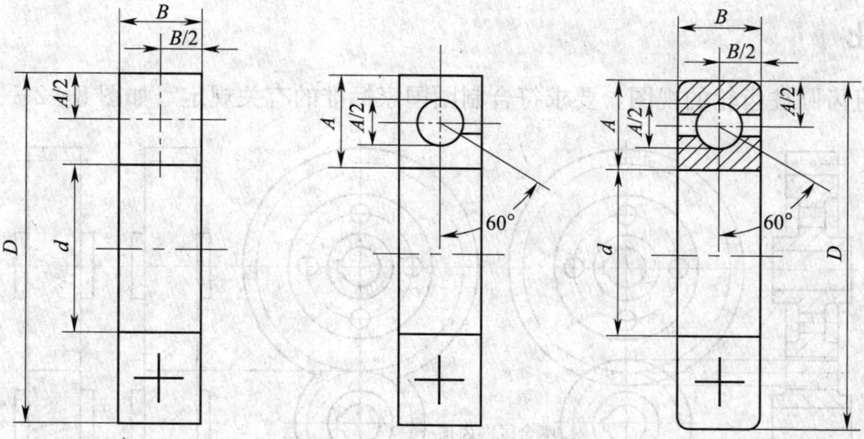

图 8—1—39　滚动轴承画法

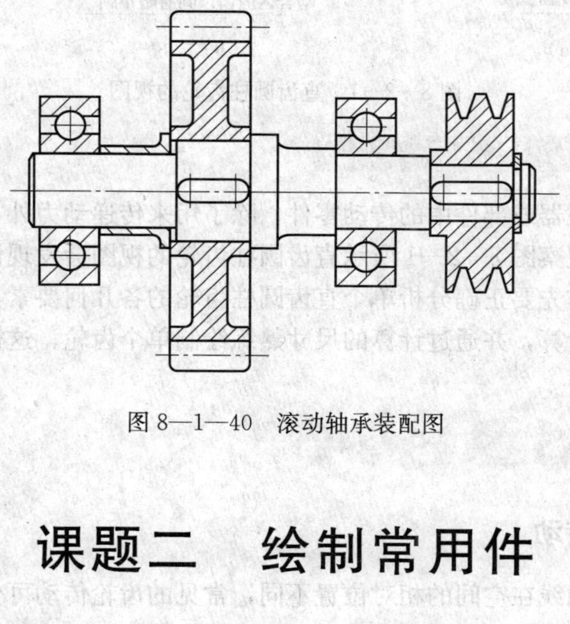

图 8—1—40　滚动轴承装配图

课题二　绘制常用件

任务 1　绘制直齿圆柱齿轮的视图

◆ **教学目标**

1. 掌握单个直齿圆柱齿轮的规定画法。
2. 掌握一对直齿圆柱齿轮的啮合画法。
3. 能正确计算圆柱齿轮各部分尺寸。
4. 能用 CAD 绘制单个圆柱齿轮及一对啮合圆柱齿轮的二维图。
5. 能用 CAD 绘制直齿圆柱齿轮的三维图。

任务提出

绘制直齿圆柱齿轮的视图，要求符合制图国家标准的有关规定，如图 8—2—1 所示。

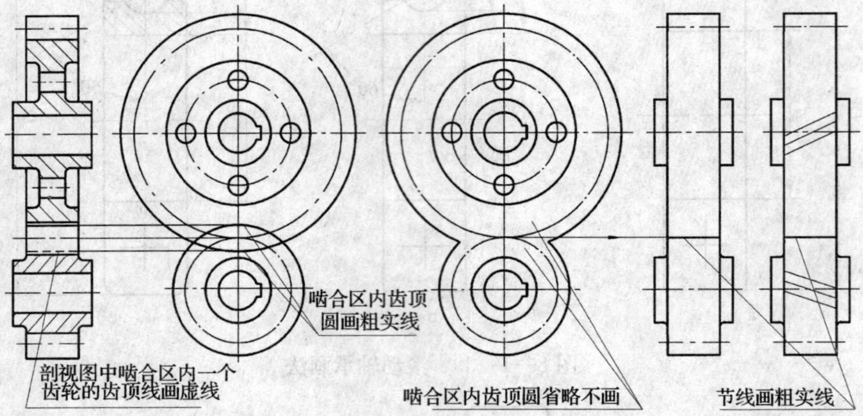

图 8—2—1　直齿圆柱齿轮的视图

任务分析

齿轮是广泛用于机器或部件中的传动零件，除了用来传递动力外，还可以改变机件的回转方向和转动速度。观察图 8—2—1 所示直齿圆柱齿轮的视图会发现该图是两个齿轮的啮合图。要想绘制这个图首先要正确分析单个直齿圆柱齿轮的各几何要素，然后根据条件对齿轮各几何要素进行尺寸计算，并通过计算的尺寸熟练绘制单个齿轮，这样才能准确地绘制两个齿轮的啮合图。

相关知识

一、常见齿轮传动

依据两啮合齿轮轴线在空间的相对位置不同，常见的齿轮传动可分为下列三种形式，如图 8—2—2 所示。

图 8—2—2　常见的齿轮传动形式

a）圆柱齿轮传动　b）圆锥齿轮传动　c）蜗杆蜗轮传动

圆柱齿轮传动——用于两平行轴之间的传动。

圆锥齿轮传动——用于两相交轴之间的传动。

蜗杆蜗轮传动——用于两交叉轴之间的传动。

齿轮传动的另一种形式为齿轮齿条传动，如图8—2—3所示，可用于转动和移动之间的运动转换。

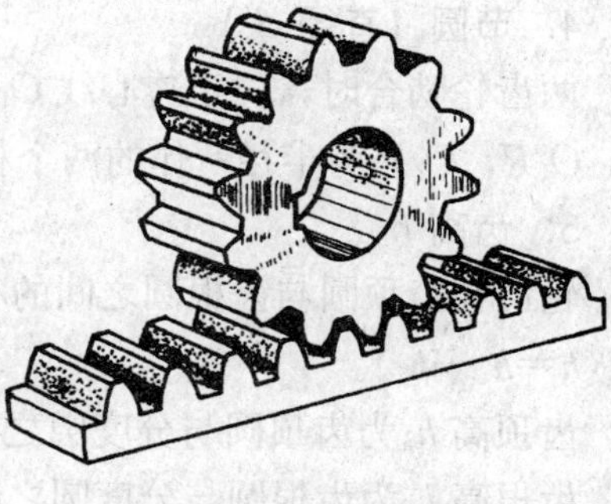

图 8—2—3　齿轮齿条传动

常见的齿轮轮齿有直齿与斜齿。轮齿又有标准齿与非标准齿之分，具有标准齿的齿轮称为标准齿轮。本任务介绍具有渐开线齿形的标准齿轮的有关知识与规定画法。

二、直齿圆柱齿轮各部分名称（见图8—2—4）及尺寸计算

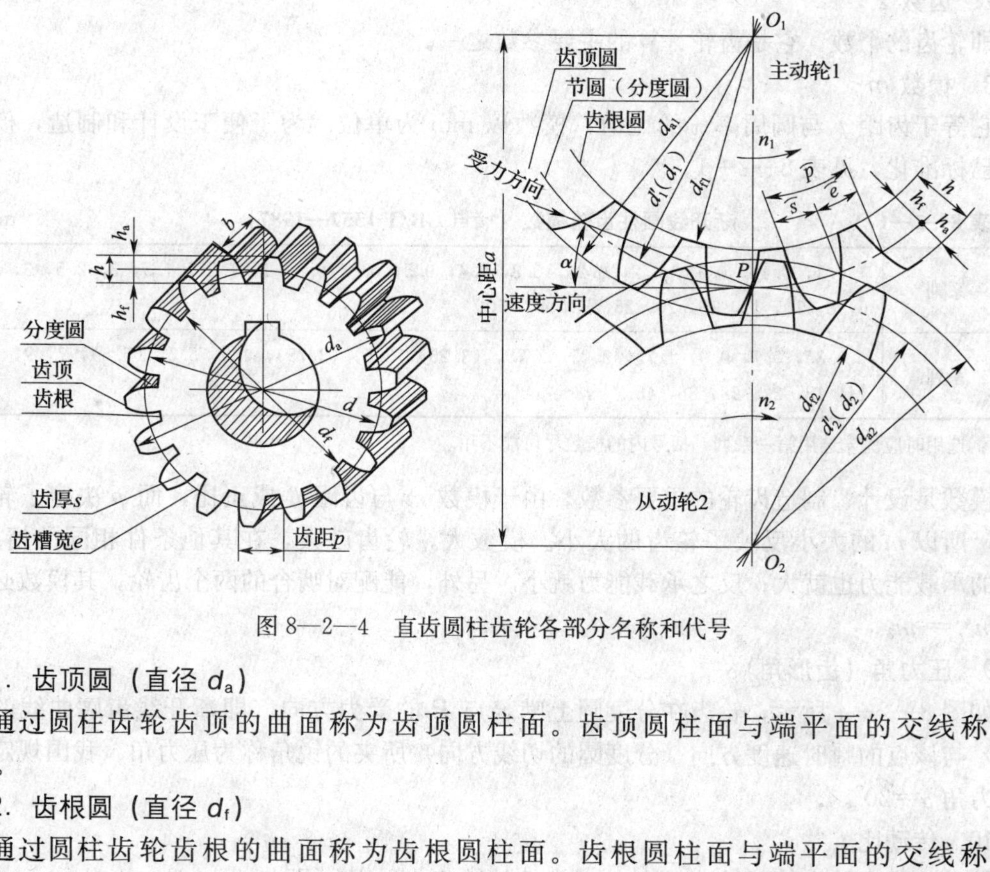

图 8—2—4　直齿圆柱齿轮各部分名称和代号

1. 齿顶圆（直径 d_a）

通过圆柱齿轮齿顶的曲面称为齿顶圆柱面。齿顶圆柱面与端平面的交线称为齿顶圆。

2. 齿根圆（直径 d_f）

通过圆柱齿轮齿根的曲面称为齿根圆柱面。齿根圆柱面与端平面的交线称为齿根圆。

3. 分度圆（直径 d）

齿轮设计和加工时计算尺寸的基准圆称为分度圆。它位于齿顶圆和齿根圆之间，是一个约定的假想圆。

4. 节圆（直径 d'）

两齿轮啮合时，位于连心线 O_1O_2 上的两齿廓接触点 P，称为节点。分别以 O_1，O_2 为圆心，O_1P，O_2P 为半径所作的两个相切的圆称为节圆。正确安装的标准齿轮的 $d'=d$。

5. 齿高 h

轮齿在齿顶圆与齿根圆之间的径向距离称为齿高。齿高 h 分为齿顶高 h_a、齿根高 h_f 两段（$h=h_a+h_f$）。

齿顶高 h_a 为齿顶圆与分度圆之间的径向距离。

齿根高 h_f 为齿根圆与分度圆之间的径向距离。

6. 齿厚 s、齿槽宽 e 和齿距 p

在齿轮的任意圆周上，一个齿轮两侧轮廓间的弧长称为该圆上的齿厚，用 s 表示；齿槽两齿廓间的弧长称为齿槽宽，用 e 表示；分度圆上相邻两齿廓对应点之间的弧长称为齿距，用 p 表示。对于标准齿轮，分度圆上齿厚 s 与齿槽宽 e 相等。

7. 齿数 z

即轮齿的个数，它是齿轮计算的主要参数之一。

8. 模数 m

它等于齿距 p 与圆周率 π 的比值，模数以 mm 为单位。为了便于设计和制造，模数的数值已标准化，见表 8—2—1。

表 8—2—1　　渐开线圆柱齿轮模数（摘自 GB/T 1357—1987）　　mm

第一系列	0.1，0.12，0.15，0.2，0.25，0.3，0.4，0.5，0.6，0.8，1，1.25，1.5，2，2.5，3，4，5，6，8，10，12，16，20，25，32，40，50
第二系列	0.35，0.7，0.9，1.75，2.25，2.75，(3.25)，3.5，(3.75)，4.5，5.5，(6.5)，7，9，(11)，14，18，22，28，36，45

注：选用时应优先选用第一系列，括号内的模数尽可能不用。

模数是设计、制造齿轮的重要参数。由于模数 m 与齿距 p 成正比，而 p 决定了轮齿的大小，所以 m 的大小反映了轮齿的大小。模数大，轮齿就大，在其他条件相同的情况下，齿轮的承载能力也就大；反之承载能力就小。另外，能配对啮合的两个齿轮，其模数必须相等：$m_1=m_2$。

9. 压力角（齿形角）α

如图 8—2—4 所示，轮齿在分度圆上啮合点 P 的受力方向（即渐开线齿廓曲线的法线方向）与该点的瞬时速度方向（分度圆的切线方向）所夹的锐角称为压力角。我国规定的标准压力角 $\alpha=20°$。

10. 传动比 i

传动比为主动齿轮的转速 n_1 与从动齿轮的转速 n_2 之比，即 n_1/n_2。$i=n_1/n_2=z_2/z_1$。

11. 中心距

两圆柱齿轮轴线之间的距离称为中心距。装配准确的标准齿轮，其中心距为：$a=m(z_1+z_2)/2$。

标准直齿圆柱齿轮各基本尺寸计算公式见表 8—2—2。

表 8—2—2　　**标准直齿圆柱齿轮各基本尺寸计算公式**

基本参数：模数 m　齿数 z			已知：$m=2$ mm，$z=29$
名称	符号	计算公式	计算举例
齿距	p	$p=\pi m$	$p=6.28$ mm
齿顶高	h_a	$h_a=m$	$h_a=2$ mm
齿根高	h_f	$h_f=1.25m$	$h_f=2.5$ mm
齿高	h	$h=2.25m$	$h=4.5$ mm
分度圆直径	d	$d=mz$	$d=58$ mm
齿顶圆直径	d_a	$d_a=m\ (z+2)$	$d_a=62$ mm
齿根圆直径	d_f	$d_f=m\ (z-2.5)$	$d_f=53$ mm
中心距	a	$a=m\ (z_1+z_2)\ /2$	

任务实施

1．尺规绘图

（1）单个齿轮的画法　齿轮的轮齿部分按 GB/T 4459.2—2003 规定绘制，如图 8—2—5 所示。

1）齿顶圆和齿顶线用粗实线绘制。

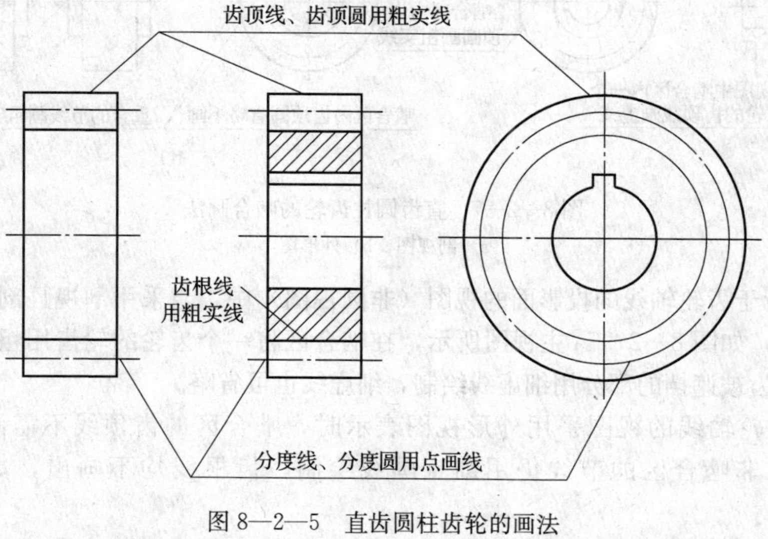

图 8—2—5　直齿圆柱齿轮的画法

2）分度圆和分度线用细点画线绘制（分度线应超出轮齿两端面 2～3 mm）。

3）齿根圆和外形图中的齿根线用细实线绘制，也可省略不画：在剖视图中，齿根线用粗实线绘制，这时不可省略。

4）在剖视图中，当剖切平面通过齿轮轴线时，轮齿一律按不剖处理。

齿轮除轮齿部分外，其余轮体结构均应按真实投影绘制。轮体的结构和尺寸，由设计要求确定。

齿轮属于轮盘类零件，其表达方法与一般轮盘类零件相同。通常将轴线水平放置，可选用两个视图，如图 8—2—6 所示；或一个视图和一个局部视图，其中的非圆视图可作半剖视或全剖视。

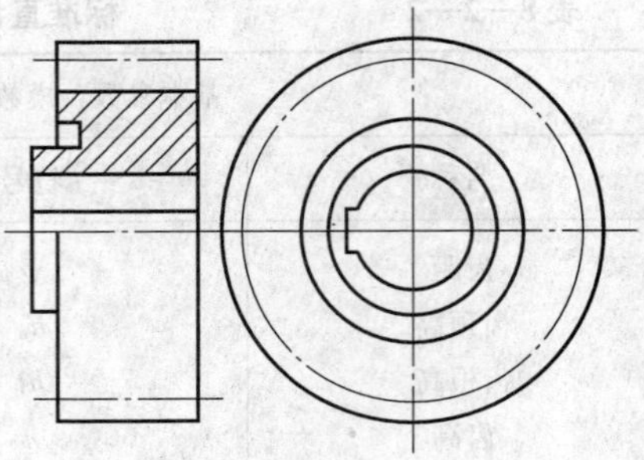

图 8—2—6　直齿圆柱齿轮的视图选择

（2）两齿轮啮合的画法　两齿轮啮合时，除啮合区外，其余部分均按单个齿轮绘制。啮合区按如下规定绘制，如图 8—2—7 所示。

1）在垂直于齿轮轴线的投影面的视图（反映为圆的视图）中，两节圆应相切，齿顶圆均按粗实线绘制，如图 8—2—7a 左视图所示；在啮合区的齿顶圆也可省略不画，如图 8—2—7b 左视图所示，齿根圆全部省略不画。

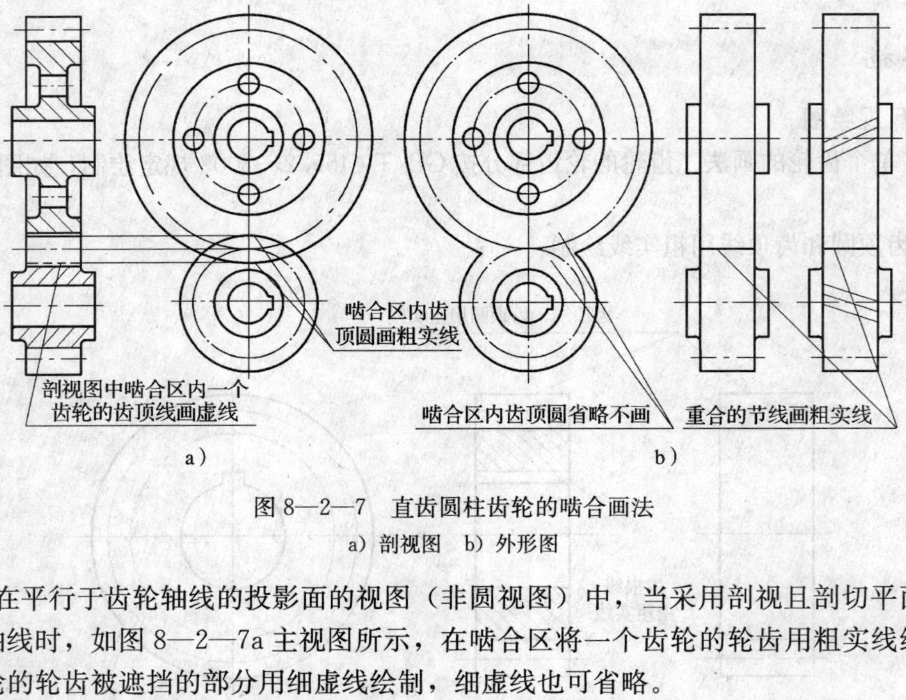

图 8—2—7　直齿圆柱齿轮的啮合画法
a）剖视图　b）外形图

2）在平行于齿轮轴线的投影面的视图（非圆视图）中，当采用剖视且剖切平面通过两齿轮的轴线时，如图 8—2—7a 主视图所示，在啮合区将一个齿轮的轮齿用粗实线绘制，另一个齿轮的轮齿被遮挡的部分用细虚线绘制，细虚线也可省略。

当反映齿轮轴线的视图采用外形视图表示时，啮合区的齿顶线不需画出，节线用粗实线绘制；非啮合区的节线仍用细点画线绘制，齿根线均不画出，如图 8—2—7c 所示。

如果两齿轮齿宽不等，则啮合区的画法如图 8—2—8 所示。不论两轮齿齿宽是否一致，一齿轮的齿顶线与另一齿轮的齿根线之间，均应留有 0.25 mm 的空隙。

2. CAD 绘图

直齿圆柱齿轮的 CAD 二维绘图步骤与尺规绘图相同，过程略。

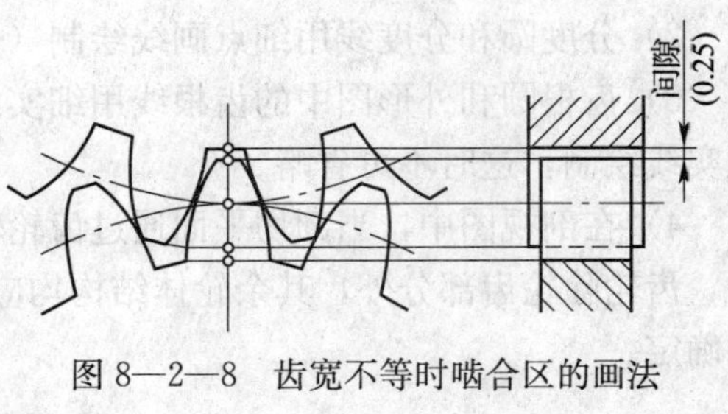

图 8—2—8　齿宽不等时啮合区的画法

知识拓展

CAD绘制直齿圆柱齿轮的三维图

如图 8—2—9 所示，根据直齿圆柱齿轮的二维图用 CAD 绘制出三维图。

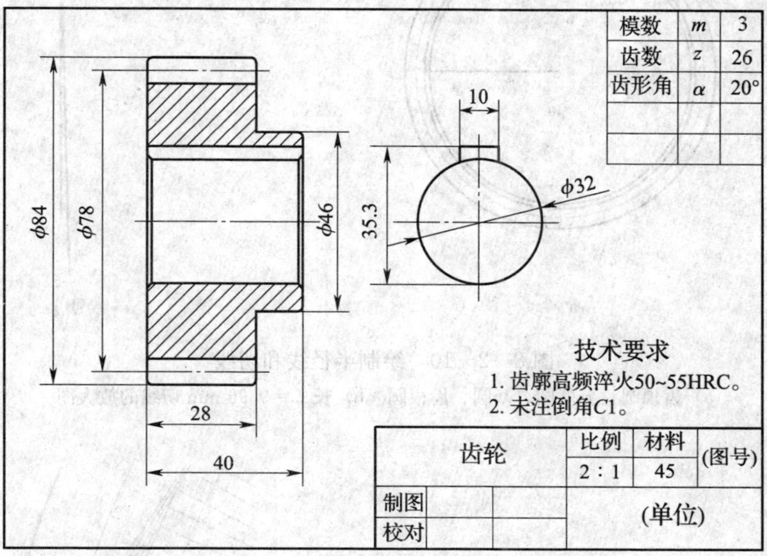

图 8—2—9　直齿圆柱齿轮的二维图

1. 计算齿轮相关尺寸

按照公式计算出齿轮的相关尺寸如下：

$$d=mz=3\times26=78\ \text{mm}$$

$$d_f=m\ (z-2.5)\ =3\times\ (26-2.5)\ =78-7.5=70.5\ \text{mm}$$

$$d_b=d\cos20^\circ=78\times0.94=73.3\ \text{mm}$$

$$L=r\alpha=\ (73.3/2)\ \times\ (1.5/360)\ \times2\times3.14=0.96\ \text{mm}$$

$$\alpha_1=360^\circ/26/2/2=3.46^\circ$$

2. 根据渐开线齿轮的特点绘制齿轮

(1) 切换到平面视图，按照前面计算出的尺寸绘制出齿顶圆、分度圆、基圆和齿根圆，连接圆心和基圆的右象限点，过半径和圆的交点绘制与圆的切线（$L=0.96$ mm）（见图 8—2—10）。

(2) 通过“阵列”绘制相隔 1.5°的半径线和切线（逐步阵列，每次阵列几份，如 5 份），用“拉长”命令，拉长切线每次增量长 0.96 mm（前面算出），直至切线与齿顶圆相交（见图 8—2—11）。

(3) 单击“绘图”工具栏上的“多线段”按钮，然后在确定多线段端点的提示下依次捕捉各切线的端点，至此已绘制完渐开线轮廓（见图 8—2—12）。

(4) 删除半径线和切线，得图 8—2—13 结果。

(5) 为通过镜像得到另一半齿廓，首先绘制镜像线。为此，从圆心向分度圆与渐开线的交点绘制线（见图 8—2—14）。

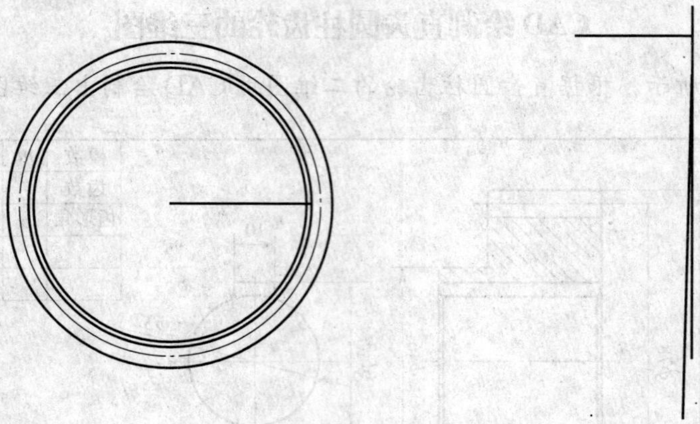

a）　　　　　　　　　　　　　　　　　　b）

图 8—2—10　绘制半径线和切线

a）齿顶圆、分度圆、基圆、齿根圆　b）长 L=0.96 mm 切线的放大图

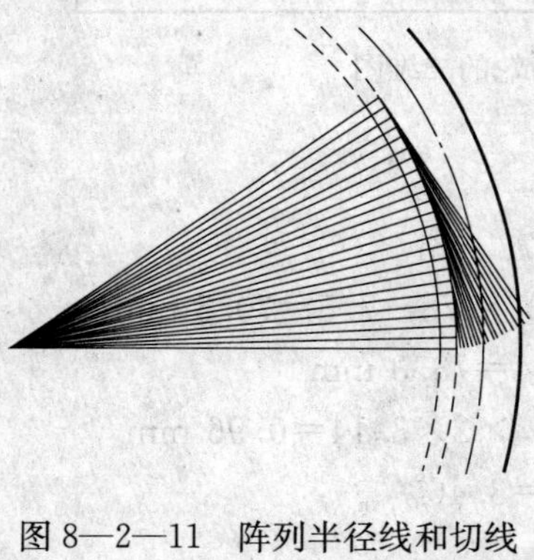

图 8—2—11　阵列半径线和切线

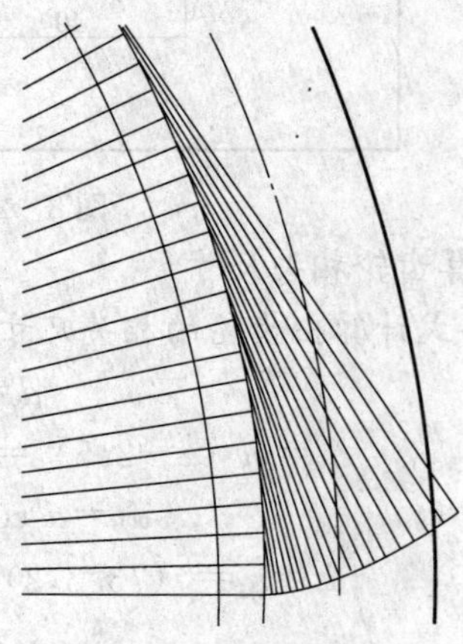

图 8—2—12　绘制渐开线

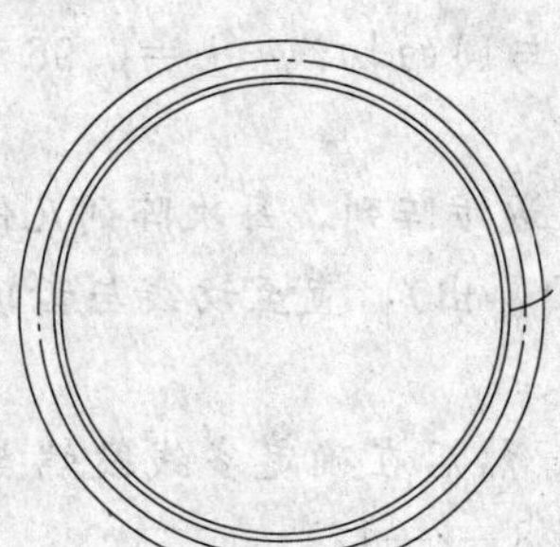

图 8—2—13　整理结果图

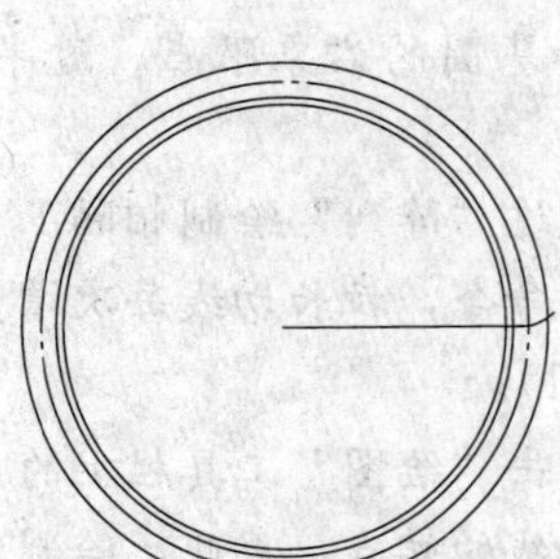

图 8—2—14　从圆心向交点绘制直线

(6) 将直线“旋转”3.46°（α_1前面已算出），“镜像”渐开线，得到如图 8—2—15 所示的结果。

(7) 修剪得到如图 8—2—16 所示的结果。

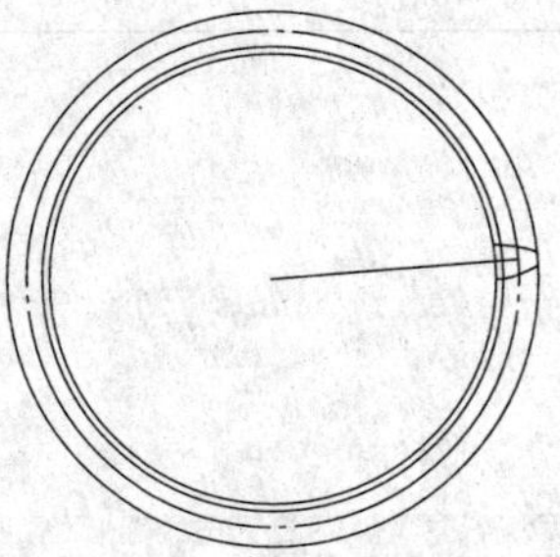

图 8—2—15　“镜像”结果

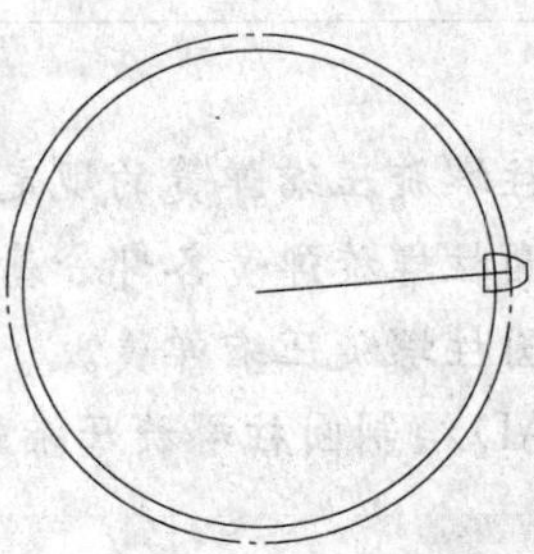

图 8—2—16　修剪结果

(8) 用“面域”和“拉伸（拉伸长度为 28)”得到单齿（见图 8—2—17)。

(9) 用“阵列”得到如图 8—2—18 所示的结果。

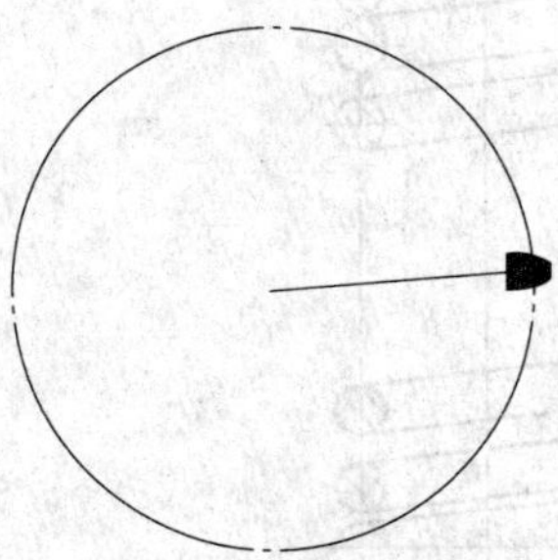

图 8—2—17　单齿

图 8—2—18　阵列结果

(10) 分别画齿根圆和半径为 23 的圆，利用“拉伸”命令得到如图 8—2—19a 所示的结果。

(11) 绘制轴孔轮廓，利用“面域”“拉伸”“差集”等得到如图 8—2—19b 所示的结果。

a)　　b)

图 8—2—19　整理结果

任务 2　绘制圆柱螺旋压缩弹簧的视图

◆ **教学目标**

1. 掌握圆柱螺旋压缩弹簧的规定画法。
2. 能计算圆柱螺旋弹簧各部分基本尺寸。
3. 能绘制圆柱螺旋压缩弹簧。
4. 能用 CAD 绘制圆柱螺旋压缩弹簧的二维图形。

任务提出

绘制圆柱螺旋压缩弹簧的视图，要求符合制图国家标准的有关规定，如图 8—2—20 所示。

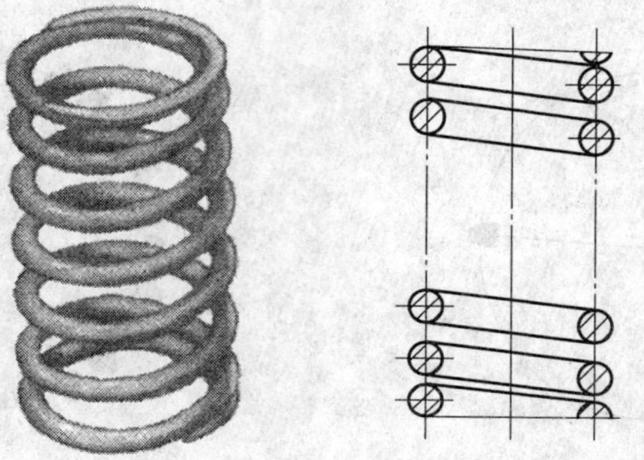

图 8—2—20　圆柱螺旋压缩弹簧

任务分析

弹簧是用途很广的常用零件。它主要用于减振、夹紧、储存能量和测力等方面。弹簧的特点是去掉外力后，能立即恢复原状。观察图 8—2—20 圆柱螺旋压缩弹簧视图会发现要想绘制这个图，首先要正确分析弹簧各几何要素，然后根据条件对弹簧各几何要素进行尺寸计算，并通过计算的尺寸熟练绘制圆柱螺旋压缩弹簧视图。

相关知识

一、弹簧种类

弹簧是机械中常用的零件，具有功能转换特性，可用于减振、测力、压紧与复位、调节等多种场合。

弹簧种类很多，常见的有圆柱螺旋压缩弹簧、平面蜗卷弹簧等，如图 8—2—21 所示。其中，圆柱螺旋弹簧最为常见。按所受载荷特性不同，这种弹簧又可分为压缩弹簧（Y 型）、拉伸弹簧（L 型）和扭转弹簧（N 型）三种。

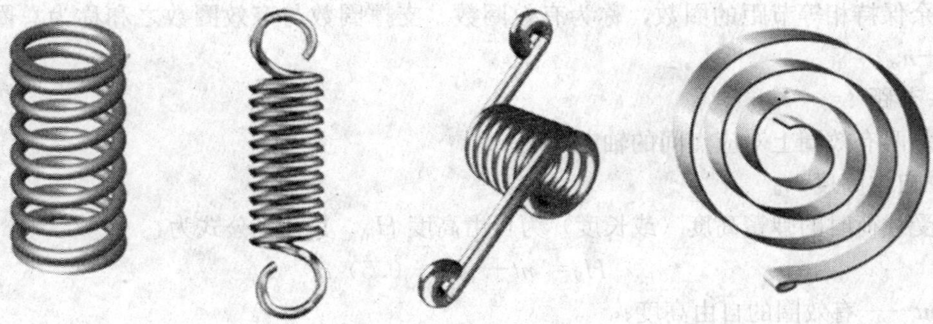

图 8—2—21　常见弹簧种类

a）螺旋压缩弹簧　b）拉伸弹簧　c）扭转弹簧　d）平面蜗卷弹簧

二、圆柱螺旋压缩弹簧各部分名称及尺寸计算（摘自 GB/T 2089—1994）

圆柱螺旋压缩弹簧如图 8—2—22 所示。

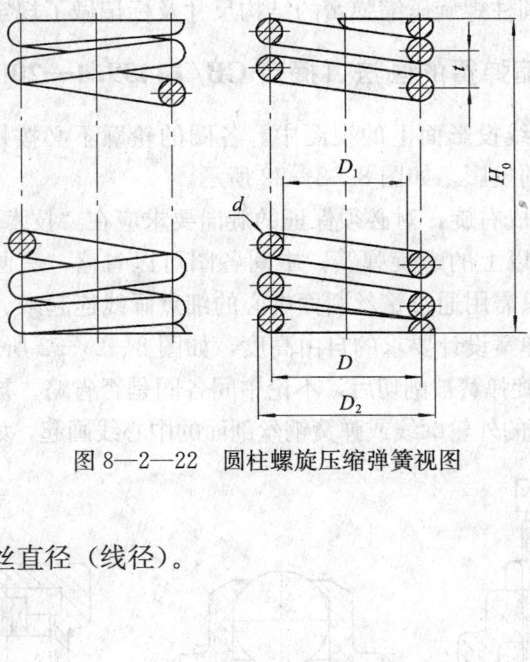

图 8—2—22　圆柱螺旋压缩弹簧视图

1．材料直径 d

制造弹簧用的金属丝直径（线径）。

2．弹簧外径 D_2

弹簧的最大直径。

3．弹簧内径 D_1

弹簧的最小直径。$D_1 = D_2 - 2d$。

4．弹簧中径 D

弹簧的平均直径。$D = \dfrac{D_2 + D_1}{2} = D_1 + d = D_2 - d$。

5．支撑圈数 n_2、有效圈数 n、总圈数 n_1

为了使压缩弹簧工作平稳，端面受力均匀，制造时需将弹簧每一端 3/4～1 圈并紧磨平，这些并紧磨平的圈仅起支撑作用，称为支撑圈。支撑圈数 n_2 一般为 1.5，2，2.5，常用 2.5

圈。其余保持相等节距的圈数，称为有效圈数。支撑圈数与有效圈数之和称为总圈数，即 $n_1=n_2+n$。

6. 节距 t

相邻两有效圈上对应点间的轴向距离。

7. 自由高度 H_0

未受载荷时的弹簧高度（或长度）为自由高度 H_0，其计算公式为：

$$H_0=nt+(n_2-0.5)d$$

式中　nt——有效圈的自由高度；

$(n_2-0.5)d$——支撑圈的自由高度。

8. 展开长度 L

制造弹簧时所需要金属丝的长度称为展开长度 L，其计算公式为：

$$L=n_1\sqrt{(\pi D_2)^2+t^2}$$

9. 旋向

螺旋弹簧分为右旋和左旋两种。

国家标准已对普通圆柱螺旋压缩弹簧的结构尺寸及标记做了规定，使用时可查阅。

三、圆柱螺旋压缩弹簧的画法（摘自 GB/T4459.4—2003）

1. 弹簧在平行于轴线投影面上的视图中，各圈的轮廓不必按螺旋线的真实投影画出，而用直线来代替螺旋线的投影，如图 8—2—22 所示。

2. 螺旋弹簧均可画成右旋，对必须保证的旋向要求应在“技术要求”中注明。

3. 有效圈数在四圈以上的螺旋弹簧，中间各圈可以省略，只画出其中两端的 1～2 圈(不包括支撑圈)，中间只需用通过簧丝断面中心的细点画线连起来。省略后，允许适当缩短图形的长度，但应注明弹簧设计要求的自由高度，如图 8—2--22 所示。

4. 在装配图中，螺旋弹簧被剖切后，不论中间各圈是否省略，被弹簧挡住的结构一般不画，其可见部分应从弹簧的外轮廓线或弹簧钢丝剖面的中心线画起，如图 8—2—23a 所示。

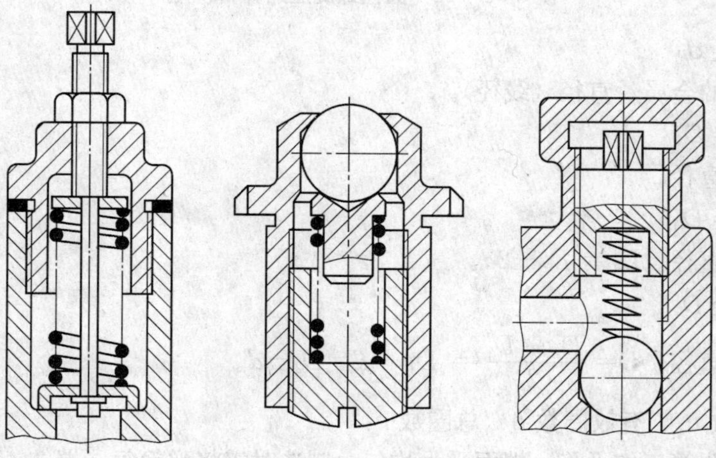
a）　b）　c）

图 8—2—23　装配图中弹簧的画法

5. 在装配图中，当弹簧钢丝的直径在图上等于或小于 2 mm 时，其剖面可以涂黑表示，如图 8—2—23b 所示，也可采用示意画法，如图 8—2—23c 所示。

任务实施

1. 尺规绘图

（1）计算基本参数

1）计算弹簧外径　$D_2 = D + d$

2）自由高度　$H_0 = nt + (n_2 - 0.5)\ d$

（2）作图步骤　如图 8—2—24 所示。

1）按自由高度 H_0 和弹簧中径 D，作矩形 $ABCD$，如图 8—2—24a 所示。

2）根据材料直径 d，画出支撑圈部分的四个圆和两个半圆，如图 8—2—24b 所示。

3）根据节距 t，作有效圈部分的圈数（省略中间各圈），如图 8—2—24c 所示。

4）按右旋方向作相应圆的公切线，并画剖面线，如图 8—2—24d 所示。

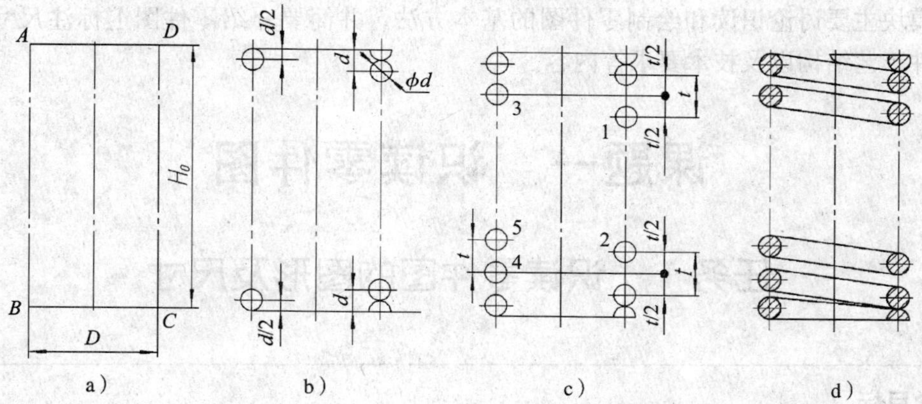

图 8—2—24　圆柱螺旋压缩弹簧的作图步骤

2. CAD 绘图

用 CAD 绘制圆柱螺旋压缩弹簧的步骤与尺规绘图相同，过程略。

9 模块九 识读与绘制零件图

任何一台机器或一个部件都是由若干零件按一定的装配关系和技术要求装配而成的，制造机器首先要依据零件图加工零件。零件图是制造和检验零件的依据，是重要的技术文件。零件图必须详尽地反映零件的结构、形状、尺寸和技术要求，零件的设计者和制造者必须掌握绘制和识读零件图的方法，具备绘制和识读零件图的能力。

本模块主要讨论识读和绘制零件图的基本方法，并简要介绍零件图上标注尺寸的合理性、零件工艺结构以及技术要求等内容。

课题一　识读零件图

任务1　识读零件图的图形及尺寸

◆ **教学目标**

1. 了解零件图的内容，掌握基准的概念和分类，掌握零件图上标注尺寸的基本原则和三类尺寸的标注方法。理解极限与配合的概念。
2. 会分析零件结构形状和视图表达方法；会选择基准，合理地标注尺寸。
3. 能用 CAD 绘制二维、三维图形。

任务提出

对照球阀装配立体图，识读如图 9—1—1 所示阀杆零件图的图形和尺寸。

任务分析

识读零件图首先要通过识读一组图形想象零件形状，再根据图中的尺寸标注明确各部分的大小。最后根据图中的技术要求，了解零件的制造方法和掌握质量指标。

一般零件图中除了用一组视图表达零件的结构形状外，还需标注尺寸，以表达零件的大小。如果尺寸标注不全，则无法加工；如果尺寸标注不清晰、不完整，会导致零件出现废品；尺寸标注不合理，也会给生产过程造成困难。因此，标注零件尺寸应结合零件形状，做到尽可能地符合生产实际。

零件图中除了图形和尺寸外，还有制造该零件时应满足的一些加工要求，通常称为技术要求，如表面结构要求、极限与配合、几何公差以及材料热处理等。技术要求一般是用符号、代号或标记标注在图形上，或者用文字注写在图样的适当位置。

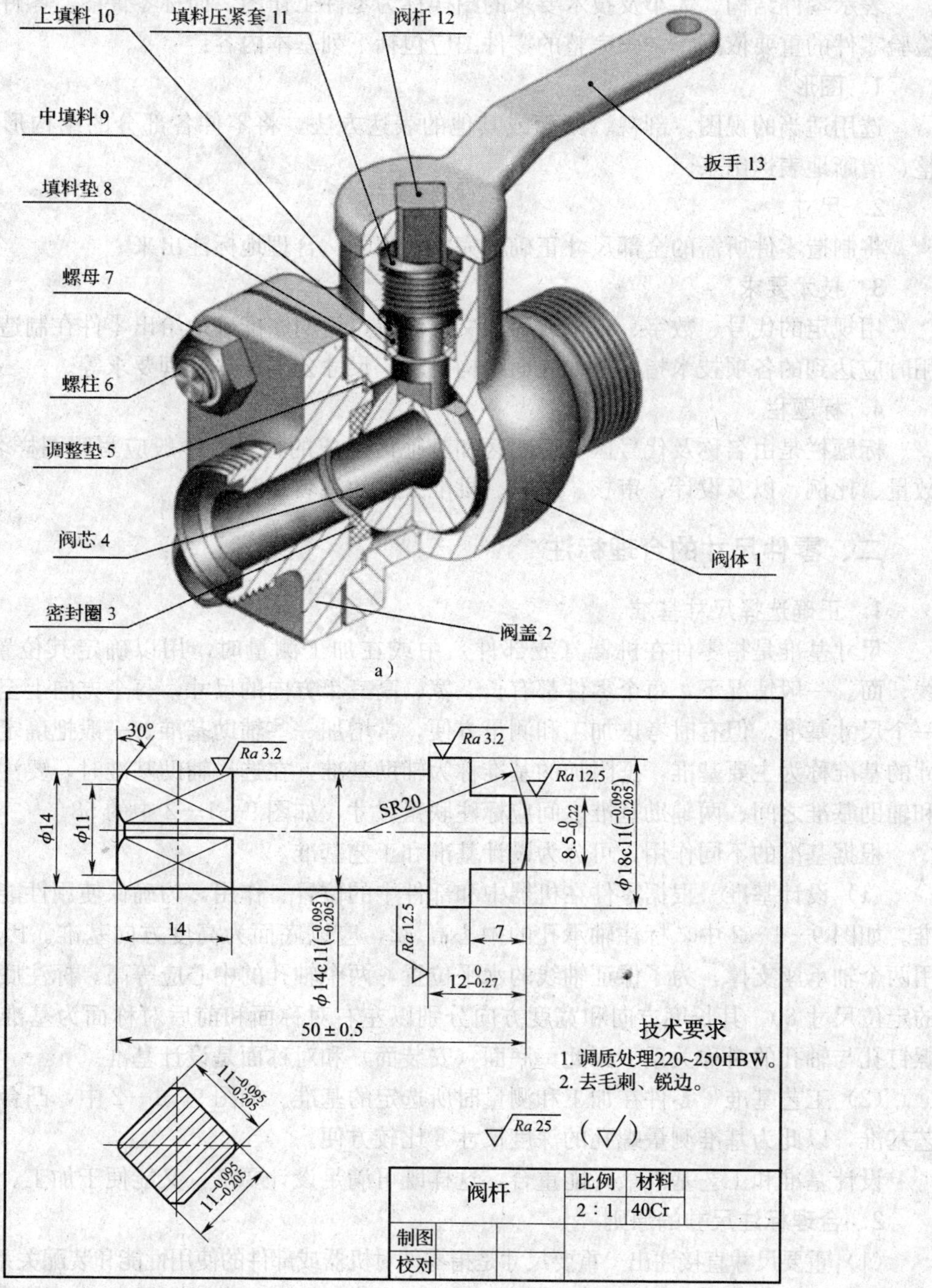

图 9—1—1　球阀
a）球阀装配立体图　b）阀杆零件图

相关知识

一、零件图及其内容

表示零件结构、大小及技术要求的图样称为零件工作图，简称零件图。零件图是制造和检验零件的重要依据。一张完整的零件图应包括下列基本内容：

1. 图形

选用适当的视图、剖视、断面或其他的表达方法，将零件各部分的结构形状正确、完整、清晰地表达出来。

2. 尺寸

将制造零件所需的全部尺寸正确、完整、清晰、合理地标注出来。

3. 技术要求

用规定的代号、数字、字母或另加文字注解，简明、准确地给出零件在制造、检验或使用时应达到的各项技术指标，如表面结构要求、尺寸公差和热处理要求等。

4. 标题栏

标题栏是由名称及代号区、说明区和其他区组成的栏目。一般应写明图样名称、材料、数量、比例，以及设计、审核、工艺、批准人员的签名和时间等。

二、零件尺寸的合理标注

1. 正确选择尺寸基准

尺寸基准是指零件在机器（或部件）中或在加工测量时，用以确定其位置的一些点、线、面。一般情况下，每个零件都有长、宽、高三个方向的尺寸，每个方向上至少应当选择一个尺寸基准。但有时考虑加工和测量方便，常增加一些辅助基准。一般把确定零件主要尺寸的基准称为主要基准，把附加的基准称为辅助基准，在选择辅助基准时，要注意主要基准和辅助基准之间、两辅助基准之间应标注联系尺寸，如图 9—1—2 中的 58。

根据基准的不同作用，可分为设计基准和工艺基准。

（1）设计基准　根据零件在机器中和部件中的位置、作用，为确保使用性能所选择的基准。如图 9—1—2 中，标注轴承孔的中心高 32，应以底面为高度方向基准。因为一根轴要用两个轴承座支撑，为了保证轴线的水平位置，两个轴孔的中心应等高。标注底板两螺钉孔的定位尺寸 80，其长度方向和宽度方向分别以左右对称面和前后对称面为基准，以保证两螺钉孔与轴孔的对称关系。因此，底面（安装面）和对称面是设计基准。

（2）工艺基准　零件在加工和测量时所选定的基准。如图 9—1—2 中，凸台的顶面是工艺基准，以此为基准测量螺孔的深度尺寸 8 比较方便。

设计基准和工艺基准最好能重合，这样既可满足设计要求，又能便于加工、检测。

2. 合理标注尺寸的原则

（1）重要尺寸直接注出　重要尺寸是指零件对机器或部件的使用性能和装配关系有影响的尺寸，这些尺寸的加工和检验都很严格，例如零件间配合尺寸、重要安装尺寸；主要基准和辅助基准之间的尺寸等。如图 9—1—3 所示，图 a 是正确的标注形式，图 b 是错误的标注形式。

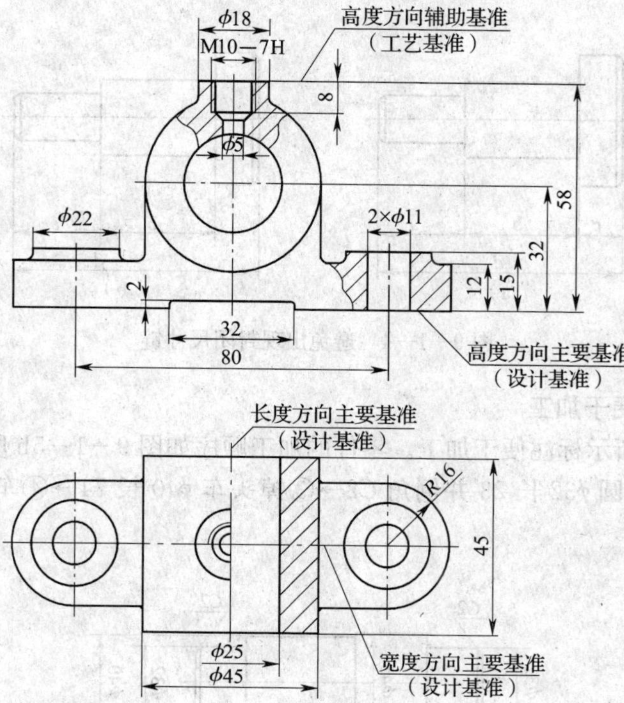

图 9—1—2　基准的选择

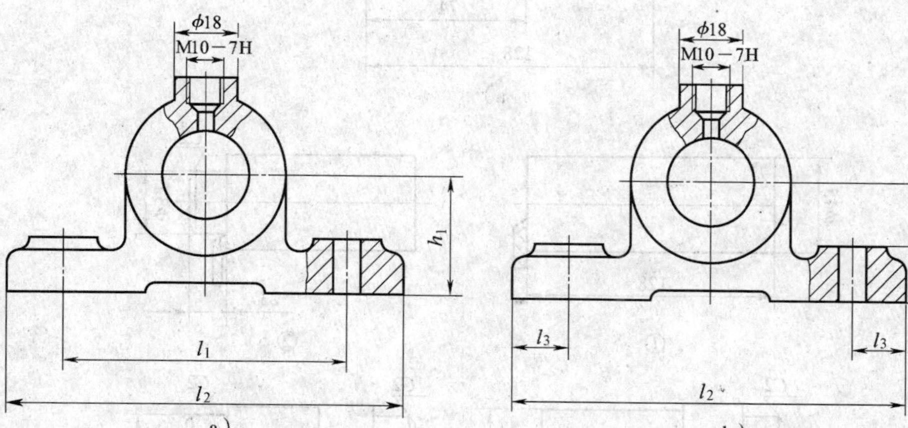

图 9—1—3　重要尺寸直接注出

（2）避免出现封闭尺寸链　封闭的尺寸链是指一个零件同一方向上的尺寸像车链一样，一环扣一环首尾相连，成为封闭形状的情况。如图 9—1—4a 所示，各分段尺寸与总体尺寸间形成封闭的尺寸链，在机器生产中是不允许的，因为各段尺寸加工不可能绝对准确，总有一定尺寸误差，而各段尺寸误差的和不可能正好等于总体尺寸的误差。为此，在标注尺寸时，应将次要的轴段尺寸空出不注（称为开口环），如图 9—1—4b 所示。这样，其他各段加工的误差都积累至这个尺寸上，而全长及主要轴段的尺寸则因此得到保证。

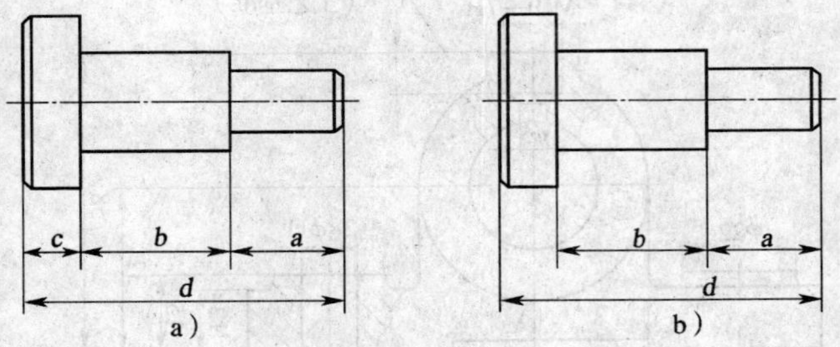

图 9—1—4　避免出现封闭尺寸链

3．标注尺寸要便于加工

如图 9—1—5a 所示标注便于加工。零件的加工顺序如图 9—1—5b 所示：①备料→②车端面打中心孔，车外圆 ϕ32 长 23 并倒角 $C2$→③掉头车 ϕ40 长 74→④车 ϕ32 保证长 51，倒角 $C2$。

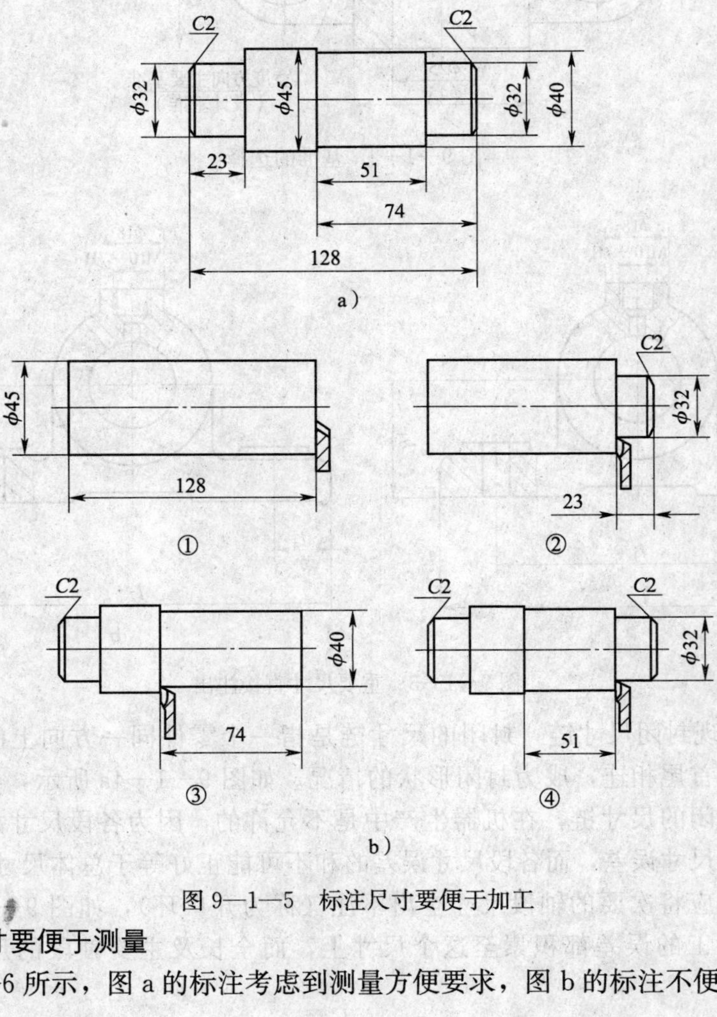

图 9—1—5　标注尺寸要便于加工

4．标注尺寸要便于测量

如图 9—1—6 所示，图 a 的标注考虑到测量方便要求，图 b 的标注不便于测量。

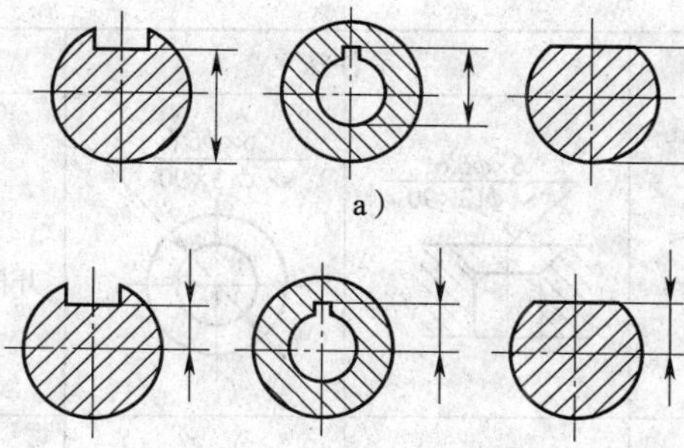

图 9—1—6　标注尺寸要便于测量

5. 各种孔的简化注法（见表 9—1—1）

表 9—1—1　　**零件上常见孔的尺寸标注**

类型	普通注法	旁注法		说明
	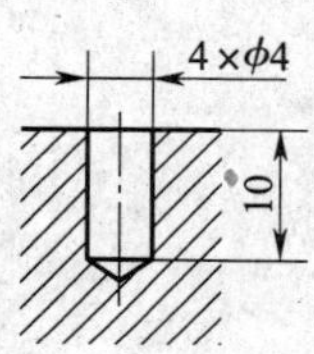	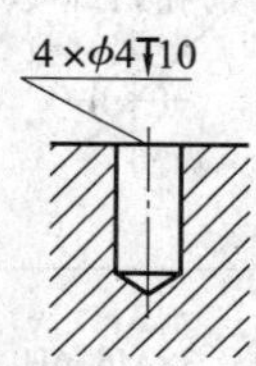	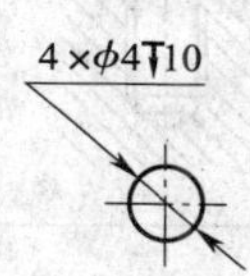	“↧”孔深符号
光孔	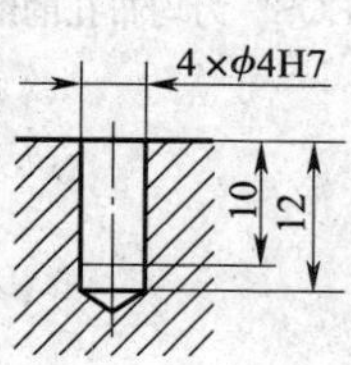	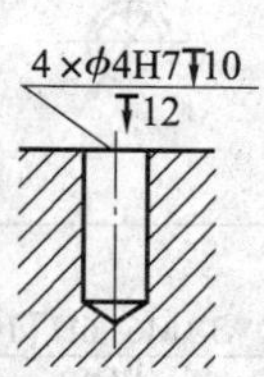	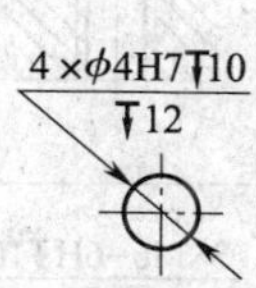	钻孔深度为 12 mm，精加工孔（铰孔）深度为 10 mm
	该孔无普通注法。注意：ϕ4 mm是指与其相配的圆锥销的公称直径（小端直径）		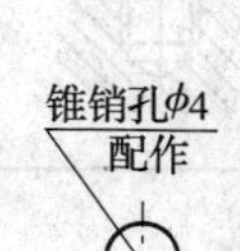	“配作”指该孔与相邻零件的同位锥销孔一起加工
锪孔	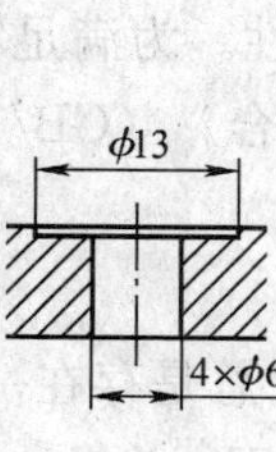	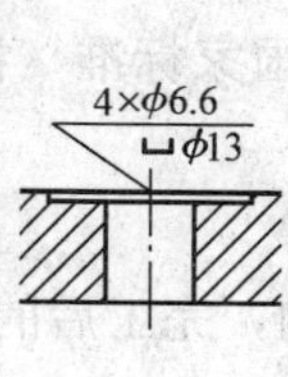	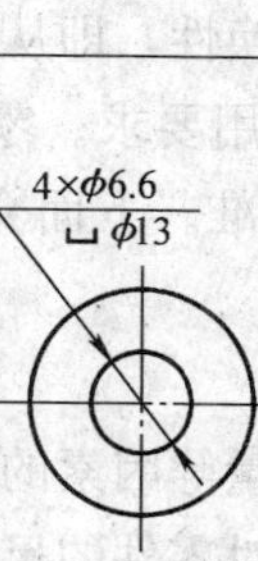	“⌴”为锪平、沉孔符号，锪孔通常只需锪出圆平面即可，因此沉孔深度一般不注

续表

<table>
<tr><th>类型</th><th>普通注法</th><th colspan="2">旁注法</th><th>说明</th></tr>
<tr><td rowspan="2">沉孔</td><td>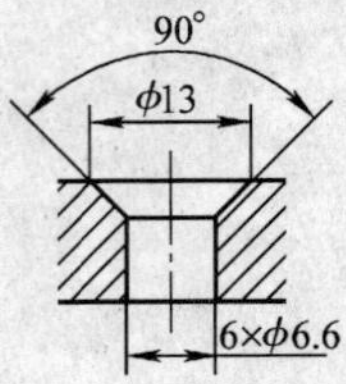</td><td>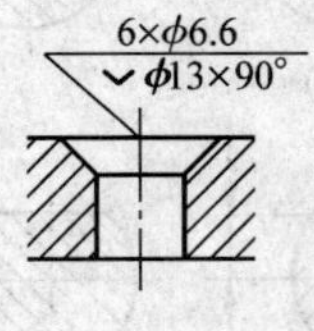</td><td>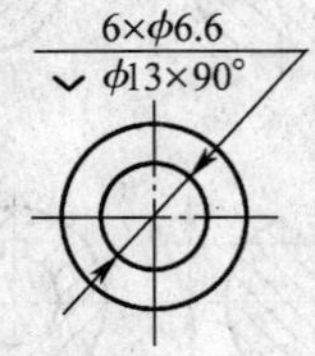</td><td>“⌵”为埋头孔符号，该孔为安装开槽沉头螺钉所用</td></tr>
<tr><td>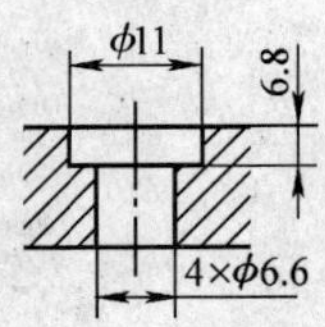</td><td>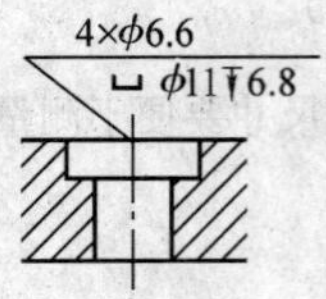</td><td>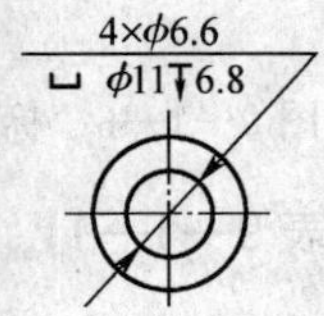</td><td>该孔为安装内六角圆柱头螺钉所用，沉孔头部的孔深应注出</td></tr>
<tr><td rowspan="3">螺孔</td><td>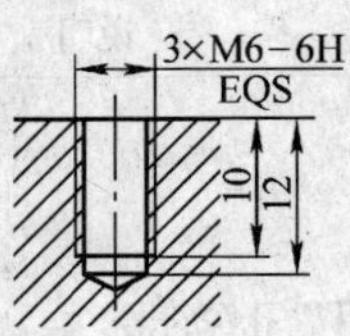</td><td>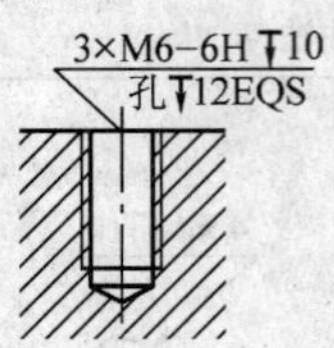</td><td></td><td rowspan="3">“EQS”为均布孔的缩写词</td></tr>
<tr><td>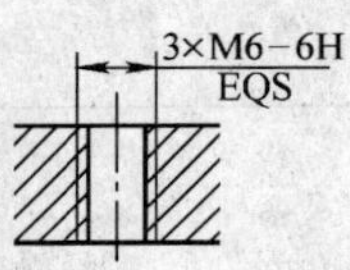</td><td>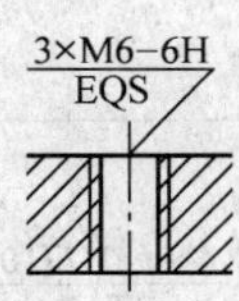</td><td>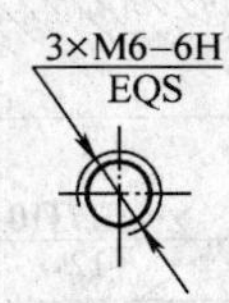</td></tr>
<tr><td>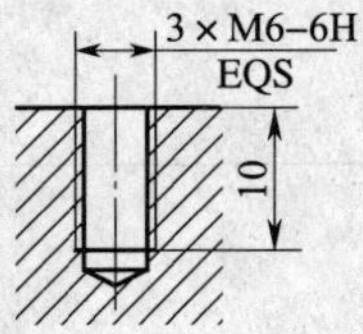</td><td>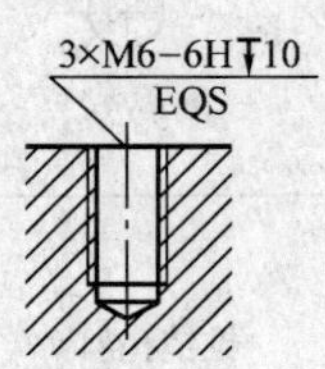</td><td>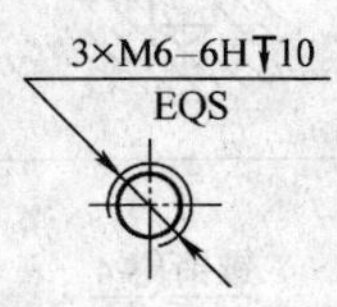</td></tr>
</table>

三、极限与配合

大规模生产要求零件具有互换性，即从一批规格相同的零件中任取一件，不经修配就能装到机器或部件上，并能保证使用要求。零件的这种性质称为互换性。为满足零件的互换性，就必须制定和执行统一的标准。下面介绍国家标准《极限与配合》（GB/T 1800. 1～1800. 2—2009）的基本内容。

1. 尺寸公差

制造零件时，由于加工或测量等因素的影响，完工后的实际尺寸总是存在一定的误差。为了使零件具有互换性，就必须对零件的尺寸规定一个允许的变动范围。为此，国家制定了极限尺寸制度，即零件制成后的实际尺寸，限制在上极限尺寸和下极限尺寸的范围内。这种允许尺寸的变动量，称为尺寸公差。关于尺寸公差的一些名词，以图 9—1—7 所示圆柱孔尺寸 $\phi35^{+0.014}_{-0.011}$ 为例，简要说明如下：

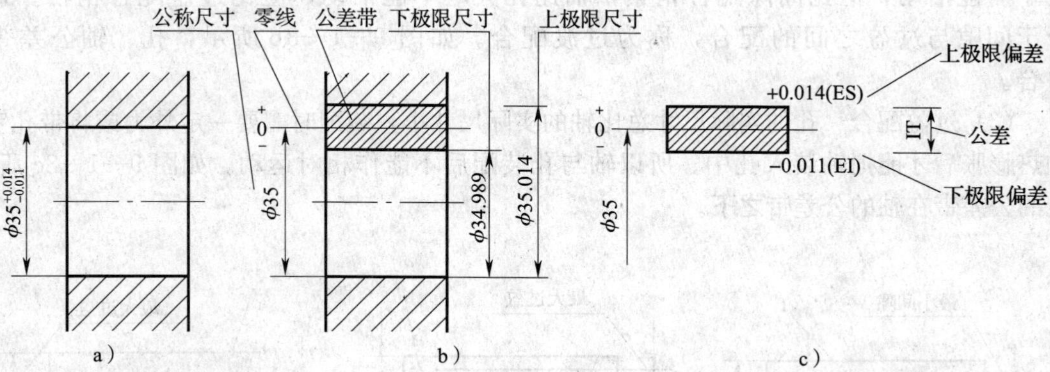

图 9—1—7　尺寸公差名词解释与公差带图

a）孔的公差　b）尺寸公差　c）公差带图

（1）公称尺寸　设计给定的尺寸 $\phi35$。

（2）极限尺寸　允许尺寸变动的两个极限值。即上极限尺寸、下极限尺寸。

$$上极限尺寸：35+0.014=35.014$$

$$下极限尺寸：35-0.011=34.989$$

（3）极限偏差　某一极限尺寸减公称尺寸所得的代数差。

上极限偏差和下极限偏差统称为极限偏差。孔的上、下极限偏差分别用 ES 和 EI 表示，轴的上、下极限偏差分别用 es 和 ei 表示。

（4）尺寸公差　允许尺寸的变动量，即上极限尺寸减下极限尺寸，也等于上极限偏差减下极限偏差所得的代数差。尺寸公差是一个没有符号的绝对值。

$$公差\quad 35.014-34.989=0.025$$

$$或\quad |0.014-(-0.011)|=0.025$$

（5）公差带和零线　由代表上、下极限偏差的两条直线所限定的一个区域称为公差带。为了便于分析，一般将尺寸公差与公称尺寸的关系，按放大比例画成简图，称为公差带图，如图 9—1—7c 所示。在公差带图中，零线是表示公称尺寸的一条直线。零线上方的极限偏差为正值，下方的极限偏差为负值。公差带由公差大小及其相对零线的位置来确定。

2. 配合

公称尺寸相同并且相互结合的孔、轴公差带之间的关系，称为配合。根据使用要求不同，孔与轴之间的配合有松有紧，因此，国家标准规定配合分为三类：间隙配合、过盈配合和过渡配合。孔的尺寸减去相配合轴的尺寸之差为正时是间隙，为负时是过盈。

（1）间隙配合　孔的实际尺寸总比轴的实际尺寸大，装配在一起后，即便轴的实际尺寸为最大极限尺寸，孔的实际尺寸为最小极限尺寸，轴与孔之间仍有间隙，轴在孔中能自由转动或移动。如图 9—1—8a 所示，孔的公差带在轴的公差带之上。间隙配合包括最小间隙为零的配合。

(2) 过渡配合　轴的实际尺寸比孔的实际尺寸有时小，有时大。孔轴装配后，轴比孔小时能活动，但比间隙配合稍紧；轴比孔大时不能活动，但比过盈配合稍松。这种介于间隙与过盈之间的配合，称为过渡配合。如图 9—1—8b 所示，孔、轴公差带有重合。

(3) 过盈配合　孔的实际尺寸总比轴的实际尺寸小，装配时需要一定外力或将带孔零件加热膨胀后才能把轴装入孔中。所以轴与孔装配后不能作相对运动。如图 9—1—8c 所示，孔的公差带在轴的公差带之下。

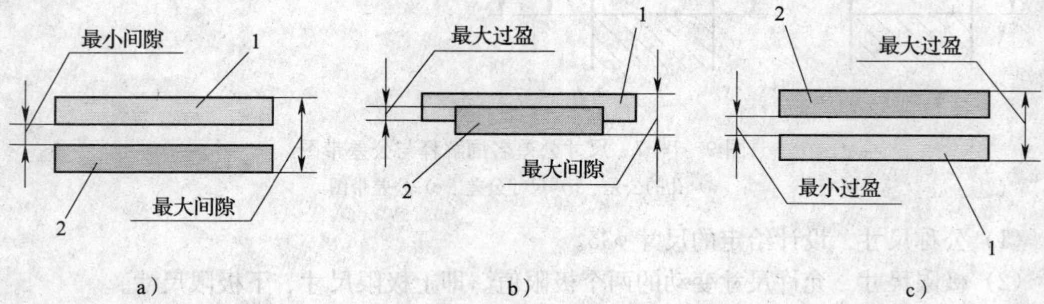

图 9—1—8　配合类别

a）间隙配合　b）过渡配合　c）过盈配合

1—孔公差带　2—轴公差带

3. 标准公差与基本偏差

为了满足不同的配合要求，国标中规定，孔、轴公差带由标准公差和基本偏差两个要素组成。标准公差确定公差带大小，基本偏差确定公差带位置，如图 9—1—9 所示。

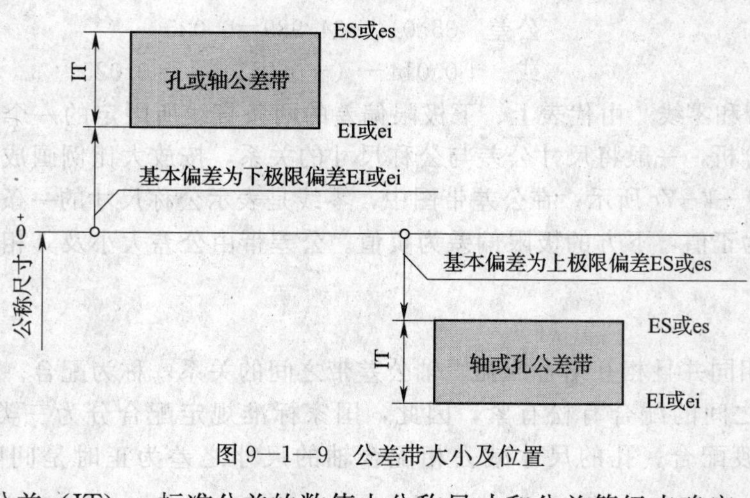

图 9—1—9　公差带大小及位置

(1) 标准公差（IT）　标准公差的数值由公称尺寸和公差等级来确定，其中公差等级确定尺寸的精确程度。标准公差等级代号由 IT 和数字组成。标准公差分 20 个级别，即 IT01、IT0、IT1 至 IT18。随着公差等级的增大，尺寸的精确程度依次降低，公差数值依次增大，其中 IT01 级精度最高，IT18 级最低。

对一定的公称尺寸而言，公差等级越高，公差数值越小，尺寸精度越高。属于同一公差等级的公差数值，基本尺寸越大，对应的公差数值越大，但被认为具有同等的精确程度。在20个标准公差等级中IT01～IT11用于配合尺寸，IT12～IT18用于非配合尺寸。

（2）基本偏差　基本偏差是确定公差带相对零线位置的那个极限偏差，它可以是上极限偏差或下极限偏差，一般指靠近零线的那个偏差。当公差带在零线上方时，基本偏差为下极限偏差；反之，则为上极限偏差，如图9—1—9所示。基本偏差代号用字母表示，孔用大写字母A～ZC表示，轴用小写字母a～zc表示。

国标GB/T 1800.1—2009对孔、轴各规定了28个基本偏差，如图9—1—10所示。其中A～H（a～h）用于间隙配合；J～ZC（j～zc）用于过渡配合或过盈配合。从基本偏差系列图中可以看出：孔的基本偏差A～H为下偏差，J～ZC一般为上偏差；轴的基本偏差a～h为上偏差；j～zc一般为下偏差；JS和js的公差带对称分布于零线两边，孔和轴的上、下偏差分别都是$+\frac{IT}{2}$，$-\frac{IT}{2}$。基本偏差系列图只表示公差带的位置，不表示公差带的大小，因此，公差带的另一端是开口的，开口的另一端由标准公差限定。

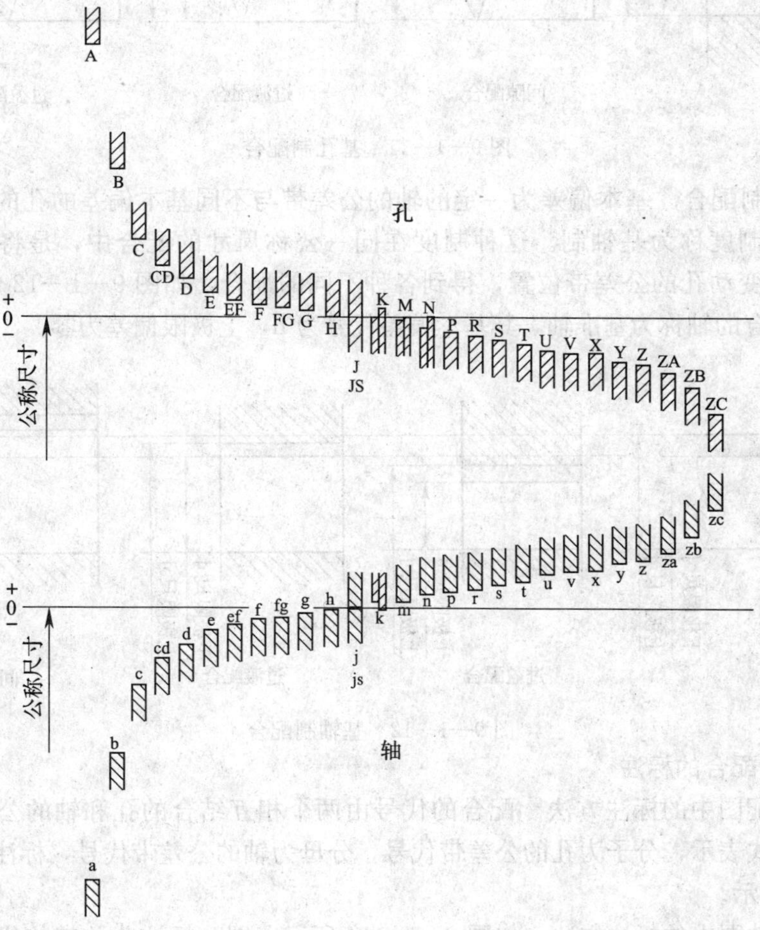

图9—1—10　基本偏差系列

4. 配合制

在制造互相配合的零件时，使其中一种零件作为基准件，它的基本偏差固定，通过改变另一种非基准件的基本偏差来获得各种不同性质的配合制度称为配合制。国家标准规定了两种配合制。

（1）基孔制配合　基本偏差为一定的孔的公差带，与不同基本偏差的轴的公差带形成各种配合的一种制度称为基孔制。这种制度在同一公称尺寸的配合中，是将孔的公差带位置固定，通过变动轴的公差带位置，得到各种不同的配合，如图 9—1—11 所示。

基孔制配合的孔称为基准孔，其基本偏差代号为 H，下极限偏差为零。

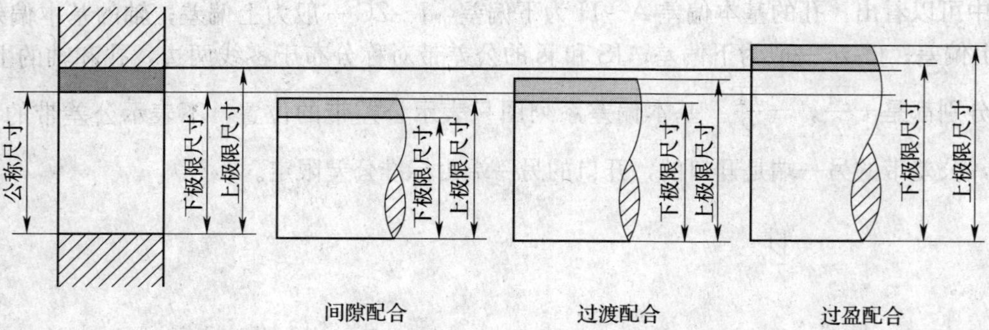

图 9—1—11　基孔制配合

（2）基轴制配合　基本偏差为一定的轴的公差带与不同基本偏差的孔的公差带形成各种配合的一种制度称为基轴制。这种制度在同一公称尺寸的配合中，是将轴的公差带位置固定，通过变动孔的公差带位置，得到各种不同的配合，如图 9—1—12 所示。

基轴制配合的轴称为基准轴，其基本偏差代号为 h，上极限偏差为零。

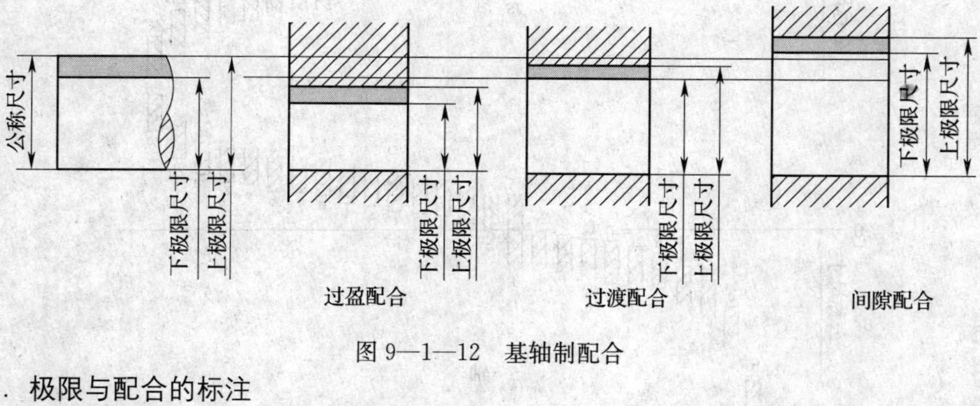

图 9—1—12　基轴制配合

5. 极限与配合的标注

（1）在装配图中的标注方法　配合的代号由两个相互结合的孔和轴的公差带的代号组成，用分数形式表示，分子为孔的公差带代号，分母为轴的公差带代号，标注的通用形式如图 9—1—13 所示。

（2）在零件图中的标注方法　如图 9—1—14 所示，图 a 标注公差带的代号，图 b 标注极限偏差数值，图 c 公差带代号和极限偏差数值一起标注。

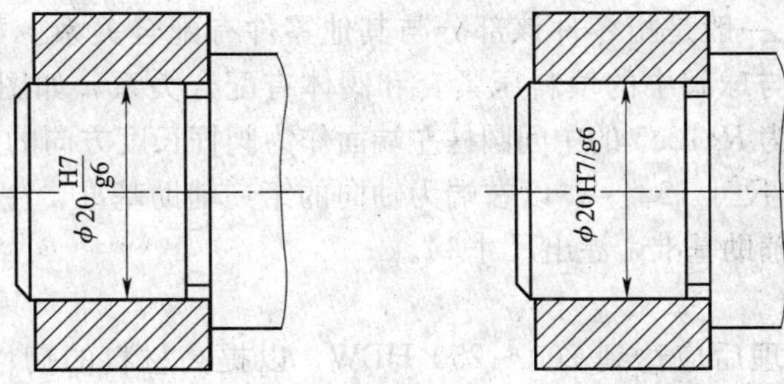

图 9—1—13 基孔制配合

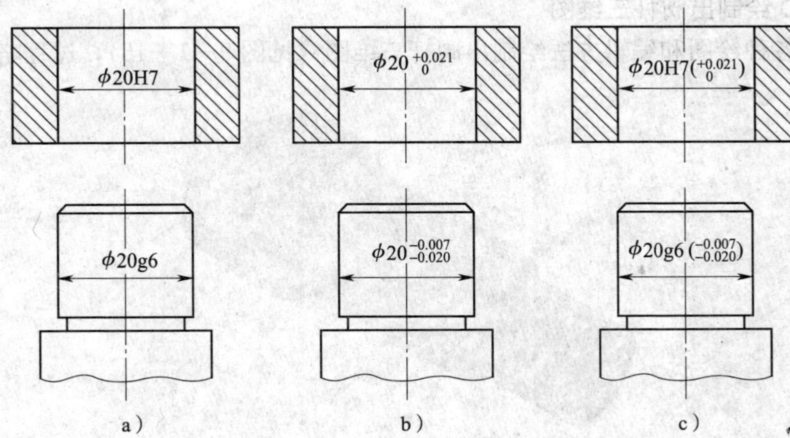

图 9—1—14 零件图中尺寸公差的标注方法

任务实施

1. 概括了解

首先从零件图的标题栏了解零件的名称、材料、绘图比例等。从图 9—1—1 所示零件图的标题栏可知：零件的名称是阀杆，材料为 40Cr，比例为 2∶1。属于轴套类零件，轴套类零件一般包括轴、杆、轴套、衬套等。

2. 表达分析

阀杆零件图用一个基本视图和一个断面图表达，轴套类零件一般在车床上加工，所以阀杆主视图按加工位置将阀杆水平横放。左端的四棱柱体采用移出断面表示。

3. 结构分析

为了读懂零件图，最好能结合零件在机器或部件中的位置、功能以及与其他零件的装配关系来读图。对照球阀装配立体图可以看出，阀杆是轴套类零件，阀杆上部为四棱柱体，与扳手的方孔配合；阀杆下部带球面的凸榫插入阀芯上部的通槽内，以便使用扳手转动阀杆，带动阀芯旋转，控制球阀启闭和流量。

4. 尺寸分析

阀杆以水平轴线作为径向尺寸基准，也是高度和宽度方向的尺寸基准，由此注出径

向各部分尺寸 $\phi14$、$\phi11$、$\phi14c11\ (^{-0.095}_{-0.205})$ 和 $\phi18c11\ (^{-0.095}_{-0.205})$。凡尺寸数字后面注写公差带代号或偏差值，一般是指零件该部分与其他零件有配合关系。如 $\phi14c11(^{-0.095}_{-0.205})$ 和 $\phi18c11(^{-0.095}_{-0.205})$ 分别与球阀中的填料压紧套和阀体有配合关系，如图 9—1—1a 所示。

选择表面粗糙度为 $Ra12.5$ 的中间圆柱左端面作为阀杆长度方向的主要尺寸基准（轴向主要基准），由此注出尺寸 $12^{\ 0}_{-0.27}$；以右端为轴向的第一辅助基准，注出尺寸 7、50±0.5；以左端面为轴向第二辅助基准，注出尺寸 14。

5. 了解技术要求

阀杆经过调质处理后应达到 200～250 HBW，以提高材料的韧性和强度。$\phi14c11$ 和 $\phi18c11$ 分别与球阀中的填料压紧套和阀体有配合关系，如图 9—1—1a 所示。所以表面粗糙度要求较严，Ra 值为 3.2 μm。

6. 用 CAD 绘制出阀杆三维图

灵活运用各种绘图和编辑方法绘制出阀杆三维图（见图 9—1—15），过程略。

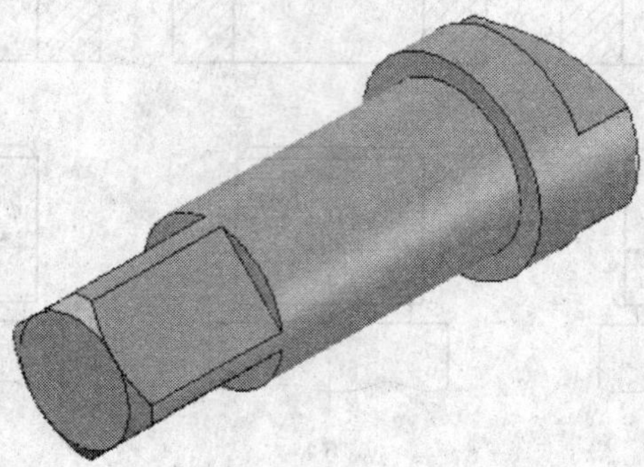

图 9—1—15　阀杆三维图

任务 2　识读零件图中的表面结构要求

◆ **教学目标**

1. 掌握表面结构的概念、评定参数和代号；掌握表面结构在零件图上的标注方法和确定 Ra 值。

2. 能识读零件图中表面结构代号；能对表面结构提出要求，将表面结构代号正确标注在零件图中。

3. 能用 CAD 创建块、插入块。

任务提出

识读图 9—1—16 所示阀盖零件图。

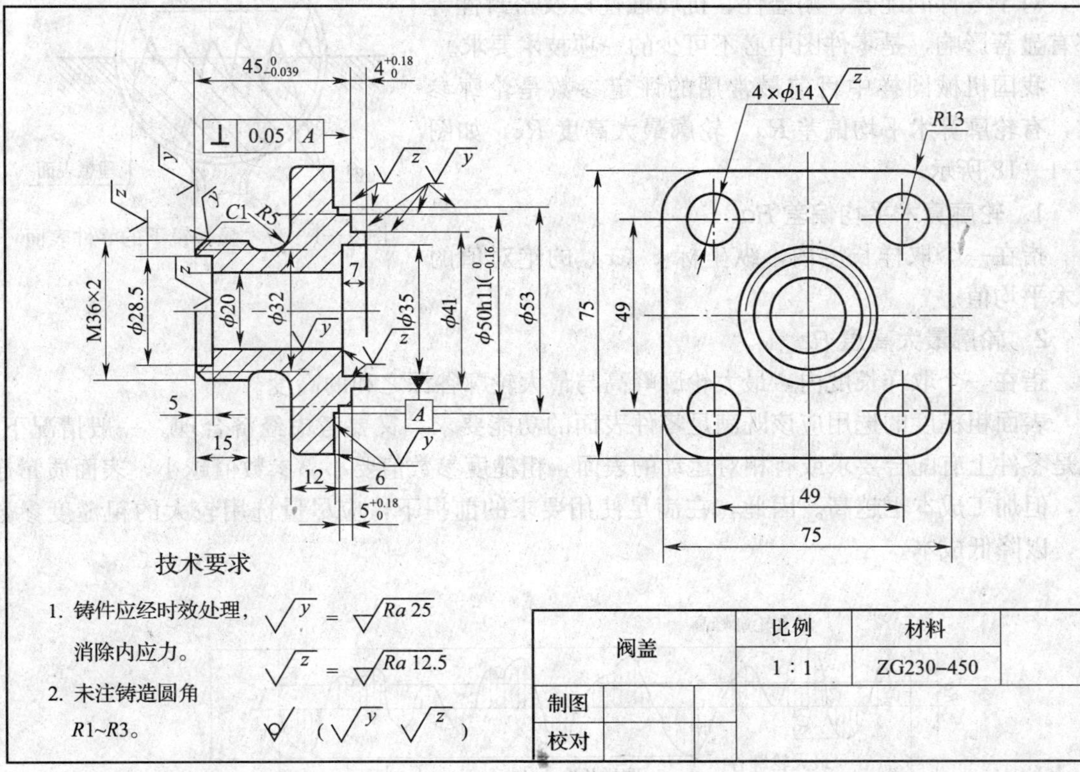

图 9—1—16 阀盖零件图

任务分析

零件的表面无论用什么方法加工都不可能是绝对光滑的。为了保证零件的使用要求，必须对零件的表面微观结构提出合适的要求。零件的表面结构要求不同，使用的加工方法也会不同，加工的难易程度和加工成本的高低也会不同。设计者要合理选取，加工者要仔细读懂。通过分析阀盖零件及零件图，应能准确识读零件图中的表面结构代号，明确各个表面的要求为何不同。

相关知识

表面结构是表面粗糙度、表面波纹度、表面缺陷、表面纹理和表面几何形状的总称。表面结构的各项要求在图样上的表示法在 GB/T 131—2006 中均有具体规定。

一、表面粗糙度及其评定参数

经过机械加工后的零件表面，如在放大镜或显微镜下观察，会发现许多高低不平的凸峰和凹谷，如图 9—1—17 所示。表面粗糙度是指加工表面上具有较小间距和较小峰、谷的微观不平状况。表面粗糙度与加工方法、刀刃形状和切削用量等各种因素密切相关。

表面粗糙度是评定零件表面质量的一项重要技术指标，对于零件的配合、耐磨性、抗腐蚀性以及密封性等都有显著影响，是零件图中必不可少的一项技术要求。

我国机械图样中目前最常用的评定参数是轮廓参数，有轮廓算术平均偏差 Ra，轮廓最大高度 Rz，如图 9—1—18 所示。

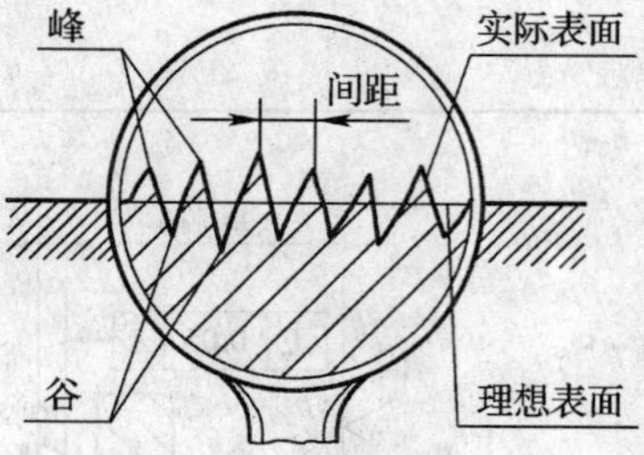

图 9—1—17 显微镜下的零件表面

1．轮廓算术平均偏差 *Ra*

指在一个取样长度内，纵坐标 $z(x)$ 的绝对值的算术平均值。

2．轮廓最大高度 *Rz*

指在一个取样长度内，最大轮廓峰高与最大轮廓谷深之和的高度。

表面粗糙度的选用应该既满足零件表面的功能要求，又要考虑经济合理。一般情况下，凡是零件上有配合要求或有相对运动的表面，粗糙度参数值要小。参数值越小，表面质量越高，但加工成本也越高。因此，在满足使用要求的前提下，应尽量选用较大的粗糙度参数值，以降低成本。

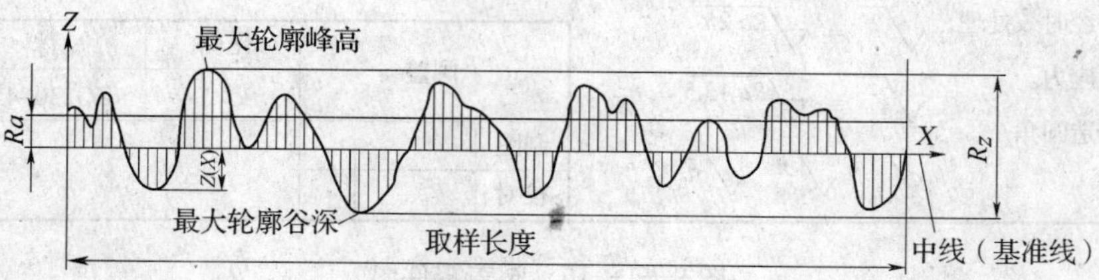

图 9—1—18 算术平均偏差 Ra 和轮廓最大高度 Rz

二、表面结构的图形符号

1．标注表面结构要求时的图形符号（见表 9—1—2）

表 9—1—2　　标注表面结构要求时的图形符号

符号名称	符号	含义
基本图形符号	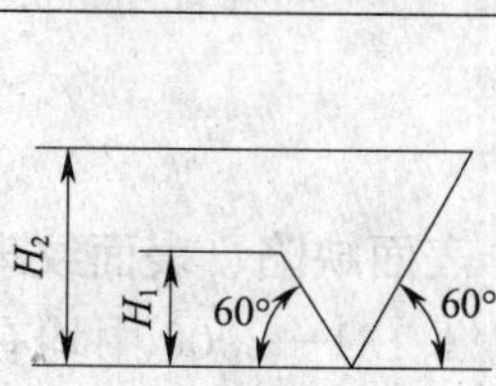 d'=0.35 mm （d'符号线宽） H_1=5 mm H_2=10.5 mm	未指定工艺方法的表面，当通过一个注释解释时可单独使用
扩展图形符号		用去除材料方法获得的表面，仅当其含义是“被加工表面”时可单独使用

续表

符号名称	符号	含义
扩展图形符号		不去除材料的表面，也可用于保持上道工序形成的表面，不管这种状况是通过去除或不去除材料形成的
完整图形符号	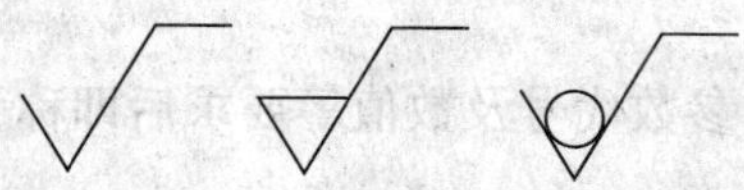	在以上各种符号的长边上加一横线，以便注写对表面结构的各种要求

注：表中 d'、H_1 和 H_2 的大小是当图样中尺寸数字高度选取 $h=3.5$ mm 时按 GB/T 131—2006 的相应规定给定的。表中 H_2 是最小值，必要时允许加大。

2. 图形符号尺寸（见表 9—1—3）

表 9—1—3　　图形符号尺寸　　mm

数字和字母高度 h（见 GB/T 14690）	2.5	3.5	5	7	10	14	20
符号线宽 d' 字母线宽 d	0.25	0.35	0.5	0.7	1	1.4	2
高度 H_1	3.5	5	7	10	14	20	28
高度 H_2（最小值）	7.5	10.5	15	21	30	42	60

注：H_2 取决于标注内容。

3. 工件轮廓各表面的图形符号

当在图样某个视图上构成封闭轮廓的各表面有相同的表面结构要求时，应在完整图形符号上加一圆圈，标注在图样中工件的封闭轮廓线上，如图 9—1—19 所示。如果标注会引起歧义时，各表面应分别标注。

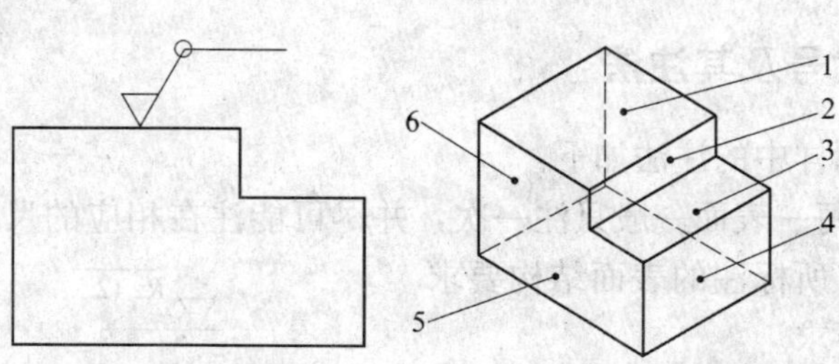

图 9—1—19　对周边各面有相同的表面结构要求的注法

三、表面结构要求在图形符号中的注写位置

为了明确表面结构要求，除了标注表面结构参数和数值外，必要时应标注补充要求，包括取样长度、加工工艺、表面纹理及方向、加工余量等。这些要求在图形符号中的注写位置如图 9—1—20 所示。

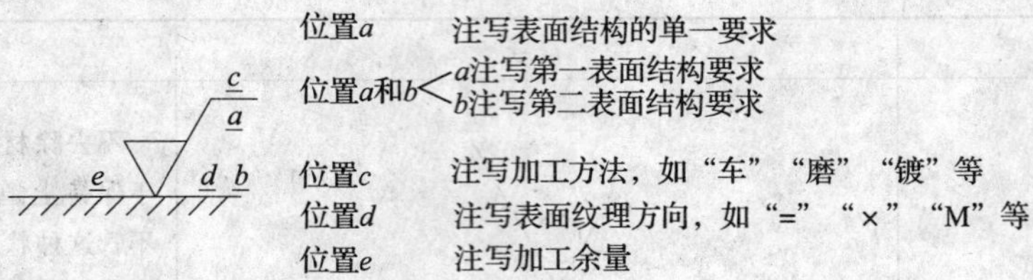

图 9—1—20　补充要求的注写位置（a～e）

四、表面结构代号

表面结构符号中注写了具体参数代号及数值等要求后即称为表面结构代号。表面结构代号的示例及含义见表 9—1—4。

表 9—1—4　　表面结构代号的示例及含义

代号示例	含义/解释
Ra 0.8	表示不允许去除材料，轮廓算术平均偏差 *Ra* 的单向上限值为 0.8 μm
Rz max 0.2	表示去除材料，轮廓最大高度 *Rz* 的单向上限值的最大值为 0.2 μm
0.008–0.8/*Ra*3.2	表示去除材料，轮廓算术平均偏差的单向上限值 *Ra* 为 3.2 μm
–0.8/*Ra*3 3.2	表示去除材料，轮廓算术平均偏差的单向上限值 *Ra* 为 3.2 μm
U *Ra* max 3.2 L *Ra* 0.8	表示不允许去除材料，轮廓算术平均偏差的上限值的最大值为 3.2 μm，下限值为 0.8 μm

注：1. 在表面结构代号中，“U”和“L”分别表示上限值和下限值。
2. 当只有单向极限要求时，若为单向上限值，则均可不加注“U”；若为单向下限值，则应加注“L”。
3. 如果是双向极限要求，在不致引起歧义时，可不加注“U”“L”。

五、表面结构代号及其注法

表面结构代号在图样中的注法如下：

1. 表面结构要求每一表面一般只注一次，并尽可能注在相应的尺寸及其公差的同一视图上。除非另有说明，所标注的表面结构要求是对完工零件表面的要求。

2. 表面结构要求的注写和读取方向与尺寸的注写和读取方向一致。表面结构要求可标注在轮廓线上，其符号应从材料外指向并接触表面（见图 9—1—21）。必要时，表面结构也可用带箭头或黑点的指引线引出标注（见图 9—1—22）。

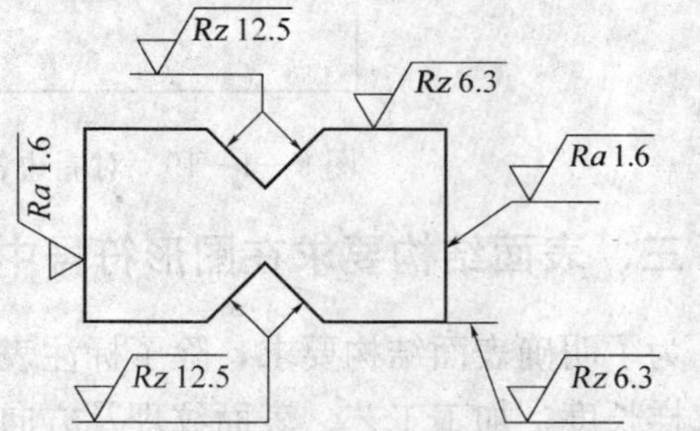

图 9—1—21　表面结构要求标注在轮廓线上

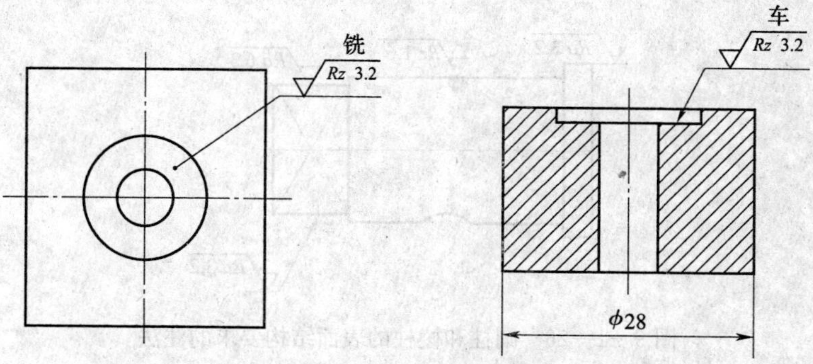

图 9—1—22　用指引线引出标注表面结构要求

3. 在不致引起误解时，表面结构要求可以标注在给定的尺寸线上（见图 9—1—23）。

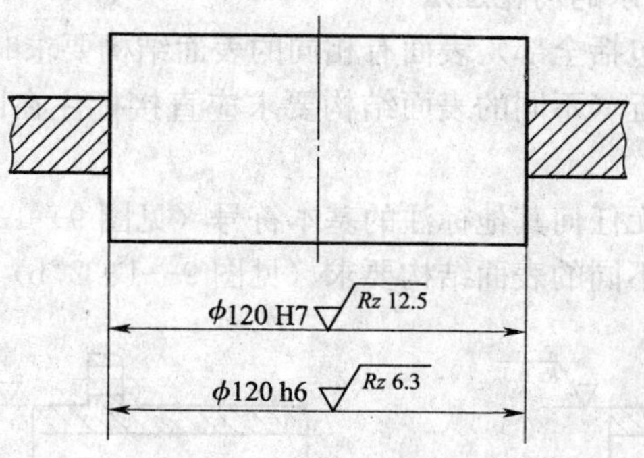

图 9—1—23　表面结构要求标注在尺寸线上

4. 表面结构要求可标注在形位公差框格的上方（见图 9—1—24）。

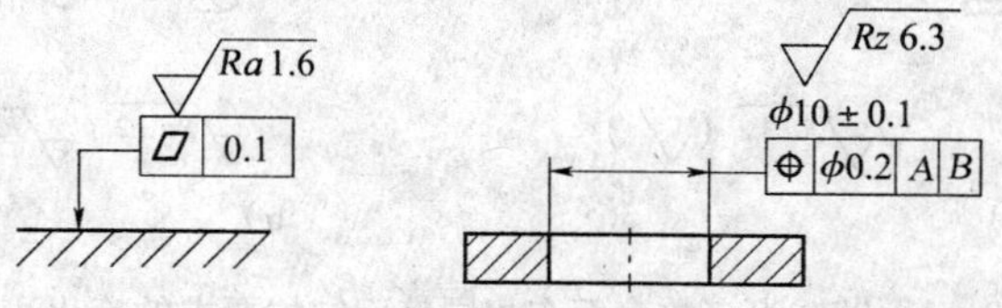

图 9—1—24　表面结构要求标注在形位公差框格的上方

5. 圆柱和棱柱的表面结构要求只标注一次（见图 9—1—25）。如果每个棱柱表面有不同的表面结构要求，则应分别单独标注（见图 9—1—26）。

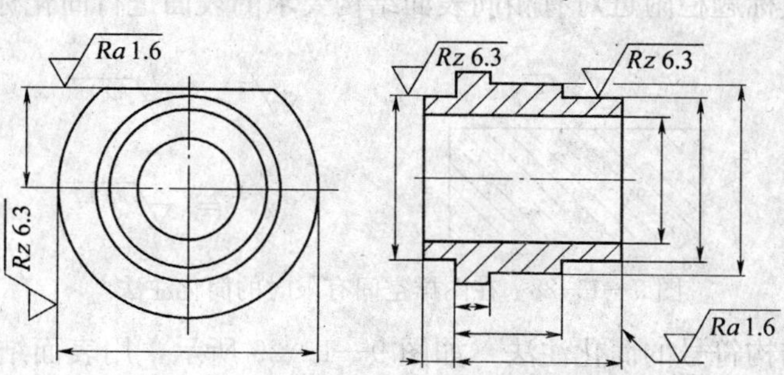

图 9—1—25　表面结构要求标注在圆柱特征的延长线上

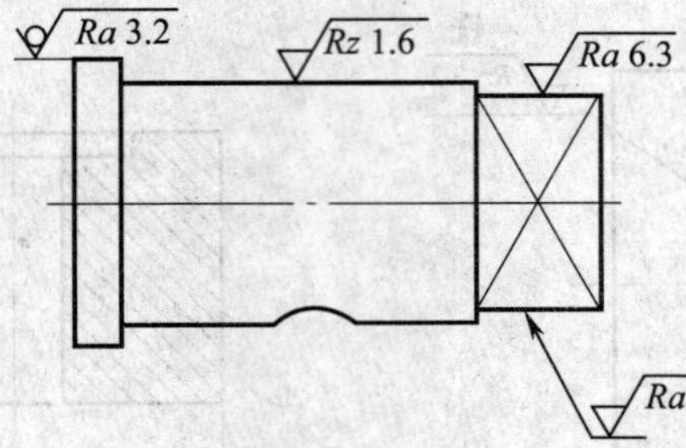

图 9—1—26 圆柱和棱柱的表面结构要求的注法

六、表面结构要求在图样中的简化注法

1. 有相同表面结构要求的简化注法

如果在工件的多数（包括全部）表面有相同的表面结构要求时，则其表面结构要求可统一标注在图样的标题栏附近（不同的表面结构要求应直接标注在图形中）。此时，表面结构要求的符号后面应有：

（1）在圆括号内给出无任何其他标注的基本符号（见图 9—1—27a）。

（2）在圆括号内给出不同的表面结构要求（见图 9—1—27b）。

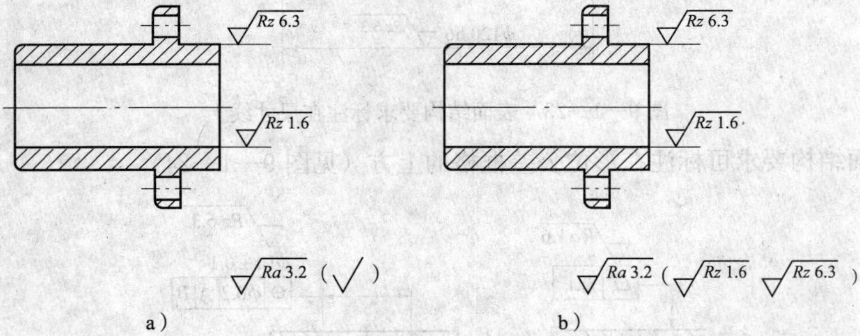

图 9—1—27 大多数表面有相同表面结构要求的简化注法

2. 多个表面有共同表面结构要求的注法

（1）用带字母的完整符号的简化注法 如图 9—1—28 所示，用带字母的完整符号以等式的形式，在图形或标题栏附近对有相同表面结构要求的表面进行简化标注。

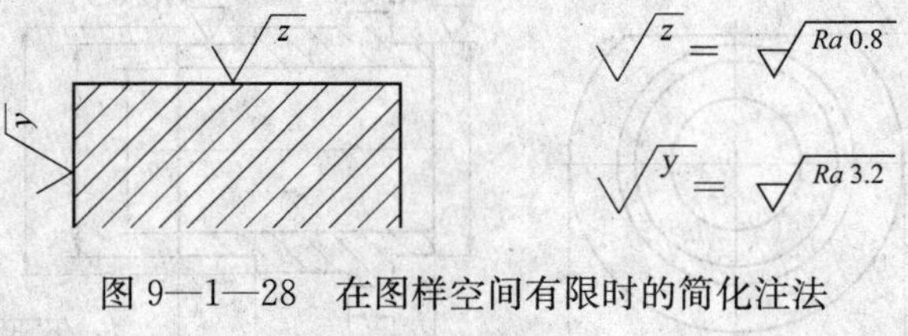

图 9—1—28 在图样空间有限时的简化注法

（2）只用表面结构符号的简化注法 如图 9—1—29 所示，用表面结构符号以等式的形式给出多个表面共同的表面结构要求。

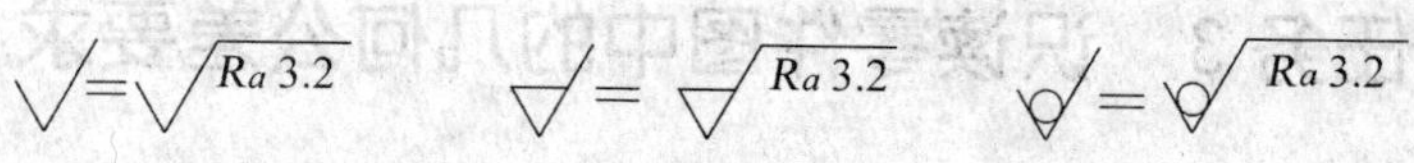

a）　　　　b）　　　　c）

图 9—1—29　多个表面有共同结构要求的简化注法

a）未指定工艺方法　b）要求去除材料　c）不允许去除材料

任务实施

1．概括了解

首先从零件图的标题栏了解零件的名称、材料、绘图比例等。从图 9—1—16 所示零件图的标题栏可知：零件的名称是阀盖，材料为 ZG230—450，比例为 1∶1。属于盘盖类零件，盘盖类零件一般包括端盖、压盖、法兰盘、齿轮、手轮等。

2．分析表达方法

阀盖零件图用两个基本视图表达，主视图采用全剖视，表示零件的空腔结构以及左端的外螺纹。盘盖类零件一般在车床上加工，阀盖主视图既符合主要加工位置，也符合阀盖在部件中的工作位置。左视图表达了带圆角的方形凸缘和四个均布的通孔。

3．分析结构

对照球阀装配立体图可以看出，阀盖的右边与阀体有相同的方形法兰盘结构，阀盖通过螺柱与阀体连接，中间的通孔与阀芯的通孔对应。阀盖左侧与阀体右侧相同的外管螺纹连接管道，形成流体通道。

4．分析尺寸

多数盘盖类零件的主体部分是回转体，所以通常以轴孔的轴线作为径向主要基准，由此注出阀盖各部分同轴线的直径尺寸，方形凸缘也用它作为高度和宽度方向的尺寸基准。在注有公差的尺寸 ϕ50h11（$^{0}_{-0.16}$）处，表明此处与阀体有配合要求。

以阀盖的重要端面（右端凸缘端面）作为轴向主要基准，即长度方向的主要尺寸基准，由此注出尺寸 $4^{+0.18}_{0}$、$45^{0}_{-0.039}$，以及 $5^{+0.18}_{0}$、6 等。有关长度方向的辅助基准和联系尺寸，请读者自行分析。

5．了解技术要求

阀盖是铸件，需要进行时效处理，以消除内应力。视图中有小圆角（铸造圆角 $R1$～$R3$）过渡的表面是非加工表面。注有尺寸公差的 ϕ50h11（$^{0}_{-0.16}$）所对应部位，与阀体有配合关系，但由于相互之间没有相对运动，所以表面粗糙要求不高，Ra 值为 25 μm。作为长度方向主要尺寸基准的端面相对阀盖水平轴线的垂直度公差为 0.05 mm。

6．用 CAD 绘制出阀盖三维图

灵活运用各种绘图和编辑方法，绘制出阀盖三维图，过程略，如图 9—1—30 所示。

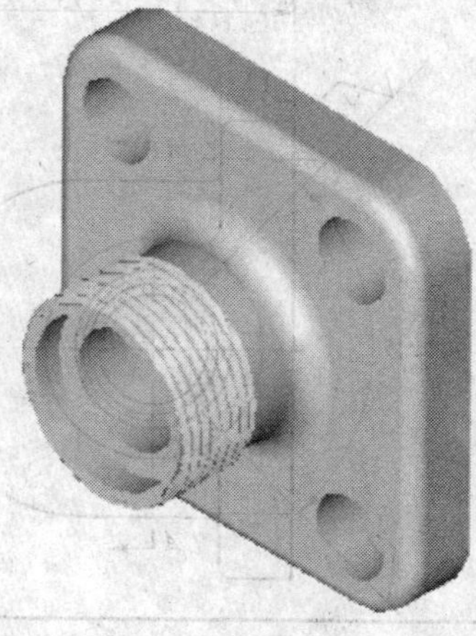

图 9—1—30　阀盖三维图

任务 3　识读零件图中的几何公差要求

◆ **教学目标**

1. 掌握几何公差的概念、代号。掌握几何公差在零件图上的标注方法。
2. 能根据零件对几何公差的要求，正确地进行标注；能识读零件图中的几何公差。
3. 能用 CAD 创建块、插入块。

任务提出

识读图 9—1—31 所示阀体零件图。

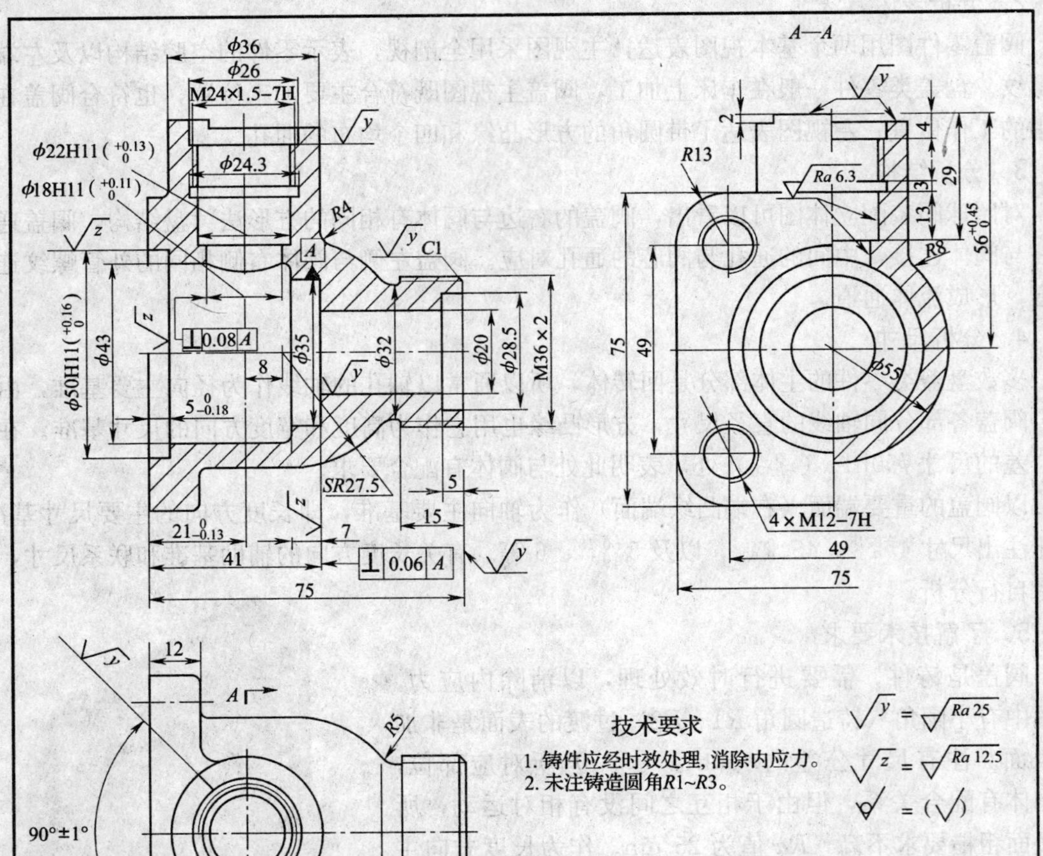

图 9—1—31　阀体零件图

任务分析

零件在加工过程中，产生形状和位置误差是不可避免的。零件的几何误差不仅影响产品质量，还会影响零件的互换性。而现代化的大规模生产，要求零件具有互换性。即在同一规格的一批零件中任取一件，在装配时不经加工与修配，就能顺利地将其装配到机器上，并能够保证机器的使用要求。零件在制造过程中，由于加工和测量等因素引起的误差，使得零件的几何形状不可能绝对准确。要制造完全没有几何误差的零件既不可能，也无必要。因此，为了使零件具有互换性，并且在制造上又是经济合理的，就必须合理控制零件几何形状的误差范围，即对零件规定几何公差。零件具有互换性，不但给装配、修理机器带来方便，还可用专用设备生产，提高产品质量，增加产量，同时降低产品的成本。下面通过分析阀体零件图，掌握识读零件图中的几何公差的方法，并能根据实际要求进行准确标注。

相关知识

一、几何公差的概念

几何公差是指零件的实际形状、方向、位置和跳动相对于理想状态的允许变动量。为了保证加工零件的装配和使用要求，在图样上除了给出尺寸公差、表面结构要求外，还有必要给出几何公差（形状公差、方向公差、位置公差和跳动公差）要求。几何公差在图样上的注法应遵照 GB/T 1182—2008 的规定。

二、几何公差符号

几何公差的几何特征和符号见表 9—1—5。

表 9—1—5　　几何公差的几何特征和符号

公差类型	几何特征	符号	有无基准	公差类型	几何特征	符号	有无基准
形状公差	直线度	—	无	位置公差	位置度	⌖	有或无
	平面度	⏥	无		同心度（用于中心度）	◎	有
	圆度	○	无		同轴度（用于轴线）	◎	有
	圆柱度	⌭	无		对称度	⌯	有
	线轮廓度	⌒	无		线轮廓度	⌒	有
	面轮廓度	⌓	无		面轮廓度	⌓	有
方向公差	平行度	//	有	跳动公差	圆跳动	↗	有
	垂直度	⊥	有		全跳动	⌰	有
	倾斜度	∠	有				
	线轮廓度	⌒	有				
	面轮廓度	⌓	有				

三、几何公差在图样上的标注

1. 公差框格与基准符号

在零件图中，应该用公差框格标注几何公差，公差要求注写在框格内。如图 9—1—32a 所示，几何公差框格用细实线绘制，分成两格或多格，框格高度是图中尺寸数字高度的 2 倍，框格长度根据需要而定。框格中的字母、数字与图中数字等高。几何公差项目符号的线宽为图中数字高度的 1/10，框格应水平或垂直绘制。图 9—1—32b 所示为标注几何公差时所用的基准符号。各格自左向右顺序标注以下内容（常见样式见图 9—1—33）。

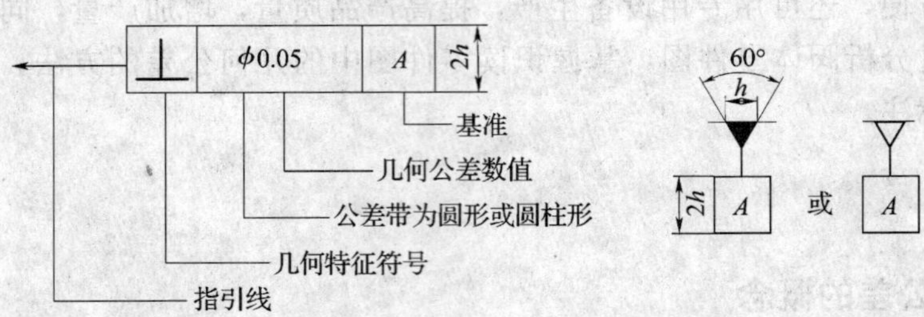

图 9—1—32　几何公差框格与基准符号

a）几何公差代号　b）基准符号

（1）几何特征符号（见表 9—1—5）

（2）公差值　公差值用线性值。如果公差带是圆形或圆柱形，公差值前应加注符号“ϕ”；如果公差带是圆球形，公差值前应加注符号“$S\phi$”，如图 9—1—33c、d 所示。

（3）基准字母　基准字母根据需要用一个或多个字母表示基准要素或基准体系，如图 9—1—33b、c、d、f 所示。

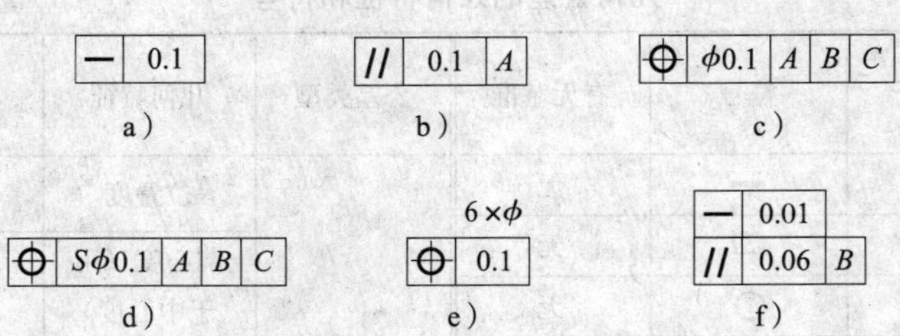

图 9—1—33　几何公差框格的常见样式

2. 被测要素的标注

在零件图中，用指引线（终端带箭头）连接被测要素和公差框格，指引线引自框格的任意一侧，如图 9—1—34 所示。

（1）当被测要素是轮廓线或轮廓面时，指引线的箭头指向该要素的轮廓线或其延长线上（应与尺寸线明显错开），如图 9—1—34a、b 所示。箭头也可指向引出线的水平线，引出线引自被测面，如图 9—1—34c 所示。

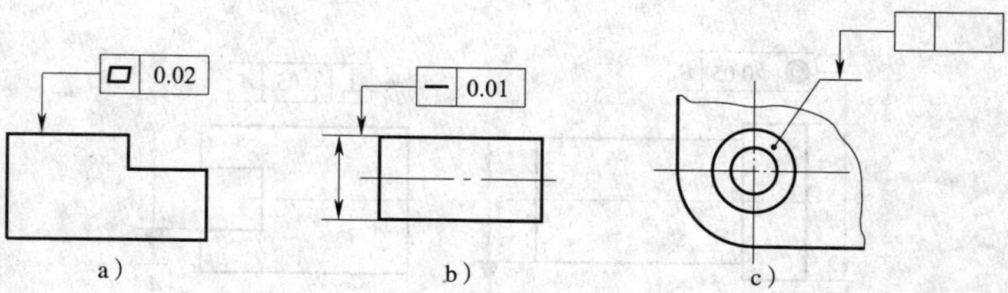

图 9—1—34　被测要素为轮廓线或轮廓面时的注法

(2) 当被测要素为轴线或中心平面时，箭头应位于尺寸线的延长线上，如图 9—1—35 所示。公差值前加注 ϕ，表示给定的公差带为圆形或圆柱形。

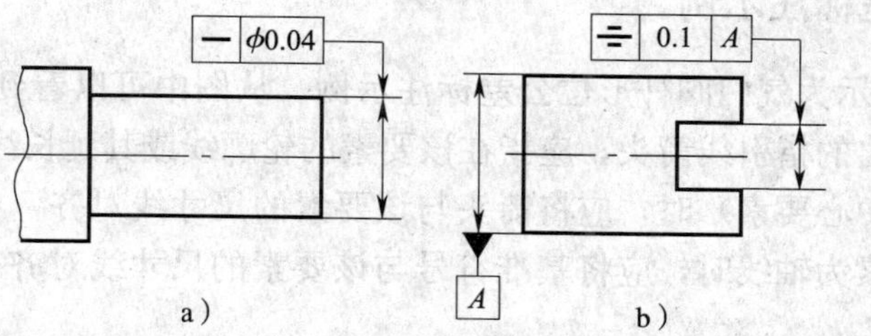

图 9—1—35　被测要素为轴线或中心平面时的注法

(3) 当一个以上要素作为被测要素时，应在框格上方标明，如图 9—1—33e 所示。

(4) 当同一要素有多个公差要求时，可将一个框格放在另一个框格的下面，如图 9—1—33f 所示。

3．基准要素的标注

基准要素是零件上用于确定被测要素的方向和位置的点、线或面，用基准符号表示。基准字母标注在基准方格内，与一个涂黑的或空白的三角形相连。表示基准的字母也应注写在公差框格内，如图 9—1—35b 所示。

(1) 当基准要素是轮廓线或轮廓面时，基准三角形放置在要素的轮廓线或其延长线上（应与尺寸线明显错开），如图 9—1—36a、b 所示。基准三角形也可放置在该轮廓面引出线的水平线上，如图 9—1—36c 所示。

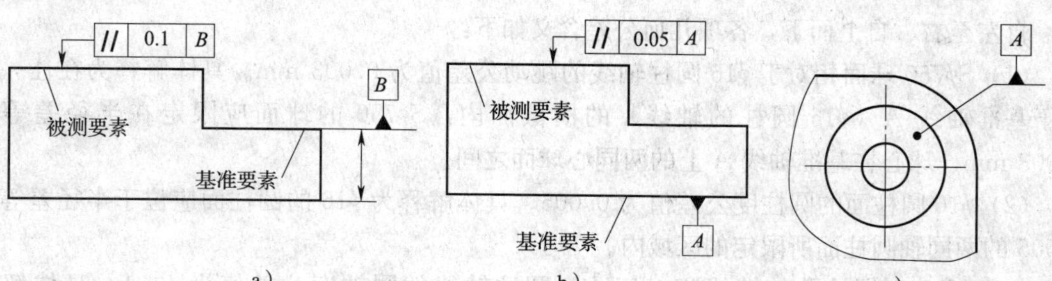

图 9—1—36　基准要素为轮廓线或轮廓面时的注法

(2) 当基准要素是轴线或中心平面时，基准三角形应放置在该尺寸线的延长线上，如图 9—1—37a 所示。如果没有足够的位置标注基准要素尺寸的两个尺寸箭头，则其中一个箭头可用基准三角形代替，如图 9—1—37b 所示。

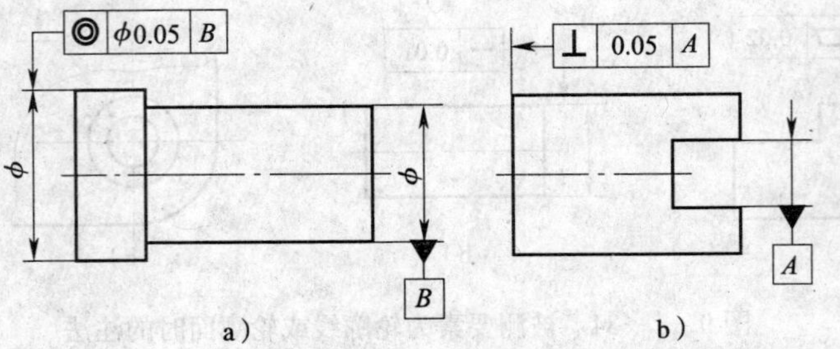

图 9—1—37　基准要素为轴线或中心平面时的注法

四、几何公差标注示例

图 9—1—38 所示为气门阀杆形位公差标注示例。从图中可以看到，当被测要素为轮廓要素时，从框格引出的指引线箭头，应指在该要素的轮廓线或其延长线上。当被测要素是轴线或对称中心线（中心要素）时，应将箭头与该要素的尺寸线对齐，如 M8×1 轴线的同轴度注法。当基准要素为轴线时，应将基准符号与该要素的尺寸线对齐，如图 9—1—38 中的基准 *A*。

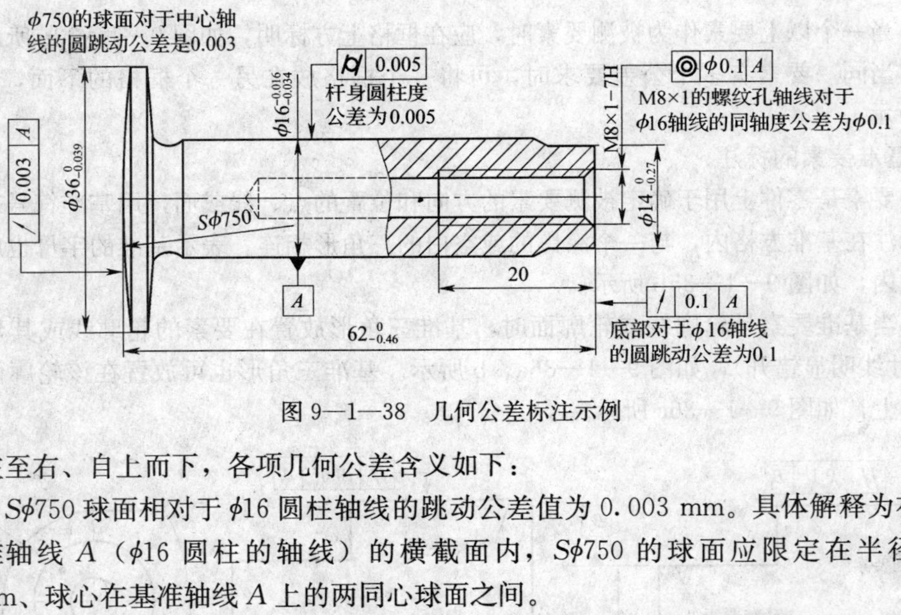

图 9—1—38　几何公差标注示例

自左至右、自上而下，各项几何公差含义如下：

（1）$S\phi750$ 球面相对于 $\phi16$ 圆柱轴线的跳动公差值为 0.003 mm。具体解释为在任一垂直于基准轴线 *A*（$\phi16$ 圆柱的轴线）的横截面内，$S\phi750$ 的球面应限定在半径差等于 0.003 mm、球心在基准轴线 *A* 上的两同心球面之间。

（2）$\phi16$ 圆柱面的圆柱度公差值为 0.005。具体解释为 $\phi16$ 的圆柱面应位于半径差等于 0.005 的两同轴圆柱面所限定的区域内。

（3）M8×1 螺纹孔的轴线相对于 $\phi16$ 圆柱轴线的同轴度公差值为 $\phi0.1$。具体解释为 M8×1 螺孔的轴线应限定在直径等于 $\phi0.1$，以基准 *A*（$\phi16$ 的轴线）为轴线的圆柱面内。

（4）零件右端面相对于 $\phi16$ 圆柱轴线的圆跳动公差值为 0.1。具体解释为在与基准轴线（$\phi16$ 圆柱的轴线）同轴的任一圆柱形截面上，零件的右端面应限定在轴向距离等于0.1 mm

的两等圆之间。

任务实施

1. 概括了解

首先从零件图的标题栏了解零件的名称、材料、绘图比例等。从图 9—1—31 所示零件图的标题栏可知：零件的名称是阀体，材料为 ZG230—450，比例为 1∶1。属于箱壳类零件，箱壳类零件一般包括各种箱体、壳体、阀体和泵体等。

2. 分析表达方法

阀体采用三个基本视图，主视图采用全剖视图，表达阀体空腔内部结构。俯视图为阀体的外形图，主要表达阀体外部和阀体上部相对位置和形状。左视图采用半剖视图，主要表达外形和左端 4×M12－7H 螺孔，ϕ50 孔和阀体上部的外部形状和相对位置，以及表达阀体上部内阶梯孔和阀体内腔的内部形状，并补充主视图中未注全的其余尺寸。

3. 分析结构

对照球阀装配立体图可以看出，阀体左端面通过螺柱和螺母与阀盖连接，形成球阀容纳阀芯的 ϕ43 圆柱空腔，左端的 ϕ50 圆柱形槽与阀盖的圆柱形凸缘相配合；阀体空腔右侧 ϕ35 圆柱形槽，用来放置密封圈，以保证在球阀关闭时不泄漏液体。阀体右端有用于连接系统管道的外螺纹 M36×2，内部阶梯孔 ϕ28.5，ϕ20 与空腔相通；在阀体上部的 ϕ36 圆柱中有 ϕ26、ϕ22、ϕ18 的阶梯孔与空腔相通，在阶梯孔内容纳阀杆、填料压紧套、填料等；阶梯孔顶端 90°扇形限位凸块用来控制扳手和阀杆的旋转角度；在孔 ϕ22 上端有带退刀槽的内螺纹 M24×1.5－7H 与填料压紧套旋合，将填料压紧；ϕ18 则与阀杆的下部凸缘相配合，阀杆的凸缘在这个孔内转动。

4. 分析尺寸

阀体的结构形状比较复杂，标注的尺寸很多，这里仅分析其中主要尺寸，其余尺寸读者自行分析。

（1）以阀体水平轴线为径向（高度方向）尺寸基准，注出水平方向的径向直径尺寸 ϕ50H11、ϕ35H11、ϕ20 和 M36×2 等。同时还要注出水平轴线到顶端的高度尺寸 56（在左视图上）。

（2）以阀体垂直孔的轴线为长度方向尺寸基准，注出铅垂方向的径向直径尺寸 ϕ36、M24×1.5、ϕ22H11、ϕ18H11 等。同时注出铅垂孔轴线与左端面的距离 21。

（3）以阀体前后对称面为宽度方向尺寸基准，在左视图上注出阀体的圆柱体外形尺寸 ϕ55、左端面方形凸缘外形尺寸 75×75，以及四个螺孔的定位尺寸 49。同时在俯视图上注出扇形限位块的角度定位尺寸 90°±1°。

5. 了解技术要求

阀体是铸件，需要进行时效处理，以消除内应力。视图中有小圆角（铸造圆角 R1～R3）过渡的表面是非加工表面。通过上述尺寸分析可以看出，阀体中的比较重要尺寸多数都标注了公差代号或偏差数值，如上部阶梯孔（ϕ22H11）与填料压紧套有配合关系、（ϕ18H11）与阀杆有配合关系，与此对应的表面粗糙度要求也较高，Ra 值为 6.3 μm。阀体

图 9—1—39　阀体三维图

左端和空腔右端的阶梯孔 ϕ50H11、ϕ35H11 分别与密封圈有配合关系，因为密封圈的材料是塑料，所以相应的表面粗糙度要求稍低，*Ra* 值为12.5 μm。零件上不太重要的加工表面的表面粗糙度 *Ra* 值为25 μm。

主视图中对于阀体的形位公差要求是：空腔右端面相对水平轴线的垂直度公差为 0.06 mm；ϕ18H11 圆柱孔相对 ϕ35H11 圆柱孔的垂直度公差为 0.08 mm。

6. 用 CAD 绘制出阀体三维图

灵活运用各种绘图和编辑方法，绘制出阀体三维图，过程略，如图 9—1—39 所示。

课题二　绘制零件图

任务　绘制蜗轮轴零件图

◆ **教学目标**

1. 掌握选择主视图的基本原则和其他视图的选择方法；了解零件常见的工艺结构的画法和尺寸标注。

2. 掌握轴类零件的结构特点，合理确定表达方案；能根据设计要求、工艺要求在零件图上注全所有需要的尺寸及技术要求。

3. 能用 CAD 绘制二维、三维图形。能用 CAD 创建块、插入块。

任务提出

参照图 9—2—1 所示蜗轮轴三维图，绘制其零件图。根据蜗轮轴立体图，分析其结构特点，合理确定表达方案；运用零件图的相关知识，绘制蜗轮轴零件图。

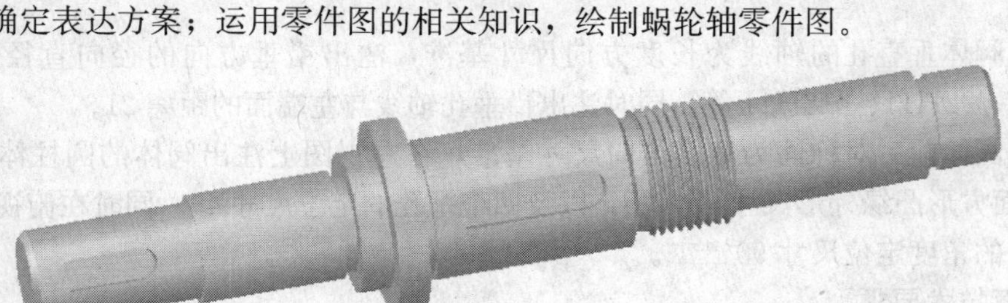

图 9—2—1　蜗轮轴三维图

任务分析

从图 9—2—1 可以看出，蜗轮轴为同轴线的不同直径的回转体，轴上有两处键槽。零件主要结构形状是回转体，只需一个基本视图—主视图。除主视图外，再加上两个移出断面图来补充表达键槽局部结构。因轴套类零件大部分在车床上加工，所以将轴线水平放置来画主视图，便于加工时图物对照，这样不仅符合加工位置要求，也基本符合轴的工作位置和形状特征原则。通常将轴的大端朝左，小端朝右，轴上的键槽、孔可朝前或朝上，形状和位置表达明确。

考虑基准重合原则，选择轴线是径向尺寸基准，重要轴肩或端面是轴向尺寸基准。由基准出发，正确、清晰、完整、合理地标注各段径向尺寸和轴向尺寸。

零件的配合面有较高的尺寸公差要求、表面结构要求。为了保证零件的工作性能，还应有适当的几何公差要求。

相关知识

零件图要用一组图形把零件的结构形状正确、完整、清晰地表达出来。要满足这些要求，首先要对零件的结构形状特点进行分析，并了解零件在机器或部件中的位置、作用及加工方法，然后灵活地选择视图、剖视图、断面图及其他各种表示法，正确地选择主视图和其他视图，确定一种较为合理的表达方案。

一、主视图的选择

主视图是一组图形的核心，看图和画图都是从主视图开始的。所以，主视图选择得合理与否，直接影响看图和画图是否方便。选择主视图时，一般应遵循以下原则。

1. 确定主视图中零件的安放位置

（1）加工位置原则　就是使主视图按照零件在机械加工时的装夹位置安放。主视图的安放位置与零件的主要加工位置一致，方便加工时看图。如轴、套、盘等回转体类零件，一般是按加工位置画主视图。

（2）工作位置原则　就是使主视图按照零件在机器或部件中的工作位置安放。主视图的安放位置与零件的主要工作位置一致，以便与装配图直接对照。支座、箱体等非回转体类零件，一般是按工作位置画主视图。

2. 确定主视图的投射方向

主视图的投射方向应该能够反映零件的主要形状特征，即表达零件的结构形状以及各组成部分之间的相对位置关系。形体特征原则是选择主视图投射方向的依据。如图 9—2—2 所示轴承座，由箭头所指的 A、B、C、D 四个投射方向所得到的视图如图 9—2—3 所示。如果采用 D 向作为主视图，则虚线较多，显然没有 B 向清楚。C 向与 A 向视图虽然虚实线的使用情况相同，但如果采用 C 向作为主视图，则左视图（即 D 向）上会出现较多虚线，没有 A 向好。再比较 A 向和 B 向视图，各有其特点，A 向视图能直接显示轴承座的结构，而 B 向视图则更

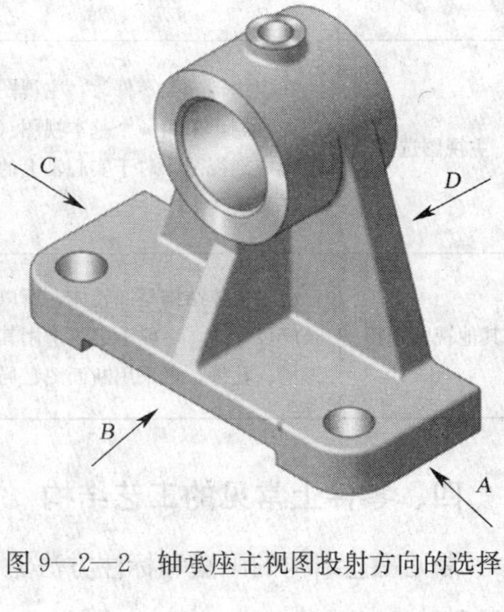

图 9—2—2　轴承座主视图投射方向的选择

明显地反映轴承座各部分的轮廓特征，所以确定以 *B* 向作为主视图的投射方向。

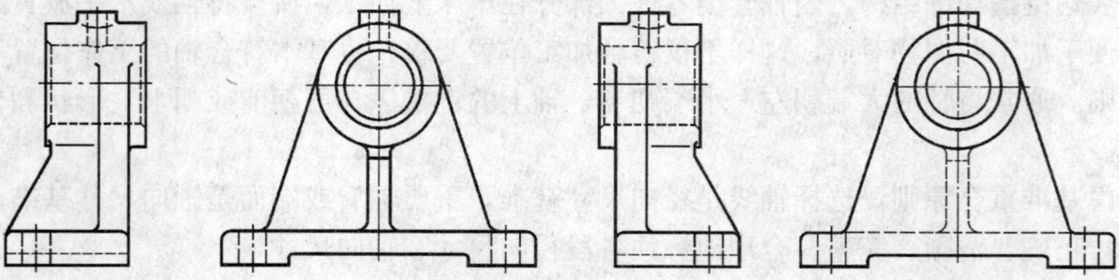

a)　　b)　　c)　　d)

图 9—2—3　分析主视图投射方向

a) *A* 向　b) *B* 向　c) *C* 向　d) *D* 向

二、其他视图的选择

主视图确定之后，要分析该零件还有哪些结构形状未表达完整，以及如何将主视图未表达清楚的部位用其他视图进行表达，并使每个视图都有表达重点。在选择视图时，应优先选用基本视图及在基本视图上作剖视图。在完整、清晰地表达零件结构形状的前提下，尽量减少视图数量，力求视图简洁。

三、轴套类零件的视图选择（见表 9—2—1）

表 9—2—1　　轴套类零件的视图选择

零件用途	轴套类零件包括各种转轴、销轴、衬套、轴套等 轴用来支撑、传动零件（如带轮、齿轮等）和传递转矩；套一般是装在轴上或轴承孔中，用于定位、支撑、导向和保护传动零件 轴套类零件的毛坯一般采用棒料，主要在车床和磨床上加工
结构特点	轴套类零件主体部分多为同轴线的不同直径的回转体，一般轴向尺寸大于径向尺寸。轴上常具有轴肩、圆角、倒角、键槽、销孔、螺纹退刀槽和中心孔等工艺结构
主视图选择	在表达轴套类零件时，主视图一般按加工位置将轴线水平放置，通常将轴的大端放在左侧，小端放在右侧，采用一个基本视图（主视图）即能表达出主体结构。对于中空的轴套类零件，主视图一般画成剖视图；对于实心轴上的一些局部结构，主视图可采用局部剖视图来表达。较长的轴可采用断开画法
其他视图选择	由于主体结构是回转体，所以对于简单的轴套类零件，在主视图中注出相应的直径尺寸“ϕ”与长度尺寸后，一般不必再选用其他视图表达。对于主视图中没有表达清楚的其他结构，如键槽、退刀槽、孔等，可采用断面图、局部视图或局部放大图等进行补充表达

四、零件上常见的工艺结构

常见工艺结构的画法和标注方法见表 9—2—2。

表 9—2—2　　　　常见工艺结构的画法和标注

工艺结构内容		零件图中的结构画法和标注示例	标注解释
机械加工工艺结构	倒角和倒圆	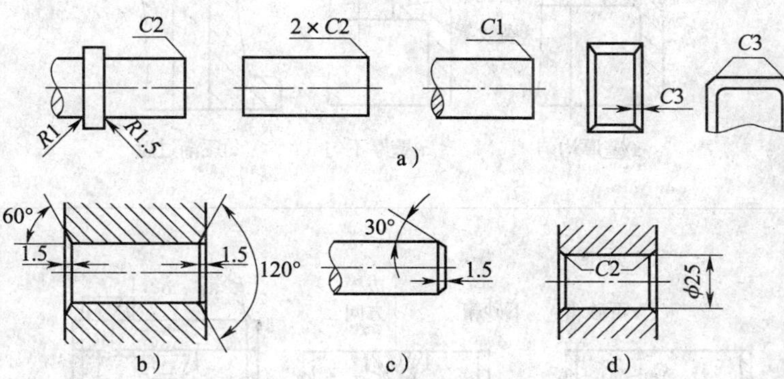	倒角：为了便于轴孔装配和除去零件加工后的锐边，在轴、孔端面应加工倒角 图 a*R*1.5 是倒圆的标注，*C*1、*C*2、*C*3 是 45°倒角的标注 图 b 是 120°内倒角标注形式 图 c 是 30°外倒角的标注形式 图 d 是简化画法标注形式
	退刀槽和砂轮越程槽	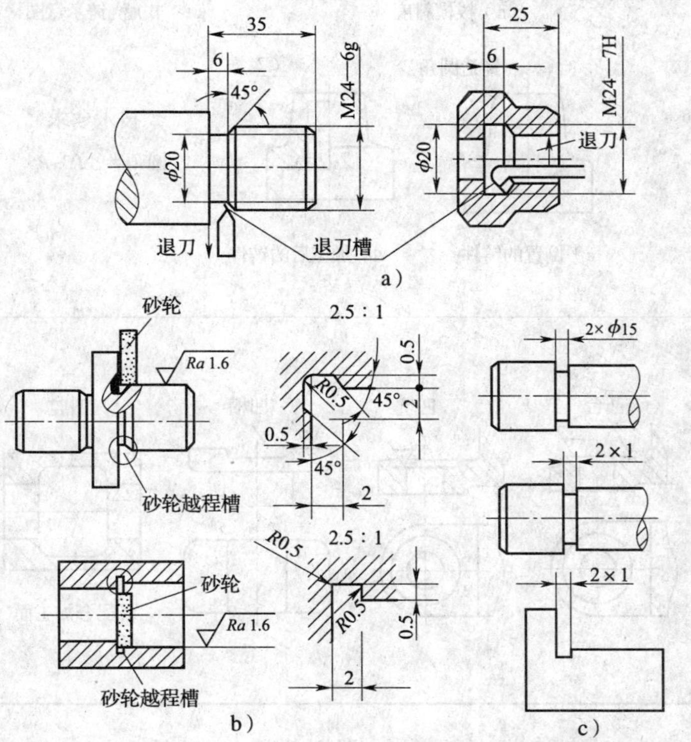	为了在车削螺纹和磨削圆柱面时便于退刀又不影响其他表面，常在轴肩处、孔的台阶处加工出退刀槽和砂轮越程槽 图 a 为退刀槽 图 b 为砂轮越程槽 图 c 为退刀槽或砂轮越程槽标注方法：槽宽×直径（2×φ5），槽宽×槽深（2×1）
	钻孔结构		需要钻孔的机件在零件设计中要使钻头轴线与被钻表面垂直，保证钻孔精度，避免钻头折断

续表

工艺结构内容		零件图中的结构画法和标注示例	标注解释
铸造工艺结构	铸件壁厚	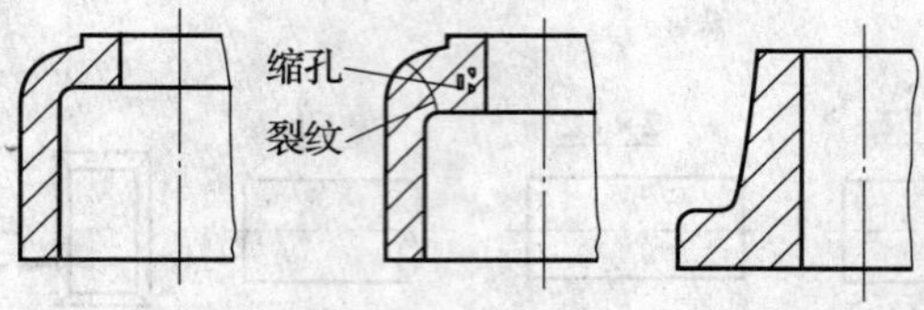 a)壁厚均匀　a)壁厚不匀　c)逐渐过渡	零件在浇铸时，为了避免金属液体冷却速度的不同而产生缩孔或裂纹，要求铸件壁厚要均匀或逐渐变化
	铸造圆角和拔模斜度	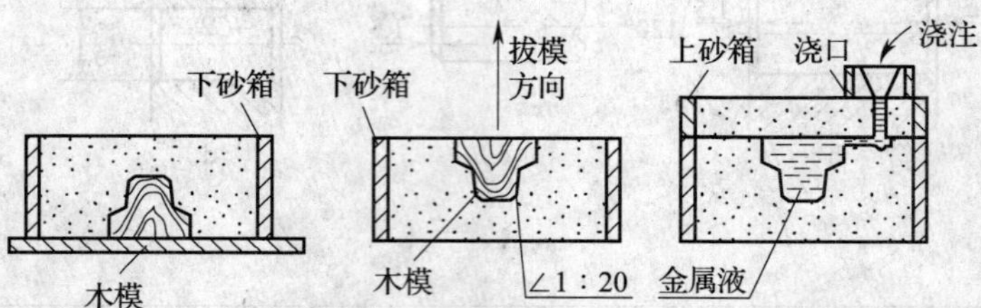 a）拔模斜度　b）浇铸示意图 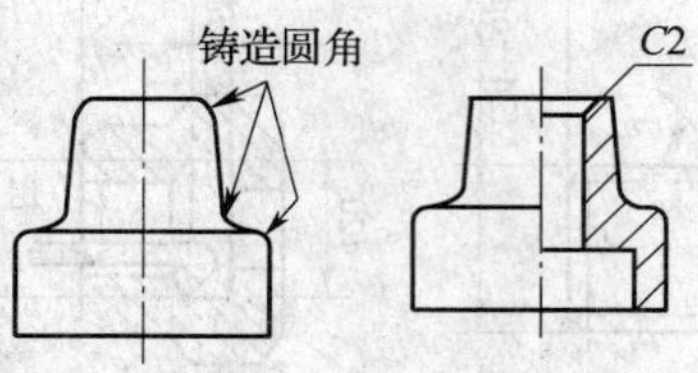 技术要求 圆角半径R3~R5。 c）倒置的铸件　d）加工后的铸件	在造型时，为了将模型从砂型中顺利取出，往往沿起模方向作成一定斜度，该斜度叫做拔模斜度。规定该斜度为1∶20～1∶10 为防止铸件表面相交根部尖角处出现裂纹、缩孔，要在铸件转角处做成圆角，此圆角称为铸造圆角
	凸台和凹坑	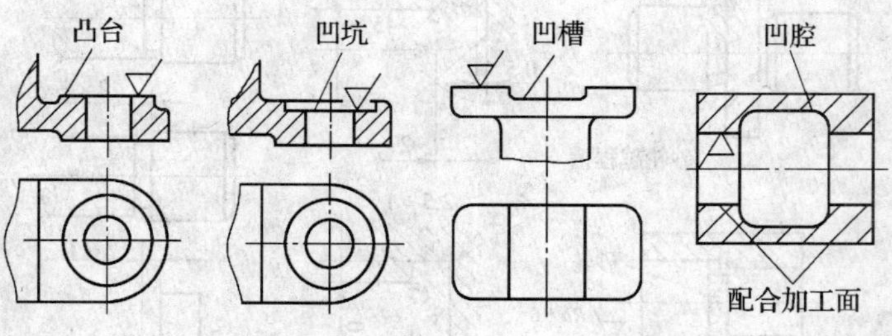 	两零件的接触面一般要进行加工，为减少加工面积并保证两零件表面之间接触良好，常在铸件的接触部位设计出凸台或凹坑等结构

五、零件表面过渡圆角的画法

在铸件和锻造零件上，两表面相交处一般都有小圆角光滑过渡。由于这个原因，零件表面之间的交线消失了，使图形表达的零件结构显得含糊不清。为了方便看图，画图时按照没有圆角时的交线位置，示意地画出消失的交线，称为过渡线。

由于零件的结构形状和尺寸大小不同，过渡线的画法也不相同。

六、运用 CAD 绘制零件图

1. 创建块和块的属性

在绘制图形时，如果图形中有大量相同或相似的内容，或者所绘制的图形与已有的图形文件相同，则可以把要重复绘制的图形创建成块（也称为图块），并根据需要为块创建属性，指定块的名称、用途及设计者等信息，在需要时直接插入它们，从而提高绘图效率。

当然，用户也可以把已有的图形文件以参照的形式插入到当前图形中（即外部参照），或是通过 AutoCAD 设计中心浏览、查找、预览、使用和管理 AutoCAD 图形、块、外部参照等不同的资源文件。

（1）创建与编辑块　块是一个或多个对象组成的对象集合，常用于绘制复杂、重复的图形。如果一组对象组合成块，就可以根据作图需要将这组对象插入到图中任意指定位置，而且还可以按不同的比例和旋转角度插入。在 AutoCAD 中，使用块可以提高绘图速度、节省存储空间、便于修改图形。

1）块的特点　在 AutoCAD 中，使用块可以提高绘图速度、节省存储空间、便于修改图形并能够为其添加属性。

2）创建块　选择“绘图”→“块”→“创建”命令（BLOCK），打开“块定义”对话框，可以将已绘制的对象创建为块，如图 9—2—4 所示。“块定义”对话框中主要选项的功能说明如下。

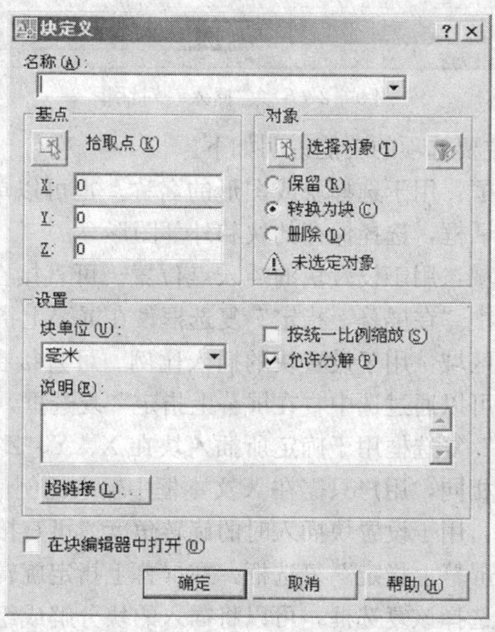

图 9—2—4　“块定义”对话框

◆“名称”文本框：输入块的名称，最多可使用 255 个字符。当行中包含多个块时，还可以在下拉列表框中选择已有的块。

◆“基点”选项区域：设置块的插入基点位置。用户可以直接在 X、Y、Z 文本框中输入，也可以单击“拾取点”按钮，切换到绘图窗口并选择基点。一般基点选在块的对称中心、左下角或其他有特征的位置。

◆“对象”选项区域：设置组成块的对象。其中，单击“选择对象”按钮，可切换到绘图窗口选择组成块的各对象；单击“快速选择”按钮，可以使用弹出的“快速选择”对话框设置所选择对象的过滤条件；选择“保留”单选按钮，创建块后仍在绘图窗口上保留组成块的各对象；选择“转换为块”单选按钮，创建块后将组成块的各对象保留并把它们转换成块；选择“删除”单选按钮，创建块后删除绘图窗口上组成块的原对象。

◆“块单位”下拉列表框：设置从 AutoCAD 设计中心中拖动块时的缩放单位。

3）插入块　选择“插入”→“块”命令，将打开“插入”对话框，如图 9—2—5 所示。使用该对话框，可以在图形中插入块或其他图形，在插入的同时还可以改变所插入块或图形的比例与旋转角度。

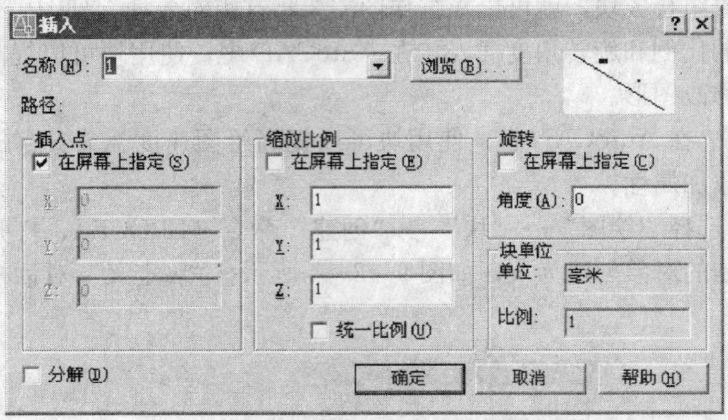

图 9—2—5　“插入”对话框

“插入”对话框中各主要选项的功能说明如下。

◆“名称”下拉列表框：用于选择块或图形的名称。也可以单击其后的“浏览”按钮，打开“选择图形文件”对话框，选择保存的块和外部图形。

◆“插入点”选项区域：用于设置块的插入点位置。可直接在 X、Y、Z 文本框中输入点的坐标，也可以通过选中“在屏幕上指定”复选框，在屏幕上指定插入点位置。

◆“缩放比例”选项区域：用于设置块的插入比例。可直接在 X、Y、Z 文本框中输入块在三个方向的比例；也可以通过选中“在屏幕上指定”复选框，在屏幕上指定。此外，该选项区域中的“统一比例”复选框用于确定所插入块在 X、Y、Z 三个方向的插入比例是否相同，选中时表示比例将相同，用户只需在 X 文本框中输入比例值即可。

◆“旋转”选项区域：用于设置块插入时的旋转角度。可直接在“角度”文本框中输入角度值，也可以选择“在屏幕上指定”复选框，在屏幕上指定旋转角度。

◆“分解”复选框：选择该复选框，可以将插入的块分解成组成块的各基本对象。

在 AutoCAD 2007 中，使用 WBLOCK 命令可以将块以文件的形式写入磁盘。

(2) 编辑与管理块属性　块属性是附属于块的非图形信息，是块的组成部分，可包含在块定义中的文字对象。在定义一个块时，属性必须预先定义而后选定。通常属性用于在块的插入过程中进行自动注释。

1）块属性的特点　在 AutoCAD 中，用户可以在图形绘制完成后（甚至在绘制完成前)，使用 ATTEXT 命令将块属性数据从图形中提取出来，并将这些数据写入到一个文件中，这样就可以从图形数据库文件中获取块数据信息了。

2) 创建并使用带有属性的块　选择“绘图”→“块”→“定义属性”命令(ATTDEF)，可以使用打开的“属性定义”对话框创建块属性，如图 9—2—6 所示。其中各选项的功能如下。

◆“模式”选项区域：用于设置属性的模式。其中，“不可见”复选框用于确定插入块后是否显示其属性值；“固定”复选框用于设置属性是否为固定值，为固定值时，插入块后该属性值不再发生变化；“验证”复选框用于验证所输入的属性值是否正确：“预置”复选框用于确定是否将属性值直接预置成它的默认值。

◆“属性”选项区域：用于定义块的属性。其中，“标记”文本框用于输入属性的标记；“提示”文本框用于输入插入块时系统显示的提示信息；“值”文本框用于输入属性的默认值。

◆“插入点”选项区域：用于设置属性值的插入点，即属性文字排列的参照点。用户可直接在 X、Y、Z 文本框中输入点的坐标，也可以选中“在屏幕上指定”复选框，在绘图窗口上拾取一点作为插入点。

注意：确定该插入点后，系统将以该点为参照点，按照在“文字选项”选项区域的“对正”下拉列表框中确定的文字排列方式放置属性值。

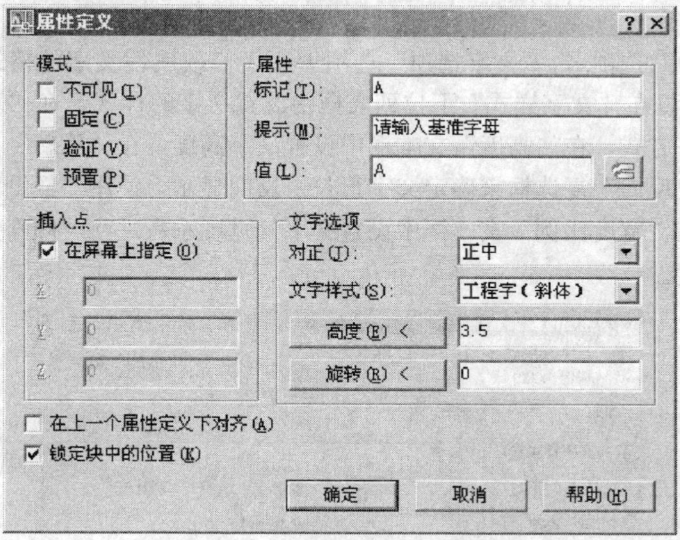

图 9—2—6　“属性定义”对话框

◆“文字选项”选项区域：用于设置属性文字的格式，包括对正、文字样式、高度以及旋转角度等选项。

此外，在“属性定义”对话框中选中“在上一个属性定义下对齐”复选框，可以为当前属性采用上一个属性的文字样式、字高及旋转角度，且另起一行，按上一个属性的对正方式排列；选择“锁定块中的位置”复选框，可以锁定属性定义在块中的位置。

设置完“属性定义”对话框中的各项内容后，单击对话框中的“确定”按钮，系统将完成一次属性定义，用户可以用上述方法为块定义多个属性。

3) 在图形中插入带属性定义的块　在创建带有附加属性的块时，需要同时选择块属性作为块的成员对象。带有属性的块创建完成后，就可以使用“插入”对话框，在文档中插入该块。

4）编辑块属性　选择“修改”→“对象”→“属性”→“单个”命令（EATTEDIT），或在“修改Ⅱ”工具栏中单击“编辑属性”按钮，都可以编辑块对象的属性。在绘图窗口中选择需要编辑的块对象后，系统将打开“增强属性编辑器”对话框，如图 9—2—7 所示。

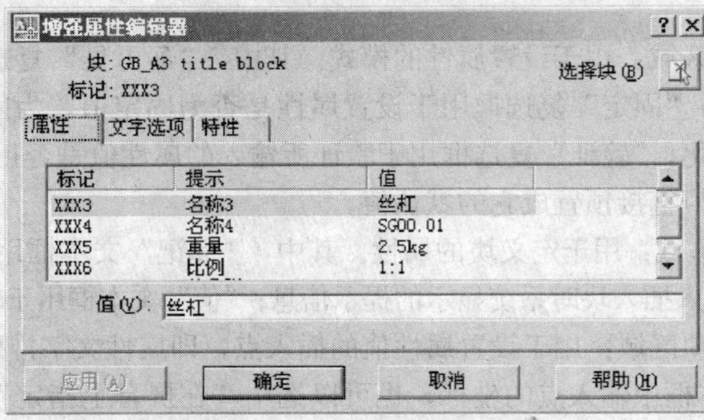

图 9—2—7　“增强属性编辑器”对话框

◆“属性”选项卡：“属性”选项卡的列表框显示了块中每个属性的标记、提示和值。在列表框中选择某一属性后，在“值”文本框将显示出该属性对应的属性值，用户可以通过它来修改属性值。

◆“文字选项”选项卡：“文字选项”选项卡用于修改属性文字的格式，该选项卡如图 9—2—8 所示。可以在“文字样式”下拉列表框中设置文字的样式，在“对正”下拉列表框中设置文字的对齐方式，在“高度”文本框中设置文字高度，在“旋转”文本框设置文字的旋转角度，使用“反向”复选框来确定文字行是否反向显示，使用“颠倒”复选框确定是否上下颠倒显示，在“宽度比例”文本框中设置文字的宽度系数，在“倾斜角度”文本框中设置文字的倾斜角度。

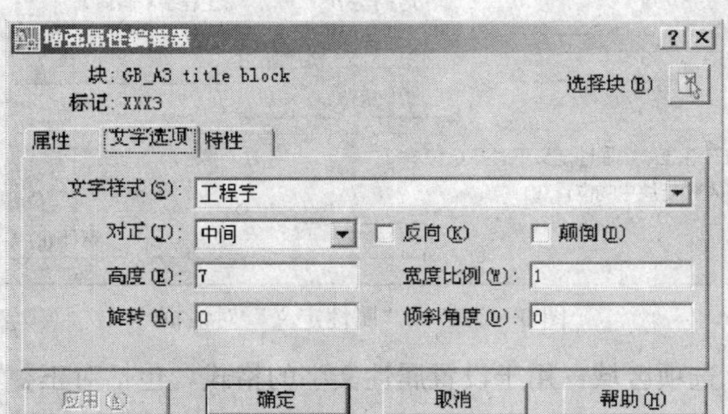

图 9—2—8　“文字选项”选项卡

◆“特性”选项卡：“特性”选项卡用于修改属性文字的图层以及其线宽、线型、颜色及打印样式等，该选项卡如图 9—2—9 所示。

在“增强属性编辑器”对话框中，除上述 3 个选项卡外，还有“选择块”和“应用”等按钮。单击“选择块”按钮，可以切换到绘图窗口并选择要编辑的块对象。单击“应用”按钮，可以确认已进行的修改。

此外，用户也可以使用 ATTEDIT（属性）命令编辑块属性。执行该命令并选择需要编辑的块对象后，系统将打开“编辑属性”对话框，如图 9—2—10 所示，在其中即可以编辑或修改块的属性值。

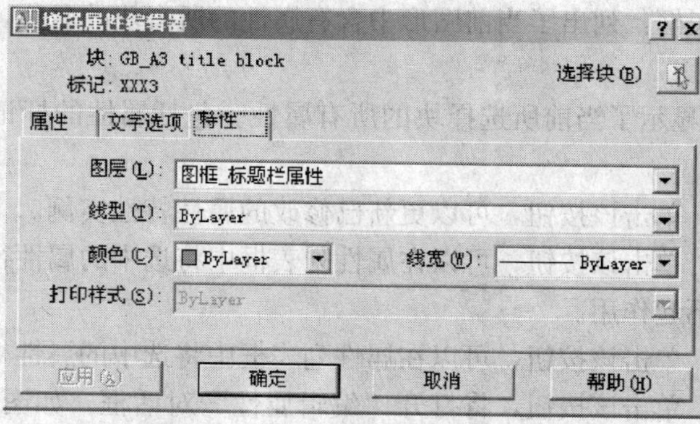

图 9—2—9 “特性”选项卡

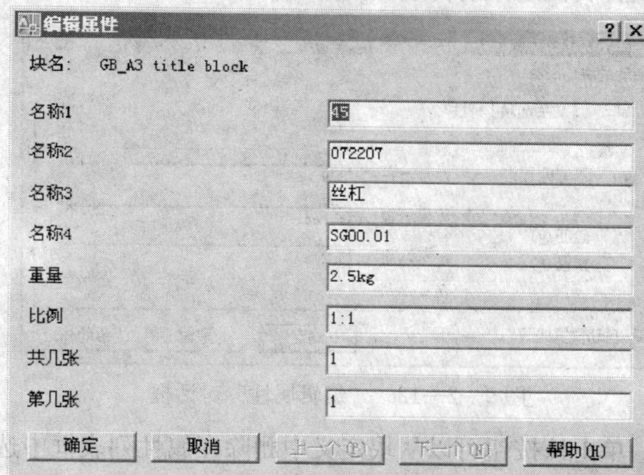

图 9—2—10 “编辑属性”对话框

5）块属性管理器 选择“修改”→“对象”→“属性”→“块属性管理器”命令（BATTMAN），或在“修改Ⅱ”工具栏中单击“块属性管理器”按钮，都可打开“块属性管理器”对话框，可在其中管理块的属性，如图 9—2—11 所示。

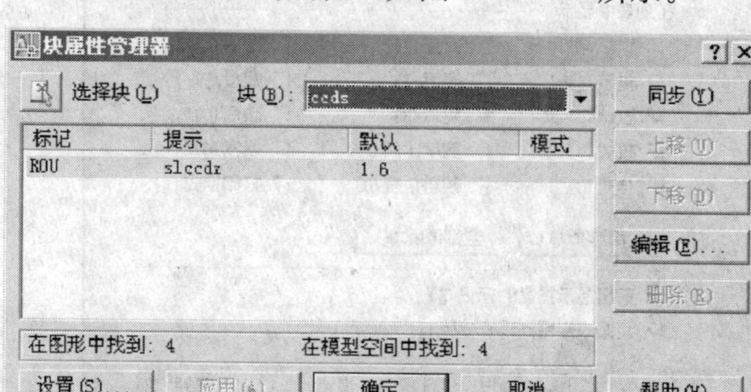

图 9—2—11 “块属性管理器”对话框

在“块属性管理器”对话框中，各主要选项的功能说明如下。

◆“选择块”按钮：单击该按钮可切换到绘图窗口，在绘图窗口中可以选择需要操作的块。

◆“块”下拉列表框：列出了当前图形中含有属性的所有块的名称，也可通过该下拉列表框确定要操作的块。

◆ 属性列表框：显示了当前所选择块的所有属性。包括属性的标记、提示、默认和模式等。

◆“同步”按钮：单击该按钮，可以更新已修改的属性特性实例。

◆“上移”按钮：单击该按钮，可以在属性列表框中将选中的属性行向上移动一行。但对属性值为定值的行不起作用。

◆“下移”按钮：单击该按钮，可以在属性列表框中将选中的属性行向下移动一行。

◆“编辑”按钮：单击该按钮，将打开“编辑属性”对话框，如图 9—2—12 所示。在该对话框中可以重新设置属性定义的构成、文字特性和图形特性等。

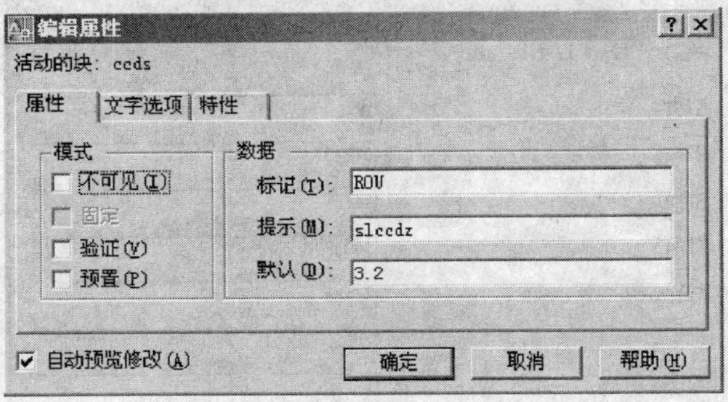

图 9—2—12 “编辑属性”对话框

◆“删除”按钮：单击该按钮可以从块定义中删除在属性列表框中选中的属性定义，且块中对应的属性值也被删除。

◆“设置”按钮：单击该按钮，将打开“设置”对话框。可以设置在“块属性管理器”对话框中的属性列表框中能够显示的内容，如图 9—2—13 所示。

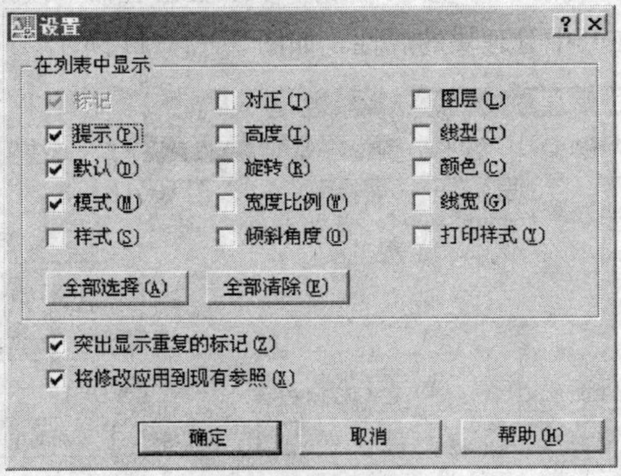

图 9—2—13 “设置”对话框

2．设计中心

在 AutoCAD 2007 中，“设计中心”为用户提供了一种管理图形的有效手段。使用“设计中心”，用户可以很方便地重复利用和共享文件。其主要功能包括：

◆ 浏览本地及网络中的图样文件，查看图样文件中的对象（如块、外部参照、图像、图层、文字样式、线型等），将这些对象插入、附着、复制及粘贴到当前图形中。

◆ 在本地及网络驱动器上查找文件。如：可以按照特定图层名称或上次保存图样的日期来搜索文件。

◆ 打开图样文件，或者将图样以块方式插入到当前图形中。

（1）打开“设计中心”面板　打开“设计中心”面板的方法有：

1）选择“工具”→“选项板”→“设计中心”命令。

2）点选“标准”工具栏图标。

（2）添加已有图样的命名对象　用户通过“设计中心”，可以方便地将某一图形中的命名对象添加到其他图形中，包括：图层、块、文字样式、尺寸标注样式等。这意味着当用户开始绘制新图、定义新样板文件或进行某些设置时，如果在其他图形中有同样的设置，用户就不需要重复进行这些设置工作。

读者可按以下步骤利用“设计中心”将已有图样中的已有设置直接添加到新图样中。

1）建立新文件　选择“文件”→“新建”命令，或点选“标准”工具栏图标，选择“acadiso. dwt”。

2）添加图层设置　打开“设计中心”，如图 9—2—14 所示，在“文件夹”选项卡的“文件夹列表”中选择已有图样文件，如图 9—2—15 所示 example（12—1）文件，展开该文件如图所示，点选“图层”则可看到在右侧出现该图样文件拥有的图层。

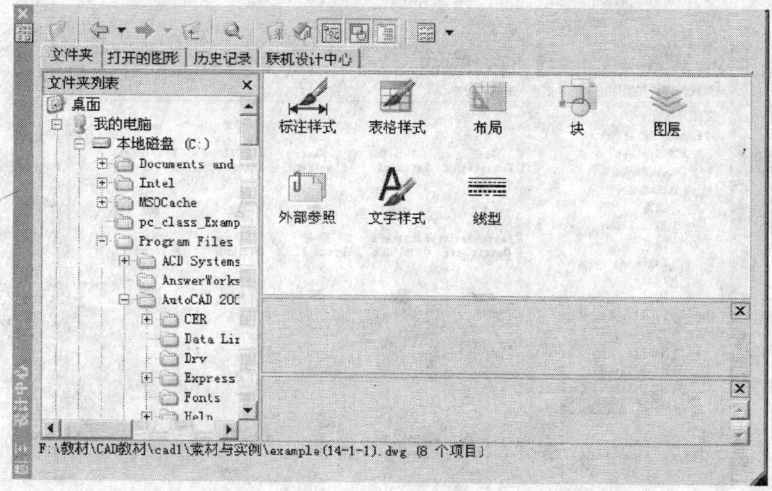

图 9—2—14“设计中心”面板（1）

在图 9—2—15 图层中，按住 Ctrl 键，逐个点选“标注层”“轮廓线”“剖面线”“文字”“虚线”和“中心线”，将这些选中项拖动到当前新文件中，即可为当前图形添加对应的图层设置。

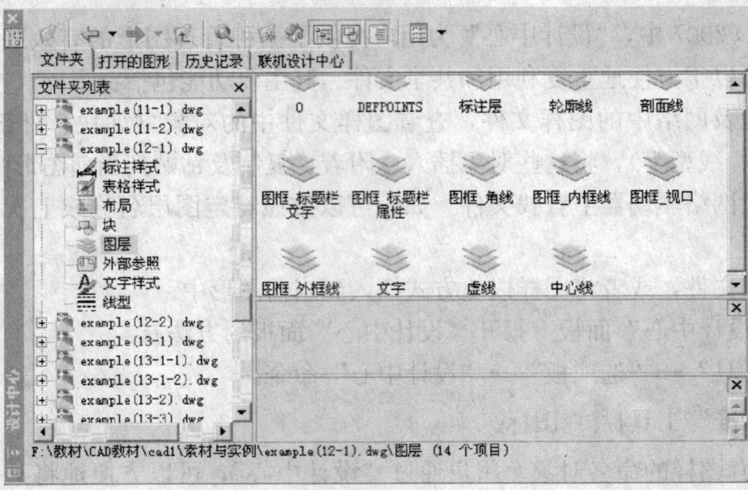

图 9—2—15 “设计中心”面板（2）

使用同样的方法，还可以将图形文件中的尺寸标注样式、文字样式等拖到当前图形中。这样方便了绘图操作，用户就不需要再重复进行这些设置工作。

（3）使用“设计中心”中的块　AutoCAD 2007 的“设计中心”还提供一些标准件的块，使用这些预定义的块可以提高绘图效率，尤其在装配图的绘制中十分方便。下面介绍如何调用这些预定义块。

1）打开“设计中心”面板，点选“文件夹”选项卡，点选“设计中心”工具栏中的“主页”图标，可查看系统自带的块库（在 AutoCAD 2007 \ Sample \ DesignCenter 文件夹中），如图 9—2—16 所示。

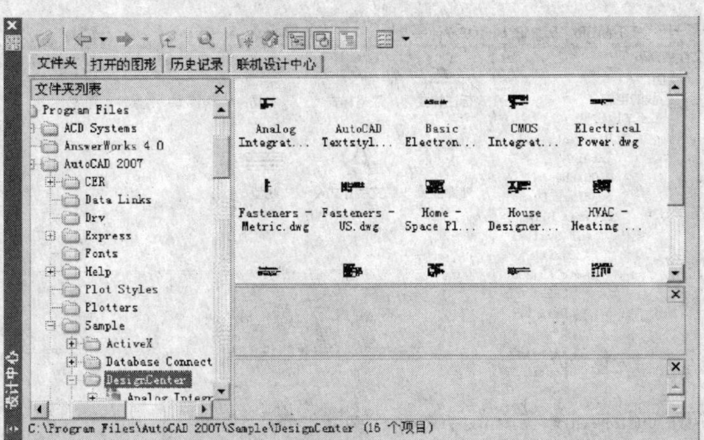

图 9—2—16 “设计中心”面板（3）

2）双击展开“DesignCenter”文件夹，点选“Fasteners－Metric.dwg”文件，展开其内容列表，单击其中的“块”，面板窗口的右侧将显示这些标准件，如图 9—2—17 所示。

3）点选合适的标准件块，拖到当前视图中即可。

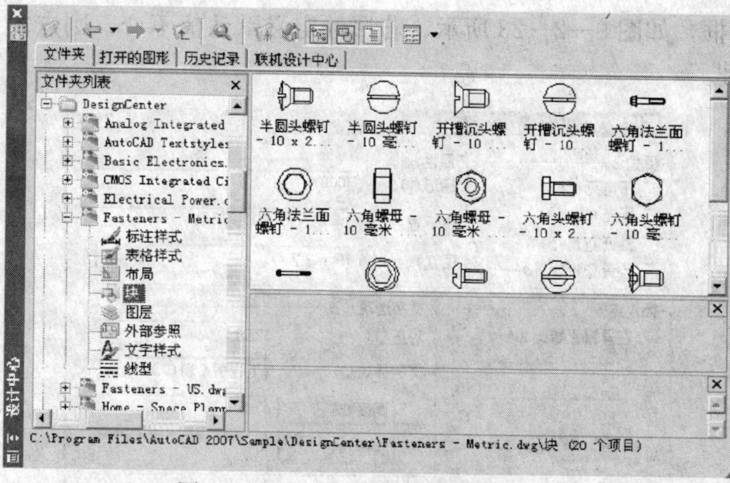

图 9—2—17 “设计中心”面板（4）

任务实施

1. 创建表面结构代号块

在机械制图中，对零件表面的加工要求最常见的表达方法为表面结构代号标注，如图 9—2—18 所示，其代号特点是符号基本不变而数值常有变动，且在图样中多次使用。

读者可以通过“块”和“定义属性”命令预定义块，然后多次插入以避免烦琐的重复工作，有效提高绘图效率。依据 GB/T 131—2006 要求，按照如下步骤“创建”和“插入”表面结构块。

（1）将“0 层”设置为当前层。

（2）数字高度为 3.5 mm，相应绘制表面结构符号，如图 9—2—19 所示。

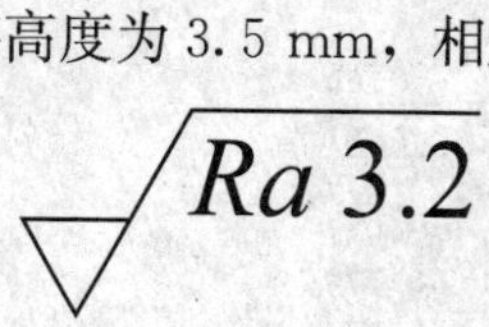

图 9—2—18 表面粗糙度

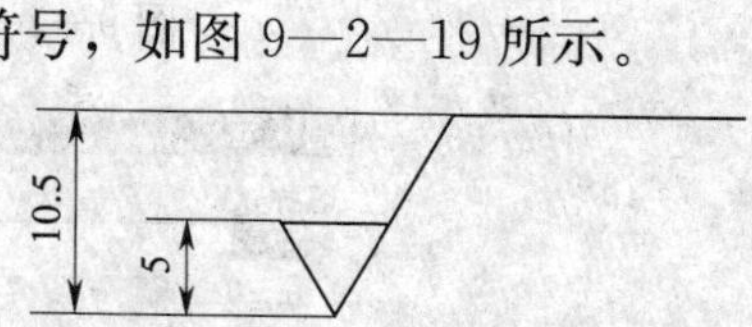

图 9—2—19 表面结构符号

（3）选择“绘图”→“块”→“定义属性”命令，打开“属性定义”对话框，如图 9—2—20 所示。在“属性”和“文字选项”区域分别设置如图所示。“属性”区域中：“标记”为属性在绘图空间中的表示，此处用“粗糙度”汉语拼音的第一个字母“CCD”表示，“提示”为插入块时提示输入参数值，“值”为属性的默认值；“文字选项”中“对正”选择“左上”。设置完成后，点击“确定”。

（4）将鼠标移至如图 9—2—21a 所示位置，单击鼠标左键将属性标记“CCD”放下，如图 9—2—21b 所示。

（5）选择“绘图”→“块”→“创建”命令，或点击“绘图”工具栏图标，打开“块定义”对话框，并设置如图 9—2—22 所示。“名称”为该表面结构块的名称，“基点”选择：点选“基点”区域图标，然后选择表面结构符号的最下交点，“对象”选择：点选“对象”区域图标，然后框选表面结构符号和定义的属性，然后点“确定”。系统打开

“编辑属性”对话框，如图 9—2—23 所示，若属性定义默认值不变，则点击“确定”。完成表面结构块的创建。

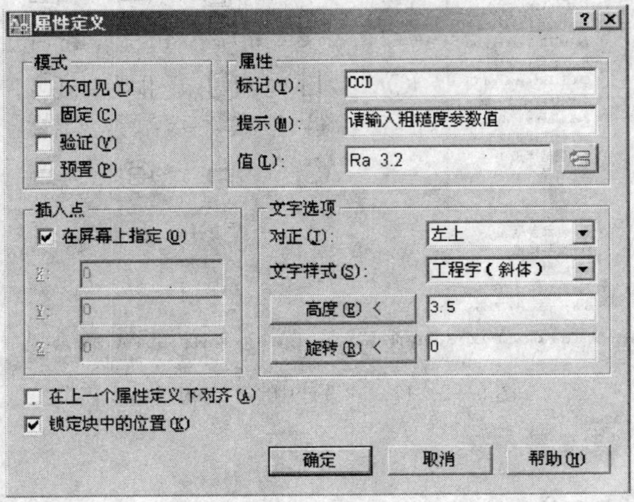

图 9—2—20　设置“属性定义”对话框

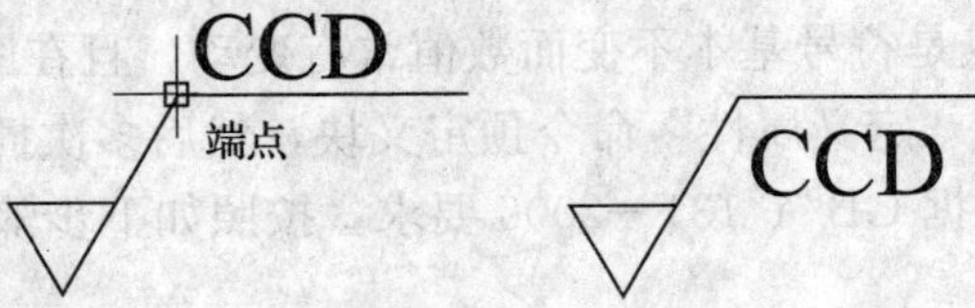

a)　　　　b)

图 9—2—21　放置属性标记

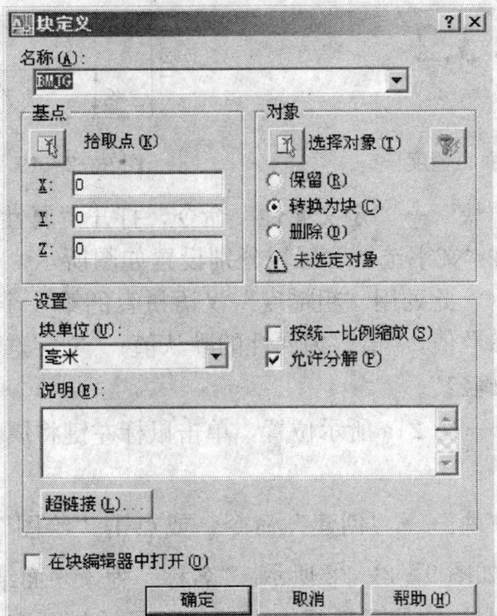

图 9—2—22　“块定义”对话框

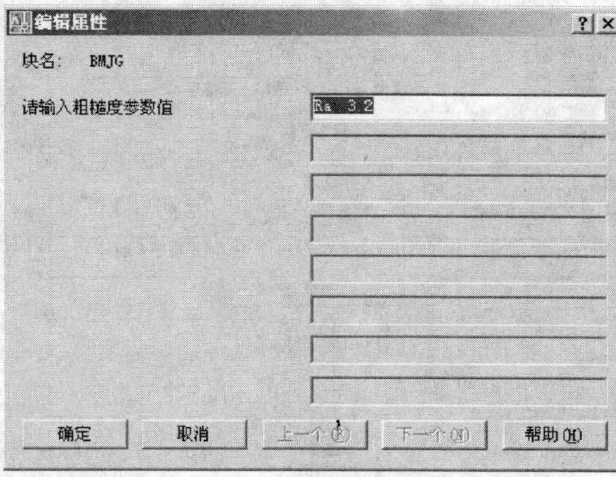

图 9—2—23　“编辑属性”对话框

2. 创建基准符号块

零件加工过程中，除了尺寸误差和表面质量要求外，对形状和相对位置误差即几何误差也有要求。在前面的任务中，已经学习了几何公差代号的选用，而基准符号会作多次重复使用，如图 9—2—24 所示。

依据 GB/T 1182—2008 按如下步骤创建基准符号块，步骤和表面结构代号块创建过程类似。

(1) 将“0 层”设置为当前层。

(2) 绘制基准符号，如图 9—2—25 所示，其中 h 为字高，按数字高度 h 为 3.5 mm。

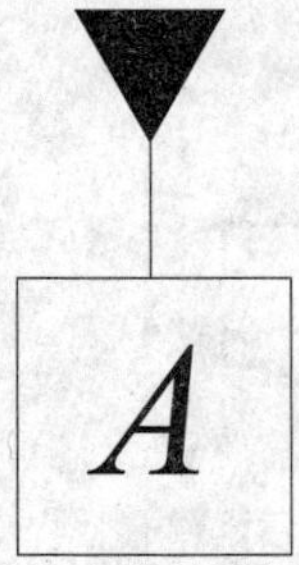

图 9—2—24　基准符号

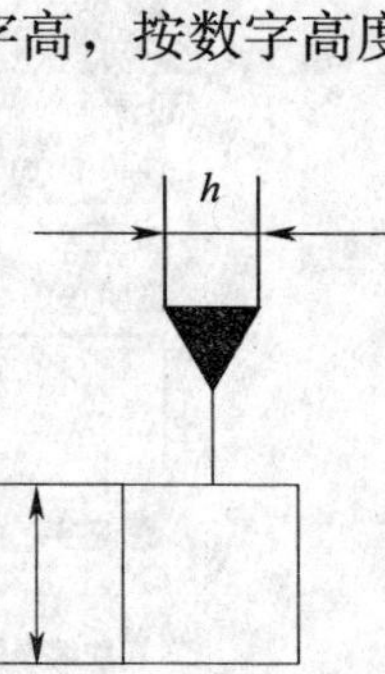

图 9—2—25　基准符号

(3) 选择“绘图”→“块”→“定义属性”命令，打开“属性定义”对话框并设置，如图 9—2—26 所示。将属性标记“A”放置在合适位置。

(4) 选择“绘图”→“块”→“创建”命令，或点选“绘图”工具栏图标，打开“块定义”对话框，并设置如图 9—2—27 所示。“名称”为该基准块的名称“JZ”，“基点”选择：点选“基点”区域图标，然后选择基准符号的最上中点，“对象”选择：点选“对象”区域图标，然后框选基准符号和定义的属性（注意：不包括尺寸标注 h、$2h$），然后点“确定”。系统打开“编辑属性”对话框，若属性定义默认值不变，则点击“确定”。完成基准块的创建。

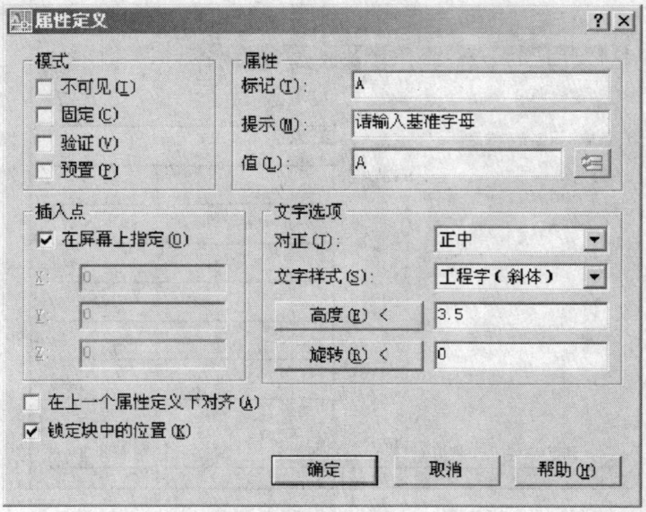

图 9—2—26 “属性定义”对话框

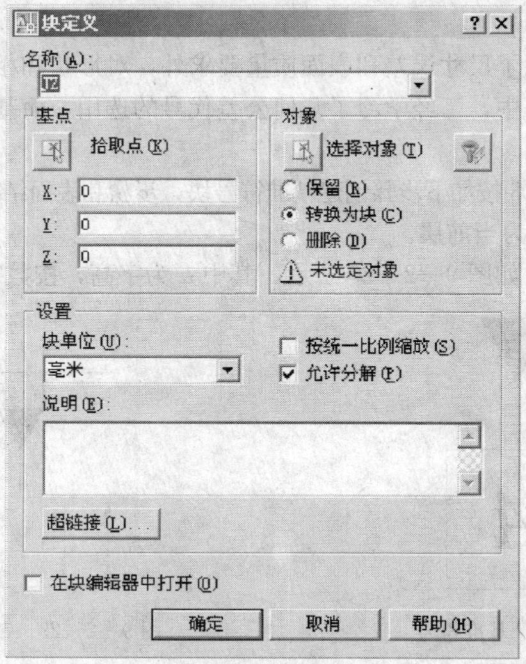

图 9—2—27 “块定义”对话框

3．创建机械图形样板文件

在模块二中，通过实例学习，读者已经掌握样板文件创建的方法和步骤，为了满足机械图样的绘制要求，接下来继续完善该样板文件。除了要完成图层、字体、标注样式设置外，还需创建表面结构代号块、基准符号块等内容。完成机械图形样板文件的创建工作，并为以后绘制零件图提供方便。

4．绘制蜗轮轴零件图

(1) 建立新文件　选择“文件”→“新建”命令，或点选“标准”工具栏图标，打开“选择样板”对话框，选择已创建的“机械图形样板文件”，进入“模型”绘图空间。

（2）绘制主视图主要轮廓线　依据所选图幅和蜗轮轴的实际尺寸，选择 1.5∶1 的比例表达。首先以 1∶1 的比例在相应的图层内绘制主视图的主要轮廓线，完成后选中绘制线条，使用右键“快捷菜单”缩放比例为 1.5∶1，如图 9—2—28 所示。

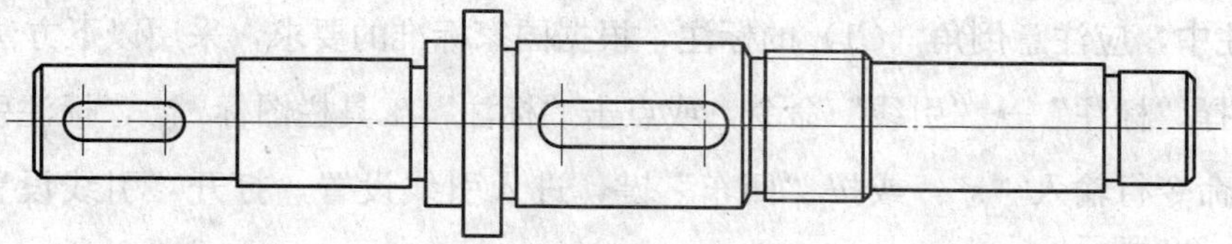

图 9—2—28　蜗轮轴主视图

（3）绘制移出断面　在轴的左端和定位轴肩的右侧各有一个键槽，通常采用移出断面的表达方法。在主视图键槽的正下方，分别绘制移出断面图，并绘制剖面线，完成该蜗轮轴的视图表达，如图 9—2—29 所示。

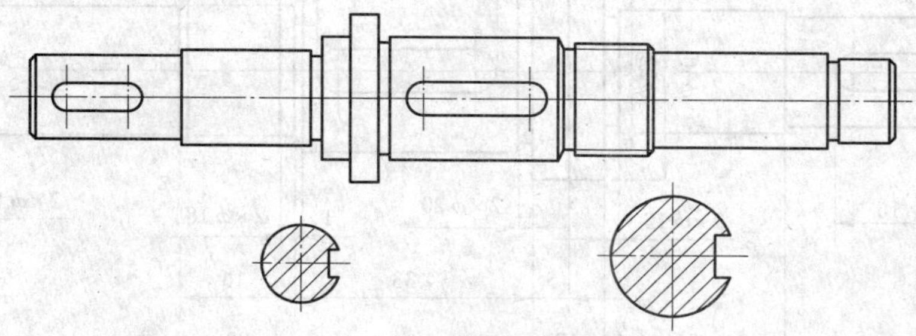

图 9—2—29　蜗轮轴视图表达

5. 标注尺寸及表面结构代号

在蜗轮轴的尺寸标注中，包括各个结构的基本尺寸、尺寸公差、几何公差及表面结构代号等。由于大部分的尺寸公差和几何公差需要单独标注，为了提高绘图效率，采用同类尺寸集中标注的方法。

由于绘制零件图的比例为 1.5∶1，在标注时需要调整比例因子，在“标注样式管理器”对话框中，选择当前的标注样式，选择“修改”，点击“主单位”选项卡，在“比例因子”中设置为 2/3，标注就可以符合要求，如图 9—2—30 所示。

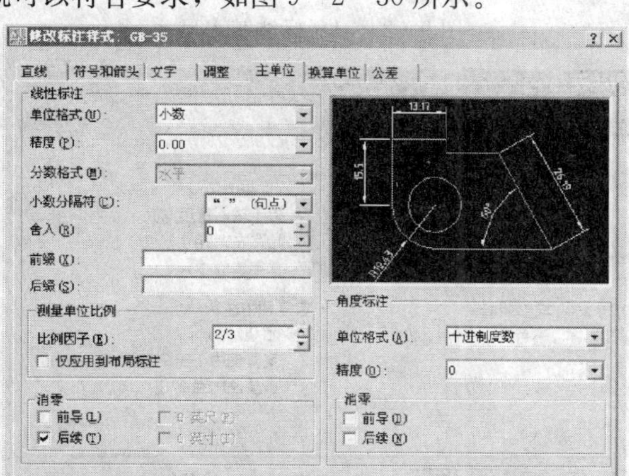

图 9—2—30　标注“比例因子”修改

（1）标注基本尺寸　如图 9—2—31 所示，标注所有基本尺寸，标注顺序应注意轴向和径向尺寸分开标注，方便检查尺寸标注的完整性，所标注尺寸的放置应符合机械制图的国家标准，方便技术人员的识读。

在标注中，应注意倒角（C1）的标注，根据国家标准的要求，采用以下方法进行标注：

1）选择“标注”→“引线”命令，或点击“标注”工具栏图标，标注引线。

2）在命令行输入“s”，或按“回车”键，进入引线设置，打开“引线设置”对话框，如图 9—2—32 所示。

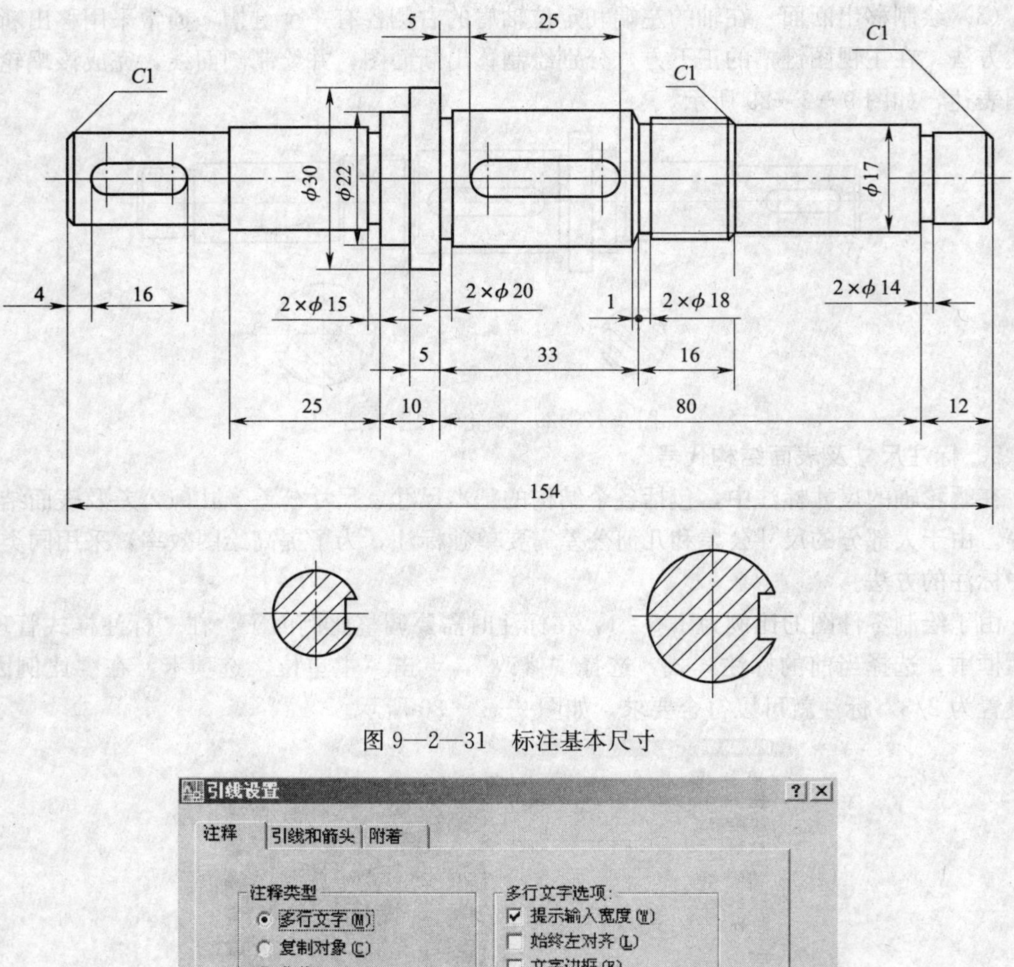

图 9—2—31　标注基本尺寸

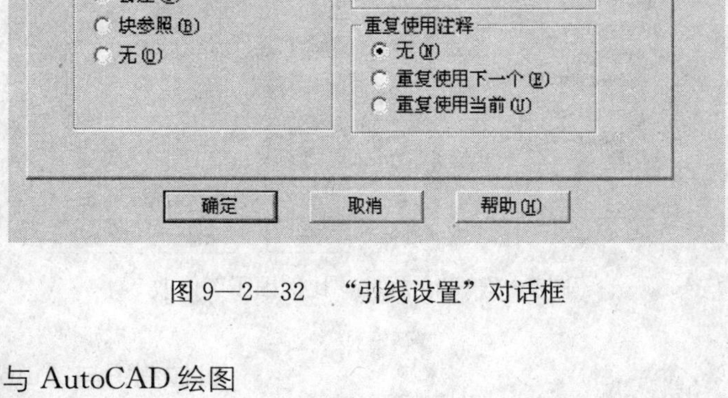

图 9—2—32　“引线设置”对话框

3）点选“引线和箭头”选项卡，并设置，如图 9—2—33 所示。

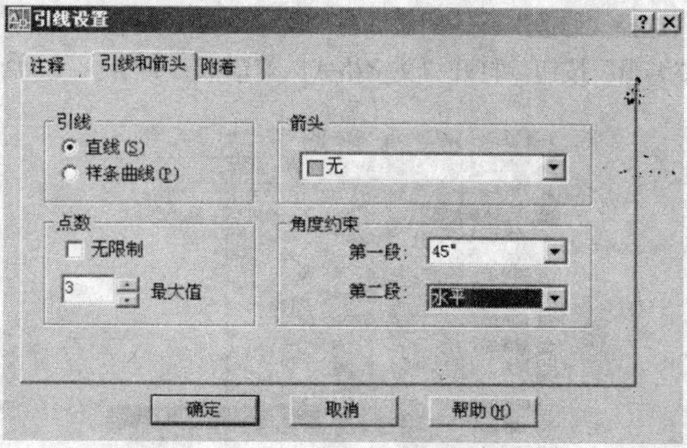

图 9—2—33　“引线和箭头”设置

4）点选“附着”选项卡，并设置，如图 9—2—34 所示，点击“确定”。

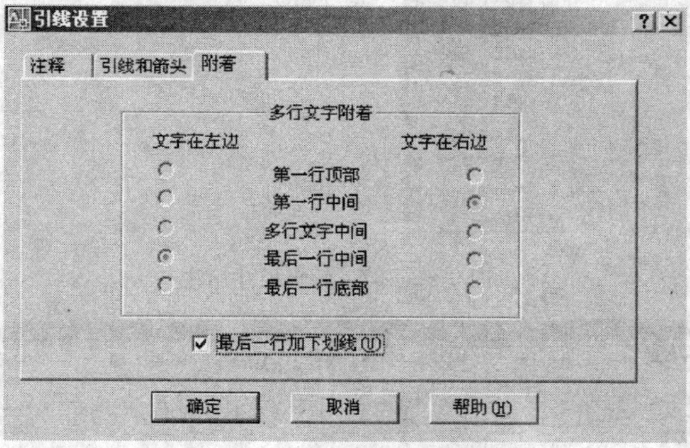

图 9—2—34　“附着”设置

5）在倒角合适的位置放置引线起点，拖动鼠标，绘制 45°线；在合适位置单击左键，再拖动鼠标，绘制水平线，注意，不要太长；单击左键，回车确认“指定文字宽度”，输入“第一行文字”，回车取消“下一行文字”，即可得到如图 9—2—35 所示结果。

（2）标注尺寸公差

1）标注对称极限偏差　该尺寸的上下极限偏差相等。如图 9—2—36 所示，要求在基本尺寸 25 的基础上，标注对称极限偏差为±0.03。

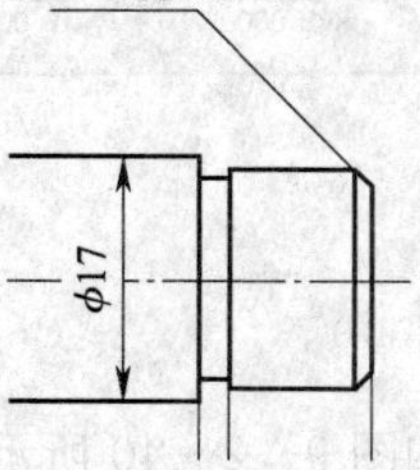

图 9—2—35　倒角的“引线”标注

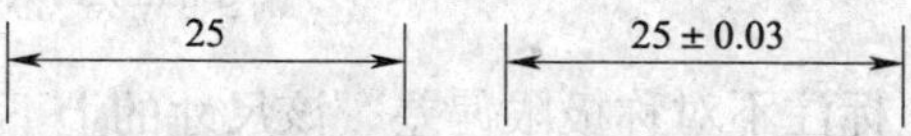

图 9—2—36　对称公差标注

标注的方法为：

①点击该尺寸，选择“修改”→“对象”→“文字”→“编辑”，如图 9—2—37 所示，或单击文字工具栏上的“编辑”按钮。打开“文字格式”对话框，如图 9—2—38 所示。

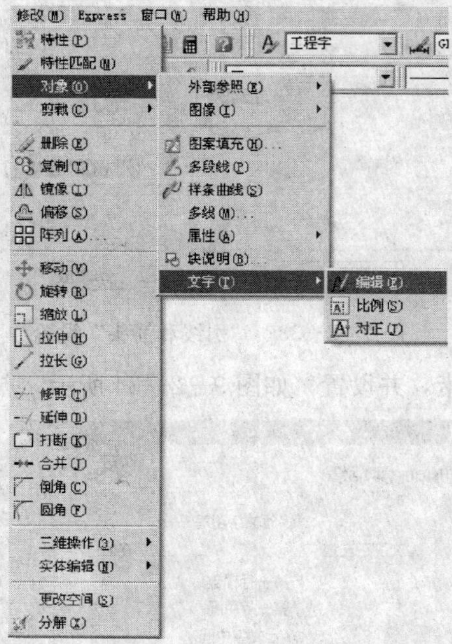

图 9—2—37　编辑尺寸标注

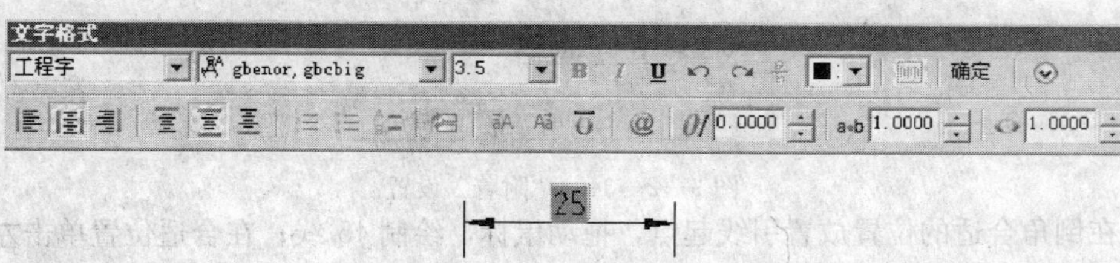

图 9—2—38　“文字格式”对话框

②将光标移至 25 之后，点击“文字格式”工具栏上图标 @ ，插入“正/负”，或输入“%%P”，如图 9—2—39 所示，点击“确定”完成标注。

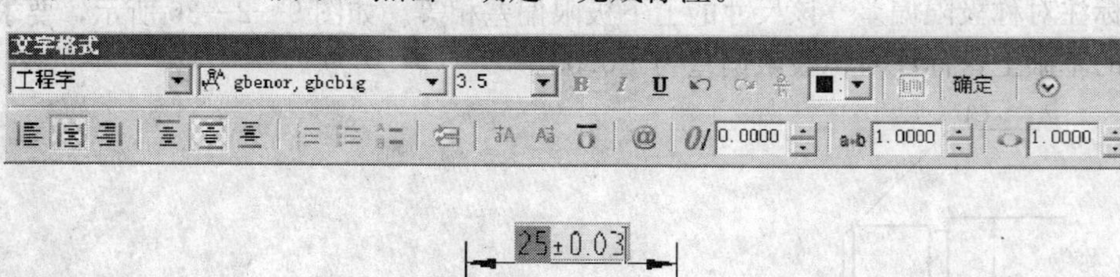

图 9—2—39　对称公差标注

2）标注不对称极限偏差　该尺寸的上下极限偏差不等。如图 9—2—40 所示，要求在基本尺寸 25 的基础上，标注上极限偏差＋0.03，下极限偏差 0。

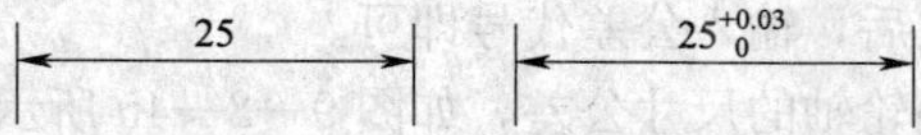

图 9—2—40　极限偏差标注

标注的方法为：

①同前面步骤的对称公差标注（见图 9—2—38）。

②将光标移至 25 之后，输入“＋0.03”“0”，在“＋0.03”和“0”之间插入符号“^”（在非中文输入状态下，按上档键和数字键 6），将“＋0.03^0”选中，选择“文字格式”工具栏中“堆叠”图标，即可得到如图 9—2—41 所示结果，完成标注。但是，标注中上极限偏差“＋0.03”中的“＋”和下极限偏差“0”对齐，不符合要求，可再次点击图标，解散堆叠，在“0”前面插入“空格”，再进行堆叠，即可得到如图 9—2—42 所示结果，完成标注。

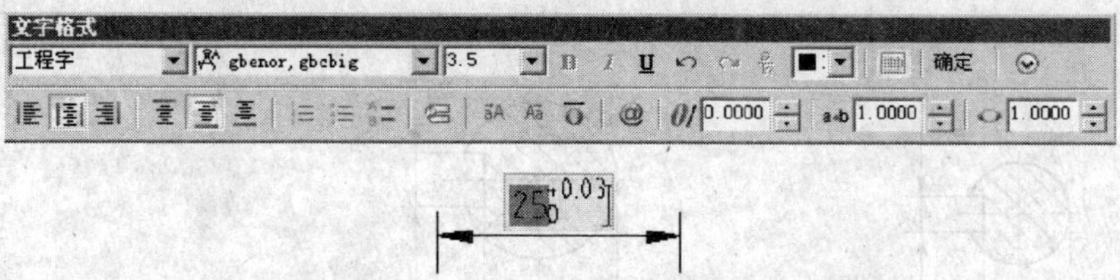

图 9—2—41　极限偏差标注（一）

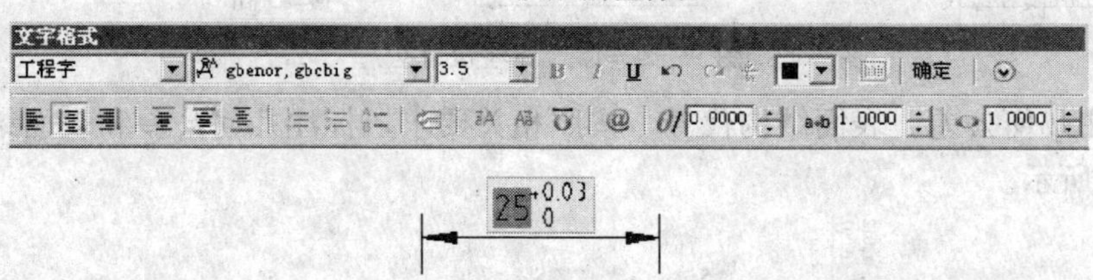

图 9—2—42　极限偏差标注（二）

重复以上步骤，将符号“^”改为符号“/”和“#”，可分别得到如图 9—2—43、图 9—2—44 所示效果。

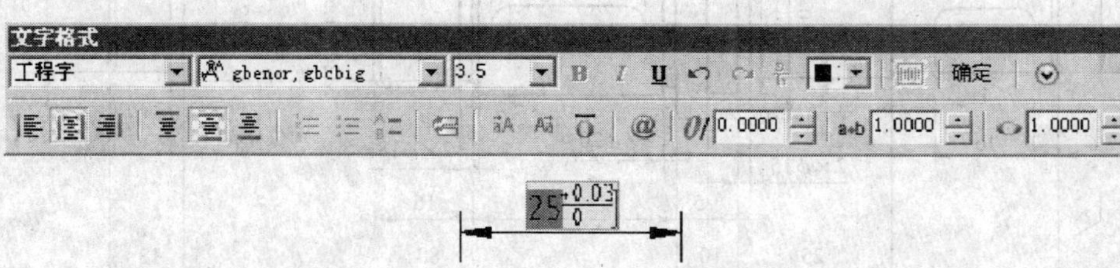

图 9—2—43　将“^”改为“/”效果

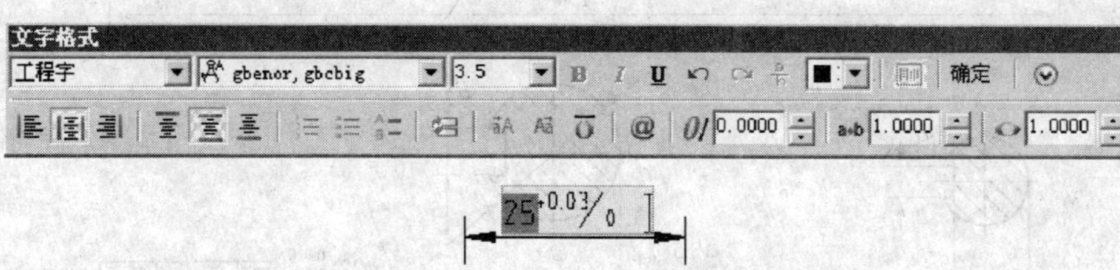

图 9—2—44　将“^”改为“#”效果

要打开“文字格式”对话框，还可以点击“标注”工具栏的“编辑标注”图标，在命令行中输入“新建（N）”即可。

将光标移至基本尺寸之后，输入公差代号即可。

按照相关要求，标注蜗轮轴的尺寸公差，如图 9—2—45 所示。

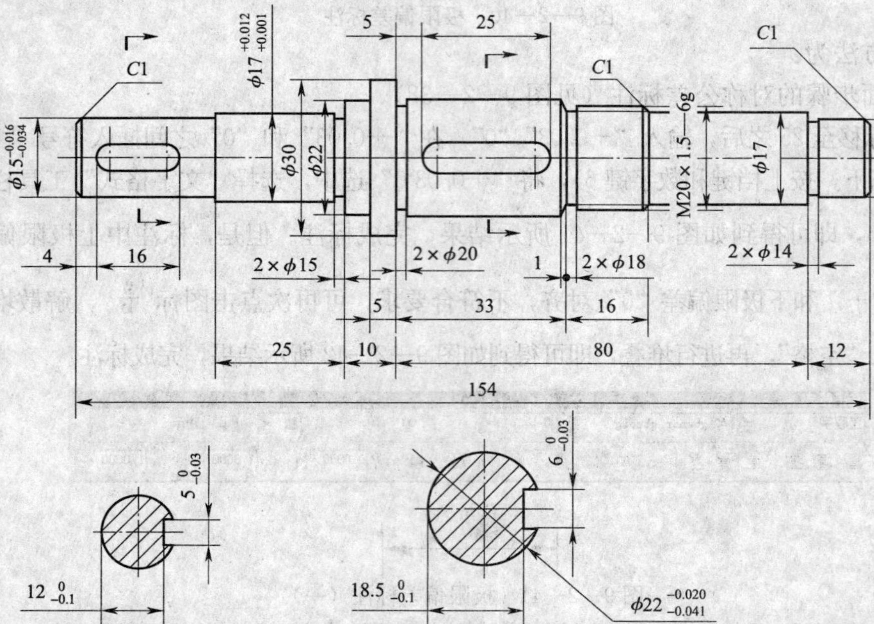

图 9—2—45　标注尺寸公差

（3）标注几何公差、表面结构代号　按照相关要求，标注几何公差和表面结构代号，如图 9—2—46 所示。

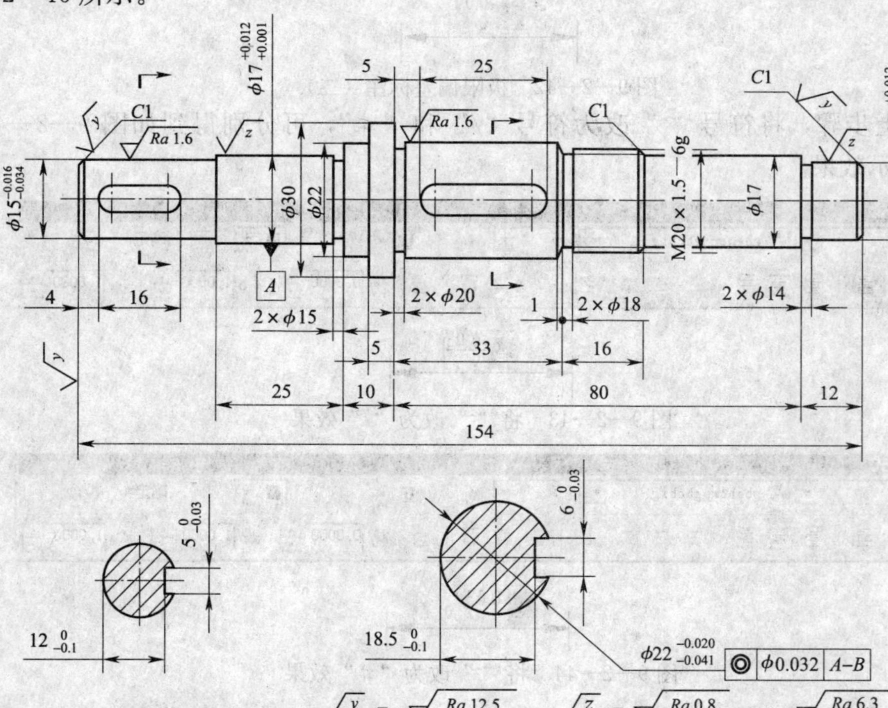

图 9—2—46　标注几何公差和表面结构代号

6. 插入标题栏，注写技术要求

点击“GB—A3 标题栏”布局空间，双击绘图区域，调整视图在布局空间的位置到合适。双击如图 9—2—47 所示标题栏中“×××1”等带属性的数字，打开“增强属性编辑器”对话框，如图 9—2—48 所示。

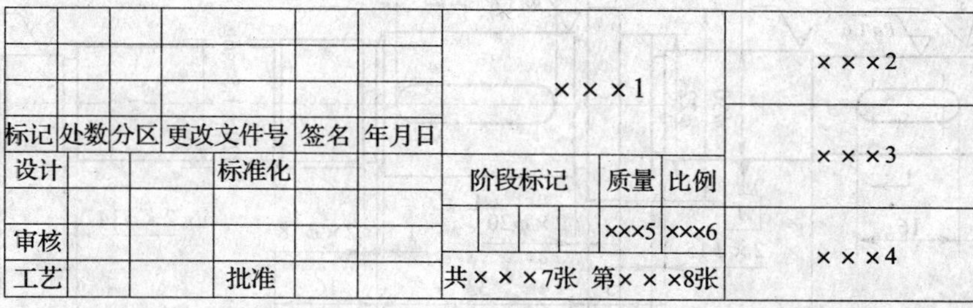

图 9—2—47 标题栏

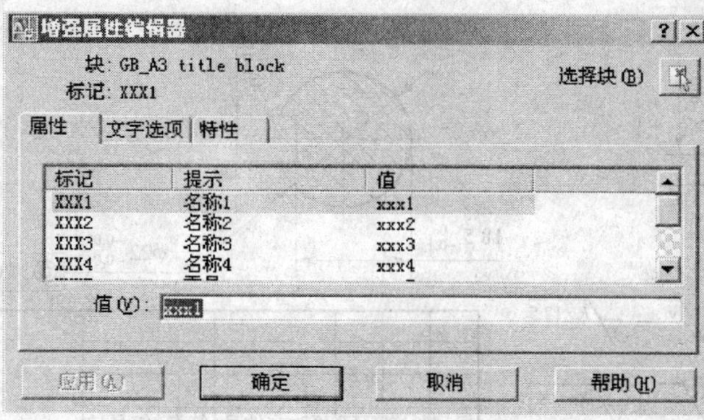

图 9—2—48 “增强属性编辑器”对话框

按要求编辑各个属性，完成标题栏编辑，即可得到图 9—2—49，完成蜗轮轴零件图绘制，保存即可。

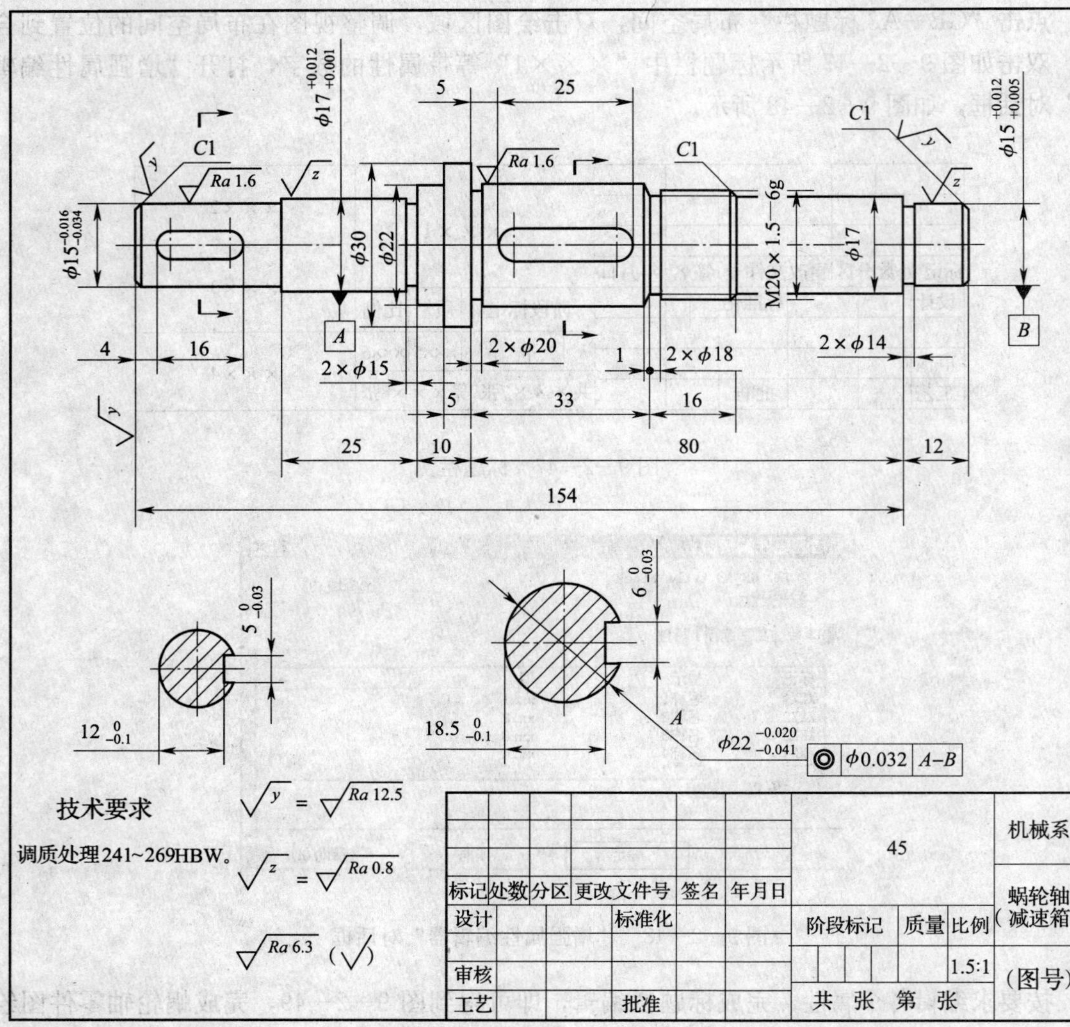

图 9—2—49 蜗轮轴零件图

10 模块十 识读与绘制装配图

机器或部件是由若干零件按一定的装配关系和技术要求装配而成。表示产品及其组成部分的连接、装配关系的图样称为装配图。表示一台完整机器的图样，称为总装配图；表示机器中某个部件的图样，称为部件装配图。装配图是指导机器的装配、检验、调试和维修的技术依据。本模块主要介绍装配图的表示法和画法，以及识读装配图的方法和步骤。

课题一　识读装配图

任务　识读球阀装配图

◆ **教学目标**

1. 理解装配图的概念，了解装配图的内容和作用。
2. 掌握识读装配图的方法和步骤，能识读简单装配图。
3. 会标注装配图的尺寸、填写零件序号和明细栏。
4. 能用 CAD 绘制二维、三维图形。

任务提出

识读如图 10—1—1 所示球阀装配图。

任务分析

装配图是设计和拆画零件图的主要依据，也是装配生产中设备调试、维修、使用和进行技术交流的工具。识读装配图的目的是弄清装配图所表达机器或部件的性能、工作原理、装配关系、传动路线和各零件的主要结构、作用及拆装顺序等。

相关知识

一、装配图的内容

根据生产对装配图的要求，一张完整的装配图应具有以下几方面的内容（见图 10—1—1）。

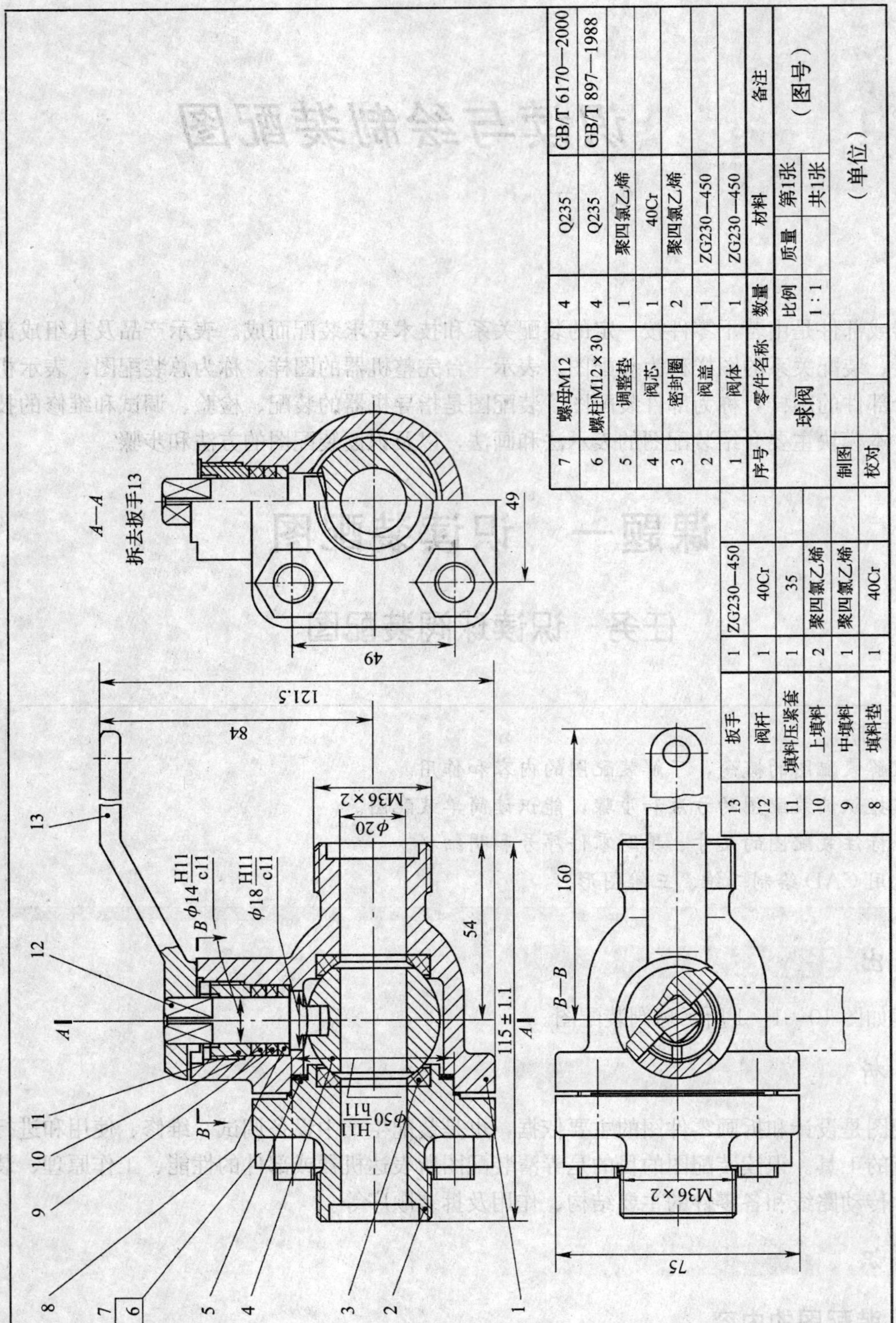
A—A
拆去扳手13
B—B
121.5
84
49
49
M36×2
$\phi20$
$\phi50\frac{H11}{h11}$
$\phi14\frac{H11}{c11}$
$\phi18\frac{H11}{c11}$
54
115±1.1
160
75
7 螺母M12 4 Q235 GB/T 6170—2000
6 螺柱M12×30 4 Q235 GB/T 897—1988
5 调整垫 1 聚四氟乙烯
4 阀芯 1 40Cr
3 密封圈 2 聚四氟乙烯
2 阀盖 1 ZG230—450
1 阀体 1 ZG230—450
序号 零件名称 数量 材料 备注
13 扳手 1 ZG230—450
12 阀杆 1 40Cr
11 填料压紧套 1 35
10 上填料 2 聚四氟乙烯
9 中填料 1 聚四氟乙烯
8 填料垫 1 40Cr
球阀 比例 1:1 质量 第1张 共1张 （图号）
制图
校对
（单位）

图 10—1—1 球阀装配图

1. 一组视图

用一组视图正确、完整、清晰地表达机器（或部件）的工作原理、各零件的装配关系、零件的连接方式、传动路线以及零件的主要结构形状等。

2. 必要的尺寸

它包括表示机器（或部件）的规格、性能以及装配、检验、安装时所必要的一些尺寸。

3. 技术要求

用文字或符号说明机器（或部件）的性能、装配和调整要求、验收条件、试验和使用规定等。

4. 零件的序号、明细栏和标题栏

为了便于生产的组织和管理工作，在装配图上对每个不同零件编写序号，并编制明细栏。明细栏中说明各零件的名称、序号、数量、材料以及附注等。标题栏的内容有机器（或部件）的名称、重量、图号、图样比例及设计、制图、校核人员的签名等。

二、装配图的尺寸标注

由于装配图不直接用于零件的制造生产，因此，在装配图上无须标注出各组成零件的全部尺寸，而只标注与部件性能、装配、安装等有关的尺寸。这些尺寸一般可分为以下几类：

1. 规格或性能尺寸

表示机器（或部件）规格、性能的尺寸。这种尺寸在设计机器（或部件）时就已经确定，它是设计和选用部件的主要依据。如图 10—1—1 中 $\phi20$，表明该球阀能通过流体的最大流量。

2. 装配尺寸

表示零件间配合性质或装配关系的尺寸。这类尺寸一般包括：

（1）配合尺寸　表示零件间配合性质的尺寸，如图 10—1—1 中阀体与阀盖间的 $\phi50H11/h11$。

（2）相对位置尺寸　表示装配时零件间需要保证的相对位置尺寸，常见的有重要的轴距、孔心距和间隙等。如图 10—1—1 主视图中的 54、左视图中的 49 即为相对位置尺寸。

3. 安装尺寸

表示部件安装到其他部件或基座上所需的尺寸。如图 10—1—1 中球阀的左右两端的 M36×2。

4. 外形尺寸

表示部件的总长、总宽和总高的尺寸。它表示部件所占空间的大小，以供产品包装、运输和安装时参考。如图 10—1—1 中的 121.5、75 即是外形尺寸。

5. 其他重要尺寸

指设计过程中经计算或选定的重要尺寸以及其他必须保证的尺寸。

应当指出，装配图上的一个尺寸，有时兼有几种作用，五类尺寸并非任何一张装配图上都有。因此，在标注装配图尺寸时，可根据装配体的具体情况选注。

三、装配图的零（部）件序号、明细栏

为了便于看图、装配、图样管理以及做好生产准备工作，必须对装配图上的每个不同零

（部）件进行编号，这种编号称为零（部）件序号。同时要编制相应的明细栏。

1. 零（部）件序号

（1）装配图中所有零（部）件都必须编写序号。同一张装配图中相同零件或部件应编写同样的序号，一般只标注一次，零（部）件数量在明细栏中的相应栏中填写。

（2）零件序号应注在视图轮廓的外边，其编写形式如图 10—1—2 所示。用细实线画出指引线，编号端画一水平短线（细实线）或圆（细实线）。在水平短线上或圆内注写序号，序号字高比装配图中所注尺寸数字大一号或大两号（见图 10—1—2a、b）；编号端也可不画水平短线或圆，而在指引线附近注写序号，此时序号高比数字高大两号（见图 10—1—2c）。但应注意，同一装配图中编写序号的形式应一致。

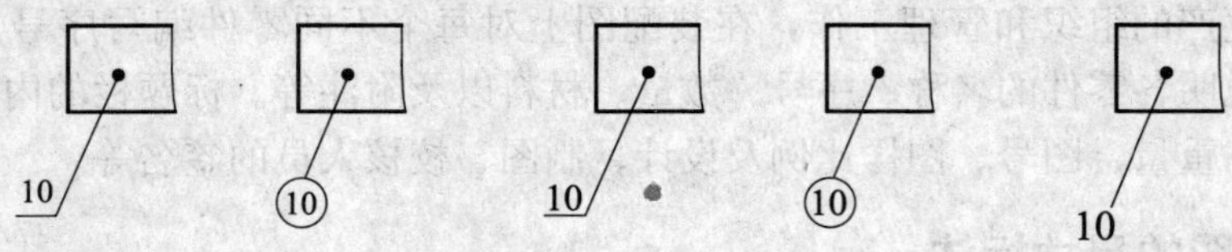

图 10—1—2　序号的编写形式

（3）指引线应自所指的可见轮廓引出，并在末端画一小圆点。若所指部分（很薄的零件或涂黑的剖面）内不便画出圆点时，可在指引线的末端画一箭头，并指向该部分的轮廓，如图 10—1—3 所示。

（4）指引线应尽可能分布均匀，不能相交，当指引线通过有剖面线的区域时，不能与剖面线平行。必要时指引线可以画成折线，但只可曲折一次（见图 10—1—3）。

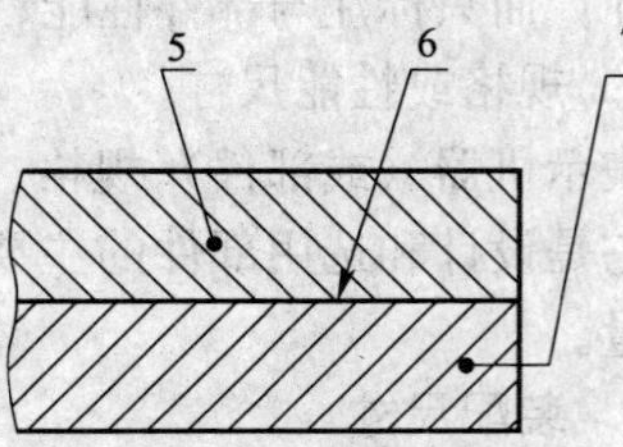

图 10—1—3　指引线画法

（5）一组紧固件以及装配关系清楚的零件组，可以采用公共指引线的形式，如图 10—1—4 所示。

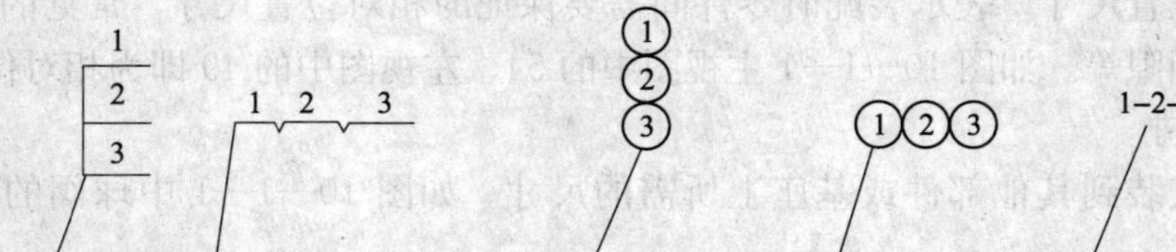

图 10—1—4　公共指引线的画法

装配图上的序号应按顺时针或逆时针方向顺次排列。在整个图上无法连续时，可只在水平或垂直方向顺次排列。

2. 明细栏

（1）明细栏的基本要求　装配图中一般应画明细栏，并配置在标题栏上方，按自下而上的顺序填写；当地方不够时，可紧靠在标题栏的左侧自下向上延续。

当装配图中不能在标题栏的上方配置明细栏时，可作为装配图的续页按 A4 幅面单独给出，其顺序应由上而下延伸（即序号填写在最上面一行）。需要时还可连续加页。在明细栏的下方应配置标题栏，并在标题栏中填写与装配图相一致的名称和代号，而且在标题栏中都要按顺序依次填写“共×张 第×张”。

当同一图样代号的装配图有两张或更多的图纸时，明细栏应放在第一张装配图上（明细栏配置在标题栏上方时）。

（2）明细栏的内容及格式 明细栏一般由序号、零件名称、数量、材料、备注等组成。也可按照需要增加或减少项目。

明细栏放在装配图中标题栏上方时的格式和尺寸如图 10—1—5 所示。

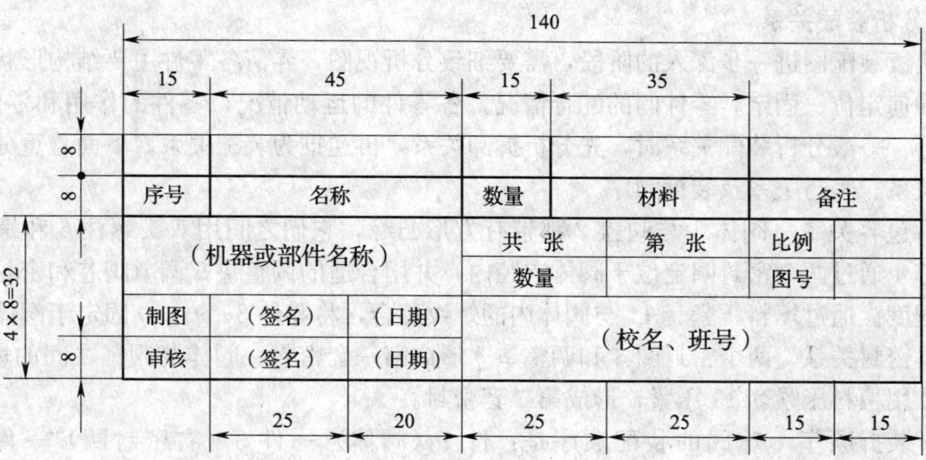

图 10—1—5 明细栏格式

（3）明细栏中项目的填写 零件名称应填写相应组成部分的名称。必要时，也可写出其规格和尺寸。

材料栏应填写材料的标记（如 Q235）。

备注栏应填写图样中标准件的标准代号（如 GB/T 6170—2000），可填写必要的附加说明或其他有关的重要内容，例如齿轮的齿数、模数等常在备注栏内填写。

任务实施

识读如图 10—1—1 所示球阀装配图（参照图 9—1—1a 球阀装配立体图，对照识读），方法与步骤如下。

1. 概括了解

（1）通过标题栏了解装配体名称，大致用途及绘图的比例等。从标题栏了解绘图比例，查外形尺寸可明确装配体大小。

识读图 10—1—1 所示装配图，从标题栏中了解到部件名称为球阀，绘图的比例为1∶1，球阀外形尺寸为 221（115－54＋160＝221）×75×121.5，可以对该装配体体形的大小有一个印象。

（2）在零件编号及明细栏中，可以了解零件的名称、数量及在装配体中的位置。从明细栏了解装配体由哪些零件组成，标准件和非标准件各为多少，以判断装配体复杂程度。球阀由 13 种 21 个零件组成，2 种标准件，属简单装配体。

2. 分析视图关系

了解各视图、剖视图、断面图等相互间的投影关系及表达意图。了解视图数量、视图的配置，找出主视图，确定其他视图投射方向，明确各视图的画法及表达意图，为分析装配关系和零件的结构形状打好基础。

球阀装配图由三个基本视图表达。主视图采用全剖视，表达各零件之间的装配关系。左视图采用拆去扳手的半剖视，表达球阀的内部结构及阀盖方形凸缘的外形。俯视图采用局部剖视，主要表达球阀的外形。

3. 分析装配关系

这是读装配图进一步深入的阶段，需要细致分析视图，弄清各零件主要结构形状，以及各零件如何定位、固定，零件间的配合情况，各零件的运动情况，零件的作用和零件的拆、装顺序等。一般分析装配关系时，先分析拆卸关系，再逆推为装配关系。下面着重分析球阀的包容关系、密封关系及装拆顺序。

(1) 包容关系　阀体 1 与阀盖 2 都带有方形凸缘，它们之间用双头螺柱 6 和螺母 7 连接，阀芯 4 通过两个密封圈定位于阀体空腔内，并用合适的调整垫 5 调节阀芯和密封圈之间的松紧程度。通过填料压紧套 11 与阀体内的螺纹旋合，将零件 8、9、10 固定于阀体中。

(2) 密封关系　两个密封圈 3 和调整垫 5 形成第一套密封。阀体与阀杆之间的填料垫 8 及 9、10 用填料压紧套 11 压紧，形成第二套密封。

(3) 装拆顺序　球阀的装配顺序是：件 1（阀体）→件 3（右密封圈）→件 4（阀芯）→件 3（左密封圈）→件 5（调整垫）→件 2（阀盖）→件 6（4 个螺柱）→件 7（4 个螺母）→件 12（阀杆）→件 8（填料垫）→件 9（中填料）→件 10（上填料）→件 11（填料压紧套）→件 13（扳手）。

4. 分析工作原理

一般情况下，直接根据图样分析装配体的工作原理，当部件比较复杂时，需查看产品说明书和有关资料了解和分析工作原理，如装配体为传动机构，还可以从传动关系入手，在读懂零件结构和装配关系的基础上，再进一步了解和分析工作原理。

阀是管道系统中用来启闭或调节流体流量的部件，球阀是阀的一种。通过模块九对球阀的阀杆、阀盖和阀体等主要零件的分析和识读，对阀体各个零件之间的装配关系和连接方式已比较清楚。球阀的工作原理比较简单，装配图所示阀芯的位置为阀门全部开启，管道畅通。当扳手按顺时针旋转 90°时（图中细双点画线为扳手转动的极限位置），阀门全部关闭，管道断流。所以，阀芯是球阀的关键零件。

5. 分析零件的结构形状

弄清楚每个零件的结构形状和作用，是读懂装配图的重要前提。在分析清楚各视图表达的内容后，分析零件，首先要会正确地区分零件。可对照明细栏和图中的序号，逐一分析各零件的结构形状。分析时一般从主要零件开始，再看次要零件。区分零件的方法还可以依靠不同方向和不同间隔的剖面线，以及各视图之间的投影关系进行判别。从标注该零件序号的视图入手，用对线条、找投影关系以及根据“同一零件的剖面线在各个视图上方向相同、间隔相等”的规定等，将零件在各个视图上的投影范围及其轮廓搞清楚，进而构思出该零件的结构形状。

例如球阀阀芯，从装配图的主、左视图中根据相同的剖面线方向和间隔，将阀芯的投影轮廓分离出来，结合球阀的工作原理以及阀芯与阀杆的装配关系，从而完整地想象出阀芯是一个左、右两边截成平面的球体，中间是通孔，上部是圆弧形凹槽，如图 10—1—6 所示。

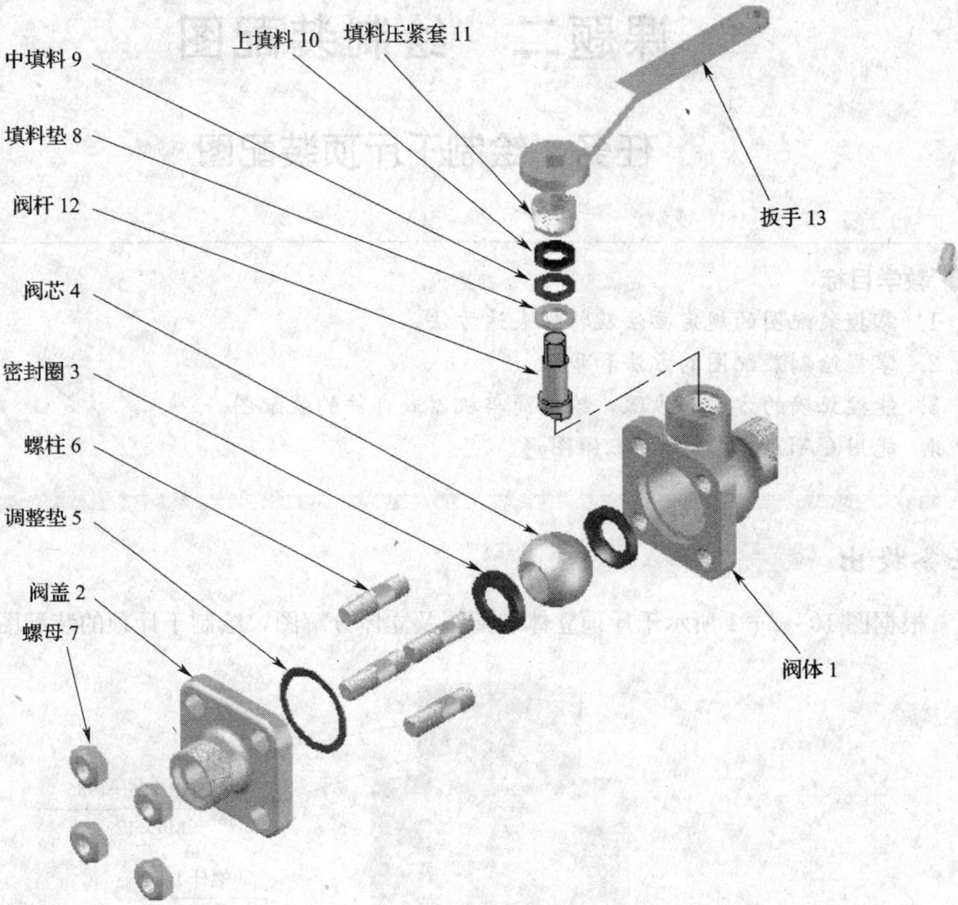

图 10—1—6　球阀立体分解图

6. 分析尺寸

分析装配图每个尺寸的性质和作用，分清规格或性能尺寸、配合尺寸、相对位置尺寸、外形尺寸和其他重要尺寸。其中装配尺寸与技术要求有密切关系，应仔细分析。

例如球阀装配图中标注的装配尺寸有三处：ϕ50H11/h11 是阀体与阀盖的配合尺寸，ϕ14H11/c11 是阀杆与填料压紧套的配合尺寸，ϕ18H11/c11 是阀杆下部凸缘与阀体的配合尺寸。为了便于装拆，三处均采用基孔制间隙配合。

7. 分析技术要求

逐条逐项分析技术要求的全部内容，分清装配要求、检验要求、使用要求或其他方面的要求。

8. 综合归纳

通过以上所述的分析，可以综合起来想象出球阀各组成零件的形状并组装成装配体。用 CAD 绘制出球阀立体分解图，如图 10—1—6 所示。并进一步了解装配体的设计意图和装配工艺，获得装配体的用途、性能、结构和工作原理的完整概念。

以上所述是读装配图的一般方法和步骤，事实上有些步骤不能截然分开，而要交替进行。

课题二　绘制装配图

任务　绘制千斤顶装配图

◆ **教学目标**

1. 掌握装配图的规定画法及特殊表达方法。
2. 掌握绘制装配图的方法和步骤。
3. 能按正确的方法和步骤，绘制简单机器或部件的装配图。
4. 能用 CAD 绘制二维、三维图形。

任务提出

根据图 10—2—1 所示千斤顶立体装配图及立体分解图，绘制千斤顶的装配图。

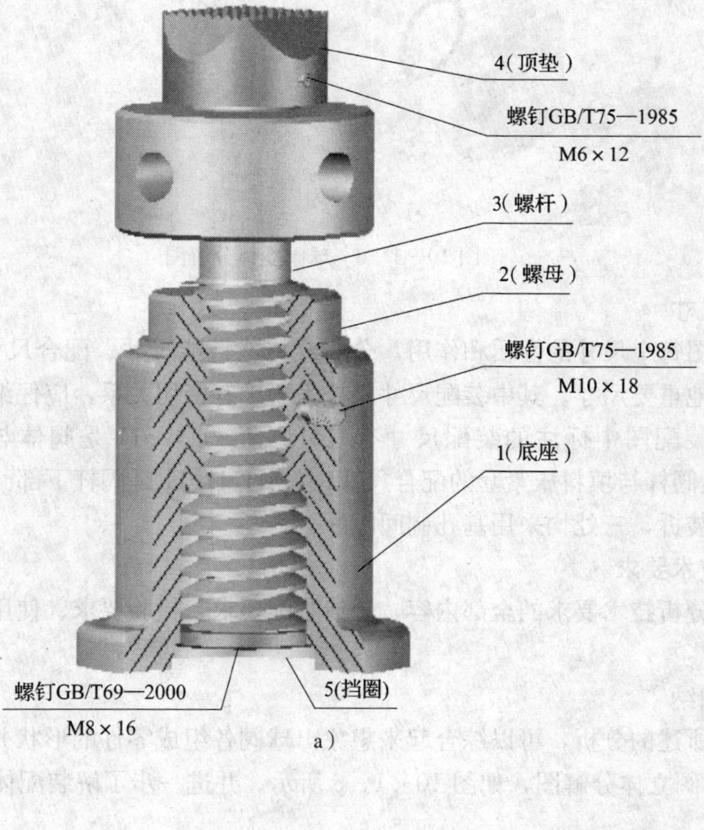

a）

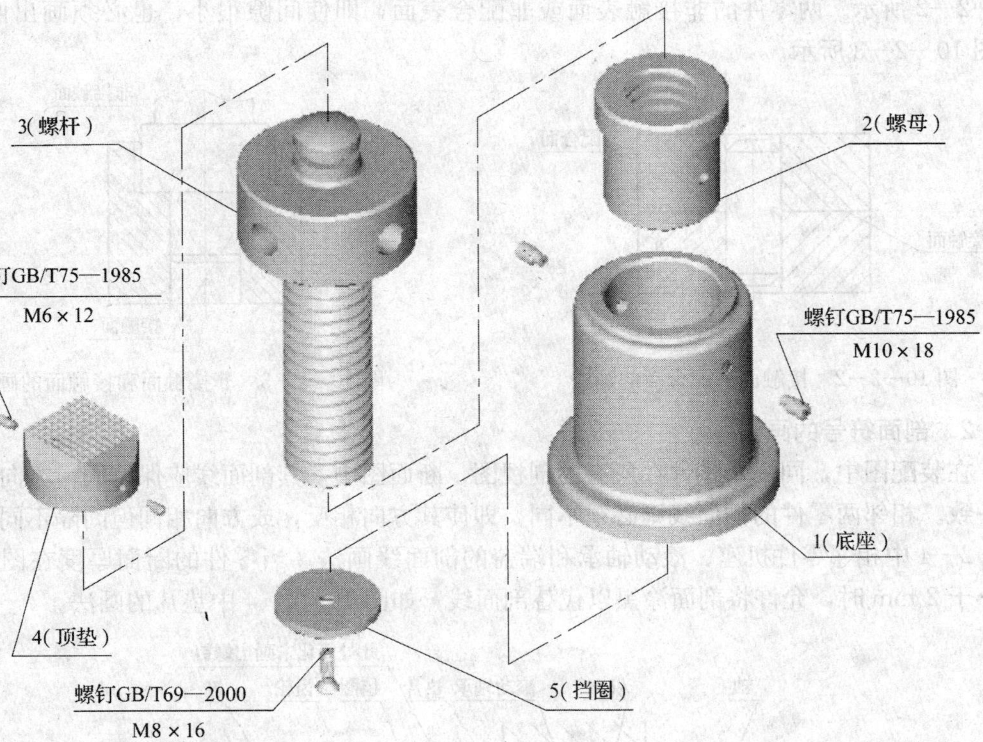

b)

图 10—2—1　千斤顶立体装配图及立体分解图

a）立体装配图　b）立体分解图

任务分析

装配图表达的主要内容是机器或部件的工作原理及零件之间的装配关系，这既是识读装配图的主要内容，也是确定其表达方案，绘制装配图的主要依据。

相关知识

在产品设计中，一般先画出装配图，然后根据装配图设计零件并画出零件图；在产品制造中，装配图是制定装配工艺规程，进行装配和检验的技术依据；在使用或维修机械设备时，也需通过装配图来了解它们的构造和性能。因此，装配图和零件图一样，是生产中的重要技术文件。绘制装配图是工业生产中的一项重要工作，是工程技术人员的必备技能。

零件图上的各种表达方法，如视图、剖视图、断面图等，在装配图中同样适用。但由于装配图和零件图所需要表达的重点不同，因此装配图有另外一些规定画法和特殊画法。

一、装配图的规定画法

1. 接触面和配合面的画法

相邻两零件的接触表面或有配合关系的工作表面，其分界处规定只画一条线，如图

10—2—2 所示。两零件的非接触表面或非配合表面，即使间隙很小，也必须画出两条线，如图 10—2—3 所示。

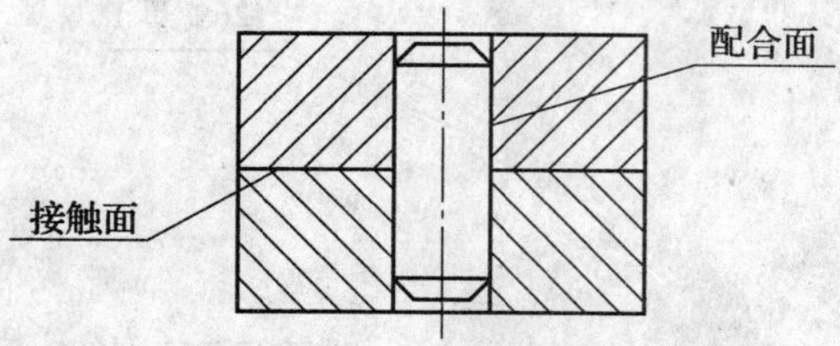

图 10—2—2　接触面和配合面的画法

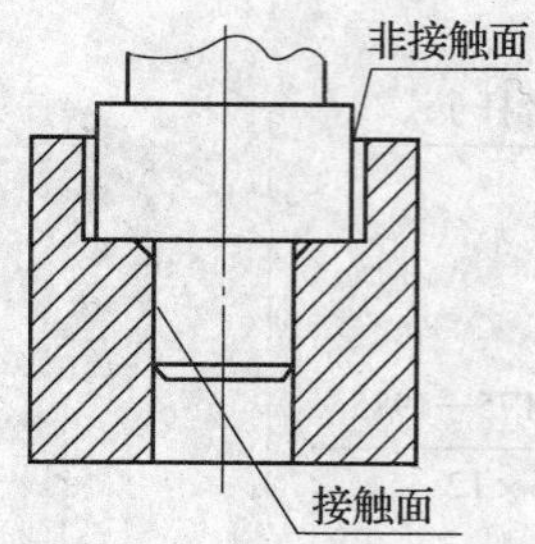

图 10—2—3　非接触面和接触面的画法

2. 剖面符号的画法

在装配图中，同一个零件在所有的剖视图、断面图中，其剖面线应保持同一方向，且间隔一致。相邻两零件的剖面线则必须不同，即使其方向相反，或方向相同但间隔不同，见图 10—2—4 中相邻零件机座、滚动轴承和端盖的剖面线画法。当零件的断面厚度在图中等于或小于 2 mm 时，允许将剖面涂黑以代替剖面线，如图 10—2—4 中垫片的画法。

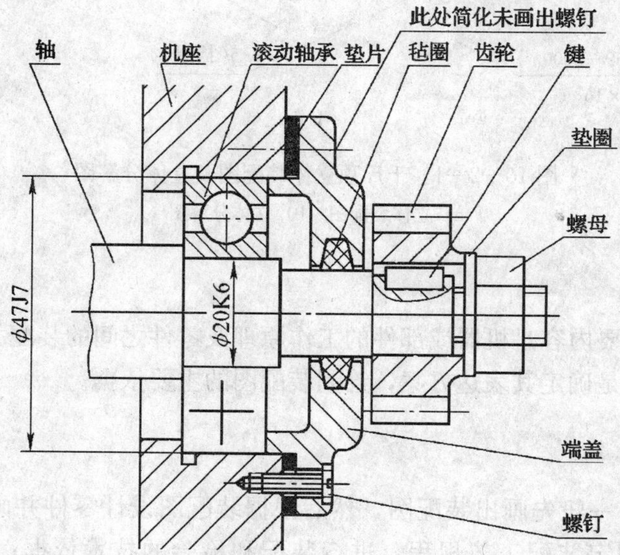

图 10—2—4　垫片的画法

3. 实心件和某些标准件的画法

在装配图的剖视图中，若剖切平面通过实心零件（如轴、杆等）和标准件（如螺栓、螺母、销、键等）的对称平面或其轴线时，这些零件按不剖绘制，如图 10—2—4 中的轴、螺钉、螺母、键和垫圈等画法。但必须注意，当剖切平面垂直于这些零件的轴线剖切时，则需画出剖面线。

二、装配图的特殊画法

1. 拆卸画法

在装配图的某个视图上，为了表示某些零件被遮盖的内部结构或其他零件的形状，可假想拆去一个或几个零件后绘制该视图，为了避免读图时产生误解，可对拆卸画法加以说明，在图上加注“拆去零件××”等。如图 10—2—5 所示滑动轴承装配图中的俯视图，其右边采用了拆卸画法，即拆去轴承盖等零部件，以表达该部件的内部形状。

2. 沿结合面剖切画法

在装配图中，为了表示内部结构，可假想沿着某些零件的结合面剖切。图 10—2—6 所示是转子油泵的装配图，其中右视图“*A*—*A*”即是沿结合面剖切而得的剖视图。这种画法，零件的结合处不画剖面线；但剖切到的其他零件，如右视图“*A*—*A*”中的螺钉等部件仍需要画出剖面线。

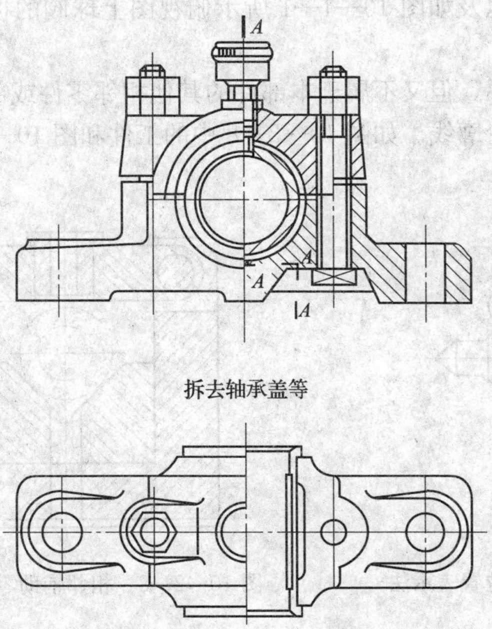

图 10—2—5 滑动轴承装配图

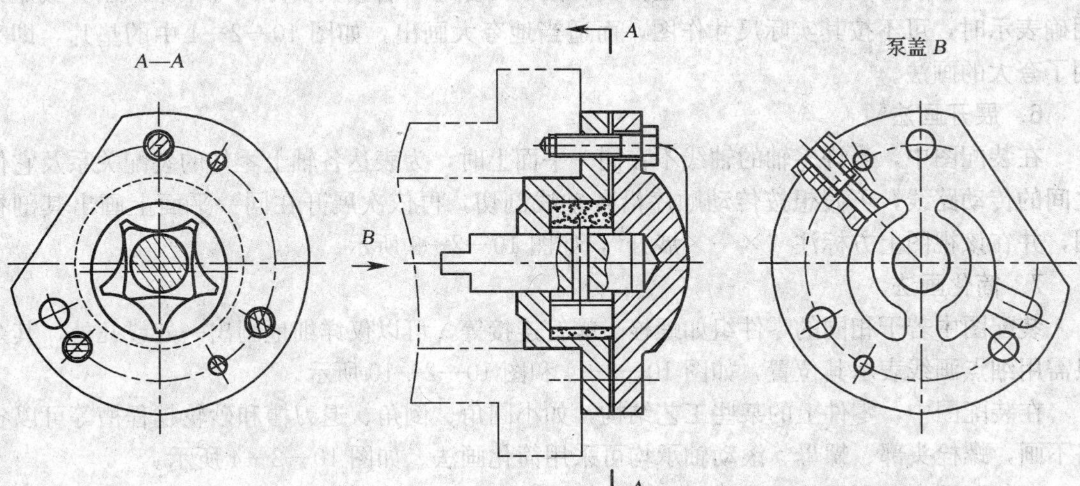

图 10—2—6 转子油泵装配图

3. 单独表示某个零件

在装配图中，当某个零件的形状未表达清楚，该结构又对理解装配关系有影响时，可单独画出该零件的某个视图。如图 10—2—6 转子油泵中的泵盖，采用 B 向视图单独表示其形状。此时，一般应在视图的上方标注零件名称及视图名称。

4. 假想画法

对于机器或部件中的运动零件，当需要表明其运动极限位置时，可以在一个极限位置上画出该零件，而在另一个极限位置用细双点画线来表示。如图 10—2—7 所示的车床尾座上的手柄的运动极限位置的画法，以及如图 10—1—1 所示俯视图上球阀的扳手的运动极限位置的画法。

为了表示与本部件有装配关系，但又不属于本部件的其他相邻零件或部件时，可用双点画线画出其他相邻零件或部件的轮廓线。如图 10—2—8 中的工件和图 10—2—9 中的主轴箱的大致轮廓即用细双点画线绘制。

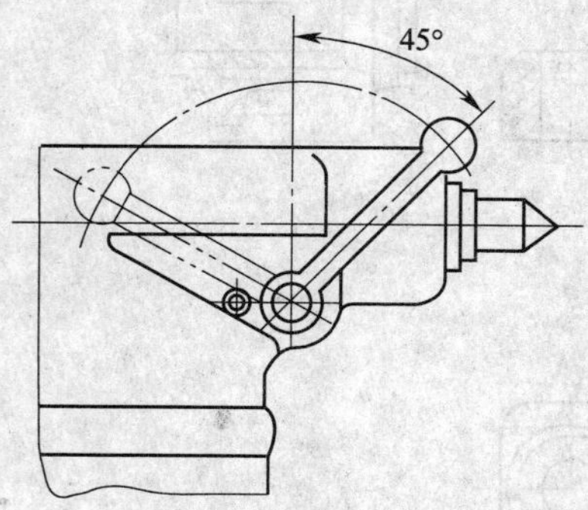

图 10—2—7　可动零件的极限位置表示法

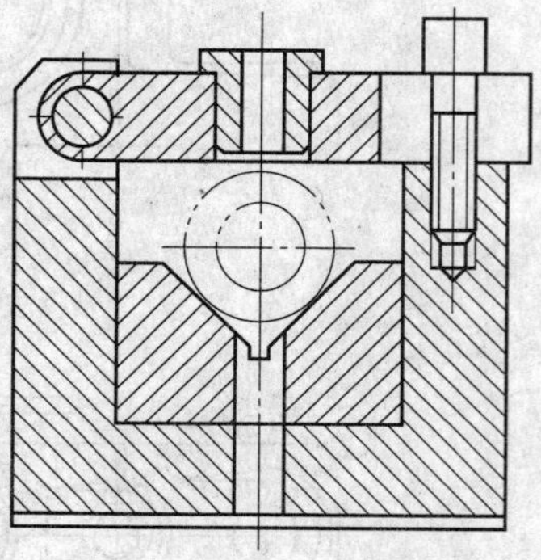

图 10—2—8　相邻辅助零件的表示法

5. 夸大画法

装配图中的一些薄片零件、细丝弹簧和微小间隙等，若按其实际尺寸很难画出，或难以明确表示时，可不按其实际尺寸作图，而适当地夸大画出，如图 10—2—4 中的垫片，即采用了夸大的画法。

6. 展开画法

在装配图中，当许多轴的轴线不在同一平面上时，为表达各轴上零件的装配关系及它们之间的传动路线，可假想按传动顺序沿各轴线剖切，再依次展开在同一平面上画出其剖视图，并在该视图上方标注“×—×展开”，如图 10—2—9 所示。

7. 简化画法

装配图中若干相同的零件组如螺栓、螺钉连接等，可以仅详细地画出一处或几处，其余只需用细点画线表示其位置，如图 10—2—4 和图 10—2—10 所示。

在装配图中，零件上的某些工艺结构，如小圆角、倒角、退刀槽和砂轮越程槽等可以省略不画，螺栓头部、螺母、滚动轴承均可采用简化画法。如图 10—2—4 所示。

在装配图中，可用粗实线表示带传动中的带；用细点画线表示链传动中的链，如图 10—2—10 所示。

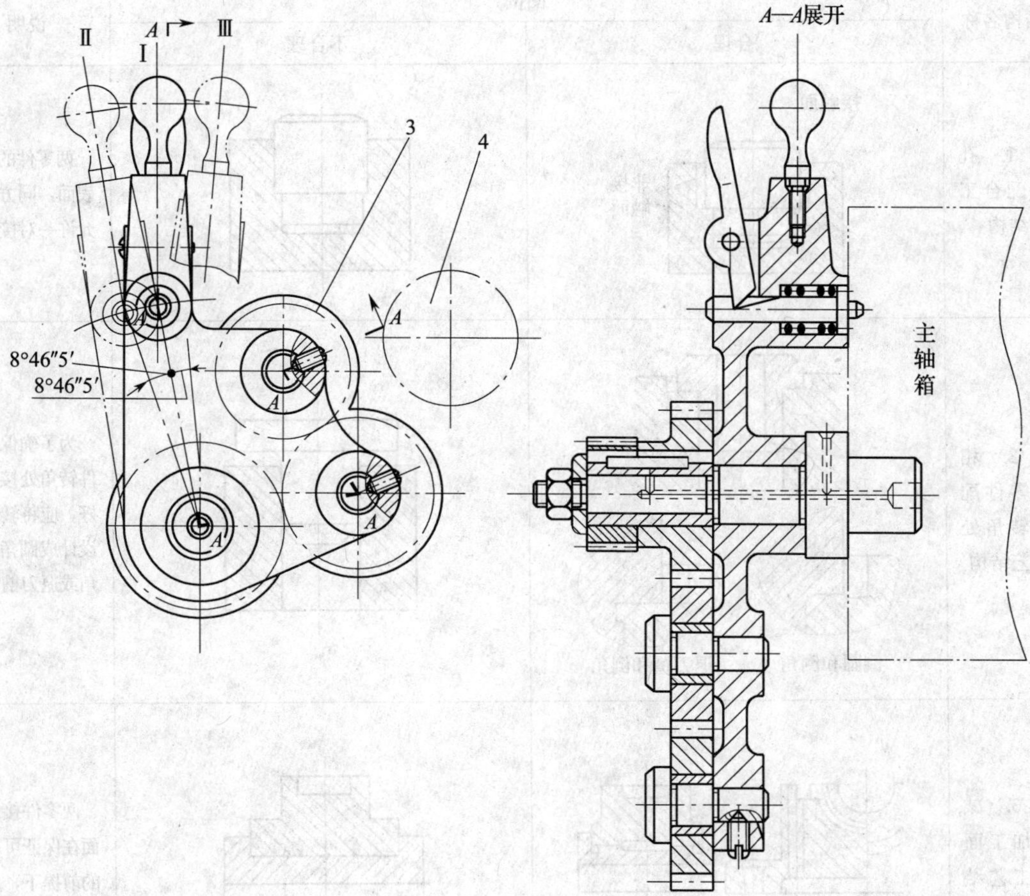

图 10—2—9　展开画法

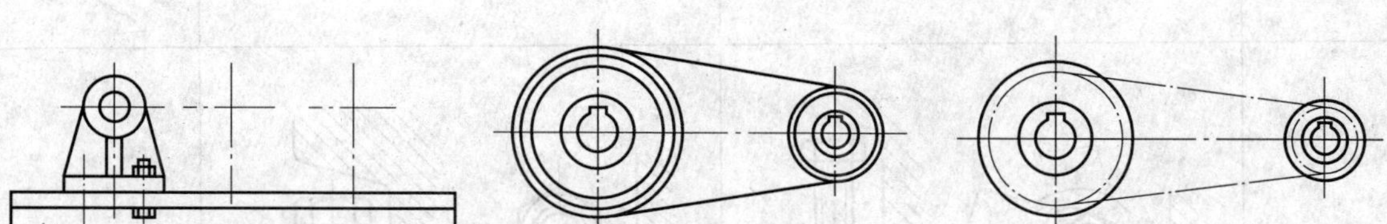

图 10—2—10　简化画法

三、常用装配工艺结构和装置

为了保证各零件的装配质量，使机器或部件达到规定的性能和使用要求，在设计绘制图样时，必须考虑合理的装配工艺结构和装置，见表 10—2—1。

表 10—2—1　　常用装配工艺结构和装置

结构名称	图例		说明
	合理	不合理	
1. 孔轴配合工艺结构	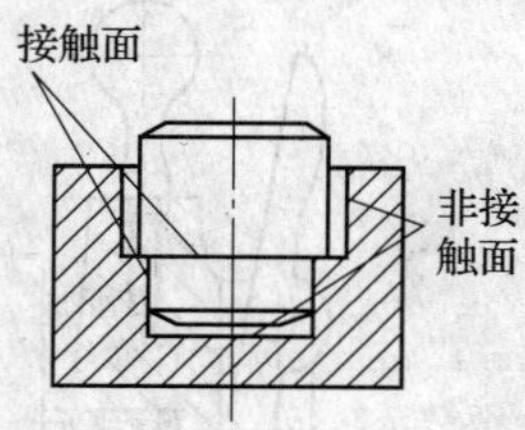	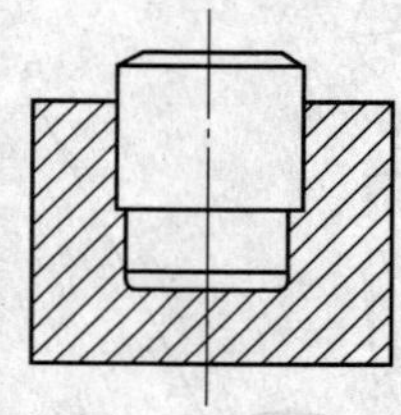	两零件的接触表面，同方向只允许一对接触面
2. 相邻零件配合转角处工艺结构	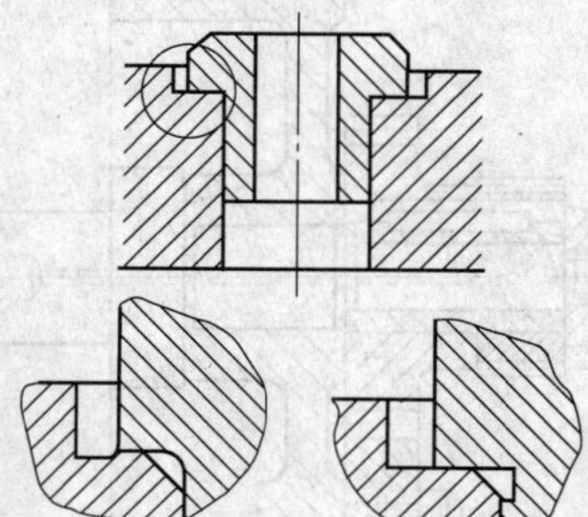 倒圆和倒角　退刀槽和倒角	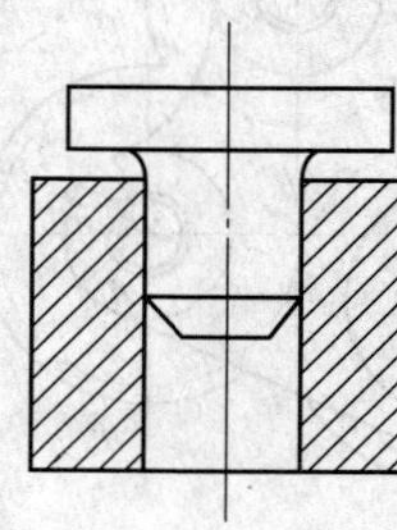	为了确保两零件转角处接触良好，应将转角处设计成圆角、倒角或退刀槽
3. 减少加工面的工艺结构	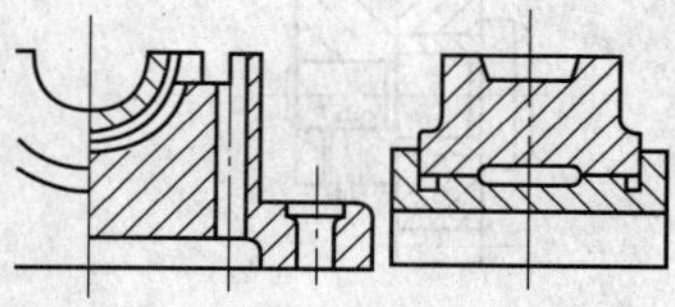 接触面做成凸台或凹坑	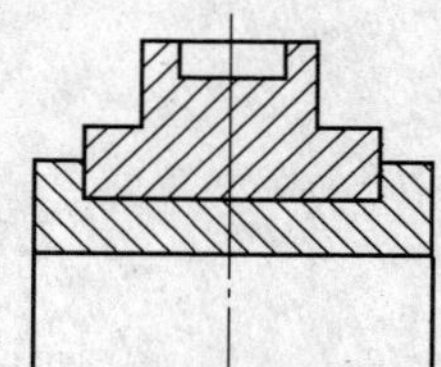	两零件接触表面在保证可靠性的前提下，应尽量减少加工面积
4. 紧固件装配工艺结构	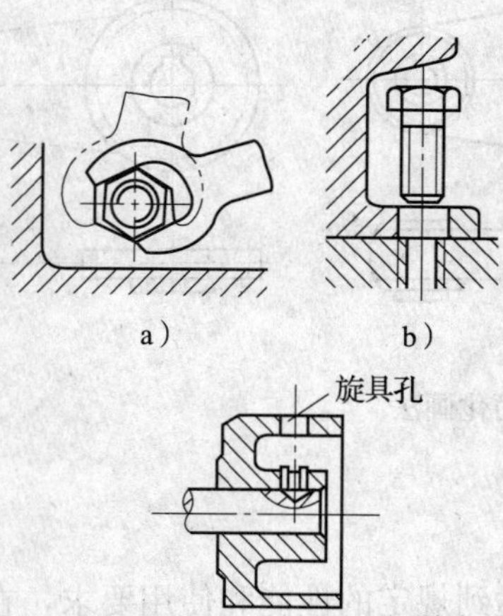	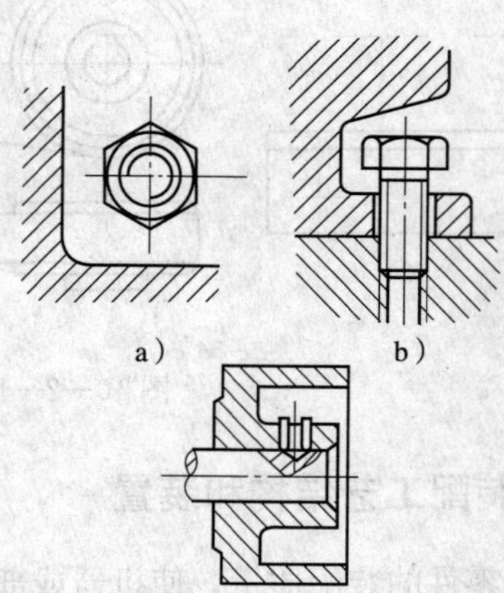	螺栓、螺钉连接时考虑装拆方便，应注意留出装拆空间

续表

结构名称	图例		说明
	合理	不合理	
5. 圆锥面配合处的工艺结构	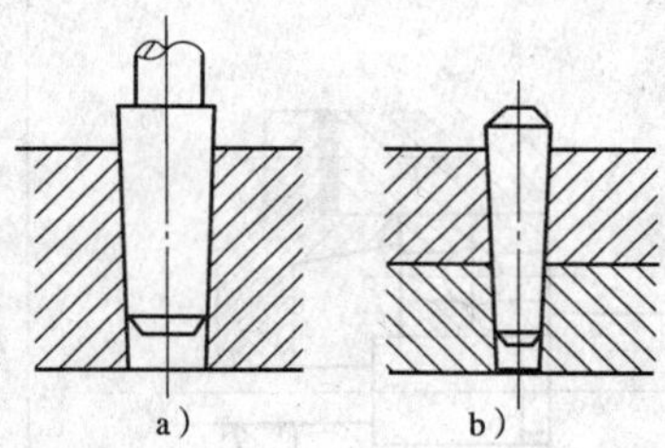	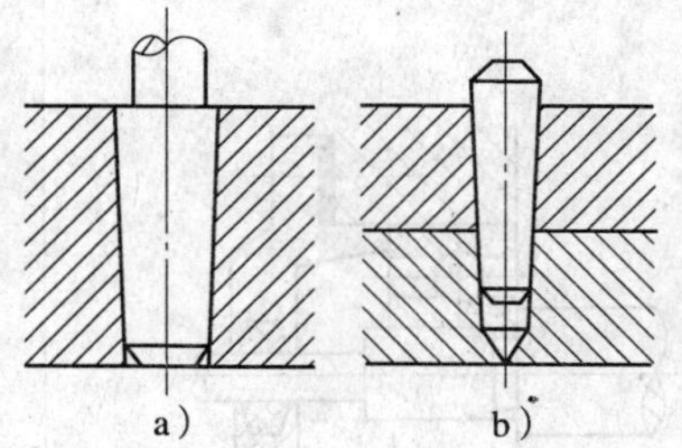	圆锥面接触应有足够长度，不能同时有其他面接触，定位销孔应为通孔
6. 并紧及防松结构	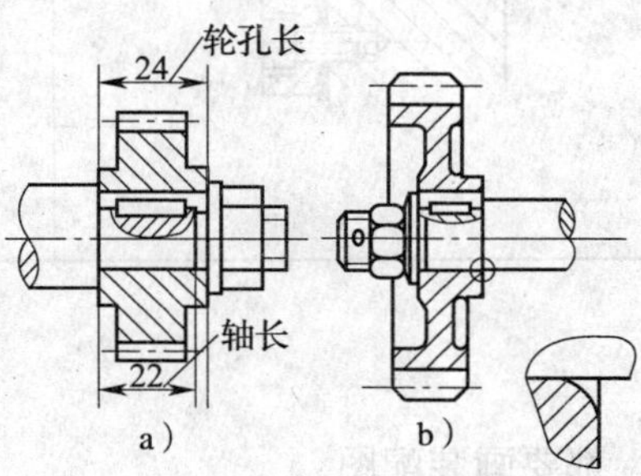	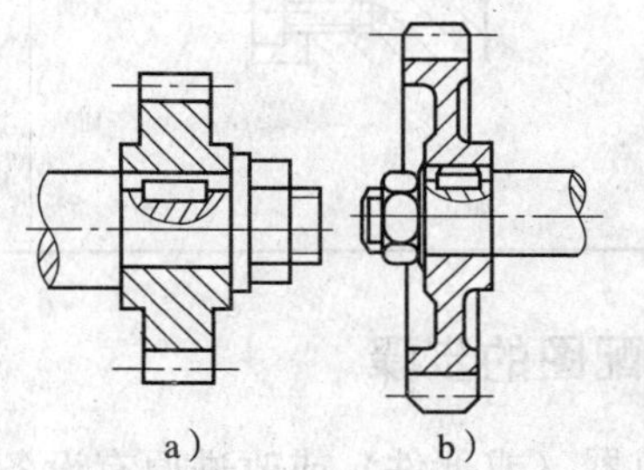	轮长应大于该段轴长，以保证螺母垫片并紧。为了防松可采用槽螺母和开口销
7. 滚动轴承定位装置	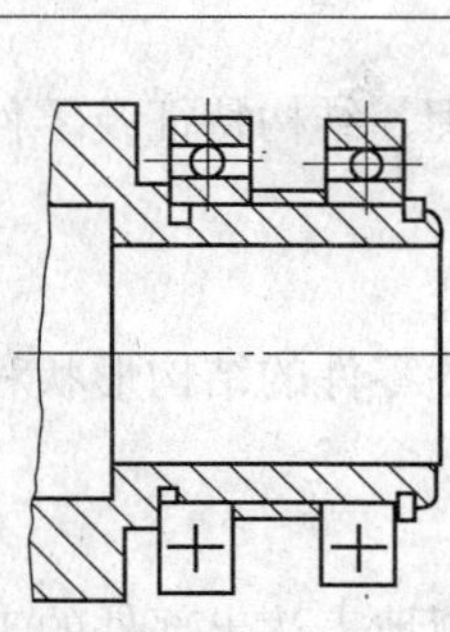	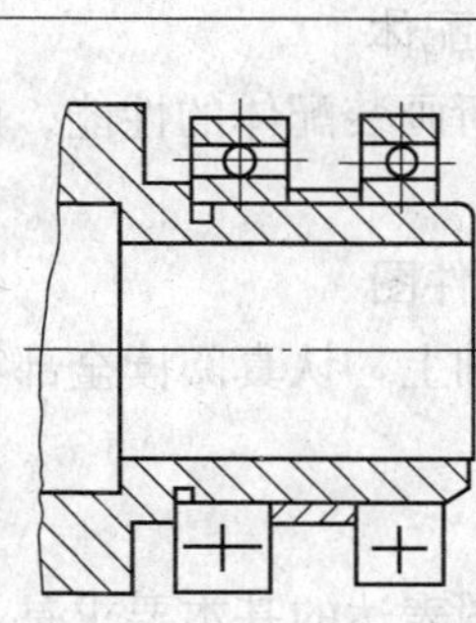	轴上零件应可靠定位，防止其在轴上移动，如滚动轴承用弹性挡圈等固定
8. 油封装置	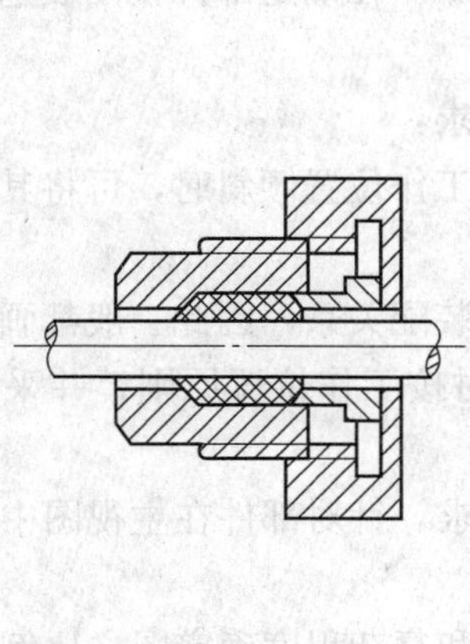	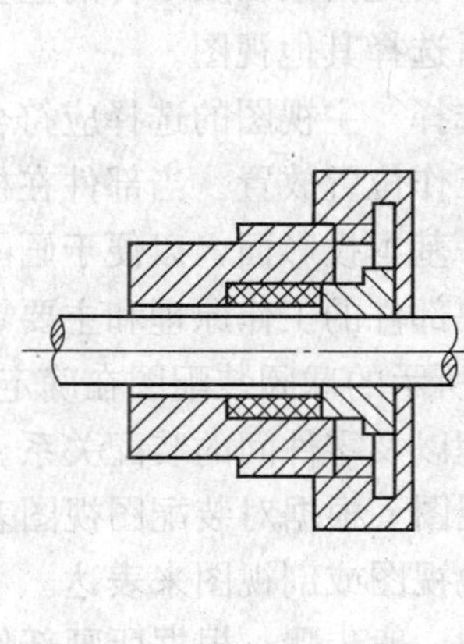	为避免漏油，采用毛毡作为油封装置，毛毡与轴之间不应留有间隙；而端盖与轴应有间隙，以免轴与端盖摩擦，损坏零件

续表

结构名称	图例		说明
	合理	不合理	
9. 考虑滚动轴承装拆方便	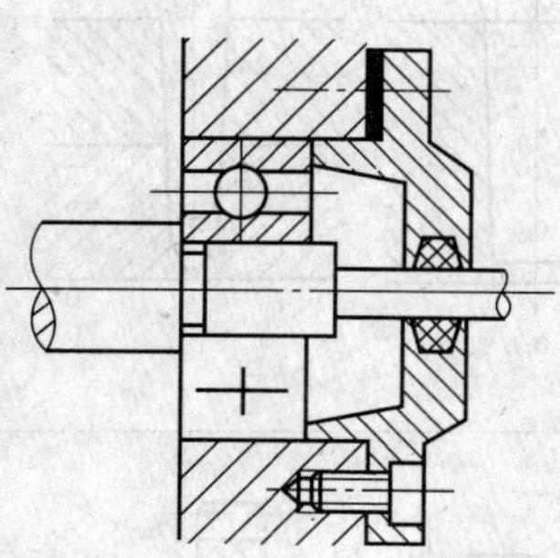	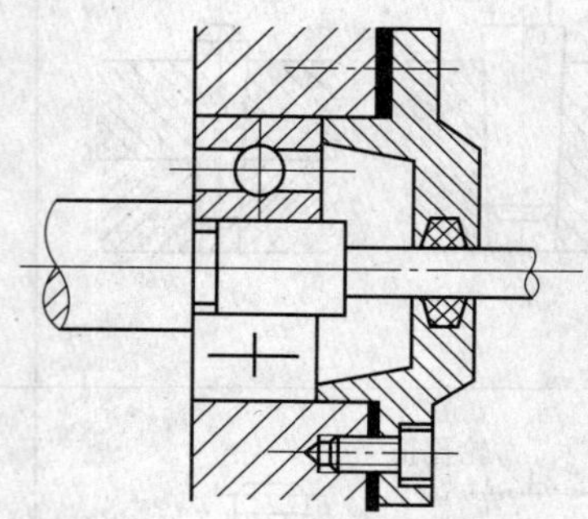	考虑滚动轴承装拆方便，轴肩尺寸应小于图示安装时轴承的内圈直径

四、画装配图的步骤

在设计新机器（或部件）或改进原有设备时，都要画装配图。

1. 了解和分析装配体

画图前，首先对所画装配体的性能、用途、工作原理、结构特征及零件之间的装配关系进行了解和分析。

2. 分析和看懂零件图

在全面了解的基础上，认真阅读全部零件图，弄清各零件的结构形状和相关零件间的装配要求。

3. 确定表达方案

一般对装配图视图表达的基本要求是：应正确、清晰地表达出部件的工作原理、各零件间的相对位置关系、装配关系以及零件的主要结构形状。在确定部件视图表达方案时，首先要选好主视图，然后选择其他视图。

(1) 主视图的选择　主视图的选择应符合下列要求：

一般按部件的工作位置放置。当部件在机器上的工作位置倾斜时，可将其放正，使主要装配轴线垂直于某一基本投影面，以便于画图。

应能较好地反映部件的工作原理和主要零件间的装配关系，因此一般都画成剖视图。

如图 10—1—1 所示的球阀装配图在确定主视图时按工作位置原则，并采用全剖视图来表示球阀的工作原理以及零件间的装配关系。

(2) 确定其他视图　根据对装配图视图表达的要求，针对部件在主视图中尚未表达清楚的内容，应选择其他视图或剖视图来表达。

(3) 画装配图的一般步骤　根据所画部件的大小和复杂程度确定图样比例，再按照既定的表达方案，并考虑标注尺寸、编写序号、明细栏、标题栏等所占的位置，选定图幅，然后按下列步骤画图。

1）画出图框和标题栏、明细栏的外框。

2）布置视图 按估计的各视图的大小，在适当位置画出各视图的作图基准，即画出主体零件的主要轴线、中心线或对称线、基面或端面，确定出各视图的位置。布置视图时，要注意在视图之间为标注尺寸和编写序号留有足够的位置，并力求图面布置均匀。

3）画底稿 画部件的视图一般应从主视图开始，先画基本视图，后画非基本视图，同时应考虑视图间的投影关系。在画各零件的先后顺序上，为使图中各零件都表示在正确的位置，应从主体零件的主要轴线或中心线入手，一般先画主体零件的主要结构，再画与其有装配关系的零件轮廓，最后画细部结构以及螺栓、螺钉等紧固件。为了尽量避免出现不必要的线条，在画剖视图时，可依装配轴线由内向外按装配关系逐步画出零件；在画不剖的基本视图时，要从部件的整体考虑，一般按投影方向只画各零件的可见轮廓。

4）完成全图 底稿经检查无误后，先擦去多余作图线，再标注尺寸、几何公差、配合代号；画剖面线和加深图线；编写零件序号；最后填写技术要求和明细栏、标题栏的内容。

五、CAD 绘制装配图

用 CAD 绘制装配图，也可与尺规绘图的方法相同，按如下步骤：①布置视图。②画底稿。③完成图形：加深图线、再标注尺寸、几何公差、配合代号、画剖面线。④完成全图：画出图框和标题栏、明细栏的外框，最后填写技术要求和明细栏、标题栏的内容。

CAD 绘制装配图的方法主要有如下三种：

1．直接绘图法

不画零件图直接画装配图，可以采用由外向内，也可以采用由内向外的方法。

2．图块插入法

首先用 CAD 绘制装配用到的各个零件图，并创建为块。标准件可以从 AutoCAD 块库中直接调用，不用绘制。

然后，选择“文件”→“新建”命令，或点击“标准”工具栏图标□，打开“选择样板”对话框。拖动滚动按钮，选择国标样板文件（也可选择自己预先创建的图形样板文件），如“Gb _ 2－Named Plot Styles”并打开，新建一图形文件，用以绘制装配图。按照装配关系，将图块逐一插入，进行装配。注意及时编辑、删除不必要的图线。

最后，标注尺寸、技术要求、编写零件序号等，完成图形。

3．图形插入法

首先用 CAD 绘制装配用到的各个零件图，不要创建为块。标准件可以从 AutoCAD 块库中直接调用，不用绘制。

然后，选择“文件”→“新建”命令，或点击“标准”工具栏图标□，打开“选择样板”对话框。拖动滚动按钮，选择国标样板文件（也可选择自己预先创建的图形样板文件），如“Gb _ 2－Named Plot Styles”并打开，新建一图形文件，用以绘制装配图。按照装配关系，复制各个零件图逐一粘贴到装配图中，进行装配。注意及时编辑、删除不必要的图线。

最后，标注尺寸、技术要求、编写零件序号等，完成图形。

任务实施

1. 尺规绘图

绘制千斤顶装配图的方法与步骤如下：

(1) 了解装配关系和工作原理　首先对要绘制装配图的机器或部件的工作原理、装配关系及主要零件的形状、零件间的相对位置、定位方式等进行深入细致的分析。

1) 千斤顶工作原理　图 10—2—1a 所示为千斤顶立体装配图，千斤顶利用螺旋转动来顶举重物，是机械安装和汽车修理常用的一种起重或顶压工具。工作时，绞杠（图中未示）穿在螺杆 3 上部的孔中，转动绞杠，螺杆通过螺母 2 中的螺纹上升，而顶起重物。螺母镶在底座里，用螺钉固定。在螺杆的球面形顶部套一个顶垫，为防止顶垫随螺杆一起转动而脱落，在螺杆顶部加工一个环形槽，将紧定螺钉的端面伸进环形槽锁定。

2) 千斤顶装配关系　由图 10—2—1 所示千斤顶立体装配图及立体分解图可知千斤顶的装配顺序是：件 1（底座）→件 2（螺母）→螺钉（2 个 M10×18）→件 3（螺杆）→件 5（挡圈）→螺钉（M8×16）→件 4（顶垫）→螺钉（2 个 M6×12）。

(2) 选择表达方案

1) 主视图的选择　一般按部件的工作位置选择，并使主视图能够尽量反映部件的工作原理、传动路线、装配关系以及零件间的相互位置等，主视图通常取剖视。对千斤顶，可取由左向右作为主视图的投射方向（主要为了表达螺钉连接关系），并采用单一剖切平面剖切而获得的全剖视图。这样主视图既可反映螺旋副的传动关系，又将螺母与底座（顶垫与螺杆）间的定位、连接形式以及挡圈对千斤顶升降范围的限制表达得很清晰。

2) 其他视图的选择　其他视图的选择应能补充主视图尚未表达清楚的内容。一般情况下，部件中的每一种零件至少应在视图中出现一次。此千斤顶结构比较简单、零件数量少，装配图只需采用主视图一个视图，就能表达出千斤顶零件间的相对位置、连接方式、装配关系以及工作原理，不再需要其他视图。

(3) 绘图准备工作　表达方案确定之后，根据部件的大小、复杂程度和视图数量确定绘图比例和图纸幅面。布图时，应同时考虑标题栏、明细栏、零件序号、标注尺寸和技术要求等所需要的位置。

(4) 绘制装配图

1) 绘制底座，如图 10—2—11 所示。

2) 绘制螺母，如图 10—2—12 所示。

3) 绘制螺杆，如图 10—2—13 所示。

4) 绘制顶垫和挡圈，如图 10—2—14 所示。

5) 绘制螺钉，如图 10—2—15 所示。

6) 标注尺寸、注写技术要求、编写零件序号、填写标题栏和明细栏等，完成全图，如图 10—2—16 所示。

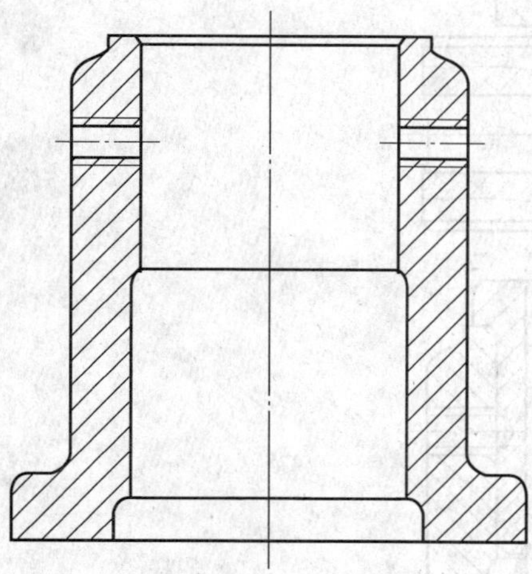

图 10—2—11　底座

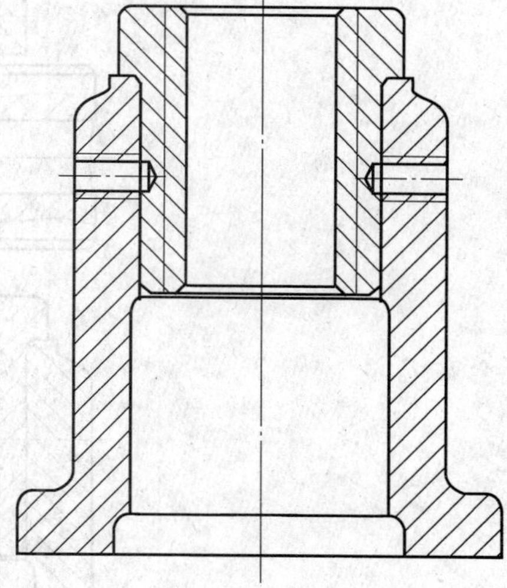

图 10—2—12　绘制（装入）螺母

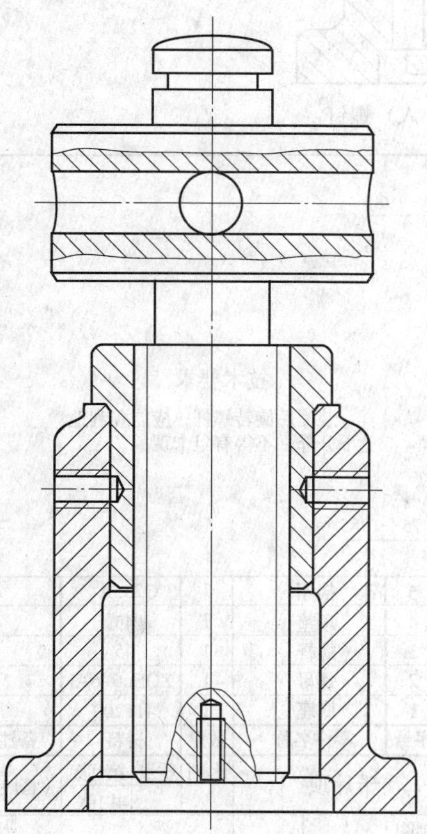

图 10—2—13　绘制（装入）螺杆

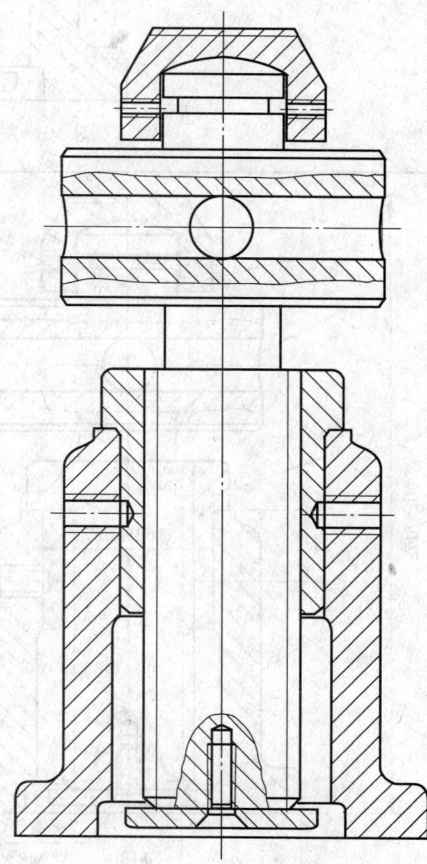

图 10—2—14　绘制（装入）顶垫和挡圈

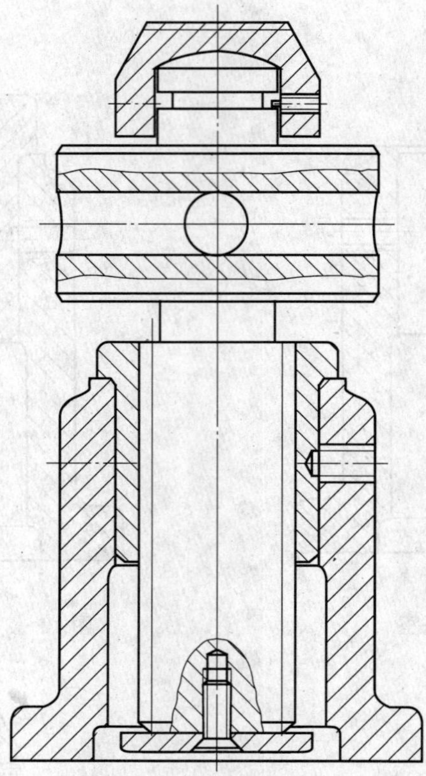

图 10—2—15　绘制（装入）螺钉

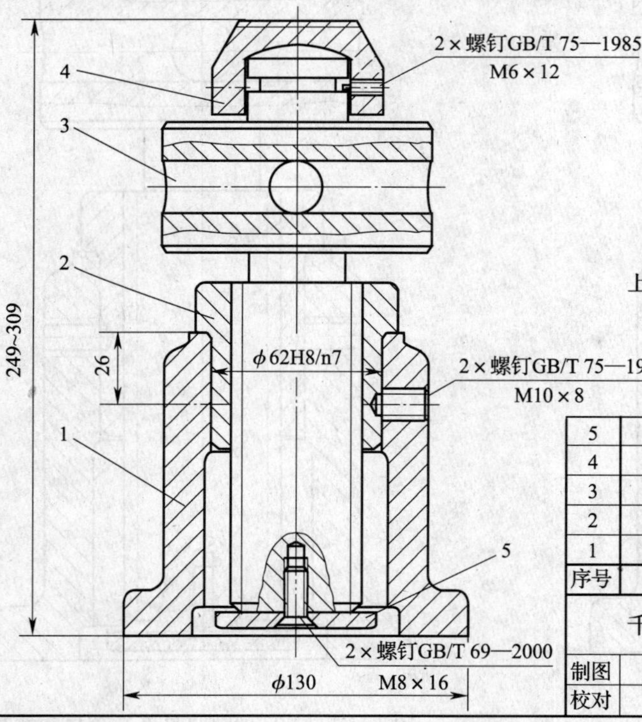

技术要求

装配后旋转螺杆，应能顺利地上下升降，不得有阻卡现象。

5	挡圈	1	Q235A	
4	顶垫	1	45	
3	螺杆	1	45	
2	螺母	1	ZQSn6-6-3	
1	底座	1	HT200	
序号	零件名称	数量	材料	备注

千斤顶		比例	质量	第1张	（图号）
				共1张	
制图			（单位）		
校对					

图 10—2—16　千斤顶装配图

在本任务中千斤顶装配图的绘制采用由外向内的方法完成，首先绘制最外面的底座，然后依次画出：螺母、螺杆、顶垫、挡圈，最后画出较小的标准件螺钉。

千斤顶装配图的绘制也可采用由内向外的方法完成，首先绘制最内面的螺杆，然后依次画出：顶垫、挡圈、螺母、底座，最后画出较小的标准件螺钉。

2. CAD 绘图

运用 AutoCAD 2007 提供的命令可以很方便地实现装配图的绘制和编辑。绘制千斤顶装配图的方法与步骤如下：

（1）了解装配关系和工作原理　与尺规绘图相同，不再赘述。

（2）确定表达方案　与尺规绘图相同，不再赘述。

（3）绘制装配图　CAD 绘制装配图的方法主要有如下三种：直接绘制法、图块插入法、图形插入法。直接绘制法的步骤与尺规绘图相同，如图 10—2—11～图 10—2—16 所示。下面介绍图形插入法。

1）绘制成套零件图　为了方便装配图的绘制，首先绘制装配用到的各个零件图，标准件可以从 CAD 块库中调用，不用绘制。相关零件图如图 10—2—17～图 10—2—21 所示。

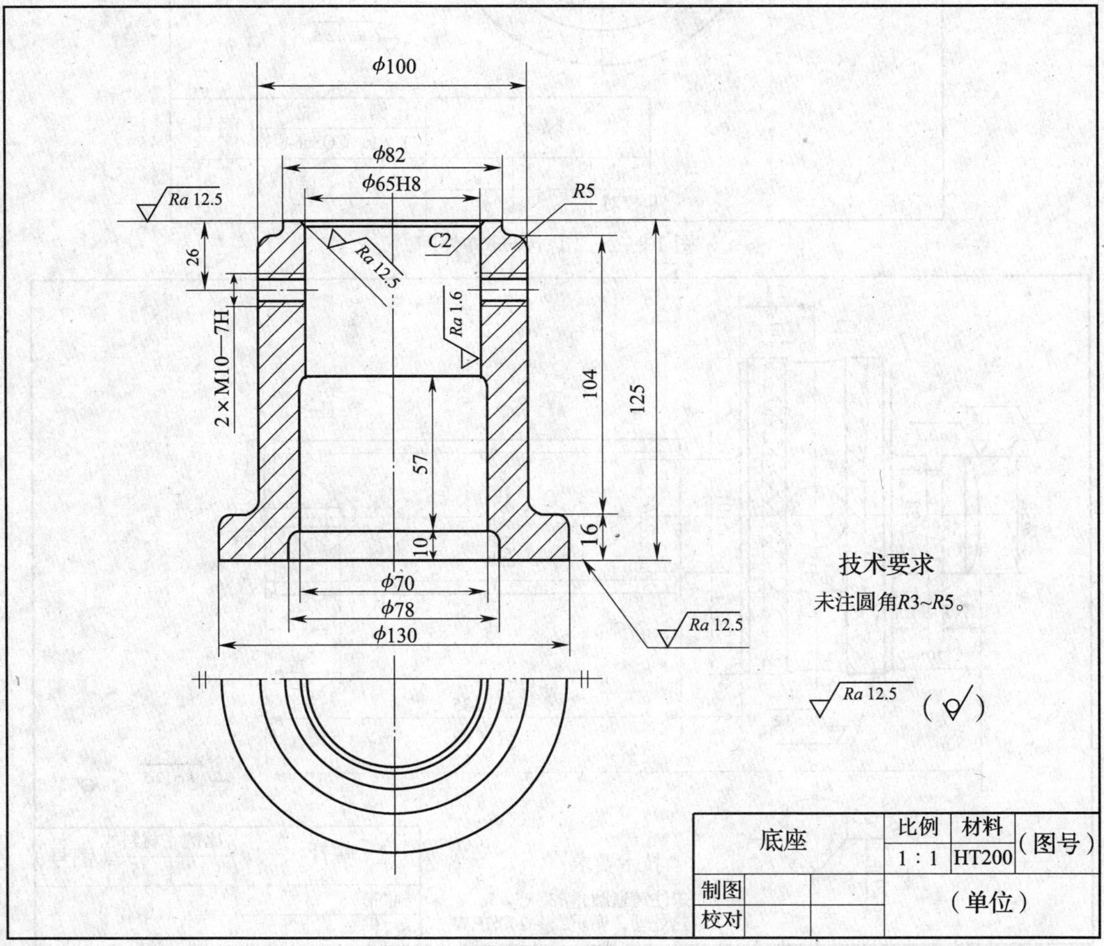

图 10—2—17　底座零件图

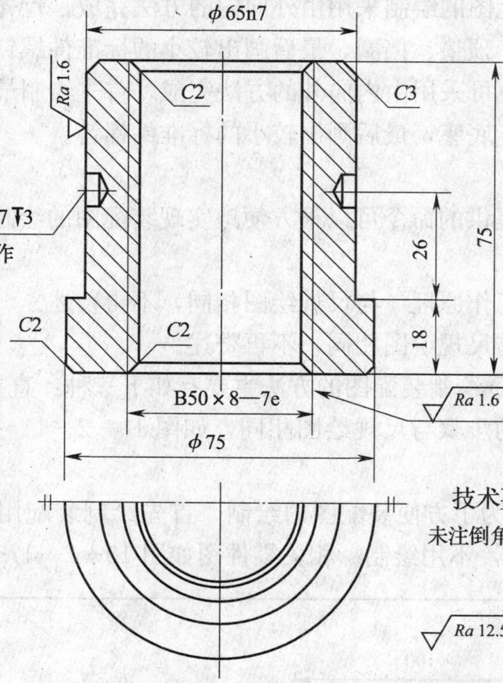

技术要求

未注倒角R1.5。

Ra 12.5 （✓）

螺母		比例	材料	（图号）
		1∶1	ZQSn6-6-3	
制图		（单位）		
校对				

图 10—2—18　螺母零件图

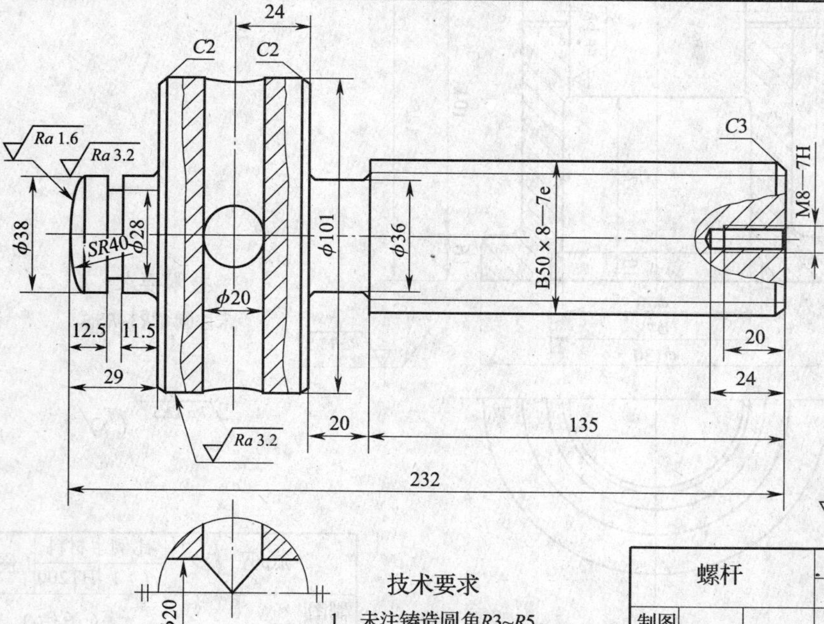

技术要求

1. 未注铸造圆角R3~R5。
2. 热处理，调质220~240HBW。

Ra 12.5 （✓）

螺杆		比例	材料	（图号）
		1∶1	45	
制图		（单位）		
校对				

图 10—2—19　螺杆零件图

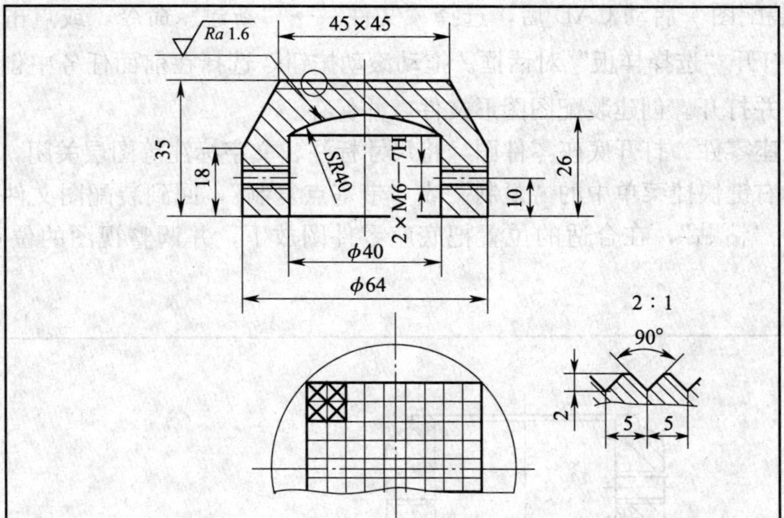

技术要求

发黑

顶垫		比例	材料	（图号）
		1∶1	45	
制图		（单位）		
校对				

图 10—2—20　顶垫零件图

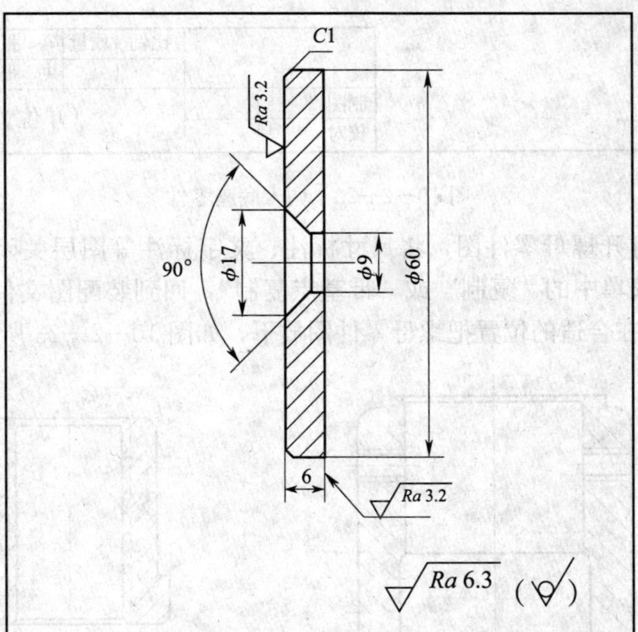

挡圈		比例	材料	（图号）
		2∶1	Q235A	
制图		（单位）		
校对				

图 10—2—21　挡圈零件图

2）绘制装配图　启动 CAD 后，选择“文件”→“新建”命令，或点击“标准”工具栏图标，打开“选择样板”对话框。拖动滚动按钮，选择在前面任务中创建的“机械图形样板文件”并打开。创建装配图图形文件，并保存。

①装配底座零件　打开底座零件图，将尺寸标注、文字标注等图层关闭，用鼠标选中所需图形，选择右键快捷菜单中的“复制”或“带基点复制”，回到装配图文件中，选择左键快捷菜单中的“粘贴”，在合适的位置把底座零件图放下，并调整视图的位置，如图 10—2—22 所示。

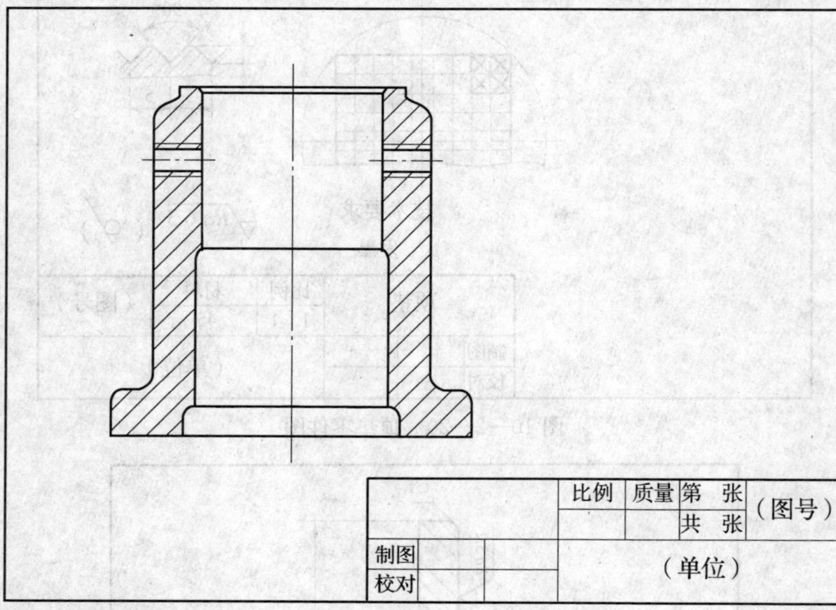

图 10—2—22　调入底座零件

②装配螺母　打开螺母零件图，将尺寸标注、文字标注等图层关闭，用鼠标选中主视图，选择右键快捷菜单中的“复制”或“带基点复制”，回到装配图文件中，选择左键快捷菜单中的“粘贴”，在合适的位置把螺母零件图放下，如图 10—2—23 所示。

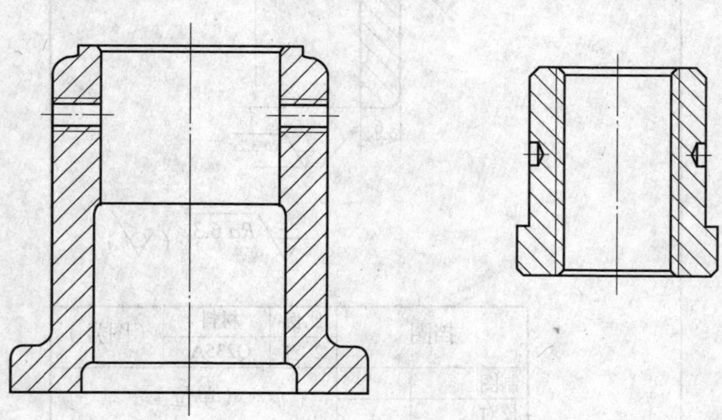

图 10—2—23　调入螺母

③旋转（有时也需要移动）螺母，并找准插入点，如图 10—2—24 所示。

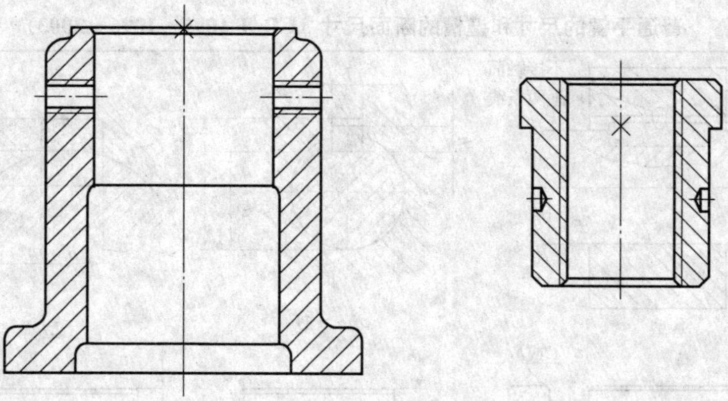

图 10—2—24　旋转螺母

④选择“修改”→“复制”命令，或单击“修改”工具栏上“复制”按钮 ，将其装配到底座主视图的正确位置，如图 10—2—25 所示。

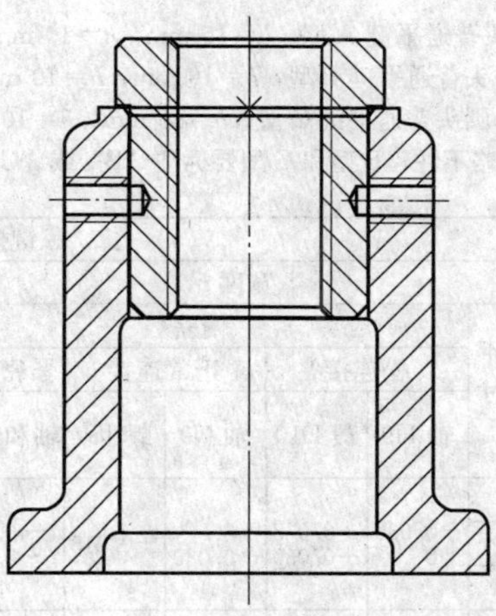

图 10—2—25　装配螺母

⑤根据遮挡关系修改图形，过程略。

⑥用同样的方法，依次装入其他零件，过程略。

⑦标注尺寸、注写技术要求、编写零件序号、填写标题栏和明细栏等，完成全图，如图 10—2—16 所示。

附　　录

附表 1　　普通平键的尺寸和键槽的断面尺寸（GB/T 1095～1096—2003）

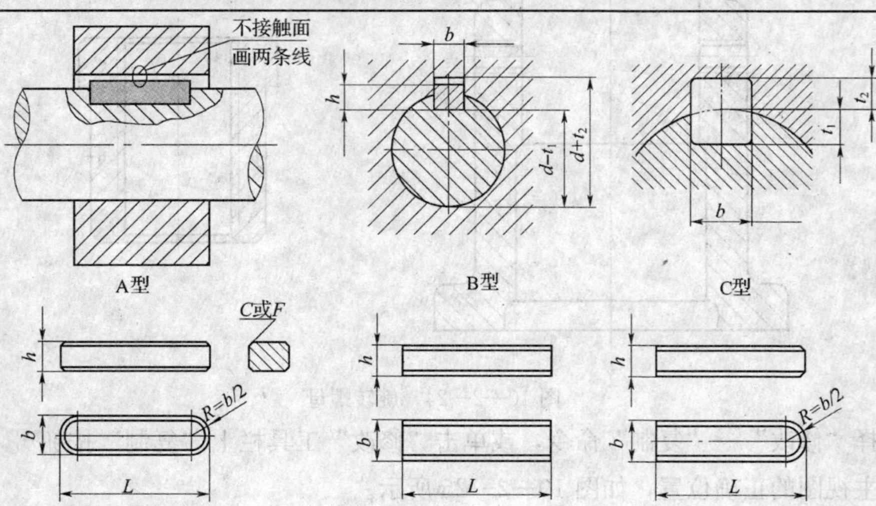

标记示例：

键　GB/T 1096　16×10×100（圆头普通平键 A 型，b=16 mm，h=10 mm，L=100 mm）

键　GB/T 1096　B16×10×100（平头普通平键 B 型，b=16 mm，h=10 mm，L=100 mm）

键　GB/T 1096　C16×10×100（单圆头普通平键 C 型，b=16 mm，h=10 mm，L=100 mm）

注：A 型普通平键的型号“A”可省略不注，B 型和 C 型要标注“B”或“C”。

mm

轴	键		键槽											
			宽度 b						深度				半径 r	
				偏差					轴 t_1		毂 t_2			
基本直径 d	基本尺寸 $b×h$	长度 L	基本尺寸 b	松连接		正常连接		紧密连接						
				轴 H9	毂 D10	轴 N9	毂 JS9	轴和毂 P9	基本尺寸	极限偏差	基本尺寸	极限偏差	最小	最大
>10～12	4×4	8～45	4	+0.030 0	+0.078 +0.030	0 −0.030	±0.015	−0.012 −0.042	2.5	+0.1 0	1.8	+0.1 0	0.08	0.16
>12～17	5×5	10～56	5						3.0		2.3		0.16	0.25
>17～22	6×6	14～70	6						3.5		2.8			
>22～30	8×7	18～90	8	+0.036 0	+0.098 +0.040	0 −0.036	±0.018	−0.015 −0.051	4.0	+0.2 0	3.3	+0.2 0		
>30～38	10×8	22～110	10						5.0		3.3		0.25	0.40
>38～44	12×8	28～140	12	+0.043 0	+0.120 +0.050	0 −0.043	±0.021 5	−0.018 −0.061	5.0		3.3			
>44～50	14×9	36～160	14						5.5		3.8			
>50～58	16×10	45～180	16						6.0		4.3			
>58～65	18×11	50～200	18						7.0		4.4			
>65～75	20×12	56～220	20	+0.052 0	+0.149 +0.065	0 −0.052	±0.026	−0.022 −0.074	7.5		4.9		0.40	0.60
>75～85	22×14	63～250	22						9.0		5.4			
>85～95	25×14	70～280	25						9.0		5.4			
>95～110	28×16	80～320	28						10.0		6.4			

注：1.（$d-t_1$）和（$d+t_2$）两组组合尺寸的极限偏差按相应的 t_1 和 t_2 的极限偏差选取，但（$d-t_1$）极限偏差的值应取负号（−）。

2. L 系列：6～22（二进位）、25、28、32、36、40、45、50、56、63、70、80、90、100、110、125、140、160、180、200、220、250、280、320、360、400、450、500。

3. 轴的直径与键的尺寸的对应关系未列入标准，此表给出仅供参考。

4. 表中数据单位为 mm。

附表 2　　标准公差数值（摘自 GB/T 1800.1—2009）

公称尺寸(mm)		公差等级																	
		IT1	IT2	IT3	IT4	IT5	IT6	IT7	IT8	IT9	IT10	IT11	IT12	IT13	IT14	IT15	IT16	IT17	IT18
大于	至	μm											mm						
—	3	0.8	1.2	2	3	4	6	10	14	25	40	60	0.1	0.14	0.25	0.4	0.6	1	1.4
3	6	1	1.5	2.5	4	5	8	12	18	30	48	75	0.12	0.18	0.3	0.48	0.75	1.2	1.8
6	10	1	1.5	2.5	4	6	9	15	22	36	58	90	0.15	0.22	0.36	0.58	0.9	1.5	2.2
10	18	1.2	2	3	5	8	11	18	27	43	70	110	0.18	0.27	0.43	0.7	1.1	1.8	2.7
18	30	1.5	2.5	4	6	9	13	21	33	52	84	130	0.21	0.33	0.52	0.84	1.3	2.1	3.3
30	50	1.5	2.5	4	7	11	16	25	39	62	100	160	0.25	0.39	0.62	1	1.6	2.5	3.9
50	80	2	3	5	8	13	19	30	46	74	120	190	0.3	0.46	0.74	1.2	1.9	3	4.6
80	120	2.5	4	6	10	15	22	35	54	87	140	220	0.35	0.54	0.87	1.4	2.2	3.5	5.4
120	180	3.5	5	8	12	18	25	40	63	100	160	250	0.4	0.63	1	1.6	2.5	4	6.3
180	250	4.5	7	10	14	20	29	46	72	115	185	290	0.46	0.72	1.15	1.85	2.9	4.6	7.2
250	315	6	8	12	16	23	32	52	81	130	210	320	0.52	0.81	1.3	2.1	3.2	5.2	8.1
315	400	7	9	13	18	25	36	57	89	140	230	360	0.57	0.89	1.4	2.3	3.6	5.7	8.9
400	500	8	10	15	20	27	40	63	97	155	250	400	0.63	0.97	1.55	2.5	4	6.3	9.7
500	630	9	11	16	22	32	44	70	110	175	280	440	0.7	1.1	1.75	2.8	4.4	7	11
630	800	10	13	18	25	36	50	80	125	200	320	500	0.8	1.25	2	3.2	5	8	12.5
800	1 000	11	15	21	28	40	56	90	140	230	360	560	0.9	1.4	2.3	3.6	5.6	9	14
1 000	1 250	13	18	24	33	47	66	105	165	260	420	660	1.05	1.65	2.6	4.2	6.6	10.5	16.5
1 250	1 600	15	21	29	39	55	78	125	195	310	500	780	1.25	1.95	3.1	5	7.8	12.5	19.5
1 600	2 000	18	25	35	46	65	92	150	230	370	600	920	1.5	2.3	3.7	6	9.2	15	23
2 000	2 500	22	30	41	55	78	110	175	280	440	700	1 100	1.75	2.8	4.4	7	11	17.5	28
2 500	3 150	26	36	50	68	96	135	210	330	540	860	1 350	2.1	3.3	5.4	8.6	13.5	21	33

注：1. 公称尺寸大于 500 mm 的 IT1～IT5 的标准公差数值为试行。

2. 公称尺寸小于或等于 1 mm 时，无 IT14～IT18。

3. 标准公差等级 IT01 和 IT0 在工业中很少用到，所以本表中没有给出这两公差等级的标准公差数值。

附表 3　　基孔制优先、常用配合

基准孔	轴																				
	a	b	c	d	e	f	g	h	js	k	m	n	p	r	s	t	u	v	x	y	z
	间隙配合								过渡配合			过盈配合									
H6						H6/f5	H6/g5	H6/h5	H6/js5	H6/k5	H6/m5	H6/n5	H6/p5	H6/r5	H6/s5	H6/t5					
H7						H7/f6	◤H7/g6	◤H7/h6	H7/js6	◤H7/k6	H7/m6	◤H7/n6	◤H7/p6	H7/r6	◤H7/s6	H7/t6	◤H7/u6	H7/v6	H7/x6	H7/y6	
H8					H8/e7	◤H8/f7	H8/g7	◤H8/h7	H8/js7	H8/k7	H8/m7	H8/n7	H8/p7	H8/r7	H8/s7	H8/t7	H8/u7				
H8				H8/d8	H8/e8	H8/f8		H8/h8													
H9			H9/c9	◤H9/d9	H9/e9	H9/f9		◤H9/h9													
H10			H10/c10	H10/d10				H10/h10													
H11	H11/a11	H11/b11	◤H11/c11	H11/d11				◤H11/h11													
H12		H12/b12						H12/h12													

1. 常用配合共 59 种，其中优先配合 13 种。标注◤的配合为优先配合

2. H6/n5、H7/p6 在基本尺寸小于等于 3 mm 和 H8/r7 在公称尺寸小于等于 100 mm 时为过渡配合

附表 4　　基轴制优先、常用配合

基准轴	孔																				
	A	B	C	D	E	F	G	H	JS	K	M	N	P	R	S	T	U	V	X	Y	Z
	间隙配合								过渡配合			过盈配合									
h5						F6/h5	G6/h5	H6/h5	JS6/h5	K6/h5	M6/h5	N6/h5	P6/h5	R6/h5	S6/h5	T6/h5					
h6						F7/h6	◤G7/h6	◤H7/h6	JS7/h6	◤K7/h6	M7/h6	◤N7/h6	◤P7/h6	R7/h6	◤S7/h6	T7/h6	◤U7/h6				
h7					E8/h7	◤F8/h7		◤H8/h7	JS8/h7	K8/h7	M8/h7	N8/h7									
h8				D8/h8	E8/h8	F8/h8		H8/h8													
h9				◤D9/h9	E9/h9	F9/h9		◤H9/h9													
h10				D10/h10				H10/h10													
h11	A11/h11	B11/h11	◤C11/h11	D11/h11				◤H11/h11													
h12		B12/h12						H12/h12													

常用配合共 47 种，其中优先配合 13 种。标注◤的配合为优先配合

附表 5　　普通螺纹直径与螺距、基本尺寸（GB/T 193—2003 和 GB/T 196—2003）

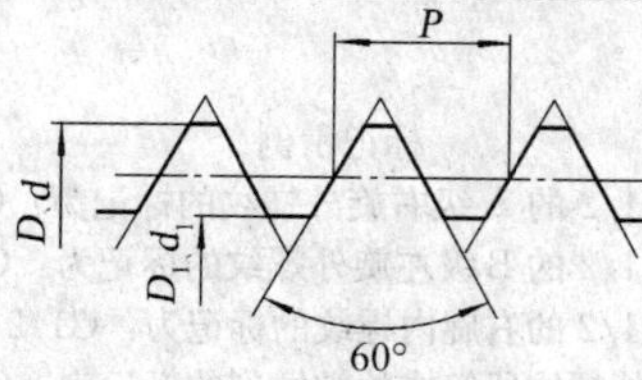

标记示例

公称直径 24 mm，螺距 3 mm，右旋粗牙普通螺纹，公差带代号 6g，其标记为：M24

公称直径 24 mm，螺距 1.5 mm，左旋细牙普通螺纹，公差带代号 7H，其标记为：M24×1.5—7H—LH

内外螺纹旋合的标记为：M16—7H/6g

mm

公称直径 D、d		螺距 P		粗牙小径 D_1、d_1	公称直径 D、d		螺距 P		粗牙小径 D_1、d_1
第一系列	第二系列	粗牙	细牙		第一系列	第二系列	粗牙	细牙	
3		0.5	0.35	2.459	16		2	1.5、1	13.835
4		0.7	0.5	3.242		18	2.5	2、1.5、1	15.294
5		0.8		4.134	20				17.294
6		1	0.75	4.917		22			19.294
8		1.25	1、0.75	6.647	24		3	2、1.5、1	20.752
10		1.5	1.25、1、0.75	8.376	30		3.5	(3)、2、1.5、1	26.211
12		1.75	1.5、1.25、1	10.106	36		4	3、2、1.5	31.670
	14	2		11.835		39			34.670

注：1. 应优先选用第一系列，括号内尺寸尽可能不用。

2. 外螺纹公差带代号有 6e、6f、6g、8g、5g6g、7g6g、4h、6h、3h4h、5h6h、5h4h、7h6h；内螺纹公差带代号有 4H、5H、6H、7H、5G、6G、7G。

附表 6　　梯形螺纹直径与螺距、基本尺寸

（GB/T 5796.2—2005、GB/T 5796.3—2005 和 GB/T 5796.4—2005）

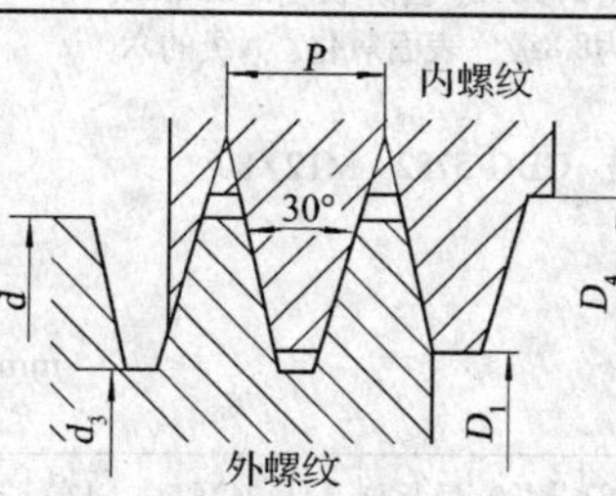

标记示例

公称直径 28 mm、螺距 5 mm、中径公差带代号为 7H 的单线右旋梯形内螺纹，其标记为：Tr28×5—7H

公称直径 28 mm、导程 10 mm、螺距 5 mm、中径公差带代号为 8e 的双线左旋梯形外螺纹，其标记为：Tr28×10(P5)LH—8e

内外螺纹旋合所组成的螺纹副的标记为：Tr24×8—7H/8e

mm

公称直径 d		螺距 P	大径 D_4	小径		公称直径 d		螺距 P	大径 D_4	小径	
第一系列	第二系列			d_3	D_1	第一系列	第二系列			d_3	D_1
16		2	16.50	13.50	14.00	24		3	24.50	20.50	21.00
		4		11.50	12.00			5		18.50	19.00
	18	2	18.50	15.50	16.00			8	25.00	15.00	16.00
		4		13.50	14.00		26	3	26.50	22.50	23.00
20		2	20.50	17.50	18.00			5		20.50	21.00
		4		15.50	16.00			8	27.00	17.00	18.00
	22	3	22.50	18.50	19.00	28		3	28.50	24.50	25.00
		5		16.50	17.00			5		22.50	23.00
		8	23.00	13.00	14.00			8	29.00	19.00	20.00

注：外螺纹公差带代号有 9c、8c、8e、7e；内螺纹公差带代号有 9H、8H、7H。

附表 7　　管螺纹尺寸代号及基本尺寸

55°非密封管螺纹（GB/T 7307—2001）

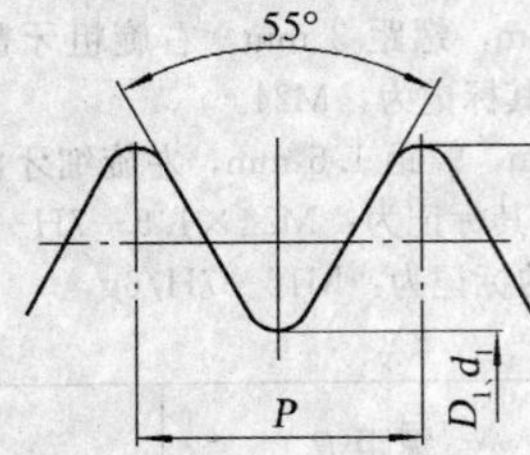

标记示例

尺寸代号为 1/2 的 A 级右旋外螺纹的标记为：G1/2A

尺寸代号为 1/2 的 B 级左旋外螺纹的标记为：G1/2B—LH

尺寸代号为 1/2 的右旋内螺纹的标记为：G1/2

上述右旋内外螺纹所组成的螺纹副的标记为：G1/2A

当螺纹为左旋时的标记为：G1/2A—LH

尺寸代号	每 25.4 mm 内的牙数 n	螺距 P（mm）	大径 $D=d$（mm）	小径 $D_1=d_1$（mm）	基准距离（mm）
1/4	19	1.337	13.157	11.445	6
3/8	19	1.337	16.662	14.950	6.4
1/2	14	1.814	20.955	18.631	8.2
3/4	14	1.814	26.441	24.117	9.5
1	11	2.309	33.249	30.291	10.4
1¼	11	2.309	41.910	38.952	12.7
1½	11	2.309	47.803	44.845	12.7
2	11	2.309	59.614	56.656	15.9

注：1. 55°密封圆柱内螺纹牙型与 55°非密封管螺纹牙型相同，尺寸代号为 1/2 的右旋圆柱内螺纹的标记为 $R_p1/2$；它与外螺纹所组成的螺纹副的标记为 R_p/R_1 1/2，详见 GB/T 7306.1—2000。

2. 55°密封圆锥管螺纹大径、小径是指基准平面上的尺寸。圆锥内螺纹的端面向里 0.5P 处即为基面，而圆锥外螺纹的基准平面与小端相距一个基准距离。

3. 55°密封管螺纹的锥度为 1∶16，即 $\phi=1°47'24''$。

附表 8　　六角头螺栓

六角头螺栓—A 和 B 级 (GB/T 5782—2000)

六角头螺栓—全螺纹 (GB/T 5783—2000)

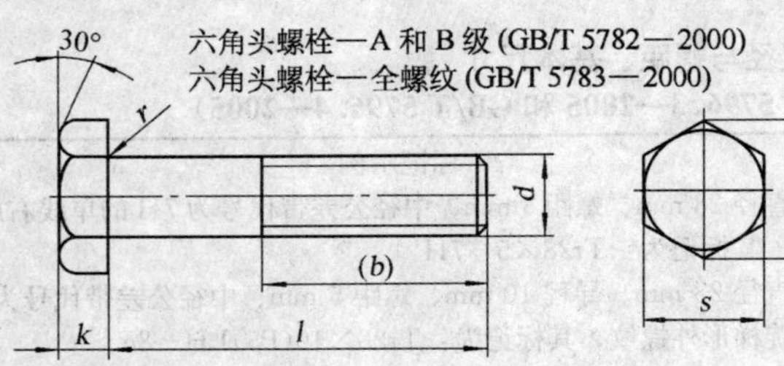

标记示例

螺纹规格d=M12、公称长度l=80 mm、性能等级为8.8级、表面氧化、A级的六角头螺栓：

螺栓　GB/T 5782　M12×80

mm

螺纹规格 d		M3	M4	M5	M6	M8	M10	M12	(M14)	M16	(M18)	M20	(M22)	M24	(M27)	M30	M36
s		5.5	7	8	10	13	16	18	21	24	27	30	34	36	41	46	55
k		2	2.8	3.5	4	5.3	6.4	7.5	8.8	10	11.5	12.5	14	15	17	18.7	22.5
r		0.1	0.2	0.2	0.25	0.4	0.4	0.6	0.6	0.6	0.6	0.6	1	0.8	1	1	1
e	A	6.01	7.66	8.79	11.05	14.38	17.77	20.03	23.36	26.75	30.14	33.53	37.72	39.98	—	—	—
	B	5.88	7.50	8.63	10.89	14.20	17.59	19.85	22.78	26.17	29.56	32.95	37.29	39.55	45.20	50.85	51.11
(b) GB/T 5782	l≤125	12	14	16	18	22	26	30	34	38	42	46	50	54	60	66	—
	125<l≤200	18	20	22	24	28	32	36	40	44	48	52	56	60	66	72	84
	l>200	31	33	35	37	41	45	49	53	57	61	65	69	73	79	85	97
l 范围 (GB/T 5782)		20～30	25～40	25～50	30～60	40～80	45～100	50～120	60～140	65～160	70～180	80～200	90～220	90～240	100～260	110～300	140～360

续表

l范围 (GB/T 5783)	6～30	8～40	10～50	12～60	16～80	20～100	25～120	30～140	30～150	35～150	40～150	45～150	50～150	55～200	60～200	70～200
l系列	6、8、10、12、16、20、25、30、35、40、45、50、(55)、60、(65)、70、80、90、100、110、120、130、140、150、160、180、200、220、240、260、280、300、320、340、360、380、400、420、440、460、480、500															

附表 9　　双头螺柱

A型　　B型（辗制）

约等于螺纹中径

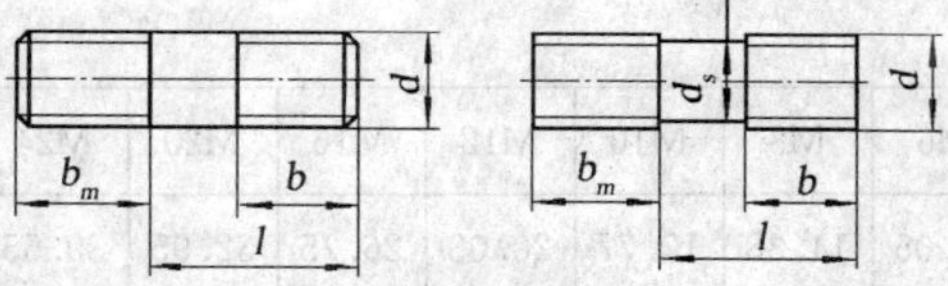

GB/T 897—1988(b_m=1d)
GB/T 898—1988(b_m=1.25d)
GB/T 899—1988(b_m=1.5d)
GB/T 900—1988(b_m=2d)

标记示例

两端均为粗牙普通螺纹、d=10 mm、l=50 mm、性能等级为4.8级、不经表面处理、B型、b_m=1d的双头螺柱：

螺柱　GB/T 897　M10×50

若为 A 型，则标记为：螺柱　GB/T 897　A　M10×50

双头螺柱各部分尺寸

mm

螺纹规格 d		M3	M4	M5	M6	M8
b_m	GB/T 897—1988	—	—	5	6	8
	GB/T 898—1988	—	—	6	8	10
	GB/T 899—1988	4.5	6	8	10	12
	GB/T 900—1988	6	8	10	12	16
$\frac{l}{b}$		$\frac{16\sim20}{6}$ $\frac{(22)\sim40}{12}$	$\frac{16\sim(22)}{8}$ $\frac{25\sim40}{14}$	$\frac{16\sim(22)}{10}$ $\frac{25\sim50}{16}$	$\frac{20\sim(22)}{10}$ $\frac{25\sim30}{14}$ $\frac{(32)\sim(75)}{18}$	$\frac{20\sim(22)}{12}$ $\frac{25\sim30}{16}$ $\frac{(32)\sim90}{22}$
螺纹规格 d		M10	M12	M16	M20	M24
b_m	GB/T 897—1988	10	12	16	20	24
	GB/T 898—1988	12	15	20	25	30
	GB/T 899—1988	15	18	24	30	36
	GB/T 900—1988	20	24	32	40	48
$\frac{l}{b}$		$\frac{25\sim(28)}{14}$ $\frac{30\sim(38)}{16}$ $\frac{40\sim120}{26}$ $\frac{130}{32}$	$\frac{25\sim30}{16}$ $\frac{(32)\sim40}{20}$ $\frac{45\sim120}{30}$ $\frac{130\sim180}{36}$	$\frac{30\sim(38)}{20}$ $\frac{40\sim(55)}{30}$ $\frac{60\sim120}{38}$ $\frac{130\sim200}{44}$	$\frac{35\sim40}{25}$ $\frac{45\sim(65)}{35}$ $\frac{70\sim120}{46}$ $\frac{130\sim200}{52}$	$\frac{45\sim50}{30}$ $\frac{(55)\sim(75)}{45}$ $\frac{80\sim120}{54}$ $\frac{130\sim200}{60}$

注：1. GB/T 897—1988 和 GB/T 898—1988 规定螺柱的螺纹规格 d=M5～M48，公称长度 l=16～300 mm；GB/T 899—1988 和 GB/T 900—1988 规定螺柱的螺纹规格 d=M2～M48，公称长度 l=12～300 mm。

2. 螺柱公称长度 l（系列）：12、(14)、16、(18)、20、(22)、25、(28)、30、(32)、35、(38)、40、45、50、(55)、60、(65)、70、(75)、80、(85)、90、(95)、100～260（十进位）、280、300 mm，尽可能不采用括号内的数值。

3. 材料为钢的螺柱性能等级有 4.8、5.8、6.8、8.8、10.9、12.9 级，其中 4.8 级为常用。

附表 10　　　　　　　　　1 型六角螺母（GB/T 6170—2000）

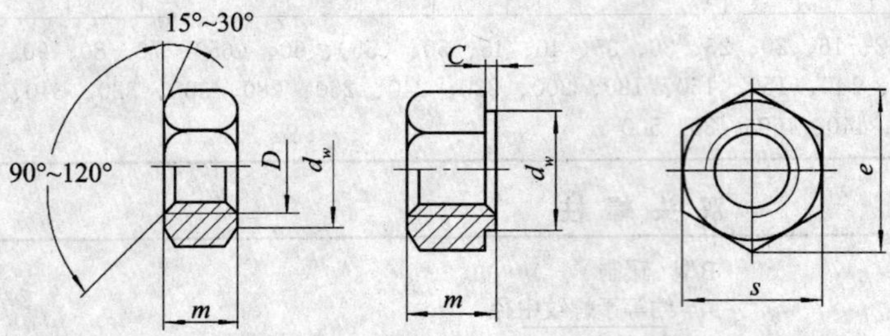

标记示例

螺纹规格 D=M12、性能等级为8级、不经表面处理、产品等级为 A 级的1型六角螺母：

螺母　GB/T 6170　M12

mm

螺纹规格 D		M3	M4	M5	M6	M8	M10	M12	M16	M20	M24	M30	M36
e(min)		6.01	7.66	8.79	11.05	14.38	17.77	20.03	26.75	32.95	39.55	50.85	60.79
s	(max)	5.5	7	8	10	13	16	18	24	30	36	46	55
	(min)	5.32	6.78	7.78	9.78	12.73	15.73	17.73	23.67	29.16	35	45	53.8
c(max)		0.4	0.4	0.5	0.5	0.6	0.6	0.6	0.8	0.8	0.8	0.8	0.8
d_w(min)		4.6	5.9	6.9	8.9	11.6	14.6	16.6	22.5	27.7	33.2	42.7	51.1
d_w(max)		3.45	4.6	5.75	6.75	8.75	10.8	13	17.3	21.6	25.9	32.4	38.9
m	(max)	2.4	3.2	4.7	5.2	6.8	8.4	10.8	14.8	18	21.5	25.6	31
	(min)	2.15	2.9	4.4	4.9	6.44	8.04	10.37	14.1	16.9	20.2	24.3	29.4

附表 11　平垫圈—A 级（GB/T 97.1—2002）、平垫圈倒角型—A 型（GB/T 97.2—2002）

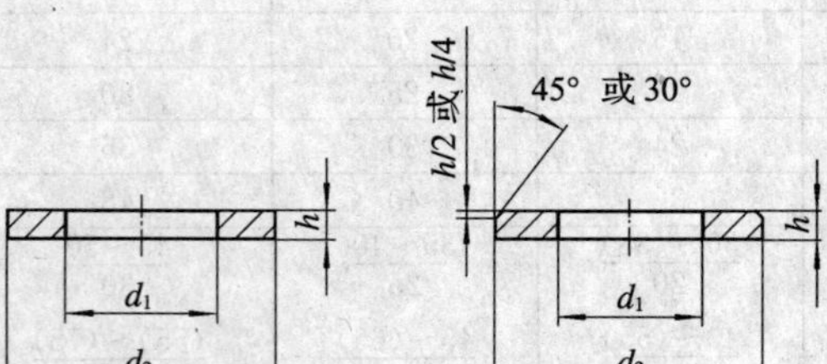

标记示例

标准系列、公称规格（螺纹大径 d）8 mm、钢制、硬度等级为200HV级、不经表面处理、产品等级为A级的平垫圈：

垫圈　GB/T 97.1　8

mm

公称规格（螺纹大径 d）	2	2.5	3	4	5	6	8	10	12	16	20	24	30
内径 d_1	2.2	2.7	3.2	4.3	5.3	6.4	8.4	10.5	13	17	21	25	31
外径 d_2	5	6	7	9	10	12	16	20	24	30	37	44	56
厚度 h	0.3	0.5	0.5	0.8	1	1.6	1.6	2	2.5	3	3	4	4

附表 12　标准型弹簧垫圈（GB/T 93—1987）、轻型弹簧垫圈（GB/T 859—1987）

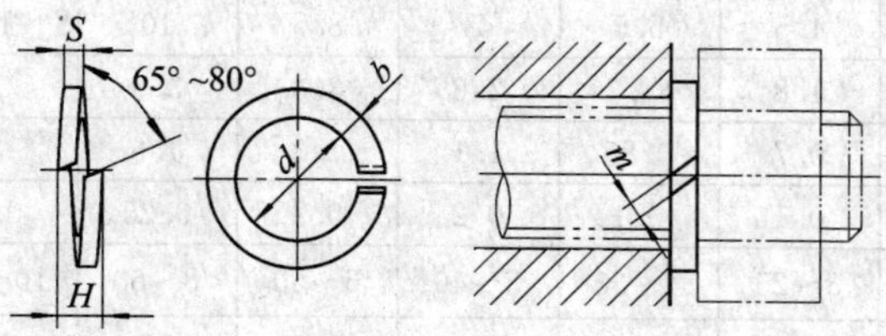

标记示例

规格16 mm、材料为65Mn、表面氧化的标准型弹簧垫圈：

垫圈　GB/T 93　16

mm

规格（螺纹大径）		2	2.5	3	4	5	6	8	10	12	16	20	24	30	36	42	48
d		2.1	2.6	3.1	4.1	5.1	6.2	8.2	10.2	12.3	16.3	20.5	24.5	30.5	36.6	42.6	49
H	GB/T 93—1987	1.2	1.6	2	2.4	3.2	4	5	6	7	8	10	12	13	14	16	18
	GB/T 859—1987	1	1.2	1.6	1.6	2	2.4	3.2	4	5	6.4	8	9.6	12	—	—	—
S(*b*)	GB/T 93—1987	0.6	0.8	1	1.2	1.6	2	2.5	3	3.5	4	5	6	6.5	7	8	9
S	GB/T 859—1987	0.5	0.6	0.8	0.8	1	1.2	1.6	2	2.5	3.2	4	4.8	6	—	—	—
m⩽	GB/T 93—1987	0.4		0.5	0.6	0.8	1	1.2	1.5	1.7	2	2.5	3	3.2	3.5	4	4.5
	GB/T 859—1987	0.3		0.4		0.5	0.6	0.8	1	1.2	1.6	2	2.4	3	—	—	—
b	GB/T 859—1987	0.8		1	1.2		1.6	2	2.5	3.5	4.5	5.5	6.5	8	—	—	—

附表 13　　开 槽 螺 钉

开槽圆柱头螺钉（GB/T 65—2000）、开槽盘头螺钉（GB/T 67—2000）、开槽沉头螺钉（GB/T 68—2000）

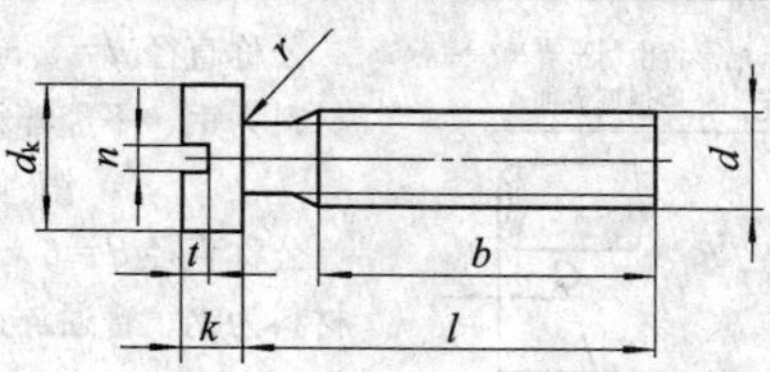

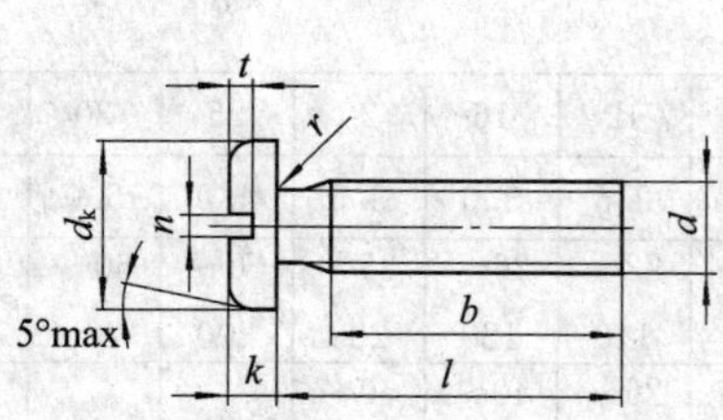

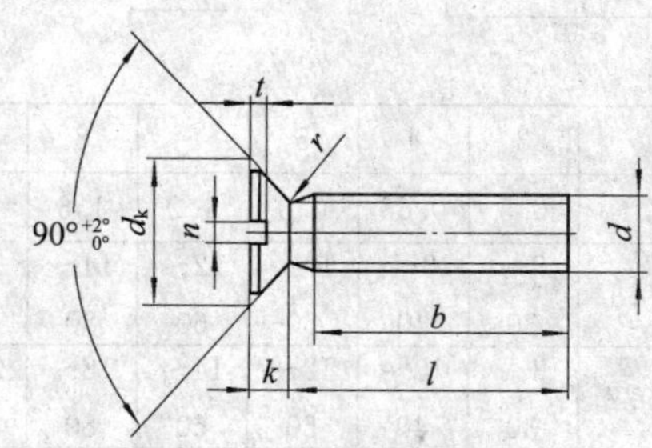

标记示例

螺纹规格*d*=M5、公称长度*l*=20 mm、性能等级为4.8级、不经表面处理的A级开槽圆柱头螺钉：

螺钉　GB/T 65　M5×20

mm

续表

螺纹规格 d		M1.6	M2	M2.5	M3	M4	M5	M6	M8	M10
GB/T 65—2000	d_k	3	3.8	4.5	5.5	7	8.5	10	13	16
	k	1.1	1.4	1.8	2	2.6	3.3	3.9	5	6
	t_{min}	0.45	0.6	0.7	0.85	1.1	1.3	1.6	2	2.4
	r_{min}	0.1	0.1	0.1	0.1	0.2	0.2	0.25	0.4	0.4
	l	2～16	3～20	3～25	4～30	5～40	6～50	8～60	10～80	12～80
GB/T 67—2000	d_k	3.2	4	5	5.6	8	9.5	12	16	23
	k	1	1.3	1.5	1.8	2.4	3	3.6	4.8	6
	t_{min}	0.35	0.5	0.6	0.7	1	1.2	1.4	1.9	2.4
	r_{min}	0.1	0.1	0.1	0.1	0.2	0.2	0.25	0.4	0.4
	l	2～16	2.5～20	3～25	4～30	5～40	6～50	8～60	10～80	12～80
GB/T 68—2000	d_k	3	3.8	4.7	5.5	8.4	9.3	11.3	15.8	18.5
	k	1	1.2	1.5	1.65	2.7	2.7	3.3	4.65	5
	t_{min}	0.32	0.4	0.5	0.6	1	1.1	1.2	1.8	2
	r_{max}	0.4	0.5	0.6	0.8	1	1.3	1.5	2	2.5
	l	2.5～16	3～20	4～25	5～30	6～40	8～50	8～60	10～80	12～80
n		0.4	0.5	0.6	0.8	1.2	1.2	1.6	2	2.5
b_{min}		25				38				
l 系列		2、2.5、3、4、5、6、8、10、12、(14)、16、20、25、30、35、40、45、50、(55)、60、(65)、70、(75)、80								

注：表中数据单位为 mm。

附表 14　　圆柱销　不淬硬钢和奥氏体不锈钢（GB/T 119.1—2000）

圆柱销　淬硬钢和马氏体不锈钢（GB/T 119.2—2000）

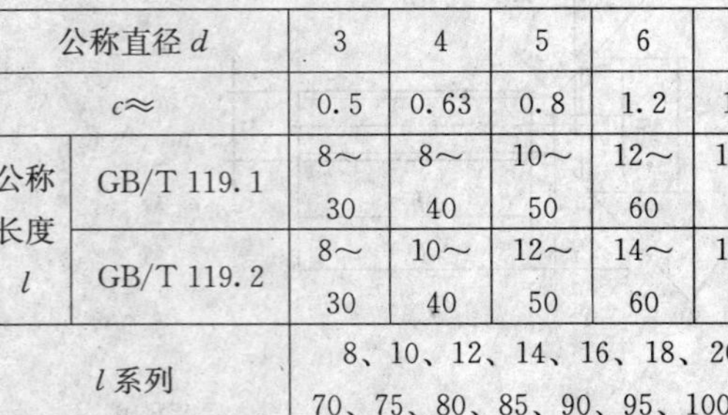

标记示例

公称直径 d=6 mm、公差为 m6、公称长度 l=30 mm、材料为钢、不经淬火、不经表面处理的圆柱销：

销　GB/T 119.1　6 m6×30

公称直径 d=6 mm、公差为 m6、公称长度 l=30 mm、材料为钢、普通淬火（A 型）、表面氧化处理的圆柱销：

销　GB/T 119.2　6×30

mm

公称直径 d		3	4	5	6	8	10	12	16	20	25	30	40	50
c≈		0.5	0.63	0.8	1.2	1.6	2.0	2.5	3.0	3.5	4.0	5.0	6.3	8.0
公称长度 l	GB/T 119.1	8～30	8～40	10～50	12～60	14～80	18～95	22～140	26～180	35～200	50～200	60～200	80～200	95～200
	GB/T 119.2	8～30	10～40	12～50	14～60	18～80	22～100	26～100	40～100	50～100	—	—	—	—
l 系列		8、10、12、14、16、18、20、22、24、26、28、30、32、35、40、45、50、55、60、65、70、75、80、85、90、95、100、120、140、160、180、200												

注：1. GB/T 119.1—2000 规定圆柱销的公称直径 d=0.6～50 mm，公称长度 l=2～200 mm，公差有 m6 和 h8。

2. GB/T 119.2—2000 规定圆柱销的公称直径 d=1～20 mm，公称长度 l=3～100 mm，公差仅有 m6。

3. 当圆柱销公差为 1.8 时，其表面粗糙度 Ra≥1.6 μm。

附表 15　　圆锥销（GB/T 117—2000）

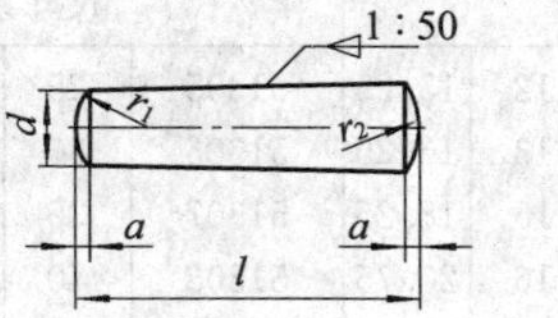

标记示例

公称直径d=10 mm、公称长度l=60 mm、材料为35钢、热处理硬度25~38HRC、表面氧化处理的A型圆锥销：

销　GB/T 117　10×60

mm

公称直径 d	4	5	6	8	10	12	16	20	25	30	40	50
a≈	0.5	0.63	0.8	1	1.2	1.6	2	2.5	3	4	5	6.3
公称长度 l	14～55	18～60	22～90	22～120	26～160	32～180	40～200	45～200	50～200	55～200	60～200	65～200
l 系列	2、3、4、5、6、8、10、12、14、16、18、20、22、24、26、28、30、32、35、40、45、50、55、60、65、70、75、80、85、90、95、100、120、140、160、180、200											

注：1. 标准规定圆锥销的公称直径 d=0.6～50 mm。

2. 有 A 型和 B 型。A 型为磨削，锥面表面粗糙度 Ra=0.8 μm；B 型为切削或冷镦，锥面表面粗糙度 Ra=3.2 μm。

附表 16　　滚 动 轴 承

mm

深沟球轴承

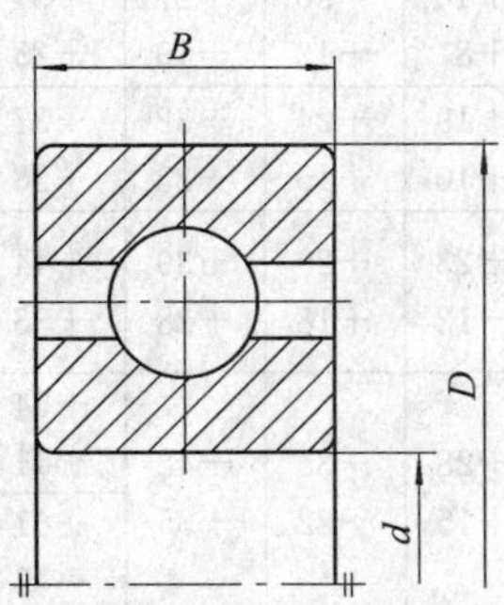

标记示例：

滚动轴承　6308　GB/T 276

圆锥滚子轴承

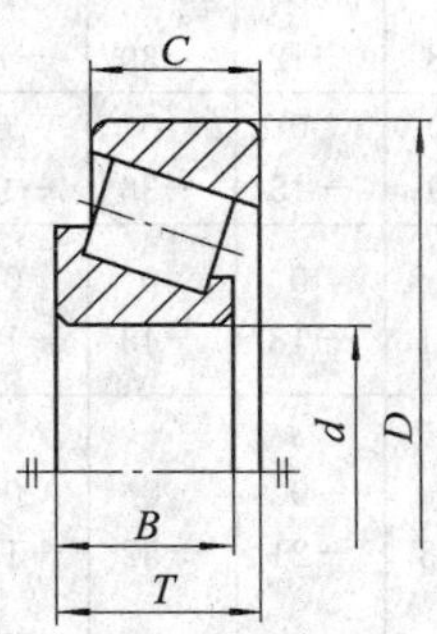

标记示例：

滚动轴承　30209　GB/T 297

推力球轴承

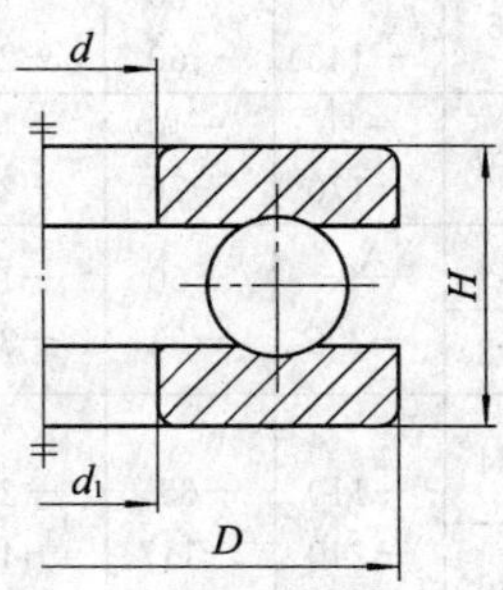

标记示例：

滚动轴承　51205　GB/T 301

轴承型号	d	D	B	轴承型号	d	D	B	C	T	轴承型号	d	D	H	$d_{1\min}$
尺寸系列（02）				尺寸系列（02）						尺寸系列（02）				
6202	15	35	11	30203	17	40	12	11	13.25	51202	15	32	12	17
6203	17	40	12	30204	20	47	14	12	15.25	51203	17	35	12	19
6204	20	47	14	30205	25	52	15	13	16.25	51204	20	40	14	22
6205	25	52	15	30206	30	62	16	14	17.25	51205	25	47	15	27
6206	30	62	16	30207	35	72	17	15	18.25	51206	30	52	16	32
6207	35	72	17	30208	40	80	18	16	19.75	51207	35	62	18	37
6208	40	80	18	30209	45	85	19	16	20.75	51208	40	68	19	42
6209	45	85	19	30210	50	90	20	17	21.75	51209	45	73	20	47
6210	50	90	20	30211	55	100	21	18	22.75	51210	50	78	22	52
6211	55	100	21	30212	60	110	22	19	23.75	51211	55	90	25	57
6212	60	110	22	30213	65	120	23	20	24.75	51212	60	95	26	62
6302	15	42	13	30302	15	42	13	11	14.25	51304	20	47	18	22

续表

尺寸系列（03）				尺寸系列（03）						尺寸系列（03）				
6303	17	47	14	30303	17	47	14	12	15.25	51305	25	52	18	27
6304	20	52	15	30304	20	52	15	13	16.25	51306	30	60	21	32
6305	25	62	17	30305	25	62	17	15	18.25	51307	35	68	24	37
6306	30	72	19	30306	30	72	19	16	20.75	51308	40	78	26	42
6307	35	80	21	30307	35	80	21	18	22.75	51309	45	85	28	47
6308	40	90	23	30308	40	90	23	20	25.25	51310	50	95	31	52
6309	45	100	25	30309	45	100	25	22	27.25	51311	55	105	35	57
6310	50	110	27	30310	50	110	27	23	29.25	51312	60	110	35	62
6311	55	120	29	30311	55	120	29	25	31.5	51313	65	115	36	67
6312	60	130	31	30312	60	130	31	26	33.5	51314	70	125	40	72
6313	65	140	33	30313	65	140	33	28	36.0	51315	75	135	44	77

附表 17　　优先配合中轴的极限偏差（GB/T 1800.2—2009）

公称尺寸（mm）		公差带												
		c	d	f	g	h				k	n	p	s	u
大于	至	11	9	7	6	6	7	9	11	6	6	6	6	6
—	3	−60 −120	−20 −45	−6 −16	−2 −8	0 −6	0 −10	0 −25	0 −60	+6 0	+10 +4	+12 +6	+20 +14	+24 +18
3	6	−70 −145	−30 −60	−10 −22	−4 −22	0 −8	0 −12	0 −30	0 −75	+9 +1	+16 +8	+20 +12	+27 +19	+31 +23
6	10	−80 −170	−40 −76	−13 −28	−5 −14	0 −9	0 −15	0 −36	0 −90	+10 +1	+19 +10	+24 +15	+32 +23	+37 +28
10	14	−95 −205	−50 −93	−16 −34	−6 −17	0 −11	0 −18	0 −43	0 −110	+12 +1	+23 +12	+29 +18	+39 +28	+44 +33
14	18													
18	24	−110 −240	−65 −117	−20 −41	−7 −20	0 −13	0 −21	0 −52	0 −130	+15 +2	+28 +15	+35 +22	+48 +35	+54 +41
24	30													+61 +48
30	40	−120 −280	−80 −142	−25 −50	−9 −25	0 −16	0 −25	0 −62	0 −160	+18 +2	+33 +17	+42 +26	+59 +43	+76 +60
40	50	−130 −290												+86 +70
50	65	−140 −330	−100 −174	−30 −60	−10 −29	0 −19	0 −30	0 −74	0 −190	+21 +2	+39 +20	+51 +32	+72 +53	+106 +87
65	80	−150 −340											+78 +59	+121 +102
80	100	−170 −390	−120 −207	−36 −71	−12 −34	0 −22	0 −35	0 −87	0 −220	+25 +3	+45 +23	+59 +37	+93 +71	+146 +124
100	120	−180 −400											+101 +79	+166 +144
120	140	−200 −450	−145 −245	−43 −83	−14 −39	0 −25	0 −40	0 −100	0 −250	+28 +3	+52 +27	+68 +43	+117 +92	+195 +170
140	160	−210 −460											+125 +100	+215 +190
160	180	−230 −480											+133 +108	+235 +210

续表

公称尺寸 (mm)		公差带												
		c	d	f	g	h				k	n	p	s	u
大于	至	11	9	7	6	6	7	9	11	6	6	6	6	6
180	200	−240 −530											+151 +122	+265 +236
200	225	−260 −550	−170 −285	−50 −96	−15 −44	0 −29	0 −46	0 −115	0 −290	+33 +4	+60 +31	+79 +50	+159 +130	+287 +258
225	250	−280 −570											+169 +140	+313 +284
250	280	−300 −620	−190	−56	−17	0	0	0	0	+36	+66	+88	+190 +158	+347 +315
280	315	−330 −650	−320	−108	−49	−32	−52	−130	−320	+4	+34	+56	+202 +170	+382 +350
315	355	−360 −720	−210	−62	−18	0	0	0	0	+40	+73	+98	+226 +190	+426 +390
355	400	−400 −760	−350	−119	−54	−36	−57	−140	−360	+4	+37	+62	+244 +208	+471 +435
400	450	−440 −840	−230	−68	−20	0	0	0	0	+45	+80	+108	+272 +232	+530 +490
450	500	−480 −880	−385	−131	−60	−40	−63	−155	−400	+5	+40	+68	+292 +252	+580 +540

附表 18　　优先配合中孔的极限偏差（GB/T 1800.2—2009）

公称尺寸 (mm)		公差带												
		C	D	F	G	H				K	N	P	S	U
大于	至	11	9	8	7	7	8	9	11	7	7	7	7	7
—	3	+120 +60	+45 +20	+20 +6	+12 +2	+10 0	+14 0	+25 0	+60 0	0 −10	−4 −14	−6 −16	−14 −24	−18 −28
3	6	+145 +70	+60 +30	+28 +10	+16 +4	+12 0	+18 0	+30 0	+75 0	+3 −9	−4 −16	−8 −20	−15 −27	−19 −31
6	10	+170 +80	+76 +40	+35 +13	+20 +5	+15 0	+22 0	+36 0	+90 0	+5 −10	−4 −19	−9 −24	−17 −32	−22 −37
10	14	+205	+93	+43	+24	+18	+27	+43	+110	+6	−5	−11	−21	−26
14	18	+95	+50	+16	+6	0	0	0	0	−12	−23	−29	−39	−44
18	24	+240	+117	+53	+28	+21	+33	+52	+130	+6	−7	−14	−27	−33 −54
24	30	+110	+65	+20	+7	0	0	0	0	−15	−28	−35	−48	−40 −61
30	40	+280 +120	+142	+64	+34	+25	+39	+62	+160	+7	−8	−17	−34	−51 −76
40	50	+290 +130	+80	+25	+9	0	0	0	0	−18	−33	−42	−59	−61 −86
50	65	+330 +140	+174	+76	+40	+30	+46	+74	+190	+9	−9	−21	−42 −72	−76 −106
65	80	+340 +150	+100	+30	+10	0	0	0	0	−21	−39	−51	−48 −78	−91 −121

续表

公称尺寸 (mm)		公差带											
		C	D	F	G	H				K	N	P	S	U
大于	至	11	9	8	7	7	8	9	11	7	7	7	7	7
80	100	+390 +170	+207 +120	+90 +36	+47 +12	+35 0	+54 0	+87 0	+220 0	+10 -25	-10 -45	-24 -59	-58 -93	-111 -146
100	120	+400 +180											-66 -101	-131 -166
120	140	+450 +200	+245 +145	+106 +43	+54 +14	+40 0	+63 0	+100 0	+250 0	+12 -28	-12 -52	-28 -68	-77 -117	-155 -195
140	160	+460 +210											-85 -125	-175 -215
160	180	+480 +230											-93 -133	-195 -235
180	200	+530 +240	+285 +170	+122 +50	+61 +15	+46 0	+72 0	+115 0	+290 0	+13 -33	-14 -60	-33 -79	-105 -151	-219 -265
200	225	+550 +260											-113 -159	-241 -287
225	250	+570 +280											-123 -169	-267 -313
250	280	+620 +300	+320 +190	+137 +56	+69 +17	+52 0	+81 0	+130 0	+320 0	+16 -36	-14 -66	-36 -88	-138 -190	-295 -347
280	315	+650 +330											-150 -202	-330 -382
315	355	+720 +360	+350 +210	+151 +62	+75 +18	+57 0	+89 0	+140 0	+360 0	+17 -40	-16 -73	-41 -98	-169 -226	-369 -426
355	400	+760 +400											-187 -244	-414 -471
400	450	+840 +440	+385 +230	+165 +68	+83 +20	+63 0	+97 0	+155 0	+400 0	+18 -45	-17 -80	-45 -108	-209 -272	-467 -530
450	500	+880 +480											-229 -292	-517 -580

附表 19　　铁 和 钢

牌号	统一数字代号	使用举例	说明
1. 灰铸铁（摘自 GB/T 5612—2008）、工程用铸钢（摘自 GB/T 11352—2009）			
HT150 HT200 HT350 ZG230—450 ZG310—570		中强度铸铁：底座、刀架、轴承座、端盖 高强度铸铁：床身、机座、齿轮、凸轮、联轴器、机座、箱体、支架 各种形状的机件、齿轮、飞轮、重负荷机架	“HT”表示灰铸铁，后面的数字表示最小抗拉强度（MPa） “ZG”表示铸钢，第一组数字表示屈服强度最低值（MPa），第二组数字表示抗拉强度最低值（MPa）
2. 碳素结构钢（摘自 GB/T 700—2006）、优质碳素结构钢（摘自 GB/T 699—1999）			
Q215 Q235 Q255 Q275		受力不大的螺钉、轴、凸轮、焊件等 螺栓、螺母、拉杆、钩、连杆、轴、焊件 金属构造物中的一般机件、拉杆、轴、焊件 重要的螺钉、拉杆、钩、连杆、轴、销、齿轮	“Q”表示钢的屈服点，数字为屈服强度数值（MPa），同一钢号下分质量等级，用 A、B、C、D 表示质量依次下降，例如 Q235A

续表

牌号	统一数字代号	使用举例	说明
30 35 40 45 65Mn	U20302 U20352 U20402 U20452 U21652	曲轴、轴销、连杆、横梁 曲轴、摇杆、拉杆、键、销、螺栓 齿轮、齿条、凸轮、曲柄轴、链轮 齿轮轴、联轴器、衬套、活塞销、链轮 大尺寸的各种扁、圆弹簧，如座板簧/弹簧发条	牌号数字表示钢中平均含碳量的万分数，例如“45”表示平均含碳量为0.45%，数字依次增大，抗拉强度、硬度增加，延伸率降低。当含锰量为0.7%～1.2%时需注出“Mn”
3. 合金结构钢（摘自 GB/T 3077—1999）			
15Cr 40Cr 20CrMnTi	A20152 A20402 A26202	用于渗碳零件、齿轮、小轴、离合器、活塞销 活塞销、凸轮，用于心部韧性较高的渗碳零件 工艺性好，汽车、拖拉机的重要齿轮，供渗碳处理	符号前数字表示含碳量的万分数，符号后数字表示元素含量的百分数，当含量小于1.5%时不注数字

附表 20　有色金属及其合金

牌号或代号	使用举例	说明
1. 加工黄铜（摘自 GB/T 5231—2001）、铸造铜合金（摘自 GB/T 1176—1987）		
H62（代号）	散热器、垫圈、弹簧、螺钉等	“H”表示普通黄铜，数字表示铜含量的平均百分数
ZCuZn38Mn2Pb2 ZCuSn5Pb5Zn5 ZCuAl10Fe3	铸造黄铜：用于轴瓦、轴套及其他耐磨零件 铸造锡青铜：用于承受摩擦的零件，如轴承 铸造铝青铜：用于制造蜗轮、衬套和耐蚀性零件	“ZCu”表示铸造铜合金，合金中的其他元素用化学符号表示，符号后数字表示该元素含量的平均百分数
2. 铝及铝合金（摘自 GB/T 3190—2008）、铸造铝合金（摘自 GB/T 1173—1995）		
1060 1050A 2A12 2A13	适于制作储槽、塔、热交换器、防止污染及深冷设备 适用于中等强度的零件，焊接性能好	铝及铝合金牌号用四位数字或字符表示，部分新旧牌号对照如下： 新　旧　新　旧 1060　L2　2A12　LY12 1050A　L3　2A13　LY13
ZAlCu5Mn （代号 ZL201） ZAlMg10 （代号 ZL301）	砂型铸造，工作温度为175～300℃的零件，如内燃机缸头、活塞 在大气或海水中工作、承受冲击载荷、外形不太复杂的零件，如舰船配件等	“ZAl”表示铸造铝合金，合金中的其他元素用化学符号表示，符号后数字表示该元素含量的平均百分数。代号中的数字表示合金系列代号和顺序号